EUL VERLAG

Bibliografische Information der Deutschen Nationalbibliothek

Die Deutsche Nationalbibliothek verzeichnet diese Publikation in der Deutschen Nationalbibliografie; detaillierte bibliografische Daten sind im Internet über <http://dnb.d-nb.de> abrufbar.

ISBN 978-3-8441-0083-9
6. Auflage Oktober 2011

JOSEF EUL VERLAG GmbH
Brandsberg 6
53797 Lohmar
Tel.: 0 22 05 / 90 10 6-6
Fax: 0 22 05 / 90 10 6-88
E-Mail: info@eul-verlag.de
http://www.eul-verlag.de

Bei der Herstellung unserer Bücher möchten wir die Umwelt schonen. Dieses Buch ist daher auf säurefreiem, 100% chlorfrei gebleichtem, alterungsbeständigem Papier nach DIN 6738 gedruckt.

Vorwort zur 6. Auflage

Nach der Vorläuferausgabe der Übungsaufgaben in 1996 im Verlag Kohlhammer („Arbeitsbuch Marketing") und fünf Auflagen „Übungsbuch Marketing" im Josef Eul Verlag in den Jahren 1999, 2000, 2002, 2008 und 2010 erscheint diese Aufgabensammlung nun in der sechsten Auflage. Sie enthält die Abgaben und die dazugehörigen Lösungsskizzen der Klausuren, die in den Veranstaltungen im Schwerpunktfach Marketing im Bachelorstudium und Diplomstudium an der Universität Augsburg zwischen Sommer 2010 und Frühjahr 2011 gestellt worden sind. Ferner ist diese Aufgabensammlung um einige Aufgaben, die in den Veranstaltungen behandelt wurden, und um einige Aufgaben aus früheren Prüfungsterminen und Ausführungen aus dem Lehrbuch „Marketing" (Verlag Kohlhammer 2005), die Thema der Veranstaltungen waren, ergänzt.

Die vorliegende Sammlung von Übungsaufgaben enthält gegenüber den fünf vorausgehenden Auflagen etwa zur Hälfte neue Aufgaben. Die Gliederung der vorliegenden Aufgabensammlung orientiert sich an den aktuellen Titeln der Veranstaltungen im Bachelor- und im modularisierten Diplomstudium. Der Sinn dieser Aufgabensammlungen besteht darin, Studierenden die Klausuraufgaben aus der jeweils jüngeren Vergangenheit in gesammelter Form und gegliedert nach Themengebieten verfügbar zu machen.

Diese Sammlung ist kein Lehrbuch; einige enthaltene Literaturverweise können über die Monografie „Marketing" (Kohlhammer Verlag 2005) recherchiert werden. Die Sammlung deckt auch keineswegs den Inhalt der Veranstaltungen ab. Sie enthält lediglich typische Prüfungsaufgaben. Die Zielgruppe dieser Aufgabensammlung sind die Studierenden, die das durch die Teilnahme an den Veranstaltungen erworbene Wissen vor dem Absolvieren von Klausuren an Beispielen kontrollieren wollen. Dabei wird empfohlen, die abgedruckten Lösungsskizzen nicht einfach auf ihre Richtigkeit zu überprüfen, sondern zu versuchen, die Aufgaben zunächst ohne Zuhilfenahme von Lösungsskizzen zu bearbeiten.

Für Hinweise über Fehler in den Lösungsskizzen sowie über Probleme mit der Verständlichkeit der Aufgabenstellungen ist der Autor aber jederzeit dankbar.

Der Autor dankt den früheren und den derzeit am Lehrstuhl tätigen Mitarbeitern (Frau Karin Stiegelmayr, Frau Verena Hüttl, Frau Janine Schweidler, Frau Sabine Pagel, Frau Sandra Bombe und Frau Carolin Stock) für die Unterstützung bei der Erstellung dieser Aufgabensammlung sowie der WIMU e.V. für den Druckkostenzuschuss.

Augsburg, September 2011   Heribert Gierl

INHALT

Seite

1. Einführung in das Marketing

1.1 Theorie

Aufgabe 1:

Stellen Sie sich vor, Sie arbeiten in der Marktforschungs-Abteilung eines Unternehmens. Ein Produktmanager dieses Unternehmens tritt mit dem Problem an Sie heran, dass er Informationen darüber beschaffen muss, ob das von ihm betreute, bereits vor langer Zeit auf dem Markt eingeführte Produkt noch den aktuellen Kundenbedürfnissen entspricht. Auf der Basis dieser Informationen soll entschieden werden, ob das Produkt unverändert bleibt oder die Entwicklung einer Produktinnovation zu veranlassen ist. Sie sollen dem Produkt-Manager empfehlen, ob er zur Datenbeschaffung eher die Richtung der Sekundärforschung eingeschlagen oder ob Primärforschung betrieben werden sollte. Welche Empfehlung würden Sie geben?

Nennen Sie Beispiele für Aspekte, die im Rahmen einer Beobachtung als Technik der Marktforschung in Erfahrung gebracht werden können.

Lösungsskizze:

Sekundärforschung: Es wird bereits vorhandenes Datenmaterial genutzt. Die Daten sind früher für einen anderen Zweck erhoben worden und müssen neu aufbereitet werden.

Primärforschung: Es werden neue Daten erhoben und im Hinblick auf die spezielle Problemstellung ausgewertet. Primärforschung wird eingesetzt, wenn Sekundärforschung in Bezug auf eine konkrete Fragestellung keine ausreichenden Informationen liefern kann.

Sekundärforschung ist billiger als Primärforschung, aber im vorliegenden Fall nicht sinnvoll, da Daten, die bereits vorliegen könnten, nicht auf das spezielle vorliegende Problem ausgerichtet sind. Es müsste eine eigens im Hinblick auf das konkrete Problem konzipierte Studie durchgeführt werden, um aktuelle, detaillierte Daten zu gewinnen, die als Entscheidungsgrundlage dienen können.

Beispiele für Beobachtungen:

- Kaufverhalten registrieren: Was? Wie viel? Wer?
- Kundenlaufstudien in Supermärkten (Wege durch den Supermarkt)
- Aufenthaltszeit der Kunden bei Sortimenten im Handel
- Handhabungsbeobachtung (z.B. Umgang mit einer Verpackung)
- Blickregistrierung
- Mimik-Beobachtung

Aufgabe 2:

Was versteht man unter einem Panel? Welche Arten von Panels gibt es? Welche Informationen werden mit Hilfe der einzelnen Typen von Panels gewonnen und welche Erkenntnisse sind daraus ableitbar?

Lösungsskizze:

- Panel: Bestimmter, gleichbleibender, repräsentativer Kreis von Adressaten (Haushalte, Einzelhandelsgeschäfte etc.), in dem in regelmäßigen Abständen Erhebungen zum gleichen Untersuchungsgegenstand durchgeführt werden.
- Die Panelforschung erfasst Bewegungen und Veränderungen im Zeitablauf im selben Kreis von Untersuchungseinheiten.

	Erhobene Daten	Gewonnene Informationen

Haushaltspanel	• gekaufte Produkte
	• Einkaufstage
	• gewählte Packungsgröße
	• bezahlte Preise
	• Einkaufsstätten
	• gekaufte Marken
	• Einkaufsmengen pro Kauf
		• Zahl der Erstkäufe eines Pro-
		  dukts in einem Zeitintervall
		• Zahl der Wiederkäufe in einem
		  Zeitintervall
		• Wanderungsverhalten zwischen
		  Marken und Loyalität

Handelspanel	• Einkäufe für das Geschäft • Verkaufte Mengen pro Zeitintervall im Geschäft • Verkaufsförderungsmaßnahmen • Preise • Sonderpreisaktionen	• Lagerbestände • Marktanteile

Aufgabe 3:

Was versteht man unter Objektivität, Validität und Reliabilität im Hinblick auf die zu einer Messung verwendeten Indikatoren? Erläutern Sie anhand eines geeigneten Beispiels, wie man Reliabilität überprüfen könnte. Wie können Objektivitätsprobleme reduziert werden?

Lösungsskizze:

Objektivität: Dieses Gütemaß gibt an, inwieweit ein Messwert unabhängig von der Person des Messenden ist. Objektivitätsprobleme treten beispielsweise auf, wenn der Messende die Angaben der Auskunftspersonen nicht, unvollständig oder fehlerhaft versteht oder die Angaben verfälscht bzw. unvollständig weitergibt. Objektivitätsprobleme können durch Minimierung des Interviewer-Einflusses, durch Verwendung standardisierter Fragebögen und z.B. dadurch minimiert werden, dass – anstelle des Interviewers – die Auskunftspersonen den Fragebogen selbst ausfüllen.

Reliabilität: Dieses Gütemaß bezeichnet das Ausmaß, in dem ein Messwert frei von Zufallsfehlern ist. Reliabilität liegt vor, wenn die wiederholte Durchführung einer Messung unter gleichen Bedingungen den gleichen Messwert liefert. Würde beispielsweise dieselbe Person, deren Zufriedenheit mit einem Fitnessstudio ermittelt werden soll, bei Verwendung gleicher Fragen und unter Einsatz desselben Interviewers immer das Gleiche sagen, wäre die Messung reliabel. In der Marktforschung wird aber anstatt dessen als Reliabilitätsmaß oft die interne Konsistenz verwendet. Angenommen, eine Person gibt an, Schokoladeneis lieber als Vanilleeis und Erdbeereis lieber als Schokoladeeis zu essen: Interne Konsistenz liegt vor, wenn diese Person die Frage „Essen Sie Erdbeereis lieber als Vanilleeis?" bejaht.

Validität bezeichnet, ob ein Messverfahren (Indikator) das misst, was man inhaltlich messen möchte.

Aufgabe 4:

Grenzen Sie die Konstrukte Wahrnehmung, Einstellung und Verhaltensabsicht voneinander ab. Erläutern Sie diese anhand von Beispielen, indem Sie z.B. Fälle unterscheiden. Stellen Sie den Zusammenhang zwischen den Konstrukten dar.

Lösungsskizze:

Wahrnehmungen (beliefs): Personen können davon überzeugt sein, dass Objekte, Subjekte oder Ereignisse bestimmte Eigenschaften aufweisen. Diese Merkmale können in intrinsische und extrinsische Attribute unterschieden werden. Wenn sich intrinsische Merkmale eines Produkts ändern, ändert sich das Produkt selbst (Beispiele für intrinsische Merkmale im Fall eines Joghurts: Zuckergehalt, Fruchtanteil, Fettgehalt, Geschmacksrichtung, Beispiele im Fall eines Autos: PS-Zahl, CO_2-Ausstoß, Verbrauch). Extrinsische Merkmale beeinflussen die Wahrnehmung intrinsischer Merkmale, sind selbst aber nicht kausal für diese (Beispiele für extrinsische Merkmale in Fall eines Joghurts: Aufdruck „Bio", Becherform, Preis; Beispiele im Fall eines Autos: Marke, Preis, Herkunftsland). Extrinsische Merkmale dienen zur Bewertung der intrinsischen Merkmale von Produkten oder direkt dazu, Einstellungen zu bilden, wenn

- die Personen ihrer eigenen Urteilsfähigkeit misstrauen,
- die Personen ein geringes Selbstvertrauen haben,
- die Personen geringes Wissen bzgl. des Produkts haben,
- sich intrinsische Merkmale schwer beurteilen lassen (z.B. komplexe Produkte) oder
- die Personen nicht den Willen haben, sich detailliert mit dem Produkt auseinander zu setzen, und den Beurteilungsprozesses vereinfachen wollen.

Produkteigenschaften können „verzerrt" wahrgenommen werden. Gründe für Wahrnehmungsverzerrungen können sein:
- Informationsabwehr: Eine Person will nicht alle Informationen aufnehmen (zur Vermeidung kognitiver Dissonanzen könnte nur ein Teil wahrgenommen werden).
- Informationsveränderung: Eine Person passt neue Information an ihr Denkschema über das Objekt an und nimmt Information verändert wahr.
- Informationsverdrängung: Eine Person wehrt sich dagegen, Informationen zu verarbeiten (z.B. nehmen Raucher Berichte über Risiken des Rauchens nicht so intensiv wahr, wie dies manche Nichtraucher tun).

Einstellungen (attitudes) sind ganzheitliche Bewertungen eines Meinungsobjekts (z.B. zu einer Person, zu einem Produkt oder einem Ereignis). Damit soll die wertende Eignung, die einem Objekt zur Erreichung von Zielen zugeschrieben wird, bezeichnet werden. Mit Präferenz wird häufig die Stärke einer Einstellung bezeichnet.

Verhaltensabsichten (behavioral intentions) sind Neigungen, in einer konkreten Situation auf eine bestimmte, stabile Weise zu reagieren. Kaufabsichten, Cross-Buying-Absichten, Empfehlungsabsichten und die Absicht, sich weitere Information zu beschaffen, sind Beispiele für Verhaltensabsichten.

Einfluss Wahrnehmungen → Einstellungen: Es wird angenommen, dass positivere beliefs zu positiveren Einstellungen führen (Fishbein-Modell). Genauer könnte man in Bewertungs- und Verknüpfungsfunktionen unterscheiden.

- Durch Bewertungsfunktionen werden merkmalsspezifische Nutzenwerte gebildet (Bewertung mittels Idealpunkt- oder Idealvektor-Modell). Voraussetzung für die Anwendung solcher Regeln sind Vorstellungen der Konsumenten über Idealvorstellungen.
- Im Zusammenhang mit der Frage, wie Personen diese merkmalsspezifischen Nutzenwerte über die Merkmale zusammenfassen, können verschiedene Verknüpfungsfunktionen unterstellt werden. Kompensatorische Verknüpfungsregeln (z.B. die lineare Regel, Maximin-Regel) bewirken, dass schlechte Ausprägungen bei einem Merkmal durch eine gute Ausprägung bei einem anderen Merkmal ausgeglichen werden können. Nicht-kompensatorische Verknüpfungsregeln (z.B. multiplikative Regel, Minimum-Regel, lexikografische Regel) bewirken, dass eine schlechte Ausprägung bei einem Merkmal nicht durch gute Ausprägungen bei anderen Merkmalen ausgeglichen werden kann. Wenn z.B. einer Person bei Pkws ein großer Stauraum sehr wichtig ist, kann ein geringer Stauraum eines Modells nicht durch eine hohe PS-Zahl und hohe Fahrsicherheit desselben Modells ausgeglichen werden.

Einfluss Einstellungen → Verhaltensabsicht (z.B. Kaufabsicht): Es wird angenommen, dass sich Personen normalerweise für das Produkt entscheiden, gegenüber dem sie die positivste Einstellung haben. Gründe für Abweichungen von dieser Regel sind: Abwechslungsstreben, impulsives Kaufverhalten (Konsument hat keine Einstellung entwickelt und kauft spontan) und Entscheidungen in Personengruppen (z.B. Kauf eines Produkts für die gesamte Familie).

Aufgabe 5:

Was wird mit dem „semantischen Differential" gemessen? Erklären Sie diese Messung und führen Sie Beispiele für Items und Skalen auf. Gehen Sie auf Anwendungsmöglichkeiten ein.

Lösungsskizze:

Diese Messmethode wurde von Osgood/Suci/Tannenbaum (1957) entwickelt. Das semantische Differential ist ein Instrument zur Messung der Wahrnehmung von Eigenschaften eines Subjekts oder Objekts (z.B. Person, Produkt, Marke). Die Auskunftspersonen beurteilen Personen oder Objekte anhand einer Liste von abstrakt formulierten Adjektiven, die normalerweise keinen direkten Objektbezug haben. Diese Adjektive sollen möglichst universell einsetzbar sein. Ein Ausschnitt aus einer derartigen Liste an Adjektiven, denen auf 7-stufigen bipolaren Skalen zugestimmt werden kann, lautet beispielsweise:

stark	o	o	o	o	o	o	o	schwach
jung	o	o	o	o	o	o	o	alt
gut	o	o	o	o	o	o	o	schlecht
glücklich	o	o	o	o	o	o	o	traurig

Osgood (1964, American Anthropologist) entwickelte eine Version, bestehend aus 50 Adjektivpaaren, denen auf 7-stufigen Skalen mehr oder minder zugestimmt werden konnte. Basierend auf Ergebnissen zu diversen Beurteilungsobjekten und einer US-amerikanischen Stichprobe ordnete er diese Items durch Faktorenanalyse in Gruppen ein, d.h. es werden *Dimensionen* eines Objekts gemessen. Diese Dimensionen werden als Evaluation (Gefallen), Potency und Activity bezeichnet. Beispiele für solche Adjektive finden sich in folgender Tabelle.

Evaluation	Potency	Activity
nice/awful	big/little	fast/slow
sweet/sour	powerful/powerless	noisy/quiet
heavenly/hellish	deep/shallow	alive/dead
happy/sad	strong/weak	burning/freezing
good/bad	high/low	young/old
mild/harsh	long/short	sharp/dull
beautiful/ugly	heavy/light	hot/cold
faithful/unfaithful	hard/soft	
clean/dirty	old/young	
helpful/unhelpful	sharp/dull	
useful/useless		
sane/mad		
needed/unneeded		
fine/coarse		
honest/dishonest		

Diese Methode kann zum Beispiel eingesetzt werden, um die Positionierung von Produkten zu überprüfen.

Aufgabe 6:

Nehmen Sie an, BMW plane, eine absolute Neuheit auf den Markt zu bringen. In Kooperation mit dem japanischen Computerspielehersteller TAITUTO soll eine Spielkonsole in Autos angebracht werden, die anhand von GPS-Daten und den aktuellen Verkehrsmeldungen feststellen kann, wann sie sich in einem Stau befinden und nur im Fall eines Staus tatsächlich funktioniert. Laut einer japanischen Studie soll dies das Aggressionspotenzial der Fahrer, die im Stau stehen, reduzieren. Stellen Sie sich vor, Sie sollen als Mitarbeiter von BMW beurteilen, ob es sinnvoll wäre, diese Weltneuheit anzubieten. Erläutern Sie an diesem Beispiel die Begriffe Ist- und Soll-Leistung, Nicht-Bestätigung und Zufriedenheit/Unzufriedenheit und die Zusammenhänge zwischen diesen Größen.

Lösungsskizze:

Unter der Ist-Leistung versteht man die wahrgenommene Leistung des Beurteilungsobjekts bei Inanspruchnahme durch den Kunden. Die Soll-Leistung ist die vom Kunden vor der Inanspruchnahme gebildete Erwartung an das Beurteilungsobjekt. Die Nicht-Bestätigung ist die wahrgenommene Diskrepanz bei einem Vergleich von Erwartungen mit der wahrgenommenen Leistung.

Soll-Leistungen (Erwartungen) können auf realistischen Erwartungen, idealen Erwartungen, tolerierbaren Erwartungen, Erwartungen an faire Leistungen (in Bezug auf den Preis) und auf erfahrungsgestützten Erwartungen basieren. Durch Werbung für das Produkt und die Preisfestsetzung können die Erwartungen der Kunden ebenfalls beeinflusst werden.

Eine „Nicht-Bestätigung" von Erwartungen liegt vor, wenn die Soll-Leistung (Erwartung) und die Ist-Leistung (wahrgenommene Leistung) voneinander abweichen. Hier können folgende drei Fälle unterschieden werden:

- Positive Nicht-Bestätigung: Die wahrgenommene Ist-Leistung übertrifft die Erwartung. Die Personen sind positiv überrascht. Daraus resultieren Zufriedenheit, positive Mund-zu-Mund-Propaganda und gegebenenfalls Wiederkaufverhalten.
- Negative Nicht-Bestätigung: Die Erwartung übertraf die wahrgenommene Leistung. Die Person ist negativ überrascht. Es resultieren Unzufriedenheit, negative Mund-zu-Mund-Propaganda und Abwanderung zu anderen Anbietern.
- Keine Nicht-Bestätigung: Stimmt die Erwartung ungefähr mit Ist-Leistung überein, bewirkt dies keine emotionalen Reaktionen.

Geringfügige Unterschreitungen der Erwartungen werden „assimiliert", d.h. als weniger groß empfunden, als sie es tatsächlich sind. Gründe für diese Assimilation sind: Abbau kognitiver Dissonanzen und Streben der Menschen nach Homeostase. Man redet sich ein: „Ok, die Spielkonsole funktioniert zwar schlecht, aber man benötigt sie doch nur selten und freut sich dann über eine Ablenkung, selbst wenn sie kompliziert ist. Eigentlich ist das Spielen mit dem Produkt, wenn es funktioniert, doch ein Erlebnis...". Man versucht, das Beste daraus zu machen. Höhere Unterschreitungen der Erwartungen können zu einem Kontrasteffekt führen, d.h. die Abweichung wird als größer empfunden, als sie es tatsächlich ist. Für manche Personen könnte die Spielekonsole doch sehr wichtig sein, weil sie Einiges an Geld gekostet hat. Sind sie erst einmal enttäuscht, könnten sie sich immer weiter in die Enttäuschung hinein steigern.

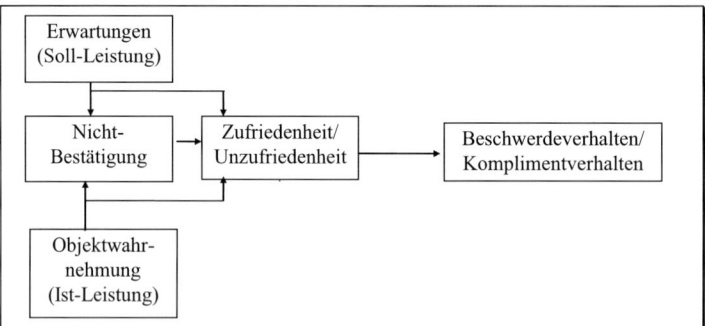

Zufriedenheit ist eine emotionale Reaktion auf eine Nicht-Bestätigung der Erwartungen. Aus Zufriedenheit/Unzufriedenheit resultieren positive bzw. negative Verhaltensabsichten gegenüber diesem Anbieter.

Aufgabe 7:

Der Automobilhersteller Hondo AG weiß aus einer erst vor kurzem veröffentlichten Kundenzufriedenheitsstudie des amerikanischen Marktforschungsinstituts P.J. Power, dass er im Vergleich zur Konkurrenz an der Spitze der Zufriedenheitsskala steht und vor allem in den Bereichen Fahrzeugqualität und Fahrzeugattraktivität punkten konnte. Die Studie zeigt aber auch, dass die Kunden zwar mit dem Auto zufrieden sind, es aber häufig Beschwerden über die Serviceleistungen im After-Sales-Bereich gegeben hat. Wenn Vertragshändler nach dem Kauf keinen guten Service bieten, entscheiden sich verärgerte Kunden beim nächsten Mal nicht nur für einen anderen Händler, sondern oft auch für eine andere Marke. Um die Zufriedenheit der Kunden auch im After-Sales-Bereich zu erhöhen, beabsichtigt die Geschäftsleitung, ein Beschwerdemanagement einzuführen, um daraus Informationen zu gewinnen.

Sie sind Praktikant/in im Bereich Marketing der Hondo AG und möchten mit Ihrem allgemeinen Wissen über Beschwerden und Unzufriedenheit glänzen. (1) Führen Sie Möglichkeiten auf, Beschwerden von vorneherein vorzubeugen. (2) Erklären Sie die Ziele eines Beschwerdemanagements. (3) Welche Maßnahmen könnte der Händler ergreifen, um Beschwerden zu stimulieren? Wie sind diese Maßnahmen zu bewerten? (4) Welche Maßnahmen könnte der Händler ergreifen, um die Unzufriedenheit zu reduzieren? (5) Wie könnten Reklamationen als ein Instrument zur Informationsgewinnung genutzt werden?

Lösungsskizze:

(1) Kundenbeschwerden vorbeugen

Ein Unternehmen könnte seinen Produkten einen Zusatznutzen geben. Die Kunden könnten nicht nur den primären Produktnutzen, weswegen sie das Produkt erworben haben, sondern auch weitere Produktnutzen sehen. Sind Kunden zwar mit dem „eigentlichen" Produktnutzen unzufrieden, aber mit den hinzugefügten Attributen zufrieden, so kann zumindest ein Teil der Unzufriedenheit über den Zusatznutzen kompensiert werden. Inwieweit diese Überlegung auf den konkreten Fall übertragbar ist, müsste in einer Studie geprüft werden.

(2) Ziele eines Beschwerdemanagements:

Sehr hohe Zufriedenheit bei allen Kunden zu erreichen, ist kein rationales Marketingziel. Dieses Ziel anzustreben, wäre mit sehr hohen Kosten verbunden. Auch bewirkt eventuell ein Leistungsmerkmal, das einen Kunden zufrieden stellt, bei einem anderen Kunden Unzufriedenheit. Unter Umständen ist das eigene Produkt auch in einem Segment platziert, das aus sehr sensibel auf Nicht-Bestätigungen reagierenden Nachfragern besteht.

Ob der Anteil unzufriedener Kunden eines einzelnen Anbieters zu hoch ist oder nicht, kann ansatzweise daran gemessen werden, wie zufrieden die Nachfrager generell den Anbietern in der Branche gegenüberstehen. Sofern die Zufriedenheit gegenüber der eigenen Leistung noch ungünstiger ausfällt als dies gegenüber den Leistungen aus der Anbieterbranche normal ist, sind bei bestehenden Abwanderungsmöglichkeiten der Kunden Aktivitäten zur Beseitigung der Ursachen von Unzufriedenheit dringlich.

Wird aber nach einer Zufriedenheitsanalyse der Anteil der unzufriedenen Kunden bzw. der sehr unzufriedenen Kunden als hoch und als mit realistischem Aufwand zu verringern eingeschätzt, so sollten Maßnahmen zur Verringerung der Unzufriedenheit ergriffen werden. Hierfür sind zunächst Marketingziele festzulegen, anhand derer anschließend die Maßnahmen bewertet werden.

Aufgrund des Wettbewerbs um Kunden ist es wichtig, dass Kunden selbst dann, wenn sie unzufrieden sind, weiterhin Produkte des eigenen Unternehmens erwerben. Unzufriedene Kunden sollen sich nicht verdeckt durch Abwanderung oder negative Mundpropaganda und auch nicht offen durch Einschaltung von Drittinstanzen (z.B. über einen Rechtsanwalt) beschweren. Es ist aus Anbietersicht wünschenswert, dass sie ihre Unzufriedenheit auf direktem Wege vortragen:

Anzahl der Kunden, die sich offen und direkt beschweren/Anzahl der unzufriedenen Kunden → hoch

Ferner sollten Kunden wenigstens im Nachhinein zufrieden gestellt werden, d.h. mit der Behandlung ihrer Beschwerde zufrieden sein. Kunden. die sich direkt beim Unternehmen beschweren, anstatt sofort abzuwandern, können möglicherweise „gehalten" werden. Dabei kann darauf hingewirkt werden, dass sie auf negative Mund-zu-Mund-Propaganda verzichten.

Zufriedenheit der Kunden mit der Reaktion auf eine offene, direkte Beschwerde → angemessen

Des Weiteren sind Beschwerden wichtige Informationen über Produktmängel, Defizite im Personal oder Produktideen. Die aus den offenen, direkten Beschwerden resultierenden Informationen sollen zu Änderungen der unternehmenspolitischen Instrumente (z.B. bessere Produktqualität, umweltschonende Produktion, weniger Belästigung durch Werbung) führen, so dass in der Zukunft seltener Unzufriedenheit auftritt. Ein Beschwerdemanagement kann daher einen Wettbewerbsvorteil für ein Unternehmen darstellen.

Anzahl der unzufriedenen Kunden in der Zukunft → gering

(3) Stimulierung von Beschwerden

Damit Kunden ihre Unzufriedenheit in offenen, direkten Beschwerden ausdrücken, muss dieser Beschwerdeweg für die Kunden attraktiv sein. Attraktiv heißt, dass Kunden eine ausreichend hohe Erfolgschance ihrer Beschwerde erwarten, und der Aufwand einer offenen direkten Beschwerde sollte für Kunden möglichst gering sein. Je nach Ausgestaltung des Erfassungsinstruments von Unzufriedenheit wird der Anteil der unzufriedenen Kunden, die sich offen und direkt beschweren, erhöht oder vermindert. Die Motivation, sich offen und direkt zu beschweren, ist im Fall einer bloßen Befolgung der gesetzlichen Mindestvorschriften (Garantiezusage) schwach. Der Zugang zum Anbieter wird erleichtert, wenn eine Anlaufstelle genannt wird, zu Beschwerden in formalisierter Form aufgefordert wird usw..

Verhaltensweise	Anregungsfunktion	Stimulierung
Entgegennahme Reklamationen	nur gesetzliche Bestimmungen (Garantien, Regelungen bei unerfüllten Verträgen)	schwach
Entgegennahme, keine Forcierung von Beschwerden	gesetzliche Bestimmungen, Erfassung mittels Außendienst-Reports, Aufdruck „Wenn Sie Anregungen haben ..."	mittel
Aufforderung, Unzufriedenheit mitzuteilen	regelmäßig durchgeführte Zufriedenheitsanalysen („Waren Sie zufrieden mit ...?") Nennung einer Anlaufstelle und des Ansprechpartners „Kummerkasten" gut entwickelte Gesprächstaktiken einsetzen	stark

(4) Maßnahmen zur Reduzierung von Unzufriedenheit

Für die sich direkt beschwerenden Kunden sind Lösungen zu finden. In der Praxis sind verschiedene Formen des Umgangs mit Beschwerden zu beobachten, die von einer Abwehr von Reklamationen bis hin zu einem sehr gut funktionierendem Beschwerdemanagement reichen.

Im Fall einer *Reklamationsabwehr* erschwert der Anbieter dem Beschwerdeführer die Durchsetzung seiner Wünsche, indem er zusätzliche Information verlangt, vermutlich nicht archivierte Kaufnachweise fordert, verwirrende Formulare versendet, die Ansprechperson für die Beschwerdebearbeitung namentlich nicht nennt und Beschwerden zunächst immer ablehnt. Beschwerden werden dadurch langwieriger, schwieriger und unangenehmer für den Kunden. In diesem Fall möchte sich der Unternehmer vor Vorwürfen schützen und Kosten, um die Reklamationen abzuwickeln (z.B. für das Ersetzen eines defekten Produkts), sparen. Der Nachteil ist: Der unzufriedene Kunden wird nicht besänftigt, die Unzufriedenheit wird noch verstärkt. Negative Mundpropaganda und eine Abwanderungstendenz sind wahrscheinlich.

Bei einer *Reklamationsabwicklung* vermeidet der Hersteller die Kosten für die Instrumente der Reklamationsabwehr und reagiert auf Beschwerden bereitwillig. Dem Beschwerdeführer wird im Rahmen gesetzlicher Regelungen eine gerechte Lösung angeboten. Darüber hinaus wird Kulanz gewährt. Der Vorteil ist: Aufgrund der schnellen, unbürokratische Hilfe sind Kunden u. U. doch noch positiv überrascht und bleiben dem Unternehmen erhalten (auch weniger negative Mundpropaganda). Der Kunde merkt, dass seine Probleme ernst genommen werden und kann möglicherweise zurück gewonnen werden. Nachteilig sind die Kosten.

Ein Hersteller wählt die *Beschwerdeabwicklung* zur Lösung von Beschwerden, wenn er nach außen Bereitschaft signalisieren will, auf berechtigte Beschwerden einzugehen (zur Informationssammlung über Produktmängel), aber den Wünschen des einzelnen Beschwerdeführers zu entgehen versucht. Gesprächstaktiken zur Abmilderung von Beschwerden müssten gut entwickelt werden. Beispiel:

- Reklamationsgespräche möglichst isolieren, so dass andere Kunden nicht mithören oder sich einmischen können.
- Betont ruhiges und höfliches Gespräch. Angebot eines Stuhls.
- Keine Unterbrechung des Kunden, auch wenn er Unrichtiges vorbringt. Keine Überbewertungen von Kunden-Übertreibungen. Keine voreiligen Versprechungen.
- Sachlichkeit und geschickte Fragetaktik. Fragen stellen, bis die Fehlersituation geklärt ist. („Vielen Dank für Ihren Hinweis, mir ist nur nicht klar ..."). Alles Wichtige festhalten.
- Sich in die Lage des Kunden versetzen und evtl. neutrale Entschuldigungsform wählen, z.B. „Es tut mir leid, dass Sie Ärger haben."
- Keine Anklagen, auch nicht im Scherz, über Kollegen, Abteilungen oder die Firma abgeben („... damit haben wir ständig Ärger"), sondern zusagen, dass man sich für eine schnelle Bereinigung der Angelegenheit einsetzen wird.
- Behebung der Reklamation sofort in die Wege leiten, evtl. die Stelle nennen, die den Vorgang weiter bearbeitet.
- Regulierung möglichst rasch durchführen. Sofortige unbürokratische Hilfe verblüfft den Kunden und stimmt ihn versöhnlich.
- Sich erkundigen, ob der Kunde mit der Regulierung einverstanden ist. Sofort auf „positiv" schalten, z.B. „ich bin froh, dass ich Ihnen so schnell helfen konnte."
- Dem Kunden danken, dass er durch seinen Hinweis Gelegenheit gab, eine fehlerhafte Sache in Ordnung zu bringen.

Die Idee des *Auslösens von Beschwerdezufriedenheit* besagt, dass ein mit der Leistung unzufriedener Kunde zumindest bei der Behandlung seiner Beschwerde zufriedengestellt werden soll. Der Beschwerdeführer soll in diesem Fall angenehm überrascht werden, dass die Behandlung seiner Beschwerde besser ist, als er dies vor der Artikulation der Beschwerde erwartet hatte (Soll-Leistung). Aus der Behandlung der Beschwerden soll in diesem Fall ein Wettbewerbsvorteil resultieren. Für den Kunden sinkt nicht nur der Aufwand der Beschwerde, sondern auch das Kaufrisiko. Eingangsbestätigungen von Beschwerden können die Wahrscheinlichkeit negativer Mundpropaganda senken. Darüber hinaus bietet dieses Instrument der Behandlung von Beschwerden auch Ansatzpunkte für weitergehende Marketingforschungsaktivitäten, da ein über den Produktkauf hinausgehender Kontakt zu den Kunden hergestellt ist. In diesem Fall ist Folgendes sicherzustellen:

- Fallprüfung der Berechtigung einer Beschwerde,
- Anspruch auf Bearbeitung von Beschwerden in fester Reaktionszeit,
- Festlegung einer Reaktionsform und
- klare Zuständigkeiten für die verschiedenen Einzelfall-Lösungen.

Es müssen Zuständigkeiten und standardisierte Verfahrensregeln, wie mit Reklamation verfahren werden soll, entwickelt werden. Es sollte eine hierarchisch hoch angesiedelte Abteilung für Beschwerdemanagement vorhanden sein, deren Ziel lautet: „Beschwerden werden aus Kundensicht in beeindruckender Form behandelt!" Kunden mit einem hohen Beschwerdeerfolg und einem geringen Beschwerdeaufwand erleben Beschwerdezufriedenheit. Es kann ein positives Anbieterimage entstehen (positive Abhebung von Wettbewerbern). Speziell geschulte Mitarbeiter, die für Reklamationsabwicklung verantwortlich sind, könnten eingesetzt werden. Die damit verbundenen Kosten sind nachteilig.

Die Zufriedenheit der Kunden mit diesen Lösungen wird unterschiedlich sein. Das Unternehmen kann durch die Art der Beschwerdebehandlung weiten Anlass zur Unzufriedenheit des Kunden geben (Reklamationsabwehr), ihn in einen neutralen Gefühlszustand versetzen (Reklamations-, Beschwerdeabwicklung) oder versuchen, sogar den Zustand der Zufriedenheit durch eine überraschend angenehme Behandlung seiner Beschwerde herbeizuführen (z.B. nachträglicher Preisnachlass, Versand kleiner Geschenke, Erstattung von Teilbeträgen).

Verhaltensweise	Beschwerdebehandlung	Zuständigkeiten und Verfahrensregeln	Beseitigung von Unzufriedenheit
Reklamationsabwehr	durch Maßnahmen Beschwerden langwieriger, schwieriger, unangenehmer machen	Maßnahmen zur Abwehr von Beschwerden gut entwickelt	gering
Reklamationsabwicklung	bereitwillig gesetzliche Regelungen anbieten	schwach entwickelt	
Beschwerdeabwicklung	gemäß „taktischer" Regeln zum Schutz des Unternehmens vor Vorwürfen Kulanz „gewähren"	Gesprächstaktik zur Abmilderung von Beschwerden gut entwickelt	
Auslösen von Beschwerdezufriedenheit	aus Kundensicht beeindruckende Behandlung von offenen, direkten Beschwerden	hierarchisch hoch angesiedelte Abteilung für Beschwerdemanagement	hoch

(5) Maßnahmen zur Informationsgewinnung

Beschwerden sind wichtige Information für Anbieter. Sie erhalten Hinweise, wie das Produkt und die Leistung verbessert werden können. Aus den einzelnen Beschwerden können Informationen für die kundenorientierte Umgestaltung der Unternehmenspolitik gewonnen werden. Sie sind auch ein Frühindikator für ausbleibende Nachfrage. Für die weitere innerbetriebliche Verwertung von Daten zu den Ursachen von Beschwerden und zu den Personeneigenschaften der Beschwerdeführer kommen folgende idealtypische Verhaltensweisen in Betracht:

Verhaltensweise	Art der innerbetrieblichen Weiterverarbeitung
Ignorieren	keine Weiterleitung, Behandlung von Beschwerden als etwas Unangenehmes und Peinliches
Koordinationsstelle	Weiterleitung von Beschwerden an innerbetrieblich zuständige Stellen zur Anregung von Veränderungen
Beschwerdemanagement	Weiterleitung von Beschwerden an innerbetrieblich zuständige Stellen zur Durchsetzung von Veränderungen

Im Fall der *Ignoranz* wird die Sammlung, Verdichtung und Weiterleitung von Beschwerden als eine unangenehme Tätigkeit angesehen. Die Informationen werden innerbetrieblich nicht weitergeleitet, da Beschwerden als peinlich empfunden werden. Die Reaktion der Stelleninhaber auf die Beschwerde (z.B. Qualitätskontrolle, Rohstoffbeschaffung) wird nicht kontrolliert.

Falls eine *Koordinationsstelle* oder ein Beschwerdemanagement eingerichtet ist, werden Beschwerden

- in standardisierter Form durch Analyse von Beschwerdebriefen, Außendienstreports oder Handelsberichten erfasst,
- nach bestimmten Beschwerdemerkmalen (Garantiemängel, Reparaturhäufigkeit usw.) und Merkmalen des Beschwerdeführers in regelmäßigen Zeitabständen ausgewertet und
- an zuständige Stellen, die vorab festgelegt worden sind, weitergeleitet.

In einem gut *funktionierenden Beschwerdemanagement* können diese Stellen Veränderungen durchsetzen. Wichtig für ein gut funktionierendes Beschwerdemanagement ist es, dass eine Stelle eingerichtet ist, die Beschwerden dokumentiert und analysiert (z.b. kommen zu bestimmtem Sachverhalt immer wieder Beschwerden?) und hieraus Handlungsbedarf ableitet (z.b. Mangel an Produkt?). Diese Stelle sollte Entscheidungsbefugnisse haben, d.h. nicht nur anregen dürfen, dass Mitarbeiter Änderungen vornehmen, sondern Änderungen durchsetzen können (Beschäftigung kompetente Mitarbeiter mit ausreichender Entscheidungsbefugnis, die Vertrauenspersonen darstellen und an ernsthafter Problemlösung interessiert sind).

Kontinuierliche Auswertungen von Beschwerden liefern Frühindikatoren für die Wettbewerbsfähigkeit des Geschäftsbereichs des Unternehmens. Beispielsweise soll aus dem Beschwerdereport abzuleiten sein, ob Unzufriedenheit aus zu hohen Erwartungen (Soll-Leistung) oder aus den Wahrnehmungen der Ist-Leistung resultiert. Im ersten Fall sollten z.b. durch begleitende Information Ersatzerfahrungen geschaffen, im zweiten Fall Gebrauchsanweisungen mitgeliefert werden. Eine Unterteilung nach Kundenmerkmalen erscheint angebracht, weil den gleichen Beschwerden in Abhängigkeit von der Professionalität einer Beschwerdeführung (z.b. gewerbliche Kunden oder Konsumenten) ein unterschiedliches Ausmaß an Unzufriedenheit zugrunde liegen kann und Beschwerden auch unterschiedliche Interpretationen ihrer Ursachen erfordern (z.b. Interpretation eines Beschwerdeanlasses „nicht schön genug" durch einen gewerblichen Abnehmer oder privaten Endverbraucher). Während eine Koordinationsstelle nur Anregungen liefern will, verfügt ein Mitarbeiter im Beschwerdemanagement über hinreichend viel Macht, das Befolgen der Anregungen durchzusetzen und die Durchführung und den Erfolg der Veränderung in der betroffenen Abteilung zu kontrollieren. Insofern setzt ein Beschwerdemanagement sehr kompetente Mitarbeiter voraus, die nicht nach Schuldigen suchen, sondern Probleme lösen wollen und Vertrauen bei den Mitarbeitern genießen.

Aufgabe 8:

Unterscheiden Sie Formen der Kundenloyalität. Erläutern Sie die Unterschiede und die Ursachen für diese Formen. In welchen Produktkategorien sind diese Formen typisch? Welche Formen müsste ein einzelner Anbieter, z.B. ein Hersteller von Käse, beachten?

Lösungsskizze:

Form	Definition	Modell	Mögliche Ursachen
Mono-loyalität	Neigung zur regelmäßigen Wahl derselben Marke, desselben Geschäfts usw.	positiver Zusammenhang zwischen Vertrautheit und Attraktivität des Produkts	• Trägheit (Erleichterung des Entscheidungsprozesses; kognitive Entlastung); evtl. langfristig Gewöhnung an Produkt • Risikoreduktion („Da weiß man, was man hat"): Angst vor Enttäuschungen bei schlechten Erfahrungen mit einem Wechsel zu anderen Produkten • Wirkliche Präferenzen nach intensiver gedanklicher Auseinandersetzung mit dem Produkt
Dual-/Multi-loyalität	Neigung zur regelmäßigen Wahl von nur wenigen Produkten	-	• Befriedigung eines Bedürfnisses nur durch Portfolio von Beurteilungsobjekten möglich • Substituierbarkeit mehrerer Beurteilungsobjekte, da kaum Nutzenunterschiede wahrgenommen werden • Haushalte mit unterschiedlichen Präferenzen der Mitglieder
Variety Seeking	Konsumenten versuchen es zu vermeiden, dasselbe Objekt mehrmals zu kaufen.	negativer Zusammenhang zwischen Vertrautheit und Attraktivität des Produkts	• Streben nach sozialer Anerkennung oder Individualität • Schnelle Übersättigung mit bestimmten Leistungsmerkmalen, Abwechslung nötig • Nutzen nicht aufgrund eines anderen Produkts, sondern aufgrund der Möglichkeit, wechseln zu können, d.h. Wechsel an sich stiftet Nutzen
Hybride Loyalität	Neigung, zwischen der Phase der Mono-Loyalität und der Phase des Variety Seeking zu wechseln	umgekehrt U-förmiger Zusammenhang zwischen Vertrautheit und Attraktivität des Produkts	• Vermeidung von Langeweile durch permanente Wahl des selben Produkts als auch von Übererregung durch ständig neue Produkte • Ausbalancierung dieser beiden Extrema zur Erreichung des optimalen Erregungsniveaus
Zero-Order-Verhalten		fehlender Zusammenhang zwischen Vertrautheit und Attraktivität des Produkts	• Impulsives Verhalten, abhängig von einzelnen Reizen wie z.B. Sonderplatzierungen und Sonderpreisen. • Vergessenseffekte aufgrund langer Zeiträume zwischen Käufen und eher geringer Bedeutung (Reißzwecken) • Sparsamkeit als Motivation, es wird immer das billigste gekauft • permanente Änderung der Beurteilungskriterien

Beispiele:

Form	Beispiele für Produktkategorien	Beispiel für Käsehersteller
Mono-loyalität	• Low-Interest-Produkte wie Zahnpasta oder Duschgel. Personen verwenden dieselbe Zahlpasta seit vielen Jahren. • High-Risk-Produkte: Personen nutzen dieselbe Fluggesellschaft oder dieselbe Bank seit vielen Jahren, da ein hohes Wechselrisiko empfunden wird.	Monoloyale Kunden kaufen immer die gleiche Käsemischung des gleichen Anbieters.
Dual-/Multi-Loyalität	• Wechsel zwischen mehreren Parfums, da sich Geruch schnell „abnutzt" • Kauf unterschiedlicher Joghurt-Sorten, um Präferenzen von Vater, Mutter, Kindern abwechselnd zu berücksichtigen	
Variety Seeking	• Parfum, manche Konsumenten möchten immer wieder neue Düfte ausprobieren • Bekleidung: manche Personen wollen immer die angesagte Modemarke tragen	Kunden kaufen bei jedem Einkauf eine Käsemischung (anders mit anderer Geschmacksrichtung)
Hybride Loyalität	• Produktbereiche, in denen plötzlich viele neue Varianten auf den Markt kommen, z. B. wasserlösliches Kaffeepulver: eine Person kauft über Monate hinweg den gleichen Cappuccino, dann kommen Pulver für Milch- und Eiskaffees und Cappuccinos in anderen Geschmacksrichtungen auf den Markt -> Person probiert alle durch und kehrt dann wieder zur alten Cappuccino-Sorte zurück oder wählt dann längere Zeit dieselbe andere Cappuccino-Sorte • Skigebiet, das anfangs mit steigender Vertrautheit attraktiver wird, weil man die Pisten immer besser kennt und richtig schön und schnell fahren kann; weil man mit der Zeit die schönsten Hütten und Après-Skihütten kennt. Mit der Zeit wiederholt sich dann aber alles zu sehr und es wird immer langweiliger	Kunden kaufen über einen gewissen Zeitraum (z.B. über mehrere Monate oder mehrere Jahre) immer die gleiche Käsemischung und dann folgt ein Zeitraum (z.B. mehrere Monate oder mehrere Jahre), in dem sie bei jedem Einkauf eine andere Käsemischung kaufen. Dann folgt wieder eine Phase, in der sie die gleiche Käsemischung kaufen usw.
Zero-Order-Verhalten	• Produkte, die ausschließlich anhand des Preises gekauft werden, z.B. Toilettenpapier	

Aufgabe 9:

Was versteht man unter *Switching*, was unter *Holding*? Welche Ursachen für diese Verhaltensformen gibt es?

Lösungsskizze:

Switching: Nachfrager, die normalerweise regelmäßig Produkte von Anbieter X kaufen, probieren Produkte von Anbieter Y aus. Mögliche Ursachen sind:
• beeindruckende Marketing-Maßnahme von Y,
• Verschlechterung der Leistungen von X,
• Nicht-Verfügbarkeit der Produkte von X.

Holding: Nachfrager, die Produkte von Anbieter Y ausprobiert haben, kaufen im Anschluss darin regelmäßig Produkte von Anbieter Y. Mögliches Ursachen sind:
• Y bietet Treuerabatte,
• Y baut eine persönliche Beziehung zum Kunden auf,
• Y macht Geschenke, versendet persönliche Weihnachts-, Geburtstagskarten.

Aufgabe 10:

Was versteht man unter dem Begriff Marketingpolitik? In welche Bereiche kann die Marketingpolitik eingeteilt werden? Beschreiben Sie die Hauptaufgabe der einzelnen Bereiche und erläutern Sie jeweils eine typische Aufgabenstellung/Fragestellung für jeden Teilbereich. Was versteht man in diesem Zusammenhang unter dem Marketing-Mix?

Lösungsskizze:

Marketingpolitik: Treffen von konkreten Entscheidungen, um Einfluss auf den (Absatz-) Markt zu nehmen

Bereiche der Marketingpolitik:

	Produktpolitik (product)	Preispolitik (price)	Distributionspolitik (place)	Kommunikations-politik (promotions)
Beispiele für Frage-stellungen	• Soll ein be-stimmtes Pro-dukt eingeführt werden? • Müssen die be-stehenden Pro-dukte variiert werden?	• Wie hoch soll der Preis für den Handel festgelegt wer-den? • Wie hoch soll der Endver-kaufpreis sein?	• Welcher Vertriebskanals soll eingesetzt werden (Di-rektvertrieb z.B. Tupper-ware; stationärer Handel z.B. Swarowski; Online-vertrieb z.B. Dell) • Sollen Reisende oder Ver-treter eingesetzt werden?	• Welche Nachfra-ger kann man wie und mit welcher Werbung am bes-ten ansprechen? • Wie viel soll für Werbung ausge-geben werden?

Marketing-Mix: Für ein Bezugsobjekt (z.B. Produktlinie) werden konkrete Aktionen aus den 4 Ps festgelegt.

Aufgabe 11:

Welche Sachverhalte werden mit dem deterministischen bzw. mit dem probabilistischen Modell beschrieben? Machen Sie auch Aussagen über die Vereinbarkeit dieser Modelle mit bestimmten Loyalitätsformen!

Lösungsskizze:

Ziel von Positionierungsstudien ist es, sinnvolle Produktbesonderheiten zu finden, die vielen Nachfragern einen hohen Nutzen stiften und nur von wenigen Anbietern offeriert werden. Auf Märkten, auf denen die Nachfrager feste Idealvorstellungen zu verfügbaren Produkten haben, kann ein Marktmodell die Grundlage der Suche nach solchen Besonderheiten sein. Durch Analyse, die auf dem Marktmodell aufbauen, kann versucht werden, eine Position im Markt-modell zu finden, die eine hohe Kaufwahrscheinlichkeit von Konsumenten und Akzeptanz bei den Handelspartnern aufweist.

Um solche Positionen zu finden, müssen die individuellen Nachfragewahrscheinlichkeiten der Marktpartner bestimmt werden. Zur Modellierung dieser Wahrscheinlichkeiten können das deterministische bzw. das probabilistische Modell verwendet werden.

Gemäß dem deterministischen Modell wählt ein Nachfrager das Objekt, das seinem Ideal-punkt am nächsten kommt. Hierbei wird Mono-Loyalität unterstellt. Im probabilistischen Modell wird angenommen, dass der Nachfrager ein Beurteilungsobjekt umso wahrscheinli-cher wählt, je geringer die Distanz zwischen der Objektposition und seinem Idealpunkt ist. Dieses Modell schließt Abwechslungsstreben oder Multi-Loyalität nicht aus.

Aufgabe 12:

Erläutern Sie die die Vorgehensweise bei einem Konzepttest und einem Produkttest. Grenzen Sie diese voneinander ab, und halten Sie fest, welche Informationen aus den Tests gewonnen werden können. Erläutern Sie Einsatzmöglichkeiten der beiden Testverfahren und illustrieren Sie Ihre Ausführungen jeweils anhand eines selbst gewählten Beispiels. Welche Kritik kann man an beiden Testverfahren üben?

Lösungsskizze:

	Konzepttest: Produktidee wird erstmals Marktpartnern (meist Konsumenten und Handel) vorgestellt	Produkttest: Beurteilungsobjekt als Ganzes oder einzelne Bestandteile werden präsentiert
Frage-stellungen	• Ist die Produktidee verständlich? • Welche Vor- und Nachteile werden mit der Produktidee verbunden? • Wäre ein derartiges Produkt kaufwürdig? • Wer wäre die Zielgruppe für ein derartiges Produkt?	• Änderungsbedarf am Produkt (intrinsische Attribute) • Änderungsbedarf hinsichtlich Verpackung oder sonstiger extrinsischer Merkmale
Methode	• Es liegt eine Produktidee vor • verbale/visuelle Darstellung der Produkt-tidee • Gruppendiskussionen oder Einzelinterviews	• Es liegt ein Produktprototyp vor • Befragung: Präferenz- und Wahrnehmungsurteile • Beobachtungen
Beispiel	Ein Unternehmen hat neuartigen Fun-Ski entwickelt und möchte zunächst die Erfolgsträchtigkeit der Idee testen, bevor ein Prototyp entwickelt wird, und auch feststellen, wie die Zielgruppe für den Ski aussehen könnte.	Es wurde ein neuer Saft in einer neuartigen Verpackung entwickelt. Nun soll in einem Blindtest das Abschneiden des Saftes bzgl. intrinsischer Merkmale im Vergleich zu anderen Säften getestet werden. Ergänzend soll die Akzeptanz der neuen Verpackung in einem offenen Test überprüft werden.
Weiteres Vorgehen	Nach Durchführung eines Konzepttests wird über Weiterentwicklung der Idee entschieden.	Nach Durchführung eines Produkttests wird entschieden, ob der Prototyp in Serienproduktion gehen soll.

Vorteile der Verfahren:
• schnell und billig
• Vorhaben wird Wettbewerbern nicht bekannt
• Ableitung zielgruppenspezifischer Erkenntnisse

Nachteile der Verfahren:
• Personen befinden sich in einer Laborsituation und urteilen vergleichsweise rational. Ein Verzerrungseffekt kann auch dadurch entstehen, dass die Auskunftspersonen kein eigenes Geld ausgeben müssen.
• Reaktionen der Wettbewerber blieben unberücksichtigt
• keine Ableitung von Aussagen über spätere Verkaufserfolge möglich

Aufgabe 13:

Ein Pizza-Hersteller bringt ab dem nächsten Winter noch zusätzlich die Mischung „Hot" (mit Chili) auf den Markt. Erläutern Sie zunächst die folgenden drei produktpolitischen Maßnahmen: Produktdifferenzierung, Produktvariation, Produkteliminierung. Begründen Sie dann, ob es sich bei der Einführung von „Hot" um eine Produktdifferenzierung oder um eine Produktvariation handelt.

Lösungsskizze:

Produktdifferenzierung: Modifikation eines Gutes, so dass neben das ursprüngliche noch ein abgewandeltes Modell tritt. Beispiele: in Ergänzung zu normaler Cola zusätzlich Cola Light, koffeinfrei; in Ergänzung zum normalen Automodell: Luxus-, Sportausführung

Produktvariation: Veränderung des Produkts, keine zusätzlichen Alternativen (z.B. wird anstatt bisheriger Zusammensetzung umweltverträglicherer Rohstoff gewählt; oder Design eines Produkts wird verändert)

Produkteliminierung: Aussonderung eines Produkts aus dem Angebotsprogramm, wenn es den Unternehmenszielen nicht mehr förderlich erscheint (z.B. im Falle eines negativen Deckungsbeitrags oder falls Produkt veraltet ist)

Zum Beispiel: Es handelt sich um eine Produktdifferenzierung, da neben die ursprünglichen Käsemischungen noch die abgewandelte Chili-Käsemischung tritt.

Aufgabe 14:

Erläutern Sie zunächst allgemein Aspekte, die bei der Preisfestsetzung zu beachten sind. Stellen Sie sich vor, Sie sind Mitarbeiter im Bereich Marktforschung bei BMW und haben gerade ein Stärken-/Schwächen-Profil für den neuen BMW X6 erstellt. Hierbei hat sich herausgestellt, dass das neue Auto als sehr teuer wahrgenommen wird. In einer Besprechung meint Marketing-Mitarbeiter Oberhuber, man solle den X6 einfach billiger machen und als Schnäppchen von BMW bewerben.

Lösungsskizze:

Preiswahrnehmung: Damit Preise verschiedener Produkte bei Entscheidung eines Nachfragers überhaupt eine Rolle spielen, müssen sie von ihm wahrgenommen werden. Im Fall von selten gekauften Gütern, die wenig kosten, ist die Gültigkeit dieser Annahme nicht selbstverständlich, vor allem nicht bei Nachfragern mit freier Kaufkraft oder geringem Produktinvolvement. Es ist folglich anzunehmen, dass Preise für manche Produkte von vielen Käufern nicht oder nur sehr ungenau wahrgenommen werden. Entscheidungen sind somit selten vom exakten Preis beeinflusst, es sei denn, es wird auf Preise besonders aufmerksam gemacht (Preisüberblicke im Internet), oder es werden Preislimits überschritten. Beispiel: Konsumenten nehmen vermutlich Preise für Zucker und Mehl beim Einkaufen nicht wahr, da Zucker und Mehl zu den Grundnahrungsmitteln zählen, die regelmäßig gekauft werden müssen und relativ billig sind. Im Fall des X6 wird der Preis sicherlich relativ genau wahrgenommen. Konsumenten, die häufig Pkw kaufen, haben eine exaktere Vorstellung davon, was ein Pkw aus einer bestimmten Kategorie kostet und interpretieren auf der Basis dieser Vorstellung Preise für Produktalternativen, die zur Auswahl stehen.

Preisgünstigkeitsurteil: In Abhängigkeit vom Wissen über Preise und der Signalwirkung der Darbietungsform werden Preise als mehr oder weniger günstig interpretiert. Bereits die Auszeichnung eines Preises auf einem roten Etikett kann Preisgünstigkeitsurteile beeinflussen, weil rote Etiketten oft mit Sonderpreisen assoziiert werden. Ähnliches gilt oder für große Darstellungen des Preises, für Schwellenpreise oder andere Preisfiguren. Das Preisgünstigkeitsurteil des X6 kann über die Verwendung von „Mondpreisen" (hoher nominelle Abgabepreis, geringer Händlerpreis) positiv beeinflusst werden.

Preisschwellen beschreiben Diskontinuitäten im Zusammenhang zwischen objektivem und subjektiv wahrgenommenem Preis. Aufgrund der Annahme der Existenz solcher Preisschwellen wird auch häufig der Preis unterhalb einer geraden Zahl festgelegt (z. B. € 9.98 anstelle von € 10.00). Dabei wird unterstellt, dass sich beim Überschreiten der Preisschwelle der Absatz sprunghaft verringert. Vermutlich existiert auch bei einem Pkw eine Preisschwelle.

Preis-Qualitäts-Irradiation: Der Preis fungiert ähnlich wie die Marke, das Herkunftsland oder ein Garantiezeichen als eine Produkteigenschaft, die auf die Beurteilung der Produktqualität wirkt, ohne für letztere kausal zu sein (extrinsisches Attribut). Ist der Konsument nicht in der Lage, die Qualität eines Produkts vor dem Kauf selbst zu bestimmen, wird er eine positive Preis-Qualitäts-Relation unterstellen, indem er darauf vertraut, dass sich Preise an Herstellkosten der Produkte orientieren; er glaubt also an „faire Preise". Er könnte auch auf seine Erfahrung vertrauen, die zeigt, dass hohe Preise mit größerer Wahrscheinlichkeit gute Qualität garantieren als niedrigere Preise. Beispiel: ein teurer Pkw wird tendenziell als qualitativ hochwertiger wahrgenommen als vergleichsweise billiger Pkw.

Gründe für das Heranziehen des Preises als Qualitätsindikator:

Eigenschaften der Produkte	Situative Faktoren	Personenbezogene Merkmale
• Marken- und Herstellernamen spielen keine große Rolle.	• Zeitdruck (positiver Effekt)	• Selbstvertrauen (negativer Effekt)
• Erfahrungen fehlen oder sind nicht zugänglich, weil ein Produkt neu ist oder weil der letzte Gebrauch zu lange zurückliegt.	• Komplexität der Einkaufsaufgabe (positiver Effekt)	• Produktwissen (negativer Effekt)
• Die objektive Qualität ist schwer abzuschätzen, z.B. wegen technischer Komplexität.	• Preistransparenz (negativer Effekt)	• Sparsamkeit (negativer Effekt)
• Der Preis selbst ist ein wichtiges Produktattribut, z.B. bei Prestigeprodukten.		• Bequemlichkeit (positiver Effekt).
• Der absolute Preis ist nicht zu hoch (wenn doch, lohnt sich Suche nach Informationen).		• Risikobereitschaft (Stärke des Wunsches nach Vermeidung kognitiver Dissonanzen) (negativer Effekt)
• Das wahrgenommene Risiko (vermutete Qualitätsbandbreite) ist hoch.		

Preisakzeptanz: Nachfrager haben eine Vorstellung davon, wie viel ein Produkt höchstens kosten darf (oberes Preislimit) und wie viel es mindestens kosten muss (unteres Preislimit). Beispiel: Ein DVD-Player darf nicht weniger als € 50 kosten, sonst gilt er als qualitativ minderwertig, er darf aber höchstens € 80 kosten, sonst würde er von einer bestimmten Person nicht mehr gekauft. Würde der Preis für den hier betrachteten Pkw weit unter den Preisen für vergleichbare Pkw liegen, könnte es könnte sein, dass nur sehr wenige Personen diesen Pkw kaufen, weil sie aufgrund des geringen Preises Zweifel an der Qualität haben.

Aufgabe 15:

Erläutern Sie Formen von Sonderpreisen und Bonusmengen. Erklären Sie die Wirkung dieser Verkaufsförderungsmaßnahmen. Sollte im Fall eines Haarshampoos ein Sonderpreis oder eine Bonusmenge angeboten werden?

Lösungsskizze:

Arten von Bonusmengen:
• Erhöhung der Mengeneinheiten pro Produkt
• Erhöhung der Inhaltsmenge einer Packung,
• Angebot von Doppelpackungen

Arten von Preisnachlässen:

- offener Preisnachlass: Kunde weiß, wie hoch die befristete Preissenkung ist
- verdeckter Preisnachlass: Kunde weiß nicht genau, wie hoch der Preisnachlass ist (Beispiel: „Sie zahlen nur den Einstandspreis")

Darstellung der Preisnachlässe:

- Durchstreichen von alten Preisen, Ersetzen durch neue Preise (Konsumenten können sich meistens nicht an alten Preis erinnern; Zweifel, ob Preisnachlass so hoch ist, wie signalisiert wird)
- Angabe eines Referenzpreises, z.B. durch die Angabe der UVP des Herstellers (Glaubwürdigkeit vergleichsweise hoch, da UVP des Herstellers häufig auf Produktverpackungen aufgedruckt ist und vom Händler nicht manipuliert werden kann)
- Kombination von Sonderpreisen mit auffälligen Reizwörtern wie „Preisknüller", „Superangebot" oder „Vorzugspreis" (Konsumenten fühlen sich dadurch tendenziell manipuliert, Eindruck, dass minderwertige Ware abverkauft werden soll)
- Hervorhebung des Sonderpreises durch rote Etiketten bzw. rote Darstellung (Konsumenten verbinden mit der Farbe Rot Sonderpreise)

Wirkungen von Preisnachlässen:

- Konsumenten können den ökonomischen Vorteil durch Preisnachlässe leichter bewerten als Vorteil von Bonusmengen (Preisersparnis pro Mengeneinheit müsste erst berechnet werden).
- Konsumenten könnten einen Preisnachlass gegenüber einer Bonusmenge als vorteilig empfinden, wenn Produkte rasch aufgebraucht werden müssen (z.b. 5 Krapfen zum Preis von € 3; was bringen einer Einzelperson 5 Krapfen?).
- Bei teuren Produkten, deren Kauf eine große finanzielle Belastung für Konsumenten darstellt, ist ein Preisnachlass vorteilhafter als ein Bonusmenge (Beispiel: Bei einer Waschmaschine macht eine Bonusmenge (2 für 1) wenig Sinn, da man normalerweise nur eine Waschmaschine benötigt).
- Langfristig können regelmäßige Preisnachlässe zu einer geringeren Preisbereitschaft führen. Die Konsumenten kaufen dann nur noch, wenn das Produkt reduziert ist.
- Konsumenten könnten den Eindruck haben, dass das Produkt „raus muss" oder bereits veraltet ist.

Wirkung von Bonusmengen:

- Konsumenten könnten Bonusmengen als positive Leistungen des Handels bewerten, weil damit Belohnung ihrer Treue signalisiert wird.
- Konsumenten könnten ihren Referenzpreis (Vorstellung, wie viel ein Produkt normalerweise kostet) senken.
- Falls Produkte noch lange haltbar sind, gibt es keinen Unterschied der Vorteilhaftigkeit von Preisnachlass und Bonusmenge.

Empfehlung für das Haarshampoo:

Shampoo ist kein Produkt, welches rasch aufgebraucht werden muss, und kein teures Produkt. Ein Sonderpreis könnte bewirken, dass die Konsumenten das Produkt nur dann kaufen, wenn es „im Angebot" ist. Bonusmengen könnten vorteilhaft sein, wenn es mit eine Werbung wie „Ihr Treuebonus" verbunden wird.

Aufgabe 16:

Die Svenska Cellulosa Aktiebolaget kurz SCA, ist ein internationaler Hersteller von Zellulose- und Papierprodukten, der im Bereich von Hygienepapieren und Verpackungen aktiv ist. SCA ist eine Aktiengesellschaft mit Sitz in Stockholm, Schweden. Das Unternehmen hat ungefähr 52000 Beschäftigte in etwa 50 Ländern. Auf dem deutschsprachigen Markt ist SCA unter anderem mit den Marken Zewa und Tempo aktiv. Nach dem erfolgreichen Abschluss Ihres Studiums, haben Sie sich bei SCA Deutschland als Bewerber um eine Stelle als Assistenz des Produktmanagers der Sparte „Tempo sanft und frei" durchgesetzt. Zu Ihren ersten Aufgaben gehört es, die monatliche Sonderaktion für diese Taschentücher zu planen, um das Preisgünstigkeitsurteil der Konsumenten positiv zu beeinflussen und so den Absatz in diesem Bereich ein anzukurbeln. Bitte erläutern Sie mit welchen typischen Formen von Sonderaktionen man das Preisgünstigkeitsurteil von Konsumenten positiv beeinflussen kann und erklären Sie diese. Stellen Sie ferner theoretische Überlegungen zur Wirkung dieser Sonderaktionen an und geben Sie eine Empfehlung für das Produkt „Tempo sanft und weich" ab, welche Sonderaktion durchgeführt werden sollte.

Lösungsskizze:

Typische Formen von Sonderaktionen:

1. Preisnachlässe (meist verbreiteter Fall):

Arten von Preisnachlässen:

- offener Preisnachlass: Kunde weiß, wie hoch befristete Preissenkung ist (Beispiel: 20% Rabatt oder „ohne MwSt." → Preisnachlass 19%).
- verdeckter Preisnachlass → Kunde weiß nicht genau, wie hoch der Preisnachlass ist (Beispiel: „Sie zahlen nur den Einstandspreis") → geringerer Informationswert im Hinblick auf Höhe des ökonomischen Vorteils.

Darstellungsformen:

- Durchstreichen von alten Preisen, Ersetzen durch neue Preise. → Konsumenten können sich meistens nicht an alten Preis erinnern → Zweifel, ob Preisnachlass so hoch ist, wie signalisiert wird.
- Angabe eines Referenzpreises, z.B. durch die Angabe der UVP des Herstellers. → Glaubwürdigkeit vergleichsweise hoch, da UVP des Herstellers häufig auf Produktverpackungen aufgedruckt ist und vom Händler nicht manipuliert werden kann.
- Kombination von Sonderpreisen mit auffälligen Reizwörtern wie „Preisknüller", „Superangebot" oder „Vorzugspreis" → Konsumenten fühlen sich dadurch tendenziell manipuliert (Eindruck, dass minderwertige Ware abverkauft werden soll).
- Hervorhebung des Sonderpreises durch rote Etiketten bzw. rote Darstellung → Konsumenten verbinden mit der Farbe Rot Sonderpreise.

2. Bonusmengen:

Arten von Bonusmengen:

- Erhöhung der Mengeneinheiten pro Produkt,
- Erhöhung der Inhaltsmenge einer Packung,
- Angebot von Doppelpackungen

Theoretische Überlegungen:

- Konsumenten können ökonomischen Vorteil durch Preisnachlässe leichter bewerten als Vorteil durch Bonusmenge (→ Preisersparnis pro Mengeneinheit muss erst berechnet werden)
- Konsumenten könnten Preisnachlass gegenüber einer Bonusmenge als vorteilig empfinden, wenn Produkte rasch aufgebraucht werden müssen (z.b. 5 Krapfen zum Preis von 3, was bringen einer Einzelperson 5 Krapfen?)
- Bei teuren Produkten, deren Kauf große finanzielle Belastung für Konsumenten darstellt, ist Preisnachlass vorteilhafter als Bonusmenge (z.b. bei einer Waschmaschine macht eine Bonusmenge (2 für 1) wenig Sinn, da man normalerweise nur eine Waschmaschine benötigt.)
- Langfristig können regelmäßige Preisnachlässe zu einer geringeren Preisbereitschaft führen. Die Konsumenten kaufen dann nur noch, wenn das Produkt reduziert ist.
- Konsumenten könnten den Eindruck haben, das Produkt „muss raus" oder ist bereits veraltet → negative Wirkung
- Konsumenten könnten Bonusmengen aber auch als positive Leistungen des Handels bewerten, weil damit Belohnung ihrer Treue signalisiert wird
- Gefahr von Bonusmengen: Konsumenten könnten ihren Referenzpreis (Vorstellung, wie viel ein Produkt normalerweise kostet) senken
- Falls Produkte noch lange haltbar sind, gibt es keinen Unterschied zwischen Preisnachlass und Bonusmenge

Empfehlung:

Da es sich bei Tempos nicht um ein Produkt handelt, welches rasch aufgebraucht werden muss und nicht um ein teures Produkt (Auswirkungen siehe oben) könnte es sinnvoll erscheinen eine Bonusmengen-Aktion zu starten. Ferner besteht bei einem vergleichsweise teuren Markenprodukt wie Tempos besonders die Gefahr, dass die Konsumenten bei den häufigen Sonderaktionen das Produkt nur kaufen, wenn es im Angebot ist. Auch dies spricht für eine Bonusmenge, da die Konsumenten den tatsächlichen Preisnachlass durch die zusätzliche Menge nur schwierig berechnen können. Es wäre empfehlenswert diese Aktion z.B. unter dem Motto „Ihr Treuebonus" zu vermarkten.

Aufgabe 17:

Ein Kosmetikhersteller vertreibt seine Produkte mittels Handelsvertreter. Es werden verschiedene Pflegeserien, dekorative Kosmetik (z.B. Lippenstifte, Nagellack etc.) und ein Schlankheitsmittel angeboten. Der Konkurrenzdruck in diesen Produktbereichen ist relativ hoch. Grenzen Sie dabei „Reisende" und „Handelsvertreter" voneinander ab und diskutieren Sie, ob statt Handelsvertretern Reisende im Außendienst des Kosmetikherstellers eingesetzt werden sollten.

Lösungsskizze:

Reisende: Ein eigener Außendienst, bestehend aus weisungsgebundenen Angestellten, vertreibt nur Produkte eines eigenen Unternehmens, Großteil des Einkommens ist Fixgehalt.

Handelsvertreter: selbstständig Gewerbetreibende; handeln auf eigene Rechnung (i.d.R. dauerhafter Dienstvertrag), nur bedingt steuerbar, vertreiben oft Produkte mehrerer Hersteller, erzielen Einkommen überwiegend aus Umsatzprovisionen.

Die große Produktpalette und der starke Konkurrenzdruck sprechen eher für den Einsatz von Reisenden.

Aufgabe 18:

Diskutieren Sie am Beispiel der Zielgröße „Umsatz" die Eignung ökonomischer Wirkungsgrößen zur Beurteilung der Wirksamkeit einzelner kommunikationspolitischer Maßnahmen.

Lösungsskizze:

Ein bestimmter Umsatzerlös kann einzelnen kommunikationspolitischen Maßnahmen aus drei Gründen nicht zugeschrieben werden:

- Der Umsatz ist allenfalls der Gesamtheit der absatzpolitischen Anstrengungen für ein bestimmtes Objekt zurechenbar, nicht aber allein der Kommunikationspolitik, die nur über das Objekt informiert, und noch weniger einzelnen kommunikationspolitischen Maßnahmen, die – wie z.B. die Öffentlichkeitsarbeit – häufig keinen konkreten Produktbezug besitzen.
- Der Umsatz ist kaum spezifischen kommunikationspolitischen Maßnahmen zurechenbar, da Kommunikationsmaßnahmen häufig Investitionscharakter haben und eine gewisse Depotwirkung entwickeln. Für kommunikationspolitischen Maßnahmen gelten im besonderen Maße zeitliche Ausstrahlungseffekte (Carry-over-Effekte); deswegen ist es wenig zielführend, nur die Maßnahmenwirkung zu einem bestimmten Zeitpunkt heranzuziehen.
- Der Umsatz ist kaum Informationsmaßnahmen für einzelne Produkte zuzurechnen. Geht man etwa von einem Unternehmen aus, das komplementäre Produkte anbietet, so wirkt sich eine Kommunikationsmaßnahme für ein Produkt auch auf die anderen Produkte aus. Aufgrund solcher sachlicher Ausstrahlungseffekte (Spill-over-Effekte) ist eine isolierte Betrachtungsweise nicht sinnvoll.

Aufgabe 19:

In welche Werbeträgerkategorien lässt sich Werbung einteilen? Erläutern Sie die Kategorien und erklären Sie deren Ziele. Stellen Sie sich vor, Sie betreten während eines Einkaufsbummels ein teures Bekleidungsgeschäft und bekommen am Eingang ein Glas Sekt angeboten sowie einen Gutschein über € 5 ausgehändigt, den Sie sich auf einen Einkauf anrechnen lassen können: Welcher der drei Werbeträgerkategorien ist diese Werbemaßnahme zuzuordnen?

Erklären Sie den Unterschied zwischen Inter- und Intramediaplanung, zwischen Brutto- und Nettoreichweite sowie zwischen externen und internen Überschneidungen. Was versteht man unter einem Tausenderpreis?

Lösungsskizze:

Werbeträger sind die Medien, in denen das Werbemittel enthalten ist (z.B. Zeitschrift, Fernsehen, Radio, Produktverpackung, Internet). Werbung lässt sich in Massenwerbung (Advertising), Verkaufsförderung (Promotions) und Öffentlichkeitsarbeit (Public Relations) einteilen.

Advertising: Unter Massenwerbung versteht man Werbeaktivitäten, die das Werbeobjekt mittels nicht-personaler Werbeträger darstellen und den Kontakt zwischen Zielpersonen und Werbemittel nicht am Ort des Verkaufes anstreben (z.B. TV-Spot, Plakat, Printwerbung, Website). Massenwerbung zielt auf Bekanntmachung von Angeboten sowie auf die emotionale und informative Beeinflussung ab.

Promotions: Verkaufsförderung dient einerseits der Unterstützung des eigenen Außendienstes und soll die Akzeptanz des Werbeobjekts bei den Händlern bewirken. Andererseits soll sie die Konsumenten am Point-of-Purchase zum Kauf stimulieren (z.B. Produktproben, Produktetikett).

Public Relations: Öffentlichkeitsarbeit dient dazu, der breiten Öffentlichkeit ein positives Erscheinungsbild des Werbetreibenden zu vermitteln (z.B. Betriebsbesichtigungen, Pressearbeit). Sie zielt auf die Schaffung einer „Atmosphäre des Verständnisses und Vertrauens" ab.

Das Beispiel beschreibt eine Maßnahme aus dem Bereich der Promotions, die sich direkt an den Konsument als Adressat richtet.

Inter- und Intramediaplanung: Intermediaplanung bezeichnet die Festlegung der Kategorie der zu belegenden Medien (z.B. Zeitschrift oder Fernsehen oder Plakat). Intermediaplanung bezeichnet die Auswahl der konkreten Medien (z.B. bei Zeitschriften: Bunte, Brigitte).

Die Nettoreichweite gibt an, wie viele Personen durch Werbung mindestens einmal erreicht werden. Die Bruttoreichweite bezeichnet die Anzahl der Kontakte zwischen Personen und den Medien, in denen die Werbemittel enthalten sind (manche Personen können mehr als einen Kontakt mit Werbung haben). Brutto- und Nettoreichweite stimmen numerisch miteinander überein, wenn nur eine Schaltung vorgenommen wurde oder einzelne Schaltungen jeweils andere Personen erreichen.

Externe Überschneidungen entstehen, wenn Personen Kontakte mit verschiedenen Media eines Streuplans haben. Interne Überschneidungen liegen vor, wenn Personen bei mehrmaliger Belegung eines Mediums mehrere Kontakte mit diesem haben, z.B. mit verschiedenen Ausgaben einer Zeitschrift. Der Tausenderpreis gibt die Kosten an, die aufzuwenden sind, um 1000 Kontakte (Tausenderpreis auf Basis der Bruttoreichweite) herzustellen bzw. 1000 Personen zu erreichen (Tausenderpreis auf Basis der Nettoreichweite).

Aufgabe 20:

In welche Gruppen lassen sich die Zielgrößen des Marketings einteilen? Erläutern Sie diese. Definieren Sie die Begriffe Recallwert und Recognitionwert. Handelt es sich um ökonomische oder vorökonomische Ziele? Beschreiben Sie jeweils ein Verfahren zur Ermittlung dieser Werbeerfolgsgrößen.

Lösungsskizze:

Marketingziele lassen sich folgendermaßen einteilen:

Vorökonomische Ziele (Beispiele)	Ökonomische Ziele (Beispiele)
• Wahrnehmung	• Gewinn
• Bekanntheit	• Umsatz
• Wissen	• Absatz
• Einstellung	• Marktanteil
• Image	• Kosten
• Präferenzen	• Kapazitätsauslastung

Ökonomische Ziele sind in der Regel monetär messbar oder zumindest anhand von objektiven Werten beschreibbar, vorökonomische hingegen nicht. Vorökonomische Ziele zu erreichen, kann als Voraussetzung für das Erreichen ökonomischer Ziele angesehen werden. Beispiel: Wenn viele Personen ein Produkt bevorzugen, wird sich das positiv auf den Absatz auswirken.

Die Begriffe Recallwert und Recognitionwert bezeichnen vorökonomische Werbeerfolgsgrößen. Der Recognitionwert bezeichnet das Ausmaß der Wiedererkennung eines Werbemittels und gibt an, ob überhaupt bzw. in welcher Intensität ein Werbemittel wahrgenommen wurde. Typischerweise erhält man den Recognitionwert durch eine Wiedervorlage des betreffenden Werbemittels, verbunden mit der Frage, ob die Auskunftsperson das Werbemittel schon gesehen bzw. intensiv betrachtet habe. Der Recallwert gibt an, inwieweit sich die Werbesubjekte an den Inhalt eines Werbemittels erinnern. Die Messung erfolgt entweder durch Befragen nach einem konkreten Werbemittel ohne jede Hilfestellung (unaided recall) oder durch die Unterstützung der Erinnerung durch verbale Hilfen wie z.B. das Nennen einiger Gestaltungselemente des Werbemittels (aided recall.).

1.2 Rechenaufgaben

Aufgabe 1:

Ein Hersteller von Champagner plant die Durchführung einer Werbemaßnahme. Zur Auswahl stehen eine auf zwei Wochen befristete Promotions-Aktion (Verkostung im Supermarkt), eine auf eine Woche befristete Sonderpreisaktion oder eine emotionale Werbekampagne. Der normale wöchentliche Absatz dieses Herstellers beträgt 400 Champagnerflaschen. In der nachfolgenden Tabelle sind die Zusatzabsätze der drei alternativen Maßnahmen dargestellt (Planungszeitraum: 4 Wochen):

	Zusatzabsatz in Woche t			
Maßnahme	t=1	t=2	t=3	t=4
Promotions-Aktion	+200	+90	$y_t = a_1 e^{-b_1(t-1)}$	$y_t = a_1 e^{-b_1(t-1)}$
Emotionale Werbung	+150	+100	$y_t = a_2 e^{-b_2(t-1)}$	$y_t = a_2 e^{-b_2(t-1)}$
Sonderpreis	+300	+0	+0	+0

Wie in der Tabelle dargestellt, rechnet man mit einem Zusatzabsatz von 200 Flaschen in der ersten Woche (t = 1) und von 90 Flaschen in der zweiten Woche (t = 2) der Promotions-Aktion. Im Falle einer emotionalen Werbekampagne wird ein Absatzzuwachs von 150 Flaschen in t = 1 und von 100 Flaschen in t = 2 erwartet. Gehen Sie von einem Planungszeitraum von insgesamt 4 Wochen aus. Für den weiteren Zeitverlauf der Promotions-Aktion und der emotionalen Kampagne wird folgender Zusammenhang angenommen:

$$y_t = a_i e^{-b_i(t-1)}$$

mit: $y_t^{(w)}$: auf Promotions-Aktion/emotionale Werbemaßnahme in Woche t=0 zurückzuführender zusätzlicher Absatz in t (t = 1, 2, 3, ...)

Bei Durchführung einer Sonderpreisaktion rechnet man mit einem zusätzlichen Absatz von 300 in der Woche der Aktion (t = 1). Danach fällt der Absatz in allen Perioden wieder auf das normale Niveau zurück.

Parametrisieren Sie die Wirkungsfunktion für die Promotions-Aktion und die emotionale Kampagne. Welchen kumulierten Zusatzabsatz kann der Anbieter aufgrund der drei Werbemaßnahmen jeweils erwarten, wenn der Planungszeitraum 4 Wochen nach der Schaltung der Werbung oder Durchführung der Promotions-Aktion umfasst?

Welche der drei Alternativen soll der Anbieter ergreifen, wenn die Promotions- und die Sonderpreisaktion jeweils € 2000 kosten und die emotionale Werbekampagne € 1500? Der normale Preis für den zu bewerbenden Champagner beträgt € 36 pro Flasche, der auf eine Woche befristete Aktionspreis würde bei € 33 liegen. Die variablen Stückkosten betragen € 20. Unterstellen Sie maximale Kooperationsbereitschaft des Handels.

Welche Alternative sollte der Anbieter auswählen, wenn mit einer Wahrscheinlichkeit von 60% damit zu rechnen ist, dass ein Konkurrent auf die emotionale Werbung mit einer Gegenwerbemaßnahme reagiert, aufgrund derer ab einschließlich t = 3 kein gegenüber dem normalen Absatz erhöhter Absatz mehr zu erwarten ist?

Lösungsskizze:

Parametrisierung der Wirkungsfunktionen $y_t = ae^{-b(t-1)}$:

Promotions-Aktion:

    (I) $200 = ae^{-b(1-1)}$ $\rightarrow a = 200$

    (II) $90 = ae^{-b(2-1)}$

    (I) in (II) $90 = 200e^{-b}$ $\rightarrow \ln 90 = \ln 200 - b \cdot \ln e$ $\rightarrow b = 0.8$

    $y_{Promo} = 200e^{-0.8(t-1)}$

Emotionale Werbung:

    (I) $150 = ae^{-b(1-1)}$ $\rightarrow a = 150$

    (II) $100 = ae^{-b(2-1)}$

    (I) in (II) $100 = 150e^{-b}$ $\rightarrow \ln 100 = \ln 150 - b \cdot \ln e$ $\rightarrow b = 0.4$

    $y_{Emotion} = 150e^{-0.4(t-1)}$

Kumulierter Zusatzabsatz der drei Maßnahmen des Anbieters:

Absatzzahlen für t=3 und t=4 durch jeweiliges Einsetzen von t in die berechnete Gleichung.
Z.B.: Zusatzabsatz bei Promotions-Aktion: für t=3: $y_{Promo} = 200e^{-0.8(3-1)} = 200e^{-1.6} = 40.38 \approx 40$

	t				kumulierter Absatz
	1	2	3	4	
Promotion	200	90	40	18	348
Emotion	150	100	67	45	362
Preis	300	0	0	0	300

Für den kumulierten Zusatzabsatz der drei Maßnahmen, über die vier Wochen hinweg, wird bei der Promotions-Aktion ein Mehrabsatz von 348 Stück, bei einer emotionalen Werbekampagne ein Mehrabsatz von 362 Stück, und bei der Preisaktion ein zusätzlicher Absatz von 300 Stück erwartet.

Berechnung des Deckungsbeitrags der drei Alternativen und Auswahl der Alternative mit höchstem Deckungsbeitrag:

D_{Promo} $= (400 \cdot 4 + 348) \, 36 - 2000 - 20 \cdot 1948 = 29168$

$D_{Emotion}$ $= (400 \cdot 4 + 362) \, 36 - 1500 - 20 \cdot 1962 = 29892$

D_{Preis} $= (400 + 300) \, 33 + 400 \cdot 3 \cdot 36 - 2000 - 20 \cdot 1900 = 26300$

Der Anbieter sollte eine emotionale Werbekampagne durchführen, da diese Alternative den höchsten Deckungsbeitrag aufweist. Es resultiert ein Deckungsbeitrag in Höhe von € 29892.

$D_{Emotion} = (4 \cdot 400 + 150 + 100) \, 36 + (67 + 45) \, 0.4 \cdot 36 + (0 + 0) \, 0.6 \cdot 36$
$- 1500 - 20(4 \cdot 400 + 150 + 100 + (67 + 45) \, 0.4) = 28816.8$

Falls mit einer Wahrscheinlichkeit von 60% ein Konkurrent auftritt, resultiert für den Deckungsbeitrag der emotionalen Werbekampagne ein Wert von € 28816.8. Der Anbieter sollte nun eine Promotions-Aktion durchführen, da diese jetzt den höchsten Deckungsbeitrag in Höhe von € 29168 aufweist.

Aufgabe 2:

Ein Skihersteller möchte ergänzend zu seinem klassischen Produktsortiment einen neuartigen Fun-Ski für Tiefschneefahrten entwickeln. Zur Unterstützung der Entscheidung über die Fortsetzung der Entwicklung des neuen Skis soll ein Punktbewertungsmodell verwendet werden. Hierzu geben der Marketing- und der Produktionsleiter folgende Urteile bezüglich der folgenden 6 Bewertungskriterien ab:

Unternehmensbereich	Bewertungskriterium
Produktion	technische Durchführbarkeit
	personelle Durchführbarkeit
Absatz	Umsatzvolumen
	Konkurrenzfähigkeit
	Verträglichkeit mit bestehendem Sortiment
	Schneeverhältnisse in den nächsten Jahren

Der Produktionsbereich besitzt ein Drittel der Wichtigkeit des Absatzbereichs. Innerhalb des Produktionsbereichs wird der personellen Durchführbarkeit zwei Drittel der Bedeutung der technischen Durchführbarkeit beigemessen. Im Absatzbereich werden die Kriterien Umsatzvolumen, Konkurrenzfähigkeit und Schneeverhältnisse als gleich wichtig angesehen, während die Verträglichkeit mit dem Sortiment demgegenüber nur als ein Drittel so bedeutend eingestuft wird, d.h. Gewichtung: 1:1:1:1/3. Zur Bewertung des neuen Produkts wird von den beiden Bereichsleitern folgende Skala verwendet:

sehr schlecht	schlecht	durchschnittlich	gut	sehr gut
1 Punkt	2 Punkte	3 Punkte	4 Punkte	5 Punkte

In der nachfolgenden Tabelle sind die unterschiedlichen Urteile des Marketing- und des Produktionsleiters dargestellt:

Bewertungskriterium	Urteil Produktionsleiter	Urteil Marketingleiter
technische Durchführbarkeit	3 Punkte	5 Punkte
personelle Durchführbarkeit	3 Punkte	4 Punkte
Umsatzvolumen	2 Punkte	5 Punkte
Konkurrenzfähigkeit	4 Punkte	5 Punkte
Verträglichkeit mit bestehendem Sortiment	2 Punkte	4 Punkte
Schneeverhältnisse	2 Punkte	3 Punkte

Da der Marketing- und der Produktionsleiter in ihren eigenen Bereichen kompetenter sind als die Leiter der jeweils anderen Bereiche, soll dem Produktionsleiter für den Produktionsbereich das vierfache Gewicht des Urteils des Kollegen aus dem Marketing zugewiesen werden. Für den Absatzbereich gilt analog die entgegengesetzte Gewichtung. Ermitteln Sie das Gesamturteil über das neue Produkt, und leiten Sie daraus eine Empfehlung ab, ob die Entwicklung fortgesetzt oder eingestellt werden soll.

Lösungsskizze:

Bereich	Gewicht	Teilgewicht	Gesamtgewicht	Urteil P	Gewicht P	Urteil M	Gewicht M
Produktion	0.25						
technische Durchführbarkeit		0.6	$0.25 \cdot 0.6 = 0.15$	3	0.8	5	0.2
personelle Durchführbarkeit		0.4	$0.25 \cdot 0.4 = 0.10$	3	0.8	4	0.2
Absatz	0.75						
Umsatzvolumen		0.3	$0.75 \cdot 0.3 = 0.225$	2	0.2	5	0.8
Konkurrenzfähigkeit		0.3	$0.75 \cdot 0.3 = 0.225$	4	0.2	5	0.8
Verträglichkeit		0.1	$0.75 \cdot 0.1 = 0.075$	2	0.2	4	0.8
Schneeverhältnisse		0.3	$0.75 \cdot 0.3 = 0.225$	2	0.2	3	0.8

technische Durchführbarkeit: $3 \cdot 0.8 + 5 \cdot 0.2 = 3.4$
personelle Durchführbarkeit: $3 \cdot 0.8 + 4 \cdot 0.2 = 3.2$
Umsatzvolumen: $2 \cdot 0.2 + 5 \cdot 0.8 = 4.4$
Konkurrenzfähigkeit: $4 \cdot 0.2 + 5 \cdot 0.8 = 4.8$
Verträglichkeit mit Sortiment: $2 \cdot 0.2 + 4 \cdot 0.8 = 3.6$
Schneeverhältnisse: $2 \cdot 0.2 + 3 \cdot 0.8 = 2.8$
Gesamturteil: $3.4 \cdot 0.15 + 3.2 \cdot 0.10 + 4.4 \cdot 0.225 + 4.8 \cdot 0.225 + 3.6 \cdot 0.075 + 2.8 \cdot 0.225 = 3.8$

Aufgrund des überdurchschnittlichen Ergebnisses (3.8 liegt über der Bewertung für „durchschnittlich" in Höhe von 3) ist dem Skihersteller die Weiterentwicklung des Fun-Skis zu empfehlen.

Aufgabe 3:

Die SchnickSchnack AG, ein kleiner Hersteller von Elektronikbauteilen, brachte 2006 (t = 1) eine Armbanduhr mit integrierter Infrarotfernbedienung für alle gängigen Fernsehgeräte auf den Markt. Während der ersten drei Jahre wurden der Verkaufspreis (€ 179) sowie alle anderen absatzpolitischen Maßnahmen konstant gehalten. Es ergaben sich folgende Absatzzahlen:

Jahr (t)	2006 (t=1)	2007 (t=2)	2008 (t=3)
Stück (y)	15200	31200	45600

Das Unternehmen geht davon aus, dass bezüglich der Produktlebenskurve der Uhr folgender Funktionstyp angenommen werden kann:

$$y(t) = \alpha_1 t + \alpha_2 t^2 + \alpha_3 t^3$$

Bestimmen Sie die Parameter der Produktlebenskurve und ermitteln Sie den für das Jahr 2009 zu erwartenden Umsatzerlös.

In dem Jahr, in dem zum ersten Mal ein Umsatzrückgang zu erwarten ist, soll eine Produktvariation durchgeführt werden. Wie viele Jahre hat das Entwicklungsteam Anfang 2009 noch Zeit, um die nötigen Arbeiten zu beenden? Wie lange könnte die Armbanduhr noch abgesetzt werden, wenn die Produktvariation unterbleiben würde?

Lösungsskizze:

Ermittlung der Parameter der Produktlebenskurve:

$$
\begin{array}{llll}
2006: & (1) & 15200 = 1\alpha_1 + 1^2\alpha_2 + 1^3\alpha_3 \\
2007: & (2) & 31200 = 2\alpha_1 + 2^2\alpha_2 + 2^3\alpha_3 \\
2008: & (3) & 45600 = 3\alpha_1 + 3^2\alpha_2 + 3^3\alpha_3 \\
\end{array}
$$

$\alpha_1 = 14000;\ \alpha_2 = 1600;\ \alpha_3 = -400$

Produktlebenskurve: $y(t) = 14000t + 1600t^2 - 400t^3$

Voraussichtlicher Absatz in 2009: $y(4) = 14000 \cdot 4 + 1600 \cdot 4^2 - 400 \cdot 4^3 = 56000$
Voraussichtlicher Umsatz in 2009: $U(2004) = p \cdot y(4) = 179 \cdot 56000 = 10024000$

Der Zeitraum, welcher dem Entwicklungsteam zur Beendigung der nötigen Arbeiten, zur Verfügung steht, berechnet sich wie folgt:

Umsatz im Jahr t: $U(t) = p \cdot y(t) = 179 (14000t + 1600t^2 - 400t^3)$

Umsatzmaximum: $\dfrac{dU}{dt} = 179 \cdot \left(14000 + 3200t - 1200t^2\right) \overset{!}{=} 0$

Nullstellen einer quadratischen Gleichung: $ax^2 + bx + c = 0 \Rightarrow x = \dfrac{-b \pm \sqrt{b^2 - 4ac}}{2a}$

$-1200t^2 + 3200t + 14000 = 0$, $t = \dfrac{-3200 \pm \sqrt{3200^2 - (4 \cdot (-1200) \cdot 14000)}}{2 \cdot (-1200)}$,

$t_1 = -2.33$ (nicht zulässig), $t_2 = 5$

Somit ist in $t = 6$, also für das Jahr 2011, erstmals ein Umsatzrückgang zu erwarten. Dem Entwicklungsteam bleiben aus der Sicht des Jahres 2009 noch zwei Jahre Zeit, um die Arbeiten zu beenden.

Der Zeitpunkt, ab dem kein Absatz mehr zu erzielen ist, berechnet sich wie folgt:

$y(t) = 14000t + 1600t^2 - 400t^3 \overset{!}{=} 0 \quad | \cdot \dfrac{1}{t}$

$1400 + 1600t - 400t^2 = 0$

$-400t^2 + 1600t + 14000 = 0$, $t = \dfrac{-1600 \pm \sqrt{1600^2 - (4 \cdot (-400) \cdot 14000)}}{2 \cdot (-400)}$,

$t_1 = -4{,}245$ (nicht zulässig), $t_2 = 8{,}245$

Die Armbanduhr würde also ohne Innovation noch bis zum Jahr 2013 Käufer finden.

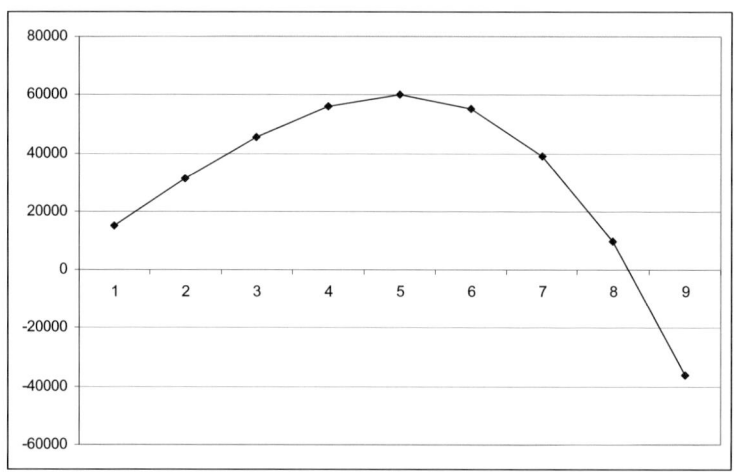

Aufgabe 4:

Ein Handelsunternehmen hat die Möglichkeit, sechs neue Produkte in das Sortiment aufzunehmen, allerdings könnte der knappe Regalplatz einen Engpass darstellen. Falls man ein bestimmtes Produkt in das Sortiment aufnimmt, sind folgende Plandaten für die Planungsperiode vorhanden bzw. auf jeden Fall einzuhalten.

	Neuprodukt					
	1	2	3	4	5	6
Soll-Regalmenge in Stück	10	20	10	20	10	10
Regalfläche/Stück	2	3	4	1	2	12
Verkaufspreis	20	10	30	40	60	40
Einstandspreis	10	5	20	20	20	10
Umschlaghäufigkeit	3	2	4	2	1	2

Nehmen Sie an, dass eine Regalfläche von 160 Flächeneinheiten (FE) zur Verfügung steht, die aufgefüllt werden muss. Wählen Sie die Produkte aus, die in das Sortiment aufgenommen werden sollen. Wählen Sie als Auswahlkriterium (1) den Stückdeckungsbeitrag, (2) den Produktdeckungsbeitrag und (3) den engpassbezogenen Deckungsbeitrag. Erstellen Sie jeweils eine Rangreihe, in der die Produkte in das Regal aufzunehmen sind.

Es sei nun angenommen, dass man über zwei Regale mit jeweils 80 Flächeneinheiten verfügt, in denen die neuen Produkte bzw. ein Teil davon platziert werden sollen. Würde man Produkte im Regal 1 anbieten, erwartet man die oben angegebene Umschlaghäufigkeiten in der Planungsperiode. Aufgrund gewisser Effekte des Sortimentsverbundes rechnet man damit, dass sich die Umschlaghäufigkeit der Produkte 1, 2 und 3 auf 80% der Umschlaghäufigkeit in Regal 1 verringern würde, wenn es in Regal 2 platziert wird. Entsprechend rechnet man mit einer Erhöhung der Umschlaghäufigkeit der Produkte 4, 5 und 6 auf 150%, wenn diese anstatt in Regal 1 in Regal 2 angeboten werden. Ermitteln Sie, welches Produkt in welchem Regal angeboten werden soll, damit der Produktdeckungsbeitrag insgesamt möglichst groß wird.

Lösungsskizze:

Auswahl der Produkte im Falle eines Regals:

Neuprodukt	1	2	3	4	5	6
Stückdeckungsbeitrag	10	5	10	20	40	30
(Rangplatz	4.5	6	4.5	3	1	2)
Regalmenge (Stück)	10	20	10	20	10	10
Umschlaghäufigkeit	3	2	4	2	1	2
Produkt-Deckungsbeitrag	300	200	400	800	400	600
(Rangplatz	5	6	3.5	1	3.5	2)
Regalfläche/Stück	2	3	4	1	2	12
Flächenbedarf	20	60	40	20	20	120
Produkt-DB/Flächenbedarf	15	3.33	10	40	20	5
(Rangplatz	3	6	4	1	2	5)

Kriterium:	Stückdeckungs-beitrag		Kriterium:	Produktdeckungs-beitrag		Kriterium:	Produktdeckungs-beitrag/Fläche	
Produkt	P-DB	Fläche	Produkt	P-DB	Fläche	Produkt	P-DB	Fläche
5	400	20	4	800	20	4	800	20
6	600	120	6	600	120	5	400	20
4	800	20	5	400	20	1	300	20
						3	400	40
						6	-	-
						2	200	60
Summe	1800	160	Summe	1800	160	Summe	2100	160

Auswahl und Platzierung der Produkte im Falle zweier Regale:

Neuprodukt		1	2	3	4	5	6
Umschlaghäufigkeit	Regal 1	3.0	2.0	4.0	2.0	1.0	2.0
	Regal 2	2.4	1.6	3.2	3.0	1.5	3.0
Produktdeckungsbeitrag	Regal 1	300	200	400	800	400	600
	Regal 2	240	160	320	1200	600	900
Flächenbedarf		20	60	40	20	20	120

Regal 1 (Fläche = 80 FE)		Regal 2 (Fläche = 80 FE)		gesamter Deckungsbeitrag
Produkte	Produkt-DB	Produkte	Produkt-DB	
1+2	300+200	3+4+5	320+1200+600	2620*
1+3+4	300+400+800	2+5	160+600	2260
1+3+5	300+400+400	2+4	160+1200	2460
2+4	200+800	1+3+5	240+320+600	2160
2+5	200+400	1+3+4	240+320+1200	2360
3+4+5	400+800+400	1+2	240+160	2000

Aufgabe 5:

Nach Abschluss seines Examens hat Klug eine Stelle als Assistent der Geschäftsleitung eines Herstellers von Kinderpflegeprodukten angenommen. Die hausinterne Entwicklungsabteilung hat drei neue Vorschläge für Kinderpflegeprodukte entwickelt: einen staubarmen Babypuder, eine Kinderzahncreme und eine Hautcreme. Die Geschäftsleitung beabsichtigt, eines dieser drei Produkte im kommenden Jahr anzubieten. Es liegen folgende Informationen und Schätzungen für die folgenden drei Jahre (t=1,2,3), die den Planungshorizont umfassen sollen, vor:

		Vergangenheit	t=1	t=2	t=3
Verkaufspreis	Puder		10	10	8
	Zahncreme		5	4	4
	Hautcreme		20	20	15
variable Stückkosten	Puder		5	4	3
	Zahncreme		3	2	2
	Hautcreme		10	9	5
periodenabhängige	Puder		300000	500000	800000
Produktfixkosten	Zahncreme		200000	300000	400000
	Hautcreme		500000	600000	900000
Absatzmenge	Puder		100000	200000	300000
	Zahncreme		200000	300000	500000
	Hautcreme		50000	100000	200000
Entwicklungskosten	Puder	1400000	0	0	0
	Zahncreme	200000	0	0	0
	Hautcreme	400000	0	0	0

Welche Empfehlung soll Klug geben? Unterstellen Sie einen zeitkonstanten Kalkulationszinssatz von 10%.

Lösungsskizze:

Die Kosten, die in der Vergangenheit bereits angefallen sind, sind nicht mehr entscheidungsrelevant!

Produktdeckungsbeitrag: $D = (p - k) \, y - K$

Für Puder:
$t = 1$ $D = (10 - 5) \cdot 100000 - 300000 = 200000$
$t = 2$ $D = (10 - 4) \cdot 200000 - 500000 = 700000$
$t = 3$ $D = (8 - 3) \cdot 300000 - 800000 = 700000$

D abgezinst auf $t = 0$: $D = 200000/1.1 + 700000/1.1^2 + 700000/1.1^3 = 1286251$

		t=1	t=2	t=3	abgezinst auf t=0
Produktdeckungsbeitrag	Puder	200000	700000	700000	1286251
$D = (p - k) \, y - K$	Zahncreme	200000	300000	600000	880541
	Hautcreme	0	500000	1100000	1239669

Klug sollte die Markteinführung von Puder empfehlen.

Aufgabe 6:

Die Weinkellerei Trest möchte in Island ihre Massenweine absetzen und ließ daher zuerst eine Marktstudie durchführen. Die Ergebnisse einer als Vorstudie durchgeführten MDS-Analyse deuteten darauf hin, dass die Konsumenten aus der Zielgruppe nur zwei Merkmale heranziehen, um die marktanteilsstärksten sechs für die Zielgruppe angebotenen Konkurrenzweine (A, B, ..., F) und das Idealprodukt zu qualifizieren. Diese beiden Merkmale schienen unabhängig zu sein. In der Hauptuntersuchung, in der die Probanden intensiv Weine verköstigen konnten, wurden die nachstehenden Skalen, die die Wahrnehmung dieser beiden Merkmale messen sollen, vorgelegt:

Wein der Marke ... ist:
Mein idealer Wein wäre:

herb, trocken ☐ ☐ ☐ ☐ ☐ ☐ ☐ lieblich, süß

sehr spritzig ☐ ☐ ☐ ☐ ☐ ☐ ☐ wenig spritzig

+3 +2 +1 0 -1 -2 -3

Die numerische Kodierung war nicht im Fragebogen enthalten. Die Datenanalyse hinsichtlich der Idealbeurteilungen ergab, dass die 400 Befragten der repräsentativen Stichprobe in fünf in sich homogene Gruppen unterteilt werden können. Es ergab sich aus dieser Studie und aus einer Erhebung im Handel zur Schätzung des Marktanteils folgender Befund:

Beurteilungsobjekt	Beurteilung Merkmal 1		Beurteilung Merkmal 2		realer mengenmäßiger Marktanteil	
	$\overline{x}$	s	$\overline{x}$	s		
Wein A	1.0	0.500	2.0	0.400	10%	
Wein B	-1.0	0.625	1.0	0.725	5%	
Wein C	-2.0	0.400	0.5	0.300	16%	
Wein D	2.5	0.250	0.5	0.350	24%	
Wein E	-1.5	0.875	-1.0	0.675	12%	
Wein F	1.5	0.300	-1.5	0.500	6%	
					Segmentanteil	∅ Konsumintensität
Idealwein Gruppe 1	3.0	0.300	0.5	0.600	25%	25 l/Jahr
Idealwein Gruppe 2	0.5	0.375	-1.0	0.175	10%	14 l/Jahr
Idealwein Gruppe 3	0.0	0.500	1.5	0.300	16%	31 l/Jahr
Idealwein Gruppe 4	-2.0	0.400	0.0	0.300	30%	53 l/Jahr
Idealwein Gruppe 5	3.0	0.550	2.0	0.250	19%	21 l/Jahr

Beurteilen Sie die Reproduktionsgüte eines von Ihnen sinnvoll konstruierten Marktmodells. In welchem Bereich des Objektraums könnte für die Firma Trest eine Marktlücke bestehen? Begründen Sie Ihre Ansicht.

Lösungsskizze:

Objektraum mit Mittelwerten der Beurteilungen:

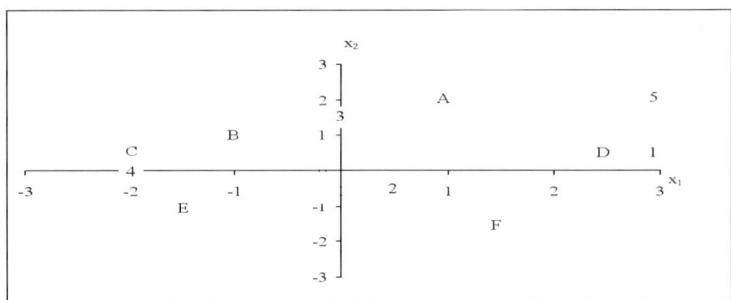

Berechnung der Marktanteile im Teilmarkt und der Konsumanteile der Segmente:

Marktanteil der Weine im Teilmarkt der 6 Weine					Konsumanteil der Segmente (Segmentanteil)					
A	10%	⇒	10/73	=	13.7%	1	25%·25	=	6.25	⇒	6.25/32.50 = 19.2%
B	5%	⇒	5/73	=	6.8%	2	10%·14	=	1.40	⇒	1.40/32.50 = 4.3%
C	16%	⇒	16/73	=	21.9%	3	16%·31	=	4.96	⇒	4.96/32.50 = 15.3%
D	24%	⇒	24/73	=	32.9%	4	30%·53	=	15.90	⇒	15.90/32.50 = 48.9%
E	12%	⇒	12/73	=	16.4%	5	19%·21	=	3.99	⇒	3.99/32.50 = 12.3%
F	6%	⇒	6/73	=	8.2%						
Σ	73%					Σ			32.50		

Bewertung der Reproduktionsgüte:

Nach Augenschein existieren folgende Teilmärkte:

Cluster		Marktanteil		Segmentanteil	
Teilmarkt 1:	D,1,5	D:	32.9%	1+5:	31.5%
Teilmarkt 2:	F,2	F:	8.2%	2:	4.3%
Teilmarkt 3:	A,B,3	A+B:	20.5%	3:	15.3%
Teilmarkt 4:	C,E,4	C+E:	38.3%	4:	48.9%

Die Übereinstimmung der beiden Häufigkeitsverteilungen ist nicht als gut, bestenfalls als ausreichend zu qualifizieren. (Eventuell ergäbe sich bei Zugrundelegung eines probabilistischen Modells und bei Beachtung der Streuungen um die Mittelwerte eine bessere Übereinstimmung.)

Marktnische: Die Qualität einer Positionierung hängt davon ab, welcher Marktanteil erreicht werden kann und wie hoch die Positionierungskosten und der durchsetzbare Preis sind.

Der Marktanteil hängt ab von:
- der Anzahl der Nachfrager die ein Produkt mit einer bestimmten Positionierung bevorzugen
- welche Menge die Nachfrager erwerben
- der Anzahl der Wettbewerber bzw. wie stark der Wettbewerb um die Kunden ist.

Bei einer Positionierung (-2; 0) wird das Segment 4 (fast die Hälfte des Konsums im Markt der Zielgruppe) angesprochen. Es besteht Konkurrenz durch die beiden Anbieter C und E. Der Gesamtkonsum von Segment 4 würde auf die eigene Marke, C und E gleich verteilt werden. Es wäre dann ein Marktanteil in der Zielgruppe für die Marke der Firma Trest in Höhe von 48.9%/3 = 16.3% zu erwarten.

Aufgabe 7:

Ein Hersteller von Müsli-Riegeln möchte seine Produkte in einem für ihn neuen Marktsegment absetzen und ließ daher zuerst eine Studie durchführen. Die Ergebnisse einer Vorstudie deuten darauf hin, dass die Konsumenten aus diesem Marktsegment nur zwei, offenkundig unabhängige Merkmale (X_1 = geringer/hoher Schokoladenanteil, X_2 = weiche/harte Konsistenz) heranziehen, um die bekanntesten Produkte (A, B, C und D) der in diesem Marktsegment tätigen Wettbewerber zu beurteilen und ihr jeweiliges Idealprodukt einzuordnen. In einer für das Marktsegment repräsentativen Hauptstudie stellte sich anhand einer Clusteranalyse heraus, dass die Nachfrager bezüglich ihrer Idealpunkte in drei homogene Gruppen eingeteilt werden können. Diese Idealpunkte sowie die Wahrnehmungen der Wettbewerberprodukte sind nachfolgend angegeben.

Beurteilungsobjekt	Wahrnehmung Merkmal 1 (X_1)	Wahrnehmung Merkmal 2 (X_2)		realer mengenmäßiger Marktanteil
Müsli-Riegel A	-3	1		37%
Müsli-Riegel B	4	0		18%
Müsli-Riegel C	2	1		6%
Müsli-Riegel D	-2	-2		13%
Nachfrager-segment	Idealpunkt Merkmal 1	Idealpunkt Merkmal 2	Segment-anteil	Ø Kaufhäufig-keit pro Monat
Gruppe 1	4	1	46%	6
Gruppe 2	-2	-1	17%	9
Gruppe 3	-3	2	37%	13

Stellen Sie den Objektraum grafisch dar. Beurteilen Sie die Qualität eines geeignet ausge-wählten Marktmodells. (2) In welchem Bereich des Marktmodells könnte für den Hersteller eine interessante Position bestehen? Begründen Sie Ihre diesbezügliche Empfehlung.

Lösungsskizze:

Grafische Darstellung und Qualität des Marktmodells:

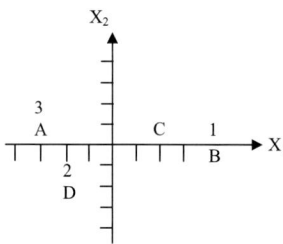

Marktanteil der Müsli-Riegel im Teilmarkt der 4 Müsli-Riegel				Konsumanteil der Segmente (Segmentanteil)		
A	37%	⇒	50.0%	1	0.46 · 6 = 2.76 ⇒	30.3%
B	18%	⇒	24.3%	2	0.17 · 9 = 1.53 ⇒	16.8%
C	6%	⇒	8.1%	3	0.37 · 13 = 4.81 ⇒	52.9%
D	13%	⇒	17.6%			
Σ	74%		100%	Σ	9.10	100%

Nach Augenschein existieren drei Teilmärkte:

Teilmarkt	Marktanteil	Segmentanteil
Teilmarkt 1: B,C,1	32.4%	30.3%
Teilmarkt 2: D,2	17.6%	16.8%
Teilmarkt 3: A,3	50.0%	52.9%

Die weitgehende Übereinstimmung dieser beiden Kenngrößen deutet auf eine hohe Qualität des Marktmodells hin.

Interessante Position:

Es wäre denkbar, um Segment 3 (Segmentanteil 52.9%) zu konkurrieren und sich ähnlich wie Müsli-Riegel A zu positionieren. Teilen sich A und das neue Produkt die Nachfrage aus die-sem Segment, so wäre ein Marktanteil von 52.9/2 = 26.45% (rund 26%) zu erwarten.

Aufgabe 8:

Die PriceConsult-Marktforschungs GmbH hat sich darauf spezialisiert, kleine bis mittlere Nischenanbieter bei ihrer Preisplanung zu beraten. Bei ihrem aktuellen Projekt haben sie für einen monopolartigen Nischenanbieter bereits folgendes Modell für eine Preis-Absatz-Funktion entwickelt:

$$y = \begin{cases} a_0 + a_1p, & p \leq p_u \\ a_2 + a_3p, & p_u \leq p \leq p_o \\ a_4 + a_5p, & p \geq p_o \end{cases}$$

Des Weiteren wurde ermittelt, dass im Bereich der niedrigsten Preise die Preiselastizität des Absatzes -10/9 bei einem Preis von 20 GE beträgt; die Sättigungsmenge beläuft sich auf 960 ME. Die Grenzumsätze im mittleren Bereich sind mit $350 - 10p$ bekannt. Der Grenzabsatz ist im Bereich der höchsten Preise mit -20 gegeben. Ab einem Preis von 55 GE wird das Produkt nicht mehr nachgefragt. Die Kostenfunktion lautet: $K = 10y + 1000$. Welchen Preis soll die PriceConsult-Marktforschung in der Abschlusspräsentation als deckungsbeitragsoptimal empfehlen?

Lösungsskizze:

Preis-Absatz-Funktion im unteren Bereich: $p \leq p_u$

Preiselastizität des Absatzes -10/9 bei einem Preis von 20 GE. Die Preiselastizität gibt an, um wie viel Prozent sich die nachgefragte Menge eines Gutes ändert, wenn sich der Preis des Gutes um ein Prozent ändert (Beispiele: $\varepsilon = -2$: 1% Preissteigerung $\rightarrow$ Absatz sinkt um 2%; $\varepsilon = -10/9$: 1% Preissteigerung $\rightarrow$ Absatz sinkt um $10/9 = 1.11\%$).

Sättigungsmenge: beschreibt die theoretisch höchste, absetzbare Menge eines Gutes, d.h. die nachgefragte Menge, wenn das Gut kostenlos wäre (hier: Sättigungsmenge: 960 ME).

$$p = 0, \ y = 960 \Rightarrow a_0 = 960$$

$$p = 20, \ \varepsilon = -10/9; \ \varepsilon = \frac{p}{y}\frac{\partial y}{\partial p} = \frac{p}{a_0 + a_1p}a_1;$$

$$-\frac{10}{9} = \frac{20}{960 + a_1 20}a_1 \Rightarrow a_1 = -25.26 \approx -25$$

Die Preis-Absatz-Funktion im unteren Bereich lautet: $y = 960 - 25p$

Preis-Absatz-Funktion im mittleren Bereich: $p_u \leq p \leq p_o$

$$U = (a_2 + a_3p)\,p = (a_2p + a_3p^2) \Rightarrow \frac{\partial U}{\partial p} = a_2 + 2a_3p = 350 - 10p \Rightarrow a_2 = 350, a_3 = -5$$

Die Preis-Absatz-Funktion im mittleren Bereich lautet: $y = 350 - 5p$

Preis-Absatz-Funktion im oberen Bereich: $p \geq p_o$

$$\frac{\partial y}{\partial p} = a_5 = -20$$

$$p = 55, \ y = 0 \Rightarrow 0 = a_4 + a_5 \cdot 55 \Rightarrow a_4 = 1100$$

Die Preis-Absatz-Funktion im oberen Bereich lautet: $y = 1100 - 20p$

Berechnung der Intervallgrenzen (Schwellenpreise):

$960 - 25p_u = 350 - 5p_u \qquad \Rightarrow p_u = 30.5$

$350 - 5p_O = 1100 - 20p_O \qquad \Rightarrow p_O = 50$

Preis-Absatz-Funktion:

$$y = \begin{bmatrix} 960 - 25p & 0 \le p \le 30.5 \\ 350 - 5p & 30.5 \le p \le 50 \\ 1100 - 20p & 50 \le p \le 55 \end{bmatrix}$$

Optimaler Preis:

$D = (p - k) \cdot y - K_{Fix} = (p - 10)(a + bp) - 1000$

$\dfrac{\partial D}{\partial p} = (a + bp) + (p - 10)b = a + 2bp - 10b = 0 \Rightarrow p^* = \dfrac{bk - a}{2b}$

Bereich	p^*	y^*	D^*
$0 \le p \le 30.5$	24.2^1	355	4041
$30.5 \le p \le 50$	40	150	3500
$50 \le p \le 55$	32.5^2	-	-
	50	100	3000

$^1\ p^* = \dfrac{10 \cdot (-25) - 960}{2 \cdot (-25)} = 24.2$; $y^* = 960 - 25 \cdot 24.2 = 355$; $D^* = (24.2 - 10)\,355 - 1000 = 4041$

^{2} Das Optimum liegt nicht im Gültigkeitsbereich der Funktion. Der nächstgelegene Preis beträgt in diesem Intervall 50 GE

Der deckungsoptimale Preis gemäß der gesamten Preis-Absatz-Funktion beträgt 24.2 GE. Diesen Preis zu verlangen sollte die PriceConsult-Marktforschung in ihrer Abschlusspräsentation empfehlen, da zu diesem Preis der maximale Deckungsbeitrag in Höhe von 4041 GE erzielt werden kann.

Aufgabe 9:

Die Augusta Innovation KG (AI) hat zwei marktneue Produkte, A und B, entwickelt und entscheidet nun über eine mögliche Markteinführung von A und/oder B. Um A und/oder B produzieren zu können, müsste eine Maschine beschafft werden, deren Anschaffungskosten €1500 betragen. Die maximale Laufzeit der Maschine beträgt 685 Stunden pro Periode, wobei Produkt A die Anlage mit 2 Stunden/Stück beansprucht. Für Produkt B beträgt der entsprechende Wert 3 Stunden/Stück. Es kann nur eine derartige Maschine beschafft werden. Die variablen Stückkosten betragen für A 8 €/Stück, für B 12 €/Stück. Die beiden Produkte sind absatzmäßig nicht verbunden. In beiden Fällen würde der AI die Rolle eines Monopolisten zufallen. Es sind folgende Preisabsatzfunktionen bekannt: $y_A = 250 - 2.5p_A$; $y_B = 400 - 5p_B$ (mit y_A: Absatz von Produkt A; y_B: Absatz von Produkt B; p_A: Preis von Produkt A; p_B: Preis von Produkt B). Ermitteln Sie die deckungsbeitragsoptimalen Preise und Mengen sowie die zugehörigen Deckungsbeiträge. Für welche Alternative sollte sich das Unternehmen entscheiden?

Lösungsskizze:

Ausgangsdaten:

$k_A = 8$, $k_B = 12$

$2y_A + 3y_B \le 685$

$y_A = 250 - 2.5p_A \qquad \Rightarrow 0 \le p_A \le 100$

$y_B = 400 - 5p_B \qquad \Rightarrow 0 \le p_B \le 80$

Die optimale Preisfindung für beide Modelle wird im Folgenden dargestellt. Dabei werden die optimalen Preis-Mengen-Kombinationen zunächst ohne Berücksichtigung der Kapazitätsrestriktion ermittelt. Ergibt sich dabei ein höherer Bedarf als die Kapazitätsgrenze, so ist ein Optimierungsansatz erforderlich, bei dem die Kapazitätsrestriktion mit berücksichtigt wird (vollständige Kapazitätsausschöpfung).

Berechnung der Deckungsbeiträge zunächst ohne Berücksichtigung der Nebenbedingung:

$$D_{A/B} = (250 - 2.5p_A)\,(p_A - k_{VA}) - K_{FA} + (400 - 5p_B)\,(p_B - k_{VB}) - K_{FB}$$

(Vorsicht: bei K_{FA}, K_{FB}: werden beide Produkte hergestellt, muss die Maschine nur einmal angeschafft werden $\rightarrow$ hier Doppelzählung vermeiden)

$D_A = (250 - 2.5p_A)\,(p_A - 8) - 1500 = -2.5p_A^2 + 270p_A - 3500$

$D_A' = -5p_A + 270 = 0 \Rightarrow p_A^* = 54$, $y_A^* = 250 - 2.5 \cdot 54 = 115$

$D_A = (54 - 8)\,115 - 1500 = 3790$

$D_B = (400 - 5\,p_B)\,(p_B - 12) - 1500 = -5p_B^2 + 460p_B - 6300$

$D_B' = -10p_B + 460 = 0 \Rightarrow p_B^* = 46$, $y_B^* = 400 - 5 \cdot 46 = 170$

$D_B = (46 - 12)\,170 - 1500 = 4280$

$D_{A\ und\ B} = DB_A + DB_B + 1500 = 3790 + 4280 + 1500 = 9570$

(+1500, da die Anschaffungskosten für die Maschine nur einmal anfallen)

Nebenbedingung: $2y_A + 3y_B \le 685 \Rightarrow 2 \cdot 115 + 3 \cdot 170 > 685$

Es besteht ein Zeitbedarf, der die maximale Laufzeit der Maschine übersteigt. Um dies zu vermeiden, ist ein simultaner Optimierungsansatz erforderlich, der in Form des Lagrange-Ansatzes dargestellt wird. Dabei wird die Kapazitätsrestriktion mit Hilfe eines Lagrange-Multiplikators (λ) direkt in die Deckungsbeitragsfunktion integriert.

Berechnung der Deckungsbeiträge mit Berücksichtigung der Nebenbedingung:

NB: $2y_A + 3y_B = 685$

$2\,(250 - 2.5p_A) + 3\,(400 - 5p_B) = 685 \Rightarrow 1015 - 5p_A - 15p_B = 0$

$L = (250 - 2.5p_A)(p_A - 8) + (400 - 5p_B)(p_B - 12) - \lambda(-5p_A - 15p_B + 1015) - 1500$

$\dfrac{\partial L}{\partial p_A} = 250 - 2.5p_A - 2.5p_A + 20 + 5\lambda = 0 \quad \Rightarrow 270 - 5p_A + 5\lambda = 0 \quad \Rightarrow \lambda = -54 + p_A$

$\dfrac{\partial L}{\partial p_B} = 400 - 5p_B - 5p_B + 60 + 15\lambda = 0 \quad \Rightarrow 460 - 10p_B + 15\lambda = 0 \quad \Rightarrow \lambda = -30\dfrac{2}{3} + \dfrac{2}{3}p_B$

$\dfrac{\partial L}{\partial \lambda} = 5p_A + 15p_B - 1015 = 0$

$-54 + p_A = -30\ 2/3 + 2/3p_B \Rightarrow 23\ 1/3 + 2/3p_B = p_A$

$5(23\ 1/3 + 2/3p_B) + 15p_B - 1015 = 0 \Rightarrow p_B = 49;\ p_A = 56;\ \lambda = 2$

Absatzmengen: $y_A = 250 - 2.5 \cdot 56 = 110$ und $y_B = 400 - 5 \cdot 49 = 155$

Nebenbedingung: $2 \cdot y_A + 3 \cdot y_B = 2 \cdot 110 + 3 \cdot 155 = 685$

$D_{A/B} = 110(56 - 8) + 155(49 - 12) - 1500 = 9515$

$D_{A/B} > D_A > D_B$

Das Unternehmen sollte die Produkte A und B produzieren.

Aufgabe 10:

Die Anhebung des Preises für ein bestimmtes Produkt von 18 auf 22 GE führte zu einem Absatzrückgang von 154 auf 103 ME. Die variablen Stückkosten belaufen sich auf 10 GE, die Fixkosten auf 1000 GE. Welcher Deckungsbeitrag kann bei Annahme einer multiplikativen Preisabsatzfunktion maximal erzielt werden? Wie viel dürfte eine Werbemaßnahme maximal kosten, die bewirkt, dass die neue Preiselastizität des Absatzes nur noch 90% der alten Preiselastizität beträgt? Wie viel dürfte eine Qualitätsverbesserung maximal an zusätzlichen variablen Kosten verursachen, die denselben Effekt auf die Preiselastizität hat?

Lösungsskizze:

Schätzung der Preisabsatzfunktion $y = ap^b$:

$154 = a \cdot 18^b$

$103 = a \cdot 22^b \Rightarrow a = \dfrac{154}{18^b} = \dfrac{103}{22^b} \Rightarrow \left(\dfrac{22}{18}\right)^b = \left(\dfrac{103}{154}\right) \Rightarrow b = \ln\left(\dfrac{103}{154}\right) / \ln\left(\dfrac{22}{18}\right) = -2$

$a = 154/18^{-2} = 49896 \approx 50000$

$y = 50000p^{-2}$

Optimaler Produktdeckungsbeitrag:

$D = (p - 10)\,y - 1000 = (p - 10) \cdot 50000p^{-2} - 1000 = 50000p^{-1} - 500000p^{-2} - 1000$

$D' = -50000p^{-2} + 1000000p^{-3} = 0 \Rightarrow -50000p + 1000000 = 0 \Rightarrow p^* = 20$

$y^* = 50000 \cdot 20^{-2} = 125;\ D^* = (20 - 10)\,125 - 1000 = 250$

Oder allgemein:

$$D = (p - k)\,ap^b - K \to max$$

$$\frac{dD}{dp} = (p-k)bap^{b-1} + ap^b = ap^b[(p-k)bp^{-1} + 1] = 0 \Rightarrow p = \frac{bk}{b+1} \Rightarrow p^* = \frac{-2 \cdot 10}{-2+1} = 20$$

Maximale Kosten (W) der Werbemaßnahme:

$$\varepsilon_{neu} = 0.9 \cdot \varepsilon_{alt} = 0.9 \cdot (-2) = -1.8$$

$$p^* = \frac{-1.8 \cdot 10}{-1.8 + 1} = 22.5$$

$$y^* = 50000 \cdot 22.5^{-1.8} = 184$$

$$D^* = (22.5 - 10)\,184 - 1000 - W \geq 250 \Rightarrow 1300 - W \geq 250 \Rightarrow W \leq 1050$$

Die Werbemaßnahme darf maximal 1050 GE kosten.

Maximale variable Kosten (Δk) der Qualitätssteigerung:

$$D^* = \left(\frac{-1.8k}{-1.8+1} - k\right) 50000 \cdot \left[\frac{-1.8k}{-1.8+1}\right]^{-1.8} - 1000 \geq 250 \Rightarrow 1.25k \cdot 50000 \cdot (2.25k)^{-1.8} \geq 1250$$

$$\Rightarrow 14519.49k^{-0.8} \geq 1250 \Rightarrow k^{-0.8} \geq 0.0861 \Rightarrow k \leq 21.44 \Rightarrow \Delta k^* \leq 11.44$$

Eine Maßnahme zur Qualitätsverbesserung dürfte maximal 11.44 GE an zusätzlichen variablen Kosten verursachen.

Aufgabe 11:

Die Indoor GmbH möchte in München eine Skihalle errichten, damit die Skifans auch im Sommer Ski fahren können. Im Rahmen der Planungen stellt sich die Frage, welche Eintrittspreise erhoben werden können. Die zukünftigen Kunden lassen sich anhand ihrer Reaktion auf Preise in zwei Segmente einteilen: Segment 1 (Studenten, Schüler, Rentner) und Segment 2 (restliche Bevölkerung). Die Preisabsatzfunktionen für beide Segmente wurden in einer repräsentativen Studie ermittelt und sehen folgendermaßen aus (y = Anzahl der Besucher): Segment 1: $y_{SSR} = 21000 \cdot p_{SSR}^{-2.5}$; Segment 2: $y_{RB} = 600 \cdot p_{RB}^{-1.5}$. Pro Besucher entstehen variable Kosten in Höhe von € 10. Berechnen Sie die für die jeweilige Preisstrategie optimalen Preise und entscheiden Sie, ob eine Preisdifferenzierung nach den beiden Segmenten sinnvoll ist oder ob besser nur ein einheitlicher Preis erhoben werden sollte.

Lösungsskizze:

Ermittlung des Gesamtdeckungsbeitrags bei Preisdifferenzierung:

Segment der Studenten, Schüler, Rentner: $y_{SSR} = 21000 \cdot p_{SSR}^{-2.5}$

$$D_{SSR} = (p_{SSR} - 10)(21000 \cdot p_{SSR}^{-2.5}) = 21000p_{SSR}^{-1.5} - 210000p_{SSR}^{-2.5}$$

$$D_{SSR}' = -31500p_{SSR}^{-2.5} + 525000p_{SSR}^{-3.5} = 0 \Rightarrow -31.500p_{SSR} + 525000 = 0$$

$$\Rightarrow p_{SSR}^* = 16.7, \quad y_{SSR}^* = 21000 \cdot 16.7^{-2.5} = 18.4$$

$$\Rightarrow D_{SSR}^* = (16.7 - 10)\,18.4 = 123$$

Segment der restlichen Bevölkerung: $y_{RB} = 600 \cdot p_{RB}^{-1.5}$

$$D_{RB} = (p_{RB} - 10)\,(600 \cdot p_{RB}^{-1.5}) = 600 p_{RB}^{-0.5} - 6000 p_{RB}^{-1.5}$$
$$D_{RB}' = -300 p_{RB}^{-1.5} + 9000 p_{RB}^{-2.5} = 0 \Rightarrow -300 p_{RB} + 9000 = 0$$
$$\Rightarrow p_{RB}^{*} = 30,\ y_{RB}^{*} = 600 \cdot 30^{-1.5} = 3.65$$
$$\Rightarrow D_{RB}^{*} = (30 - 10)\,3.65 = 73$$

Summe der Deckungsbeiträge aus beiden Segmenten: $D_{gesamt} = D_{SSR} + D_{RB} = 196$

Ermittlung des Gesamtdeckungsbeitrags bei einheitlicher Preisfestsetzung:

$$y = 21000 \cdot p^{-2.5} + 600 \cdot p^{-1.5}$$
$$D = (p - 10)\,(21000 \cdot p^{-2.5} + 600 \cdot p^{-1.5}) = -210000 p^{-2.5} + 15000 p^{-1.5} + 600 p^{-0.5}$$
$$D' = 525000 p^{-3.5} - 22500 p^{-2.5} - 300 p^{-1.5} = 0$$
$$\Rightarrow p^2 + 75p - 1750 = 0 \Rightarrow p = \frac{-75 \pm \sqrt{75^2 - (4 \cdot 1 \cdot (-1750))}}{2 \cdot 1} \Rightarrow p^{*} = 18.68$$

$$D_{gesamt} = (18.68 - 10)\,(21000 \cdot 18.68^{-2.5} + 600 \cdot 18.68^{-1.5}) = 185.37$$

Da sich bei der Preisdifferenzierung der höhere Gesamtdeckungsbeitrag ergibt, sollten in beiden Segmenten verschiedene Preise festgesetzt werden.

Aufgabe 12:

Ein Pkw-Hersteller bietet seit drei Jahren ein Fahrzeug an, das mit Wasserstoff betrieben werden kann. Es gibt keine anderen Anbieter für ähnliche Fahrzeuge. Der Preis für ein derartiges Fahrzeug, das nur in Komplettausstattung zu haben ist, betrug unverändert € 16000. Für die ersten 3 Jahre ergaben sich weltweit die folgenden Absatzzahlen: Jahr 1: 56000; Jahr 2: 80000; Jahr 3: 88000. Für das 4. Jahr soll am Ende des 3. Jahres der Preis neu kalkuliert werden. Ermitteln Sie daher eine geeignete Preisabsatzfunktion sowie den optimalen Preis unter den folgenden Annahmen:
- Wird der Preis nicht verändert, kann der Absatz durch die folgende Produktlebenskurve beschrieben werden: $y = a + bt^1 + ct^2$ (t = Jahr).
- Eine Preiserhöhung um 10% führt unabhängig vom absoluten Preis zu einer Absatzverringerung um 20%.
- Der Absatz wird durch eine multiplikative Preisabsatzfunktion der folgenden allgemeinen Form abgebildet: $y = ap^b$.
- Die variablen Stückkosten betragen in $t = 4$: € 11200.

Aufgabe 13:

Der Getränkehersteller Säftle hat seinen Energy-Drink Highfly erfolgreich auf dem schwäbischen Markt etabliert. Trotz dieser erfreulichen Marktlage konnte Säftle jedoch den angestrebten Gewinn bisher nicht realisieren. Der neu eingestellte Marketingassistent Ralph F., der gerade sein Studium abgeschlossen hat, ermittelt zunächst einmal eine Preisabsatzfunktion. Er stellt fest, dass eine Preisänderung von € 4 auf € 3.90 zu einer Erhöhung des Absatzes um 1600 Stück führt. Eine Absatzsteigerung in gleicher Höhe liegt auch bei einer Senkung des Preises von € 3.90 auf € 3.80 vor. Der Sättigungsabsatz beträgt 148800 Stück. Aus der

Kostenrechnung erhält Ralph F. die Information, dass von folgender Kostenfunktion auszugehen sei (Planungsperiode jeweils ein Monat): $K(y) = 120000 + 1.5y$ (y: Produktionsmenge).

Ralph F. erkennt nach kurzer Analyse des Sachverhalts, dass der bisherige Preis von Highfly (€ 4.00) nicht deckungsbeitragsoptimal sein kann. Er plädiert für eine deutliche Preiserhöhung. Liegt Ralph F. mit seiner Vermutung richtig? Ermitteln Sie den deckungsbeitragsoptimalen Preis und den dabei resultierenden Deckungsbeitrag.

Da Ralph F. seine erste Aufgabe erfolgreich bewältigt hat, wird er nun damit betraut, die Vorteilhaftigkeit der folgenden Maßnahme zu beurteilen. Der Preis soll für einen Monat auf €4.50 gesenkt werden. Es ist davon auszugehen, dass sich eine Absatzänderung nur für die Dauer der Sonderpreisaktion einstellen wird. Der Mehrabsatz wird während dieser Zeit zweimal so hoch sein als im Falle einer dauerhaften Preissenkung auf € 4.50. Für die werbliche Unterstützung der Aktion würden Kosten in Höhe von € 20000 anfallen. Lohnt sich die Sonderpreisaktion, wenn der Zusatzabsatz allein zu Lasten anderer Anbieter geht, die nicht reagieren?

Lösungsskizze:

Deckungsbeitragsoptimaler Preis:

$y = a + pb = 148800 + bp$
$+1600 = -0.10b \Rightarrow b = -16000 \Rightarrow y = 148800 - 16000p$

$D = (p - 1.5)(148800 - 16000p) - 120000 = -16000p^2 + 172800p - 343200$
$D' = -32000p + 172800 = 0 \Rightarrow p^* = 5.40$
$D^* = (5.40 - 1.50)(148800 - 16000 \cdot 5.40) - 120000 = 123360$

Der deckungsbeitragsoptimale Preis liegt bei € 5.40 und liefert einen Deckungsbeitrag in Höhe von € 123360.

Lohnt sich die Sonderpreisaktion?

Absatz bei dauerhafter Preisreduzierung auf € 4.50: $y_{normal} = 148800 - 16000 \cdot 4.50 = 76800$
Absatz bei optimalem langfristigem Preis € 5.40: $y^* = 148800 - 16000 \cdot 5.40 = 62400$
Monatlicher Mehrabsatz bei dauerhafter Preisreduzierung: $\Delta y_{normal} = 76800 - 62400 = 14400$
Mehrabsatz bei Sonderpreisaktion (1 Monat): $\Delta y_{Aktion} = 14400 \cdot 2 = 28800$
Gesamtabsatz im Aktionsmonat: $y_{Aktion} = 62400 + 28800 = 91200$
Deckungsbeitrag der Aktion: $D_{Aktion} = 91200 (4.50 - 1.50) - 120000 - 20000 = 133600$
Gewinndifferenz: $\Delta D = D_{Aktion} - D^* = 133600 - 123360 = 10240$

Für den Monat der Sonderpreisaktion würde sich unter Einbeziehung der Aktionskosten ein Deckungsbeitrag von € 133600 ergeben. Somit führt die Sonderpreisaktion zu einem zusätzlichen Deckungsbeitrag in Höhe von € 10240. Die Sonderpreisaktion lohnt sich also.

Aufgabe 14:

Ein Verarbeiter von Kartoffeln produziert Chips und Pommes frites. Seine Produkte erhalten ihren charakteristischen Geschmack durch eine besondere Fett-Gewürze-Mischung, die speziell aus Indonesien bezogen wird. Zurzeit sind 900 t Kartoffeln auf Lager (Einstandspreis 500 GE/t). Weitere Kartoffeln können im Planungszeitraum nicht beschafft werden. Von der speziellen Fett-Gewürze-Mischung sind 12 t verfügbar (Einstandspreis 30 GE/kg), weitere Mengen sind im Planungszeitraum zu 50 GE/kg beschaffbar. Zur Produktion von 1 kg Chips sind 3 kg Kartoffeln und 30 g Fett-Gewürze-Mischung nötig. Um 1 kg Pommes frites herzustellen, müssen 1.5 kg Kartoffeln und 60 g Fettmischung verarbeitet werden. Die mit dem Handel vereinbarten Absatzpreise betragen 10 GE bzw. 8 GE für 1 kg Chips bzw. 1 kg Pommes frites. Aufgrund von Engpässen im Handel (Kühlregale) können maximal 500 t Pommes frites abgesetzt werden. Der Absatz von Chips ist zum geplanten Preis in praktisch unbegrenzter Höhe möglich. Ermitteln Sie das Produktionsprogramm mit dem höchsten Deckungsbeitrag.

Lösungsskizze:

Ausgangsdaten:

Faktor	Faktorverbrauch für 1 kg des Produkts		Faktorkosten		Lagermenge
	Chips	Pommes frites	vergangen	bei Zukauf	
Kartoffeln	3 kg	1.5 kg	0.5 GE/kg	-	900000 kg
Fettmischung	30 g	60 g	0.03 GE/g	0.05 GE/g	1000000 g
Preis	10 GE/kg	8 GE/kg			
max. Absatz	unbegrenzt	500000 kg			

Bedingungen:

(a) Faktor Kartoffeln $\leq$ 900000 kg

   $x_1 = 0 \Rightarrow x_2 \leq 900000/1.5 = 600000$; $x_2 = 0 \Rightarrow x_1 \leq 900000/3 = 300000$

(b) Faktor Fettmischung $\leq$ 12000 kg

   $x_1 = 0 \Rightarrow x_2 \leq 12000/0.06 = 200000$; $x_2 = 0 \Rightarrow x_1 \leq 12000/0.03 = 400000$

(c) Absatz Pommes frites $\leq$ 500000 kg

Deckungsbeitrag, falls kein Zukauf von Fettmischung:

$$D = (10 - 3 \cdot 0.5 - 0.03 \cdot 30)\, x_1 + (8 - 1.5 \cdot 0.5 - 0.06 \cdot 30)\, x_2$$

Produktionsmenge x_1; x_2	D
0; 200000	1090000
266667; 66667	2390000
300000; 0	2280000

Deckungsbeitrag, falls Zukauf von Fettmischung:

$$D = (10 \cdot x_1 + 8 \cdot x_2) - 900000 \cdot 0.5 - (12000 \cdot 30 + \text{Zukaufmenge} \cdot 50)$$

Produktionsmenge x_1; x_2	Zukaufmenge = benötigte Menge-Lagermenge	D
50000; 500000	50000·0.03+500000·0.06-12000=19500	2715000
0; 500000	0·0.03+500000·0.06-12000=18000	2290000

Die optimalen Produktionsmengen sind $x_1 = 50000$ und $x_2 = 500000$.

Grafische Darstellung:

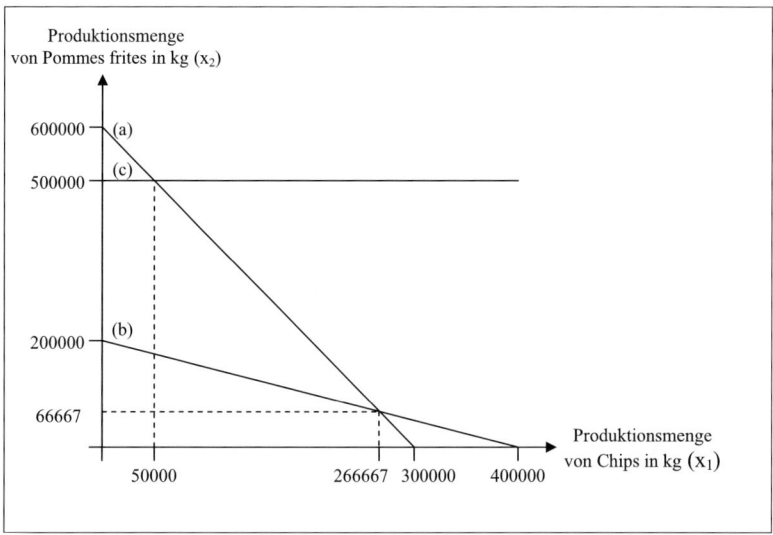

Aufgabe 15:

Der amerikanische Markenshampoo-Hersteller Well Hair Inc. hat sein Haar-Shampoo „Ultimate Care & Shine" erfolgreich auf dem deutschen Markt etabliert. Trotz dieser erfreulichen Marktlage konnte die Well Hair Inc. jedoch bisher ihr auf dem deutschen Markt angestrebtes Gewinnziel nicht erreichen. Aus diesem Grund beauftragt die Well Hair Inc. die deutsche Unternehmensberatung McKay. Frank K., Berater bei McKay, ermittelt zunächst die Preisabsatzfunktion. Er stellt fest, dass eine Preissenkung von € 5.60 auf € 5.40 zu einer Absatzsteigerung in Höhe von 5300 Stück/Monat führt. Eine Absatzsteigerung in gleichem Umfang ist auch bei einer Preissenkung von € 5.40 auf € 5.20 zu erwarten. Der Sättigungsabsatz beträgt 324000 Stück. Aus der Kostenrechnung erhält K. die Information, dass von folgender Kostenfunktion auszugehen sei (Planungsperiode jeweils ein Monat): $K = 350000 + 2.4y$ (y= Produktionsmenge).

K. erkennt nach kurzer Analyse des Sachverhalts, dass der bisherige Preis von „Ultimate Care & Shine" (€ 5.60) nicht deckungsbeitragsoptimal sein kann. Er geht davon aus, dass die Well Hair Inc. eine deutliche Preiserhöhung durchsetzen muss. Liegt K. mit seiner Vermutung richtig? Ermitteln Sie den deckungsbeitragsoptimalen Preis und den dabei resultierenden Deckungsbeitrag.

Die Well Hair Inc. hat sich nun entschieden, „Ultimate Care & Shine" zum deckungsbeitragsoptimalen Preis anzubieten. Sie möchte ihren Absatz weiter steigern und bittet deshalb McKay, die Vorteilhaftigkeit der folgenden Werbemaßnahme zu beurteilen. Der Preis für „Ultimate Care & Shine" soll einen Monat lang auf € 5.99 gesenkt werden. Es ist davon auszugehen, dass sich eine Absatzänderung nur für die Dauer der Sonderpreisaktion einstellen wird. Der Mehrabsatz wird erwartungsgemäß während dieser Zeit zweimal so hoch sein wie im Falle einer dauerhaften Preissenkung auf € 5.99. Für die werbliche Unterstützung der Aktion würden einmalig Kosten in Höhe von € 40000 anfallen. Lohnt sich die Sonderpreisaktion, wenn der Zusatzabsatz allein zu Lasten anderer Anbieter geht, die nicht reagieren? Führen Sie eine entsprechende Analyse durch.

McKay geht nach Analyse der Konkurrenzbeziehungen auf dem Markt für Haarpflegeprodukte jedoch davon aus, dass die Konkurrenz mit einer Wahrscheinlichkeit von 60% auf die Sonderpreisaktion der Well Hair Inc. reagieren wird und ebenfalls ihre Preise im Aktionsmonat senken wird. In diesem Fall ist davon auszugehen, dass der Mehrabsatz während dieser Zeit nur 1.3-mal so hoch sein wird wie bei einer dauerhaften Preissenkung auf € 5.99. Lohnt sich die Sonderpreisaktion unter diesen Marktbedingungen?

Lösungsskizze:

Deckungsbeitragsoptimaler Preis:

$$y = a + pb = 324000 + bp$$
$$+5300 = -0.20b \Rightarrow b = -26500 \Rightarrow y = 324000 - 26500p$$

$$D = (p - 2.4)(324000 - 26500p) - 350000 = -26500p^2 + 387600p - 1127600$$
$$D' = -53000p + 387600 = 0 \Rightarrow p^* = 7.31$$
$$D^* = (7.31 - 2.40)(324000 - 26500 \cdot 7.31) - 350000 = 289700$$

Der deckungsbeitragsoptimale Preis liegt bei € 7.31 und liefert einen Deckungsbeitrag in Höhe von € 289700.

Bewertung der Sonderaktion, falls Konkurrenz nicht reagiert:

Absatz bei dauerhafter Preisreduzierung auf € 5.99: $y_{normal} = 324000 - 26500 \cdot 5.99 = 165265$
Absatz bei optimalem langfristigem Preis € 7.31: $y^* = 324000 - 26500 \cdot 7.31 = 130285$
Monatlicher Mehrabsatz bei dauerhafter Preisreduzierung:
$\Delta y_{normal} = 165265 - 130285 = 34980$
Mehrabsatz bei Sonderpreisaktion (1 Monat): $\Delta y_{Aktion} = 34980 \cdot 2 = 69960$
Gesamtabsatz im Aktionsmonat: $y_{Aktion} = 130285 + 69960 = 200245$
Deckungsbeitrag der Aktion: $D_{Aktion} = 200245 (5.99 - 2.40) - 350000 - 40000 = 328880$
Gewinndifferenz: $\Delta D = D_{Aktion} - D^* = 328880 - 289700 = 39180$

Für den Monat der Sonderpreisaktion würde sich unter Einbeziehung der Aktionskosten ein Deckungsbeitrag von € 328880 ergeben. Somit führt die Sonderpreisaktion zu einem zusätzlichen Deckungsbeitrag in Höhe von € 39180. Die Sonderpreisaktion lohnt sich somit.

Bewertung der Sonderaktion, falls Konkurrenz reagiert:

Erwarteter Mehrabsatz bei Sonderpreisaktion (1 Monat):
$\Delta y_{Aktion} = 34980 \cdot 1.3 \cdot 0.6 + 34980 \cdot 2 \cdot 0.4 = 55268$
Gesamtabsatz im Aktionsmonat: $y_{Aktion} = 130285 + 55268 = 185553$
Deckungsbeitrag der Aktion: $D_{Aktion} = 185553 (5.99 - 2.40) - 350000 - 40000 = 276135$
Gewinndifferenz: $\Delta D = D_{Aktion} - D^* = 276135 - 289700 = -13565$

Für den Monat der Sonderpreisaktion würde sich unter Einbeziehung der Aktionskosten ein erwarteter Deckungsbeitrag von € 276135 ergeben. Somit führt die Sonderpreisaktion zu einem Verlust in Höhe von € 13565. Die Sonderpreisaktion lohnt sich somit nicht.

Aufgabe 16:

Der Konzern Procter&Gamble (P&G) ist ein weltweit agierender Konsumgüterhersteller. P&G beschäftigt etwa 135000 Mitarbeiter in 80 Ländern, ungefähr 15000 davon in Deutschland. Der Umsatz von P&G betrug im Geschäftsjahr 2008/09 weltweit 79 Milliarden US-Dollar. Da Sie sich sehr gut vorstellen können, nach dem erfolgreichen Abschluss Ihres Studiums für einen großen Konzern wie P&G zu arbeiten, nehmen Sie an dem Recruiting-Event „P&G Marketing Strategy Seminar" teil. Eine der Ihnen gestellten Aufgaben ist ein Rollenspiel, in dem Sie zusammen mit anderen Kommilitonen unterschiedliche Rollen in einem fiktiven Meeting übernehmen sollen. Ihre Rolle wird folgendermaßen beschrieben: „Stellen Sie sich vor, Sie arbeiten im Bereich strategisches Marketing für die P&G Waschmittelmarke Ariel und sind für die Kommunikation der Marke mitverantwortlich." Ein Kommilitone bekommt die Rolle Ihres Vorgesetzten und legt Ihnen folgende Grafik über den Absatzverlauf von Ariel und dem stärksten Konkurrenten Persil des Henkel-Konzerns vor.

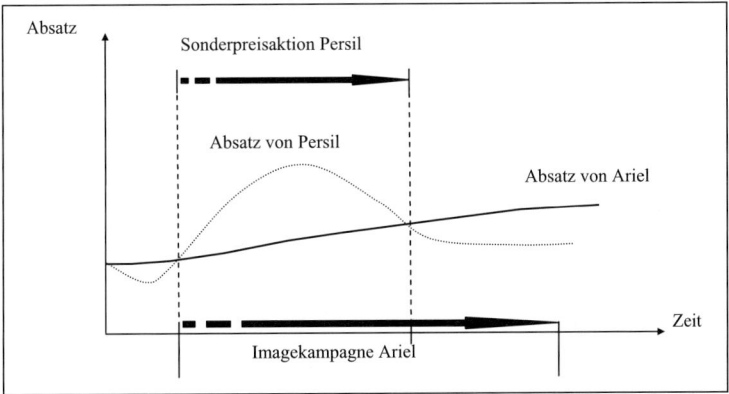

(1) Ihre Aufgabe im Rollenspiel ist es nun, folgende Aussage Ihres Vorgesetzten zu diskutieren und zu widerlegen: „Die für Ariel durchgeführte Imagekampagne hat im Vergleich zu der Sonderpreisaktion von Persil nichts gebracht. Eine Sonderpreisaktion wäre sinnvoller gewesen." Gehen Sie dazu zunächst allgemein auf die Unterscheidung zwischen psychografischen und ökonomischen Zielen des Marketings, den Zusammenhang zwischen diesen Größen und die dadurch entstehende Problematik ein. Beschreiben Sie anschließend verbal mögliche Wirkungen und Effekte von Imagekampagnen und Sonderpreisaktionen anhand der abgebildeten Absatzmengen von Ariel und Persil.

(2) Neben dem Waschmittel Ariel bietet der P&G Konzern viele weitere Produkte verschiedener Marken an, so zum Beispiel Haartrockner der Marke Braun. Im weiteren Verlauf des Recruiting-Events sollen Sie neben Ihren theoretischen Kenntnissen und rhetorischen Fähigkeiten auch Ihr analytisches Können unter Beweis stellen. Ihnen ist folgende Preis-Absatz-Funktion gegeben:

$$y = \begin{cases} a_0 + a_1 p, & p \le p_u \\ a_2 + a_3 p, & p_u \le p \le p_o \\ a_4 + a_5 p, & p \ge p_o \end{cases}$$

Im Bereich der niedrigsten Preise beträgt die Preiselastizität des Absatzes -2 bei einem Preis von € 25; die Sättigungsmenge beläuft sich auf 14400 Stück. Im mittleren Bereich wurde der Preis im Rahmen einer vergangenen Sonderpreisaktion von € 44 auf € 40 gesenkt, dies führte zu einem Absatzanstieg von 1950 auf 2250 Stück. Der Grenzabsatz ist im Bereich der höchsten Preise mit -200 gegeben. Ab einem Preis von € 60 wird das Produkt nicht mehr nachgefragt. Außerdem wird Ihnen noch mitgeteilt, dass die variablen Kosten € 15 betragen und Fixkosten in Höhe von € 20000 anfallen. Sie sollen nun anhand geeigneter Berechnungen untersuchen, ob eine langfristige Preissenkung auf € 40 als deckungsbeitragsoptimal für die gesamte Preis-Absatz-Funktion angesehen werden kann. Sollte dies nicht der Fall sein, bestimmen Sie den deckungsbeitragsoptimalen Preis für die gesamte Preis-Absatz-Funktion sowie den dazugehörigen Deckungsbeitrag.

(3) Ein weiterer Bestandteil des Recruiting-Events war ein Ideenwettbewerb für mögliche neue Produkte, die ebenfalls unter der Marke Ariel verkauft werden können. Ihr Vorschlag einer jungen Modelinie, die ausschließlich aus reiner, biologisch angebauter Baumwolle hergestellt wird, wurde als bester Vorschlag ausgezeichnet. Nun geht es darum, den Vertrieb dieser neuen Ariel-Modelinie zu planen. Erklären Sie in diesem Zusammenhang zunächst den Begriff vertikale Abnehmerbindungen, und erläutern Sie sowohl, welche Formen man unterscheiden kann als auch drei sinnvolle Vereinbarungen, die man im Falle der Ariel-Modelinie schließen könnte. Grenzen Sie im Anschluss den Begriff vertikales Marketing von vertikalen Abnehmerbindungen ab.

(4) Ein weiteres Produkt ist ein Welpenfutter der Marke Eukanuba. In einer weiteren Aufgabe des „P&G Marketing Strategy Seminars" sollen Sie festlegen, wie der Absatz für dieses Produkt erhöht werden kann. Derzeit wird das Produkt von 335 Geschäften im Tierfachhandel angeboten. Weitere 90 Händler sind an einer Zusammenarbeit interessiert und möchten das Produkt in ihr Sortiment aufnehmen. Neben einer derartigen möglichen Erhöhung der Anzahl der Händler könnte P&G allerdings auch die Ausgaben für vertikales Marketing von im Moment € 20000 auf € 40000 erhöhen. Sie sollen nun im Folgenden klären, ob die Anzahl der Distributionsstellen vergrößert und / oder die Ausgaben für vertikales Marketing erhöht werden sollen. Der Stückdeckungsbeitrag beträgt € 1.5. Je zusätzlichen Händler rechnet man bei einem konstanten Preis mit einem Zusatzabsatz von 450 Stück und für jeden eingesetzten Euro für das vertikale Marketing rechnet man mit einem Zusatzabsatz von 2 Stück. Eine Erhöhung der Anzahl der Händler ist nur mit Überstunden im Vertrieb möglich (120 €/Std.). Über den benötigten Zeitaufwand der Vertriebsmitarbeiter für die Aufnahme neuer Händler besteht keine sichere Information. Mit einer Wahrscheinlichkeit von 40% geht man davon aus, dass 6 Stunden pro neuem Händler notwendig sind. Mit einer Wahrscheinlichkeit von 60% sind 2 Stunden ausreichend.

Legen Sie die Aktionsmengen fest und ermitteln Sie die zugehörigen zusätzlichen Absatzmengen. Geben Sie die Entscheidungsmatrix an, wenn das Ziel Gewinnmaximierung ist! Welche Aktion ist bei Anwendung der Hurwicz-Regel optimal, wenn λ = 0.3? Führen Sie geeignete Berechnungen durch und erläutern Sie Ihre Aussagen!

Lösungsskizze:

(1) Unterscheidung zwischen psychografischen und ökonomischen Zielen des Marketings:

Psychografische Ziele: Wahrnehmung, Bekanntheit, Wissen, Einstellung, Image, Präferenzen
Ökonomische Ziele: Gewinn, Umsatz, Absatz, Marktanteil, Kosten, Kapazitätsauslastung

Zusammenhang zwischen diesen Größen und dadurch entstehende Problematik:

Der Erfolg von Marketingmaßnahmen ist oft nur in vorökonomischen Größen messbar. Normalerweise geht man von einem positiven Zusammenhang zwischen beiden Zielgrößen aus: z.B. Positive Einstellung zum TV-Spot → positive Einstellung zum Produkt → erhöhte Kaufabsicht → erhöhter Absatz. Daraus resultieren Fragen wie: Besteht wirklich ein Zusammenhang zwischen einer bestimmten Werbeaktion und einer Absatzveränderung? Kann man die Wirkung eine Imagekampagne wirklich so einfach in Absatzzahlen messen? Wie viel Mehrumsatz hat eine bestimmte Werbeanzeige in einer bestimmten Ausgabe einer Zeitschrift verursacht?

Mögliche Effekte einer Imagekampagne:

Positive Wirkung der Kampagne auf die Einstellung zur Marke und zu den Produkten der Marke → Im Falle einer Produktentscheidung (auch zu einem späteren Zeitpunkt) höhere Präferenz für das Produkt und höhere Kaufwahrscheinlichkeit → lang anhaltende, aber sich langsam entwickelnde Wirkung.

- zeitliche Ausstrahlungseffekte (Carry-Over-Effekte): Die Wirkung einer Imagekampagne kann auch zu zusätzlichen Produktkäufen zu einem späteren Zeitpunkt führen

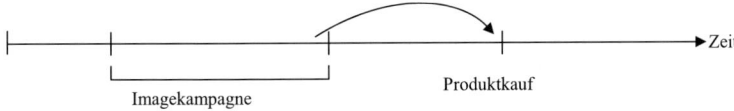

Imagekampagne   Produktkauf

- sachlicher Ausstrahlungseffekte (Spill-Over-Effekte): Maßnahme für ein Produkt wirkt sich auch auf die anderen Produkte der Marke aus:

Imagekampagne Ariel Waschmittel

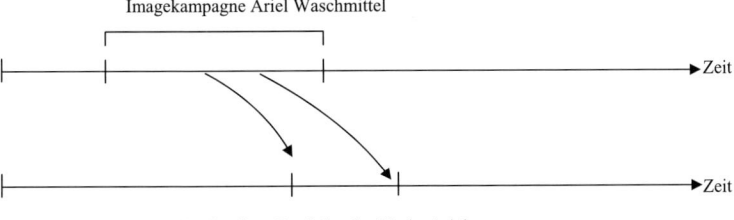

Kauf anderer Produkte der Marke Ariel

- 47 -

Mögliche Effekte einer Sonderpreisaktion:

- Vorankündigungseffekt: Nach Bekanntgabe der Sonderpreisaktion z.B. durch Werbemaßnahmen geht der Absatz von Persil zurück; Konsumenten schieben den Kauf auf den Aktionszeitraum.
- Bevorratungseffekt: Im Aktionszeitraum wird mehr gekauft als konsumiert wird; der Konsum im Folgezeitraum geht zurück.

Bei Produkten die häufig zum Sonderpreis angeboten werden, sinkt die Preisbereitschaft. Konsumenten kaufen das Produkt nur noch, wenn es reduziert angeboten wird (häufig bei Produkten, die als „Lockvogelangebote" verwendet werden, vor allem bei bekannten Marken).

Waschmittel ist ein substituierbares Gut $\rightarrow$ in der Zeit der Sonderpreisaktion von Persil hätte der Absatz von Ariel eigentlich zurückgehen müssen, da die Käufer von Ariel in dieser Zeit das günstigere Persil gekauft hätten $\rightarrow$ Absatzrückgang wurde verhindert.

(2) Preis-Absatz-Funktion:

Im unteren Bereich: $p \le p_u$: $a_0 + a_1 p$

$$p = 0, \ y = 14400 \Rightarrow a_0 = 14400$$

$$p = 25, \ \varepsilon = -2, \quad \varepsilon = \frac{p}{y}\frac{\partial y}{\partial p} = \frac{p}{a_0 + a_1 p}a_1; \ -2 = \frac{25}{14400 + a_1 25}a_1 \Rightarrow a_1 = -384$$

$$y = 14400 - 384p$$

Im mittleren Bereich: $p_u \le p \le p_o$: $a_2 + a_3 p$

$$1950 = a_2 + a_3 \cdot 44 \Rightarrow a_2 = 1950 - 44 \cdot a_3$$
$$2250 = a_2 + a_3 \cdot 40 \Rightarrow a_2 = 2250 - 40 \cdot a_3$$
$$a_2 = 5250, \ a_3 = -75$$
$$y = 5250 - 75p$$

Im oberen Bereich: $p \ge p_o$: $a_4 + a_5 p$

$$\frac{\partial y}{\partial p} = a_5 = -200$$

$$p = 60, \ y = 0 \Rightarrow 0 = a_4 + a_5 \cdot 60 \Rightarrow a_4 = 12000$$
$$y = 12000 - 200p$$

Berechnung der Intervallgrenzen (Schwellenpreise):
$$14400 - 384p_u = 5250 - 75p_u \qquad \Rightarrow p_u = 29.61 \approx 30$$
$$5250 - 75p_o = 12000 - 200p_o \qquad \Rightarrow p_o = 54$$

Preis-Absatz-Funktion:
$$y = \begin{cases} 14400 - 384p & 0 \le p \le 30 \\ 5250 - 75p & 30 \le p \le 54 \\ 12000 - 200p & 54 \le p \le 60 \end{cases}$$

Optimaler Preis:

$$D = (p - k) \cdot y - K_{Fix} = (p - 15)(a + bp) - 1000$$

$$\frac{\partial D}{\partial p} = (a + bp) + (p - 15)b = a + 2bp - 15b = 0 \Rightarrow p^* = \frac{bk - a}{2b}$$

Bereich	p^*	y^*	D^*
$0 \leq p \leq 30$	26.25^1	4320	28600
$30 \leq p \leq 54$	42.5	2062.5	36718.75
$54 \leq p \leq 60$	37.5^2	-	-
	54	1200	26800

$$^1 \, p^* = \frac{(-384) \cdot 15 - 14400}{2 \cdot (-384)} = 26.25 \, ; \, y^* = 14400 - 384 \cdot 26.25 = 4320;$$

$$D^* = (26.25 - 15) \, 4320 - 20000 = 28600$$

^{2} Das Optimum liegt nicht im Gültigkeitsbereich der Funktion. Der nächstgelegene Preis beträgt in diesem Intervall 54 GE

Der deckungsoptimale Preis der gesamten Preis-Absatz-Funktion beträgt € 42.50 und nicht €40. Der Preis des Produkts sollte langfristig auf € 42.50 festgesetzt werden, da zu diesem Preis der maximale Deckungsbeitrag von € 36718.75 erzielt werden kann.

(4) Vertikale Abnehmerbindungen:

Unter vertikalen Abnehmerbindungen versteht man eine auf vertraglichen Normen basierende Zusammenarbeit zwischen Unternehmen auf unterschiedlichen Stufen des Marktkanalsystems zur Förderung des Markterfolgs von Produkten (Marktkanal = Absatzweg; Marktkanalsystem = alle angewandten Absatzwege).

Die vielfältigen Abnehmerbindungen lassen sich nach dem Umfang der durch vertragliche Normen geregelten Funktionalbereiche untergliedern in:
- einfache Abnehmerbindungen: vertragliche Regelungen i.d.R. nur in einem Funktionalbereich
- Vertragshändlersysteme (Automobilindustrie: VW): vertragliche Regelungen in mehreren Funktionalbereichen
- Franchisesysteme (McDonalds): vertragliche Regelungen in mehreren Funktionalbereichen

Vereinbarungen für die Ariel-Modelinie:

- Gebietsschutz: Vereinbarung, dass ein Handelsbetrieb in einem bestimmten abgegrenzten Gebiet alleine (exklusiv) die Marken des Herstellers vertreiben darf.
- Sortimentsgestaltung: Vereinbarung über die Zusammensetzung des Sortiments der Handelsbetriebe
- Mindestlagerhaltung: Vereinbarung, dass die Handelsunternehmen bestimmte Sicherheitsbestände halten müssen.
- Werbegestaltung: Vereinbarung, dass ausschließlich der Hersteller bestimmte Formen der Werbung durchführt.
- Markierung: Vereinbarung über die Verwendung von Namen, Warenzeichen, Symbolen und sonstigen Schutzrechten durch das Handelsunternehmen

Abgrenzung vertikale Abnehmerbindungen von vertikalem Marketing:

- Vertikales Marketing: Eine Zusammenarbeit zwischen Unternehmen, die unterschiedlichen Stufen des Marktkanalsystems angehören, zur Förderung des Markterfolges von Produkten.
- Unterschied zu vertikalen Abnehmerbindungen: Zusammenarbeit erfolgt überwiegend fallweise, ohne vertragliche Regelung. Jede Stufe betreibt üblicherweise eine eigenständige Absatzpolitik, die bei Produktionsunternehmen primär auf das einzelne Produkt, bei Handelsunternehmen auf das gesamte Sortiment ausgerichtet ist. Bsp.: Gemeinsame Werbeaktionen oder Verpackungsgestaltung.

(5) Bewertung der Aktionen:

Aktionsmengen:

Aktion	Beschreibung	Absatzmenge
a_1	Erhöhung des Budgets für vertikales Marketing von € 20000 auf € 40000	20000 € · 2 Stück/€ = 40000 Stück
a_2	Erhöhung der Anzahl der Händler um 90	90 Händler · 450 Stück/Händler = 40500 Stück
a_3	Durchführung von a_1 und a_2	40000 + 40500 = 80500 Stück
a_4	Keine Aktion	0 Stück

Entscheidungsmatrix (Gewinnmaximierung):

	2 Std.	6 Std.
a_1	40000 · 1.5 − 20000 = 40000	40000 · 1.5 − 20000 = 40000
a_2	40500 · 1.5 − 90 · 120 · 2 = 39150	40500 · 1.5 − 90 · 120 · 6 = -4050
a_3	40000 + 39100 = 79150	40000 − 4050 = 35950
a_4	0	0

Optimale Aktion nach der Hurwicz-Regel:

	z_1	z_2	max u_{ij}	min u_{ij}	λ max $u_{ij} + (1 - \lambda)$ min u_{ij}
a_1	40000	40000	40000	40000	0.3 · 40000 + 0.7 · 40000 = 40000
a_2	39150	-4050	39150	-4050	0.3 · 39150 + 0.7 · (-4050) = 8910
a_3	79150	35950	79150	35950	0.3 · 79150 + 0.7 · 35950 = 48910
a_4	0	0	0	0	0

Die optimale Aktion ist a_3, d.h. beide Aktionen sind durchzuführen.

Aufgabe 17:

Der Schneeschuhhersteller MSR hat sein Produktsortiment vor einiger Zeit erweitert und bietet neben Schneeschuhen auch Schlitten an. Als Zubehör für die MSR Schlitten soll ein spezielles, neuartiges Wachs für Kufen angeboten werden. Die innovative Zusammensetzung des Wachses soll die Kufen besonders gut polieren und die Schlitten damit sehr schnell machen. Es wurden die Wachssorten „Eis Blitz" (EB) und „Cool Running" (CR) entwickelt. Um „Eis Blitz" und/oder „Cool Running" herzustellen, muss eine Maschine angeschafft werden, deren Kosten bei € 1200 liegen. An dieser Maschine soll ein externer Experte arbeiten, der für MSR maximal 450 Stunden im Quartal zur Verfügung steht. Nur dieser Experte kann die Maschine bedienen. Die Herstellung von einem Liter Wachs der Sorte „Eis Blitz" dauert mit der Maschine 1.6 Stunden; die Herstellung eines Liters der Sorte „Cool Running" dauert 2.4 Stunden. Je nachdem, welches Wachs hergestellt wird, sind unterschiedliche Inhaltsstoffe nötig. Die variablen Stückkosten pro Liter für „Eis Blitz" betragen 6.40 €/Liter, für „Cool Running" 9.60 €/Liter. Die beiden Wachssorten sind absatzmäßig nicht verbunden. In beiden Fällen würde MSR die Rolle eines Monopolisten zufallen. Folgende Preisabsatzfunktionen werden angenommen: $y_{EB} = 200 - 2p_{EB}$; $y_{CR} = 320 - 4p_{CR}$ (mit y_{EB}: Absatz von „Eis Blitz"; y_{CR}: Absatz von „Cool Running"; p_{EB}: Preis von „Eis Blitz"; p_{CR}: Preis von „Cool Running").

Nennen Sie die für den Schneeschuhhersteller MSR zur Verfügung stehenden Alternativen und berechnen Sie die deckungsoptimalen Preise und Mengen sowie die zugehörigen Deckungsbeiträge! Für welche Alternative sollte sich das Unternehmen entscheiden?

Lösungsskizze:

Nebenbedingung:
$$1.6 y_{EB} + 2.4 y_{CR} \leq 450$$
$$y_{EB} = 200 - 2p_{EB} \quad \Rightarrow 0 \leq p_{EB} \leq 100$$
$$y_{CR} = 320 - 4p_{CR} \quad \Rightarrow 0 \leq p_{CR} \leq 80$$

Berechnung der Deckungsbeiträge zunächst ohne Berücksichtigung der Nebenbedingung:
$$D = (200 - 2p_{EB})(p_{EB} - k_{EB}) - K_{EB} + (320 - 4p_{CR})(p_{CR} - k_{CR}) - K_{CR}$$

$$D_{EB} = (200 - 2p_{EB})(p_{EB} - 6.4) - 1200 = -2p_{EB}^2 + 212.8 p_{EB} - 2480$$
$$D_{EB}' = -4 p_{EB} + 212.8 = 0 \Rightarrow p_{EB} = 53.2, \ y_{EB} = 200 - 2 \cdot 53.2 = 93.6, \ D_{EB} = 3180.48$$

$$D_{CR} = (320 - 4p_{CR})(p_{CR} - 9.6) - 1200 = -4p_{CR}^2 + 358.4 p_{CR} - 4272$$
$$D_{CR}' = -8 p_{CR} + 358.4 = 0 \Rightarrow p_{CR} = 44.8, \ y_{CR} = 320 - 4 \cdot 44.8 = 140.8, \ D_{CR} = 3756.16$$

$$D_{EBundCR} = D_{EB} + D_{CR} + 1.200 = 3180.48 + 3756.16 + 1200 = 8136.64$$
aber: Nebenbedingung: $1.6 y_{EB} + 2.4 y_{CR} \leq 450$ ($1.6 \cdot 93.6 + 2.4 \cdot 140.8 > 450$)

Berechnung der Deckungsbeiträge mit Berücksichtigung der Nebenbedingung:
NB: $1.6 y_{EB} + 2.4 y_{CR} = 450$
$1.6 (200 - 2p_{EB}) + 2.4 (320 - 4p_{CR}) = 450$
$638 - 3.2 p_{EB} - 9.6 p_{CR} = 0$

$$L = (200 - 2p_{EB})(p_{EB} - 6.4) + (320 - 4p_{CR})(p_{CR} - 9.6) - \lambda(-3.2 p_{EB} - 9.6 p_{CR} + 638) - 1200$$

$$\frac{\partial L}{\partial p_{EB}} = (-2) \cdot (p_{EB} - 6.4) + 200 - 2p_{EB} \cdot 1 - \lambda \cdot (-3.2) = 212.8 - 4 p_{EB} + 3.2 \lambda = 0$$

$$\frac{\partial L}{\partial p_{CR}} = (-4) \cdot (p_{CR} - 9.6) + 320 - 4p_{CR} \cdot 1 - \lambda \cdot (-9.6) = 358.4 - 8 p_{CR} + 9.6 \lambda = 0$$

$$\frac{\partial L}{\partial \lambda} = -1 \cdot (-3.2 p_{EB} - 9.6 p_{CR} + 638) = 3.2 p_{EB} + 9.6 p_{CR} - 638 = 0$$

$p_{CR} = 48.06$; $p_{EB} = 55.06$; $\lambda = 2.33$

Absatzmengen: $y_{EB} = 200 - 2 \cdot 55.06 = 89.88$; $y_{CR} = 320 - 4 \cdot 48.06 = 127.76$
Nebenbedingung: $1.6 y_{EB} + 2.4 y_{CR} = 1.6 \cdot 89.88 + 2.4 \cdot 127.76 = 450$

$$D_{EB/CR} = 89.88 (55.06 - 6.4) + 127.76 (48.06 - 9.6) - 1200 = 8087.21$$

Das Unternehmen sollte „Eis Blitz" und „Cool Running" produzieren.

Aufgabe 18:

Die ShinySkin AG ist ein Hersteller von hochwertigen, pflegenden Kosmetikartikeln. Ihr erfolgreichstes Produkt, die Hautcreme Soft DeLuxe, wird bisher ausschließlich in renommierten Parfümerien und Schönheitsstudios vertrieben. Die Geschäftsführung möchte durch neue Vertriebswege weitere Kundensegmente für die Hautcreme Soft DeLuxe erschließen. Daher beauftragt sie die Unternehmensberatung Ronald Hügler mit einer Studie, um mögliche neue Vertriebswege und deren Chancen und Risiken zu identifizieren. Zunächst schätzt Ronald Hügler das Marktvolumen bei den bisher nicht erreichten Konsumenten auf 500000 Personen. Es ist davon auszugehen, dass ein Kunde pro Periode nur eine Packung kaufen wird. In der Abschlusspräsentation stellt Ronald Hügler zwei neue Vertriebswege vor. Mittels Marktanalysen konnte er für drei in Frage kommende Umweltzustände die erwarteten Käuferanteile bei den bisher nicht erreichten Konsumenten ermitteln. In der folgenden Tabelle sind die zentralen Ergebnisse dargestellt:

Geschätzte Käuferanteile (unter den bisher nicht erreichten 500 000 Konsumenten)		Umweltzustand/ Branchenentwicklung		
		Negativ (z_1)	Neutral (z_2)	Positiv (z_3)
Vertriebsweg	Online-Vertrieb	0.32	0.28	0.20
	Versandhandel	0.05	0.25	0.30

Um bisherige Kunden nicht zu irritieren, soll der Preis weiterhin unverändert bei € 14 pro Packung belassen werden. Die variablen Herstellkosten belaufen sich auf € 12 pro Packung. Für den bisherigen Vertrieb in den Parfümerien und Schönheitsstudios fallen pro Periode Fixkosten in Höhe von € 300000 an. Für die einzelnen Vertriebswege würden folgende zusätzliche Fixkosten pro Periode anfallen:

Vertriebsweg	Zusätzliche Fixkosten
Online-Vertrieb	100000
Versandhandel	150000

Welchen zusätzlichen Vertriebsweg sollte die Geschäftsleitung wählen, wenn sie Deckungsbeiträge maximieren möchte und (1) risikoneutral eingestellt ist und die Wahrscheinlichkeiten $p(z_1) = 0.4$, $p(z_2) = 0.3$ und $p(z_3) = 0.3$ annimmt, (2) das maximale Bedauern minimieren möchte oder (3) unter Ungewissheit entscheidet (Ungewissheit soll bedeuten, dass alle Zustände als gleich wahrscheinlich erachtet werden)?

Falls ein zusätzlicher Vertriebsweg gewählt wird, möchte die Geschäftsführung nun ausschließlich die Option „Versandhandel" wählen. Außerdem schließt man eine neutrale Branchenentwicklung als Umweltzustand aus. Da aber dennoch über die Entwicklung eine Unsicherheit besteht, ist man sich nicht einig, ob das Unternehmen durch einen neuen Vertriebskanal besser gestellt wird. Um zu einer Entscheidung zu kommen, werden die folgenden Daten analysiert, wobei weiterhin die in der Ausgangssituation beschriebenen Preise und Kostenfaktoren gelten:

	Umweltzustand (Branchenentwicklung)	
	Negativ (z_1)	Positiv (z_3)
Bisheriger Absatz in Parfümerien u. Schönheitsstudios pro Periode	200000	200000
Käuferanteil an den 500000 bisher nicht erreichten Konsumenten im Versandhandel	0.05	0.30
Eintrittswahrscheinlichkeit für Umweltzustand	40%	60%

Stellen Sie in einer Tabelle die sich in Abhängigkeit von den Handlungsalternativen (zusätzlich neuer Vertriebskanal Versandhandel: ja/nein) und den beiden Umweltzuständen (negative/positive Entwicklung) ergebenden Deckungsbeiträge dar. Welche Alternative sollte ein risikoneutraler Entscheider nun wählen?

Hinweise:

Erwartungswertregel	$\sum_j p(z_j)u_{ij} \to \max_i$
Minimierung des maximalen Bedauerns (Savage-Niehans-Regel)	$\max_j (\max_i u_{ij} - u_{ij}) \to \min_i$
Hurwicz-Regel	$\lambda \max_j u_{ij} + (1-\lambda) \min_j u_{ij} \to \max_i$ λ : Optimismus parameter
Laplace-Regel (Annahme gleicher Eintrittswahrscheinlichkeiten)	$\sum_{j=1}^{J} \frac{1}{J} u_{ij} \to \max_i$

Lösungsskizze:

Mögliche Aktivitäten:

a_1: Online-Vertrieb wählen
a_2: Versandhandel wählen

Deckungsbeiträge in Abhängigkeit vom Vertriebskanal und Umweltzustand:
Stückdeckungsbeitrag: $14 - 12 = 2$

	z_1	z_2	z_3
Online	$500000 \cdot 0.32 \cdot 2 - 100000$ $= 220000$	$500000 \cdot 0.28 \cdot 2 - 100000$ $= 180000$	$500000 \cdot 0.20 \cdot 2 - 100000$ $= 100000$
Versand	$500000 \cdot 0.05 \cdot 2 - 150000$ $= -100000$	$500000 \cdot 0.25 \cdot 2 - 150000$ $= 100000$	$500000 \cdot 0.30 \cdot 2 - 150000$ $= 150000$

	Erwartungswertregel (Risikoneutralität)	Minimax-Regret-Regel (Savage-Niehans-Regel, Minimierung des maximalen Bedauerns)					Laplace-Regel (gleichheit aller Zustände)
		z_1	z_2	z_3	$\max(u_i) - u_{ij}$	max	keit aller Zustände)
a_1	$D = 0.4 \cdot 220000+$ $0.3 \cdot 180000+$ $0.3 \cdot 100000 = 172000$	220000	180000	100000	0	0	50000	50000	$D = 1/3 \cdot 220000+$ $1/3 \cdot 180000+ 1/3 \cdot$ $100000 = 166666.67$
a_2	$D = 0.4 \cdot (-100000)+$ $0.3 \cdot 100000+$ $0.3 \cdot 150000 = 35000$	-100000	100000	150000	320000	80000	0	320000	$D = 1/3 \cdot (-100000)+$ $1/3 \cdot 100000+1/3 \cdot$ $150000 = 50000$
	max	220000	180000	150000					
	a_1 ist vorteilhaft	a_1 ist vorteilhaft							a_1 ist vorteilhaft

Veränderte Entscheidungssituation:

a_1: kein zusätzlicher Vertriebsweg
a_2: zusätzlicher Vertriebsweg Versand

Deckungsbeiträge in Abhängigkeit von Handlungsalternativen und Umweltzuständen:

	z_1	z_3	Erwartungswertregel
bisher	$200000 \cdot 2 - 300000 = 100000$	$200000 \cdot 2 - 300000 = 100000$	100000
mit Versand	$100000 + (-100000) = 0$	$100000+ 150000 = 250000$	$0.4 \cdot 0 + 0.6 \cdot 250000 = 150000$

Entscheidung für a_2, d.h. zusätzlich den Vertriebsweg Versandhandel wählen.

Aufgabe 19:

Der Lebensmitteldiscounter Oldie möchte eine neue Filiale eröffnen und muss sich zwischen den folgenden drei Standorten entscheiden:
- Standort A in der Fußgängerzone des Stadtzentrums
- Standort B in einem Industriegebiet, an das mehrere Wohngebiete angrenzen
- Standort C im Zentrum eines expandierenden Wohngebiets mit derzeit ca. 5000 Wohneinheiten

Folgende Informationen stehen zur Verfügung:

	Standort		
	A	B	C
Personen wohnhaft bis 5 Minuten Entfernung	3000	4000	5000
Personen wohnhaft zwischen 5 und 15 Minuten Entfernung	8000	5000	2000
Passanten pro Woche	32000	27000	15000
Raumkosten in € pro Monat	3000	6000	4000

Zusätzlich ist bekannt, dass jeder Passant pro Einkauf durchschnittlich € 40 ausgibt, andere Kunden € 70. Jeder fünfzigste Passant kauft spontan ein. Von den Personen aus dem 5-Minuten-Entfernungsbereich kauft jede dritte, von denen im 5- bis 15-Minuten-Bereich jede achte einmal im Monat. Die durchschnittliche Handelsspanne beträgt 40%. Für welchen Standort sollte sich Oldie unter Deckungsbeitragsüberlegungen entscheiden? Welche Deckungsbeiträge werden an den einzelnen Standorten erzielt? Wie wäre zu entscheiden, wenn für die Räume in der Fußgängerzone eine Maklerprovision in Höhe von € 15000 anfallen würde, für die anderen Standorte dagegen nicht?

Lösungsskizze:

Ziel: Maximierung des Deckungsbeitrags → Standort mit höchstem Deckungsbeitrag soll ausgewählt werden

DB = Umsatz · Handelsspanne − Raumkosten
wobei:
Umsatz pro Monat = [Passanten$_{Pas}$/Woche · Wochen/Monat · Frequenz$_{Pas}$ · Ausgabenbetrag$_{Pas}$] + [Personen$_{5Min}$ · Frequenz$_{5Min}$ · Ausgabenbetrag$_{5Min}$] + [Personen$_{15Min}$ · Frequenz$_{15Min}$ · Ausgabenbetrag$_{15Min}$]

Frequenz: Frequenz$_{Pas}$ = 1/50 = 0.02; Frequenz$_{5Min}$ = 1/3; Frequenz$_{15Min}$ = 1/8

DB$_A$ = [(32000 · 52/12 · 0.02 · 40) + (3000 · 1/3 · 70) + (8000 · 1/8 · 70)] · 0.4 − 3000
= 97373.33
DB$_B$ = [(27000 · 52/12 · 0.02 · 40) + (4000 · 1/3 · 70) + (5000 · 1/8 · 70)] · 0.4 − 6000
= 86273.33
DB$_C$ = [(15000 · 52/12 · 0.02 · 40) + (5000 · 1/3 · 70) + (2000 · 1/8 · 70)] · 0.4 − 4000
= 70466.67

Oldie sollte sich für Standort A entscheiden, also die Innenstadtlage wählen, da er hier den größten Deckungsbeitrag erzielt.

Entscheidung, wenn Maklerprovision für Standort A anfällt:

$DB_A = 97373.33 - 15000/12 = 96123.33$; $DB_B = 86273.33$; $DB_C = 70466.67$

Es sollte auch in diesem Fall Standort A gewählt werden, da hier der größte Deckungsbeitrag erzielt wird.

Aufgabe 20:

Der Kosmetikhersteller Ovan verkauft die zwei verschiedenen Kosmetik-Komplettpakete „Lavendel" und „Rose" (jeweils bestehend aus aufeinander abgestimmten Schminkutensilien, Körperpflegeprodukten und Parfum) mittels Reisender. Aus Erfahrungen der Vergangenheit sind die folgenden Reisendenwirkungsfunktionen und Preise ermittelt worden:

Paket „Lavendel"	$y_L = 600 + 40\sqrt{x_L}$	$p_L = €\ 40$
Paket „Rose"	$y_R = 580 + 80\sqrt{x_R}$	$p_R = €\ 45$

y = Absatz des jeweiligen Pakets, x = Reisendenzeit für das jeweilige Paket

Bisher wird die gesamte Reisendenstundenzahl von 300 Stunden gleichmäßig auf die beiden Produkte verteilt. Welcher Gesamtumsatz ergibt sich für Ovan bei der bisherigen Aufteilung der Reisendenstundenzahl? Wie sollte die Reisendenzeit besser aufgeteilt werden, wenn der Umsatz maximiert werden soll und wie hoch ist in diesem Fall der Umsatz?

Lösungsskizze:

Umsatz bei bisheriger Aufteilung der Reisendenstundenzahl:

$U = p_L \cdot y_L + p_R \cdot y_R$
$U = 40\ (600 + 40\sqrt{x_L}) + 45\ (580 + 80\sqrt{x_R}) = 40\ (600 + 40\sqrt{150}) + 45\ (580 + 80\sqrt{150}) = 113786.73$

Umsatz bei optimaler Reisendenzeitaufteilung:

NB: $x_L + x_R = 300$; somit ist $x_R = 300 - x_L \rightarrow$ Substitution von x_L

$U = 40\ (600 + 40\sqrt{x_L}) + 45\ (580 + 80\sqrt{300 - x_L})$
$= 50100 + 1600\sqrt{x_L} + 3600\sqrt{300 - x_L} = 50100 + 1600x_L^{0.5} + 3600\ (300 - x_L)^{0.5}$

$\dfrac{\partial U}{\partial x_L} = 800x_L^{-0.5} - 1800\ (300 - x_L)^{-0.5} = 0 \Rightarrow 800\ (300 - x_L)^{0.5} = 1800x_L^{0.5}$

$\Rightarrow 640000\ (300 - x_L) = 3240000x_L \Rightarrow x_L = 49.5 \approx 50\ h$; $x_R = 300 - 50 = 250\ h$

$U = 40\ (600 + 40\sqrt{x_L}) + 45\ (580 + 80\sqrt{x_R}) = 40\ (600 + 40\sqrt{50}) + 45\ (580 + 80\sqrt{250}) = 118334.71$

Somit sollten zur Maximierung des Umsatzes 50 Reisendenstunden auf den Vertrieb des Pakets Lavendel und 250 Stunden auf den Vertrieb des Pakets Rose verwendet werden. Der Umsatz steigt dann von € 113787 auf € 118335.

Aufgabe 21:

Der Absatz des Produktes eines Markenartikelherstellers gehorcht ab einer Mindestlieferzeit (Lieferzeit, die technisch bedingt nicht unterschritten werden kann) von 10 Tagen folgender Funktion:

$$y(t) = y_0 \frac{a_0}{a_0 + t^2}$$

mit : y_0 : Absatz bei Mindestlieferzeit von 10 Tagen

   t: Lieferzeit über Mindestlieferzeit

   a_0 : Parameter

Jedes Lager verursacht Kosten in Höhe von 10000 GE, außerdem fallen Fixkosten in Höhe von 100000 GE an. Unterhält das Unternehmen nur ein Lager, so beträgt seine durchschnittliche Lieferzeit 100 Tage. Bei einer Erhöhung der Lagerzahl um 1 Einheit verringert sich die Lieferzeit um 40%. Der Stückdeckungsbeitrag des vertriebenen Stückes beträgt 200 GE. Schließlich ist bekannt, dass bei einer Lieferzeit von 10 Tagen 1360 Stück absetzbar sind und dass bei einem Lager die Hälfte hiervon abgesetzt wird.

Welche Lieferzeiten sind im vorliegenden Fall relevant? Mit wie vielen Lagern sind sie jeweils realisierbar? Welche Gewinne ergeben sich bei den relevanten Lieferzeiten? Wie viele Lager sollen errichtet werden? Durch geeignete Werbemaßnahmen kann bewirkt werden, dass die Markentreue (quantifiziert als a_0) sich verdoppelt. Wie viel darf eine solche Aktion maximal kosten?

Lösungsskizze:

Relevante Lieferzeit und entsprechende Lageranzahl:

Anzahl der Lager (x)	Lieferzeit $L(x) = L(x-1) \cdot 0.6$	Lieferzeit über Mindestlieferzeit $t(x) = L(x) - 10$
1	100	90
2	60	50
3	36	26
4	22	12
5	13	3
6	8	unrealistisch

Bis zu fünf Lager sind relevant, da sich ab dem sechsten Lager die Lieferzeit unter die Mindestlieferzeit von zehn Tagen verringern würde.

Schätzung des Parameters a_0:

$$t = 0 \Rightarrow y(0) = 1360$$

$$x = 1; t = 90: \quad 680 = 1360 \frac{a_0}{a_0 + 90^2}$$

$$0.5 = \frac{a_0}{a_0 + 90^2} \Rightarrow 0.5a_0 + 4050 = a_0 \Rightarrow a_0 = 8100$$

$$y(t) = 1360 \cdot \frac{8100}{8100 + t^2}$$

Gewinn in Abhängigkeit von Lieferzeit und der optimalen Anzahl an Lagern:

$$D = 200 \cdot y(t) - K(x)$$

Anzahl der Lager (x)	Lagerkosten K(x) =10000·x+100000	Lieferzeit über der Mindestlieferzeit t(x)	Absatz y(t) = 1360·8100/(8100+t²)	Gewinn (D)
1	110000	90	680	26000
2	120000	50	1039	87800
3	130000	26	1255	121000
4	140000	12	1336	127200
5	150000	3	1358	121600

Bei vier Lagern ist der Gewinn maximal.

Kosten der Werbeaktion bei x = 4 bzw. t = 12:

Annahme: Es wird die optimale Anzahl an Lagerstätten eingerichtet, bevor die Werbeaktion evaluiert wird.

$$D_{nachher} = 200 \cdot \left[1360 \cdot \frac{16200}{16200 + 12^2} \right] - 140000 = 129604 \text{ GE}$$

$$K_{max} = D_{nachher} - D_{vorher} = 129604 - 127200 = 2404 \text{ GE}$$

Die geplante Werbeaktion darf maximal 2404 GE kosten.

Aufgabe 22:

Der Anbieter von Flugreisen in Mittelmeerländer „Sun Flight" möchte zu Beginn der Sommerreisezeit ein Banner auf der Website eines Online-Reiseportals schalten, um für seine Flugangebote zu werben. Es kommen drei Reiseportale (Expodia, Travelshop, Opundo) in Frage. Die Bannerschaltung kann tageweise gebucht werden, und das Banner soll an drei Tagen auf der betreffenden Website erscheinen. Es soll eines der drei Portale ausgewählt werden, Kombinationen verschiedener Portale sind nicht vorgesehen. Für die einzelnen Portale sind die folgenden Daten verfügbar:

Online-Portal von	Anteil der Personen mit ... Websitekontakten			Website-bezogene Bruttoreichweite	Website-bezogene Nettoreichweite	Seitenkontaktwahrscheinlichkeit*	Kosten BannerSchaltung für 1 Tag
	1	2	3				
Expodia	17%	54%	29%	424000	200000	0.35	5800
Travelshop	25%	47%	28%	487200	240000	0.55	7500
Opundo	30%	60%	10%	684000	380000	0.4	13300

*: Da ein Online-Portal (= eine Website) aus zahlreichen Unterseiten (Einzelseiten) besteht, ist die Seitenkontaktwahrscheinlichkeit hier die Wahrscheinlichkeit, dass ein Website-Besucher die Unterseite aufruft, auf der das Banner geschaltet ist.

Es wird angenommen, dass ein Website-Besucher erst bei Mehrfachkontaktierung Wirkung im Sinne der Werbezielsetzung zeigt. Die Wirkung bei 3-fachem Kontakt mit dem Banner wird als doppelt so hoch gewichtet wie die Wirkung bei 2-fachem Kontakt. Berechnen Sie nachvollziehbar die qualitativen Nettoreichweiten und die dazu gehörenden Tausenderpreise für die drei alternativen Portale und wählen Sie auf der Basis Ihrer Berechnungen das optimale Portal aus, auf das Banner geschaltet werden soll.

Lösungsskizze:

Berechnung der qualitativen Nettoreichweiten:

Kontaktgewichte:
Einfachkontaktierung : Zweifachkontaktierung : Dreifachkontaktierung = 0:1:2

Website	2 Kontakte mit Banner		3 Kontakte mit	qualitative
	2 Kontakte mit Website	3 Kontakte mit Website	Banner & Website	Reichweite
Expodia	$0.54 \cdot 200000 \cdot 0.35^2$ $= 13230$	$0.29 \cdot 200000 \cdot 0.35^2 \cdot 0.65 \cdot 3$ $= 13854.8$	$0.29 \cdot 200000 \cdot 0.35^3 \cdot 2$ $= 4973.5$	$13230+13854.8+$ $4973.5 = 32058.3$
Travel-shop	$0.47 \cdot 240000 \cdot 0.55^2$ $= 34122$	$0.28 \cdot 240000 \cdot 0.55^2 \cdot 0.45 \cdot 3$ $= 27442.8$	$0.28 \cdot 240000 \cdot 0.55^3 \cdot 2$ $= 22360.8$	83925.6
Opundo	$0.60 \cdot 380000 \cdot 0.4^2$ $= 36480$	$0.10 \cdot 380000 \cdot 0.4^2 \cdot 0.6 \cdot 3$ $= 10944$	$0.10 \cdot 380000 \cdot 0.4^3 \cdot 2$ 4864	52288

Qualitativer Tausenderpreis: Kosten Streuplan/(qualitative Reichweite/1000)

$$TP_E = 3 \cdot 5800/(32058.30/1000) = 542.76; \quad TP_T = 268.09; \quad TP_O = 763.08$$

Die Website von Travelshop weist den günstigsten Tausenderpreis auf Basis der qualitativen Reichweite auf und sollte daher für die dreifache Schaltung des Banners gewählt werden.

Aufgabe 23:

Das Skigebiet Gletschertal ist eine neu erschlossene Skiarena. Mit Plakaten, die im Umkreis von drei Autostunden um die Skiregion an zentralen Stellen aufgehängt werden sollen, erhofft sich der Tourismusverband der Skiregion die Gewinnung von Kunden für das neue Skigebiet. Vor der flächendeckenden Anbringung der Plakate soll deren Wirkung zunächst auf einem Testmarkt getestet werden. In der Branche wird häufig die folgende Werbewirkungsfunktion unterstellt: $y = a + bW^c$ (y: Anzahl der Besucher; W: Werbeausgaben in €; a, b, c: Parameter). Der Test liefert folgende Zusammenhänge zwischen Werbeausgaben und Anzahl der Besucher:

Werbeausgaben (€)	0	14700	30000
Anzahl der Besucher	900	15600	21900

Bestimmen Sie die Parameter der Werbewirkungsfunktion. Welches Werbebudget ist optimal? Stellen Sie eine geeignete Zielfunktion auf und zeigen Sie, wie sie optimiert werden kann. Beachten Sie hierbei, dass ein Besucher im Durchschnitt pro Besuch € 70 im Skigebiet ausgibt und dass sich die variablen Kosten pro Besucher auf € 40 belaufen (Kosten für Skibus, Liftanlagen, Beschneiungsanlagen, etc.).

Lösungsskizze:

Schätzung der Parameter:

(I) $\quad 900 = a + b \cdot 0^c \qquad \Rightarrow a = 900$

(II) $\quad 15600 = a + b \cdot 14700^c$
$\quad\quad 14700 = b \cdot 14700^c$
$\quad\quad \ln 14700 = c \ln 14700 + \ln b$

(III) $21900 = a + b \cdot 30000^c$
        $21000 = b \cdot 30000^c$
        $\ln 21000 = c \ln 30000 + \ln b$

(III – II) $\ln 21000 - \ln 14700 = c \ (\ln 30000 - \ln 14700)$
        $0.3567 = 0.7133c$
        $\Rightarrow c = 0.5,\ b = 121$

Werbewirkungsfunktion: $y = 900 + 121W^{0.5}$

Optimierung des Werbedeckungsbeitrags:

$D = y\,(p - k) - K$
$D = (900 + 121W^{0.5})\ 30 - W = 27000 + 3630W^{0.5} - W$

$\dfrac{dD}{dW} = 1815\ W^{-0.5} - 1 = 0 \Rightarrow W = 3294225$

Das optimale Werbebudget beträgt € 3294225.

Aufgabe 24:

Ein Produktmanager hat das Werbebudget für vier nicht miteinander konkurrierende Produkte A, B, C und D festzulegen, wobei bereits bestimmt ist, dass das Budget in Zeitschriften verausgabt wird, deren Verlage sehr viele regionale Splits anbieten, so dass das Budget beliebig fein auf die vier Produkte aufgeteilt werden kann. Das geplante gesamte Werbebudget beträgt € 5 Mio. Der Manager rechnet allen Produkten jeweils eine Werbeelastizität des Absatzes von 0.5 zu. Bei dem derzeitigen Werbebudget von je € 1.25 Mio. je Produkt werden von Produkt A 2000, von Produkt B 2200, von Produkt C 1800 und von Produkt D 12000 Stück abgesetzt. Er geht davon aus, dass die Wirkung der Werbung für Produkt i einer nicht-linearen Funktion $y_i = a_i x_i^{b_i}$ (mit y_i: Absatz des Produkts i, x_i: Werbebudget für das Produkt i, b_i: Werbeelastizität des Absatzes für das Produkt i, a_i: Einfluss des Werbebudget von Produkt i auf seinen Absatz) entspricht. Der Stückdeckungsbeitrag beträgt für Produkt A 400 €/Stück, für Produkt B 380€/Stück, für Produkt C 500 €/Stück und für Produkt D 70 €/Stück. Welche Budgets sind für die vier Produkte festzulegen? Wie hoch ist der Werbedeckungsbeitrag insgesamt? Nach welchem Prinzip wird das Budget aufgeteilt?

Lösungsskizze:

Schätzung der Parameter
$y_i = a_i x_i^{0.5}$
$x_A = 1250000 \Rightarrow y_A = 2000 \Rightarrow 2000 = a_1 1250000^{0.5} \Rightarrow a_1 = 1.7889 \Rightarrow y_1 = 1.7889x_1^{0.5}$
$x_B = 1250000 \Rightarrow y_B = 2200 \Rightarrow 2200 = a_2 1250000^{0.5} \Rightarrow a_2 = 1.9677 \Rightarrow y_2 = 1.9677x_2^{0.5}$
$x_C = 1250000 \Rightarrow y_C = 1800 \Rightarrow 1800 = a_3 1250000^{0.5} \Rightarrow a_3 = 1.6100 \Rightarrow y_3 = 1.6100x_3^{0.5}$
$x_D = 1250000 \Rightarrow y_D = 12000 \Rightarrow 12000 = a_4 1250000^{0.5} \Rightarrow a_4 = 10.7331 \Rightarrow y_4 = 10.7331x_4^{0.5}$

Werbedeckungsbeitrag:

$$D = \sum_{i=1}^{4}(y_i d_i - x_i) \text{ unter der Nebenbedingung } \sum_{i=1}^{4}x_i = 5000000$$

Optimierung des Werbedeckungsbeitrags durch den Lagrange-Ansatz:

$$L = (400 \cdot 1.7889 x_1^{0.5} + 380 \cdot 1.9677 x_2^{0.5} + 500 \cdot 1.6100 x_3^{0.5} + 70 \cdot 10.7331 x_4^{0.5})$$
$$- (x_1 + x_2 + x_3 + (5000000 - x_1 - x_2 - x_3)) + \lambda(5000000 - x_1 - x_2 - x_3 - x_4)$$

(I) $\dfrac{\partial L}{\partial x_1} = 358 x_1^{-0.5} - \lambda = 0 \Rightarrow x_1^{-0.5} = \dfrac{\lambda}{358} \Rightarrow x_1^{0.5} = \dfrac{358}{\lambda} \Rightarrow x_1 = (\dfrac{358}{\lambda})^2$

(II) $\dfrac{\partial L}{\partial x_2} = 374 x_2^{-0.5} - \lambda = 0 \Rightarrow x_2 = (\dfrac{374}{\lambda})^2$

(III) $\dfrac{\partial L}{\partial x_3} = 403 x_3^{-0.5} - \lambda = 0 \Rightarrow x_3 = (\dfrac{403}{\lambda})^2$

(IV) $\dfrac{\partial L}{\partial x_4} = 376 x_4^{-0.5} - \lambda = 0 \Rightarrow x_4 = (\dfrac{376}{\lambda})^2$

(V) $\dfrac{\partial L}{\partial \lambda} = 5000000 - x_1 - x_2 - x_3 - x_4 = 0$

Einsetzen der ersten vier Gleichungen in die Fünfte ergibt:

$$5000000 - (\dfrac{358}{\lambda})^2 - (\dfrac{374}{\lambda})^2 - (\dfrac{403}{\lambda})^2 - (\dfrac{376}{\lambda})^2 = 0 \Rightarrow 5000000 - \dfrac{571825}{\lambda^2} = 0$$

$$\lambda = \sqrt{\dfrac{571825}{5000000}} = 0.3382$$

$x_1 = (\dfrac{358}{\lambda})^2 \approx 1121000$	$y_1 = 1.7889 \cdot 1121000^{0.5} = 1894$	$d_1 y_1 = 758000$
$x_2 = (\dfrac{374}{\lambda})^2 \approx 1223000$	$y_2 = 1.9677 \cdot 1223000^{0.5} = 2176$	$d_2 y_2 = 827000$
$x_3 = (\dfrac{403}{\lambda})^2 \approx 1420000$	$y_3 = 1.6100 \cdot 1420000^{0.5} = 1919$	$d_3 y_3 = 960000$
$x_4 = (\dfrac{376}{\lambda})^2 \approx 1236000$	$y_4 = 10.7331 \cdot 1236000^{0.5} = 11933$	$d_4 y_4 = 835000$
Σ 5000000		Σ 3380000

Zugrundeliegendes Prinzip der Budgetaufteilung: Die Budgetaufteilung ist optimal, wenn der Grenzwerbedeckungsbeitrag bei allen Produkten gleich hoch ist:

$D_i = a_i x_i^{b_i} \cdot d_i - x_i \Rightarrow D_i' = a_i b_i x_i^{b_i - 1} \cdot d_i - 1$
$D_1' = 1.7899 \cdot 0.5 \cdot 1121000^{-0.5} \cdot 400 - 1 = -0.66$
$D_2' = 1.9677 \cdot 0.5 \cdot 1223000^{-0.5} \cdot 380 - 1 = -0.66$
$D_3' = 1.6100 \cdot 0.5 \cdot 1420000^{-0.5} \cdot 500 - 1 = -0.66$
$D_4' = 10.7331 \cdot 0.5 \cdot 1236000^{-0.5} \cdot 70 - 1 = -0.66$

Es ergeben sich negative Grenzdeckungsbeiträge. Trotz optimaler Aufteilung des Werbebudgets auf die vier Produkte kann kein positiver Werbedeckungsbeitrag erwirtschaftet werden. Die Budgethöhe von € 5 Mio. war zu hoch.

Aufgabe 25:

Der Cluburlaub-Anbieter Superholidays muss aufgrund zahlreicher negativer Presseberichte sein Image verbessern und plant daher eine Imagekampagne. Hierfür stehen zwei alternative Werbemaßnahmen zur Verfügung, für die folgende Angaben gelten:

Maß-nahme	Werbewirkung in Woche 1 nach Schaltung der Image-kampagne	Werbewirkung in Woche 2 nach Schaltung der Image-kampagne	Werbewirkung im weiteren Zeitverlauf nach Schaltung der Imagekampagne
A	250 zusätzliche Reisen*	90 zusätzliche Reisen*	spätere Absatzzuwächse sollen durch folgende Funktion beschrieben werden: $y_t = ae^{-b(t-1)}$
B	290 zusätzliche Reisen*	90 zusätzliche Reisen*	y_t = auf Werbemaßnahme in Woche t = 0 zurückzuführender zusätzlicher Absatz

* zusätzlich zur bisherigen Anzahl verkaufter Reisen

Superholidays beauftragt Sie damit, die vorliegende Wirkungsfunktion für die Image-Werbe-maßnahmen zu parametrisieren und zu schildern, wie man mit dem Ergebnis weiter verfahren könnte, um sich für die optimale Maßnahme zu entscheiden.

Lösungsskizze:

Parametrisieren der Wirkungsfunktion A:

$t = 1$: $250 = a \cdot e^{-b \cdot 0}$ $\Rightarrow a = 250$

$t = 2$: $90 = a \cdot e^{-b \cdot 1}$ $\Rightarrow \ln 90 = \ln a - b \Rightarrow \ln 90 = \ln 250 - b \Rightarrow b = 1.02$

$$y_t = 250 \, e^{-1.02(t-1)}$$

Parametrisieren der Wirkungsfunktion B:

$t = 1$: $290 = a \cdot e^{-b \cdot 0}$ $\Rightarrow a = 290$

$t = 2$: $90 = a \cdot e^{-b \cdot 1}$ $\Rightarrow \ln 90 = \ln a - b \Rightarrow \ln 90 = \ln 290 - b \Rightarrow b = 1.17$

$$y_t = 290 \, e^{-1.17(t-1)}$$

Weitere Schritte:
- Festlegung des Planungshorizonts
- Berechnung für Zeitraum des Planungshorizonts, welche Maßnahme den höchsten kumu-lierten Umsatz liefern würde
- Berechnung des Deckungsbeitrags beider Werbemaßnahmen, um auch Kostenüberlegun-gen einfließen zu lassen

Aufgabe 26:

Das Pharmaunternehmen „Vitamin B" geht im Absatzgebiet Schwaben von 100 gleichwerti-gen Distributionsstellen (Apotheken) aus. Zurzeit wird das eigene Produkt in 25 Apotheken geführt. Man steht vor der Frage, ob die Distributionsdichte vergrößert und/oder das Werbe-budget verändert werden soll.

Bei konstantem Preis rechnet man jeder zusätzlichen Distributionsstelle einen Zusatzabsatz von 60 ME und jedem zusätzlich eingesetzten Werbe-Euro einen Zusatzabsatz von 5 ME zu. Der Stückdeckungsbeitrag beträgt 0.80 GE. Im Einzelnen steht eine Erhöhung des Werbebudgets von 100 GE auf 300 GE und eine Vergrößerung der Anzahl der Distributionsstellen um 25 zur Diskussion. Pro Distributionsstelle gibt es je einen Vertreter. Eine Vergrößerung der Anzahl ist nur mit Überstunden der Vertreter möglich (30 GE/Std.). Es existieren keine sicheren Informationen über den Zeitaufwand der Vertreter für die Gewinnung neuer Apotheken. Folgende Eintrittswahrscheinlichkeiten werden geschätzt:

Wahrscheinlichkeit	Zeitaufwand
0.6	1 h
0.4	2 h

Legen Sie die Aktionsmenge fest und ermitteln Sie die zugehörigen zusätzlichen Absatzmengen! Geben Sie die Entscheidungsmatrix an, wenn das Ziel die Gewinnmaximierung ist. Welche Aktion ist bei Anwendung der Erwartungswertregel (Bayes-Regel) optimal? Welche Aktion ist bei Anwendung der Optimisten- und Pessimistenregel optimal?

Lösungsskizze:

Alternativen:

a_1: Erhöhung des Werbebudgets von 100 GE auf 300 GE
a_2: Erhöhung der Zahl der Distributionsstellen um 25
a_3: Durchführung von a_1 und a_2
a_4: Keine Aktion

Entscheidungsmatrix:

	Absatzmenge	Deckungsbeitrag	
		1 Stunde	2 Stunden
a_1	200 GE · 5 ME/GE = 1000 ME	$1000 \cdot 0.8 - 200 = 600$	$1000 \cdot 0.8 - 200 = 600$
a_2	25 Distr.stellen · 60 ME/Distr.stelle = 1500 ME	$1500 \cdot 0.8 - 25 \cdot 30 \cdot 1 = 450$	$1500 \cdot 0.8 - 25 \cdot 30 \cdot 2 = -300$
a_3	1000 ME + 1500 ME = 2500 ME	$600 + 450 = 1050$	$600 - 300 = 300$
a_4	0 ME	0	0

Optimale Aktion:

	Bayes-Regel	Pessimisten-Regel (Maximin-Regel)			Optimisten-Regel (Maximax-Regel)		
		z_1	z_2	min	z_1	z_2	max
a_1	$600 \cdot 0.6 + 600 \cdot 0.4 = 600$	600	600	600*	600	600	600
a_2	$450 \cdot 0.6 - 300 \cdot 0.4 = 150$	450	-300	-300	450	-300	450
a_3	$1050 \cdot 0.6 + 300 \cdot 0.4 = 750^*$	1050	300	300	1050	300	1050*
a_4	$0 \cdot 0.6 + 0 \cdot 0.4 = 0$	0	0	0	0	0	0
	Aktion a_3 optimal	Aktion a_1 optimal			Aktion a_3 optimal		

Aufgabe 27:

Das Unternehmen „FreshYo" ist ein Unternehmen der Lebensmittelindustrie. Seit einigen Jahren wird der Bio-Joghurt „BioYo" hergestellt und erfolgreich vermarktet. Um in Zukunft eine Führungsposition in diesem Marktsegment zu erringen, wurde das Joghurt-Rezept verbessert, so dass der Joghurt cremiger schmeckt. Die verbesserte Variante soll nun im Markt eingeführt werden. Herr Maier steht vor der Entscheidung, ob die Einführung der verbesserten Variante des Joghurts gleichzeitig mit einer völlig neuen Werbekampagne einhergehen sollte oder ob es reicht, die bisherige Werbung anzupassen.

Das Problem lässt sich folgendermaßen gliedern:

Handlungsalternativen (selbst beeinflussbar und die Zielerreichung beeinflussend):
a_1) Nutzung einer komplett neuen Werbekampagne
a_2) Nutzung der bisherigen Werbung mit kleineren Anpassungen

Zustandsvariablen (zukünftige, selbst nicht beeinflussbare, aber die Zielerreichung beeinflussende Ereignisse):
Zustandsvariable Z_1: Wettbewerbsreaktionen
z_{11}) Wettbewerb reagiert nicht auf das neue Rezept von „FreshYo"
z_{12}) Wettbewerb nutzt die bisherige Werbung mit kleineren Anpassungen
z_{13}) Wettbewerb nutzt auch eine neue Werbekampagne
Zustandsvariable Z_2: Kundenreaktionen
z_{21}) Kunden kaufen verstärkt cremigeren Joghurt
z_{22}) Kunden achten nicht besonders auf die Cremigkeit des Joghurts

Zielvariablen (Kriterien zur Bewertung der Handlungsalternativen):
h_1) höherer Absatz des Joghurts
h_2) Vermeiden von zusätzlichen Kosten durch die Schaltung einer neuen Werbekampagne

Herrn Maier ist es wichtig, dass die Einführung des Joghurts mit verbesserter Rezeptur ein Erfolg ist. Die neue Werbekampagne spielt dabei aus seiner Sicht eine entscheidende Rolle, weil den potenziellen Kunden die neuen Produktvorteile verdeutlicht werden sollen. Allerdings scheut Herr Maier die hohen Kosten, die damit verbunden sind. Für das gesamte Unternehmen „FreshYo" bedeutet eine komplett neue Werbekampagne einen gewaltigen Kraftakt, da die mittelständische Firma nur über ein beschränktes Werbebudget verfügt. Wird eine neue Werbekampagne für den verbesserten Joghurt erstellt, bedeutet dies auch, dass dies auf Kosten des Absatzes anderer Produkte geht, die nicht mehr in dem bisherigen Umfang beworben werden können. Herrn Maier ist es insgesamt doppelt so wichtig, dass die Einführung des verbesserten Joghurts erfolgreich ist.

Herr Maier weist diesem Entscheidungsfeld folgende Ergebnisnutzenwerte zu.

	h_1						h_2					
	$z_{11}+z_{21}$	$z_{11}+z_{22}$	$z_{12}+z_{21}$	$z_{12}+z_{22}$	$z_{13}+z_{21}$	$z_{13}+z_{22}$	$z_{11}+z_{21}$	$z_{11}+z_{22}$	$z_{12}+z_{21}$	$z_{12}+z_{22}$	$z_{13}+z_{21}$	$z_{13}+z_{22}$
a_1	1	0.4	1	0.3	1	0.2	0.6	0.4	0.6	0.4	0.6	0.4
a_2	0.6	0.3	0.5	0.2	0.4	0.1	1	1	1	1	1	1

1=höchster Zielerreichungsgrad, 0=geringster Zielerreichungsgrad

Herr Maier schätzt folgende Wahrscheinlichkeiten:

Wahrscheinlichkeit, dass die Wettbewerber nicht reagieren:	30%
Wahrscheinlichkeit, dass die Wettbewerber mit kleineren Anpassungen der Werbestrategie reagieren	20%
Wahrscheinlichkeit, dass die Wettbewerber eine neue Werbekampagne umsetzen	50%

Aufgrund von verschiedenen Studien kennt Herr Maier die Bedürfnisse seiner Zielgruppe gut und weiß, dass diese gern cremige Joghurts essen. Entsprechend schätzt er folgende Wahrscheinlichkeiten.

Wahrscheinlichkeit, dass diese auf den cremigen Joghurt achten:

wenn die Wettbewerber eine neue Werbekampagne nutzen	50 %
wenn die Wettbewerber nur kleinere Anpassungen ihrer Werbekampagne vornehmen	60 %
wenn die Wettbewerber nicht reagieren	80 %

Stellen Sie allgemein dar, auf welche Weise Herr Maier zu einer Entscheidung gelangen kann. Wie müsste Herr Maier entscheiden, wenn er die Erwartungswertregel anwendet und eine Zielgewichtung vornimmt?

Lösungsskizze:

Allgemeine Vorgehensweise:

Schritt 1: Zusammenfassen der Ergebnisnutzenwerte je Ziel z.b. anhand einer der folgenden Aggregationsregeln
- Erwartungswertregel bei Vorliegen von Eintrittswahrscheinlichkeiten für die Zustände,
- Minimierung des maximalen Bedauerns (Savage-Niehans-Regel),
- Hurwicz-Regel bei einem unterstellten Optimismusparameter oder
- Laplace-Regel

Schritt 2: Aggregation dieser Werte über die Ziele hinweg z.b. anhand einer der folgenden Regeln
- Zielgewichtung,
- Goal Programming,
- lexikografische Regel oder
- Maximierung des minimalen Zielerreichungsgrades

Schritt 3: Für die Handlungsalternativen ist der höchstmögliche Wert zu identifizieren. Dieser zeigt an, welche Alternative gewählt werden soll.

Eintrittswahrscheinlichkeiten für alle möglichen Szenarien (s_1 bis s_6):

Szenario	Beschreibung	Eintrittswahrscheinlichkeit
$s_1 = (z_{11}, z_{21})$	Wettbewerber reagieren nicht, Konsumenten achten auf cremigen Joghurt	$0.3 \cdot 0.8 = 0.24$
$s_2 = (z_{11}, z_{22})$	Wettbewerber reagieren nicht, Konsumenten achten nicht auf cremigen Joghurt	$0.3 \cdot 0.2 = 0.06$
$s_3 = (z_{12}, z_{21})$	Kleinere Anpassung der Werbekampagne der Wettbewerber, Konsumenten achten auf cremigen Joghurt	$0.2 \cdot 0.6 = 0.12$
$s_4 = (z_{12}, z_{22})$	Kleinere Anpassung der Werbekampagne der Wettbewerber, Konsumenten achten nicht auf cremigen Joghurt	$0.2 \cdot 0.4 = 0.08$
$s_5 = (z_{13}, z_{21})$	Neue Werbekampagne der Wettbewerber, Konsumenten achten auf cremigen Joghurt	$0.5 \cdot 0.5 = 0.25$
$s_6 = (z_{13}, z_{22})$	Neue Werbekampagne der Wettbewerber, Konsumenten achten nicht auf cremigen Joghurt	$0.5 \cdot 0.5 = 0.25$

Risikonutzenwerte:

	s_1	s_2	s_3	s_4	s_5	s_6	Σ
				h_1			
a_1	$1 \cdot 0.24$	$0.4 \cdot 0.06$	$1 \cdot 0.12$	$0.3 \cdot 0.08$	$1 \cdot 0.25$	$0.2 \cdot 0.25$	0.708
a_2	$0.6 \cdot 0.24$	$0.3 \cdot 0.06$	$0.5 \cdot 0.12$	$0.2 \cdot 0.08$	$0.4 \cdot 0.25$	$0.1 \cdot 0.25$	0.363

	s_1	s_2	s_3	s_4	s_5	s_6	Σ
				h_2			
a_1	$0.6 \cdot 0.24$	$0.4 \cdot 0.06$	$0.6 \cdot 0.12$	$0.4 \cdot 0.08$	$0.6 \cdot 0.25$	$0.4 \cdot 0.25$	0.522
a_2	$1 \cdot 0.24$	$1 \cdot 0.06$	$1 \cdot 0.12$	$1 \cdot 0.08$	$1 \cdot 0.25$	$1 \cdot 0.25$	1

Herrn Maier ist es doppelt so wichtig, dass die Neuprodukteinführung erfolgreich ist, als die Kosten für eine neue Werbekampagne zu sparen. Gewichtung: h_1: 2/3, h_2: 1/3.

Nutzenwerte:

a_1: $0.708 \cdot 2/3 + 0.522 \cdot 1/3 = 0.646$
a_2: $0.363 \cdot 2/3 + 1 \cdot 1/3 = 0.575$

Insgesamt erhält man $a_1 > a_2$. Herr Maier sollte demnach zur Produkteinführung eine neue Werbekampagne nutzen.

Aufgabe 28:

Der Getränkehersteller „Schluckspecht" produziert zwei Biersorten: Pilsbier und Weizenbier. Für die Planungsperiode stehen folgende Kalkulationsunterlagen zur Verfügung:

Biersorte	Weizenbier	Pilsbier
Preis pro Liter	1.00 GE	1.40 GE
proportionale Produktionskosten je Liter	0.70 GE	0.71 GE
fixe Produktionskosten	20000 GE	30000 GE
proportionale Verwaltungskosten je Liter	0.05 GE	0.06 GE
Werbekampagne für Weizenbier	50000 GE	-
Gehalt des Geschäftsführers im Jahr	100000 GE	
Vertreterprovision	7% vom Stückdeckungsbeitrag	

GE= Geldeinheit

Für die Absatzmenge des Pilsbiers kann „Schluckspecht" keinen sicheren Wert angeben, da sie vom Wetter abhängig ist: Im Fall eines heißen Sommers rechnet er mit einer Absatzmenge von 3 Mio. Litern, für den Fall eines kalten Sommers mit 2 Mio. Litern. Nachdem „Schluckspecht" sich mit der zuständigen Fachkraft beim Wetteramt unterhalten hat, rechnet „Schluckspecht" mit einer Wahrscheinlichkeit von 0.6 mit einem heißen Sommer und mit einer Wahrscheinlichkeit von 0.4 mit einem kalten Sommer. Seine Frau schlägt Schluckspecht vor, das Weizenbier aus dem Produktionsprogramm zu nehmen. In diesem Fall geht „Schluckspecht" davon aus, dass vom Pilsbier zusätzliche Mengen abgesetzt werden können. Der zusätzliche Absatz wird mit einer Mio. Litern für den Fall eines heißen Sommers und mit 0.5 Mio. Litern für den Fall eines kalten Sommers eingeschätzt. Berechnen Sie den Deckungsbeitrag für jede Entscheidungsmöglichkeit bei den verschiedenen Umweltzuständen. Soll der risikoneutrale „Schluckspecht" dem Rat seiner Frau folgen?

Lösungsskizze:

Handlungsalternativen:

    a_1: Eliminierung von Weizenbier
    a_2: Produktion von Weizenbier und Pilsbier

	z_1: heißer Sommer, $p(z_1) = 0.6$	z_2: kalter Sommer, $p(z_2) = 0.4$	Gewichtet mit $p(z_i)$
a_1	zusätzlicher Deckungsbetrag durch erhöhten Absatz von Pilsbier: $[1000000 \cdot (1.4 - 0.71 - 0.06)] \cdot (1 - 0.07)$ $= 585900$	zusätzlicher Deckungsbetrag durch erhöhten Absatz von Pilsbier: $[500000 \cdot (1.4 - 0.71 - 0.06)] \cdot (1 - 0.07)$ $= 292950$	$0.6 \cdot 585900 + 0.4 \cdot 292950$ $= 468720$
a_2	zusätzlicher Deckungsbeitrag durch Weizenbier: $[3000000 \cdot (1 - 0.7 - 0.05)] \cdot (1 - 0.07) -$ $20000 - 50000 = 627500$	zusätzlicher Deckungsbeitrag durch Weizenbier: $[2000000 \cdot (1 - 0.7 - 0.05)] \cdot (1 - 0.07) -$ $20000 - 50000 = 395000$	$0.6 \cdot 627500 + 0.4 \cdot 395000$ $= 534500$

Option a_2 ist vorteilhaft.

Aufgabe 29:

Die Schuhfirma „Mansalader" vertreibt ihre exquisiten Schuhe bisher über 800 ausgewählte, gleichwertige Schuhgeschäfte. Da die Absatzzahlen im letzten Jahr stark zurückgegangen sind, überlegt die Geschäftsleitung, absatzfördernde Maßnahmen zu ergreifen. Zur Debatte stehen (1) eine Erhöhung der Distributionsdichte von 800 auf 1400 Schuhgeschäfte oder (2) eine Verdoppelung des Werbebudgets von 40000 auf 80000 Euro, wobei auch (3) eine Kombination der beiden Maßnahmen denkbar ist. Um zusätzliche Schuhgeschäfte als Vertriebspartner für die Schuhe von „Mansalader" gewinnen zu können, müssen die bisherigen Vertreter Überstunden leisten (der Einsatz zusätzlicher Vertreter ist ausgeschlossen). Für die Gewinnung eines neuen Schuhgeschäftes benötigt ein Vertreter entweder 1 oder 2.5 oder 3 Stunden. Jede Überstunde kostet das Unternehmen 40 €/Stunde. Die geschätzten Eintrittswahrscheinlichkeiten für den benötigten Zeitaufwand sind in nachfolgender Tabelle gegeben:

Wahrscheinlichkeit (in %)	15	60	25
Zeitaufwand (in h)	1.0	2.5	3.0

Bei konstantem Preis ist davon auszugehen, dass jedes weitere kooperierende Schuhgeschäft zu einem Zusatzabsatz von 40 ME und jeder weitere eingesetzte Euro Werbebudget zu einer zusätzlichen Absatzmenge von 2 ME führen werden. Der Deckungsbeitrag pro Paar Schuhe beträgt 30 Euro. Wie sieht die vollständige Aktionsmenge aus? Berechnen Sie nachvollziehbar die zu allen möglichen Aktionen gehörenden zusätzlichen Absatzmengen. Geben Sie die Entscheidungsmatrix an, wenn das Ziel Gewinnmaximierung ist. Welche Aktion ist nach der Erwartungswertregel (Bayes-Regel) optimal? Welche Aktion sollte nach der Optimistenregel (Maximax-Regel) bzw. nach der Pessimistenregel (Maximin-Regel) gewählt werden?

Lösungsskizze:

Alternativen:

    a_1: Erhöhung des Werbebudgets von 40000 auf 80000 Euro
    a_2: Erhöhung der Distributionsdichte von 800 auf 1400 Schuhgeschäfte
    a_3: Durchführung von a_1 und a_2
    a_4: Keine Aktion

	zusätzliche Absatzmenge	Deckungsbeitrag			Bayes-Regel	Optimistenregel	Pessimistenregel
		1h (p = 0.15)	2.5h (p = 0.60)	3h (p = 0.25)			
a_1	$40000 \cdot 2$ $= 80000$	$80000 \cdot 30 - 40000$ $= 2360000$	$80000 \cdot 30 - 40000$ $= 2360000$	$80000 \cdot 30 - 40000$ $= 2360000$	2360000	2360000	2360000
a_2	$600 \cdot 40$ $= 24000$	$24000 \cdot 30 -$ $600 \cdot 40 \cdot 1 = 696000$	$24000 \cdot 30 -$ $600 \cdot 40 \cdot 2.5 = 660000$	$24000 \cdot 30 -$ $600 \cdot 40 \cdot 3 = 648000$	662400	696000	648000
a_3	$80000 + 24000$ $= 104000$	$2360000 + 696000$ $= 3056000$	$2360000 + 660000$ $= 3020000$	$2360000 + 648000$ $= 3008000$	3022400	3056000	3008000
a_4	0	0	0	0	0	0	0

Nach allen drei Regeln ist a_3 die optimale Aktion.

2. Marktforschung (Basics)

Aufgabe 1:

Bundesweit haben Studentenproteste zu Besetzungen der Hörsäle geführt, die teilweise nur durch den Einsatz der Polizei wieder geräumt werden konnten. Die Studenten beklagen die aktuelle Bildungssituation und fordern unter anderem „humanere Studienbedingungen", ein Überdenken der Bachelor-Studiengänge sowie die Abschaffung der Studiengebühren. Die Universitätsleitung gründet eine Agenda „Studentenproteste", bestehend aus Professoren, wissenschaftlichen Mitarbeitern und Studenten. Um sich ein möglichst objektives Meinungs-bild zu verschaffen, entschließt sich diese Agenda für die Durchführung einer Marktfor-schungsstudie, in welcher Studenten zur Qualität der Lehre befragt werden sollen. Im Rahmen der Studie bewerten sieben ausgewählte Studenten anhand der vier folgenden Statements je-weils auf einer siebenstufigen Ratingskala (1 = trifft überhaupt nicht zu; 7 = trifft voll und ganz zu).

Statements	Auskunftsperson						
	1	2	3	4	5	6	7
Das Lehrangebot ist praxisorientiert.	6	4	7	3	5	7	4
Die Mitarbeiter sind bemüht, die Inhalte zu vermitteln.	4	2	5	2	4	6	4
Die Vorlesungen erfüllen die Erwartungen.	5	1	6	1	5	5	3
Die Inhalte sind sinnvoll strukturiert.	4	3	6	3	4	6	4

Skala: 1 = trifft überhaupt nicht zu, … 7 = trifft voll und ganz zu

Lassen sich die vier Statements sinnvoll zu einer Variablen „Qualität der Lehre" zusammen-fassen?

Lösungsskizze:

Hier ist zu prüfen, ob die Daten intern so konsistent sind, dass sie zu einer Variablen zusam-mengefasst werden können. Ein Reliabilitätsmaß, welches die interne Konsistenz bemisst, ist Cronbachs Alpha.

	1	2	3	4	5	6	7	Mittelwert	Varianz
X_1	6	4	7	3	5	7	4	5.14	2.48
X_2	4	2	5	2	4	6	4	3.86	2.14
X_3	5	1	6	1	5	5	3	3.71	4.24
X_4	4	3	6	3	4	6	4	4.29	1.57
$X_1+X_2+X_3+X_4$	19	10	24	9	18	24	15	17.00	36.67

$$\alpha = \frac{I}{I-1}\left(1 - \frac{\sum\limits_{i=1}^{I} VarX_i}{Var\sum\limits_{i=1}^{I} X_i}\right) = \frac{4}{4-1}\cdot\left(1 - \frac{2.48+2.14+4.24+1.57}{36.67}\right) = 0.954$$

Für Alpha-Werte über 0.7 wird eine ausreichend hohe Reliabilität angenommen, die eine arithmetische Mittelung zulässt. Daher können die Items zu einem Indikator „Qualität der Lehre" zusammengefasst werden.

Aufgabe 2:

Der Hersteller ökologischer Lebensmittel Pflänzle möchte eine Currywurst auf Algenbasis auf den Markt bringen. Bisher bietet nur der Hersteller Semir Wurst auf Algenbasis an. Um über die Einführung der neuen Algenwurst entscheiden zu können, wurde ein Produkttest durchgeführt. Im Produkttest wurde den Auskunftspersonen neben der Currywurst von Pflänzle auch die Currywurst von Semir gezeigt und zur Verkostung angeboten. Neun befragte Konsumenten mussten jeweils die Attraktivität der beiden Currywürste auf einer siebenstufigen Ratingskala bewerten. In der folgenden Tabelle sind die Bewertungen der Auskunftspersonen enthalten.

	Auskunftsperson								
	1	2	3	4	5	6	7	8	9
Bewertung der Currywurst von Pflänzle	3	4	4	7	5	4	3	4	6
Bewertung der Currywurst von Semir	5	3	6	4	6	3	3	2	4

Skala: 1 = sehr attraktiv bis 7 = sehr unattraktiv

Abschließend mussten die Auskunftspersonen angeben, für welche der beiden Currywürste sie sich im Fall eines Kaufs entscheiden würden. Dabei gaben vier Auskunftspersonen an, dass sie die Currywurst von Pflänzle gegenüber der Currywurst von Semir präferieren.

Wird die Currywurst von Semir attraktiver bewertet als die Currywurst von Pflänzle? Bevorzugen mehr als 40 % der Zielpersonen die Currywurst von Pflänzle? Testen Sie die in diesen Fragen enthaltenen Behauptungen.

Der Geschäftsführer des Lebensmittelherstellers Pflänzle kritisiert den geringen Stichprobenumfang des Produkttests. Er möchte seine Entscheidung auf einer größeren Stichprobe basieren. Er schlägt vor, dass 200 Personen in einem neuen Produkttest, dessen Durchführung identisch mit dem bereits durchgeführten Test sein soll, befragt werden. Welcher empirische Anteilswert muss in dieser Studie überschritten werden bzw. wie viele der befragten Personen müssen mindestens die neue Currywurst von Pflänzle präferieren, damit man die Hypothese, dass mehr als 40 % der Zielpersonen die Currywurst von Pflänzle bevorzugen, stützen kann? Führen Sie eine geeignete Berechnung durch.

Unterstellen Sie für die nachfolgenden Berechnungen, dass die Zielgruppe ausreichend groß ist, um das Modell ohne Zurücklegen durch das Modell mit Zurücklegen approximieren zu können. Unterstellen Sie weiterhin $\alpha = 0.05$.

Lösungsskizze:

Ist die Currywurst von Semir attraktiver?

	Auskunftsperson								
	1	2	3	4	5	6	7	8	9
Bewertung der Currywurst von Pflänzle	3	4	4	7	5	4	3	4	6
Bewertung der Currywurst von Semir	5	3	6	4	6	3	3	2	4
Differenz Semir – Pflänzle	2	-1	2	-3	1	-1	0	-2	-2

Skala: 1 = sehr attraktiv bis 7 = sehr unattraktiv

Forschungshypothese: H_1: $\mu_D < 0$ (wegen: negative Differenz = bessere Beurteilung)
Nullhypothese: H_0: $\mu_D \geq 0$
Deskriptive Maße: $\bar{d} = -0.44$ $\quad s_D^2 = 3.28$

Prüfungsgröße: $t = \dfrac{\overline{d} - 0}{s_{\overline{D}}} = \dfrac{\overline{d} - 0}{\sqrt{\dfrac{s_D^2}{n}}} = \dfrac{-0.44}{\sqrt{\dfrac{3.28}{9}}} = -0.73$

Kritischer Bereich für H_0: $(-\infty; -t(n-1,1-\alpha)] = (-\infty;: -1.860]$

Die Prüfgröße fällt nicht in den kritischen Bereich von H_0, H_0 ist somit nicht abzulehnen. H_1 ist folglich nicht gestützt.

Bevorzugen mehr als 40 % der Zielpersonen die Currywurst von Pflänzle?

Forschungshypothese: H_1: $\pi > 0.40$
Nullhypothese: H_0: $\pi \leq 0.40$
Prüfgröße: $X \sim$ binomial mit $\pi_0 = 0.4$ und n=9 bei Gültigkeit von H_0
X ist eine Zufallsvariable: Anzahl der Personen in der Stichprobe, die Pfänzle gegenüber Semir bevorzugen, mögliche Ausprägungen von X: 0, 1, 2, ..., 9; beobachteter Wert der Prüfgröße: x = 4.
Kritischer Bereich für H_0: $\{x \in N_0 | P(X \geq x) \leq \alpha\} = \{7, 8, 9\}$

x	$P(X = x) = \binom{9}{x} \cdot \pi_0^x \cdot (1 - \pi_0)^{9-x}$	$P(X \geq x)$	$P(X \geq x) \leq \alpha$
9	$P(X = 9) = \binom{9}{9} \cdot 0.4^9 \cdot (1 - 0.4)^0 = 0.0003$	0.0003	✓
8	$P(X = 8) = \binom{9}{8} \cdot 0.4^8 \cdot 0.6^1 = 0.0035$	0.0038	✓
7	$P(X = 7) = \binom{9}{7} \cdot 0.4^7 \cdot 0.6^2 = 0.0212$	0.025	✓
6	$P(X = 6) = \binom{9}{6} \cdot 0.4^6 \cdot 0.6^3 = 0.0743$	0.0993	verletzt

Die Prüfgröße X = 4 fällt nicht in den kritischen Bereich von H_0, H_0 ist somit nicht abzulehnen. H_1 ist folglich nicht gestützt.

Welcher empirische Anteilswert muss bei n = 200 überschritten werden?

Prüfgröße: $z = \dfrac{p - \pi_0}{\sqrt{\dfrac{\pi_0(1 - \pi_0)}{n}}} = \dfrac{p - 0.4}{\sqrt{\dfrac{0.4(1 - 0.4)}{200}}}$

Kritischer Bereich für H_0: $(z_{1-\alpha}, \infty) = (1.645; +\infty)$

$\dfrac{p - 0.4}{\sqrt{\dfrac{0.4(1 - 0.4)}{200}}} > 1.645 \Rightarrow p > 1.645 \sqrt{\dfrac{0.4(1 - 0.4)}{200}} + 0.4 = 0.457$

Damit die Forschungshypothese ($\pi > 0.4$) gestützt werden kann muss der empirische Anteilswert von 45.7 % überschritten werden. Demzufolge müssen also mindestens 92 Personen die Currywurst von Pflänzle präferieren, damit H_1 gestützt ist.

Aufgabe 3:

In einer Stadt wird ein Hotel für Geschäftsreisende geplant. Diskutiert werden der Komfort (5 Sterne, 4 Sterne oder 3 Sterne) und die Größe des Restaurants (groß, mittel, klein). Es sollen potenzielle Kunden befragt werden, wie viel sie pro Übernachtung bezahlen wollen. Stellen Sie die Modellgleichung auf, mit denen ermittelt werden kann, welche Preise die Kunden für die Ausprägungen der beiden Merkmale zu zahlen bereit sind. Unterstellen Sie, dass zwei Personen Angaben zu ihrer Preisbereitschaft liefern, und formulieren Sie für die eine Person das Modell mit Dummyvariablen-Kodierung und für die andere Person das Modell mit Effekten-Kodierung.

Lösungsskizze:

Dummyvariablen-Kodierung	Effekten-Kodierung

$$X_1 = \begin{cases} 1 \text{ falls 5 Sterne} \\ 0 \text{ falls 4 oder 3 Sterne} \end{cases}$$

$$X_2 = \begin{cases} 1 \text{ falls 4 Sterne} \\ 0 \text{ falls 5 oder 3 Sterne} \end{cases}$$

$$X_3 = \begin{cases} 1 \text{ falls groß} \\ 0 \text{ falls mittel oder klein} \end{cases}$$

$$X_4 = \begin{cases} 1 \text{ falls mittel} \\ 0 \text{ falls groß oder klein} \end{cases}$$

$$X_1 = \begin{cases} 1 \text{ falls 5 Sterne} \\ 0 \text{ falls 4 Sterne} \\ -1 \text{ falls 3 Sterne} \end{cases} \quad X_2 = \begin{cases} 0 \text{ falls 5 Sterne} \\ 1 \text{ falls 4 Sterne} \\ -1 \text{ falls 3 Sterne} \end{cases}$$

$$X_3 = \begin{cases} 1 \text{ falls groß} \\ 0 \text{ falls mittel} \\ -1 \text{ falls klein} \end{cases} \quad X_4 = \begin{cases} 0 \text{ falls groß} \\ 1 \text{ falls mittel} \\ -1 \text{ falls klein} \end{cases}$$

$$\begin{matrix} 5/\text{groß} \\ 5/\text{mittel} \\ 5/\text{klein} \\ 4/\text{groß} \\ 4/\text{mittel} \\ 4/\text{klein} \\ 3/\text{groß} \\ 3/\text{mittel} \\ 3/\text{klein} \end{matrix} \begin{pmatrix} €200 \\ €190 \\ €170 \\ €150 \\ €140 \\ €140 \\ €80 \\ €70 \\ €70 \end{pmatrix} = \begin{pmatrix} 1 & 1 & 0 & 1 & 0 \\ 1 & 1 & 0 & 0 & 1 \\ 1 & 1 & 0 & 0 & 0 \\ 1 & 0 & 1 & 1 & 0 \\ 1 & 0 & 1 & 0 & 1 \\ 1 & 0 & 1 & 0 & 0 \\ 1 & 0 & 0 & 1 & 0 \\ 1 & 0 & 0 & 0 & 1 \\ 1 & 0 & 0 & 0 & 0 \end{pmatrix} \cdot \begin{pmatrix} \beta_{3/\text{klein}} \\ \beta_{5\text{statt 3}} \\ \beta_{4\text{ statt 3}} \\ \beta_{\text{groß s k}} \\ \beta_{\text{mittel s k}} \end{pmatrix} + \begin{pmatrix} \varepsilon_1 \\ \varepsilon_2 \\ \varepsilon_3 \\ \varepsilon_4 \\ \varepsilon_5 \\ \varepsilon_6 \\ \varepsilon_7 \\ \varepsilon_8 \\ \varepsilon_9 \end{pmatrix}$$

$$\begin{matrix} 5/\text{groß} \\ 5/\text{mittel} \\ 5/\text{klein} \\ 4/\text{groß} \\ 4/\text{mittel} \\ 4/\text{klein} \\ 3/\text{groß} \\ 3/\text{mittel} \\ 3/\text{klein} \end{matrix} \begin{pmatrix} €190 \\ €180 \\ €160 \\ €140 \\ €140 \\ €130 \\ €90 \\ €80 \\ €60 \end{pmatrix} = \begin{pmatrix} 1 & 1 & 0 & 1 & 0 \\ 1 & 1 & 0 & 0 & 1 \\ 1 & 1 & 0 & -1 & -1 \\ 1 & 0 & 1 & 1 & 0 \\ 1 & 0 & 1 & 0 & 1 \\ 1 & 0 & 1 & -1 & -1 \\ 1 & -1 & -1 & 1 & 0 \\ 1 & -1 & -1 & 0 & 1 \\ 1 & -1 & -1 & -1 & -1 \end{pmatrix} \cdot \begin{pmatrix} \beta_{\text{Mittel}} \\ \beta_{5\text{ statt M}} \\ \beta_{4\text{ statt M}} \\ \beta_{\text{groß statt M}} \\ \beta_{\text{mittel statt M}} \end{pmatrix} + \begin{pmatrix} \varepsilon_1 \\ \varepsilon_2 \\ \varepsilon_3 \\ \varepsilon_4 \\ \varepsilon_5 \\ \varepsilon_6 \\ \varepsilon_7 \\ \varepsilon_8 \\ \varepsilon_9 \end{pmatrix}$$

Aufgabe 4:

Zeigen Sie, dass das arithmetische Mittel nach der Minimum-Quadrat-Schätzung und der Maximum-Likelihood-Schätzung ein Schätzwert für den Erwartungswert ist.

Lösungsskizze:

Minimum-Quadrat-Schätzung:

$$x_i = \mu + \varepsilon_i \Rightarrow \sum_{i=1}^{n} \varepsilon_i^2 = \sum_{i=1}^{n}(x_i - \mu)^2 \underset{\mu}{\rightarrow} \min \Rightarrow 2\sum_{i=1}^{n}(x_i - \mu) = 0 \Rightarrow \sum_{i=1}^{n} x_i - n\hat{\mu} = 0 \Rightarrow \hat{\mu} = \frac{1}{n}\sum_{i=1}^{n} x_i$$

Maximum-Likelihood-Schätzung unter Annahme einer Normalverteilung:

$$L = P(x_1, x_2, \ldots, x_n \mid \mu) = \prod_{i=1}^{n} P(x_i \mid \mu) = \prod_{i=1}^{n} \frac{1}{\sqrt{2\pi\sigma^2}} e^{\frac{-(x_i-\mu)^2}{2\sigma^2}} = (\frac{1}{2\pi\sigma^2})^{\frac{n}{2}} \prod_{i=1}^{n} e^{\frac{-(x_i-\mu)^2}{2\sigma^2}} \to \max_{\mu,\sigma^2}$$

$$\Rightarrow \ln L = \ln[(\frac{1}{2\pi\sigma^2})^{\frac{n}{2}} \prod_{i=1}^{n} e^{\frac{-(x_i-\mu)^2}{2\sigma^2}}] = \frac{-n\ln(2\pi)}{2} - \frac{n\ln\sigma^2}{2} - \frac{1}{2\sigma^2}\sum_{i=1}^{n}(x_i-\mu)^2 \to \max_{\mu,\sigma^2}$$

$$\frac{\partial \ln L}{\partial \mu} = \frac{-1}{2\sigma^2}\sum_{i=1}^{n}(x_i-\mu)^2 = 0 \Rightarrow \hat{\mu} = \frac{1}{n}\sum_{i=1}^{n} x_i$$

$$\frac{\partial \ln L}{\partial \sigma^2} = \frac{-n}{2\sigma^2} + \frac{1}{2\sigma^4}\sum_{i=1}^{n}(x_i-\mu)^2 = 0 \Rightarrow n + \frac{1}{\hat{\sigma}^2}\sum_{i=1}^{n}(x_i-\hat{\mu})^2 = 0 \Rightarrow n\hat{\sigma}^2 = \sum_{i=1}^{n}(x_i-\hat{\mu})^2 \Rightarrow \hat{\sigma}^2 = \frac{1}{n}\sum_{i=1}^{n}(x_i-\hat{\mu})^2$$

Aufgabe 5:

Der Käsehersteller Sankt Ulrich stellt einen Ziegenfrischkäse her und vertreibt diesen unter dem Markennamen Naturello. Lediglich zwei weitere Wettbewerber bieten unter den Marken Cabrano und Gourmessa Ziegenfrischkäse an. In dem homogenen Nachfragersegment, in dem je Periode eine Produkteinheit erworben wird, haben in der letzten Periode 30% die Marke Naturello, 4 % die Marke Cabrano und 3 % die Marke Gourmessa gekauft. Weiterhin sind folgende Regelmäßigkeiten aus den Kaufhistorien der Personen bekannt:

- Von den Personen, die in Periode t Naturello kauften, kaufen in t+1 50% wieder die Marke Naturello und jeweils 25% kaufen die Marken Cabrano und Gourmessa.
- Von den Personen, die in Periode t Cabrano kauften, kaufen in t+1 50% wieder Cabrano und jeweils 25% der Personen wechseln zu Naturello und Gourmessa.
- Von den Personen, die in Periode t Gourmessa kauften, bleiben in t+1 75% bei dieser Marke und 25% wechseln zu Cabrano.

Berechnen Sie die Marktanteile der drei Marken in der folgenden Periode sowie die langfristig zu erwartenden Marktanteile, wobei Sie die Gültigkeit der Regelmäßigkeiten auch für die Zukunft annehmen. Dokumentieren Sie Ihre Rechenschritte nachvollziehbar.

Nun überlegt die Geschäftsleitung von Sankt Ulrich, den bisherigen Preis von Naturello zu reduzieren. Bei einem Preis von € 2 setzt das Unternehmen bisher im Mittel 250 Stück pro Woche und Einzelhandelsgeschäft ab. Um die Reaktion auf eine Preissenkung zu ermitteln, wurde Naturello in elf repräsentativ ausgewählten Einzelhandelsgeschäften jeweils eine Woche lang zu einem 10% geringeren Preis angeboten. Dabei konnten die folgenden Absatzzahlen beobachtet werden:

Geschäft	1	2	3	4	5	6	7	8	9	10	11
Absatz	310	360	220	280	325	390	245	290	320	350	320

Soll diese Preissenkung unter Umsatzgesichtspunkten vorgenommen werden? Überprüfen Sie die Vorteilhaftigkeit der Preissenkung anhand eines geeigneten statistischen Tests unter der Annahme, dass der Absatz normalverteilt ist ($\alpha = 0.05$).

Weiterhin zieht die Geschäftsleitung die Schaltung einer Werbeanzeige für Naturello in Betracht. Es stehen drei verschiedene Werbeanzeigen für den Ziegenfrischkäse Naturello zur Diskussion. Im Rahmen eines Werbemittelpretests wurden drei Personengruppen gebildet. Jeder Personengruppe wurde jeweils eine Variante der Werbeanzeige von Naturello in einem Folder, der weitere Anzeigen von anderen Produkten enthielt, präsentiert. Nach dem Betrachten aller Anzeigen des Folders mussten die Personen angeben, an welche Marken sie sich erinnern können. Mit welchem statistischen Verfahren kann die Fragestellung, ob die Erinnerung an den Markennamen Naturello von der Anzeigenvariante abhängt, überprüft werden? Begründen Sie Ihren Vorschlag.

Lösungsskizze:

Schätzung der Marktanteile:

Marktanteil in der nächsten Periode: $(0.3\ 0.4\ 0.3)\begin{pmatrix} 0.5 & 0.25 & 0.25 \\ 0.25 & 0.5 & 0.25 \\ 0.0 & 0.25 & 0.75 \end{pmatrix} = (0.25\ 0.35\ 0.4)$

Langfristiger Marktanteil: $[p_{N\infty}, p_{C\infty}, 1 - p_{N\infty} - p_{C\infty}] = [p_{N\infty}, p_{C\infty}, 1 - p_{N\infty} - p_{C\infty}]\begin{pmatrix} 0.5 & 0.25 & 0.25 \\ 0.25 & 0.5 & 0.25 \\ 0.0 & 0.25 & 0.75 \end{pmatrix}$

I) $p_{N\infty} = 0.5p_{N\infty} + 0.25p_{C\infty} \Rightarrow p_{N\infty} = 0.5p_{C\infty}$

II) $p_{C\infty} = 0.25p_{N\infty} + 0.5p_{C\infty} + (1 - p_{N\infty} - p_{C\infty}) \cdot 0.25 \Rightarrow 0.75\ p_{C\infty} = 0.25$

$p_{C\infty} = \frac{1}{3}, \quad p_{N\infty} = 0.5 \cdot \frac{1}{3} = \frac{1}{6}, \quad p_{G\infty} = 1 - \frac{1}{3} - \frac{1}{6} = \frac{1}{2}$

In der nächsten Periode liegt der Marktanteil von Naturella, Cabrano bzw. Gourmessa bei 25%, 35% bzw. 40%. Langfristig erreichen Naturello, Cabrano bzw. Gourmessa einen Marktanteil in Höhe von 33.3% 16.7% bzw. 50.0%.

Prüfung der Vorteilhaftigkeit der Preissenkung:

Der mittlere Umsatz pro Geschäft und Woche beim alten Preis beträgt $2 \cdot 250 = €\ 500$. Der neue Preis beläuft sich auf $2 \cdot 0.90 = €\ 1.80$. Eine Preissenkung ist nach Umsatzgesichtspunkten dann sinnvoll, falls ein höherer Umsatz als beim alten Preis resultiert. Damit die Preissenkung sinnvoll ist, muss der erforderliche Absatz pro Geschäft und Woche somit größer als 277.78 € sein.

H_1: $\mu > 277.78$
H_0: $\mu \leq 277.78$

$\bar{x} = 310 \qquad s_x^2 = \frac{1}{10}((310 - 310)^2 + \ldots) = 2455 \qquad s_{\bar{x}} = \sqrt{\frac{2455}{11}} = 14.94$

$t = \frac{\bar{x} - \mu_0}{s_{\bar{x}}} = \frac{310 - 277.78}{14.94} = 2.157$

kritischer Bereich: $(t_{10,0.95}; +\infty) = (1.812; +\infty)$

2.157 ist Element des kritischen Bereichs. Folglich kann Hypothese H_0 abgelehnt und Hypothese H_1 kann gestützt werden. Aus Umsatzgesichtspunkten ist eine Senkung des Preises vorteilhaft.

Test für die Bewertung der Werbeanzeigen:

Zur Überprüfung der Frage, ob die Erinnerung an den Markennamen von der Anzeigenvariante abhängt, kann ein χ^2-Unabhängigkeitstest durchgeführt werden, da beide Variablen (Erinnerung: ja vs. nein und Werbeanzeige (1, 2, 3)) nominales Datenniveau aufweisen.

Aufgabe 6:

Die Initiative „Rauchfreies Bayern" steht vor der Entscheidung, einen neuen Gesetzesentwurf zum Thema Nichtraucherschutz zu verfassen, über welchen anschließend in einem Volksentscheid abgestimmt werden soll. Um sich die Entscheidung zu erleichtern, beauftragt die Initiative ein unabhängiges Marktforschungsinstitut mit folgender Aufgabenstellung: Hängt der Anteil an Nichtrauchern mit dem Anteil an Befürwortern eines solchen Gesetzesentwurfs zusammen? Dem Institut sei bekannt, dass $\pi_Y = 60\%$ aller Bürger in Bayern nicht rauchen. In einer uneingeschränkten Stichprobe sollen n = 200 Bürger zu ihrem Interesse an einem solchen Gesetzesentwurf befragt worden sein. Die Ergebnisse dieser Befragung können Sie folgender Tabelle entnehmen:

Nichtraucher	Befürworter von Gesetzesentwurf		Summe
	ja (X = 1)	nein (X = 0)	
ja (Y = 1)	130	0	$p_Y = 0.65$
nein (Y = 0)	20	50	
Summe	$p_X = 0.75$		

Schätzen Sie mittels der freien Hochrechnung sowie der Regressionsschätzung als einer Methode der gebundenen Hochrechnung ein 95%-Konfidenzintervall für den Anteil π_X der Bürger in Bayern, welche einen solchen Gesetzesentwurf befürworten, und interpretieren Sie Ihr Ergebnis.

Das unabhängige Marktforschungsinstitut möchte seine Stichprobe (n = 200) noch weiter analysieren. Zu diesem Zweck teilt es die Bevölkerung von Bayern (N = 10 Mio.) proportional auf folgende vier Altersschichten auf:

Bevölkerung	N_h	n_h
unter 20	2 Mio.	40
20 – 40	1.5 Mio.	30
40 – 60	2.5 Mio.	50
über 60	4 Mio.	80

Definieren Sie zunächst allgemein die Begriffe Schichtenstichprobe und proportionale Schichtung. Verdeutlichen Sie anschließend den Spezialfall der proportionalen Schichtung auch anhand des Zahlenbeispiels.

Lösungshinweise zur Hochrechnung:

	Metrisches Merkmal	Dichotomes Merkmal (x_i=0 oder 1)
ohne Zusatzinformation (freie Hochrechnung)	$z = \bar{x}$; $s_Z^2 = \begin{cases} \dfrac{s_X^2}{n} & \text{(MmZ)} \\[2mm] \dfrac{s_X^2}{n}\dfrac{N-n}{N-1} & \text{(MoZ)} \end{cases}$	$z = p_X$; $s_Z^2 = \begin{cases} \dfrac{p_X(1-p_X)}{n} & \text{(MmZ)} \\[2mm] \dfrac{p_X(1-p_X)}{n}\dfrac{N-n}{N-1} & \text{(MoZ)} \end{cases}$
Regressionsschätzung	$z = \bar{x} - \dfrac{s_{XY}}{s_Y^2}(\bar{y}-\mu_Y)$	$z = p_X - \dfrac{s_{XY}}{s_Y^2}(p_Y-\pi_Y)$
	$s_Z^2 = \begin{cases} \dfrac{s_X^2-(s_{XY})^2/s_Y^2}{n} & \text{(MmZ)} \\[2mm] \dfrac{s_X^2-(s_{XY})^2/s_Y^2}{n}\dfrac{N-n}{N-1} & \text{(MoZ)} \end{cases}$	$s_Z^2 = \begin{cases} \dfrac{s_X^2-(s_{XY})^2/s_Y^2}{n} & \text{(MmZ)} \\[2mm] \dfrac{s_X^2-(s_{XY})^2/s_Y^2}{n}\dfrac{N-n}{N-1} & \text{(MoZ)} \end{cases}$
	mit: $s_{XY} = \dfrac{1}{n-1}\sum_{i=1}^{n}(x_i-\bar{x})(y_i-\bar{y})$	mit: $s_X^2 = p_X(1-p_X)$ $s_Y^2 = p_Y(1-p_Y)$ $s_{XY} = \dfrac{1}{n}\sum_{i=1}^{n}(x_i-p_X)(y_i-p_Y)$

Lösungsskizze:

Berechnen der Kovarianz s_{xy}:

X	Y	$(n_{XY}/n)(x-p_X)(y-p_Y)$	
1	1	$(130/200) \cdot (1-0.75) \cdot (1-0.65)$	0.056875
0	1	$(0/200) \cdot (0-0.75) \cdot (1-0.65)$	0
1	0	$(20/200) \cdot (1-0.75) \cdot (0-0.65)$	-0.01625
0	0	$(50/200) \cdot (0-0.75) \cdot (0-0.65)$	0.121875
Summe		$s_{XY} = 0.1625$	

Freie Hochrechnung:

$$z = p_x = 0.75$$

$$s_Z^2 = \frac{p_X(1-p_X)}{n} = \frac{0.75(1-0.75)}{200} = 0.0009375$$

$$s_Z = 0.031$$

$$KI = [0.75 \pm 1.96 \cdot 0.031] = [0.75 \pm 0.06076] = [0.689; 0.811]$$

Regressionsschätzung:

$$s_y^2 = p_y(1-p_y) = 0.65(1-0.65) = 0.2275$$

$$z = p_X - \frac{s_{XY}}{s_Y^2}(p_Y - \pi_Y) = 0.75 - \frac{0.1625}{0.2275}(0.65 - 0.60) = 0.714$$

$$s_x^2 = p_x(1-p_x) = 0.75(1-0.75) = 0.1875$$

$$s_Z^2 = \frac{s_X^2 - (s_{XY})^2/s_Y^2}{n} = \frac{0.1875 - (0.1625)^2/0.2275}{200} = 0.00035714$$

$$s_Z = 0.019$$

$$KI = [0.714 \pm 1.96 \cdot 0.019] = [0.714 \pm 0.03724] = [0.677; 0.751]$$

Bei der freien Hochrechnung liegt der Anteil der Befürworter zwischen 68.9% und 81.1%, während er bei der Regressionsschätzung zwischen 67.7% und 75.1% liegt. Folglich sollte das Marktforschungsinstitut durchaus zum Verfassen eines neuen Gesetzesentwurfes raten.

Schichtenstichprobe: Grundgesamtheit wird anhand von Segmentierungsmerkmalen in H Teilgesamtheiten (Untergruppen, Schichten) zerlegt; innerhalb jeder Schicht: uneingeschränkte Stichprobe, d.h. jedes Element aus Schicht muss die gleiche Wahrscheinlichkeit haben, in Teilstichprobe zu gelangen.

Proportionale Schichtung: Stichprobe vom Umfang n wird auf H Teilstichproben aufgeteilt, das Verhältnis der Umfänge der Teilstichproben n_h entspricht dem Verhältnis der Umfänge der Teilgrundgesamtheiten N_h. Es gilt: $n_h = n \cdot N_h/N$ (mit h = Schicht; h = 1,...,H; n_h = Stichprobenumfang in Schicht h; $\sum n_h = n$). Zahlenbeispiel:

Bevölkerungsschichten	Verhältnis Teil-Grundgesamtheiten = Verhältnis Teil-Stichproben	
unter 20	2 Mio./10 Mio. = 0.20	40/200 = 0.20
20 – 40	1.5 Mio./10 Mio. = 0.15	30/200 = 0.15
40 – 60	2.5 Mio./10 Mio. = 0.25	50/200 = 0.25
über 60	4 Mio./10 Mio. = 0.40	80/200 = 0.40

Aufgabe 7:

Ein Unternehmen möchte mittels einer Conjoint-Analyse Objekte, die aus sechs Merkmalen bestehen, testen, wobei ein Merkmal sechs, vier Merkmale jeweils drei und ein Merkmal zwei Ausprägungen annehmen kann. Der auf Conjoint-Analysen spezialisierte Berater Klug schlägt folgendes fraktionierte Design vor.

Dummyvariablen-Codierung						A	B	C	D	E	F
00000	00	10	00	01	1	1	1	3	1	2	1
00000	01	01	10	10	0	1	2	2	3	3	2
00000	10	00	01	00	0	1	3	1	2	1	2
00001	00	01	01	10	0	2	1	2	2	3	2
00001	01	00	00	00	1	2	2	1	1	1	1
00001	10	10	10	01	0	2	3	3	3	2	2
00010	00	00	10	10	1	3	1	1	3	3	1
00010	01	10	01	00	0	3	2	3	2	1	2
00010	10	01	00	01	0	3	3	2	1	2	2
00100	00	00	01	01	0	4	1	1	2	2	2
00100	01	10	00	10	0	4	2	3	1	3	2
00100	10	01	10	00	1	4	3	2	3	1	1
01000	00	10	10	00	0	5	1	3	3	1	2
01000	01	01	01	01	1	5	2	2	2	2	1
01000	10	00	00	10	0	5	3	1	1	3	2
10000	00	01	00	00	0	6	1	2	1	1	2
10000	01	00	10	01	0	6	2	1	3	2	2
10000	10	10	01	10	1	6	3	3	2	3	1

Vorsichtshalber berechnet der Mitarbeiter des Unternehmens, Herr Schlau, die Korrelationen zwischen den Dummyvariablen und erhält folgendes Ergebnis:

	X_1	X_2	X_3	X_4	X_5	X_6	X_7	X_8	X_9	X_{10}	X_{11}	X_{12}	X_{13}	X_{14}
X_1	1	-0.2	-0.2	-0.2	-0.2	0	0	0	0	0	0	0	0	0
X_2	-0.2	1	-0.2	-0.2	-0.2	0	0	0	0	0	0	0	0	0
X_3	-0.2	-0.2	1	-0.2	-0.2	0	0	0	0	0	0	0	0	0
X_4	-0.2	-0.2	-0.2	1	-0.2	0	0	0	0	0	0	0	0	0
X_5	-0.2	-0.2	-0.2	-0.2	1	0	0	0	0	0	0	0	0	0
X_6	0	0	0	0	0	1	-0.5	0	0	0	0	0	0	0
X_7	0	0	0	0	0	-0.5	1	0	0	0	0	0	0	0
X_8	0	0	0	0	0	0	0	1	-0.5	0	0	0	0	0
X_9	0	0	0	0	0	0	0	-0.5	1	0	0	0	0	0
X_{10}	0	0	0	0	0	0	0	0	0	1	-0.5	0	0	0
X_{11}	0	0	0	0	0	0	0	0	0	-0.5	1	0	0	0
X_{12}	0	0	0	0	0	0	0	0	0	0	0	1	-0.5	0
X_{13}	0	0	0	0	0	0	0	0	0	0	0	-0.5	1	0
X_{14}	0	0	0	0	0	0	0	0	0	0	0	0	0	1

Ist das empfohlene Design orthogonal? Ist es für die Untersuchung empfehlenswert?

Lösungsskizze:

Das Design ist orthogonal, da Dummyvariablen von verschiedenen Merkmalen nicht miteinander korrelieren. Die Korrelationen zwischen Dummyvariablen, die für ein und dasselbe Merkmal gebildet werden, sind zwangsläufig ungleich Null.

Für den praktischen Einsatz ist das Design aufgrund der vergleichsweise geringen Anzahl der Objekte (n = 18), die den Auskunftspersonen vorzulegen sind, zunächst interessant. Allerdings ist zu befürchten, dass die Personen überfordert werden, wenn sie simultan sechs Merkmale, die darüber hinaus nicht alle dichotom sind, beurteilen sollen. Es wäre erwägenswert, die Merkmalsmenge in zwei oder drei Teilmengen zu zerlegen und je Teilmenge eine separate Conjoint-Analyse durchzuführen. Die geschätzten Teilnutzenwerte könnten anschließend vergleichbar gemacht werden, wenn ein Merkmal in mehreren Conjoint-Analysen berücksichtigt worden ist. Weiterhin spricht das ungünstige Verhältnis zwischen der Anzahl der Beobachtungen und der Anzahl der zu schätzenden Parameter gegen die Verwendung dieses Designs.

Aufgabe 8:

Die Grün KG setzt ihr Produkt in vier Vertriebsgebieten ab. Sie hat zwei Varianten A und B des Produkts entwickelt, möchte aber nur eine davon einführen. In einer Stichprobe vom Umfang n = 600 aus der sehr großen Grundgesamtheit wurde erhoben, welche Variante von den Nachfragern bevorzugt wird. Die Geschäftsleitung meint, dass sich vor allem regionale Unterschiede hinsichtlich der Präferenzen ergeben werden. Die Aufteilung der Nachfrager auf die vier Regionen, die Stichprobenumfänge sowie die Präferenzurteile sind nachfolgend angegeben:

Region	1	2	3	4	Σ
Anteil an der Grundgesamtheit	10%	40%	20%	30%	100%
Stichprobenumfang	60	240	120	180	600
A-Präferierer	42	120	84	36	282

Beurteilen Sie die Zusammensetzung der Stichprobe. Bestimmen Sie das 95%-Konfidenzintervall für den Anteil der Nachfrager, die Variante A bevorzugen. Wie groß hätte der Stichprobenumfang einer uneingeschränkten Stichprobe sein müssen, um dieselbe Wirksamkeit hinsichtlich der Breite des Konfidenzintervalls für den Anteil der A-Präferierer zu erzielen?

Lösungsskizze:

Es handelt sich hier um eine geschichtete Stichprobe, im Besonderen um eine proportionale Aufteilung, da gilt: $n_h = (N_h/N) \cdot n$. Vermutlich wurde nach dem Modell ohne Zurücklegen gezogen. Da Angaben zu N in der Angabe fehlen und N als sehr groß bezeichnet wurde, werden die Kenngrößen für das Modell mit Zurücklegen für eine geschichtete Stichprobe verwendet:

$$p = \sum_h \frac{N_h}{N} p_h = 0.1 \cdot \frac{42}{60} + 0.4 \cdot \frac{120}{240} + 0.2 \cdot \frac{84}{120} + 0.3 \cdot \frac{36}{180} = 0.47$$

$$s_p^2 = \sum_h \frac{N_h^2}{N^2} \frac{p_h(1-p_h)}{n_h} = 0.1^2 \cdot \frac{42 \cdot 18}{60^3} + 0.4^2 \cdot \frac{120 \cdot 120}{240^3} + 0.2^2 \cdot \frac{84 \cdot 36}{120^3} + 0.3^2 \cdot \frac{36 \cdot 144}{180^3} = 0.01875^2$$

$$KI = [p \pm z(1 - \alpha/2)s_p] = [0.47 \pm 1.96 \cdot 0.01875] = [0.47 \pm 0.037]$$

Für die uneingeschränkte Stichprobe gilt:

$$s_p^2 = \frac{p(1-p)}{n}$$

Der mindestens nötige Stichprobenumfang der uneingeschränkten Stichprobe wäre 709, da dann gilt: $0.01875^2 = 0.47 \cdot 0.53/n$. Allerdings wird dabei unterstellt, dass p bei beiden Schätzverfahren gleich ist.

Aufgabe 9:

Um den Stimmenanteil von Partei A bei den kommenden Gemeinderatswahlen zu prognostizieren, wird die Grundgesamtheit der Wähler in fünf Schichten (Wohnregionen) aufgeteilt. Erste Ergebnisse sollen aus einer proportional geschichteten Stichprobe vom Gesamtum-
fang n = 1000 berechnet werden. Es liegen folgende Daten vor:

Wohnregion h	Umfang N_h	Anteil Wähler A p_h
1	2000	0.35
2	1600	0.55
3	2000	0.40
4	4200	0.55
5	6000	0.36

Berechnen Sie ein 95%-Konfidenzintervall für den zu erwartenden Stimmenanteil von Partei
A.

Aufgabe 10:

Eine Grundgesamtheit besteht aus N = 3 Elementen mit den Ausprägungen 1, 2 und 3. Zeigen
Sie an diesen Zahlen für eine Stichprobe der Länge n = 2, dass der arithmetische Mittelwert $\bar{x}$
und die Stichprobenvarianz s_x^2

$$\bar{x} = \frac{1}{n}\sum_{i=1}^{n}x_i \qquad s_X^2 = \frac{1}{n-1}\sum_{i=1}^{n}(x_i-\bar{x})^2 \ \text{(MmZ) bzw.} \ s_X^2 = \frac{N-1}{N(n-1)}\sum_{i=1}^{n}(x_i-\bar{x})^2 \ \text{(MoZ)}$$

(MmZ: Modell mit Zurücklegen, MoZ: Modell ohne Zurücklegen) erwartungstreue Schätzungen für den Erwartungswert μ und die Varianz σ_X^2 liefern:

$$\mu = \frac{1}{N}\sum_{i=1}^{N}x_i \qquad\qquad \sigma_X^2 = \frac{1}{N}\sum_{i=1}^{N}(x_i-\mu)^2$$

Lösungsskizze:

	Modell mit Zurücklegen			Modell ohne Zurücklegen		
mögliche Stichprobe	$\bar{x}$	s_x^2	Eintritts-wahrschein-lichkeit	mögliche Stichprobe	$\bar{x}$	s_x^2	Eintritts-wahrschein-lichkeit
(1, 1)	1	0	1/9	(1, 2)	1.5	1/3	1/6
(1, 2)	1.5	0.5	1/9	(1, 3)	2	4/3	1/6
(1, 3)	2	2	1/9	(2, 1)	1.5	1/3	1/6
(2, 1)	1.5	0.5	1/9	(2, 3)	2.5	1/3	1/6
(2, 2)	2	0	1/9	(3, 1)	2	4/3	1/6
(2, 3)	2.5	0.5	1/9	(3, 2)	2.5	1/3	1/6
(3, 1)	2	2	1/9				
(3, 2)	2.5	0.5	1/9				
(3, 3)	3	0	1/9				
Erwartungs-wert	$E(\bar{X})=2$	$E(S_X^2)=\frac{2}{3}$			$E(\bar{X})=2$	$E(S_X^2)=\frac{2}{3}$	

Würde ein Untersuchungsleiter die Stichprobe nicht einmal ziehen, sondern 10000mal, würde
er mit bestimmten Eintrittswahrscheinlichkeiten konkrete Stichproben erhalten (z. B. 1111mal
die Stichprobe (1, 1) im Fall MmZ) und daraus 10000mal das arithmetische Mittel $\bar{x}$ und die

Stichprobenvarianz s_x^2 berechnen können. Gemittelt über 10000 Stichproben ergibt sich für die 10000 $\bar{x}$-Werte bzw. s_x^2-Werte der Erwartungswert μ und die Varianz σ^2:

$$\mu = \frac{1}{N}\sum_{i=1}^{N} x_i = 2; \quad \sigma^2 = \frac{1}{N}\sum_{i=1}^{N}(x_i - \mu)^2 = 2/3$$

Die Schätzer sind erwartungstreu, d.h. $E(\bar{X})=\mu$ und $E(S_x^2)=\sigma^2$.

Aufgabe 11:

Wozu werden Entscheidungsmodelle gebildet? Was ist bei ihrer Konstruktion zu berücksichtigen? Welche Bedeutung kommt der Robustheit im Hinblick auf ein Modell zu? Erläutern Sie diese Eigenschaft und zeigen Sie an Beispielen, wie sie bei der Konstruktion von Modellen zu berücksichtigen ist.

Lösungsskizze:

Zweck von Modellen:

Modelle werden zum Zwecke von Prognosen gebildet, wenn die untersuchte Realität komplex ist. Modelle sind Vereinfachungen der Realität. Dabei sollte die erzielte Prognosegüte mit den Kosten für die Modellbildung und für die Datenbeschaffung steigen.

Folgendes ist festzulegen:

- Input- und Outputvariablen: Der Input besteht z.b. aus Marketingvariablen des Unternehmens und seiner Konkurrenz, aus Merkmalen der Nachfrager oder der Gesamtwirtschaft oder der Zeit. Outputgrößen können ökonomische Ziele (z.b. Absatz, Umsatz) oder vorökonomische Ziele (z.b. Bekanntheit, Präferenzen) sein.
- Funktionaler Zusammenhang: Die Beziehung zwischen den Input- und Outputgrößen sollte plausibel sein. So kommt für manche Fragestellungen z. B. ein lineares, für andere ein Sättigungsmodell in Betracht. Die Wirkung der Einflussgrößen kann als unabhängig oder interdependent modelliert werden. Die Variablen können, falls dies plausibel erscheint, auch zeitverzögert in die Modelle einfließen.
- Detaillierungsgrad: Es ist festzulegen, wie viele Inputvariablen in das Modell aufzunehmen sind. Je detaillierter das Modell ist, umso schwieriger ist es, die Parameter zu bestimmen, umso höher ist aber tendenziell dessen Prognosegüte.
- Art der Parameterschätzung: Die Koeffizienten können statistisch durch Längsschnitts - oder Querschnittsanalysen oder durch subjektive Einschätzungen des Anwenders bestimmt werden.
- Bewertung der Modellgüte: Die Reproduktions- und die Prognosegüte sollen in Abhängigkeit der Zwecke der Modellbildung angemessen hoch sein. Modelle, die kausal nicht oder schlecht fundiert sind, können trotz hoher Reproduktionsgüte nur eine geringe Prognosegüte aufweisen.

Modelle werden als robust bezeichnet, wenn sie trotz extremer Inputs keine unsinnigen Outputs liefern. Wichtig ist diese Eigenschaft, wenn der Modellbauer nicht gleichzeitig auch der Anwender ist und die Akzeptanz des Modells hoch sein soll. Die Komplexität des Modells sollte in diesem Fall nicht wesentlich höher sein als die Komplexität des Denkens des Anwenders.

Aufgabe 12:
(entlehnt aus Fahrmeir, L.; Kaufmann, H.; Ost, F. (1981): Stochastische Prozesse, München, S. 76, 312)

Auf einem Markt werden zwei Marken angeboten. In einer Analyse der Markenwahl von 100 Haushalten in aufeinander folgenden Wochen wurden folgende vier Zustände unterschieden:
  (a) Haushalt kauft Marke A
  (b) Haushalt kauft Marke B
  (c) Haushalt kauft beide Marken
  (d) Haushalt kauft kein Produkt
Bis zur fünften Woche ergaben sich folgende absolute Übergangshäufigkeiten:

1.Wo. ⟶ 2.Wo.				2.Wo. ⟶ 3.Wo.				3.Wo. ⟶ 4.Wo.				4.Wo. ⟶ 5.Wo.			
	a	b	c	d		a	b	c	d		a	b	c	d		a	b	c	d
a	12	2*	1	7	a	11	3	1	3	a	13	2	0	3	a	15	2	2	3
b	1	35	1	7	b	2	28	3	11	b	2	27	4	5	b	2	28	3	11
c	1	2	6	0	c	0	0	7	1	c	3	2	6	0	c	2	2	6	0
d	4	5	0	16	d	5	7	0	18	d	4	13	0	16	d	5	7	0	12

* 2 der 100 Haushalte kauften in der ersten Woche Marke A und in der zweiten Woche Marke B

Wie verändern sich die Häufigkeiten der verschiedenen Zustände in den fünf Wochen? Schätzen Sie die Übergangswahrscheinlichkeiten unter der Annahme, dass diese stationär sind. Testen Sie die Hypothese stationärer Übergangswahrscheinlichkeiten gegen die Alternative zeitabhängiger Übergangswahrscheinlichkeiten ($\alpha=5\%$). Wohin entwickeln sich die Marktanteile von A und B langfristig, wenn Stationärität unterstellt werden kann?

Lösungsskizze:

Häufigkeiten für die Zustände:

		Woche				
		1	2	3	4	5
Zustand	(a)	22	18	18	22	24
	(b)	44	44	38	44	39
	(c)	9	8	11	10	11
	(d)	25	30	33	24	26
	Σ	100	100	100	100	100

Die Häufigkeiten für die erste Woche können einfach durch Summieren der Übergangshäufigkeiten (Daten je Zeile) von Woche 1 zu Woche 2 berechnet werden. Dasselbe gilt analog für die Wochen 2, 3 und 4. Zur Berechnung der Häufigkeiten für Woche 5 können die in der letzten Matrix angegebenen Häufigkeiten je Spalte addiert werden.

Übergangswahrscheinlichkeiten:

Die Übergangswahrscheinlichkeiten sind stationär, wenn sie sich im Zeitablauf nicht verändern, d. h. wenn für alle Übergänge $t \to t+1$ gilt: $p_{ij} (t \to t+1) = p_{ij}$ Sie können als Quotient zwischen Summe der Übergangshäufigkeiten und der Summe der vorausgehenden Zustandshäufigkeiten geschätzt werden:

$$p_{ij} = \frac{\sum n_{ij}(t \to t+1)}{\sum n_i(t)}$$

$$
\begin{pmatrix}
\dfrac{12+11+13+15}{22+18+18+22} & \dfrac{2+3+2+2}{22+18+18+22} & \dfrac{1+1+0+2}{22+18+18+22} & \dfrac{7+3+3+3}{22+18+18+22} \\[2mm]
\dfrac{1+2+2+2}{44+44+38+44} & \dfrac{35+28+27+28}{44+44+38+44} & \dfrac{1+3+4+3}{44+44+38+44} & \dfrac{7+11+5+11}{44+44+38+44} \\[2mm]
\dfrac{1+0+3+2}{9+8+11+10} & \dfrac{2+0+2+2}{9+8+11+10} & \dfrac{6+7+6+6}{9+8+11+10} & \dfrac{0+1+0+0}{9+8+11+10} \\[2mm]
\dfrac{4+5+4+5}{25+30+33+24} & \dfrac{5+7+13+7}{25+30+33+24} & \dfrac{0+0+0+0}{25+30+33+24} & \dfrac{16+18+16+12}{25+30+33+24}
\end{pmatrix}
=
\begin{pmatrix}
0.638 & 0.113 & 0.050 & 0.200 \\
0.041 & 0.694 & 0.065 & 0.200 \\
0.158 & 0.158 & 0.658 & 0.026 \\
0.161 & 0.286 & 0.000 & 0.554
\end{pmatrix}
$$

Bei Stationarität erwartete Übergangshäufigkeiten:

Zustandshäufigkeiten $n_i(t)$	geschätzte stationäre Übergangswahrscheinlichkeiten $\hat{p}_{ij}(t \to t+1)$				bei Unabhängigkeit erwartete Übergangshäufigkeiten $\hat{n}_{ij}(t \to t+1) = n_i(t) \cdot \hat{p}_{ij}(t \to t+1)$				beobachtete Übergangshäufigkeiten $n_{ij}(t \to t+1)$			
22	0.638	0.113	0.050	0.200	14.04	2.49	1.10	4.40	12	2	1	7
44	0.041	0.694	0.065	0.200	1.80	30.54	2.86	8.80	1	35	1	7
9	0.158	0.158	0.658	0.026	1.42	1.42	5.92	0.23	1	2	6	0
25	0.161	0.286	0.000	0.554	4.03	7.15	0.00	13.85	4	5	0	16
18	0.638	0.113	0.050	0.200	11.48	2.03	0.90	3.60	11	3	1	3
44	0.041	0.694	0.065	0.200	1.80	30.54	2.86	8.80	2	28	3	11
8	0.158	0.158	0.658	0.026	1.26	1.26	5.26	0.21	0	0	7	1
30	0.161	0.286	0.000	0.554	4.83	8.58	0.00	16.62	5	7	0	18
18	0.638	0.113	0.050	0.200	11.48	2.03	0.90	3.60	13	2	0	3
38	0.041	0.694	0.065	0.200	1.56	26.37	2.47	7.60	2	27	4	5
11	0.158	0.158	0.658	0.026	1.74	1.74	7.24	0.29	3	2	6	0
33	0.161	0.286	0.000	0.554	5.31	9.44	0.00	18.28	4	13	0	16
22	0.638	0.113	0.050	0.200	14.04	2.49	1.10	4.40	15	2	2	3
44	0.041	0.694	0.065	0.200	1.80	30.54	2.86	8.80	2	28	3	11
10	0.158	0.158	0.658	0.026	1.58	1.58	6.58	0.26	2	2	6	0
24	0.161	0.286	0.000	0.554	3.86	6.86	0.00	13.30	5	7	0	12

Im folgenden χ^2-Test wird die Diskrepanz zwischen den beobachteten und den unter Gültigkeit von H_0 (Stationarität) erwarteten Übergangshäufigkeiten verglichen (Anm.: In vier der 64 Fälle ist $\hat{n}$ Null; diese Fälle wurden in der folgenden Berechnung nicht berücksichtigt):

$$\chi^2 = \sum_i \sum_j \sum_t \frac{[n_{ij}(t \to t+1) - \hat{n}_{ij}(t \to t+1)]^2}{\hat{n}_{ij}(t \to t+1)} = 6.10 + 7.86 + 6.58 + 3.14 = 23.68$$

Falls die beobachteten Häufigkeiten nur zufällig von den erwarteten Häufigkeiten abweichen, wäre χ^2 gering. Die χ^2-Verteilung besitzt hier die $4 \cdot 3 \cdot 4$ Freiheitsgrade (12 erwartete Häufigkeiten können aus den verbleibenden 48 berechnet werden, sie werden nicht frei geschätzt). Der Ablehnungsbereich der Nullhypothese H_0: $p_{ij}(t \to t+1) = p_{ij}$ ist somit $[\chi^2(48; 0.95); +\infty) = [65; +\infty)$. Der Wert der Prüfungsgröße fällt nicht in den kritischen Bereich für H_0, die Nullhypothese kann somit nicht abgelehnt werden, und die Daten sprechen folglich nicht gegen die Annahme der Stationarität der Übergangswahrscheinlichkeiten.

Schätzung der langfristigen Marktanteile:

$$[p_{a\infty},p_{b\infty},p_{c\infty},1-p_{a\infty}-p_{b\infty}-p_{c\infty}] = [p_{a\infty},p_{b\infty},p_{c\infty},1-p_{a\infty}-p_{b\infty}-p_{c\infty}] \begin{bmatrix} 0.638 & 0.113 & 0.050 & 0.200 \\ 0.041 & 0.694 & 0.065 & 0.200 \\ 0.158 & 0.158 & 0.658 & 0.026 \\ 0.161 & 0.286 & 0.000 & 0.554 \end{bmatrix}$$

$$p_{a\infty} = 0.638p_{a\infty} + 0.041p_{b\infty} + 0.158p_{c\infty} + 0.161(1 - p_{a\infty} - p_{b\infty} - p_{c\infty})$$
$$p_{b\infty} = 0.113p_{a\infty} + 0.694p_{b\infty} + 0.158p_{c\infty} + 0.286(1 - p_{a\infty} - p_{b\infty} - p_{c\infty})$$
$$p_{c\infty} = 0.050p_{a\infty} + 0.065p_{b\infty} + 0.658p_{c\infty} + 0.000(1 - p_{a\infty} - p_{b\infty} - p_{c\infty})$$
$$p_{a\infty} = 0.216, p_{b\infty} = 0.397, p_{c\infty} = 0.107$$

Wegen $\sum p_{i\infty} = 1$ ergibt sich $p_{d\infty} = 0.280$.

Es sei angenommen, dass Haushalte jeweils die halbe Menge von Marke A und Marke B kaufen, wenn sie gleichzeitig Marke A und B kaufen, verglichen mit dem Fall, dass Haushalte nur Marke A oder nur Marke B in einer Woche kaufen.

    relativer Marktanteil von A: 0.216+0.107/2 = 0.270
    relativer Marktanteil von B: 0.379+0.107/2 = 0.433

    Marktanteil von A: 0.270/(0.270+0.433) = 0.384
    Marktanteil von B: 0.433/(0.270+0.433) = 0.616

Allgemein ist die Verwendung von Markov-Prozessen zur Prognose von Marktanteilen problematisch:

- Die Ereignisse sind nicht periodisch, d. h. die Haushalte unterscheiden sich in den Abständen, in denen sie Käufe tätigen.
- Es existieren oft viele Marken. Die Aggregationen von Marken zu wenigen Zuständen kann Einfluss auf Marktanteilsprognosen haben.
- Die Nachfrager bestehen aus unterschiedlichen Segmenten mit jeweils spezifischen Kaufcharakteristika. Werden die Nachfrager undifferenziert analysiert, bleiben wichtige Effekte auf die Entwicklung der Marktanteile unbeachtet.

Aufgabe 13:

Ein Marketingdirektor steht vor der Entscheidung, ob für ein Schuhputzmittel in einer Zeitschrift mit 100,000 Lesern geworben werden soll. Aufgrund seiner Kenntnis über die Bruttoreichweite, Kontaktqualität und Zielgruppeneignung hält er folgende Kundenzuwachswerte für gleich wahrscheinlich: 15000 Kunden, 13000 Kunden oder 12000 Kunden. Jeder Kunde verbraucht 10 Tuben im Planungszeitraum. Der Stückdeckungsbeitrag beträgt € 0.50. Die Streukosten der zur Entscheidung anstehenden Werbeaktion belaufen sich auf € 65000.-. Der Verlag bietet an, durch die angeschlossene Marktforschungsabteilung auf einem Testmarkt eine Marktforschungsmaßnahme durchzuführen, um die Wirksamkeit der geplanten Werbeaktion festzustellen. Der repräsentative Testmarkt hat 1/100 des Volumens des Gesamtmarktes. Eine Bevorratung des Handels im Testmarkt mit dem Produkt würde zusätzlich € 500.- kosten. Als alternative Testmarktergebnisse sollen nur betrachtet werden: Kundenzuwachs ab 140, 134 bis 139 oder bis 133. Wie lauten die Empfehlungen zum Budget eines risikoneutralen Entscheiders?

Lösungsskizze:

Aktionen, Zustände und Testergebnisse:

Handlungs-alternativen	a_1:	Werbeaktion durchführen (GO)
	a_2:	Werbeaktion nicht durchführen (NO)
	a_3:	vor der Entscheidung zwischen a_1 und a_2 Test durchführen (ON)
mögliche Zu-stände	z_1:	15000 Kunden
	z_2:	13000 Kunden
	z_3:	12000 Kunden
mögliche Testmarkter-gebnisse	x_1:	140 Kunden und mehr im Testmarkt
	x_2:	zwischen 134 und 139 Kunden im Testmarkt
	x_3	bis 133 Kunden im Testmarkt

A-priori-Wahrscheinlichkeiten $p(z_j)$:

z_i	$p(z_i)$
z_1	1/3
z_2	1/3
z_3	1/3

A-priori-Analyse:

	Ergebnisnutzenwerte u_{ij}			Risikonutzenwerte
	z_1	z_2	z_3	$\sum p(z_j)u_{ij}$
a_1	15000·10·0.50-65000	13000·10·0.50-65000	12000·10·0.50-65000	
	= 10000	= 0	= - 5000	1666.67
a_2	0	0	0	0

Die Werbeaktion sollte durchgeführt werden, falls nur eine Entscheidung zwischen GO und NO möglich ist.

Bedingte-Wahrscheinlichkeiten $p(x_k|z_j)$:

Y: Anzahl der Kunden in der Stichprobe (Zufallsvariable)

Y ist nach Sachverhalt hypergeometrisch verteilt (Modell ohne Zurücklegen, dichotome Ergebnisse je „Ziehung"; Resultat einer Ziehung: Kunde ja/nein). Da der Auswahlsatz $n/N \leq 0.05$ ist, nähert sich die hypergeometrische Verteilung der Binomialverteilung an:

$$p(y|\pi_j) = \binom{1000}{y} \cdot \pi_j^y \cdot (1 - \pi_j)^{1000-y}$$

mit:
- N: Umfang der Grundgesamtheit (N=100000)
- M: Anzahl der Kunden
- π=M/N: Anteil der Kunden (hier: 15000/100000 = 0.15, 13000/100000 = 0.13 oder 12000/100000 = 0.12)
- n: Umfang der Stichprobe (n=1000)
- Y: Anzahl der Treffer in der Stichprobe (hier: Anzahl der Kunden)
- y: mögliches Testergebnis (y=0,1,2,...,1000). x_1: $140 \leq Y \leq 1000$; x_2: $134 \leq Y \leq 139$; x_3: $0 \leq Y \leq 133$

Weiterhin ist hier die Binomialverteilung durch die Normalverteilung approximierbar. Für eine binomialverteilte Zufallsvariable gilt approximativ:

$$P(Y \leq y) = \Phi(\frac{y + \frac{1}{2} - n\pi}{\sqrt{n\pi(1 - \pi)}})$$

Voraussetzungen für die Approximation:

Approximation der	Bedingung
hypergeometrischen durch die Binomialverteilung	$n/N \leq 0.05$
Binomialverteilung durch die Normalverteilung	$n > 9/[\pi(1-\pi)]$
hypergeometrischen durch die Normalverteilung	$n > 9/[\pi(1-\pi)]$ und n/N nicht zu nahe bei 1

Quelle: Schaich, E.; Köhle, D.; Schweitzer,W.; Wegner, F. (1979):Statistik I, 2. A., München, S. 159

Bedingte-Wahrscheinlichkeiten $p(x_k|z_j)$:

$$P(x_1|z_1) = P(Y \geq 140 | \pi = 0.15) \qquad = 1 - \Phi(\frac{139 + 1/2 - 1000 \cdot 0.15}{\sqrt{1000 \cdot 0.15(1 - 015)}}) = 1 - \Phi(-0.93) = 0.8238$$

$$P(x_2|z_1) = P(134 \leq Y \leq 139 | \pi = 0.15) \qquad = \Phi(\frac{139 + 1/2 - 1000 \cdot 0.15}{\sqrt{1000 \cdot 0.15(1 - 015)}}) - \Phi(\frac{133 + 1/2 - 1000 \cdot 0.15}{\sqrt{1000 \cdot 0.15(1 - 0.15)}})$$
$$= \Phi(-0.93) - \Phi(-1.46) = 0.1762 - 0.0721 = 0.1041$$

$$P(x_3|z_1) = P(Y \leq 133 | \pi = 0.15) \qquad = \Phi(\frac{133 + 1/2 - 1000 \cdot 0.15}{\sqrt{1000 \cdot 0.15(1 - 0.15)}}) = \Phi(-1.46) = 0.0721$$

$$P(x_1|z_2) = P(Y \geq 140 | \pi = 0.13) \qquad = 1 - \Phi(\frac{139 + 1/2 - 1000 \cdot 0.13}{\sqrt{1000 \cdot 0.13(1 - 0.13)}}) = 1 - \Phi(0.89) = 0.1867$$

$$P(x_2|z_2) = P(134 \leq Y \leq 139 | \pi = 0.13) \qquad = \Phi(\frac{139 + 1/2 - 1000 \cdot 0.13}{\sqrt{1000 \cdot 0.13(1 - 0.13)}}) - \Phi(\frac{133 + 1/2 - 1000 \cdot 0.13}{\sqrt{1000 \cdot 0.13(1 - 0.13)}})$$
$$= \Phi(0.89) - \Phi(0.33) = 0.8133 - 0.6293 = 0.1840$$

$$P(x_3|z_2) = P(Y \leq 133 | \pi = 0.13) \qquad = \Phi(\frac{133 + 1/2 - 1000 \cdot 0.13}{\sqrt{1000 \cdot 0.13(1 - 0.13)}}) = \Phi(0.33) = 0.6293$$

$$P(x_1|z_3) = P(Y \geq 140 | \pi = 0.12) \qquad = 1 - \Phi(\frac{139 + 1/2 - 1000 \cdot 0.12}{\sqrt{1000 \cdot 0.12(1 - 0.12)}}) = 1 - \Phi(1.90) = 0.0287$$

$$P(x_2|z_3) = P(134 \leq Y \leq 139 | \pi = 0.12) \qquad = \Phi(\frac{139 + 1/2 - 1000 \cdot 0.12}{\sqrt{1000 \cdot 0.12(1 - 0.12)}}) - \Phi(\frac{133 + 1/2 - 1000 \cdot 0.12}{\sqrt{1000 \cdot 0.12(1 - 0.12)}})$$
$$= \Phi(1.90) - \Phi(1.31) = 0.9713 - 0.9049 = 0.0664$$

$$P(x_3|z_3) = P(Y \leq 133 | \pi = 0.12) \qquad = \Phi(\frac{133 + 1/2 - 1000 \cdot 0.12}{\sqrt{1000 \cdot 0.12(1 - 0.12)}}) = \Phi(1.31) = 0.9049$$

$p(x_k|z_j)$	z_1	z_2	z_3
x_1	0.8238	0.1867	0.0287
x_2	0.1041	0.1840	0.0664
x_3	0.0721	0.6293	0.9049
Σ	1	1	1

Gemeinsame Wahrscheinlichkeiten $p(x_k,z_j) = p(x_k|z_j)p(z_j)$:

	z_1	z_2	z_3
x_1	0.2746	0.0622	0.0096
x_2	0.0347	0.0613	0.0221
x_3	0.0240	0.2098	0.3016
Σ	1/3	1/3	1/3

Eintrittswahrscheinlichkeiten für die Testergebnisse $p(x_k) = \sum_j p(x_k, z_j)$:

	$p(x_k)$
x_1	0.3464
x_2	0.1181
x_3	0.5354
Σ	1

A-posteriori-Wahrscheinlichkeiten $p(z_j | x_k) = \dfrac{p(x_k, z_j)}{p(x_k)}$:

	z_1	z_2	z_3	Σ
x_1	0.7927	0.1796	0.0277	1
x_2	0.2938	0.5191	0.1871	1
x_3	0.0448	0.3919	0.5633	1

Entscheidungsbaum:

Stufe 4	Stufe 3	Stufe 2	Stufe 1
$\sum_k p(x_k) \max_i \{\sum_j p(z_j|x_k)u_{ij}\}$	$p(x_k) \quad \max_i\{\sum_j p(z_j|x_k)u_{ij}\}$	$\sum_j p(z_j|x_k)u_{ij} \quad p(z_j|x_k)$	u_{ij}

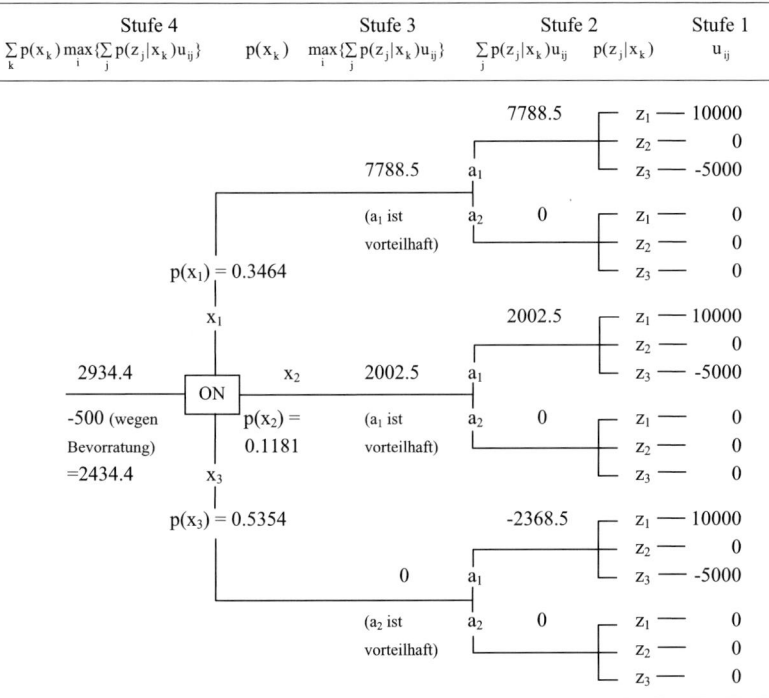

Wert der Testinformation:

Der Wert der Testinformation ist die Differenz zwischen den Risikonutzen nach und vor der Verfügbarkeit der Testinformation: $2434.4 - 1666.7 = 767.7$

Empfehlungen für einen risikoneutralen Entscheider:
- falls die Marktforschungsstudie weniger als € 767.7 kostet: $\Rightarrow$ Marktforschungsstudie durchführen
  - ➤ falls Testergebnis x_1 oder x_2: $\Rightarrow$ Werbeaktion durchführen (Budget: 65000 + 500 für Bevorratung + Kosten für Studie)
  - ➤ falls Testergebnis x_3: $\Rightarrow$ Werbeaktion nicht durchführen (Budget: 500 für Bevorratung + Kosten für Studie)
- falls die Marktforschungsstudie mehr als € 767.7 kostet: $\Rightarrow$ Marktforschungsstudie nicht durchführen und sofort Werbeaktion durchführen (Budget: 65000).

Aufgabe 14:

Ein Handelsunternehmen möchte den Einfluss einer Werbekampagne auf den Umsatz seines Sortiments überprüfen. Die Absatzmengen vor und nach der Werbekampagne lauten für 10 vergleichbare Produkte und zwei vergleichbare Perioden:

Produkt	1	2	3	4	5	6	7	8	9	10
Absatz vor Werbung	7	7	6	8	9	6	7	10	9	7
Absatz nach Werbung	8	8	7	9	10	7	7	12	9	9

Ist davon auszugehen, dass die Werbekampagne einen Einfluss auf den Absatz ausübt? Interpretieren Sie das Testergebnis.

Lösungsskizze:

Die Hypothese lautet: Die Werbekampagne beeinflusst den Absatz positiv. Da eine verbundene Stichprobe mit unabhängigen Ziehungen vorliegt, sind Differenzen zu berechnen, und es ist zu prüfen, ob diese die erwarteten Vorzeichen annehmen. Die Messwerte sind somit:

Produkt	1	2	3	4	5	6	7	8	9	10
$d_i = y_{2i} - y_{1i}$	1	1	1	1	1	1	0	2	0	2

y_1: Absatz vor Werbung, y_2: Absatz nach Werbung

statistische Forschungshypothese: H_1: $\mu_D > 0$

statistische Nullhypothese: H_0: $\mu_D \leq 0$

Wert der Prüfgröße bei unterstellter Normalverteilung von D:

$$t = \frac{\overline{d} - 0}{s_{\overline{D}}} \quad \text{mit } s_{\overline{D}}^2 = \frac{s_D^2}{n} \text{ und } s_D^2 = \frac{1}{n-1}\sum_{i=1}^{n}(d_i - \overline{d})^2$$

$$t = \frac{1-0}{\sqrt{(4/9)/10}} = 4.74$$

kritischer Bereich für H_0: $(t(n-1;1-\alpha);+\infty) = (1.833;+\infty)$ für $\alpha=5\%$

Der Wert der Prüfgröße $t=4.74$ fällt in den kritischen Bereich für H_0, die statistische Nullhypothese ist somit abzulehnen, die statistische Forschungshypothese ist durch die vorliegenden Daten gestützt und die untersuchte Hypothese ist untermauert.

Aufgabe 15:

Die Geschäftsleitung eines Handelsunternehmens, das in einem bezüglich Ladendiebstahls berüchtigten Stadtteil ein Geschäft betreibt, erwägt, auf den Einsatz von gut für die Kunden erkennbaren Ladendetektiven und von Überwachungskameras zu verzichten. Zwar glaubt man, bisher durch die intensive Überwachung Ladendiebstähle praktisch völlig verhindert zu haben, aber man hat für die Kontrolle auch hohe Ausgaben tätigen müssen. Probeweise wurden deshalb die für die Kunden offensichtlichen Kontrollen eingestellt. Tatsächlich wurde allerdings das Verhalten jedes fünfzigsten Kunden, für diesen nicht erkennbar, genauestens beobachtet. In einer Stichprobe von 100 beobachteten Kunden wurden zehn Diebe entdeckt. Ein Dieb fügte dem Unternehmen im Mittel einen Schaden von € 2 (Wert der Waren zum Einstandspreis) zu. Täglich besuchen 1000 Kunden das Geschäft, und die täglichen Kosten für die Detektive und Kameras beliefen sich auf € 400. Ist der Verzicht auf Kontrollen aus betriebswirtschaftlichen Erwägungen heraus rentabel? Prüfen Sie diese Annahme.

Lösungsskizze:

Grundgesamtheit	N:	Anzahl der Kunden pro Tag (N=1000)	
	M:	Anzahl der Ladendiebe pro Tag	
	N-M:	Anzahl der ehrlichen Kunden pro Tag	
	π=M/N:	Anteil der Ladendiebe unter den Kunden	
Stichprobe	n:	Anzahl der kontrollierten Kunden (n=100)	
		Modell mit Zurücklegen, da ein an einem Tag ertappter Dieb am selben Tag nochmals ertappt werden kann	
Zufallsvariable	X:	Anzahl der Ladendiebe in der Stichprobe; mögliche Ausprägungen von X: 0, 1, 2, ..., 100	
	x:	beobachtete Anzahl von Ladendieben (x=10)	
	P=X/n:	Anteil der Ladendiebe in der Stichprobe; mögliche Ausprägungen von P: 0, 1/100, ..., 1	
	p=x/n:	beobachteter Anteil von Ladendieben (p=0.1)	
Entscheidungs-problem	Handlungsalternativen	a_1: Kontrollen	a_2: keine Kontrollen
	fixe Kosten	€ 400	€ 0
	Warenverlust	€ 0	€ 2 · 1000 · π
	Summe	€ 400	€ 2000π
	Alternative ist vorteilhaft, falls	400<2000π $\Rightarrow \pi$>0.2	2000π<400 $\Rightarrow \pi$<0.2
Hypothese statistische Forschungshypothese statistische Nullhypothese	Der Verzicht auf Kontrollen ist vorteilhaft H_1: π<0.2 H_0: $\pi\geq$0.2		
Prüfgröße bei Normalverteilungs-approximation[1]	X ~ N(nπ_0, nπ_0(1-π_0)) oder P ~ N(π_0, π_0(1-π_0)/n) bei Gültigkeit von H_0 (π_0=0.2)		
Wert der Prüfgröße	X=10 bzw. P=0.1		

[1] Normalverteilungsapproximation möglich, wenn n>9/(π_0(1-π_0))

kritischer Bereich (Approximation)	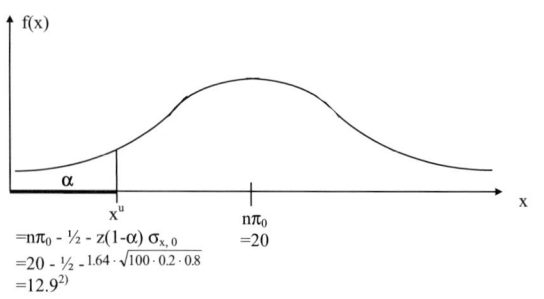

$$x^u = n\pi_0 - \tfrac{1}{2} - z(1-\alpha)\,\sigma_{x,0}$$
$$= 20 - \tfrac{1}{2} - 1.64 \cdot \sqrt{100 \cdot 0.2 \cdot 0.8}$$
$$= 12.9^{2)}$$

$$n\pi_0 = 20$$

Kritischer Bereich für H_0 bei a=5%: (-∞; 12.9)

Testergebnis	Der Wert der Prüfgröße X=10 fällt in den kritischen Bereich. H_0 ist t zum 5%-Niveau abzulehnen, H_1 ist gestützt. Es sollte auf Kontrollen verzichtet werden.
exakte Prüfgröße	$X \sim$ binomial mit $\pi_0=0.2$ und n=100 bei Gültigkeit von H_0
Wert der Prüfgröße	X=10
kritischer Bereich	$$P(X = x) = \binom{100}{x} \cdot \pi_0^x \cdot (1 - \pi_0)^{100-x}$$

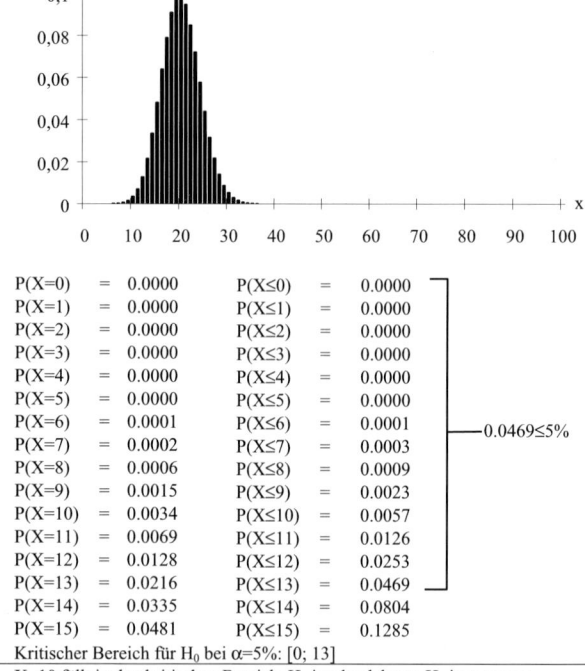

P(X=0)	=	0.0000	P(X≤0)	=	0.0000
P(X=1)	=	0.0000	P(X≤1)	=	0.0000
P(X=2)	=	0.0000	P(X≤2)	=	0.0000
P(X=3)	=	0.0000	P(X≤3)	=	0.0000
P(X=4)	=	0.0000	P(X≤4)	=	0.0000
P(X=5)	=	0.0000	P(X≤5)	=	0.0000
P(X=6)	=	0.0001	P(X≤6)	=	0.0001
P(X=7)	=	0.0002	P(X≤7)	=	0.0003
P(X=8)	=	0.0006	P(X≤8)	=	0.0009
P(X=9)	=	0.0015	P(X≤9)	=	0.0023
P(X=10)	=	0.0034	P(X≤10)	=	0.0057
P(X=11)	=	0.0069	P(X≤11)	=	0.0126
P(X=12)	=	0.0128	P(X≤12)	=	0.0253
P(X=13)	=	0.0216	P(X≤13)	=	0.0469
P(X=14)	=	0.0335	P(X≤14)	=	0.0804
P(X=15)	=	0.0481	P(X≤15)	=	0.1285

0.0469≤5% (bracketed from P(X≤6) to P(X≤13))

Kritischer Bereich für H_0 bei α=5%: [0; 13]

Testergebnis	X=10 fällt in den kritischen Bereich. H_0 ist abzulehnen, H_1 ist gestützt.

$$^{2)}\ P(X \le x^u) = \alpha \Rightarrow \phi\left(\frac{x^u + 1/2 - n\pi_0}{\sqrt{n\pi_0(1-\pi_0)}}\right) = \alpha \quad \Rightarrow \frac{x^u + 1/2 - n\pi_0}{\sqrt{n\pi_0(1-\pi_0)}} = z(\alpha) = -z(1-\alpha)$$

$$\Rightarrow x^u = n\pi_0 - 1/2 - z(1-\alpha)\sqrt{n\pi_0(1-\pi_0)}$$

Aufgabe 16:

Eine gemeinnützige Vereinigung möchte zur Steigerung ihres Spendenaufkommens eine Direktwerbemaßnahme durchführen. Aus vergangenen Spendenaufrufen weiß man, dass einzelne Teile der Bevölkerung auf gleiche Werbebotschaften unterschiedlich reagieren. So glaubt man erkannt zu haben, dass Selbständige und in Freien Berufen Tätige besonders gut auf Spendenaufrufe ansprechen, bei denen die steuerliche Abzugsfähigkeit hervorgehoben wird und wenn ihnen im Falle von Großspenden eine namentliche Nennung in der Presse angeboten wird. Von mittleren Angestellten dagegen verspricht man sich vor allem dann Werbewirkung, wenn im Rahmen der Spendenaufrufe gezielt an ihr soziales Gewissen appelliert wird, bei einfachen Angestellten z. B. vor allem dann, wenn darauf verwiesen wird, dass jedermann "ohne eigenes Verschulden" in soziale Notlagen geraten kann. Das Adressenmaterial für den Spendenaufruf soll von einem Adressenverlag bezogen werden, der über eine Million Adressen von Haushalten verfügt, die nach Auskunft des Verlags in der letzten Zeit Spenden getätigt haben. Die Personen sollen mit ihrem Namen angeschrieben werden. Der Adressenverlag bietet Adressen geordnet nach den sechs von der Organisation gewünschten Segmenten an. Eine stichprobenweise Analyse der Reaktionsweisen in den einzelnen Segmenten ergab die nachfolgend dargestellten Resultate.

Argument im Brieftext	Häufigkeit der Zustimmung zum Statement „Bei diesem Spendenaufruf würde ich spenden" durch Personen aus Segment					
	1	2	3	4	5	6
„soziales Gewissen"	10%	4%	24%	12%	28%	12%
„Abzugsfähigkeit"	4%	6%	40%	4%	14%	4%
„ohne eigenes Verschulden"	18%	16%	4%	6%	4%	10%
falls mehrere Argumente	8%	24%	8%	10%	10%	14%
würde in keinem Fall spenden	60%	50%	24%	68%	44%	60%
Summe	100%	100%	100%	100%	100%	100%
durchschnittliche Spende, falls überhaupt Spende (in €)	100	80	120	60	40	20
Umfang der Stichprobe	50	50	50	50	100	50

Die anteilige Zusammensetzung dieser Stichprobe nach den Segmenten entspricht der Zusammensetzung in der Gesamtheit der Zielpersonen (1 Mio. Haushalte). Sollen je Segment unterschiedliche Argumente im Spendenaufruf enthalten sein?

Lösungsskizze:

Analyse der Unabhängigkeit der Spendenreaktion von den Argumenten im Brieftext:

Die Verteilungen der Reaktionsweisen in den Segmenten basieren auf einem Stichprobenbefund. Falls die Spendenbereitschaft in den Segmenten in Abhängigkeit von den Argumenten in den Brieftexten nicht überzufällig voneinander abweicht, wäre eine segmentweise Schaltung von Werbebotschaften unnötig. Ein χ^2-Unabhängigkeitstest kann diese Frage klären.

Reaktion	empirische Häufigkeiten						Fall-zahl	bei Unabhängigkeit erwartete Häufigkeiten					
	Segment							Segment					
	1	2	3	4	5	6		1	2	3	4	5	6
(a)	5	2	12	6	28	6	59	8.4	8.4	8.4	8.4	16.9	8.4
(b)	2	3	20	2	14	2	43	6.1	6.1	6.1	6.1	12.3	6.1
(c)	9	8	2	3	4	5	31	4.4	4.4	4.4	4.4	8.9	4.4
(d)	4	12	4	5	10	7	42	6.0	6.0	6.0	6.0	12.0	6.0
(e)	30	25	12	34	44	30	175	25.0	25.0	25.0	25.0	50.0	25.0
Fallzahl	50	50	50	50	100	50	350	50	50	50	50	100	50

Hypothese: Die Wirkung der unterschiedlichen Brieftexte ist in allen Segmenten gleich.

statistische Nullhypothese: H_0: $P(X_1,X_2) = P(X_1) \cdot P(X_2)$
mit X_1: Spendenbereitschaft, X_2: Segmentzugehörigkeit

Wert der Prüfgröße:

$$\chi^2 = \sum_i \sum_j \frac{(n_{ij} - \hat{n}_{ij})^2}{\hat{n}_{ij}} = \frac{(5-8.4)^2}{8.4} + ... + \frac{(30-25.0)^2}{25.0} = 90.91$$

kritischer Bereich für $\alpha=5\%$: $(\chi^2_{((I-1)(J-1);1-\alpha)}; +\infty) = (31.40; +\infty)$

Die Nullhypothese ist abzulehnen. Die Wirkung der unterschiedlichen Brieftexte ist nicht unabhängig von der Segmentzugehörigkeit.

3. Marktforschung (Advanced)

3.1 Mehrdimensionale Skalierung

Aufgabe 1:

Die sechs Bäckereien in einer Kleinstadt wurden von den Einwohnern hinsichtlich ihrer globalen Ähnlichkeit beurteilt. Es resultierten folgende globale, ordinalskalierte Ähnlichkeiten (1=ähnlichstes Objektpaar, ..., 15=unähnlichstes Objektpaar).

	A	B	C	D	E
B	12				
C	3	5			
D	15	7	10		
E	14	1	9	6	
F	4	8	2	13	11

Eine Ähnlichkeiten-MDS auf Basis der erhobenen Ähnlichkeitsdaten führte zu folgendem zweidimensionalen Objektraum (Euklidmetrik). Beurteilen Sie die Güte der Lösung anhand des Stress2-Wertes.

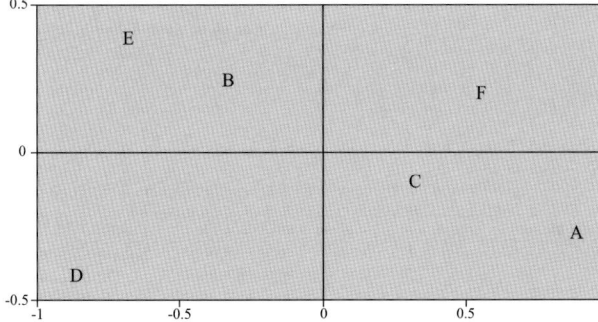

	Dim. 1	Dim. 2
A	0.87647	-0.31627
B	-0.31627	0.26868
C	0.34103	-0.12795
D	-0.82229	-0.42927
E	-0.65791	0.39038
F	0.57898	0.21444

Gehen Sie davon aus, dass die Freundlichkeit des Personals und die Vielfalt des Angebots wie folgt beurteilt werden: E<D<B<C<F<A bzw. F<E<B<C<A<D (<: schlechter als). Unterstellen Sie, dass man mittels EDV-Programm die Koordinaten der Pfeilspitzen der Merkmalsvektoren auf dem Einheitskreis wie folgt geschätzt hat:

Merkmal	Dimension 1	Dimension 2
Freundlichkeit	0.93706	-0.34916
Angebotsvielfalt	-0.14313	-0.98970

Bestimmen Sie den Rangkorrelationskoeffizient und den Stress2-Wert für diese Lösung.

Lösungsskizze:

Berechnung des Stress2-Wertes für den Objektraum:

(i,j)	ähnlichstes Paar											unähnlichstes Paar		
	BE	CF	AC	AF	BC	DE	BD	BF	CE	CD	EF	AB	DF	AE	AD
$\hat{d}_i$	0.363	0.417	0.568	0.608	0.768	0.836	0.862	0.897	1.125	1.202	1.249	1.328	1.542	1.689	1.703
δ_i	0.363	0.417	0.568	0.608	0.768	0.836	0.862	0.897	1.125	1.202	1.249	1.328	1.542	1.689	1.703

$$Stress2 = \sqrt{\frac{\sum_{i<j}(\hat{d}_{ij} - \delta_{ij})^2}{\sum_{i<j}(\hat{d}_{ij} - \bar{d})^2}}$$

mit: $\hat{d}_{ij}$: reproduzierte Distanz zwischen den Objekten i und j

δ_{ij} : Disparität für das Objektpaar i und j.

Der Stress2-Wert ist hier 0, d. h. die Reproduktion der Daten ist perfekt gelungen.

Beurteilung der Einpassung des Merkmalsvektors:

Winkelfunktionen	Winkel des Merkmalsvektors

$\sin\alpha = a/c$

$\cos\alpha = b/c$

$\tan\alpha = a/b$

$\cot\alpha = b/a$

	Freundlichkeit	339.56°
	Auswahl	261.77°

Idealvektor $y = (\tan\alpha)x$		$y=(\tan339.56°)x$	$y=(\tan261.77°)x$
Projektionsgerade (mit 90°-Winkel auf den Idealvektor):	A	-2.6685+2.6838x	-0.1895-0.1446x
	B	1.1175+2.6838x	0.2229-0.1446x
Steigung -1/tan α;	C	-1.0432+2.6838x	-0.0786-0.1446x
	D	1.7776+2.6838x	-0.5482-0.1446x
geht durch $(x_i,y_i) \Rightarrow \quad y = y_i + \frac{x_i - x}{\tan\alpha}$	E	2.1560+2.6838x	0.2952-0.1446x
	F	-1.3394+2.6838x	0.2982-0.1446x
Schnittpunkt des Idealvektors mit der Projektionsgerade:	A	(0.8731;-0.3253)	(-0.0268;-0.1856)
	B	(-0.3656;0.1362)	(0.0316;0.2184)
$(\tan\alpha)x = y_i + \frac{x_i - x}{\tan\alpha} \Rightarrow x = \frac{(\tan\alpha)y_i + x_i}{1+(\tan\alpha)^2}$; $y = \frac{(\tan\alpha)^2 y_i + (\tan\alpha)x_i}{1+(\tan\alpha)^2}$	C	(0.3413;-0.1272)	(-0.0111;-0.0770)
	D	(-0.5816;0.2167)	(-0.0777;-0.5370)
	E	(-0.7054;0.2629)	(0.0418;0.2892)
	F	(0.4382;-0.1633)	(0.0422;0.2921)
Euklid-Distanz zwischen Nullpunkt (0,0)	A	0.9317	0.1876
und Schnittpunkt:	B	(-)0.3902	(-)0.2206
	C	0.3642	0.0778
$d_{i0} = \sqrt{\left[\frac{(\tan\alpha)y_i + x_i}{1+(\tan\alpha)^2} - 0\right]^2 + \left[\frac{(\tan\alpha)^2 y_i + (\tan\alpha)x_i}{1+(\tan\alpha)^2} - 0\right]^2}$	D	(-)0.6207	0.5425
	E	(-)0.7528	(-)0.2922
	F	0.4677	(-)0.2951

	schlechtestes Urteil					bestes Urteil
Freund-lichkeit	E	D	B	C	F	A
Rangplatz	6	5	4	3	2	1
$\hat{d}_i$	-0.7528	-0.6207	-0.3902	0.3642	0.4677	0.9317
δ_i	-0.7528	-0.6207	-0.3902	0.3642	0.4677	0.9317
reprod. Rangplatz	6	5	4	3	2	1
Vielfalt	F	E	B	C	A	D
Rangplatz	6	5	4	3	2	1
$\hat{d}_i$	-0.2951	-0.2922	-0.2206	0.0778	0.1876	0.5425
δ_i	-0.2951	-0.2922	-0.2206	0.0778	0.1876	0.5425
reprod. Rangplatz	6	5	4	3	2	1

$$\text{Stress2} = \sqrt{\frac{\sum_i (\hat{d}_i - \delta_i)^2}{\sum_i (\hat{d}_i - \overline{d})^2}}$$

mit: $\hat{d}_i$: Euklid-Distanz zwischen Nullpunkt (0,0) und Schnittpunkt des Merkmalsvek- - tors mit der Projektionsgerade des Objekts i auf den Merkmalsvektor j -

δ_i : Disparität für Objekt i

$$r_{SP} = 1 - \frac{6\sum (x_i - y_i)^2}{I(I^2 - 1)}$$

mit: x_i: gemessener Rangplatz von Objekt i
y_i: reproduzierter Rangplatz von Objekt i
I: Anzahl der Objekte

Beide Merkmalsvektoren lassen sich perfekt, d.h. mit einem Stress2-Wert in Höhe von Null, einpassen. Die Rangkorrelationskoeffizienten nach Spearman betragen in beiden Fällen 1.

Aufgabe 2:

Bei einem Produkttest mit sechs Varianten einer Konfitüre (A, ..., F) wurden Personen bezüglich ihrer Präferenzen befragt. Für ein bestimmtes Konsumentensegment, das nachfolgend ausschließlich betrachtet werden soll, ergaben sich folgende Präferenzränge (1=höchste Präferenz).

	A	B	C	D	E	F
u_i	4	1	5	6	2	3

Die wahrgenommenen Ausprägungen von Zucker- und Fruchtgehalt wurden wie folgt erfragt:

Die Konfitüre enthält:								
	0%	10%	20%	30%	40%	50%	60%	
gar keinen Zucker	☐	☐	☐	☐	☐	☐	☐	extrem viel Zucker
gar keine Früchte	☐	☐	☐	☐	☐	☐	☐	extrem viele Früchte

Die resultierenden Mittelwerte der Antworten mittels dieser Ratingskalen waren folgende:

	A	B	C	D	E	F
Zuckergehalt	5%	10%	25%	25%	9%	16%
Fruchtmassegehalt	10%	20%	30%	21%	17.7%	41.3%

Die erstellten Varianten setzen sich tatsächlich wie folgt aus Zucker, Fruchtmasse und Gelatinemasse zusammen:

	A	B	C	D	E	F
Zuckergehalt	10%	20%	40%	40%	20%	30%
Fruchtmassegehalt	15%	25%	40%	25%	20%	40%
Gelatinemassegehalt	75%	55%	20%	35%	60%	30%

Als Idealpunkt wird die Perzeption (13.50%; 21.75%) vermutet, und es wird Euklid-Metrik angenommen. Dabei wird unterstellt, dass Zucker- und Fruchtgehalt gleich wichtige Merkmale sind. Bestimmen Sie die Güte der Einpassung des vorgeschlagenen Idealpunktes. Bestimmen Sie den Zusammenhang zwischen wahrgenommenen und objektiven Produkteigenschaften. Gehen Sie von einer nicht-linearen Beziehung aus (Hinweis: Verwenden Sie eine quadratische Funktion). Wie sollte die optimale Konfitüre bei Gültigkeit des angenommenen Idealpunkts tatsächlich zusammengesetzt sein?

Lösungsskizze:

Ermittlung der optimalen wahrgenommenen Konfitüre durch Einpassung eines Idealpunkts in den Objektraum:

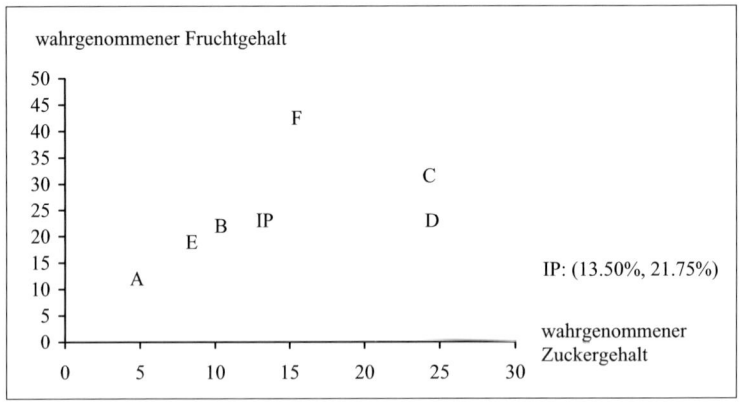

	A	B	C	D	E	F	Korrelationskoeffizient (angewendet auf ordinale Daten)
u_i	4	1	5	6	2	3	
$d_{IP,i}$	14.5	3.9	14.2	11.5	6.1	19.7	
$\hat{u}_i$	5	1	4	3	2	6	$r(u,\hat{u})=0.429$

Der Idealpunkt konnte in den Objektraum nicht gut eingepasst werden.

Zusammenhang zwischen Perzeption und objektiven Gegebenheiten:

Schätzung der Beziehung $y=\beta_0+\beta_1 x+\beta_2 x^2$ mittels einer Regressionsanalyse (y: wahrgenommener Wert, x: objektiver Wert)

Merkmal	Zusammenhang zwischen wahrgenommenem und tatsächlichem Wert	Gütemaße
Zuckergehalt	$\begin{bmatrix} 5 \\ 10 \\ 25 \\ 25 \\ 9 \\ 16 \end{bmatrix} = 2.85 + 0.107 \begin{bmatrix} 10 \\ 20 \\ 40 \\ 40 \\ 20 \\ 30 \end{bmatrix} + 0.0112 \begin{bmatrix} 10^2 \\ 20^2 \\ 40^2 \\ 40^2 \\ 20^2 \\ 30^2 \end{bmatrix} + \hat{u}$	$r^2 = 0.999$
Fruchtgehalt	$\begin{bmatrix} 10.0 \\ 20.0 \\ 30.0 \\ 21.0 \\ 17.7 \\ 41.3 \end{bmatrix} = -5.94 + 1.15 \begin{bmatrix} 15 \\ 25 \\ 40 \\ 25 \\ 20 \\ 40 \end{bmatrix} - 0.00284 \begin{bmatrix} 15^2 \\ 25^2 \\ 40^2 \\ 25^2 \\ 20^2 \\ 40^2 \end{bmatrix} + \hat{u}$	$r^2 = 0.884$

Normalgleichungen, aus denen die Parameterschätzungen berechnet worden sind:

	Normalgleichung	quantifizierte Normalgleichungen	Lösungen
Zucker-gehalt	$b_0 n + b_1 \Sigma x_{1i} + b_2 \Sigma x_{2i} = \Sigma y_i$	$6b_0 + 160b_1 + 5000b_2 = 90$	$b_0 = 2.85$
	$b_0 \Sigma x_{1i} + b_1 \Sigma x_{1i} x_{1i} + b_2 \Sigma x_{2i} x_{1i} = \Sigma x_{1i} y_i$	$160b_0 + 5000b_1 + 172000b_2 = 2910$	$b_1 = 0.107$
	$b_0 \Sigma x_{2i} + b_1 \Sigma x_{1i} x_{2i} + b_2 \Sigma x_{2i} x_{2i} = \Sigma x_{2i} y_i$	$5000b_0 + 172000b_1 + 6260000b_2 = 10250$	$b_2 = 0.0112$
Frucht-gehalt		$6b_0 + 165b_1 + 5075b_2 = 140$	$b_0 = -5.94$
		$165b_0 + 5075b_1 + 170625b_2 = 4381$	$b_1 = 1.15$
		$5075b_0 + 170625b_1 + 6111875b_2 = 1490?$	$b_2 = -0.00284$

Ermittlung der optimalen objektiven Eigenschaften der Konfitüre:

Zucker: $13.50 = 2.85 + 0.107x + 0.0112x^2 \Rightarrow x = 26.4$

Frucht: $21.75 = -5.94 + 1.15x - 0.00284x^2 \Rightarrow x = 25.7$

Anmerkung: $ax^2 + bx + c = 0 \Rightarrow x = \dfrac{-b \pm \sqrt{b^2 - 4ac}}{2a}$

Die optimale Konfitüre besteht aus 26.4% Zucker, 25.7% Frucht und aus 47.9% Gelatine.

Aufgabe 3:

Der Geschäftsführer Heinz-Rüdiger der Loser GmbH möchte eine neue Zigarettenmarke (Marke A) in einen Teilmarkt einführen, auf dem es schon die drei Marken B, C und D gibt. Als eine Möglichkeit zur Lösung des Positionierungsproblems hat er die MDS kennengelernt. Nach einem Produkttest mit Rauchern aus der Zielgruppe wurde folgende Ähnlichkeitsmatrix erstellt (1=ähnlichstes Paar, 6=unähnlichstes Paar).

	A	B	C
B	2		
C	3	1	
D	5	4	6

Mittels einer Ähnlichkeiten-MDS wurde mit diesen Daten unter Verwendung der City-Block-Metrik ein Objektraum aufgespannt. Die Koordinatenwerte sind nachfolgend angegeben, die Werte für A gingen verloren:

	A	B	C	D
Dimension 1	?	3	0	8
Dimension 2	?	1	2	2

Heinz-Rüdiger geht davon aus, dass der von ihm ins Auge gefasste Teilmarkt aus drei Abnehmersegmenten besteht, die homogen hinsichtlich ihrer Idealvorstellungen sind. Die Koordinaten der drei Idealpunkte und der Anteil der Nachfrage durch die drei Segmente sind folgende:

	Segment		
	1	2	3
Dimension 1	5	3	1
Dimension 2	3	2	1
Anteil Nachfrage	40%	40%	20%

Heinz-Rüdiger schätzt aufgrund seiner Erfahrung, dass sich der Marktanteil M_{is} für Marke i in Segment s wie folgt berechnen lässt:

$$M_{is} = \frac{10 - d_{is}}{\sum_i (10 - d_{is})} \quad \text{mit: } d_{is} = [\sum_{h=1}^{2} |x_{ih} - x_{sh}^*|^{r_s}]^{1/r_s}$$

mit: x_{ih}: Ausprägung der Marke i hinsichtlich der Dimension h

x_{sh}^*: Idealausprägung der Dimension h für Segment s

r_s: Minkowski-Parameter für Segment s, $r_1=1$, $r_2=1$, $r_3 \to \infty$.

Mitarbeiter M. meint, die Koordinaten für die Marke A könnten (3;4) sein. Berechnen Sie für diesen Lösungsvorschlag den Stress2-Wert. Soll die Marke A eingeführt werden, wenn eine Positionierung im Objektraum auf den Koordinaten (4;4) erreicht werden kann und wenn Heinz-Rüdiger einen Marktanteil von mindestens 25% erreichen möchte? Begründen Sie Ihre Empfehlung.

Lösungsskizze:

Berechnung des Stress2-Wertes für (3;4):

	geschätzte Koordinaten der Positionen der Marken				reproduzierte Distanz (City-Block-Metrik) $\hat{d}_{ij}$				erfragte Distanz d_{ij}, Rangplatz		
						A	B	C		A	B	C
	A	B	C	D	B	3			B	2		
Dimension 1	3	3	0	8	C	5	4		C	3	1	
Dimension 2	4	1	2	2	D	7	6	8	D	5	4	6

	1	2	3	4	5	6	
erfragte Distanz (Rang) d_{ij}							
Objektpaar	B,C	A,B	A,C	B,D	A,D	C,D	
reproduzierte Distanz $\hat{d}_{ij}$	4	3	5	6	7	8	$\bar{d} = 5.5$
Disparität d_{ij}	3.5	3.5	5	6	7	8	

$$\text{Stress2} = \sqrt{\frac{\sum_{i<j}(\hat{d}_{ij} - \delta_{ij})^2}{\sum_{i<j}(\hat{d}_{ij} - \bar{d})^2}} = \sqrt{\frac{(4-3.5)^2 + (3-3.5)^2 + (5-5)^2 + (6-6)^2 + (7-7)^2 + (8-8)^2}{(4-5.5)^2 + (3-5.5)^2 + (5-5.5)^2 + (6-5.5)^2 + (7-5.5)^2 + (8-5.5)^2}} = 0.169$$

Schätzung des Marktanteils für (4;4):

	Koordinaten Marke				Koordinaten Idealpunkt		
	A	B	C	D	1	2	3
Dimension 1	4	3	0	8	5	3	1
Dimension 2	4	1	2	2	3	2	1

Marke	Segment 1 Distanz d_{i1}	Segment 2 Distanz d_{i2}	Segment 3 Distanz d_{i3}
A	$|4-5|+|4-3|=2$	$|4-3|+|4-2|=3$	$\max\{|4-1|;|4-1|\}=3$
B	$|3-5|+|1-3|=4$	$|3-3|+|1-2|=1$	$\max\{|3-1|;|1-1|\}=2$
C	$|0-5|+|2-3|=6$	$|0-3|+|2-2|=3$	$\max\{|0-1|;|2-1|\}=1$
D	$|8-5|+|2-3|=4$	$|8-3|+|2-2|=5$	$\max\{|8-1|;|2-1|\}=7$

$$M_A = 0.4 \cdot \frac{10-2}{(10-2)+(10-4)+(10-6)+(10-4)} + 0.4 \cdot \frac{10-3}{(10-3)+(10-1)+(10-3)+(10-5)}$$
$$+ 0.2 \cdot \frac{10-3}{(10-3)+(10-2)+(10-1)+(10-7)} = 0.285 \text{ (größer als 0.25)}$$

Aufgabe 4:

Der Getränkehersteller Green Horse AG überlegt, neben seinem bisher auf dem Markt gut etablierten Energiegetränk ein neuartiges, koffeinhaltiges Cola-Getränk auf den Markt zu bringen, welches ausschließlich aus natürlichen Inhaltsstoffen hergestellt wird. Es enthält im Gegensatz zu anderen Cola-Getränken keine Phosphorsäure, keine Konservierungsstoffe, keine künstlichen Farbstoffe und auch keine künstlichen Aromen. Hugo Flieger, Marketingleiter des Getränkeherstellers Green Horse AG, sieht dieses Angebot jedoch aufgrund der starken Konkurrenz auf dem Markt von Cola-Getränken mit Skepsis. Er beauftragt ein Marktforschungsinstitut mit der Analyse von Konkurrenzbeziehungen auf diesem Markt. Bei der Analyse sollen neben dem eigenen neuen Produkt D die drei wichtigsten Konkurrenzprodukte (A, B und C) berücksichtigt werden. Das beauftrage Marktforschungsinstitut ließ in einem Produkttest das neuartige Cola-Getränk D und die Cola-Getränke (A, B und C) der wichtigsten Wettbewerbermarken paarweise von den Auskunftspersonen hinsichtlich ihrer Ähnlichkeit beurteilen. Dabei konnten insgesamt folgende Ähnlichkeiten beobachtet werden: AB > AD > AC > CD > BC > BD (wobei A und B ähnlicher wahrgenommen werden als A und D etc.). Mittels Ähnlichkeiten-MDS erstellt die Marktforschungsagentur einen zweidimensionalen Objektraum, wobei folgende Koordinatenwerte resultieren (die zu kleine Objektanzahl ist zu ignorieren):

	A	B	C	D
x	1.5	4	1	-2
y	1	1	4	2

Für alle Teilaufgaben sind euklidische Distanzen anzunehmen.

Stellen Sie den Objektraum zunächst grafisch dar. Beim Betrachten der Grafik will Hugo Flieger wissen, was die Achsen inhaltlich bedeuten. Außerdem interessiert ihn, warum die Marktforschungsagentur angesichts der vorliegenden Situation zuerst eine Ähnlichkeiten-MDS durchgeführt. Beantworten Sie bitte seine Fragen.

Berechnen die den Stress2-Wert. Erklären Sie, was er aussagt, und interpretieren Sie Ihr Ergebnis.

Das Ergebnis einer Clusteranalyse zeigte, dass sich die Konsumenten von Cola-Getränken in drei homogene Segmente, Kinder (10-15 Jahre, S_1), Jugendliche (16-25 Jahre, S_2) und Erwachsene (ab 26 Jahren, S_3), einteilen lassen, die sich hinsichtlich ihrer Idealvorstellung unterscheiden. Die Idealvorstellungen des ersten Segments (S_1) lassen sich durch einen Idealvektor abbilden, der genau auf der x-Achse mit Pfeilspitze nach links liegt. Der Anteil dieses Segments (S_1) am Gesamtmarkt beträgt 30%. Ein Vektor, der eine Steigung von 5.0 besitzt, ist der Idealvektor für das zweite Segment (S_2) mit einem Anteil von 50% am Gesamtmarkt. Die Idealvorstellung des dritten Segments (S_3) mit einem Anteil von 20% am Gesamtmarkt ist durch einen Idealpunkt IP_3 (3/3) beschrieben.

Bitte erläutern Sie zunächst kurz die beiden Begriffe Idealvektor und Idealpunkt jeweils anhand einer Grafik und eines Beispiels. Berechnen Sie den zu erwartenden Marktanteil für das neue Cola-Getränk (Produkt D) unter Berücksichtigung der drei wichtigsten Wettbewerberprodukte A, B und C, wobei das deterministische Modell bei Segment S_1 zu unterstellen ist. Für die Segmente S_2 und S_3 gelten die folgenden probabilistischen Modelle (berechnen Sie, falls möglich, die Distanzen nach Augenschein):

$$w_i = \frac{d_{i0}}{\sum_i d_{i0}}(\text{Idealvektor}); \qquad w_i = \frac{d_{i,IP}^{-1}}{\sum_i d_{i,IP}^{-1}}(\text{Idealpunkt})$$

w_i: Kaufwahrscheinlichkeit von Produkt i

d_{i0}:   euklidischer Abstand zwischen dem Projektionspunkt von der Position des Produkts i auf den Idealvektor und dem Nullpunkt

$d_{i,IP}$:   euklidischer Abstand zwischen der Position von Produkt i und dem Idealpunkt

Der Marketingleiter Hugo Flieger möchte weiterhin den Marktanteil des etablierten Energiegetränks für das kommende Quartal schätzen. Er geht von folgender Marktanteilsfunktion aus:

$$M_{GH} = a\,(p_W/p_{GH})^b$$

mit:

p_{GH}:   Preis von Green Horse

p_W: durchschnittlicher Preis der Wettbewerber

a, b: Parameter

Aus den vergangenen sechs Quartalen sind der Preis für das etablierte Energiegetränk von Green Horse sowie der durchschnittliche Preis der Wettbewerber bekannt. Ferner sind die Marktanteile von Green Horse in diesen letzten Vierteljahren aus nachfolgender Tabelle ersichtlich. Parametrisieren Sie das Marktanteilsmodell.

Quartal	Preis von Green Horse (in €)	durchschnittlicher Preis der Wettbewerber (in €)	Marktanteil von Green Horse
1	1.80	1.93	21.00 %
2	1.78	1.88	20.30 %
3	1.82	1.92	20.30 %
4	1.85	1.82	17.40 %
5	1.84	1.84	18.00 %
6	1.85	1.83	17.60 %

Hugo Flieger geht für das nächste Quartal davon aus, dass der durchschnittliche Preis der Wettbewerber bei € 1.86 liegt. Das Energiegetränk von Green Horse soll für € 1.84 abgesetzt werden. Mit welchem Marktanteil ist zu rechnen?

Hugo Flieger überlegt, ferner eine neue Variante des Energiegetränks auf den Markt zu bringen. Das besondere Geschmackserlebnis soll hierbei den feinen Unterschied zu den üblichen

Powerbrausen ausmachen. Zur Diskussion stehen entweder ein frischer Fruchtgeschmack mit einer leichten Note von Ananas oder ein herber Geschmack durch den Energiespender Guaraná aus dem Amazonas. Allerdings ist sich Herr Flieger unsicher, ob diese Geschmacksrichtungen bei Männer und Frauen gleichermaßen gut ankommen. Aus diesem Grund werden 20 Personen (10 Männer und 10 Frauen) befragt. Jeder Proband bewertet nur eine neue Geschmacksvariante.

	frischer Fruchtgeschmack		herber Geschmack	
	weiblich	männlich	weiblich	männlich
Bewertung	5	4	3	6
	5	2	2	5
	3	1	5	4
	2	5	2	7
	6	4	6	6

Skala von 1 = „schmeckt überhaupt nicht" bis 7 = „schmeckt sehr gut"

Besteht ein Interaktionseffekt zwischen den Faktoren Geschlecht und Geschmacksrichtung? Zeichnen Sie hierfür den zugehörigen Interaktionsplot, und erklären Sie diesen möglichen Effekt anhand dieser Grafik.

Lösungsskizze:

Objektraum:

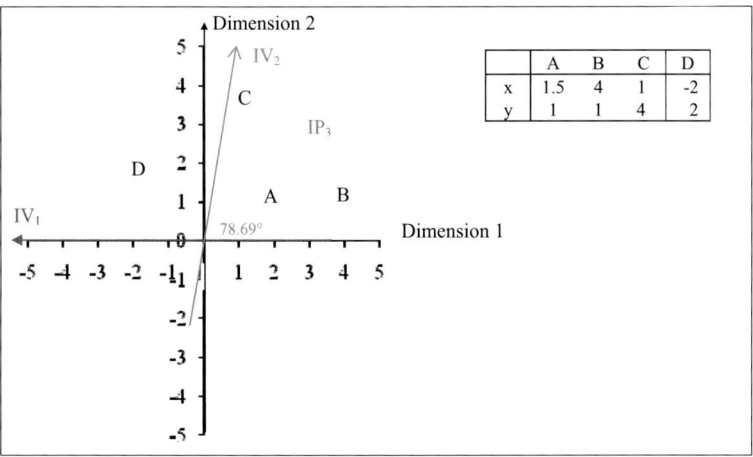

Die Achsen sind inhaltlich zunächst nicht interpretiert. Bei Durchführung der MDS werden keine Dimensionen vorgegeben; deswegen werden Probanden nicht beeinflusst, und sie geben ein subjektives globales Ähnlichkeitsurteil ab.

Stress2-Wert:

Berechnung der euklidischen Distanzen

$$\hat{d}_{ij} = \sqrt{(x_{1i} - x_{1j})^2 + (x_{2i} - x_{2j})^2}$$

$$\hat{d}_{AB} = \sqrt{(1.5 - 4)^2 + (1 - 1)^2} = 2.50$$

	ähnlichstes			aufsteigende Distanz unähnlichstes Paar	
Rangplatz	AB	AD	AC	CD	BC	BD
$\hat{d}_i$	2.50	3.64	3.04	3.61	4.24	6.08
δ_i	2.50	3.34	3.34	3.61	4.24	6.08

$$\bar{\bar{d}} = \frac{1}{6}(2.50 + 3.34 + 3.34 + 3.61 + 4.24 + 6.08) = 3.85$$

$$\text{Stress2} = \sqrt{\frac{\sum(\hat{d}_i - \delta_i)^2}{\sum(\hat{d}_i - \bar{\bar{d}})^2}} = \sqrt{\frac{0.18}{7.7053}} = 0.153$$

Der Stress2-Wert dient der Beurteilung der Modellgüte: Die Lösung ist „gut".

Idealvektor- und Idealpunkt-Modell:

- Idealvektor: Nachfrager wünschen maximal hohe oder maximal geringe Ausprägungen (z.b. Komfort. Preis. Benzinverbrauch bei Pkw)
- Idealpunkt: Nachfrager wünschen nicht extreme Ausprägungen (z.B. Temperatur beim Badewasser; Beschleunigungsvermögen bei Motorrad)

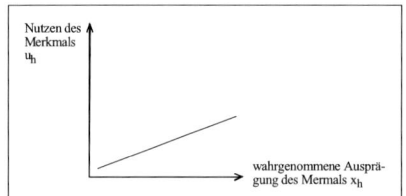
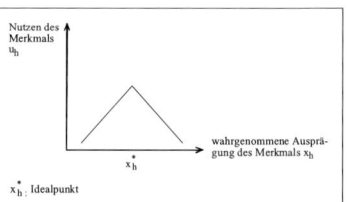

Berechnung der Marktanteile auf Basis des Positionierungsmodells:

	Segment 1 (30%)		Segment 2 (50%)	Segment 3 (20%)
	IV auf x-Achse; Distanzen nach Augenschein bestimmbar	Transf.	IV ($\alpha = 78.69°$) Distanzen	IP (3/3)
A	-1.5	2.5	1.27	2.50
B	-4	0	1.77	2.24
C	-1	3	4.12	2.24
D	2	6	1.57	5.10

Berechnung der Distanzen der Schnittpunkte der Projektionsgeraden auf den Idealvektor mit dem Nullpunkt:

Vektor: $\tan \alpha = 5$ (Steigung) $\rightarrow \alpha = 78.69$

Distanzen $d_{i0} = x_i (\cos\alpha) + y_i (\sin\alpha)$

A (1.5/2): $d_{0A} = 1.5 (\cos 78.69) + 1 (\sin 78.69) = 1.27$
B (4/1): $d_{0B} = 4 (\cos 78.69) + 1 (\sin 78.69) = 1.77$
C (1/4): $d_{0C} = 1 (\cos 78.69) + 4 (\sin 78.69) = 4.12$
D (-2/2): $d_{0D} = -2 (\cos 78.69) + 2 (\sin 78.69) = 1.57$

Berechnung der Distanzen zwischen den Punkten A bis D und $IP_3(3;3)$:

$$d_{A,IP_3} = \sqrt{(1.5-3)^2 + (1-3)^2} = 2.50$$

$$d_{B,IP_3} = \sqrt{(4-3)^2 + (1-3)^2} = 2.24$$

$$d_{C,IP_3} = \sqrt{(1-3)^2 + (4-3)^2} = 2.24$$

$$d_{D,IP_3} = \sqrt{(-2-3)^2 + (2-3)^2} = 5.10$$

Marktanteil für D:

$$MA = 0.3 \cdot 1 + 0.5 \cdot \frac{1.57}{1.57+1.27+1.77+4.12} + 0.2 \cdot \frac{5.10^{-1}}{2.50^{-1}+2.24^{-1}+2.24^{-1}+5.10^{-1}}$$
$$= 0.3 + 0.5 \cdot 0.18 + 0.2 \cdot 0.13 = 0.42$$

Die Green Horse AG kann mit ihrem Cola-Getränk einen Marktanteil von 42% erreichen.

Berechnung der Marktanteile auf Basis des Preismodells:

$$M_{GH} = a \, (p_W/p_{GH})^b \rightarrow y=aM^b \rightarrow \ln y = \ln(a) + b \cdot \ln(M) \rightarrow y' = a' + bx'$$

y	M	y'=ln(y)	x'=lnM	x'-$\bar{x}$	y'-$\bar{y}$	(x'-$\bar{x}$)^2	(x'-$\bar{x}$)(y'-$\bar{y}$)
0.210	1.072	-1.561	0.070	0.045	0.098	0.002	0.004
0.203	1.056	-1.595	0.054	0.029	0.064	0.001	0.002
0.203	1.055	-1.595	0.054	0.029	0.064	0.001	0.002
0.174	0.984	-1.749	-0.016	-0.041	-0.090	0.002	0.004
0.180	1.000	-1.715	0.000	-0.025	-0.056	0.001	0.001
0.176	0.989	-1.737	-0.011	-0.036	-0.078	0.001	0.003
Summe		-9.952	0.151	0.001	-0.002	0.008	0.016
Mittelwert		-1.659	0.025				

$$b_1 = \frac{\sum_i (x_i - \bar{x})(y_i - \bar{y})}{\sum_i (x_i - \bar{x})^2} \qquad b_0 = \bar{y} - b_1\bar{x} \quad \Rightarrow \quad y' = -1.709 + 2x'$$

$$
\begin{aligned}
y &= a &&+ b &&\cdot x \\
\ln y &= \ln a &&+ b &&\cdot \ln M \\
y' &= a' &&+ b &&\cdot x' \\
y' &= -1.709 &&+ 2 &&\cdot x'
\end{aligned}
$$

Rücktransformation: $a' = \ln a \rightarrow a = e^{a'} \rightarrow a = e^{-1.709} = 0.181$, $\hat{y} = 0.181 \cdot M^2$

$p_{GH} = 1.84$, $p_W = 1.86$, $(1.86/1.84) = 1.011$, $\hat{y} = 0.181 \cdot (1.011)^2 = 0.185$

Wenn das Energiegetränk von Green Horse für € 1.84 abgesetzt wird und der durchschnittliche Preis der Wettbewerber bei € 86 liegt. kann mit einem Marktanteil von 18.5% für Green Horse gerechnet werden.

Darstellung des Interaktionseffekts:

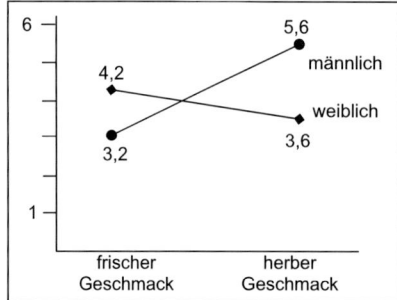

Interaktionen: nichtparallele Verläufe der Verbindungslinien der Mittelwerte
Keine Interaktionen: Verbindungslinien der Mittelwerte verlaufen annähernd parallel

Aufgabe 5:

Die FRESH AG möchte für Hobby-Sportler unter dem Namen „Power4you" ein Leistungs-
steigerndes koffeinhaltiges Mineralwassergetränk mit hohem Mineraliengehalt auf den Markt
bringen. Die FRESH AG konkurriert mit drei anderen Produkten der Marken B, C und D auf
dem relevanten Markt. Als eine Möglichkeit, um die Erfolgschancen von „Power4you" abzu-
schätzen, schlägt Susi Schlau, Marketingmitarbeiterin der FRESH AG, das Verfahren der
mehrdimensionalen Skalierung vor.

Susi Schlau führt einen „offenen Produkttest" durch. Eine Ähnlichkeiten-MDS auf Basis der
im Produkttest erhobenen Ähnlichkeitsdaten mit einem anschließenden Dimensionierungsver-
fahren führte unter Verwendung der Euklidmetrik zu einem zweidimensionalen Objektraum,
der von den beiden Merkmalen „Koffeingehalt" und „Kohlensäuregehalt" aufgespannt wird.

Produkt	x_1	x_2
Power4you	3	-1
B	1	0
C	5	2
D	4	-2

x_1: Koffeingehalt; x_2: Kohlensäuregehalt

Erklären Sie bitte verbal und grafisch die Begriffe Euklidmetrik und City-Block-Metrik.

Eine externe Präferenz-MDS ermittelte folgende Idealpositionen von vier Personen für die
beiden Merkmale Kohlensäuregehalt und Koffeingehalt.

Person	Idealpositionen	
	x_1=Koffeingehalt	x_2=Kohlensäuregehalt
1	0	3
2	2	3
3	3	-2
4	1	2
	hoher Wert = hoher Koffeingehalt	hoher Wert = hoher Koh-lensäuregehalt

Gruppieren Sie die vier Personen gemäß dem Varianzkriterium nach Augenschein in zwei Cluster. Berechnen Sie den Wert des Varianzkriteriums. Sehen Sie dabei von der geringen Anzahl an Personen ab. Sie müssen nicht überprüfen, ob Ihre Wahl zu einer optimalen Partition geführt hat.

Susi Schlau geht im Folgenden davon aus, dass sich der Zielmarkt für koffeinhaltige Mineralwassergetränke in zwei homogene Nachfragersegmente einteilen lässt. Zudem vermutet sie, dass sich die Idealvorstellungen des ersten Segments durch einen Idealpunkt IP(3;0) beschreiben lassen, während die Idealvorstellungen des zweiten Segments durch einen Idealvektor mit der Steigung -1 abgebildet werden können. Auskunftspersonen, welche Susi Schlau dem zweiten Segment zuordnet, lieferten folgende Präferenzrangreihe bezüglich der betrachteten Getränke: D > C > Power4you > B (Leseanweisung: D wurde besser bewertet als C, C wurde besser bewertet als Power4you, und B wurde am schlechtesten bewertet). Überprüfen Sie die Güte der Einpassung des Idealvektors für das zweite Segment anhand des Stress2-Wertes.

Der Anteil des ersten Segments am Zielmarkt beträgt 35%. Für die Kaufwahrscheinlichkeit im Falle des Idealvektormodells wird folgendes probabilistisches Modell unterstellt (jeder Nachfrager erwirbt eine Produkteinheit):

$$w_i = \frac{d_{io}}{\sum_i d_{io}} \text{ (Idealvektor)}$$

w_i: Kaufwahrscheinlichkeit von Produkt i

d_{io}: euklidischer Abstand zwischen dem Projektionspunkt von der Position des Produkts i auf den Idealvektor und dem Nullpunkt

Für das Idealpunktmodell des ersten Segments wird das deterministische Modell unterstellt. Berechnen Sie den zu erwartenden Marktanteil für „Power4you".

Lösungsskizze:

Erklärung der Distanzmaße:

Euklidische Distanz bzw. „Luftliniendistanz"	City-Block-Metrik
Die Distanz zweier Punkte wird nach ihrer kürzesten Entfernung zueinander beschrieben	Die Distanz zweier Punkte ist die Summe der absoluten Abstände zwischen den Punkten; Idee dieser Metrik ist illustrierbar mit einer Stadt, die nach einen Schachbrettmuster aufgebaut ist (z.B. Manhattan), in der die Entfernung zwischen 2 Punkten durch das Abschreiten rechtwinkliger Blöcke gemessen wird.

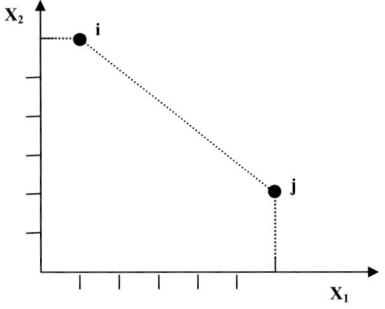
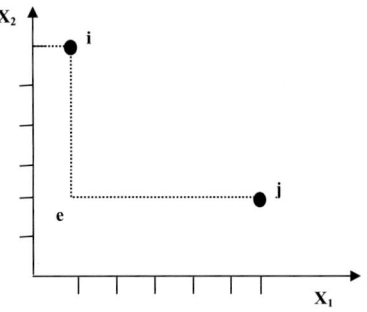

Berechung des Wertes des Varianzkriteriums:

$$V = \sum_{k=1}^{K} \sum_{i \in k} \sum_{h=1}^{H} (x_{ih} - \overline{x}_{kh})^2 = \sum_{k=1}^{K} \frac{1}{n_k} \sum_{\substack{i<j \\ i,j \in k}} d_{ij}^2 \to \min_{i \in k}$$

x_{ih}: Ausprägung von Beobachtung i bei Merkmal h
$\overline{x}_{kh}$: Mittelwert der Beobachtungen in Cluster k bei Merkmal h
k: Cluster (k=1, ..., K)
i: Beobachtung (i=1, ..., n)
h: Merkmal (h=1, ..., H)
n_k: Anzahl der Beobachtungen im Cluster k
d_{ij}^2: quadrierte euklidische Distanz zwischen Beobachtung i und j

$d_{12}^2 = (0-2)^2 + (3-3)^2 = 4$
$d_{13}^2 = (0-3)^2 + (3-(-2))^2 = 34$
$d_{14}^2 = (0-1)^2 + (3-2)^2 = 2$
$d_{23}^2 = (2-3)^2 + (3-(-2))^2 = 26$
$d_{24}^2 = (2-1)^2 + (3-2)^2 = 2$
$d_{34}^2 = (3-1)^2 + (-2-2)^2 = 20$

Aufteilung in {1,2,4} und {3}

	1	2	3	4		1	2	4	3
1	0	4	34	2		0	4	2	34
2		0	26	2			0	2	26
3			0	20				0	20
4				0					0

$$V = \frac{1}{3}(4+2+2) + 0 = 2.67$$

Einpassung des Idealvektors:

IV: y =-x -> tanα= -1 -> α=315°

$d_{Power4you0} = 3\cos315 - 1\sin315 = 2.83$
$d_{B0} = 1\cos315 = 0.71$
$d_{C0} = 5\cos315 + 2\sin315 = 2.12$
$d_{D0} = 4\cos315 - 2\sin315 = 4.24$

	aufsteigende erfragte Distanzen			
	B	Power4you	C	D
d_{io}	0.71	2.83	2.12	4.24
δ_{io}	0.71	2.475	2.475	4.24

$$\overline{d} = 2.475, \quad Stress2 = \sqrt{\frac{\sum(d_{io} - \delta_{io})^2}{\sum(d_{io} - \overline{d})^2}} = \sqrt{\frac{0.252}{6.4825}} = 0.197$$

Die Lösung ist nach Kruskal als gut anzusehen.

Geschätzter Marktanteil:

Idealvektor: $y = -x$

$d_{Power4you0} = 3\cos315 - 1\sin315 = 2.83$

$d_{B0} = 1\cos315 = 0.71$

$d_{C0} = 5\cos315 + 2\sin315 = 2.12$

$d_{D0} = 4\cos315 - 2\sin315 = 4.24$

$w_{Power4you} = 2.83/(2.83+0.71+2.12+4.24) = 0.2859$

Idealpunkt: IP(3;0)

$d_{Power4you,IP} = ((3-3)^2+(-1-0)^2)^{1/2} = 1$

$d_{B,IP} = ((1-3)^2 +(0-0)^2)^{1/2} = 2$

$d_{C,IP} = ((5-3)^2+(2-0)^2)^{1/2} = 2.83$

$d_{D,IP} = ((4-3)^2+(-2-0)^2)^{1/2} = 2.24$

$\min d_{i,IP} = 1 \rightarrow w_{Power4you}=1$

$MA_{Power4you} = 0.35\cdot1 + 0.65\cdot0.2859 = 0.5358$

Das Mineralwassergetränk „Power4you" erreicht einen Marktanteil von 53.6%.

3.2 Clusteranalyse

Aufgabe 1:

Fünf für Teile einer größeren Personenmenge typische Personen (A, B, C, D und E) kaufen regelmäßig jeweils eine bestimmte Marke eines Produkts. Die Marken seien durch folgende Ausprägungen von drei Merkmalen hinreichend genau beschrieben:

		Personengruppe bzw. gekaufte Marke				
		A	B	C	D	E
Merkmal	1	5	3	7	-4	-1
der Marke	2	2	1	-2	3	-1
	3	2	5	3	1	-3

Man möchte die Personen bzw. Marken in Cluster nach dem Varianzkriterium einteilen. Ist die Partition $P_1 = \{(A,B,C), (D), (E)\}$ oder die Partition $P_2 = \{(A,B), (C), (D,E)\}$ diesbezüglich vorzuziehen?

Lösungsskizze:

Varianzkriterium:

$$V = \sum_{k=1}^{K} \sum_{i\in k} \sum_{h=1}^{H} (x_{ih} - \bar{x}_{kh})^2 \rightarrow \min_{i\in k}$$

mit: x_{ih}: Ausprägung von Beobachtung i bei Merkmal h

   $\bar{x}_{kh}$: Mittelwert der Beobachtungen in Cluster k bei Merkmal h

   k: Cluster (k=1,...,K)

   i: Beobachtung (i=1,...n)

   h: Dimension (h=1,...,H).

Es kann auch mittels folgender Formel berechnet werden:

$$V = \sum_{k=1}^{K} \frac{1}{n_k} \sum_{\substack{i<j \\ i,j \in k}} d_{ij}^2 \to \min_{i \in k}$$

mit: n_k: Anzahl der Objekte im Cluster k
d_{ij}: euklidische Distanz zwischen i und j

$$d_{ij}^2 = \sum_{h=1}^{H} (x_{ih} - x_{jh})^2$$

Berechnung mit der ersten Formel:

		$\overline{x}_{1h}$	$\overline{x}_{2h}$	$\overline{x}_{3h}$	$\sum (x_{ih} - \overline{x}_{1h})^2$	$\sum (x_{ih} - \overline{x}_{2h})^2$	$\sum (x_{ih} - \overline{x}_{3h})^2$	V
P_1	h=1	5	-4	-1	$0^2 + (-2)^2 + 2^2 = 8$	0	0	
	h=2	1/3	3	-1	26/3	0	0	21.33
	h=3	10/3	1	-3	14/3	0	0	
P_2	h=1	4	7	-2.5	$1^2 + (-1)^2 = 2$	0	4.5	
	h=2	1.5	-2	1	0.5	0	8	27.5
	h=3	3.5	3	-1	4.5	0	8	

Berechnung mit der zweiten Formel:

d_{ij}^2	A	B	C	D	E
A	0	14	21	83	70
B		0	29	69	84
C			0	150	101
D				0	41
E					0

$$P_1: \ V = \frac{14 + 21 + 29}{3} + \frac{0}{1} + \frac{0}{1} = 21.33 \ ; \ P_2: \ V = \frac{14}{2} + \frac{0}{1} + \frac{41}{2} = 27.5$$

Partition P_1 hat ein geringeres (günstigeres) Varianzkriterium.

Aufgabe 2:

In einen zweidimensionalen Objektraum wurden die Idealpunkte von 10 Personen eingepasst. Die Koordinatenwerte sind folgende:

Person	1	2	3	4	5	6	7	8	9	10
Merkmal 1	0	1	1	2	4	4	0	5	0	3
Merkmal 2	0	1	2	1	3	4	3	4	6	2

Welche notwendige Eigenschaft hat jede bezüglich des Varianzkriteriums optimale Partition? Berechnen Sie unter Verwendung dieser Eigenschaft und ausgehend von der Startpartition {(1,8), (2,3,4,5,6,7,9,10)} eine Partition mit zwei Clustern, die diese Eigenschaft erfüllt.

Lösungsskizze:

Notwendige Eigenschaft: Jedes Element (hier: Idealpunkt) soll zu seinem eigenen Cluster-Mittelwert die geringste quadrierte euklidische Distanz haben.

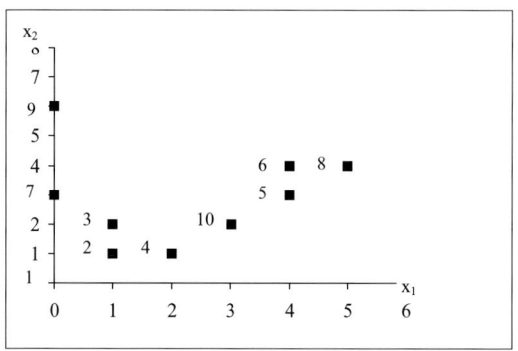

Partition	Cluster-mittelwert		quadrierte Eukliddistanz des Elements ... vom Mittelwerts des zugehörigen Clusters										Bedingung verletzt bei Element	Varianz-kriterium
	$\bar{x}_1$	$\bar{x}_2$	1	2	3	4	5	6	7	8	9	10		
(1,8)	2.5	2.0	10.25	3.25	2.25	1.25	3.25	6.25	7.25	10.25	22.25	0.25	2,4,5,10	58.89
(2,3,4,5,6,7,9,10)	15/8	22/8	11.08	3.83	1.33	3.08[1]	4.58	6.08	3.58	11.33	14.08	1.83		
(1,2,4,5,8,10)	15/6	11/6	9.61	2.94	2.28	0.94	3.61	6.94	7.61	10.94	23.61	0.28	3,6	47.84
(3,6,7,9)	5/4	15/4	15.63	7.63	3.13	8.13	8.13	7.63	2.13	14.13	6.63	6.13		
(1,2,3,4,5,6,8,10)	2.5	17/8	10.77	3.52	2.27	1.52	3.02	5.77	7.02	9.77	21.27	0.27		41.41
(7,9)	0	4.5	20.25	13.25	7.25	16.25	18.25	16.25	2.25	25.25	2.25	15.25		

[1] $(2-2.5)^2+(1-2)^2=1.25$; $(2-15/8)^2+(1-22/8)^2=3.08$; ___ : notwendige Bedingung für das Element erfüllt

Die zu empfehlende Lösung lautet: $\{(1,2,3,4,5,6,8,10),(7,9)\}$.

Aufgabe 3:

Im Rahmen einer Conjoint-Analyse wurden 12 Personen um die Beurteilung von Kombinationen von Pkw-Ausstattungen, die ihnen auf Bildern mit erklärendem Text vorgelegt worden waren, gebeten. Die Ausstattungen sind in der nachfolgenden Design-Matrix kurz skizziert:

Kombi-nation	Zahl der Türen	Fußraum hinten	Koffer-rauminhalt	Alufelgen	Beurteilung durch	
					Person 1	Person 2
1	4	beengt	klein	ja	4	6
2	5	beengt	groß	nein	4	8
3	4	groß	groß	ja	9	12
4	5	groß	klein	nein	3	6
5	5	beengt	klein	ja	5	7
6	4	beengt	groß	ja	7	10
7	5	groß	groß	nein	6	10
8	4	groß	groß	ja	9	12
9	5	beengt	groß	ja	8	11

Die Beurteilungen wurden auf einer 15stufigen Ratingskala (Beschriftung: 1, ..., 15) erhoben. Die Schätzung der Teilnutzenwerte durch eine Dummyvariablen-Regression ergab folgende Ergebnisse:

Auskunfts-	geschätzte Teilnutzenwerte				
person	$\hat{u}_0$	$\hat{u}_1$	$\hat{u}_2$	$\hat{u}_3$	$\hat{u}_4$
1	0	1	2	3	4
2	3	1	2	4	3
3	2	1	2	3	4
4	3	2	1	1	2
5	1	3	3	3	1
6	2	2	2	2	2
7	3	1	1	1	1
8	2	3	2	3	1
9	4	2	3	2	4
10	1	1	1	1	2
11	2	2	2	5	1
12	3	3	1	2	4

Wie beurteilen Sie das Design der neun zu bewertenden Kombinationen der Pkw-Ausstattungen aus schätztechnischer Sicht? Ist die paarweise Unabhängigkeit der Merkmale durch das Design gewährleistet? Ermitteln Sie die Reproduktionsgüte der Präferenzfunktion für die Personen 1 und 2.

Mittels einer Clusteranalyse nach dem Varianzkriterium wurden die 12 Personen anhand der oben angegebenen vier Teilnutzenwerte für die betrachteten Attribute in Cluster eingeteilt, wobei die Anzahl der Cluster variiert wurde. Die Clusterzugehörigkeit der Personen wurde computergestützt wie folgt berechnet:

Person	Zugehörigkeit der Person zu Segment											
	12C	11C	10C	9C	8C	7C	6C	5C	4C	3C	2C	1C
1	1	1	1	1	1	1	2	2	1	1	2	1
2	2	2	2	2	2	2	2	2	1	1	2	1
3	3	1	1	1	1	1	2	2	1	1	2	1
4	4	4	4	4	8	4	3	4	4	3	2	1
5	5	5	5	5	5	3	5	5	2	2	1	1
6	6	6	6	6	6	4	3	4	4	3	2	1
7	7	7	7	7	8	4	3	4	4	3	2	1
8	8	8	8	5	5	3	5	5	2	2	1	1
9	9	9	9	9	9	3	5	6	1	1	1	1
10	10	10	4	4	8	4	3	4	4	3	2	1
11	11	11	3	8	7	7	4	5	2	2	1	1
12	12	3	10	3	4	6	1	3	3	1	2	1
V.K.	0.00	1.39	1.64	1.89	1.83	3.75	5.08	8.58	11.50	?	?	?

...C: ...-Cluster-Lösung; V.K.: Wert des Varianzkriteriums

Berechnen Sie die Distanzen zwischen den Personen und den Wert des Varianzkriteriums für die Ein-, Zwei- und Drei-Cluster-Lösung. Welche Clusteranzahl ist zu wählen?

Lösungsskizze:

Beurteilung des Designs:

Das Design ist nicht orthogonal, da nicht sämtliche Korrelationen zwischen den Dummyvariablen Null sind. Ein orthogonales 2^4-Design mit acht oder neun Kombinationen hätte unproblematisch dem 2^7- oder dem 3^4-Basisplan von Addelman entnommen werden können. Durch die Korrelationen im hier vorliegenden Design sind leider keine genauen Aussagen über die Höhe des jeweiligen Effekts auf die abhängige Variable möglich.

X_1	X_2	X_3	X_4							
0	0	0	1							
1	0	1	0							
0	1	1	1							
1	1	0	0							

$$r = \frac{\sum(x_i - \bar{x})(y_i - \bar{y})}{\sqrt{\sum(x_i - \bar{x})^2 \sum(y_i - \bar{y})^2}} = \frac{\sum x_i y_i - n\,\bar{x}\,\bar{y}}{\sqrt{(\sum x_i^2 - n\bar{x}^2)(\sum y_i^2 - n\bar{y}^2)}}$$

		$\sum x_i y_i$	$\sum x_i^2$	$\sum y_i^2$	$\bar{x}$	$\bar{y}$	r
$x=x_1$	$y=x_2$	2	5	4	5/9	4/9	-0.1000
$x=x_1$	$y=x_3$	3	5	6	5/9	6/9	-0.1581
$x=x_1$	$y=x_4$	2	5	6	5/9	6/9	-0.6325
$x=x_2$	$y=x_3$	3	4	6	4/9	6/9	0.1581
$x=x_2$	$y=x_4$	2	4	6	4/9	6/9	-0.3162
$x=x_3$	$y=x_4$	4	6	6	6/9	6/9	0.0000

Reproduktionsgüte der Präferenzfunktionen:

Die Präferenzfunktionen für die Personen 1 und 2 reproduzieren die Inputdaten perfekt ($r^2=1$).

erfragte Daten		reproduzierte Daten	
Person 1	Person 2	Person 1	Person 2
4	6	$0+1\cdot0+2\cdot0+3\cdot0+4\cdot1=4$	$3+1\cdot0+2\cdot0+4\cdot0+3\cdot1=$ 6
4	8	$0+1\cdot1+2\cdot0+3\cdot1+4\cdot0=4$	$3+1\cdot1+2\cdot0+4\cdot1+3\cdot0=$ 8
9	12	$0+1\cdot0+2\cdot1+3\cdot1+4\cdot1=9$	$3+1\cdot0+2\cdot1+4\cdot1+3\cdot1=12$
3	6	$0+1\cdot1+2\cdot1+3\cdot0+4\cdot0=3$	$3+1\cdot1+2\cdot1+4\cdot0+3\cdot0=$ 6
5	7	$0+1\cdot1+2\cdot0+3\cdot0+4\cdot1=5$	$3+1\cdot1+2\cdot0+4\cdot0+3\cdot1=$ 7
7	10	$0+1\cdot0+2\cdot0+3\cdot1+4\cdot1=7$	$3+1\cdot0+2\cdot0+4\cdot1+3\cdot1=10$
6	10	$0+1\cdot1+2\cdot1+3\cdot1+4\cdot0=6$	$3+1\cdot1+2\cdot1+4\cdot1+3\cdot0=10$
9	12	$0+1\cdot0+2\cdot1+3\cdot1+4\cdot1=9$	$3+1\cdot0+2\cdot1+4\cdot1+3\cdot1=12$
8	11	$0+1\cdot1+2\cdot0+3\cdot1+4\cdot1=8$	$3+1\cdot1+2\cdot0+4\cdot1+3\cdot1=11$

Berechnung der Distanzen:

Die Clusteranalyse nach dem Varianzkriterium unterstellt die quadrierte Euklidmetrik als Distanzmaß.

$\hat{u}_1$	$\hat{u}_2$	$\hat{u}_3$	$\hat{u}_4$	d^2	1	2	3	4	5	6	7	8	9	10	11	12
1	2	3	4	1	0											
1	2	4	3	2	2	0										
1	2	3	4	3	0	2	0									
2	1	1	2	4	10	12	10	0								
3	3	3	1	5	14	10	14	10	0							
2	2	2	2	6	6	6	6	2	4	0						
1	1	1	1	7	14	14	14	2	12	4	0					
3	2	3	1	8	13	9	13	7	1	3	9	0				
2	3	2	4	9	3	7	3	9	11	5	15	12	0			
1	1	1	2	10	9	11	9	1	13	3	1	10	10	0		
2	2	5	1	11	14	6	14	18	6	10	18	5	19	19	0	
3	1	2	4	12	6	10	6	6	14	6	14	11	5	9	20	0

Berechnung des Varianzkriteriums:

	Cluster	Clustermittelwerte				Fallzahl
		$\hat{u}_1$	$\hat{u}_2$	$\hat{u}_3$	$\hat{u}_4$	
1-Cluster-Lösung	1	1.8333	1.8333	2.5000	2.4167	12
2-Cluster-Lösung	1	2.6667	2.3333	3.6667	1.0000	3
	2	1.5556	1.6667	2.1111	2.8889	9
3-Cluster-Lösung	1	1.6000	2.0000	2.8000	3.8000	5
	2	2.6667	2.3333	3.6667	1.0000	3
	3	1.5000	1.2500	1.2500	1.7500	4

Per-	$\hat{u}_1$	$\hat{u}_2$	$\hat{u}_3$	$\hat{u}_4$	1-Cluster-Lösung		2-Cluster-Lösung		3-Cluster-Lösung	
son					Cluster	quadr. Distanz zum Mittelwert	Cluster	quadr. Distanz zum Mittelwert	Cluster	quadr. Distanz zum Mittelwert
1	1	2	3	4	1	3.479	2	2.444	1	0.440
2	1	2	4	3	1	3.313	2	4.000	1	2.440
3	1	2	3	4	1	3.479	2	2.444	1	0.440
4	2	1	1	2	1	3.146	2	2.667	3	0.438
5	3	3	3	1	1	4.979	1	1.000	2	1.000
6	2	2	2	2	1	0.479	2	1.111	3	1.438
7	1	1	1	1	1	5.646	2	5.556	3	0.938
8	3	2	3	1	1	3.646	1	0.667	2	0.667
9	2	3	2	4	1	4.146	2	3.222	1	1.840
10	1	1	1	2	1	3.812	2	2.778	3	0.438
11	2	2	5	1	1	8.312	1	2.333	2	2.333
12	3	1	2	4	1	4.813	2	3.778	1	3.640
Varianzkriterium						49.250		32.000		16.050

Es sollte die Anzahl der Cluster gewählt werden, ab der sich nur noch jeweils eine geringfügige Verringerung des Varianzkriteriums ergibt (Elbow-Kriterium):

Anzahl der Cluster	Varianzkriterium	Verringerung
1	49.25	-
2	32.00	17.25
3	16.05	15.95
4	11.50	4.55
5	8.58	2.92
6	5.08	3.50
7	3.75	1.33
8	1.83	1.92
9	1.89	-0.06
10	1.64	0.25
11	1.39	0.25
12	0.00	1.39

Der verwendete Cluster-Algorithmus ist bei dem Umfang der Input-Daten, die geclustert werden sollen, bereits „überfordert", denn sonst dürfte es nicht geschehen, dass trotz Zunahme der Clusteranzahl von 8 auf 9 das Varianzkriterium von 1.83 auf 1.89 steigt. Zu wählen wäre, wenn nach dem Elbow-Kriterium entschieden wird, die 3-Cluster-Lösung.

3.3 Conjointanalyse

Aufgabe 1:

Ein Bierproduzent möchte ein neues Bier auf den Markt bringen, ist sich jedoch noch unsicher, welche Eigenschaften das neue Bier haben sollte. Es bestehen Unsicherheiten hinsichtlich der Ausprägungen der Merkmale Geschmack (mild, herb), Verschluss (Schraubverschluss, Kronkorken) und hinsichtlich des Merkmals „Größe der Flasche" (0.33 l; 0.5 l).Das Untersuchungsdesign für eine Conjoint Analyse sah folgendermaßen aus:

Beurteilungsobjekt	Geschmack	Verschluss	Größe der Flasche	Präferenz einer Person[a]
1	0 (mild)	0 (Schraubverschluss)	0 (0.33 l)	7
2	0 (mild)	1 (Kronkorken)	0 (0.33 l)	4
3	0 (mild)	0 (Schraubverschluss)	1 (0.5 l)	4
4	0 (mild)	1 (Kronkorken)	1 (0.5 l)	3
5	1 (herb)	0 (Schraubverschluss)	0 (0.33 l)	6
6	1 (herb)	1 (Kronkorken)	0 (0.33 l)	1
7	1 (herb)	0 (Schraubverschluss)	1 (0.5 l)	6
8	1 (herb)	1 (Kronkorken)	1 (0.5 l)	3

[a] 7-stufige Skala von 1 = missfällt mir stark bis 7 = gefällt mir sehr.

Ermitteln Sie für die befragte Person die Teilnutzenwerte für die drei Merkmale mittels einer Dummyvariablenregression (Lösungshinweis: û(0, 0, 0)= 6.25). Welche Eigenschaften sollte das neue Bier haben?

Aufgabe 2:

Eine Brauerei möchte ein neues alkoholfreies Bier auf den Markt bringen. Unsicherheiten bestehen noch hinsichtlich der Ausprägungen der Merkmale Kohlensäuregehalt (hoch, niedrig), Abfüllmenge (0.33 l, 0.5 l) und hinsichtlich des Merkmals „Hopfengehalt" (hoch, niedrig). Das Untersuchungsdesign für eine Conjoint-Analyse sieht folgendermaßen aus:

Beurteilungs-objekt	Kohlensäure	Abfüllmenge	Hopfengehalt	Präferenz einer aus-gewählten Person[1]
1	0 (hoch)	0 (0.33 l)	0 (hoch)	1
2	0 (hoch)	0 (0.33 l)	1 (niedrig)	2
3	0 (hoch)	1 (0.5 l)	0 (hoch)	4
4	0 (hoch)	1 (0.5 l)	1 (niedrig)	6
5	1 (niedrig)	0 (0.33 l)	0 (hoch)	3
6	1 (niedrig)	0 (0.33 l)	1 (niedrig)	5
7	1 (niedrig)	1 (0.5 l)	0 (hoch)	7
8	1 (niedrig)	1 (0.5 l)	1 (niedrig)	8

[1] 1=starke Ablehnung, 8=starke Präferenz (Rangreihe

Ermitteln Sie für die Testperson die Teilnutzenwerte für die drei Merkmale mittels einer Dummyvariablenregression. Beurteilen Sie, inwieweit das Messniveau den Einsatz dieses Verfahrens zulässt.

Lösungsskizze:

Modell: $u_s = \hat{u}_0 + \sum_i \hat{u}_i x_{si}$

mit: $\hat{u}_0$: Nutzen des Referenzobjekts (0,0,0)
$\hat{u}_i$: Nutzen der Eigenschaft i
x_{si}: Wert der Dummyvariable i bei Objekt s

Normalgleichungen:

$$
\begin{array}{llllll}
b_0 n & + & b_1 \Sigma x_{1i} & + & b_2 \Sigma x_{2i} & + & b_3 \Sigma x_{3i} & = & \Sigma y_i \\
b_0 \Sigma x_{1i} & + & b_1 \Sigma x_{1i} x_{1i} & + & b_2 \Sigma x_{2i} x_{1i} & + & b_3 \Sigma x_{3i} x_{1i} & = & \Sigma x_{1i} y_i \\
b_0 \Sigma x_{2i} & + & b_1 \Sigma x_{1i} x_{2i} & + & b_2 \Sigma x_{2i} x_{2i} & + & b_3 \Sigma x_{3i} x_{2i} & = & \Sigma x_{2i} y_i \\
b_0 \Sigma x_{3i} & + & b_1 \Sigma x_{1i} x_{3i} & + & b_2 \Sigma x_{2i} x_{3i} & + & b_3 \Sigma x_{3i} x_{3i} & = & \Sigma x_{3i} y_i
\end{array}
$$

(1) $8\hat{u}_0 + 4\hat{u}_1 + 4\hat{u}_2 + 4\hat{u}_3 = 36$
(2) $4\hat{u}_0 + 4\hat{u}_1 + 2\hat{u}_2 + 2\hat{u}_3 = 23$
(3) $4\hat{u}_0 + 2\hat{u}_1 + 4\hat{u}_2 + 2\hat{u}_3 = 25$
(4) $4\hat{u}_0 + 2\hat{u}_1 + 2\hat{u}_2 + 4\hat{u}_3 = 21$
(3)-(4) $2\hat{u}_2 - 2\hat{u}_3 = 4 \Rightarrow \hat{u}_2 = 2 + \hat{u}_3$
(2)-(3) $2\hat{u}_1 - 2\hat{u}_2 = -2 \Rightarrow \hat{u}_1 = -1 + \hat{u}_2 = 1 + \hat{u}_3$
in (1) $8\hat{u}_0 + 4(1+\hat{u}_3) + 4(2+\hat{u}_3) + 4\hat{u}_3 = 36 \Rightarrow 4\hat{u}_0 + 6\hat{u}_3 = 12$
in (2) $4\hat{u}_0 + 4(1+\hat{u}_3) + 2(2+\hat{u}_3) + 2\hat{u}_3 = 23 \Rightarrow 4\hat{u}_0 + 8\hat{u}_3 = 15$ ⎤ $\hat{u}_3 = 1.5$
$\Rightarrow \hat{u}_1 = 2.5, \hat{u}_2 = 3.5, \hat{u}_0 = 0.75$

Reproduktionsgüte:

y	$\hat{y} = 0.75 + 2.5x_1 + 3.5x_2 + 1.5x_3$	Rang($\hat{y}$)
1	0.75	1
2	2.25	2
4	4.25	4
6	5.75	6
3	3.25	3
5	4.75	5
7	6.75	7
8	8.25	8

Die Rangreihen für y und $\hat{y}$ stimmen perfekt überein, der Rangkorrelationskoeffizient von Spearman ist 1.0. Die Verwendung der metrischen Regressionsanalyse zur Schätzung der Parameter (Teilnutzenwerte) liefert bereits eine so gute ordinale Anpassung der Daten, dass ein iteratives Verfahren die Inputdaten nicht besser reproduzieren könnte. Die Verwendung der metrischen Regressionsanalyse zur Erklärung ordinaler Werte des Regressanden ist nur dann problematisch, wenn durch ein iteratives Verfahren eine noch höhere Reproduktionsgüte des Modells erzielt werden könnte.

Aufgabe 3:

Die Amigo AG steht vor dem Problem, eine Position innerhalb des Vorstandes neu zu besetzen. Um eine geeignete Person zu finden, plant das Unternehmen ein einwöchiges Assessment Center, zu dem nur "hochqualifizierte" (Abschluss summa cum laude) promovierte Kaufleute (20 Personen) und Volkswirte (10 Personen) eingeladen werden. Der Amigo AG ist dabei aus der Vergangenheit bekannt, dass die Rahmenbedingungen des Assessment Center die Attraktivität, daran teilzunehmen, ungemein fördern. Dementsprechend steht der Besprechungsort (Firmensitz in Augsburg, Skihotel in St. Anton, Clubhotel in der Karibik) und ein begleitendes Kulturprogramm (nein, ja) zur Disposition. Man weiß, dass sich die beiden Kandidatengruppen bezüglich der Attraktivitätswirkung der einzelnen Merkmalsausprägungen der Rahmenbedingungen unterscheiden und die Kandidaten die fehlende Attraktivität der Rahmenbedingungen mit dem Ausschlagen der Einladung quittieren. Von einer Personalberatungsfirma kann die Amigo AG Informationen beziehen, die Beobachtungen aus sechs ähnlichen Assessment Center widerspiegeln:

Assessment-Center	Beschreibung			Anteil		Dummycodierung:
	X_1	X_2	X_3	Y_1	Y_2	X_1: 1: AC in St. Anton, 0: sonst
1	0	0	0	16	40	X_2: 1: AC in der Karibik, 0: sonst
2	0	0	1	40	50	X_3: 1: AC mit Kulturprogramm, 0: ohne
3	1	0	0	45	80	abhängige Variablen:
4	1	0	1	63	90	Y_1: Anteil der teilnehmenden Kaufleute
5	0	1	0	83	70	Y_2: Anteil der teilnehmenden Volkswirte
6	0	1	1	98	80	(jeweils in Prozent der Eingeladenen)

Schätzen Sie die Parameter des folgenden Modells $y = \beta_0 + \sum \beta_k x_k + u$. Wie beurteilen Sie das vorliegende Design? Für welche Rahmenbedingungen soll sich die Amigo AG entscheiden, wenn sie für jede Kandidatengruppe getrennt ein Assessment Center abhält? Wie viele Kandidaten je Gruppe würden dann teilnehmen? Welche Rahmenbedingungen müsste die Amigo AG schaffen, wenn sie nur ein Assessment Center abhalten will, damit jedoch die maximal mögliche Kandidatenanzahl zur Teilnahme bewegen möchte? Wie viele Kandidaten erscheinen in diesem Fall?

Lösungsskizze:

Schätzung des Regressionsmodells:

Normalgleichungen für eine Regressionsgleichung mit drei Regressoren:

$$
\begin{aligned}
b_0 n &+ b_1 \Sigma x_{1i} &+ b_2 \Sigma x_{2i} &+ b_3 \Sigma x_{3i} &= \Sigma y_i \\
b_0 \Sigma x_{1i} &+ b_1 \Sigma x_{1i} x_{1i} &+ b_2 \Sigma x_{2i} x_{1i} &+ b_3 \Sigma x_{3i} x_{1i} &= \Sigma x_{1i} y_i \\
b_0 \Sigma x_{2i} &+ b_1 \Sigma x_{1i} x_{2i} &+ b_2 \Sigma x_{2i} x_{2i} &+ b_3 \Sigma x_{3i} x_{2i} &= \Sigma x_{2i} y_i \\
b_0 \Sigma x_{3i} &+ b_1 \Sigma x_{1i} x_{3i} &+ b_2 \Sigma x_{2i} x_{3i} &+ b_3 \Sigma x_{3i} x_{3i} &= \Sigma x_{3i} y_i
\end{aligned}
$$

Normalgleichungen für die Kaufleute

$6b_0 + 2b_1 + 2b_2 + 3b_3 = 345$
$2b_0 + 2b_1 + 0b_2 + 1b_3 = 108$
$2b_0 + 0b_1 + 2b_2 + 1b_3 = 181$
$3b_0 + 1b_1 + 1b_2 + 3b_3 = 201$
Auflösen ergibt:
$b_0 = 18.5, \quad b_1 = 26, \quad b_2 = 62.5, \quad b_3 = 19$
$\hat{y}_1 = 18.5 + 26x_1 + 62.5x_2 + 19x_3$

Normalgleichungen für die Volkswirte

$6b_0 + 2b_1 + 2b_2 + 3b_3 = 410$
$2b_0 + 2b_1 + 0b_2 + 1b_3 = 170$
$2b_0 + 0b_1 + 2b_2 + 1b_3 = 150$
$3b_0 + 1b_1 + 1b_2 + 3b_3 = 220$
Auflösen ergibt:
$b_0 = 40, \quad b_1 = 40, \quad b_2 = 30, \quad b_3 = 10$
$\hat{y}_2 = 40 + 40x_1 + 30x_2 + 10x_3$

Die Verwendung von Anteilswerten als Messwerte für Regressoren ist nicht unproblematisch, da die geschätzte Varianz $p_i(n-p_i)/n$ (mit $p_i = y_i/100$) für die Beobachtungen i unterschiedlich ist. Durch eine hier nicht vorgenommene heteroskedastische Transformation der Gleichungen könnte dieses Problem gelöst werden.

Das vorliegende Design ist orthogonal (X_1 mit X_3 sowie X_2 mit X_3 sind nicht miteinander korreliert). Die Korrelationen zwischen den Regressoren haben folgende Werte.

X_1	X_2	X_3							
0	0	0	$r = \dfrac{\Sigma(x_i - \bar{x})(y_i - \bar{y})}{\sqrt{\Sigma(x_i - \bar{x})^2 \Sigma(y_i - \bar{y})^2}}$			$= \dfrac{\Sigma x_i y_i - n\bar{x}\bar{y}}{\sqrt{(\Sigma x_i^2 - n\bar{x}^2)(\Sigma y_i^2 - n\bar{y}^2)}}$			
0	0	1							
1	0	0		$\Sigma x_i y_i$	Σx_i^2	Σy_i^2	$\bar{x}$	$\bar{y}$	r
1	0	1	Korr X_1 mit X_2	0	2	2	1/3	1/3	-0.5
0	1	0	Korr X_1 mit X_3	1	2	3	1/3	1/2	0.0
0	1	1	Korr X_2 mit X_3	1	2	3	1/3	1/2	0.0

Das optimale Rahmenprogramm:

Den höchsten Anteil an Teilnehmern erreicht bei Kaufleuten das Programm „Karibik mit Kulturprogramm": $\hat{y}_1 = 18.5 + 62.5 + 19 = 100$ (Prozent); es könnten alle 20 Kandidaten als Teilnehmer erwartet werden. Mit dem Programm „St. Anton mit Kulturprogramm" könnten die meisten eingeladenen Volkswirte als Teilnehmer gewonnen werden: $\hat{y}_2 = 40 + 40 + 10 = 90$ (Prozent). Dieses Programm würden erwartungsgemäß 9 von 10 Kandidaten als attraktiv erachten.

Falls für beide Gruppen nur ein Rahmenprogramm angeboten wird, ergibt sich z. B. für folgende beide Alternativen nachfolgend berechnete erwartete Anzahl an Teilnehmern:

St. Anton, Kulturprogramm: $20 \cdot (0.185 + 0.26 + 0.19) + 10 \cdot (0.4 + 0.4 + 0.1) = 21.7$
Karibik, Kulturprogramm: $20 \cdot (0.185 + 0.625 + 0.19) + 10 \cdot (0.4 + 0.3 + 0.1) = 28$

Unter allen Alternativen ist in diesem Fall „Karibik mit Kulturprogramm" zu empfehlen.

3.4 Multivariate Verfahren

Aufgabe 1:

In einer Marktstudie zum Rauchen soll ermittelt werden, ob die gerauchte Zigarettenart vom Zigarettenkonsum und der Einstellung zur Gesundheit abhängt. Bei n=1197 befragten Rauchern soll sich folgender Zusammenhang ergeben haben:

Zigaretten- konsum (X_1)	Einstellung zur Gesundheit (X_2)	Verwender leichter Zigaretten (Y) nein (2)	ja (1)
gering (1)	positiv (1)	45	152
gering (1)	neutral (2)	103	95
mittel (2)	positiv (1)	83	118
mittel (2)	neutral (2)	123	78
hoch (3)	positiv (1)	125	80
hoch (3)	neutral (2)	140	55

Hängt die Verwendung leichter Zigaretten vom Zigarettenkonsum und der Einstellung zur Gesundheit ab? Führen Sie einen χ^2- Unabhängigkeitstest zwischen X_1 und Y sowie zwischen X_2 und Y durch. Berechnen Sie die Parameter für die Logit-Modelle $Y=f(X_1)$, $Y=f(X_2)$. Interpretieren Sie die Parameter des folgenden Logit-Modells:

$$\ln \frac{n_{ij1}}{n_{ij2}} = \beta + \beta_{X_{1(i)}} + \beta_{X_{2(j)}} + \varepsilon_{ij}$$

$$\begin{bmatrix} \ln(152/45) \\ \ln(95/103) \\ \ln(118/83) \\ \ln(78/123) \\ \ln(80/125) \\ \ln(55/140) \end{bmatrix} = \underset{(z=-1.26)}{-0.0770} + \underset{(z=7.07)}{0.6138} \begin{bmatrix} 1 \\ 1 \\ 0 \\ 0 \\ -1 \\ -1 \end{bmatrix} + \underset{(z=0.29)}{0.0249} \begin{bmatrix} 0 \\ 0 \\ 1 \\ 1 \\ -1 \\ -1 \end{bmatrix} + \underset{(z=7.03)}{0.4304} \begin{bmatrix} 1 \\ -1 \\ 1 \\ -1 \\ 1 \\ -1 \end{bmatrix}$$

Lösungsskizze:

χ^2- Unabhängigkeitstest zwischen X_1 und Y:

beobachtete Häufigkeiten			Verwender (Y) nein (2)	ja (1)	Summe
Zigaret- tenkon- sum (X_1)	gering (1)		148	247	395
	mittel (2)		206	196	402
	hoch (3)		265	135	400
	Summe		619	578	1197

bei Unabhängigkeit erwartete Häufigkeiten			Verwender (Y) nein (2)	ja (1)
Zigaret- tenkon- sum (X_1)	gering (1)		204	191
	mittel (2)		208	194
	hoch (3)		207	193

$\chi^2 = 65.98$; krit. Bereich: $(\chi^2((I-1)\cdot(K-1);1-\alpha);+\infty) = (\chi^2(2;0.95);+\infty) = (5.99;+\infty)$

χ^2- Unabhängigkeitstest zwischen X_2 und Y:

beobachtete Häufigkeiten			Verwender (Y) nein (2)	ja (1)
Einstellung	positiv (1)		253	350
zur Gesundheit (X_2)	neutral (2)		366	228

bei Unabhängigkeit erwartete Häufigkeiten			Verwender (Y) nein (2)	ja (1)
Einstellung	positiv (1)		312	291
zur Gesundheit (X_2)	neutral (2)		307	287

$\chi^2 = 46.31$; krit. Bereich: $(\chi^2((J-1)\cdot(K-1);1-\alpha);+\infty) = (\chi^2(1;0.95);+\infty) = (3.84;+\infty)$

Interpretation der multiplen Analyse: Die Werte für die z-verteilte Prüfgröße sind sehr hoch ($p<0.000$). Es bestehen ein überzufälliger negativer Zusammenhang zwischen dem Konsum leichter Zigaretten und der Konsumhäufigkeit von Zigaretten und ein signifikant positiver Effekt der Einstellung zur Gesundheit auf die Verwendung leichter Zigaretten.

Aufgabe 2:

Ein Hersteller von EDV-Handbüchern strebt eine optimale Gestaltung seiner Produkte an. Aufgrund der Gestaltungselemente Erscheinungsform, Format und Zubehör soll ein optimales Handbuch gebildet werden. Auskunftspersonen erhalten systematische Kombinationen der nachfolgend skizzierten Art vorgelegt und geben an, was sie für das Werk maximal auszugeben bereit sind. Die Ergebnisse der Auskunftsperson Nr. 1 sind nachfolgend angegeben:

konstruiertes Beurteilungsobjekt			Preisobergrenze	
Lose-Blatt-Sammlung	Kleinbuch-Größe	kein Zubehör	€	35.-
Lose-Blatt-Sammlung	Kleinbuch-Größe	Diskette	€	50.-
Lose-Blatt-Sammlung	Lexikon-Größe	kein Zubehör	€	80.-
Lose-Blatt-Sammlung	Lexikon-Größe	Diskette	€	105.-
gebundenes Buch	Kleinbuch-Größe	kein Zubehör	€	55.-
gebundenes Buch	Kleinbuch-Größe	Diskette	€	65.-
gebundenes Buch	Lexikon-Größe	kein Zubehör	€	100.-
gebundenes Buch	Lexikon-Größe	Diskette	€	125.-

Für diese Person liefert eine Regressionsanalyse folgende Ergebnisse. Geben Sie die Matrix der Regressoren an, stellen Sie die Normalgleichungen auf, interpretieren Sie die resultierenden Teilnutzenwerte und klären Sie, was die Zahlen im Einzelnen bedeuten. Überprüfen Sie das Bestimmtheitsmaß r^2 anhand einer eigenen Berechnung.

Variable	b	s_B	t	p
(Konstante)	32.50	3.307	9.827	0.0006
X_1	18.75	3.307	5.669	0.0048
X_2	51.25	3.307	15.497	0.0001
X_3	18.75	3.307	5.669	0.0048
r^2=0.987, f=101.48, p=0.0000				

Für das Vorhandensein einer Diskette werden folgende Teilnutzenwerte (in €) geschätzt:

Ap.	1	2	3	4	5	6	7	8	9	10	11	12	13	14	15
TNW	18.75	20	34	20	45	10	45	34	34	34	10	20	20	10	45
Ap.: Auskunftsperson, TNW: Teilnutzenwert Diskette															

Bestimmen Sie auf der Grundlage der 15 Auskunftspersonen die Preisabsatzfunktion für die Diskette und errechnen Sie, welcher Preis für die Diskette deckungsbeitragsoptimal ist, wenn die Kosten pro Diskette € 10.00 betragen.

Lösungsskizze:

Matrix der Regressoren

$$X = \begin{bmatrix} 1 & 0 & 0 & 0 \\ 1 & 0 & 0 & 1 \\ 1 & 0 & 1 & 0 \\ 1 & 0 & 1 & 1 \\ 1 & 1 & 0 & 0 \\ 1 & 1 & 0 & 1 \\ 1 & 1 & 1 & 0 \\ 1 & 1 & 1 & 1 \end{bmatrix}$$

Normalgleichungen:

X_1	X_2	X_3	Y	$X_1 \cdot X_1$	$X_1 \cdot X_2$	$X_1 \cdot X_3$	$X_2 \cdot X_2$	$X_2 \cdot X_3$	$X_3 \cdot X_3$	$X_1 \cdot Y$	$X_2 \cdot Y$	$X_3 \cdot Y$
0	0	0	35	0	0	0	0	0	0	0	0	0
0	0	1	50	0	0	0	0	0	1	0	0	50
0	1	0	80	0	0	0	1	0	0	0	80	0
0	1	1	105	0	0	0	1	1	1	0	105	105
1	0	0	55	1	0	0	0	0	0	55	0	0
1	0	1	65	1	0	1	0	0	1	65	0	65
1	1	0	100	1	1	0	1	0	0	100	100	0
1	1	1	125	1	1	1	1	1	1	125	125	125
4	4	4	615	4	2	2	4	2	4	345	410	345

$$b_0 n + b_1 \sum x_{1i} + b_2 \sum x_{2i} + b_3 \sum x_{3i} = \sum y_i$$
$$b_0 \sum x_{1i} + b_1 \sum x_{1i}^2 + b_2 \sum x_{1i} x_{2i} + b_3 \sum x_{1i} x_{3i} = \sum x_{1i} y_i$$
$$b_0 \sum x_{2i} + b_1 \sum x_{1i} x_{2i} + b_2 \sum x_{2i}^2 + b_3 \sum x_{2i} x_{3i} = \sum x_{2i} y_i$$
$$b_0 \sum x_{3i} + b_1 \sum x_{1i} x_{3i} + b_3 \sum x_{2i} x_{3i} + b_2 \sum x_{3i}^2 = \sum x_{3i} y_i$$

$$b_0 8 + b_1 4 + b_2 4 + b_3 4 = 615$$
$$b_0 4 + b_1 4 + b_2 2 + b_3 2 = 345$$
$$b_0 4 + b_1 2 + b_2 4 + b_3 2 = 410$$
$$b_0 4 + b_1 2 + b_3 2 + b_2 2 = 345$$

Auflösen der vier Gleichungen liefert die in der Angabe genannten Werte für b_0, b_1, b_2 und b_3.

Für das Referenzobjekt „Lose-Blatt-Sammlung in Kleinbuch-Größe ohne Zubehör" ist Person Nr. 1 im Mittel bereit, maximal € 32.50 zu bezahlen. Falls das Werk gebunden ist, wäre sie bereit, einen Aufschlag von bis zu € 18.75 zu entrichten. Der Übergang von der Kleinbuch- zur Lexikongröße ist ihr € 51.25 wert. Für die Diskette würde sie zusätzlich maximal € 18.75 bezahlen.

Es gilt: $t = (b - 0)/s_B$

Die t-Werte sind die Werte der Prüfgröße für die Nullhypothese H_0: $\beta = 0$. Die p-Werte sind die Überschreitungswahrscheinlichkeiten im Falle des zweiseitigen Tests. Falls $p \leq \alpha$, ist H_0 abzulehnen. α ist das Signifikanzniveau und wird vom Untersuchungsleiter vorgegeben; es hat einen festen Wert, z. B. 1%, 5% oder 10%.

Der f-Wert ist die Ausprägung der Prüfgröße für die Nullhypothese H_0: $\rho=0$ (Goodness-of-fit-Test). Das Regressionsmodell hat eine sehr hohe Reproduktionsgüte ($r^2=0.987$). H_0 wird abgelehnt, da die Überschreitungswahrscheinlichkeit für diesen Test z. B. $\alpha=5\%$ unterschreitet.

Berechnung des Bestimmtheitsmaßes:

y	$\hat{y}$	$(y-\bar{y})^2$	$(\hat{y}-\bar{y})^2$
35	32.50	1754	1969
50	51.25	722	657
80	83.75	10	47
105	102.50	791	657
55	51.25	479	657
65	70.00	141	47
100	102.50	535	657
125	121.25	2316	1969
Σ		6748	6660

$r^2 = 6660/6748 = 0.987$

Schätzung einer Preisabsatzfunktion:

p	y
10.00	15/15
18.75	12/15
20.00	11/15
34.00	7/15
45.00	3/15

mit: p: Preis für die Diskette;
y: Anteil der Nachfrager, die den Preis zu zahlen bereit sind

Eine Regressionsanalyse liefert: $\hat{y} = 1.213 - 0.0224p$, $r^2 = 0.99$

$$D = (p-10)(1.213 - 0.0224p) \to \max_p \Rightarrow p = \frac{bk-a}{2b} = 32$$

Aufgabe 3:

Ein Marketingmanager ist daran interessiert zu erfahren, ob ein von ihm betreutes Produkt in verschiedenen Typen von Einzelhandelsgeschäften unterschiedlich erfolgreich ist. Als relevante Typen sieht er Verbrauchermärkte, Warenhäuser und Supermärkte an. Von jedem Typ hat er drei Geschäfte zufällig ausgewählt, die folgende Absatzzahlen ergeben haben:

Verbrauchermärkte: 34, 18 und 35
Warenhäuser: 19, 22 und 19
Supermärkte: 7, 6 und 8

Untersuchen Sie mittels einer Regressionsanalyse unter Verwendung einer Dummy-Variablen-Koderierung, ob die erwarteten Absatzmengen in den drei Geschäftstypen voneinander abweichen. Schätzen Sie die Regressionsgleichung. Berechnen Sie das Bestimmtheitsmaß und führen Sie den Goodness-of-Fit-Test durch ($\alpha=5\%$). Unterstellen Sie bei diesem und den nachfolgenden Tests, dass die Testvoraussetzungen erfüllt sind. Interpretieren Sie das Ergebnis. Testen Sie die zwei Regressionsparameter (nicht: die Konstante) auf Signifikanz (α=5%). Was besagt der Befund?

Lösungsskizze:

Man kann durch den Goodness-of-Fit-Test überprüfen, ob sich die mittleren Absätze in den drei Typen von Einzelhandelsgeschäften unterscheiden. Falls Unterschiede zu vermuten sind, kann durch Signifikanztests der Parameter untersucht werden, welcher Typ die höchsten Absätze erwarten lässt.

Modellgleichung:

$$\begin{pmatrix} 34 \\ 18 \\ 35 \\ 19 \\ 22 \\ 19 \\ 7 \\ 6 \\ 8 \end{pmatrix} = \begin{pmatrix} 1 & 1 & 0 \\ 1 & 1 & 0 \\ 1 & 1 & 0 \\ 1 & 0 & 1 \\ 1 & 0 & 1 \\ 1 & 0 & 1 \\ 1 & 0 & 0 \\ 1 & 0 & 0 \\ 1 & 0 & 0 \end{pmatrix} \begin{pmatrix} \beta_0 \\ \beta_1 \\ \beta_2 \end{pmatrix} + \begin{pmatrix} u_1 \\ u_2 \\ u_3 \\ u_4 \\ u_5 \\ u_6 \\ u_7 \\ u_8 \\ u_9 \end{pmatrix}$$

Normalgleichungen:

$$\left. \begin{array}{rcl} 9b_0 + 3b_1 + 3b_2 &=& 168 \\ 3b_0 + 3b_1 + 0b_2 &=& 87 \\ 3b_0 + 0b_1 + 3b_2 &=& 60 \end{array} \right\} \Rightarrow b_0 = 7, b_1 = 22, b_2 = 13$$

Geschätzte Regressionsgleichung: $\hat{y}_i = 7 + 22x_{1i} + 13x_{2i}$

Bestimmtheitsmaß:

y_i	$\hat{y}_i$	$(y_i - 18.67)^2$	$(\hat{y}_i - 18.67)^2$	
34	29	15.33^2	10.33^2	
18	29	$(-0.67)^2$	10.33^2	$r^2 = \dfrac{\sum(\hat{y}_i - \bar{y})^2}{\sum(y_i - \bar{y})^2} = \dfrac{734}{924} = 0.794$
35	29	16.33^2	10.33^2	
19	20	0.33^2	1.33^2	
22	20	3.33^2	1.33^2	
19	20	0.33^2	1.33^2	$r_{adj}^2 = 1 - \dfrac{n-1}{n-K-1}(1 - r^2)$
7	7	$(-11.67)^2$	$(-11.67)^2$	
6	7	$(-12.67)^2$	$(-11.67)^2$	$= 1 - (8/6) \cdot 0.206 = 0.726$
8	7	$(-10.67)^2$	$(-11.67)^2$	
Σ 168	168	924	734	
$\oslash$ 18.67	18.67			

Goodness-of-Fit-Test:

$$f = \frac{r^2}{1-r^2} \frac{n-K-1}{K} = \frac{0.794}{0.206} \frac{9-2-1}{2} = 11.6$$

kritischer Bereich: $(f(K, n-K-1, 1-\alpha); +\infty) = (5.14; +\infty)$

Die Prüfgröße f fällt in den kritischen Bereich, H_0: $\beta_1=\beta_2=0$ ist auf dem 5%-Niveau abzulehnen. Die mittleren Absätze in den drei Geschäftstypen unterscheiden sich überzufällig.

Alternativ dazu könnte auch eine einfaktorielle Varianzanalyse durchgeführt und H_0: $\mu_1=\mu_2=\mu_3$ getestet werden. Es ergibt sich derselbe f-Wert.

i	Geschäftstyp		
	1	2	3
1	34	19	7
2	18	22	6
3	35	19	8
n_i	3	3	3
$\bar{y}_i$	29	20	7
s_i^2	91	3	1

$I = 3$

$n = 9$

$\bar{y} = 18.67$

$$f = \frac{\dfrac{1}{I-1}\displaystyle\sum_{i=1}^{I} n_i(\bar{y}_i - \bar{y})^2}{\dfrac{1}{n-I}\displaystyle\sum_{i=1}^{I}(n_i - 1)s_i^2} =$$

$$\frac{[3\cdot(29-18.67)^2 + 3\cdot(20-18.67)^2 + 3\cdot(7-18.67)^2]/2}{(2\cdot 91 + 2\cdot 3 + 2\cdot 1)/6} = 11.6$$

Varianz-Kovarianz-Matrix:

$$\hat{\Sigma} = \begin{pmatrix} s_{B_0}^2 & s_{B_0,B_1} & s_{B_0,B_2} \\ s_{B_0,B_1} & s_{B_1}^2 & s_{B_1,B_2} \\ s_{B_0,B_2} & s_{B_1,B_2} & s_{B_2}^2 \end{pmatrix} = s_{\hat{U}}^2 (X'X)^{-1}$$

$$X'X = \begin{pmatrix} 9 & 3 & 3 \\ 3 & 3 & 0 \\ 3 & 0 & 3 \end{pmatrix} \quad (X'X)^{-1} = \begin{pmatrix} \frac{1}{3} & -\frac{1}{3} & -\frac{1}{3} \\ -\frac{1}{3} & \frac{2}{3} & \frac{1}{3} \\ -\frac{1}{3} & \frac{1}{3} & \frac{2}{3} \end{pmatrix}$$

Nachweis:

$$X'X = \begin{pmatrix} 1 & 1 & 1 & 1 & 1 & 1 & 1 & 1 & 1 \\ 1 & 1 & 1 & 0 & 0 & 0 & 0 & 0 & 0 \\ 0 & 0 & 0 & 1 & 1 & 1 & 0 & 0 & 0 \end{pmatrix} \begin{pmatrix} 1 & 1 & 0 \\ 1 & 1 & 0 \\ 1 & 1 & 0 \\ 1 & 0 & 1 \\ 1 & 0 & 1 \\ 1 & 0 & 1 \\ 1 & 0 & 0 \\ 1 & 0 & 0 \\ 1 & 0 & 0 \end{pmatrix} = \begin{pmatrix} 9 & 3 & 3 \\ 3 & 3 & 0 \\ 3 & 0 & 3 \end{pmatrix}$$

$$\left[\begin{array}{ccc|ccc} 9 & 3 & 3 & 1 & 0 & 0 \\ 3 & 3 & 0 & 0 & 1 & 0 \\ 3 & 0 & 3 & 0 & 0 & 1 \end{array}\right] \xrightarrow[\text{III}-\text{I/3}]{\text{II}-\text{I/3}} \left[\begin{array}{ccc|ccc} 9 & 3 & 3 & 1 & 0 & 0 \\ 0 & 2 & -1 & -\frac{1}{3} & 1 & 0 \\ 0 & -1 & 2 & -\frac{1}{3} & 0 & 1 \end{array}\right] \xrightarrow{\text{III}+\text{II/2}} \left[\begin{array}{ccc|ccc} 9 & 3 & 3 & 1 & 0 & 0 \\ 0 & 2 & -1 & -\frac{1}{3} & 1 & 0 \\ 0 & 0 & \frac{3}{2} & -\frac{1}{2} & \frac{1}{2} & 1 \end{array}\right]$$

$$\xrightarrow[\substack{\text{I/9} \\ \text{II/2} \\ \text{III/1.5}}]{} \left[\begin{array}{ccc|ccc} 1 & \frac{1}{3} & \frac{1}{3} & \frac{1}{9} & 0 & 0 \\ 0 & 1 & -\frac{1}{2} & -\frac{1}{6} & \frac{1}{2} & 0 \\ 0 & 0 & 1 & -\frac{1}{3} & \frac{1}{3} & \frac{2}{3} \end{array}\right] \xrightarrow[\text{II}+\text{III/2}]{\text{I}-\text{III/3}} \left[\begin{array}{ccc|ccc} 1 & \frac{1}{3} & 0 & \frac{2}{9} & -\frac{1}{9} & -\frac{2}{9} \\ 0 & 1 & 0 & -\frac{1}{3} & \frac{2}{3} & \frac{1}{3} \\ 0 & 0 & 1 & -\frac{1}{3} & \frac{1}{3} & \frac{2}{3} \end{array}\right]$$

$$\xrightarrow{\text{I-II/3}} \begin{bmatrix} 1 & 0 & 0 & \frac{1}{3} & -\frac{1}{3} & -\frac{1}{3} \\ 0 & 1 & 0 & -\frac{1}{3} & \frac{2}{3} & \frac{1}{3} \\ 0 & 0 & 1 & -\frac{1}{3} & \frac{1}{3} & \frac{2}{3} \end{bmatrix}$$

$$s_{\hat{U}}^2 = \frac{1}{n-K-1} \sum_{i=1}^{n} \hat{u}_i^2 = \frac{1}{n-K-1} \sum_{i=1}^{n} (y_i - \hat{y}_i)^2$$
$$= \frac{1}{6}[(34-29)^2 + (18-29)^2 + \dots + (8-7)^2] = \frac{1}{6}190 = 5.63^2$$

$$\hat{\Sigma} = 5.63^2 \begin{pmatrix} \frac{1}{3} & -\frac{1}{3} & -\frac{1}{3} \\ -\frac{1}{3} & \frac{2}{3} & \frac{1}{3} \\ -\frac{1}{3} & \frac{1}{3} & \frac{2}{3} \end{pmatrix}$$

Geschätzte quadrierte Standardabweichungen der Schätzer:

$$s_{B_k}^2 = s_{\hat{U}}^2 \text{diag}_k[(X'X)^{-1}]$$

$$s_{B_0}^2 = \frac{190}{6}\frac{1}{3} = 3.25^2, \quad s_{B_1}^2 = \frac{190}{6}\frac{2}{3} = 4.59^2, \quad s_{B_2}^2 = \frac{190}{6}\frac{2}{3} = 4.59^2$$

Verteilung der Schätzer:

$$\frac{B_k - \beta_k}{S_{B_k}} \sim t(n-K-1) \text{ für k=0, 1, 2, ..., K}$$

Prüfgrößen:

Nullhypothesen	t-Werte
H_0: $\beta_1 = 0$	22/4.59=4.79
H_0: $\beta_2 = 0$	13/4.59=2.83

Kritischer Bereich:
$$(-\infty, -t(n-K-1, 1-\tfrac{\alpha}{2})] \cup [t(n-K-1, 1-\tfrac{\alpha}{2}), +\infty)$$
$$= (-\infty, -2.447] \cup [2.447, +\infty)$$

Die t-Werte für β_1 und β_2 fallen in den kritischen Bereich. Der mittlere Absatz in Geschäfts-typ 1 ist signifikant größer als der Absatz in Geschäftstyp 3. Dasselbe gilt für Geschäftstyp 2.

Die zwei t-Werte berechnen sich einfacher mittels folgender Formel, d. h. man kann auf die Invertierung der Matrix X'X im vorliegenden Fall verzichten, wenn man folgende Berechnung wählt:

x_{1i}	x_{2i}	$(x_{1i}-\bar{x}_1)$	$(x_{1i}-\bar{x}_1)^2$	$(x_{2i}-\bar{x}_2)$	$(x_{2i}-\bar{x}_2)^2$	$(x_{1i}-\bar{x}_1)(x_{2i}-\bar{x}_2)$
1	0	2/3	(2/3)2	-1/3	(-1/3)2	(2/3)·(-1/3)
1	0	2/3	(2/3)2	-1/3	(-1/3)2	(2/3)·(-1/3)
1	0	2/3	(2/3)2	-1/3	(-1/3)2	(2/3)·(-1/3)
0	1	-1/3	(-1/3)2	2/3	(2/3)2	(-1/3)·(2/3)
0	1	-1/3	(-1/3)2	2/3	(2/3)2	(-1/3)·(2/3)
0	1	-1/3	(-1/3)2	2/3	(2/3)2	(-1/3)·(2/3)
0	0	-1/3	(-1/3)2	-1/3	(-1/3)2	(-1/3)·(-1/3)
0	0	-1/3	(-1/3)2	-1/3	(-1/3)2	(-1/3)·(-1/3)
0	0	-1/3	(-1/3)2	-1/3	(-1/3)2	(-1/3)·(-1/3)
Σ 3	3	0	2	0	2	-1
$\varnothing$ 1/3	1/3					

$$s_{B_1}^2 = s_{\hat{U}}^2 \frac{\sum(x_{2i}-\bar{x}_2)^2}{\sum(x_{1i}-\bar{x}_1)^2\sum(x_{2i}-\bar{x}_2)^2 - [\sum(x_{1i}-\bar{x}_1)(x_{2i}-\bar{x}_2)]^2} = \frac{190}{6}\frac{2}{2\cdot2-(-1)^2} = 4.59^2$$

$$s_{B_2}^2 = s_{\hat{U}}^2 \frac{\sum(x_{1i}-\bar{x}_1)^2}{\sum(x_{1i}-\bar{x}_1)^2\sum(x_{2i}-\bar{x}_2)^2 - [\sum(x_{1i}-\bar{x}_1)(x_{2i}-\bar{x}_2)]^2} = \frac{190}{6}\frac{2}{2\cdot2-(-1)^2} = 4.59^2$$

Aufgabe 4:

Von einer Außendienstorganisation weiß man, dass alle Reisenden gleich gut qualifiziert sind. Für eine Stichprobe von 160 Abschlüssen stellt man folgende Aufteilung auf die acht Bezirke fest:

Bezirk		1	2	3	4	5	6	7	8
Fläche des Bezirks	(X_1)	29	29	13	9	15	41	15	13
$\varnothing$ Besuchsdauer pro Besuch	(X_2)	3	3	2	1	2	3	2	1
$\varnothing$ Anzahl Besuche pro Kunde	(X_3)	3	2	1	1	2	4	2	1
Anzahl der Abschlüsse	(Y)	26	24	18	12	19	28	17	16

Hat die Fläche einen Einfluss auf die Anzahl der Abschlüsse ($\alpha=5\%$)? Führen Sie zwei unterschiedliche Tests durch und interpretieren Sie das Ergebnis. Mitarbeiter Schlau führt Korrelationsanalysen, Einfachregressionen und eine multiple Regressionsanalyse durch. Er erhält folgenden Befund.

Korrelationen				multiple Regression				
	X_2	X_3	Y	Regressor	b	t-Wert	p-Wert	
X_1	0.8676	0.9110	0.9545	Konstante	8.058989	5.165	0.0067	r^2=0.95971
X_2		0.8006	0.9376	X_1	0.269663	1.870	0.1348	f=31.76096
X_3			0.8783	X_2	2.898876	2.186	0.0941	p=0.0030
				X_3	0.126404	0.101	0.9242	

Einfachregressionen					
Regressor	r^2	b_0	b_1	t-Wert für b_0	t-Wert für b_1
X_1	0.91113	10.386207	0.468966	7.552	7.843
X_2	0.87912	6.923077	6.153846	3.283	6.606
X_3	0.77143	11.000000	4.500000	4.919	4.500

Können Aussagen über die Wirkung der Einflussgrößen auf die Abschlussanzahl gemacht werden? Begründen Sie Ihre Aussagen.

Lösungsskizze:

Test des Einflusses der Fläche auf die Anzahl der Abschlüsse:

Man kann einen Test auf Gleichverteilung der Abschlüsse durchführen.

$H_0: \pi_i = \dfrac{1}{8}$ für alle $i = 1,...,8$

$$\chi^2 = \sum_i \frac{(n_i - \hat{n}_i)^2}{\hat{n}_i} = 10.5$$

n_i	26	24	18	12	19	28	17	16
$\hat{n}_i$	20	20	20	20	20	20	20	20

Ablehnungsbereich von H_0: $[\chi2(I-1, 1-\alpha);+\infty) = [14.06; +\infty)$

H_0 kann nicht abgelehnt werden. Der Test belegt also nicht, dass der Bezirk und implizit auch die unterschiedlichen Flächen einen Einfluss auf die Anzahl der Abschlüsse haben.

Im Folgenden wird der Zusammenhang durch eine Regressionsanalyse überprüft.

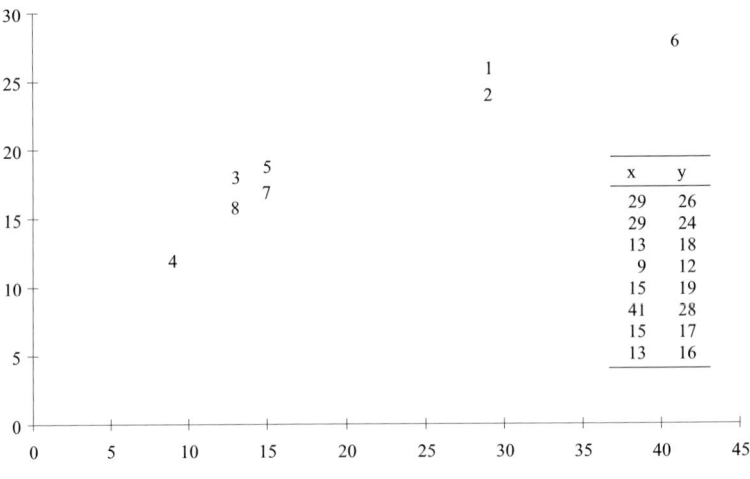

$\hat{y} = 10.39 + 0.469x; \quad r^2 = 0.911; \quad s_{B_1} = 0.05979$

$H_1\ \beta > 0; \quad H_0\ \beta \leq 0; \quad t = \dfrac{b_1 - 0}{s_{B_1}} = \dfrac{0.468966}{0.059792} = 7.843;$

$H_1\ \rho > 0; \quad H_0\ \rho \leq 0; \quad t = \dfrac{r}{\sqrt{1 - r^2}}\sqrt{n - 2} = 7.843$

Ablehnungsbereich von H_0: $[t(n-2, 1-\alpha);+\infty) = [1.943;+\infty)$

H_0 wird auf dem 5%-Niveau verworfen, die Daten belegen H_1, d. h. es gibt einen linearen, positiven Zusammenhang zwischen der Gebietsgröße und der Anzahl der Abschlüsse.

Die Testergebnisse widersprechen einander. Je nach gewähltem Test wird der Einfluss der Bezirksgröße auf die Anzahl der Abschlüsse verworfen bzw. bestätigt. Man kann gegenüber der Regressionsanalyse einwenden, dass Annahmen nicht erfüllt sind. Als Messwerte für die abhängige Variable werden Häufigkeiten (Anzahl der Abschlüsse) verwendet, die pro Bezirk das Resultat einer binominal- oder hypergeometrischen Verteilung sind, so dass die beobachteten Häufigkeiten der Bedingung der Homoskedastizität widersprechen können. Insofern sollte man den Signifikanzaussagen der hier durchgeführten Variante nicht vertrauen.

Interpretation der Korrelationen und Regressionskoeffizienten:

Die drei Einflussgrößen auf Y korrelieren sehr hoch miteinander, so dass die einzelnen Einflüsse nicht untersucht werden können. Im Falle der Einfachregressionen erweist sich der Effekt der jeweils untersuchten Einflussgröße immer als signifikant, falls H_0: ß≤0 getestet wird; die t-Werte für den Steigungsparameter sind immer größer als t(n-2; 1-α) =1.943. Betrachtet man die Ergebnisse der multiplen Regression, so würde man nur X_2 einen auf dem 5%-Niveau signifikanten Einfluss auf Y beimessen (Anmerkung: p-Wert des einseitigen Tests ist hier 0.0941/2≤0.05). Diese Interpretation ist aber angesichts der hohen Korrelationen zwischen den Regressoren problematisch. Überdies zeigt der eingangs durchgeführte χ^2-Anpassungstest auf, dass gar keine Variable, die mit dem Bezirk variiert, einen Effekt auf Y aufweist.

Mit den vorliegenden Daten kann nicht belegt werden, dass eine der drei Variablen Einfluss auf die Anzahl der Abschlüsse hat.

Aufgabe 5:

Ein Unternehmen misst die durchschnittliche zeitliche Dauer der Besuche bei Nachfragern durch Reisende und die Umsatzerlöse in den Bezirken.

Bezirk	1	2	3	4	5	6	7	8	9	10
Dauer Besuch	10	3	7	12	5	8	1	3	2	7
Umsatz	130	60	100	150	80	120	40	70	50	110

Es wird ein linearer Zusammenhang vermutet. Stellen Sie die Daten grafisch dar. Prüfen Sie die Annahme der Linearität auf der Basis eines f-Tests. Ermitteln Sie die Durbin-Watson-Prüfgröße und beurteilen Sie Ihr Testergebnis. Besteht ein proportionaler Zusammenhang (α=5%)? Welcher Umsatz ist bei einer Dauer von im Mittel 11 Stunden pro Besuch zu prognostizieren?

Lösungsskizze:

Für die Berechnung der DW-Kenngröße müssen die Beobachtungen der unabhängigen Variablen in steigender Reihenfolge angeordnet werden.

i	x	x^2	y	$x-\bar{x}$	$y-\bar{y}$	$(x-\bar{x})^2$	$(y-\bar{y})^2$	$(x-\bar{x})(y-\bar{y})$	$\hat{y}$	$\hat{u}_i$	$\hat{u}_i^2$	$\hat{u}_{i-1}$	$\hat{u}_i - \hat{u}_{i-1}$	$(\hat{u}_i - \hat{u}_{i-1})^2$
7	1	1	40	-4.8	-51	23.04	2601	244.8	42.7551	-2.7551	7.5906	-	-	-
9	2	4	50	-3.8	-41	14.44	1681	155.8	52.8061	-2.8061	7.8743	-2.7551	-0.0510	0.0026
2	3	9	60	-2.8	-31	7.84	961	86.8	62.8571	-2.8571	8.1633	-2.8061	-0.0510	0.0026
8	3	9	70	-2.8	-21	7.84	441	58.8	62.8571	7.1429	51.0204	-2.8571	10.0000	100.0000
5	5	25	80	-0.8	-11	0.64	121	8.8	82.9592	-2.9592	8.7568	7.1429	-10.1021	102.0524
3	7	49	100	1.2	9	1.44	81	10.8	103.0612	-3.0612	9.3711	-2.9592	-0.1020	0.0104
10	7	49	110	1.2	19	1.44	361	22.8	103.0612	6.9388	48.1466	-3.0612	10.0000	100.0000
6	8	64	120	2.2	29	4.84	841	63.8	113.1122	6.8878	47.4412	6.9388	-0.0510	0.0026
1	10	100	130	4.2	39	17.64	1521	163.8	133.2143	-3.2143	10.3316	6.8878	-10.1021	102.0524
4	12	144	150	6.2	59	38.44	3481	365.8	153.3163	-3.3163	10.9980	-3.2143	-0.1020	0.0104
Σ	58	454	910	0	0	117.6	12090	1182.0	910.0	0	209.69	3.32	-0.56	404.13

$$b_1 = \frac{1182}{117.6} = 10.051020; \quad b_0 = 91 - 10.051020 \cdot 5.8 = 32.704082$$

$$r^2 = \frac{\sum(x-\bar{x})(y-\bar{y})}{\sqrt{\sum(x-\bar{x})^2 \cdot \sum(y-\bar{y})^2}} = \frac{1182}{\sqrt{117.6 \cdot 12090}} = 0.98266$$

$$DW = \frac{\sum(\hat{u}_i - \hat{u}_{i-1})^2}{\sum \hat{u}_i^2} = \frac{404.13}{209.69} = 1.93724$$

$$f = \frac{r^2}{1-r^2} \frac{n-K-1}{K} = \frac{0.98266}{1-0.98266} \frac{10-1-1}{1} = 453.24380$$

$$s_{B_0}^2 = s_{\hat{U}}^2 \frac{\sum x_i^2}{n \sum(x_i - \bar{x})^2} = \frac{209.69}{10-2} \frac{454}{10 \cdot 117.6} = 3.18103^2$$

$$s_{B_1}^2 = s_{\hat{U}}^2 \frac{1}{\sum(x_i - \bar{x})^2} = \frac{209.69}{10-2} \frac{1}{117.6} = 0.472107^2$$

Test auf Linearität mittels f-Test:

    H_0: $\rho = 0$

    Prüfgröße: $f=453 = 21.29^2$

    kritischer Bereich: $[f(K,n-K-1,1-\alpha);+\infty)=[f(1,8,0.95);+\infty)=[5.32;+\infty)$

Der Wert der Prüfgröße fällt in den Ablehnungsbereich (bei $\alpha=5\%$), H_0 kann somit abgelehnt werden, die Vermutung der Linearität ist durch die Daten gestützt.

Linearität könnte auch mittels t-Tests überprüft werden:

    H_0: $\rho = 0$

    Prüfgröße: $t = \frac{r}{\sqrt{1-r^2}} \sqrt{n-2} = 21.29$

    kritischer Bereich: $(-\infty;-t(n-2;1-a/2)] \cup [t(n-2;1-a/2);+\infty) = (-\infty;-2.306] \cup [2.306;+\infty)$

oder:

    H_0: $\beta_1 = 0$

    Prüfgröße: $t = \frac{b_1 - 0}{s_{B_1}} = \frac{10.051020}{0.472107} = 21.29$

    kritischer Bereich: $(-\infty;-t(n-2;1-a/2)] \cup [t(n-2;1-a/2),+\infty) = (-\infty;-2.306] \cup [2.306;+\infty)$

Durbin-Watson-Test auf Autokorrelation der Residualwerte:

H_0: $\gamma=0$ (mit: $u_i=\gamma u_{i-1}+\varepsilon_i$)
Prüfgröße: DW=1.94

Der Wert der Prüfgröße liegt sehr nahe bei zwei, die Annahme der Autokorrelation der Residualwerte erster Ordnung ist abzulehnen. Man kann davon ausgehen, dass kein über- oder unterproportionaler Zusammenhang in den Daten vorliegt und die Beobachtungen auch nicht um die Regressionsgerade "oszillieren".

Test auf einen proportionalen Zusammenhang:
H_0: $\beta_0=0$
Prüfgröße: $t=(b_0-0)/s_{B_0}=10.28$
kritischer Bereich: $(-\infty;-t(n-2;1-a/2)] \cup [t(n-2;1-a/2);+\infty)$
$= (-\infty;-2.306] \cup [2.306;+\infty)$

Der Wert der Prüfgröße fällt in den kritischen Bereich, H_0 ist abzulehnen, d. h. die Daten sprechen gegen die Annahme einer proportionalen Beziehung.

Prognoseintervall:

$$[\hat{y}_p \pm t(n-2,1-\alpha/2)s_{Y_p}] = [143.3 \pm 13.6]$$

$$\hat{y}_p = b_0 + b_1 x_p = 32.704082 + 10.051020 \cdot 11 = 143.2653$$

$$s_{Y_p}^2 = s_{\hat{U}}^2 \left[1 + \frac{1}{n} + \frac{(x_p - \bar{x})^2}{\sum(x_i - \bar{x})^2}\right] = \frac{209.69}{10-2}\left[1 + \frac{1}{10} + \frac{(11-5.8)^2}{117.6}\right] = 5.9042^2$$

$$t(10-2;1-0.05/2) = 2.306$$

Für sämtliche der hier durchgeführten Tests und Schätzungen liegen sehr wenige Daten vor ($n=10$), so dass die Aussagekraft der Befunde fragwürdig ist.

Aufgabe 6:

Aus einer Verkaufsstatistik sind folgende Werte bekannt:

Bezirk	1	2	3	4	5	6	7	8	9	10	11	12	13	14	15	16
Anzahl Nachfrager	25	60	90	120	60	70	140	30	90	110	200	190	160	120	20	40
Anzahl Abschlüsse	24	29	29	30	28	28	34	26	28	32	38	32	34	29	23	26

Welche Anzahl von Abschlüssen ist bei 150 Nachfragern in einem neuen Verkaufsbezirk zu erwarten ($\alpha=5\%$)? Begründen Sie Ihren Ansatz. Erläutern Sie, ob der gewählte Ansatz zulässig ist.

Lösungsskizze:

Man könnte zunächst testen, ob die Anzahl der Abschlüsse unabhängig von der Nachfrager Anzahl im Bezirk ist, und in diesem Fall den Mittelwert als Schätzwert verwenden. Der χ^2-Anpassungstest prüft, ob die Anzahl der Abschlüsse überzufällig von der Durchschnittshäufigkeit ($\hat{n}_i=470/16=29.375$) abweicht.

$$\chi^2 = \sum_i \frac{(n_i - \hat{n}_i)^2}{\hat{n}_i} = 7.82$$

Ablehnungsbereich für H_0: $\pi_i = 1/16$ für alle i: $[\chi^2(I-1, 1-\alpha); +\infty] = [25.00; +\infty]$.
$\chi^2 \notin$ Ablehnungsbereich $\Rightarrow H_0$ nicht abzulehnen.

Es kann nicht angenommen werden, dass sich die Abschlüsse in den einzelnen Gebieten trotz der unterschiedlichen Nachfrager Anzahl unterscheiden. Als Schätzwert für einen zusätzlichen Verkaufsbezirk ergibt sich:
$$[\,\bar{x} \pm t(n-1; 1-\alpha/2)s_{\bar{x}}\,] = [29.375 \pm 2.131 \cdot 3.914/\sqrt{16}\,] = [29.375 \pm 2.085]$$

Aufgrund dieser Befunde sollte man vorsichtshalber keine Regelmäßigkeit zwischen Nachfrager- und Abschlussanzahl unterstellen. Nimmt man dennoch eine solche Beziehung an, müsste man zunächst durch eine grafische Darstellung auf die Art des Zusammenhangs zwischen Nachfrager- und Abschlussanzahl schließen. Die Ergebnisse einer Einfachregression sind:
$$\hat{y} = 23.357196 + 0.063138 \cdot x; \quad r^2 = 0.84453; \quad DW = 2.26151$$

Die DW-Kenngröße deutet nicht darauf hin, dass ein unter- oder überproportionaler Zusammenhang vorliegt (Anm.: Zur Berechnung der Durbin-Watson-Prüfgröße müssen die Daten in eine Reihenfolge gebracht werden, in der die x-Werte monoton ansteigen; aus der nachfolgenden Arbeitstabelle kann man die DW-Werte nicht direkt berechnen, sondern erst nach einer geeigneten Veränderung der Reihenfolge der Beobachtungen). Der t-Wert zur Prüfung der Signifikanz des Steigungsparameters $t = b_1 / s_{B1}$ beträgt 29.296. Er liegt im kritischen Bereich für H_0: $\beta_1 \leq 0$: $[t(n-2; 1-\alpha); +\infty) = [1.761; +\infty)$, so dass also H_1: $\beta_1 > 0$ auf dem 5%-Niveau nicht zu verwerfen ist. Das Prognoseintervall lautet dann:
$$[\,\hat{y}_p \pm t(n-2; 1-\alpha/2)s_{Y_p}\,] = [32.828 \pm 2.145 \cdot 1.693] = [32.828 \pm 3.632]$$

Arbeitstabelle:

x	y	$x-\bar{x}$	$y-\bar{y}$	$(x-\bar{x})^2$	$(y-\bar{y})^2$	$(x-\bar{x})(y-\bar{y})$	$\hat{y}$	$\hat{u}=y-\hat{y}$	$(\hat{u}-\bar{\hat{u}})^2$
25	24	-70.3125	-5.3750	4943.848	28.8906	377.9297	24.9356	-0.9356	0.8754
60	29	-35.3125	-0.3750	1246.973	0.1406	13.2422	27.1455	1.8545	3.4393
90	29	-5.3125	-0.3750	28.223	0.1406	1.9922	29.0396	-0.0396	0.0016
120	30	24.6875	0.6250	609.473	0.3906	15.4297	30.9337	-0.9337	0.8718
60	28	-35.3125	-1.3750	1246.973	1.8906	48.5547	27.1455	0.8545	0.7303
70	28	-25.3125	-1.3750	640.723	1.8906	34.8047	27.7768	0.2232	0.0498
140	34	44.6875	4.6250	1996.973	21.3906	206.6797	32.1965	1.8035	3.2527
30	26	-65.3125	-3.3750	4265.723	11.3906	220.4297	25.2513	0.7487	0.5605
90	28	-5.3125	-1.3750	28.223	1.8906	7.3047	29.0396	-1.0396	1.0807
110	32	14.6875	2.6250	215.723	6.8906	38.5547	30.3023	1.6977	2.8821
200	38	104.6875	8.6250	10959.473	74.3906	902.9297	35.9847	2.0153	4.0614
190	32	94.6875	2.6250	8965.723	6.8906	248.5547	35.3533	-3.3533	11.2449
160	34	64.6875	4.6250	4184.473	21.3906	299.1797	33.4592	0.5408	0.2924
120	29	24.6875	-0.3750	609.473	0.1406	-9.2578	30.9337	-1.9337	3.7392
20	23	-75.3125	-6.3750	5671.973	40.6406	480.1172	24.6199	-1.6199	2.6242
40	26	-55.3125	-3.3750	3059.473	11.3906	186.6797	25.8827	0.1173	0.0138
1525	470	0	0	48673.443	229.7496	3073.13	470	0	35.72

$$\bar{x} = \frac{1525}{16} = 95.3125; \bar{y} = \frac{470}{16} = 29.375$$

$$\hat{b} = \frac{\sum (x_i - \overline{x})(y_i - \overline{y})}{\sum (x_i - \overline{x})^2} = \frac{3073.13}{48673.44} = 0.063138$$

$$\hat{a} = \overline{y} - \hat{b}\overline{x} = 29.375 - 0.063138 \cdot 95.3125 = 23.357; \hat{y} = \hat{a} + \hat{b}x = 23.357 + 0.063138x$$

$$r = \frac{\sum (x - \overline{x})(y - \overline{y})}{\sqrt{\sum (x - \overline{x})^2 \sum (y - \overline{y})^2}} = \frac{3073.13}{\sqrt{48673.443 \cdot 229.7496}} = 0.91898; r^2 = 0.84453$$

$$s_{\hat{U}}^2 = \frac{1}{n-2} \sum (\hat{u} - \overline{\hat{u}})^2 = \frac{35.72}{14} = 1.59732^2; s_{\hat{B}}^2 = s_{\hat{U}}^2 \frac{1}{\sum (x_i - \overline{x})^2} = \frac{1.59732^2}{48673.443} = 0.00724^2$$

$$\hat{y}_p = \hat{a} + \hat{b}x_p = 23.357 + 0.063138 \cdot 150 = 32.828$$

$$s_{Y_p}^2 = s_{\hat{U}}^2 \left[1 + \frac{1}{n} + \frac{(x_p - \overline{x})^2}{\sum (x - \overline{x})^2} \right] = 1.59732^2 \left[1 + \frac{1}{16} + \frac{(150 - 95.3125)^2}{48673.443} \right] = 1.69342^2$$

Die Messwerte der abhängigen Variablen bestehen aus Häufigkeiten und nicht aus Messwerten einer intervallskalierten Variable. Insofern muss man der Regressionsanalyse in diesem Fall kritisch gegenüberstehen, da z. B. die Annahme der Homoskedastizität verletzt sein kann.

3.5 Marktreaktionsfunktionen

Aufgabe 1:

Ein Anbieter ist auf einem Markt mit 1000 Nachfragern tätig. Er selbst hat sein Produkt bisher pro Jahr immer nur an 300 Kunden absetzen können, die restlichen 700 Kunden kauften immer bei den Wettbewerbern. Auch die bisherigen Kunden kauften nicht ausschließlich sein Produkt, sein kundenbezogener Marktanteil betrug im Gesamtmarkt nur 10 Prozent. Durch eine Verbesserung der Produktqualität sollen die 300 Kunden stärker an das eigene Angebot gebunden werden, um das befürchtete Eindringen der Wettbewerber in seinen Teilmarkt abzuwenden. Mit für den Anbieter neuen Kunden wird nicht gerechnet. Falls jährliche Kosten in der Höhe von € 200000 für die Qualitätsverbesserung in Kauf genommen werden, wird mit einem kundenbezogenen Marktanteil von 16.59 Prozent gerechnet. Der Anbieter unterstellt folgende Marktreaktionsfunktion:

$$M = M_{max} - (M_{max} - M_{min})e^{-aK}$$

mit: M: kundenbezogener Marktanteil des Anbieters
M_{max}: maximaler kundenbezogener Marktanteil
M_{min}: minimaler kundenbezogener Marktanteil
K: jährliche Kosten wegen der Qualitätsverbesserung
a: Parameter

Der Deckungsbeitrag pro Kunde und Jahr beträgt € 2000. Die Kosten für die Qualitätssteigerung sind darin noch nicht berücksichtigt. Der Anbieter ist sich nicht klar, ob pro Jahr € 100000, € 200000 oder € 500000 für die Qualitätsverbesserung zusätzlich eingesetzt werden sollen bzw. ob überhaupt zusätzliche Kosten für die Qualitätsverbesserung sinnvoll sind. Welche Alternative ist zu empfehlen?

Lösungsskizze:

Schätzung des Parameters in der Marktreaktionsfunktion:

$$0.1659 = 0.3 - (0.3 - 0.1)e^{-a \cdot 200000} \qquad a = 2 \cdot 10^{-6}$$

Deckungsbeitrag der Qualitätsverbesserung:

$$D = 2000 \cdot 1000(0.3 - 0.2e^{-aK}) - K$$

K =	0	M =	0.1000	D =	200000
K =	100000	M =	0.1363	D =	172508
K =	200000	M =	0.1659	D =	131872
K =	500000	M =	0.2264	D =	-47152

Die Kosten für die Qualitätsverbesserung werden durch die höheren Marktanteile nicht kompensiert. Sie ist nicht empfehlenswert.

Aufgabe 2:

Die kumulierte Anzahl der Übernehmer eines neuen Produkts im Zeitablauf sei durch das logistische Modell

$$y_t = \frac{n}{1 + e^{a - bt}}$$

hinreichend genau beschrieben. n ist dabei das Sättigungsniveau, a und b Parameter, t die Anzahl der Zeitperioden nach der Markteinführung. Aufgrund einer Marktstudie glaubt man, dass n mit 500 anzusetzen ist. In der ersten Marktperiode wurden 10 Übernehmer registriert, in der zweiten bzw. dritten Periode kamen 10 bzw. 30 weitere Übernehmer des Produkts hinzu. Schätzen Sie die fehlenden Parameter des Modells. Welcher Übernehmerbestand ist nach der vierten Marktperiode zu erwarten? Welches Ergebnis ergäbe sich bei Unterstellung des exponentiellen Modells $y_t = n(1 - e^{a-bt})$?

Lösungsskizze:

Schätzung der Parameter des logistischen Modells:

Linearisierung der Funktion $y_t = \dfrac{n}{1 + e^{a-bt}}$ ergibt: $\ln\left(\dfrac{n}{y_t} - 1\right) = a + (-b)t \Rightarrow z = b_0 + b_1 x$

Annahme: Gültigkeitsbereich des Modells: t = 1, 2, 3, ...

y	$z = \ln(500/y - 1)$	x	$(x - \bar{x})^2$	$(z - \bar{z})^2$	$(x - \bar{x})(z - \bar{z})$
10	3.8918	1	$(-1)^2$	0.8028^2	-0.8028
20	3.1781	2	0	0.0891^2	0.0000
50	2.1972	3	1	$(-0.8918)^2$	-0.8918
Σ	9.2671	6	2	1.4478	-1.6946

$$\bar{z} = 3.0890; \quad \bar{x} = 2; \quad b_1 = -1.6946/2 = -0.8473; \quad b_0 = 3.0890 - (-0.8473) \cdot 2 = 4.7836$$

$$z = 4.7836 - 0.8473x \Rightarrow \hat{y}_t = \frac{500}{1 + e^{4.78 - 0.847t}}$$

geschätzter Übernehmerbestand: $\hat{y}_1 = 9.6, \ \hat{y}_2 = 21.8, \ \hat{y}_3 = 48.2, \ \hat{y}_4 = 99.5$

Schätzung der Parameter des exponentiellen Modells:

Linearisierung der Funktion $y_t = n(1 - e^{a-bt})$ ergibt: $\ln\left(1 - \dfrac{y_t}{n}\right) = a + (-b)t$

$\Rightarrow z = b_0 + b_1 x$

Annahme: Gültigkeitsbereich des Modells: t = 1, 2, 3, ...

y	$z = \ln(1 - y/500)$	x	$(x - \bar{x})^2$	$(z - \bar{z})^2$	$(x - \bar{x})(z - \bar{z})$
10	-0.0202	1	$(-1)^2$	0.0353^2	-0.0353
20	-0.0408	2	0	0.0147^2	0.0000
50	-0.1054	3	1	$(-0.0499)^2$	-0.0499
Σ	-0.1664	6	2	0.0040	-0.0852

$\bar{z} = -0.0555; \bar{x} = 2; b_1 = -0.0852 / 2 = -0.0426$

$b_0 = -0.0555 - (-0.0426) \cdot 2 = 0.0297$

$z = 0.0297 - 0.0426x \Rightarrow \hat{y}_t = 500(1 - e^{0.030 - 0.043t})$

Geschätzter Übernehmerbestand: $\hat{y}_1 = 6.5, \hat{y}_2 = 27.2, \hat{y}_3 = 47.1, \hat{y}_4 = 66.2$

Aufgabe 3:

Ein Hersteller hat mit seiner Papiertaschentücher-Marke A eine bedeutende Marktstellung inne. Die wichtigste Konkurrenzmarke ist B, daneben gibt es noch einige weniger marktanteilsstarke No Names. Der Hersteller von A glaubt, seinen Marktanteil nur im Wege eines verschärften Preiswettbewerbs zulasten von B steigern zu können. Ihm liegen aus einem Handelspanel Daten über die durchschnittlichen Absatzpreise und die Absatzzahlen in den letzten sechs Monaten vor (Panelstichprobe 1000, Index für das Absatzvolumen von A und B im Januar: 100, Preise in €):

Monat	Marke A		Marke B		Marke C	
	Preis	Absatzindex	Preis	Absatzindex	Preis	Absatzindex
Januar	5.29	55	5.49	45	4.99	18
Februar	5.71	27	5.49	63	4.99	16
März	5.59	34	5.44	51	4.89	15
April	5.29	57	5.49	38	4.99	17
Mai	5.59	28	5.39	52	4.99	14
Juni	5.29	35	5.39	35	4.99	12

Der Hersteller von A geht davon aus, dass die Preisdifferenz von A zu B die relevante Marktanteilseinflussgröße darstellt und eine lineare Beziehung besteht. Ist diese Annahme gültig ($\alpha = 5\%$)? Der Hersteller von A geht weiterhin davon aus, dass im Juli der durchschnittliche Preis für B unverändert bei € 5.39 bleiben wird, und unterstellt ferner, dass der Absatzindex für A und B 80 betragen wird. Welchen Absatz (in Indexwerten) kann er erwarten, wenn der Preis seiner Marke A dem der Marke B entspricht und die sonstigen Anbieter ihre Preise nicht ändern?

Lösungsskizze:

Parametrisierung der Preisresponsefunktion $y_A/(y_A+y_B)=\beta_0+\beta_1(p_A-p_B)$

$y=y_A/(y_A+y_B)$	$x=p_A-p_B$	$y-\bar{y}$	$x-\bar{x}$	$(y-\bar{y})^2$	$(x-\bar{x})^2$	$(x-\bar{x})(y-\bar{y})$	$y-\hat{y}$	$(y-\hat{y})^2$
0.55	-0.20	0.10	-0.2117	0.0100	0.0448	-0.0212	-0.0222	0.0005
0.30	0.22	-0.15	0.2083	0.0225	0.0434	-0.0313	-0.0297	0.0009
0.40	0.15	-0.05	0.1383	0.0025	0.0191	-0.0069	0.0299	0.0009
0.60	-0.20	0.15	-0.2117	0.0225	0.0448	-0.0317	0.0278	0.0008
0.35	0.20	-0.10	0.1883	0.0100	0.0355	-0.0188	0.0087	0.0001
0.50	-0.10	0.05	-0.1117	0.0025	0.0125	-0.0056	-0.0145	0.0002
Summe		0.00	0.0000	0.0700	0.2001	-0.1155	0.0000	0.0033

$\bar{y}=0.45$, $\bar{x}=0.0117$

$b_1 = -0.1155/0.2001 = -0.5773; b_0 = 0.45 - (-0.5773)(0.0117) = 0.4568$

$\Rightarrow \hat{y} = 0.4568 - 0.5773x$

$r^2 = 0.1155^2/(0.2001 \cdot 0.0700) = 0.9525$

$s_{\hat{U}}^2 = 0.003327/4 = 0.000832$, $s_{B_1}^2 = 0.000832/0.2001 = 0.004157$, $s_{B_1} = 0.06447$

Test der Annahme:

- Hypothese: Je mehr der Preis von Marke A den Preis von Marke B übersteigt, desto geringer ist der Marktanteil von Marke A
- statistische Forschungshypothese: H_1: $\beta_1 < 0$ (alternativ: $\rho < 0$)
- statistische Nullhypothese: H_0: $\beta_1 \geq 0$ (alternativ: $\rho \geq 0$)
- Wert der Prüfgröße: $t = \dfrac{b_1 - 0}{s_{B_1}} = -8.954$ (alternativ: $t = \dfrac{r}{\sqrt{1-r^2}}\sqrt{n-2} = -8.954$)
- kritischer Bereich für H_0: $(-\infty, -t(n-2; 0.95)) = (-\infty, -2.132)$
- Entscheidung: H_0 fällt in den kritischen Bereich und ist abzulehnen; H_1 und damit die Hypothese sind gestützt.

Schätzung des zu erwartenden Absatzindex:

$p_A - p_B = 0 \Rightarrow y = 0.4568$ (relativer Marktanteil),

$y_A = 0.4568 \cdot 80 = 37$ (Absatzindex)

Aufgabe 4:

Die Marketingabteilung eines Unternehmens steht vor der Aufgabe, für das kommende Jahr das bereits festgelegte Budget (B) von 1 Mio. € auf die beiden Bereiche Massenwerbung und Promotions aufzuteilen. Für die Planung wird eine multiplikative Wirkungsfunktion unterstellt (y: Absatz in 1000 ME; M: Budget für Massenwerbung in 1000 €, P: Budget für Promotions in 1000 €). Die Promotions-Elastizität des Absatzes ist mit 0.4 bekannt. Bei den nachstehend angegebenen Werten für das Budget für Massenwerbung ergeben sich die folgenden geschätzten Absatzwerte:

M	200	400	600	800
y	1183	1713	1934	1793

Bestimmen Sie die Parameter der Werbewirkungsfunktion. Welche Aufteilung optimiert den Deckungsbeitrag?

Lösungsskizze:

Schätzung der Parameter der Marktreaktionsfunktion:

$$y = aM^b P^c = aM^b (1000 - M)^{0.4}$$

$$\ln \frac{y}{(1000 - M)^{0.4}} = \ln a + b \ln M$$

Arbeitstabelle:

i	M	y	x=lnM	z=ln(y/(1000-M)^{0.4})	$x - \bar{x}$	$z - \bar{z}$	$(x - \bar{x})^2$	$(x - \bar{x})(z - \bar{z})$
1	200	1183	5.30	4.40	-0.79	-0.56	0.62	0.44
2	400	1713	5.99	4.89	-0.10	-0.07	0.01	0.01
3	600	1934	6.40	5.17	0.31	0.21	0.10	0.07
4	800	1793	6.68	5.37	0.59	0.41	0.35	0.24
∅			6.09	4.96				
Σ					0.00	0.00	1.08	0.76

$$b = 0.76/1.08 = 0.70; \quad \ln a = 4.96 - 6.09 \cdot 0.70 = 0.697 \Rightarrow a = e^{0.697} = 2.00$$
$$\rightarrow y = 2M^{0.7} P^{0.4}$$

Optimierung des Werbedeckungsbeitrags:

$$D = (p - k)(aM^b P^c) - M - P = (p - k)aM^b (B - M)^c - B \rightarrow \max_M$$

$$\frac{\partial D}{\partial M} = (p - k)a[bM^{b-1}(B - M)^c + M^b c(B - M)^{c-1}(-1)] = 0 \Rightarrow M^* = \frac{b}{b + c} B$$

$$M = \frac{0.7}{0.7 + 0.4} 1\,\text{Mio} \qquad P = \frac{0.4}{0.7 + 0.4} 1\,\text{Mio}$$

Ein Gesamtbudget ($B = M + P$) sollte im Verhältnis der Elastizitäten der Teilbudgets aufgeteilt werden.

Aufgabe 5:

Die IR Unternehmensberatung GmbH erhält von einem Pkw-Hersteller den Auftrag, den weiteren Absatz eines bestimmten Modells dieses Herstellers zu prognostizieren. Das Modell ist bereits acht Jahre am Markt. Die bisherigen Absatzzahlen waren folgende:

Jahr	1	2	3	4	5	6	7	8
Absatz	2919	36988	36470	34807	43069	41755	17499	16864

IR soll die Prognose der weiteren Absatzentwicklung für das Pkw-Modell mit Hilfe des semilogistischen Modells und die Prognose für die weitere Erstkäuferentwicklung für das Waschmittel mittels des exponentiellen Modells vornehmen.

$$\frac{y_t - y_{t-1}}{n - y_{t-1}} = a + b y_{t-1} \quad (\text{mit: } y_t\text{-}y_{t-1}: \text{Absatz im Jahr t}; \ y_0 = 0)$$

Wählen Sie den Absatz als abhängige Größe, bestimmen Sie die drei Parameter der Gleichung mittels linearer Regressionsanalyse und berechnen Sie daraus Schätzwerte für a, b und n.

Welcher Absatz ist im neunten Jahr zu erwarten? Beurteilen Sie die Reproduktionsgüte des unterstellten Modells.

Lösungsskizze:

Linearisierung:

$$y_t - y_{t-1} = (a + by_{t-1})(n - y_{t-1}) = an + (bn - a)y_{t-1} - by_{t-1}^2 = c_0 + c_1 y_{t-1} + c_2 y_{t-1}^2$$

$$\begin{bmatrix} 2.919 \\ 36.988 \\ 36.470 \\ 34.807 \\ 43.069 \\ 41.755 \\ 17.499 \\ 16.864 \end{bmatrix} = c_0 + c_1 \begin{bmatrix} 0.000 \\ 2.919 \\ 39.907 \\ 76.377 \\ 111.184 \\ 154.253 \\ 196.008 \\ 213.507 \end{bmatrix} + c_2 \begin{bmatrix} 0.0000 \\ 8.520.561 \\ 1.592.568.649 \\ 5.833.446.129 \\ 12.361.881.856 \\ 23.793.988.009 \\ 38.419.136.064 \\ 45.585.239.049 \end{bmatrix} + \varepsilon$$

$$\begin{aligned} c_0 &= 18.90355 \\ c_1 &= 0.46348 \\ c_2 &= -0.002264 \\ r^2 &= 0.56348 \\ DW &= 2.46453 \end{aligned}$$

Das Modell bildet die Absatzzahlen nur mäßig gut ab ($r^2 = 0.56$). Die reproduzierten weichen von den tatsächlichen Absätzen zum Teil gravierend ab, wie nachfolgende Gegenüberstellung zeigt.

Jahr	1	2	3	4	5	6	7	8
tatsächlicher Absatz	2919	36988	36470	34807	43069	41755	17499	16864
reproduzierter Absatz	18904	20237	33793	41093	42442	36516	22751	14634

Berechnung der Parameter a, b und n:

$$c_2 = -b$$

$$\left. \begin{aligned} c_0 &= an && \Rightarrow a = c_0 / n \\ c_1 &= bn - a \Rightarrow a = bn - c_1 = -c_2 n - c_1 \end{aligned} \right] \Rightarrow \begin{aligned} c_0 / n &= -c_2 n - c_1 \Rightarrow c_0 = -c_2 n^2 - c_1 n \\ c_2 n^2 + c_1 n + c_0 &= 0 \end{aligned}$$

$$n = \frac{-c_1 \pm \sqrt{c_1^2 - 4c_0 c_2}}{2c_2}, \quad a = \frac{c_0}{n}, \quad b = -c_2$$

$$\Rightarrow n = 239.570, \quad a = 0.07891, \quad b = 0.002264$$

Bis zum Ende des achten Jahres betrug der Absatz $y_8 = 230371$. Gemäß dem semilogistischen Modell wäre der restliche in der Zukunft zu erwartende Absatz 239770-230371=9399. Im neunten Jahr beträgt der prognostizierte Absatz:

$$y_9 - y_8 = 18.903549 + 0.463480 y_8 - 0.002264 y_8^2 = 5450.$$

4. Methoden der Marktforschung

Exkurs: Segmentierung der Nachfrager in Zielgruppen

Die zwei extremen Optionen einer Marktbearbeitung bestehen darin, entweder jedem Nachfrager ein maßgeschneidertes Angebot zu unterbreiten oder allen möglichen Kunden dasselbe anzubieten. Maßgeschneiderte Angebote erbringen z.b. häufig Hersteller von Spezialmaschinen, für die es nur einen Kunden gibt. Bei Gütern des täglichen Bedarfs bieten Anbieter oft nur eine einzige Leistung an (z.b. Taschentücher von Tempo, Sortiment von Aldi), die auf den Gesamtmarkt aller Nachfrager abzielen.

Ein Kompromiss zwischen diesen Optionen bestehen darin, den Markt zu segmentieren und bspw. nur ein Segment gezielt zu bearbeiten (z.b. ehedem Porsche, bevor unter dieser Marke auch Geländewagen angeboten wurden) oder verschiedenen Segmenten jeweils ein Produkt anzubieten (z.b. *VW*: Polo, Golf, Passat, Touran etc.; Margarine-Brotaufstrich von *Unilever*: Rama, Bruch, Lätta, Bertolli, Becel, Du darfst, Margarine zum Backen und Braten von *Unilever*: Mondamin, Rama, Sanella; *Metro*: Real, Extra, Media Markt, Saturn und Galeria Kaufhof). Dass im Fall von Pkws in der Endphase der Produktion häufig eine Individualisierung der Ausstattung stattfindet, ändert nichts daran, dass im Wesentlichen wenige standardisierte Produkte für verschiedene Zielgruppen angeboten werden. Eine Segmentierung eines Markts dient dazu, Zielpersonen, die sich in nachfragerelevanten Eigenschaften unterscheiden, in Gruppen einzuteilen und auf Basis von zusätzlichen Informationen zu entscheiden, ob diesen Gruppen ein Angebot unterbreitet wird und, wenn ja, welches, d.h. die Produkte und deren Positionierungen festzulegen.

Eine Marktsegmentierung könnte in den folgenden Schritten ablaufen:

1. Präzisierung der Zielvariablen

Eine Population besteht aus allen Konsumenten (analog: aus anderen Arten von Zielpersonen wie z.b. Wahlbürgern, Industrieunternehmen), die Produkte aus einer bestimmten Produktkategorie kaufen könnten. Durch die Segmentierung werden Konsumenten zu Gruppen zusammengefasst. Innerhalb einer Gruppe befinden sich sodann ähnliche Personen. Personen aus unterschiedlichen Gruppen sollen dementsprechend unähnlich sein. Somit ist in einem ersten Schritt zu klären, in Bezug auf welche Variablen (Zielvariablen) die Konsumenten ähnlich bzw. unähnlich sein sollen. Ähnlichkeit könnte etwa bestehen hinsichtlich

- der Kaufwahrscheinlichkeit in der Produktkategorie: In diesem Fall gibt es z.B. folgende drei (oder mehr) Segmente: Personen mit hoher vs. mittlerer vs. geringer Kaufwahrscheinlichkeit;
- des Tatbestands, welche Eigenschaften der Wahlmöglichkeiten von den Nachfragern als attraktiv empfunden werden bzw. für welche Option sie sich entscheiden (kurz: *Präferenz*): In diesem Fall gibt es z.B. Segmente, in die Personen mit ähnlichen Idealvorstellungen zusammengefasst sind;
- der Preisbereitschaft in der Produktkategorie: Es entstehen dann z.B. die Segmente „Käufer teurer Produkte", „Käufer mittelpreisiger Produkte" und „Käufer billiger Produkte";
- der Konsumintensität in der Produktkategorie: Segmente wären dann z.B. Viel-Verwender, Häufig-Verwender und Selten-Verwender;
- des Kaufzeitpunkts des Produkts in dessen Lebensphase: Somit könnten die Segmente der Innovatoren, der frühen Übernehmer, der späten Übernehmer und der Nachzügler voneinander abgegrenzt werden;

- des Abwechslungsstrebens in der Produktkategorie: Es entstünden als Markentreue, „Selten-Wechsler" und „Variety Seeker" beschreibbare Segmente.

Der Informationswert einer Segmentierung hängt von der Wahl der Zielvariablen ab. Werden Personen anhand ihrer *Präferenzen* segmentiert, können Vorschläge abgeleitet werden, für welche Personengruppen maßgeschneiderte Produkte gestaltet werden sollen, und auf dieser Basis können im Rahmen der Sortimentspolitik die anzubietenden Produktvarianten festgelegt werden. Werden die Konsumenten hinsichtlich ihrer *Preisbereitschaft* eingeteilt, könnten Empfehlungen für die Preise der verschiedenen Produktvarianten gegeben werden (z B. Preis für ein Premium- und eine Standardprodukt). Als Zielvariable könnte auch „Sonderpreisjäger ja/nein" z.b. für Handelsunternehmen von Interesse sein. Ein Kreditinstitut, welches die Kreditnehmer segmentiert, könnte als eine Zielvariable „Kunde zahlt Kredit zurück ja/nein" verwenden.

2. Überlegungen zu erklärungskräftigen Variablen

Hat man in Schritt 1 festgelegt, weswegen die Einteilung der Population in Segmente überhaupt angestrebt wird, d.h. die Zielvariable festgelegt, so sind aus dieser Vielzahl denkbarer Segmentierungsvariablen diejenigen Variablen festzulegen, die mit der/den festgelegten Zielvariablen in einer verhaltenstheoretisch gut begründeten oder in einer logischen Beziehung stehen.

Zielt eine Segmentierung bspw. darauf ab, die Konsumenten nach der Zielvariable *Präferenz* einzuteilen, sind erwartungsgemäß gut erklärende Daten:
- Präferenzratings oder Präferenzrangreihen (d.h. die Bewertungen von Optionen pro Person),
- Idealpunkte (d.h. pro Person vorliegende Koordinatenwerte, die zum Beispiel direkt erfragt oder mittels einer MDS-Analyse geschätzt werden), und
- Teilnutzenwerte (z.B. die Resultate einer pro Person durchgeführten Conjoint-Analyse).

Für andere Zielvariablen liegen die erklärungskräftigen Variablen weniger deutlich auf der Hand. Es sind praktisch unendlich viele Merkmale denkbar, anhand derer eine Einteilung von Nachfragern in Segmente vorgenommen werden könnte. Somit sollte in einem ersten Schritt eine Liste von Merkmalen erstellt werden, die sich prinzipiell eignen, den Tatbestand, warum sich Personen in Bezug auf die Zielvariable unterscheiden, zu erklären.

Im Folgenden wird diskutiert, an welchen Ansätzen sich die Wahl von erklärungskräftigen Variablen orientieren könnte.

Merkmalskategorie	Beispiele:
Kriterien des beobachtbaren Kaufverhaltens:	
Produktwahl	Käufer/Nicht-Käufer, Markenwahl, Kaufvolumen, Saisonkäufer, Erst-/ Wiederkäufer, früher Käufer/später Käufer
Preiswahl	Wahl der Preislage, Kauf von Sonderangeboten
Medienwahl	Gelesene/gesehene Medien, Nutzungsverhalten
Einkaufsstättenwahl	Geschäftstreue, Wahl von Betriebsformen
Kriterien des nicht-beobachtbaren Kaufverhaltens:	
Wissen	Produktkenntnis
Vorbereitung auf den Kauf	Impulsiv-Käufer, geplante Käufe
Kaufhistorie	frühere Produktverwendung
Reaktion auf den Kauf	Zufriedenheit, Markentreue
Einfluss auf andere	Meinungsführerschaft, Entscheider/Kaufagent
Psychografische Kriterien:	
Persönlichkeitsmerkmale	Soziale Orientierung, Wagnisfreude, Innovativität, Einstellung zur Werbung, Merkmale der Markenpersönlichkeit
produktspezifische Merkmale	Lebensstil, AIO (= activities, interests, and opinions)
Sozioökonomische und demografische Kriterien:	
Soziale/ökonomische Aspekte	Einkommen, Schulbildung, Beruf, berufliche Position
Familienlebenszyklus	Geschlecht, Alter, Familienstand, Zahl und Alter der Kinder, Haushaltsgröße
Geografische Kriterien	Wohnortgröße, Wohnregion, Stadt/Land
Demografie	Geschlecht, Alter, Familienstand, Haushaltsgröße

Quelle: Freter, H. (1983): Marktsegmentierung, Stuttgart, S. 46.

Heute als historisch zu bezeichnende Segmentierungsvariablen basierten auf sozioökonomischen und demografischen Kriterien. Die damals wichtigsten Segmentierungen erfolgten nach der sozialen Klasse und nach dem Familienlebenszyklus.

Soziale Klasse

Die Idee dieser Segmentierung bestand darin, dass sich das Ansehen einer Person unter Freunden, Bekannten, Nachbarn oder Kollegen daran bemisst, in welchem Ausmaß die Person mit Eigenschaften ausgestattet ist, die bei diesen Referenzpersonen erwünscht sind. Es wurde in den 40-er bis Ende der 60-er Jahre unterstellt, dass dies die sozidemografischen und sozioökonomischen Merkmale Beruf, Schulabschluss, Quelle und Höhe des Einkommens, Art des Wohnhauses oder die Wohngegend sind. Warner (1949) beispielsweise verwendete folgendes Punktbewertungsverfahren:

- Art des Berufes (1 bis 7 Punkte; 1=bester, 7 = schlechtester Wert, Bedeutungsgewicht 5),
- Einkommen (1 bis 7 Punkte, Bedeutungsgewicht 4),
- Typ des Wohnhauses (1 bis 7 Punkte, Bedeutungsgewicht 3),

und er unterteilte Personen nach dem resultierenden Gesamtindikator für das soziale Ansehen in die

- Upper class (12 bis 21 Gesamtpunkte),
- Upper-middle class (22 bis 37 Gesamtpunkte),
- Lower-middle class (38 bis 51 Gesamtpunkte),
- Upper-lower class (52 bis 66 Gesamtpunkte) und
- Lower-lower class (67 bis 84 Gesamtpunkte)

ein. Im Marketing wurde dieses Merkmal als Segmentierungsvariable verwendet, da unterstellt wurde, dass Personen aus einer bestimmten sozialen Klasse speziell diejenigen Konsumgüter besitzen möchten, die sich die Personen aus der nächst höheren sozialen Klasse gerade eben leisten können. Eine Segmentierung in Anlehnung an dieses Konzept findet sich bspw. bei Pkw: 3er, 5er und 7er bei BMW, A4, A6 und A8 bei Audi, Chevrolet, Pontiac, Buick und Cadillac bei General Motors und ehedem Kadett, Kapitän und Admiral bei Opel.

Das Konzept verlor aus zwei Gründen an Bedeutung: Erstens: Ab den 60-er Jahren trat das Phänomen auf, dass auch viele Ehefrauen berufstätig wurden und sich Einkommen auf der einen Seite und die anderen Attribute (Schulabschluss, Beruf, Wohngegend etc.) auf der anderen Seite auseinander entwickelten. Gemessen an ihrem Schulabschluss, Beruf etc. hatten viele Doppelverdienerhaushalte „zuviel" Kaufkraft. Es entwickelte sich das Konzept des unterprivilegiert Seins (zu wenig Haushaltseinkommen, gemessen an Bildung, Beruf etc.) und des überprivilegiert Seins (zu viel Haushaltseinkommen, gemessen an Bildung, Beruf etc.). Zweitens: Es gab einen zunehmend geringeren Konsens in der Bevölkerung, welche Attribute (ehedem Beruf, Schulabschluss, Quelle und Höhe des Einkommens, Art des Wohnhauses oder die Wohngegend) überhaupt Ansehen und Neid erzeugen können. Unabhängig vom Prestigestreben: die Mittel, um Ansehen zu erlangen, wurden sehr vielfältig.

	Sozial erwünschte Eigenschaften	Indikatoren
bis 40-er Jahre	Reichtum, Wohlstand	Vermögen
40-er bis Ende der 60-er Jahre	Bildung Erfolg (Karriere) Kaufkraft Gute Wohnverhältnisse	Schulabschluss berufliche Position Einkommen, Vermögen Art des Wohnhauses, Wohngegend
ab Mitte der 70-er Jahre	Einzigartigkeit Konformität mit kleinen exklusiven Gruppen Beliebtheit Ökologisches und politisches Handeln Körperliche Attraktivität Anspruchsvoller Beruf	Besitz origineller Produkte; auffälliges Freizeitverhalten; Expertentum Besitz bestimmter Produkte Umfang des Freundeskreises Intensität und Erfolg der Aktivitäten Karriere

Familienlebenszyklus

Dieser Segmentierung lag die Idee zugrunde, dass Personen in Bezug auf ihre familiäre Situation einer natürlichen Abfolge von Phasen folgen. Zur Bestimmung der Phase im Familienlebenszyklus dienten die soziodemografischen Merkmale Alter, Familienstand, Kinderanzahl, Alter der Kinder und Berufstätigkeit.

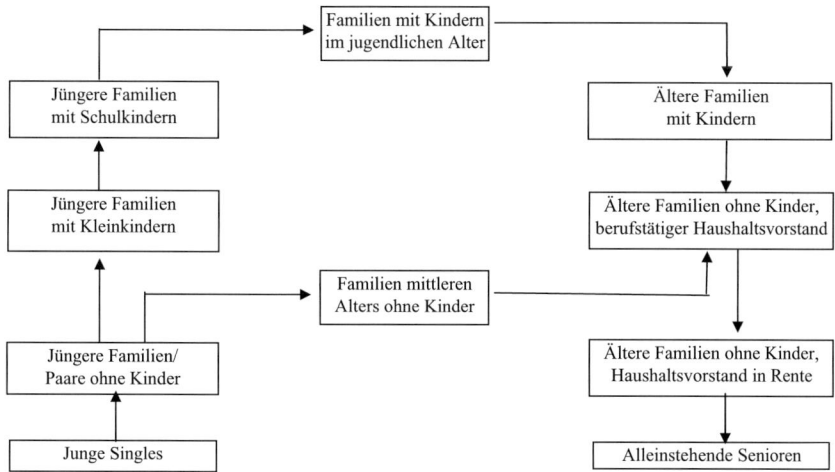

Es wurde angenommen, dass die Bedürfnisse von Personen davon abhängen, in welcher Phase im Familienlebenszyklus sie sich gerade befinden.

Phase Familienlebenszyklus	Bedarf
Ledige: jung, nicht verheiratet	Grundausstattung der Küche, wichtigste Möbel, Auto, Ausstattung, um für das andere Geschlecht attraktiv zu sein, Urlaubsreisen
Junges Paar: jung verheiratet, keine Kinder	Auto, Kühlschrank, Herd, bessere Möbel, Urlaubsreisen
Volles Nest I: jüngstes Kind noch keine sechs Jahre alt	Waschmaschine, Wäschetrockner, Kindernahrung, Hustenmedizin, Vitamine, Spielzeug
Volles Nest II: jüngstes Kind mindestens 6 Jahre	Viele Lebens- und Reinigungsmittel, Fahrräder, Musikunterricht, Klavier
Volles Nest III: älteres Paar mit abhängigen Kindern	Geschmackvolle Möbel, Autoreisen, Luxusgüter, Boot, Zahnarzt, Zeitschriften
Leeres Nest I: älteres Paar, keine Kinder im Haus, Haushaltsvorstand berufstätig	Hauseigentum, Reisen, Weiterbildung, Luxusgüter, Veränderungen in der Wohnung
Leeres Nest II: älteres Paar, keine Kinder im Haus, Haushaltsvorstand nicht mehr berufstätig	Produkte zur Gesundheitserhaltung, Schlafmittel und Verdauungsmittel
Berufstätiger Überlebender	Eventuell Hausverkauf
Überlebender, nicht mehr berufstätig	Produkte zur Gesunderhaltung, Produkte, die Aufmerksamkeit, Zuneigung und Sicherheit ermöglichen

Auch Zielgruppen für Pkws oder Hotels könnten anhand dieser Systematik abgegrenzt werden. Allerdings existiert der skizzierte idealtypische Verlauf in westeuropäischen Ländern nicht mehr. Eine zentrale Ursache hierfür ist, dass viele Frauen bzw. Paare kinderlos bleiben.

Kinder pro Frau

China, Macao	0,84	Thailand	1,83	World	2,71	Solomon Islands	4,36
China, Hong Kong	0,94	Puerto Rico	1,84	Venezuela	2,72	Ghana	4,39
Ukraine	1,15	France	1,88	Guam	2,74	Samoa	4,42
Czech Republic	1,18	Mauritius	1,91	Uzbekistan	2,74	Djibouti	4,52
Slovakia	1,22	Dem. Rep. Korea	1,92	Turkmenistan	2,76	Guatemala	4,60
Slovenia	1,23	New Zealand	1,96	South Africa	2,80	Congo	4,78
Belarus	1,24	Ireland	1,97	Maldives	2,81	Sudan	4,82
Republic of Korea	1,24	Martinique	1,98	Ecuador	2,82	Mauritania	4,83
Latvia	1,25	Iceland	1,99	Malaysia	2,87	Iraq	4,86
Poland	1,25	Chile	2,00	El Salvador	2,88	Comoros	4,89
Bulgaria	1,26	Kazakhstan	2,01	Bhutan	2,91	Cameroon	4,92
Bosnia Herzegovina	1,28	Sri Lanka	2,02	Israel	2,91	Kenya	5,00
Greece	1,28	Tunisia	2,04	Qatar	2,93	Côte d'Ivoire	5,06
Lithuania	1,28	USA	2,04	Dominican Republic	2,95	Gambia	5,16
Italy	1,29	Guadeloupe	2,06	Micronesia	2,97	Senegal	5,22
Japan	1,29	Netherlands Antilles	2,06	Fiji	2,98	Madagascar	5,28
Romania	1,29	Mongolia	2,07	Nicaragua	3,00	Togo	5,37
Spain	1,29	Bahamas	2,11	Western Sahara	3,01	Sub-Sahara	5,51
Hungary	1,30	Aruba	2,12	Libyan	3,03	Mozambique	5,52
Russian Federation	1,30	Iran	2,12	India	3,11	Eritrea	5,53
Armenia	1,35	Uruguay	2,20	Egypt	3,17	Palestinia	5,63
Croatia	1,35	New Caledonia	2,23	Botswana	3,18	Equatorial Guinea	5,64
Germany	1,35	Turkey	2,23	Bangladesh	3,22	Zambia	5,65
Singapore	1,35	US Virgin Islands	2,23	Polynesia	3,28	Tanzania	5,66
Austria	1,38	Saint Lucia	2,24	Belize	3,35	Ethiopia	5,78
Estonia	1,39	Albania	2,25	Gabon	3,39	Guinea	5,84
Channel Islands	1,41	Myanmar	2,25	Paraguay	3,48	Nigeria	5,85
Europe	1,41	Costa Rica	2,28	Syria	3,48	Palestinia	5,63
Switzerland	1,42	Kuwait	2,30	Jordan	3,53	Equatorial Guinea	5,64
Portugal	1,45	Saint Vincent	2,30	Philippines	3,54	Zambia	5,65
Malta	1,46	Lebanon	2,32	Zimbabwe	3,56	Tanzania	5,66
Georgia	1,48	Viet Nam	2,32	Namibia	3,58	Ethiopia	5,78
Barbados	1,50	Argentina	2,35	Lao	3,59	Guinea	5,84
Moldova	1,50	Brazil	2,35	Cambodia	3,64	Nigeria	5,85
Canada	1,52	Indonesia	2,38	French Guiana	3,68	Benin	5,87
Macedonia	1,56	French Polynesia	2,39	Nepal	3,68	Rwanda	6,01
Trinidad and Tobago	1,61	Mexico	2,40	Oman	3,70	Yemen	6,02
Cuba	1,63	Grenada	2,43	Honduras	3,72	Malawi	6,03
Cyprus	1,63	Guyana	2,43	Tonga	3,73	Burkina Faso	6,36
Belgium	1,64	Réunion	2,46	Cape Verde	3,77	Somalia	6,43
Azerbaijan	1,67	Colombia	2,47	Lesotho	3,79	Sierra Leone	6,50
Luxembourg	1,67	Brunei	2,50	Saudi Arabia	3,81	Chad	6,54
Sweden	1,67	Kyrgyzstan	2,50	Tajikistan	3,81	Dem. Rep. Congo	6,70
China	1,70	Bahrain	2,51	Swaziland	3,91	Mali	6,70
United Kingdom	1,70	Morocco	2,52	Bolivia	3,96	Angola	6,75
Netherlands	1,73	United Arab Emirates	2,52	Pakistan	3,99	Uganda	6,75
Finland	1,75	Algeria	2,53	Haiti	4,00	Burundi	6,80
Serbia	1,75	Caribbean	2,60	Melanesia	4,11	Liberia	6,80
Australia	1,76	Suriname	2,60	Vanuatu	4,15	Timor-Leste	6,96
Denmark	1,76	Jamaica	2,63	Micronesia	4,23	Guinea-Bissau	7,10
Norway	1,80	Panama	2,70	Papua New Guinea	4,32	Niger	7,45
Montenegro	1,83	Peru	2,70	Sao Tome and Principe	4,34	Afghanistan	7,48

Quelle: http://data.un.org/Data.aspx?d=PopDiv&f=variableID%3A54

Insbesondere viele Frauen mit höherem Ausbildungsabschluss in Deutschland bleiben kinderlos.

Ausbildungsabschluss	kein Kind	ein Kind	zwei Kinder	drei und mehr Kinder
ohne Abschluss	24,1 %	23,0 %	31,0 %	21,9 %
Anlern-/Lehrabschluss	25,4 %	26,2 %	36,1 %	12,4 %
Meister/Techniker	33,0 %	22,9 %	33,6 %	10,4 %
Fachhochschule/Hochschule	42,2 %	21,7 %	27,7 %	8,5 %

Die folgende Abbildung zeigt eine Einteilung von Konsumenten in Deutschland nach dem Familienlebenszyklus und der sozialen Klasse. Als Zielvariable dient hier die Konsumintensität von Tafelschokolade Lindt. Damit soll dargestellt werden, welche Segmente zu bearbeiten für Lindt besonders lohnend erscheint (hier: Rentner-Familien der Mittelschicht und alleinstehende Ältere der Mittelschicht).

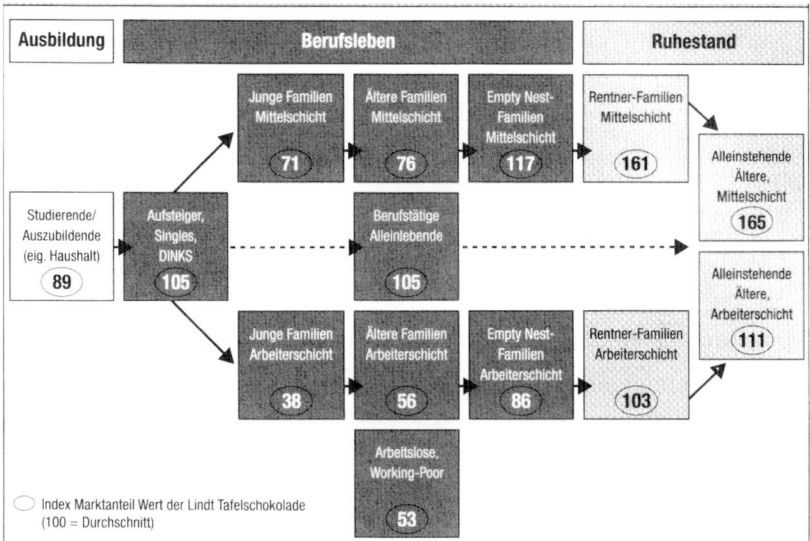

Quelle: Wildner, R./Twardawa W. (2008): Markenbindung – Wodurch sie gestärkt und wodurch sie gefährdet wird, in: Jahrbuch der Absatz- und Verbrauchsforschung, Vol. 54 (3), S. 204-222.

Anfangs der 70-er Jahre finden sich in der Marketingliteratur erste Ansätze, Konsumenten auch mit psychografischen Kriterien zu segmentieren.

Activities, Interest, Opinions

Wells (1971) schlug vor, Konsumenten anhand ihres Verhaltens sowie anhand von psychografischen Merkmalen wie Interessen und Meinungen zu segmentieren. Seine Idee war, dass sich durch die Kombination der folgenden Vektorelemente Merkmale ergeben, mit denen Personen beschrieben werden könnten. Konsumenten könnten, so die Idee, so in Gruppen eingeteilt werden, dass die Personen innerhalb einer Gruppe bezüglich der resultierenden Merkmale homogen sind und Personen, die verschiedenen Gruppen angehören, heterogen sind.

Wertorientierungen

Die Ausgangsüberlegung von Segmentierungen auf Basis von Wertorientierungen besteht darin, dass Konsumenten dasjenige Produkt haben möchten, das sie als hilfreich ansehen, ihrer angestrebten Persönlickeit (Wertorientierungen) näher zu kommen.

Als Wertorientierungen werden hier die angestrebten Ausprägungen von situationsübergreifenden und zeitlich stabilen Verhaltensmerkmalen bezeichnet. F. Kluckhohn/Strodtbeck (1961, S. 10) umschreiben Wertorientierungen als „preferred solutions within a range of possible solutions of common human problems". Eine andere Umschreibung mit „conceptions of the desirable" stammt von C. Kluckhohn (1951, S. 395). Gemeint ist mit Wertorientierungen nicht Traumdenken, ihre Realisierung soll subjektiv in absehbarer Zeit möglich sein.

Das Entstehen von Wertorientierungen wird wie folgt begründet. Die Sozialisationshypothese besagt, dass Wertorientierungen im Wege sozialer Kontakte gelernt werden und eine Gewöhnung an die im sozialen Umfeld immer wieder erfolgreich praktizierten Verhaltensweisen erfolgt. Solche Lernprozesse beginnen bereits in frühen Kindheitsphasen. Die Gratifikationshypothese enthält die Überlegung, dass Antizipationen von Reaktionen der sozialen Umwelt zur Entstehung von Wertorientierungen führen. Ihr zufolge haben Personen Präferenzen für die Ausprägungen von Verhaltensmerkmalen, von deren konsequenter Realisierung sie sich aus ihrer Umwelt die höchste Anerkennung erwarten. Die Konsistenzhypothese bringt ausgehend von der Idee einer Hierarchie der Verhaltensmerkmale zum Ausdruck, dass lebensbereichsspezifisch angestrebte Ausprägungen wenig widersprüchlich sind, dass also z.B. eine Person, die allgemein hilfsbereit sein will, dies auch in ihren angestrebten Fahrstil, Erziehungsstil, Arbeitsstil, Konsumstil, Freizeitstil usw. einfließen lässt.

In Bezug auf die Wirkung von Wertorientierungen wird die Kongruenzhypothese postuliert. Sie besagt, dass Personen zur Realisierung ihrer Wertorientierungen bestimmte Produkte besitzen bzw. konsumieren wollen. Sie gibt somit eine mögliche Antwort auf die Frage, welche Vorstellung Personen von Idealprodukten haben: Personen wünschen dasjenige reale oder fiktive Produkt, das aus ihrer Sicht am meisten dazu geeignet ist, die Wertorientierungen zu verwirklichen. Je höher die Kongruenz (Grad der Übereinstimmung) zwischen Produkten und angestrebtem Selbstimage ist, um so mehr – so die Annahme – werden diese Produkte anstatt anderer Produkte bevorzugt. Die höchste Vorliebe gilt einem Produkt, dessen Image mit dem angestrebten Selbstimage (Wertorientierungen) „deckungsgleich" ist. Diese Hypothese ist ein zentraler Baustein vieler Konsumentenverhaltenstheorien. So vertraten schon in den fünfziger Jahren vor allem Martineau (1958, S. 124) und Levy (1959, S. 119) die Behauptung, dass Personen Produkte als Mittel ansehen, um Wertorientierungen zu realisieren. Eine Person präferiert ein Produkt dann, „when it joins with, meshes with, adds to, or reinforces the way the consumer thinks about himself" (Levy 1968, S. 213). Dieses Konzept hat in der Marketingforschung und -praxis eine große Beachtung gefunden.

Nachfolgend werden einige Dimensionen der angestrebten Persönlichkeit vorgestellt, die in der Marketingforschung häufig für Segmentierungen eingesetzt worden sind:
- Verhältnis des Menschen zum Guten/Bösen, zur Natur, zur Zeit, zu Aktivität und zu den Mitmenschen (Kluckhohn/Strodtbeck 1961),
- Geschlechterrolle,
- Gestaltung der zwischenmenschlichen Beziehungen,
- Gleichberechtigung von Mann und Frau,
- Materialismus (Inglehart 1981) und
- Kulturdimensionen (Power Distance, Uncertainty Avoidance, Individualism, Masculinity) nach Hofstede (1980).

Verhältnis des Menschen zum Guten/Bösen, zur Natur, zur Zeit, zu Aktivität und zu den Mitmenschen

Kluckhohn und Strodtbeck (1961, S. 11 ff.) stellten auf Basis ihrer anthropologischen Forschungen die These auf, dass sich Menschen prinzipiell anhand der Einstellung zu folgenden fünf Dimensionen unterscheiden.

Dimension	Ausprägungen
Menschliche Natur	• *schlecht*, aber man sollte sie durch ständige Selbstkontrolle und Disziplin verbessern, wobei immer die Gefahr des Rückfalls besteht; • *gleichzeitig gut und böse*: trotz Kontrolle und Anstrengungen können Fehltritte geschehen, die man nicht sehr verurteilen sollte
Verhältnis zur natürlichen Umwelt	• *sich unterwerfen*: nichts gegen die Folgen von Naturereignissen wie Wetter, Krankheit, Tod unternehmen können; • *nach Harmonie streben*: sich als Teil eines Ganzen verstehen; • *nach Überlegenheit streben*: aus der Natur Nutzen gewinnen wollen, natürliche Barrieren überwinden wollen durch Technik, Medizin etc.
Verhältnis zur Zeit	• *vergangenheitsorientiert*: traditionsorientiert leben, glauben, dass sich Ereignisse wiederholen; • *gegenwartsorientiert*: der Vergangenheit gegenüber gleichgültig sein und kein Vertrauen haben, dass etwas besser werden wird; • *zukunftsorientiert*: an eine bessere Zukunft glauben und nicht altmodisch sein wollen
Verhältnis zur Aktivität	• *Aktivität als spontaner Ausdruck* von Gefühlen und Begierden; • *Aktivität als Mittel* zur Weiterentwicklung der eigenen Persönlichkeit; • *Aktivität als Selbstzweck*: immer Dinge erledigen und keinem Problem ausweichen wollen, sich selbst und andere am Tun bewerten
Verhältnis zu den Mitmenschen	• *Rangordnung bevorzugt*: Fortbestand einer Gruppe und von Positionen in der Gruppe gewünscht; • *demokratisch*: der Einzelne ist nur Mensch dadurch, dass er Teil einer sozialen Ordnung ist, Wohlfahrt des Ganzen hat Vorrang; • *individuelle Unabhängigkeit*: dem Einzelnen möglichst großen Handlungsspielraum zugestehen

Ein Likör kann beispielsweise für das Segment der „kleinen Sünder" angeboten werden. Ein ökologisches Produkt kann etwa den Personen, die nach Harmonie mit der natürlichen Umwelt streben, offeriert werden. Die Marke „Frosch" wurde als Produkt für Umweltbewusste positioniert. Eine Zielgruppe von Geländewagen könnten Personen, die die „Natur beherrschen" wollen, sein. Die Zielgruppe hedonistischer Produkte sind Personen, die „heute genießen wollen", Bausparverträge sind hingegen Produkte, welche „zukunftsorientierte Personen" als Zielgruppe haben. Die Kernzielgruppe für Do-it-Yourself Produkte sind Konsumenten mit einem positiven Verhältnis zur Aktivität.

Viele Autoren erachten das Ansehen, das eine Person sich von ihrem sozialen Umfeld wünscht, als einen der wichtigsten Bestandteile des angestrebten Selbstimages. Deshalb wurde die Kongruenzhypothese wohl am häufigsten im Hinblick auf das soziale Ansehen, das eine Person anstrebt, konkretisiert. Ihr zufolge bevorzugen Personen, die nach Ansehen streben oder es bewahren wollen, die Produkte aus den sichtbaren Produktfeldern, von deren Besitz oder Verwendung sie einen Zuwachs ihres Ansehens erwarten. Sie präferieren die Produkte, die ihrem Verlangen nach mehr Ansehen bei den relevanten Mitmenschen (meist: Freunde, Bekannte, Arbeitskollegen) am meisten dienlich sind. „Sichtbar" bedeutet hier, dass die Person meint, die Produktwahl könne von den zu beeindruckenden Personen erkannt werden. Sichtbar ist ein Produkt zum einen dann, falls die Person glaubt, das gewählte Produkt werde wahrgenommen, es lenke die Aufmerksamkeit der Mitmenschen auf sie oder es wirke als Kommunikationsmittel. Vorrangig werden hierzu Pkw, Einrichtungsgegenstände, Kleidung (z.B. Mäntel), Hobbys, Urlaubsverhalten bzw. Reisen und Weiterbildung gerechnet.

Zum anderen sind Produkte sichtbar, falls die Personen meinen, die Mitmenschen könnten die Auswirkungen des Konsums des gewählten Produkts wahrnehmen.

Geschlechterrolle:

Als die subjektiv wichtigste Eigenschaft werden Menschen ihr Geschlecht ansehen. Damit ist nicht nur das biologische Geschlecht (männlich vs. weiblich), sondern ihre subjektive Transformation (maskulin vs. feminin) gemeint.

| Maskulin anmutendes männliches Modell | Feminin anmutendes männliches Modell | Feminin anmutendes weibliches Modell | Maskulin anmutendes weibliches Modell |

Maskulinität versus Femininität wurde von Bem (1974, S. 156) anhand folgender Adjektive beschrieben.

Maskuline Eigenschaften		Neutrale Eigenschaften		Feminine Eigenschaften	
• sich als Führer verhalten	• Führereigenschaften haben	• anpassungs- fähig	• launisch	• herzlich	• treu
• aggressiv	• unabhängig	• eingebildet	• zuverlässig	• fröhlich	• rück- sichtsvoll
• ehrgeizig	• individualistisch	• selbstbe- wusst	• verschwiegen	• kindhaft	• schüchtern
• analysierend	• entschlussfreudig		• aufrichtig	• mitleidig	• sanft
• standfest sein	• männlich	• nicht unge- zwungen	• ernst	• keine harten Worte	• mitfühlend
• athletisch	• mit Selbstvertrauen	• freundlich	• taktvoll	• Kränkungen	• zart
• sich dem Wett- bewerb stellen	• sich selbst genügend	• glücklich	• theatralisch	lindernd	• verständ- nisvoll
• eigene Meinung verteidigen	• starke Persönlichkeit	• hilfsbereit	• wahrheitslie- bend	• weiblich	• warmher- zig
• verteidigen	• Standpunkt vertreten	• erfolglos	• sprunghaft	• schmeichelnd	• nachgiebig
• überlegen sein	• Risiken auf sich nehmen	• eifersüchtig	• unsystema- tisch	• zart	
• kräftig		• liebenswert		• leichtgläubig	
				• kinderlieb	

In manchen Produktbereichen erhalten Produkte ein geschlechtsbezogenes Image, so Zigaretten, Deodorants, Parfums, Haarsprays oder Pkw. Die Zigarettenmarke Kim zielte auf feminine Frauen als Zielgruppe ab. Vereinzelt wird darauf hingewiesen, dass es Frauen leichter fällt, sich maskuline Attribute anzueignen und Produkte mit maskulinem Image zu erwerben, als dies umgekehrt Männern in Bezug auf feminine Attribute bzw. feminines Image gelingt.

Gestaltung der zwischenmenschlichen Beziehungen:

Das große Interesse in der Marketingforschung an der Gestaltung der Beziehungen zu den Mitmenschen durch die Konsumenten erklärt sich daher, dass ein großer Teil des Konsumverhaltens als eine Art und Weise des Umgangs mit Mitmenschen zu verstehen ist. Eine detaillierte Betrachtung zu dieser Thematik stammt von Cohen (1967, S. 270 f.). Der Theorie der Psychologin Karen Horney folgend unterschied er folgende Ausprägungen dieser Dimension und umschrieb sie näher anhand folgender Eigenschaften.

Sich auf andere hinbewegen	Sich gegen andere wenden	Sich von anderen abwenden
• Freunde in Not trösten	• nicht fremden Argumenten nachgeben	• frei sein von gefühlsmäßigen Bindungen
• von allen geliebt werden	• eine Sache haben, bevor Freunde sie kaufen können	
• alle Bekannten gern haber		• gute Aufführung genießen können
• Pflichten für andere übernehmen	• andere neidisch auf sich machen	• sich nicht darum kümmern müssen was andere über einen denken
• Armen und Unterdrückter helfen	• sich durchsetzen, um voranzukommen	
	• genügend Geld und Macht zu haben, um groß herauszukommen	• hart arbeiten können, auch wenn andere ihrem Vergnügen nachgehen
• über jeden etwas Gutes sagen	• unter Spannung arbeiten können	
• Gefühle mit anderen teiler	• Beleidigung nicht auf sich sitzen lassen	• allein in Waldhütte leben können
• Gedankenlosigkeit anderer mit Freundlichkeit vergelten	• zu Selbstsicheren im Weg stehen	• frei sein von gesellschaftlichen Verpflichtungen
	• Kellner bei schlechtem Essen rufen	• ohne andere zurechtkommen können
• Rücksicht auf fremde Gefühle nehmen	• Schwächen bei anderen suchen	
	• Leistungen anderer überflügeln	• Situationen vermeiden, in denen andere Personen Einfluss nehmen
• fair sein bei Fehlern anderer	• andere für Fehler tadeln	
	• mit anderen Wettstreiten müssen	• wissen, dass einen andere Personer wenig beachten
	• eigene Rechte mit Gewalt verteidigen	• für sich allein arbeiten können
	• Unwissende korrigieren wollen	

Ein Langlaufschuh kann in der Zielgruppe der Personen, die „sich gegen andere wenden" positioniert werden (Laufen als Wettkampf), ein anderer Langlaufschuh als ein Produkt, welches einen Beitrag leistet, „für sich selbst" sein zu können (Situation, in der andere keinen Einfluss nehmen).

Gleichberechtigung von Mann und Frau:

Weiterhin galt der Rolle der Frau in der Ehe bzw. in der partnerschaftlichen Beziehung lange Zeit ein besonderes Interesse der Marketingforschung. Arnott (1972) nahm an, dass sich Frauen, die eine traditionelle bzw. eine emanzipatorische Frauenrolle anstreben, anhand folgender Eigenschaften (hier als Statements formuliert) idealtypisch einteilen lassen.

Emanzipatorische Wertorientierung	Traditionelle Wertorientierung
• Das Wort „gehorchen" sollte aus der Ehe-Zeremonie gestrichen werden.	• Mädchen sollten die Haushaltsführung lernen, Jungen sollten gemäß ihrer Talente auf den Beruf vorbereitet werden.
• Einer Frau sollte man den gleichen Handlungsspielraum zugestehen wie einem Mann.	• Die Initiative für eine Beziehung sollte vom Mann ausgehen.
• In der Ehe sollte es der Frau frei gestellt sein, bestimmte sexuelle Praktiken zu initiieren oder sich ihnen zu verweigern.	• Frauen sollten mehr als Männer ihre Karrieren den häuslichen Pflichten unterordnen.
• Über eine Abtreibung sollte die Frau entscheiden.	• Mutter zu sein ist die ideale Karriere einer Frau.
• Ihr Geschlecht sollte eine Frau nicht für einen Beruf disqualifizieren.	• Der Mann sollte aus rechtlicher Sicht als Familienoberhaupt betrachtet werden.

Für eine Marktsegmentierung erscheint dieses Konzept seit Jahrzehnten in westeuropäischen Ländern von zunehmend geringerer Eignung zu sein. Man müsste eine aktuellere Einteilung von Formen, die Frauen und Männer ihre Rolle in Beziehungen anstreben, entwickeln, um auf dieser neueren Basis Zielgruppen für Produkte definieren zu können.

Materialismus:

Konsumierte Produkte weisen in mehr oder minder großem Umfang materielle bzw. immaterielle Eigenschaften auf. Daher galt dem menschlichen Streben nach dinglichem Besitz oder immateriellen Gütern ein erhebliches Interesse der Marketingforschung. Inglehart (1981), dessen Studien die Forschungen auf diesem Gebiet stark prägten, unterschied Personen mit einer materialistischen bzw. einer post-materialistischen Orientierung anhand folgender (politischer) Wünsche.

Wünsche des Materialisten	Wünsche des Post-Materialisten
• Ordnung im Staat aufrechterhalten	• Bürgern mehr Mitspracherecht einräumen
• gegen steigende Preise kämpfen	• Meinungsfreiheit schützen
• hohes Wirtschaftswachstum sichern	• mehr Mitspracherecht in Arbeit und Gemeinde
• starke Streitkräfte	• Stadtbild verschönern und Landschaftsschutz
• stabile Wirtschaft	• menschlichere Gesellschaft
• gegen Kriminalität kämpfen	• Gesellschaft, in der Ideen mehr zählen als Geld

Im Fall von Bildungsangeboten, Bekleidung, Häusern, Pkw etc. könnten Materialisten stärker auf die Wertbeständigkeit der Produkte achten.

Einstellung zur Arbeit (Kultur):

Als wichtigster Autor, der Dimensionen zur Segmentierung von Kulturen vorschlug, ist Hofstede (1980) zu nennen. Er beschrieb die Bevölkerung verschiedener Länder durch „Kulturdimensionen", wobei er aber nur die Einstellung von Bürgern verschiedener Länder zu ihrer Berufstätigkeit betrachtete. Er nahm an, dass Arbeit und Beruf den zentralen Stellenwert in Leben vieler Menschen einnehmen. Hofstede unterschied folgende vier Dimensionen.

Dimension	Attribute
Power distance: Macht und Einfluss von Vorgesetzten	• Angst der Mitarbeiter davor, eine andere Meinung gegenüber einem Vorgesetzten zu äußern • Vorgesetzte, die ihre Mitarbeiter vor einer wichtigen Entscheidung um Rat fragen (rekodiert) • Präferenz für einen „consultive manager" (rekodiert)
Uncertainty avoidance: Bedürfnis nach Eindeutigem, Ablehnung von Zweideutigem	• Unbedingtes Einhalten vorgegebener Regeln in der Arbeit • Jahre, die der Mitarbeiter noch in derselben Firma zu arbeiten beabsichtigt • Häufigkeit, mit der Mitarbeiter in der Arbeit nervös oder angespannt sind
Individualism: Unabhängigkeit des Mitarbeiters vom Unternehmen	• hohe Wichtigkeit der folgender Attribute: Zeit für das Private haben, in der Arbeitsweise frei sein, eine herausfordernde Tätigkeit ausüben • geringe Wichtigkeit der folgender Attribute: eigenen Fähigkeiten und Fertigkeiten für die Arbeit einsetzen können, gute körperliche Arbeitsbedingungen haben, die eigenen Fähigkeiten trainieren bzw. neue erlernen
Maskulinity	• geringe Wichtigkeit der folgender Attribute: eine gute Beziehung zum Vorgesetzten haben, gut mit den Kollegen zurecht kommen, in einer privat/für die Familie angenehmen Gegend wohnen, die Sicherheit haben, im selben Unternehmen so viele Jahre bleiben zu können, wie man will • hohe Wichtigkeit der folgender Attribute: eine herausfordernde Tätigkeit ausüben, beruflich aufsteigen, für eine gute Leistung Anerkennung erfahren, die Möglichkeit besitzen, ein hohes Einkommen zu erzielen

Hofstede befragte Personen in ihrer Rolle als Mitarbeiter um Unternehmen, in dem sie tätig sind, und verwendete drei bis acht Fragen pro Dimension. Aus den Antworten konstruierte er jeweils einen Indexwert.

	PDI	UAI	IDV	MAS	n		PDI	UAI	IDV	MAS	n
Argentina	49	86	46	56	1145	Japan	54	92	46	95	6448
Australia	36	51	90	61	1919	Mexico	81	82	30	69	1016
Austria	11	70	55	79	1247	Netherlands	38	53	80	14	1797
Belgium	65	94	75	54	2385	Norway	31	50	69	8	819
Brazil	69	76	38	49	2574	New Zealand	22	49	79	58	413
Canada	39	48	80	52	3576	Pakistan	55	70	14	50	107
Chile	63	86	23	28	164	Peru	64	87	16	42	290
Colombia	67	80	13	64	427	Philippines	94	44	32	64	319
Denmark	18	23	74	16	1304	Portugal	63	104	27	31	243
Finland	33	59	63	26	802	South Africa	49	49	65	63	867
France	68	86	71	43	11337	Singapore	74	8	20	48	58
Great Britain	35	35	89	66	6967	Spain	57	86	51	42	1802
Germany F.R.	35	65	67	66	11384	Sweden	31	29	71	5	2434
Greece	60	112	35	57	238	Switzerland	34	58	68	70	2111
Hong Kong	68	29	25	57	88	Taiwan	58	69	17	45	71
India	77	40	48	56	231	Thailand	64	64	20	34	80
Iran	58	59	41	43	231	Turkey	66	85	37	45	168
Ireland	28	35	70	68	251	USA	40	46	91	62	3967
Israel	13	81	54	47	357	Venezuela	81	76	12	73	535
Italy	50	75	76	70	1797	Yugoslavia	76	88	27	21	248

PDI: Power Distance Index; Spannweite -90 bis +230
UAI: Uncertainty Avoidance Index; Spannweite: -150 bis +230
IDV: Individualism Index; Spannweite unklar
MAS: Masculinity Index; Spannweite unklar

Die chinesische Kultur (Singapur, Taiwan, Hong Kong) wurde beispielsweise als eher kollektivistisch, die westliche Kultur (z.b. USA, Schweden, Australien, UK) als eher individualistisch charakterisiert. Hieraus ließe sich folgern, dass an Produkte, die international vertrieben werden, länderspezifisch unterschiedliche Anforderungen zu stellen sind, da sich die Wertorientierungen ihrer Bürger unterscheiden. Autos beispielsweise müssten in westlichen Ländern „individuell" sein, in Fernost eher „konformistisch".

Hofstede wurde wegen der etwas undurchsichtigen Konzeptualisierung und Operationalisierung der von ihm konstruierten Kulturdimensionen kritisiert, Berücksichtigt man beispielsweise die Spannweite der Skalen, so zeigt sich doch ein vergleichsweise homogenes Bild in verschiedenen Ländern.

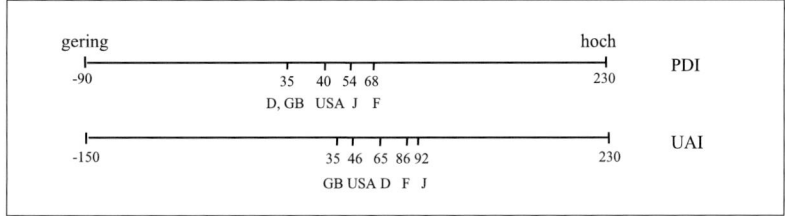

Weitere Dimensionen könnten das Verhältnis zur Gesundheit und das Verhältnis zum eigenen Erscheinungsbild sein. Ein Schuhmarke wie Birkenstock spricht besonders gesundheitsbewusste Personen an, eine Marke wie „du darfst" „körperorientierte" Frauen.

Das Konzept der Wertorientierungen liefert – zusammenfassend formuliert – die Empfehlung, Zielgruppen von Produkten gemäß der hier beschriebenen und weiteren ähnlichen Dimensionen abzugrenzen und dem zu verkaufenden Produkt im Wege von Werbung oder durch produktpolitische Maßnahmen ein Image zu verleihen, welches dem angestrebten Selbstimage der Zielpersonen, also dem der aktuellen und potenziellen Käufer der Marke, entspricht.

Markenpersönlichkeit:

Ein jüngerer Vorschlag zur Abgrenzung von Zielgruppen stammt von Aaker (1997). Auch sie empfahl, nach Merkmalen zu suchen, die sich ebenso gleichermaßen zur Beschreibung von Konsumenten und Produkten anwenden lassen. Ein derartiger Katalog von Merkmalen wurde für den US-amerikanischen Raum von Aaker wie folgt erarbeitet.

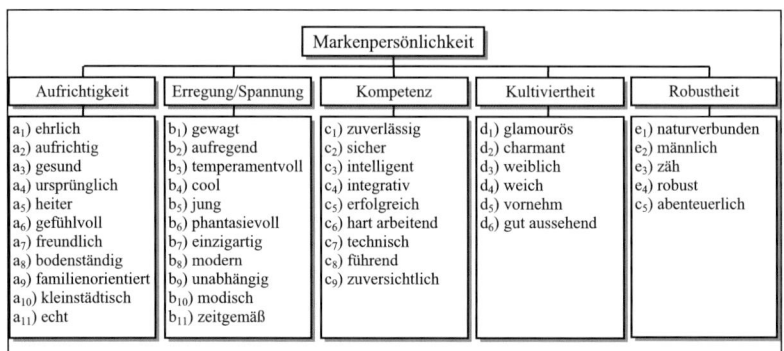

Konsumentensegmente von Out-Door-Bekleidung könnten dann z.B. beschrieben werden als „die Ehrlichen", „die Unabhängigen", „die gut Aussehenden" etc., denen zielgruppenspezifisch positionierte Bekleidung, evtl. unter verschiedenen Markennamen, angeboten wird.

Aus derartigen Listen sollten die Variablen ausgewählt werden, die die Zielvariable voraussichtlich gut erklären können. Zum Beispiel kann das Geschlecht die Konsumintensität von Rasierklingen, kann die Phase im Familienlebenszyklus den Erwerb von Risikolebensversicherungen, kann das Einkommen den Kauf von Oberklasse-Pkw und kann der Tatbestand, dass eine Person viel Auto fährt, die Wahl billiger Tankstellen gut erklären. Diese Variablen zu selektieren ist aber tatsächlich nur dann sinnvoll, wenn im einen Fall die Konsumintensität, in den anderen Fällen die Kaufneigung in der Produktkategorie, die gewählte Preislage oder die Preissensitivität in Schritt 1 als Zielvariablen ausgewählt worden waren.

3. Ermittlung der statistisch erklärungskräftigsten Variablen

In diesem Schritt wird ein Modell „Zielvariable = f(mögliche erklärungskräftige Variablen)" formuliert. Auf Basis empirischer Daten werden mittels geeigneter statistischer Analysen die erklärungskräftigsten Variablen selektiert.

4. Bildung der Segmente

Die Personen werden anhand der im letzten Schritt ausgewählten, erklärungskräftigsten Variablen in Gruppen einteilt. Die Variablen, die zur Einteilung der Personen verwendet werden, werden als segmentbildende bzw. als *aktive* Variable bezeichnet. In der Praxis ist es. soweit

Konsumenten segmentiert werden, zuweilen üblich, den Gruppen markante Namen zu geben (z.B. „typische" Vornamen). Diese Einteilung soll so erfolgen, dass die Personen innerhalb eines Segments hinsichtlich der aktiven Variablen möglichst homogen und die Personen aus verschiedenen Segmenten diesbezüglich möglichst heterogen sind. Falls hierzu eine Vielzahl erklärungskräftiger Variablen verwendet werden sollen, kommen statistische Verfahren wie z.B. eine Clusteranalyse in Betracht. Falls nur zwei oder drei erklärungskräftige Variablen ausgewählt werden, könnte auch eine A-priori-Segmentierung erfolgen. Wenn z.B. zwei segmentbildende Variablen mit jeweils drei Ausprägungen ausgewählt wurden, ergeben sich per definitionem neun Segmente. Die Anzahl der gebildeten Segmente sollte allerdings nicht allzu hoch sein, und die Zahl der Personen innerhalb eines Segments sollte nicht zu gering sein. Eventuell sind Personen, die sich in diesen Analysen als „Ausreißer" erweisen, aus der Segmentierung auszuklammern.

5. Feststellung des Umfangs der Segmente

Sind Personen in die Segmente eingeteilt, kann ermittelt werden, viel groß diese Segmente sind. Es kann geschätzt werden, wie viele Personen aus der relevanten Population in die einzelnen Segmente fallen. Eventuell können diese Personen auch anhand ihrer Konsumintensität und ihres zukünftigen Bedarfs gewichtet werden. Um diese Analyse durchführen zu können, wird eine große und mit der relevanten Population strukturgleiche Stichprobe benötigt.

6. Beschreibung der Segmente

Die Segmente können anhand aller weiteren Variablen beschrieben werden, die nicht als segmentbildende Variable verwendet worden sind. Dabei handelt es sich um die segmentbeschreibenden bzw. *passiven* Variablen einer Segmentierung. Ein ursächlicher Zusammenhang der passiven Variablen mit der Zielvariablen muss nicht bestehen. Die bedeutet aber nicht, dass beliebige Attribute als passive Merkmale verwendet werden sollten. Sondern die Segmente sollten anhand von so genannten *actionable attributes* beschrieben werden. Das heißt, diese Phase soll dazu dienen, sinnvolle Anregungen zu gewinnen, wie die Segmente durch Marketingmaßnahmen erreicht werden. Solche Informationen könnten sich wie folgt ableiten:

- aus der Demografie (Anwendungsbeispiel: Stellt sich heraus, dass ein Segment vor allem aus ca. 60 Jahre alten Konsumenten besteht, könnten in der Kommunikationspolitik Bildmotive, die ca. 45 bis 50 Jahre alte Testimoninals zeigen, verwendet werden),
- aus der Psychografie (Wie könnte eine Werbebotschaft für ein Segment inhaltlich gestaltet werden? In welche Tonalität soll die Werbeaussage formuliert werden?),
- aus dem Mediaverhalten (Wie sind die Segmente durch Kommunikationspolitik erreichbar?),
- aus der Markenwahl (Wer sind in den jeweiligen Segmenten die potenziellen Wettbewerber?) und
- aus der Einkaufsstättenwahl (Wo kaufen diese Personen bevorzugt ein?).

7. Bewertung der Segmente

Der nächste Schritt sollte darauf abzielen, die Attraktivität der Segmente zu bewerten. Die kritische Frage lautet, ob sich die Bearbeitung eines bestimmten Segments mit maßgeschneiderten Angeboten (Produkten, Preisen etc.) lohnt. Kriterien für eine solche Bewertung könnten sein:

- *Umfang und/oder Entwicklungspotenzial*: Je mehr Personen einem Segment angehören und je stärker ihr Bedarf nach Produkten der betrachteten Art steigt, desto interessanter erscheint es für eine Marktbearbeitung.
- *Meinungsführerpotential*: Ein Segment kann die Meinungen von Personen aus anderen Segmenten positiv beeinflussen.
- *Wettbewerbsintensität*: Wenn viele Wettbewerber um die einem Segment zugeordneten Personen konkurrieren, ist es vergleichsweise weniger interessant.
- *Möglichkeit des gezielten Einsatzes von Marketingpolitiken*. Es stellt sich die Frage, ob ein bestimmtes Segment durch eine gezielte Ansprache „erreichbar" ist.
- *Wettbewerbsvorteil*: Ferner ist zu entscheiden, ob – falls angestrebt – sich die eigene Leistung von den Leistungen der Wettbewerber, die ebenfalls in diesem Segment tätig sind, differenziert werden kann. D.h. es ist zu prüfen, sich pro Segment eine vorteilhafte Positionierung möglich erscheint.

8. Bewertung der Art der Marktbearbeitung

Es ist zu entscheiden, ob jedem Marktsegment ein spezielles Angebot gemacht wird, ob nur ausgewählten Segmenten ein maßgeschneidertes Angebot offeriert wird (segmentweise Marktbearbeitung) oder ob dem Gesamtmarkt nur ein einziges Angebot unterbreitet wird. Die Bearbeitung eines Teilmarktes (Segment) sollte mit angemessenem Mittelaufwand möglich sein.

Diese Überlegungen werden im Folgenden an einigen Beispielen illustriert.

Sieben Beispiele zur Segmentierung

Beispiel 1: Studie zu Schmierseife

Eines der ersten veröffentlichten Beispiele für eine Segmentierung von Konsumenten auf Basis von psychografischen Merkmalen stammt von Plummer (1971). Er beschreibt, wie es 1968 einem US-amerikanischen Unternehmen gelang, für eine Schmierseife der Marke Lava einen neue und profitable Zielgruppe hinzu zu gewinnen. Das Produkt zielte bisher darauf ab, die Hände von hart in schmutzigen Berufen arbeitenden Männern zu reinigen. Die Absatzmenge stagnierte jedoch und es erschien wenig erfolgversprechend, die Konsumhäufigkeit des Produkts in der bisherigen Zielgruppe zu erhöhen.

Präzisierung der Zielvariablen: Als Zielvariable diente der Tatbestand, ob eine Frau Schmierseife verwendet oder nicht.

Überlegungen zu erklärungskräftigen Variablen: In der Studie wurden 300 beliebig formulierte psychografische Statements (6-stufige Ratingskalen) verwendet.

Ermittlung der statistisch erklärungskräftigsten Variablen: Plummer führte die Studie im Jahr 1968 durch. Er befragte 858 Frauen. Seine Methode bestand darin, Kreuztabellen zwischen der Zielvariable (Verwendung von Schmierseife: ja/nein) einerseits und den Zustimmungen zu den 300 Statements zu erstellen. Nach seinen Angaben zeigten sich bei folgenden Statements Auffälligkeiten.

Statement	Verwender nein	Verwender ja	Interpretation der Verwender
• Ich muss zugeben, dass ich unangenehme Arbeiten im Haushalt nicht mag.	44 %	29 %	Ihre Interessen und Aktivitäten konzen-
• Bei Kuchen mache ich immer alles selbst.	17 %	48 %	rieren sich auf ihr
• Ich versuche, mein Heim so einzurichten, dass es meine Kinder bequem haben.	31 %	44 %	Zuhause und ihre Kinder
• Wenn man wichtige Familienentscheidungen trifft, sollte der erste Gedanke den Kindern gelten.	40 %	57 %	
• Ich kaufe gerne Lebensmittel ein.	44 %	65 %	Sie ist der „ga-
• Andere Leute kommen öfter zu mir, als ich zu ihnen gehe, um sich über Marken zu informieren.	24 %	35 %	tekeeper" und sieht sich als Expertin für Produkte an
• Ich kaufe oft Sonderangebote.	41 %	52 %	Sie muss mit be-
• Denke ich an Krankheit, denke ich an die Arztrechnung,	42 %	53 %	grenztem Einkom- men leben
• Frauen sollten keine falschen Augenwimper verwenden.	20 %	49 %	Viele ihrer Ideen
• Eine Frau sollte nicht Kaugummi kauen.	37 %	21 %	und Werte sind tra-
• Kleidung sollte an der frischen Luft in der Sonne getrocknet sein.	34 %	49 %	ditional „blue col-
• In jedem Haus sollte ein Gewehr stehen.	22 %	38 %	lar"
• Man sollte Desinfektionsmittel nutzen, damit man die Wohnung wirklich sauber bekommt.	35 %	58 %	Sie fühlt sich ver- pflichtet, nach au-
• Es beunruhigt mich, wenn meine Wohnung nicht völlig sauber ist.	51 %	64 %	ßerordentlicher Sauberkeit zu stre-
• Jeder sollte Mundwasser verwenden.	44 %	63 %	ben

Leseanweisuug: Angegeben sind der Anteil der Nicht-Verwender, die dem Statement vergleichsweise stark zustimmen, und der Anteil der Verwender, die dem Statement vergleichsweise stark zustimmen.
Quelle: Plummer, J.T. (1971): Life Style and Advertising, Case Studies, in: Combined Proceedings of the American Marketing Association Vol. 23, S. 290-295)

Bildung der Segmente: Plummer leitet aus dem Datenmuster folgende Segmente ab: „Haushalts- und Kinderorientierte", „Meinungsführer bei häufig gekauften Konsumgütern", „Einkommensschwache", „Frau in traditioneller Arbeiterfamilie" und „Sauberkeitsverpflichtete und -disziplinierte mit entsprechenden Ängsten".

Bewertung der Segmente: Es wurde festgestellt, dass es noch keine Schmierseifenmarke gibt, die auf Frauen abzielt, die eine große Angst vor mangelnder Sauberkeit in der Wohnung haben. Das Produkt konnte somit als eine Seife, die auch „desinfiziert", positioniert werden. Der Autor der Studie beschreibt, dass das Unternehmen mit dieser Strategie wirtschaftlich sehr erfolgreich gewesen ist.

Plummer liefert keine näheren Ausführungen, wie die ausgewählte Zielgruppe durch Werbung angesprochen worden ist. Denkbar wäre es, Frauen in der Werbung zu zeigen, die ihre Angst überwinden (Schatten tritt hervor: Ist es nicht nur sauber, sondern auch rein?). Die Schmierseife könnte als Mittel positioniert werden, im Gegensatz zu normalen Putzmitteln auch „hidden dirt" zu beseitigen. Die Tonalität in der Werbung sollte in diesem Fall autoritär sein.

Beispiel 2: Studie zu Whiskey

Whiskey ist bisher im Wesentlichen anhand der Eigenschaften „Tradition" (Jack Daniels Ochsenwagen) oder „aus der Natur" (schottische Whiskeys) positioniert. Zum Zeitpunkt der Datenanalyse war es noch keinem der Anbieter von Whiskey gelungen, einen Marktanteil von deutlich über 10 % zu erreichen. Die Studie wurde aus einer Veröffentlichung des Burda-Verlags (1983/84) entnommen.

Präzisierung der Zielvariablen: Als Zielvariable diente die Markenwahl aus 19 verschiedenen Whiskeys. D.h. Konsumenten von Whiskey sind danach beschrieben ob sie Ballantines, Jim Beam, Dimple, Johnny Walker etc. konsumieren; die Ausprägungen ja vs. nein lagen für jede der betrachteten 19 Marken vor.

Überlegungen zu erklärungskräftigen Variablen: In der Studie wurden psychografische Statements mittels exploratorischer Faktorenanalysen zu gemeinsamen Faktoren zusammengefasst, und es wurde überprüft, ob diese mit der Markenwahl empirisch zusammenhängen. Die Operationalisierung der betrachteten Variablen ist nachfolgend angegeben. Die Personen mussten pro Statement folgende Frage beantworten:

> *„Wie stark ist der jeweilige Wunsch für Sie persönlich, und zwar unabhängig davon, ob Sie sich den einen oder anderen Wunsch zurzeit erfüllen können oder nicht?" (1 = wünsche ich mir gar nicht bis 7 = wünsche ich mir stark).*

Statements	Interpretation des gemeinsamen Faktors
• eine erstklassige Filmausrüstung besitzen • mir ein Wunschauto zulegen • einen gut ausgestatteten Hobbyraum besitzen • einen eigenen Swimmingpool besitzen	Prestige-Bedürfnisse
• ein Grundstück haben • finanzielle Sicherheit besitzen • sichere Wertpapiere haben • meinen Kindern einmal eine sichere Existenz ermöglichen • ein eigenes Haus in schöner Lage besitzen	Sicherheits-Bedürfnisse
• wertvollen Schmuck besitzen • ein exklusives Parfüm besitzen • kostbare Antiquität/Gemälde/Kunstgegenstände erwerben	Luxus-Bedürfnisse
• in Muße ein interessantes Buch lesen • einen interessanten Vortrag anhören • gute Musik in Ruhe genießen	Kultur- und Muße-Bedürfnisse
• eine Traumreise machen • fremde Menschen und Länder kennenlernen	Erlebnis-Bedürfnisse
• die Freundschaft/Bekanntschaft einer prominenten Persönlichkeit gewinnen • in meinem Beruf sehr erfolgreich sein, Karriere machen • den Mittelpunkte eines großen Freundes- und Bekanntenkreises bilden • durch eine besonders herausragende Leistung allgemeine Bewunderung und Beachtung finden	Anerkennungs-Bedürfnisse

An der Studie nahmen 8047 Personen ab 14 Jahren teil. Das heißt, anfänglich ist jede Person durch 21 Variable (mit Ausprägungen zwischen 1 und 7) beschrieben. Nach Durchführung der exploporativen Faktorenanalyse ist jede Person nur noch durch sechs gemeinsame Faktoren (mit Faktorwerten, die einer Standardnormalverteilung entsprechen) charakterisiert. Die Autoren verwendeten pro gemeinsamen Faktor die Faktorwerte, um die Personen in drei Gruppen einzuteilen:

• Gruppe 1: Personen mit weit unterdurchschnittlichem Faktorwert pro gemeinsamen Faktor
• Gruppe 2: Personen mit durchschnittlichem Faktorwert pro gemeinsamen Faktor
• Gruppe 3: Personen mit weit überdurchschnittlichem Faktorwert pro gemeinsamen Faktor

Ermittlung der statistisch erklärungskräftigsten Variablen: Die Autoren untersuchten pro gemeinsamen Faktor, ob sich der Anteil der Verwender einer Marke in Bezug auf die extremen Ausprägungen des Faktors unterscheidet. Beispiel: Jede Person ist in Bezug auf den gemeinsamen Faktor „Prestigebedürfnisse" anhand eines der drei Werte unterdurchschnittlich, durchschnittlich und überdurchschnittlich beschrieben. Die Ausprägung „durchschnittlich" wurde nun ignoriert, so dass sich die Stichprobe auf die Personen verringert, für die die Ausprägungen „unterdurchschnittlich" bzw. „überdurchschnittlich" vorliegen. Diese Variable wurde mit 19 Variablen kreuztabelliert (verwende Ballantines ja/nein, verwende Jim Beam ja/nein, verwende Dimple ja/nein, verwende Johnny Walker ja/nein etc.). Auf diese Weise entsteht pro Kombination zwischen gemeinsamen Faktor und Marke eine Kreuztabelle, die auf Auffälligkeiten hin untersucht werden kann. Ein Ausschnitt aus den Ergebnissen ist in folgender Abbildung dargestellt.

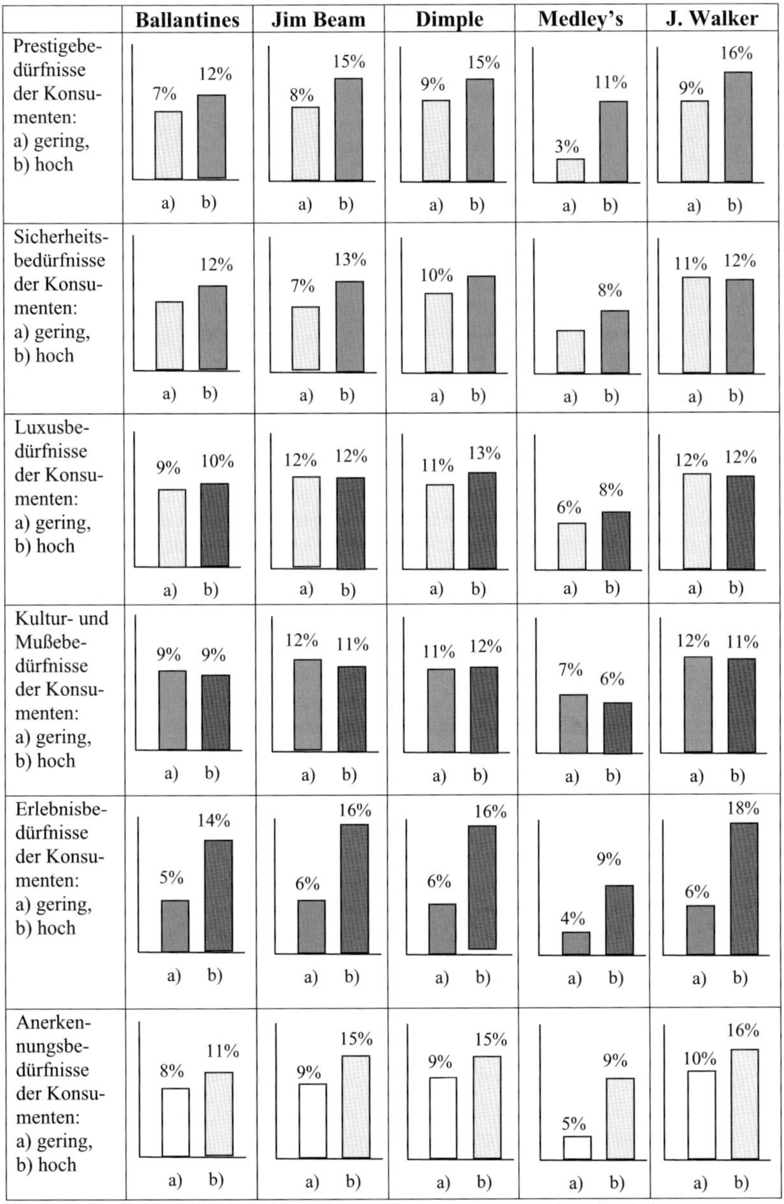

	Ballantines	Jim Beam	Dimple	Medley's	J. Walker
Prestigebedürfnisse der Konsumenten: a) gering, b) hoch	a) 7% b) 12%	a) 8% b) 15%	a) 9% b) 15%	a) 3% b) 11%	a) 9% b) 16%
Sicherheitsbedürfnisse der Konsumenten: a) gering, b) hoch	b) 12%	a) 7% b) 13%	a) 10% b) (n, — Wert?)	b) 8%	a) 11% b) 12%
Luxusbedürfnisse der Konsumenten: a) gering, b) hoch	a) 9% b) 10%	a) 12% b) 12%	a) 11% b) 13%	a) 6% b) 8%	a) 12% b) 12%
Kultur- und Mußebedürfnisse der Konsumenten: a) gering, b) hoch	a) 9% b) 9%	a) 12% b) 11%	a) 11% b) 12%	a) 7% b) 6%	a) 12% b) 11%
Erlebnisbedürfnisse der Konsumenten: a) gering, b) hoch	a) 5% b) 14%	a) 6% b) 16%	a) 6% b) 16%	a) 4% b) 9%	a) 6% b) 18%
Anerkennungsbedürfnisse der Konsumenten: a) gering, b) hoch	a) 8% b) 11%	a) 9% b) 15%	a) 9% b) 15%	a) 5% b) 9%	a) 10% b) 16%

Leseanweisung: Auf der Ordinate ist abgetragen, wie viele Personen angeben, die Marke zu verwenden; Quelle: Burda GmbH (1983/84): Bedürfnisspannung, Offenbach.

Das Ergebnis dieser Analyse, welches für insgesamt 19 Marken durchgeführt wurde, ist in folgender Tabelle zusammengefasst.

Personen mit starkem ...	verwenden überdurchschnittlich häufig ...
Prestige-Bedürfnis	(1) Medley's, (2) Vat 69, (3) Black & White, (4) Chivas Regal
Sicherheits-Bedürfnis	(1) Jim Beam
Luxus-Bedürfnis	-
Kultur- und Muße-Bedürfnis	-
Erlebnis-Bedürfnis	(1) Johnny Walker, (2) Ballanties, (3) Jim Beam, (4) Dimple, (5) Chivas Regal
Anerkennungs-Bedürfnis	(1) Johnny Walker, (2) Jim Beam, (3) Dimple

Bildung der Segmente: Man könnte aus diesen Ergebnissen die Folgerung ableiten, innerhalb des Gesamtmarkts der Whiskey-Konsumenten folgende zwei interessante Segmente genauer zu betrachten:

- Luxusorientierte: Es existiert noch keine Marke, die Personen mit überdurchschnittlichem Luxusbedürfnis anspricht.
- Kultur-/Mußeinteressierte: Dieselbe Beobachtung gilt für Personen mit einem starken Streben nur Kultur und Muße.

Der Konsum einer bestimmten Whiskeymarke könnte werblich mit Luxus in Verbindung gebracht werden mit dem Ziel, dass das Segment der Luxusorientierten bevorzugt diese Marke erwirbt. Die angestrebte Position wäre dann ein Whiskey, den Personen mit Luxusmerkmalen in Verbindung bringen („diesen Whisky zu trinken ist purer Luxus", „nur Luxus-Liebhaber trinken diesen Whiskey"). Der Erfolg einer Positionierung hängt davon ab, ob es werblich gelingen wird, diese Zielgruppe davon zu überzeugen, dass die betreffende Marke einen Beitrag zu „Luxus" leistet. In Slice-of-Life-Werbung werden könnten idealisierte Verbraucher der betreffenden Marke gezeigt werden, deren Lebensumfeld aus Luxusattributen besteht.

Anmerkung: Beispiele für Slice-of-Life-Werbung sind: berufliche erfolgreiche Frau auf Flughäfen, die regelmäßig Drei-Wetter-Taft Haarspray von Schwarzkopf nutzt; Frau, die glücklich ist, weil ihre Gäste anlässlich der Firmung der Tochter mit Jacobs Krönung Kaffee zufrieden sind; Menschen, die fröhlich trotz der Hitze an einem Südseestrand Baccardi-Rum trinken.

Beispiel 3: Studie zu Sonnenschutzmitteln

Präzisierung der Zielvariablen: Im konkreten Beispiel sollten Frauen in Segmente nach Maßgabe ihrer Preisbereitschaft für Produkte, die auf dem Markt der Sonnenschutzmittel angeboten werden, eingeteilt werden. Die Zielvariable war somit die maximale Preisbereitschaft. Zum Zeitpunkt der Durchführung der Studie (1984/85) kosteten Sonnenschutzmittel, umgerechnet auf 200 ml und Lichtschutzfaktor 4, in etwa folgende DM-Beträge:

Arosana, Nivea, Sonn dich, Zeo-Zon	Delial, Eversun, Topbraun	Ambre Solaire, Avon, Solea, Tiroler Nussöl	Piz Buin	Ellen Betrix	Marbert	Bergasol	Lancaster
5,-.	9,-	11,-	14,-.	19,30	27,-	31,90	33,-

Die Stichprobe belief sich auf 3331 weibliche Verwender von Sonnenschutzmitteln unter 5789 Frauen in der Gesamtstichprobe. Um einen Indikator für die Preisbereitschaft zu erhalten, wurde jede Person der relevanten Stichprobe danach gefragt, welche Marken sie „hauptsächlich" bzw. „auch noch" verwendet. Eine Gewichtung der verwendeten Marken mit den oben genannten Preisen führte zu Messwerten für die Zielvariable. Wenn eine Frau bspw. „Delial" und „Ambre Solaire" genannt hätte, wäre ihr der Wert (9+11)/2 = 10 zugeordnet.

Überlegungen zu erklärungskräftigen Variablen: Antworten auf die Frage, warum die eine Frau teure Sonnenschutzmittel und die andere Frau billige Sonnenschutzmittel erwirbt bzw. – statistisch formuliert – warum die Zielvariable eine Varianz aufweist, könnten im Bereich soziodemografischer und -ökonomischer Eigenschaften der Frauen und im Bereich der psychografischen Eigenschaften gesucht werden. Eine nahe liegende These wäre z.b., dass die Preisbereitschaft vom Einkommen des Haushalts bzw. dem Pro-Kopf-Einkommen abhängt. Auch das Alter könnte eine wichtige Rolle spielen, denn der Wunsch, schön (braun) zu sein, könnte vom Alter der Frauen abhängen. Singles werden möglicherweise einen stärkeren Wunsch haben, schön (braun) zu sein als Familienmitglieder. Das Resultat derartiger Überlegungen war unter anderem, dass die Preisbereitschaft z.b. auch davon abhängen könnte, ob Sonnenschutzmittel eher im öffentlichen Umfeld oder privat konsumiert werden (teure Marken könnten einen Prestigewert haben) und wie intensiv der Aufenthalt im Freien ist, wie sehr sich Frauen für ihre Haut und für Marken interessieren, welche hedonistische und narzisstische Orientierung sie haben und ob sie das Produkt nur für den Eigenkonsum oder auch für ihre Familie erwerben.

Ermittlung der statistisch erklärungskräftigsten Variablen: Diese möglichen Erklärungsvariablen waren Input für ein Regressionsanalyse, wobei der Indikator der Preisbereitschaft als die abhängige Variable diente. Das Ziel dieses Schritts war es, die statistisch am erklärungskräftigsten Variablen zu identifizieren. Als Verfahren kommt hier eine schrittweise Regression in Betracht, die nur Variablen in die Gleichung aufnimmt, die ein vorgegebenes Signifikanzniveau nicht überschreiten.

Mögliche Einflussgröße	
Konstante	9.50 (Gesamtdurchschnitt für $N = 3331$)
Verhaltensweisen: ohne vs. mit anderen (typische Konsumsituation als Indikator für Häufigkeit von Möglichkeiten des öffentlichen vs. privaten Konsums) • Reiseziele, im Sommerurlaub • Urlaubshäufigkeit • Ich interessiere mich für Gartenarbeit	+0.44, falls häufiger Konsum in der Öffentlichkeit -0.44, falls häufiger privater Konsum
Sport im Freien • Ich interessiere mich für Radfahren • Ich interessiere mich für Schifahren • Ich interessiere mich für Wassersport treiben • Ich interessiere mich für Tennis treiben.	+0.39, falls Bedeutung über Durchschnitt -0.39, falls Bedeutung unter Durchschnitt
Interessen: Interesse an Hautpflege • Ich interessiere mich für pflegende Kosmetik • Ich interessiere mich für Band- und Duschkosmetik • Ich interessiere mich für Schönheitskosmetik	+0.50, falls Bedeutung über Durchschnitt -0.50, falls Bedeutung unter Durchschnitt
Interesse an Marken • Ich achte mehr auf die Marke als auf den Preis • Markenartikel sind qualitativ besser als markenlose Ware	+0.26, falls eher stärker markenbewusst -0.26, falls eher weniger markenbewusst
Meinungen: Hedonismus • Man sollte sich mit seinem Geld lieber ein schönes Leben machen als es zu sparen • Ich möchte mein Leben jetzt genießen	+0.31, falls eher hedonistisch -0.31, falls eher weniger hedonistisch
Narzissmus • Es macht mir Spaß, mich im Spiegel zu betrachten • Ich kleide mich gerne nach der neuesten Mode	+0.24, falls eher stärker narzisstisch -0.24, falls eher weniger narzisstisch
Sonstiges: Single/Familie	+0.65, falls Single +0.08, falls Haushaltsgröße = 2 -0.21, falls Haushaltsgröße = 3 oder 4 -0.47, falls Haushaltsgröße = 5 oder mehr

Die Konstante in Höhe von 9.50 bringt den Mittelwert des Preisindikators über alle 3331 Frauen in der Stichprobe zu Ausdruck. Abweichungen hiervon lassen sich mehr oder minder gut durch die Regressoren erklären. Falls eine Frau der Gruppe „eher häufiger Konsum von Sonnenschutzmitteln in der Öffentlichkeit" zugeordnet wurde, war der Mittelwert 9.94, wurde sie hingegen eher der Gruppe „eher häufiger privater Konsum" zugeordnet, belief sich der Mittelwert auf 9.06. Alle in der Tabelle aufgeführten Regressoren erweisen sich auf dem 5 %-Niveau als signifikant.

Bildung der Segmente: Es wäre nun möglich, alle sieben der selektierten Variablen als segmentbildende Variablen zu verwenden, indem sie z.B. als Input für eine Clusteranalyse verwendet werden. Eine Alternative besteht darin, einige wenige besonders wichtige Größen zu selektieren, hier z.B. die typische Konsumsituation und das Interesse an Hautpflege. In diesem Fall liegt es nahe, die Frauen anhand ausgewählter Merkmale einzuteilen.

		Interesse an Hautpflege	
		über Durchschnitt	unter Durchschnitt
typische Konsumsitua-	öffentlich	Segment 1	Segment 2
tion	privat	Segment 3	Segment 4

Feststellung des Umfangs der Segmente: In nächsten Schritt ist es möglich, die Stichprobe vom Umfang n = 3331 Frauen auf die vier Segmente aufzuteilen. Hierbei kann auch die Konsumintensität (siehe unten) als Gewicht verwendet werden.

Beschreibung der Segmente: Jede Frau der Stichprobe ist durch ihre Segmentzugehörigkeit beschrieben. Diese Segmentzugehörigkeit kann nun mit anderen Variablen wie z.B. demografischen Merkmalen (z.B. Alter, Wohnregion), ihrem Mediaverhalten (z.B. gelesene Zeitschriften) oder der Markenwahl in Verbindung gebracht werden. Beispielsweise hatten die in folgender Tabelle eingetragenen Marken im betreffenden Segment einen überzufällig höheren Marktanteil als in einem der drei anderen Segmente. Diese Tabelle gibt auch an, an wie vielen Tagen pro Jahr die Personen eines bestimmten Segments Sonnenschutzmittel verwenden.

		Interesse an Hautpflege	
		über Durchschnitt	unter Durchschnitt
typische Konsumsituation	öffentlich	Ellen Betrix, Lacaster, Marbert	Ambre Solaire
		21 Tage	16 Tage
	privat	Piz Buin, Delial	Nivea, weitere Billigmarken
		18 Tage	14 Tage

Bewertung der Segmente: Die eben vorgestellte Betrachtung liefert das unter anderem das Ergebnis, dass Ambre Solaire die „Kernmarke" von Segment 2 ist. Daraus könnte die Idee abgeleitet werden, ein ähnliches Produkt auf dem Markt zu bringen. Die Werbebotschaft könnte darin bestehen, dass sich das Produkt gut für die Verwendung in der Öffentlichkeit eignet (Motive: unbesorgte Menschen am Strand etc.).

Beispiel 4: Studie zu Studenten und Lehrevaluierung

Präzisierung der Zielvariablen: Es sei angenommen, dass ein Lehrstuhl für Marketing das Lehrangebot so gestalten möchte, so dass die Heterogenität der Studenten in großem Maße berücksichtigt wird. Das Ziel der Segmentierung sei es in diesem Fall, Studenten-Segmente so zu ermitteln, dass Studenten mit ähnlichen Anforderungen an Dozenten bzw. Kurse. Die Zielvariable sei die „Lehrqualität" in der relevanten Population. Folgende Statements wurden verwendet, die Qualität der Lehre zu evaluieren.

	Messvariablen
Qualität der Lehre	• ist es wert zuzuhören
	• sollte durch einen anderen Dozent ersetzt werden (rekodiert)

Überlegungen zu erklärungskräftigen Variablen: Die Lehrqualität kann als Reaktion auf die Bewertung eines Dozenten im Hinblick auf verschiedene Attribute und als die Gewichtung dieser Attribute aufgefasst werden. Unterstellt man ein lineares Modell, so gilt:

$$u_{sp} = \beta_{0p} + \Sigma\beta_{ip}x_{sip}.$$

mit: u_{sp}: Lehrqualität von Dozent s (Stimulus) aus der Sicht von Person (Student) p

x_{sip}: Qualität des Dozenten s bei Attribut i aus Sicht von Person p

β_{ip}: Bedeutung von Attribut i bei einem Dozent für dessen Lehrqualität aus Sicht von Person p

Es sei nun angenommen, dass sich die Personen in Bezug auf die pro Attribut wahrgenommene Qualität eines Dozenten *vergleichsweise wenig* unterscheiden. Dass z.B. der eine Dozent besser argumentieren kann oder bessere Noten vergibt als der andere Dozent – darin, seien sich die Zielpersonen weitgehend einig. Grundsätzlich ist es auch in anderen Kategorien häufig so, dass sich die Konsumenten in Bezug auf die Perzeptionswerte wenig unterscheiden; so erscheint es – ohne dies hier nachweisen zu können – hoch plausibel, dass praktisch alle Konsumenten einen Porsche als vergleichsweise schnelles Auto und einen Fiat Panda als ein vergleichsweise langsames Auto qualifizieren. Weiterhin sei angenommen, dass sie die Studenten in Bezug auf die Bedeutung, die sie einzelnen Attributen beimessen, *vergleichsweise stark* unterscheiden. Ob gute Noten wichtiger sind oder ob wichtiger ist, dass ein Dozent gut argumentieren zu können, darin – so sei angenommen – seien die Studenten heterogen. Als die potenziell erklärungskräftigen Variablen werden daher die Bedeutungen von Merkmalen angesehen. Als Merkmale selbst werden betrachtet: Rhetorische Fähigkeiten, Engagement und Vorbereitung, Sympathie, Lernerfolg und fachliche Qualität des Vortrags.

Ermittlung der statistisch erklärungskräftigsten Variablen: 106 Studenten, die das Programm bei verschiedenen Dozenten des Lehrstuhls besuchten, bewerteten den jeweiligen Dozenten anhand einer Liste von Statements. Die Bewertung der Eigenschaften der Dozenten ergab sich als arithmetischer Mittelwert der Items (Messvariablen) pro Konstrukt (Dozenteneigenschaft).

Eigenschaften eines Dozenten	Messvariablen	Cronbachs α
Rhetorische Fertigkeiten	• sollte einen Rhetorikkurs besuchen (rekodiert) • langweilt mich (rekodiert) • trägt Stoff trocken vor (rekodiert) • präsentiert den Stoff anschaulich	0.8431
Engagement und Vorbereitung	• muss Fragen oftmals ausweichend beantworten (rekodiert) • wirkt manchmal überfordert (rekodiert) • ist immer gut vorbereitet • wirkt unglaubwürdig (rekodiert) • wirkt manchmal hilflos (rekodiert) • wirkt oft gelangweilt (rekodiert) • kann gut argumentieren	0.8789
Sympathie	• ist arrogant (rekodiert) • ist manchmal aggressiv (rekodiert) • macht auf mich einen unsympathischen Eindruck (rekodiert) • ist während der Veranstaltung offen für Fragen • kann sich in meine Probleme hineinversetzen • geht gut auf Rückfragen ein • hilft gut bei der Examensvorbereitung • ist lernfähig	0.9062
Lernerfolg	• ist auch manchmal kreativ • verdeutlicht gut mit Praxisbeispielen • motiviert zum Mitdenken und Nachdenken • fördert mein Interesse am Marketing • weckt Interesse für Marketing • macht Zusammenhänge des Marketing deutlich • kann Verhaltenstheorien gut erklären	0.9048
Fachliche Qualität des Vortrags	• erklärt schwierige Sachverhalte gut • kann Methoden gut erklären • erklärt gut, wie man an ein Problem herangeht • kann mathematische Aspekte gut erläutern • strukturiert seine Veranstaltungen gut	0.8676

Skalen von 1 (= schlechte) bis 4 (= gute Bewertung)

Mit der Lehrqualität als der abhängigen und den fünf unabhängigen Variablen wurde eine *Mixture Regression* durchgeführt. Dieses Verfahren ist eine Kombination von Regressions- und Clusteranalyse. Die Auskunftspersonen werden durch das Verfahren sowohl in Gruppen eingeteilt, und gleichzeitig werden für diese Gruppen Regressionskoeffizienten geschätzt. Die Modellgleichung lautet:

$$U_{sp} = \beta_{0k} + \beta_{1k}X_{s1p} + \beta_{2k}X_{s2p} + \beta_{3k}X_{s31p} + \beta_{4k}X_{s4p} + \beta_{5k}X_{s5p} + \varepsilon_{sp}$$

mit u_{sp}: abhängige Variable (hier: Qualität der Lehre von Dozent s aus Sicht von p)

X_{sip}: unabhängige Variable i (hier: Bewertung des Dozenten s anhand von Merkmal i durch p)

β_{ik}: Bedeutung des Merkmals i in Segment k (β und k sind zu schätzen)

Die Bedeutungen der Attribute der Dozenten kommen pro Segment in den jeweiligen Regressionskoeffizienten β_{ik} zum Ausdruck. Eine derartige Analyse lieferte folgendes Ergebnis.

	Regressionsparameter		
	Segment 1 (45.7 %)	Segment 2 (14.3 %)	Segment 3 (39.9 %)
Rhetorische Fertigkeiten	0.064	0.126	0.060
Engagement und Vorbereitung	0.093	0.223	0.097
Sympathie	0.250	0.131	0.064
Lernerfolg	0.033	0.004	0.048
Fachliche Qualität des Vortrags	0.253	0.121	-0.037
Konstante	-1.077	-0.229	2.449

$$R^2 = 0.937, n = 106$$

Im vorliegenden Fall erschien eine Segmentierung in drei Gruppen sinnvoll, da ab einer höheren Segmentanzahl keine numerisch beachtliche Zunahme des R^2 erzielt werden konnte. Die drei Segmente sind anhand der Bedeutung, die sie den jeweiligen Dozenteneigenschaften zuschreiben beschrieben.

Am Beispiel des Faktors „Fachliche Qualität des Vortrags" verdeutlicht, bedeuten diese Ergebnisse Folgendes: Segment eins schätzt die Qualität der Lehre als umso höher ein, je besser ihr Urteil, die fachliche Qualität des Vortrags betreffend, ausfällt. Eine Zunahme der Bewertung der fachlichen Qualität um 1 Skaleneinheit bewirkt einen Zuwachs, das Urteil über die Qualität der Lehre betreffend, um +0.253 Skaleneinheiten. Segment zwei berücksichtigt die fachliche Qualität ebenfalls in ihrem Urteil, jedoch in einem geringeren Maße. Segment drei orientiert sich nicht an der fachlichen Qualität (der Effekt ist deskriptiv sogar negativ, jedoch nicht signifikant).

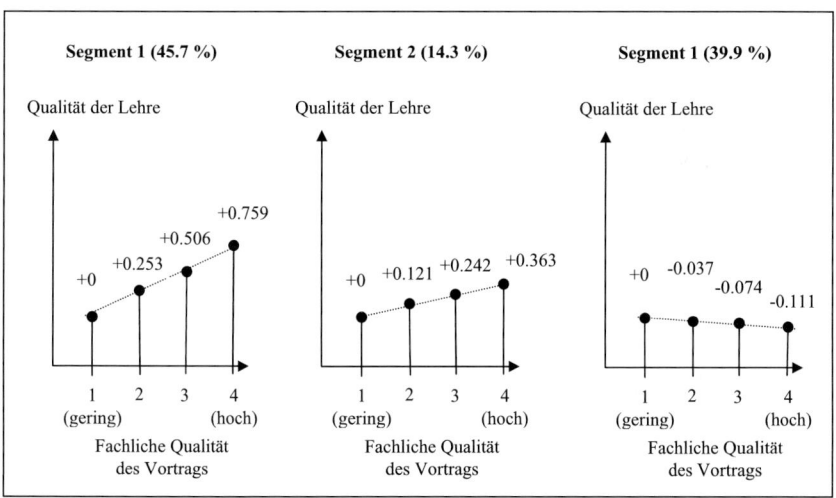

Bildung der Segmente: Mit dieser Analyse wurden die Probanden in drei Gruppen eingeteilt. Die ß-Werte drücken die Bedeutung des jeweiligen Merkmals aus. Wenn z.B. in Segment 1 ein Dozent eingesetzt wird, der in Bezug auf die fachliche Qualität des Vortrags um eine Skaleneinheit besser bewertet wird, steigt die Bewertung seiner Lehrqualität um 0,253 Skalenstufen. Wird dagegen in Segment 3 ein Dozent eingesetzt, dessen fachliche Qualität um einer Skaleneinheit besser bewertet wird, so ändert sich seine Bewertung praktisch nicht.

- Segment 1 (45.7 %): Die Dozentenmerkmale „Sympathie" und „fachliche Qualifikation" haben die höchste Bedeutung. Die weiteren Attribute sind von nachrangiger Relevanz. Generell werden Dozenten von Studenten aus diesem Segment sehr kritisch bewertet.
- Segment 2 (14.3 %): Die Qualität der Lehre eines Dozenten wird vorrangig an dessen Vorbereitung und seinem Engagement in den Veranstaltungen („Action") bewertet, ob sie einen Lernerfolg erzielen, ist diesem Studentensegment hingegen völlig gleichgültig.
- Segment 3 (39.9 %): Die fachliche Qualifikation eines Dozenten spielt für die Beurteilung des Dozenten keine Rolle. Wichtig ist es, dass er sympathisch wirkt, ihm hohe rhetorische Fähigkeiten zugewiesen werden, und er den Eindruck bewirkt, dass er seine Veranstaltungen engagiert und gut vorbereitet abhält. Generell werden aber jegliche Dozenten wohlwollend bewertet.

Greift man bspw. das Merkmal „Fachliche Qualität des Vortrags" heraus, so ist es möglich, mit einer Verbesserung dieses Merkmals das Gesamturteil in Segment 1 positiv zu beeinflussen, in Segment 2 kann eine leichte Verbesserung erzielt werden, und Segment 3 wird nicht mit einer besseren Bewertung des jeweiligen Dozenten reagieren.

Feststellung des Umfangs der Segmente: Das umfangreichste Segment ist mit 47,7% das Segment 1, das zweit-umfangreichste mit 39.9% Segment 3.

Beschreibung der Segmente: Da nun jede Person der Stichprobe durch ihre Segmentzugehörigkeit charakterisiert ist, kann nun analysiert werden, wie sich die Segmente nach Alter, Geschlecht, vorher Lehre ja/nein etc. unterscheiden.

Bewertung der Segmente: Eine Hauptzielgruppe könnte Segment 1 sein. Das ideale Angebot besteht in einem sowohl sympathischen als auch fachlich hoch qualifizierten Dozenten. Eine zweite, aber anders zu behandelnde Zielgruppe wäre dann Segment 3: Nicht etwas fachlich zu lernen, sondern der Unterhaltungswert auf gehobenem Niveau ist die Motivation zur Teilnahme an den Kursen. Um diese beiden größeren Zielgruppen differenziert bearbeiten zu können, müssten zwei Typen von Dozenten eingesetzt werden: der „Sympathisch-Kompetente" und der „Entertainer". Segment 3 könnte als ein Randsegment vernachlässigt werden. Will man sich z.B. auf Segment 1 konzentrieren, müssten „Demarketing"-Maßnahmen eingesetzt werden, die Studenten aus Segment 2 und 3 davon abhalten, die Kurse zu besuchen; sie wären ansonsten enttäuscht und würden negative Mund-zu-Mund-Propaganda betreiben.

Beispiel 5: Studie zum Belletristikmarkt

Präzisierung der Zielvariablen: Auf dem Belletristikmarkt in Deutschland (Stand: Ende 1995) erscheinen pro Jahr ca. 10.000 neue Titel. Rund 250.000 Titel sind lieferbar; bei einer angenommenen Buchrückenbreite von 2 cm bräuchte man 5 km, um alle diese Bücher nebeneinander aufzustellen. Ziel einer Segmentierung war es, Belletristikleserinnen in Teilmärkte einzuteilen. Dies könnte z.B. hilfreich sein, um die Inhalte der Titel (Genre) auf die Bedürfnisse in einzelnen Segmenten abstimmen zu können und zu erfahren, wie Personen werblich erreicht werden können. Als Zielvariable sollen Lesepräferenzen dienen.

Überlegungen zu erklärungskräftigen Variablen: Für diese Studie wurde angenommen, dass es nicht möglich erscheint, Lesepräferenzen umfassend zu erheben. Daher wurden zum Zeitpunkt der Befragung auf Basis von aktuellen Verkaufsstatistiken und Bestseller-Listen 30 Buchtitel ausgewählt. Die Lesepräferenzen gegenüber diesen 30 ausgewählten Titeln dienen als aktive Variable für die Segmentierung. 168 Frauen, die auf einer Buchmesse, in Buchhandlungen und in Stadtbibliotheken befragt wurden, wurden diese Titel auf Bildkärtchen mit einer Kurzbeschreibung vorlegt und aufgefordert anzugeben, „welche Bücher Sie gerne lesen (würden)", und gebeten, die „Bücher vollständig in eine Rangordnung". Die segmentbildenden Variablen sind damit die pro Person ermittelten Präferenzwerte für 30 Titel, d.h. 30 Variablen.

Bildung der Segmente: Wenn zwei Personen dieselbe Rangreihe liefern, sind sie in Bezug auf die Zielvariable maximal homogen, wenn sie eine völlig konträre Rangreihe abgeben, sind sie maximal heterogen. Man kann für alle 168 Personen paarweise einen Rangkorrelationskoeffizient berechnen. Der Wert 1 bringt identische Rangreihen für diese zwei Personen, der Wert -1 zwei völlig konträre Rangreihen für zwei andere Personen zum Ausdruck. Gemäß diesen Werten können die Personen mittels einer Clusteranalyse in Gruppen eingeteilt werden. Eine 6-Cluster-Lösung erschien eine ausreichend gute Datenaggregation zu ermöglichen. Die segmentbildenden Variablen sowie die Segmente, beschrieben durch den durchschnittlichen Rangplatz, den die Bücher in den Präferenzrangreihen erhalten haben, sind in der folgenden Tabelle angegeben.

Die Segmente sind wie folgt abgegrenzt:

- Segment 1: bevorzugt ernsthafte Literatur und Lyrik, aber auch Historienromane.
- Segment 2: liest Romane, die sich auf aktuellen Bestsellerlisten befinden und die eher als „emotional" zu qualifizieren sind.
- Segment 3: präferiert Literatur mit emanzipatorischem Hintergrund (der Titel „Hundert Jahre Einsamkeit" führte sie vermutlich in die Irre).
- Segment 4: ähnlich wie Segment 1, mag allerdings keine Lyrik und steht „ernsthafter Literatur" etwas distanzierter gegenüber.
- Segment 5: präferiert emotionale Literatur (und täuschte sich wahrscheinlich in Bezug auf den Inhalt von „Die wunderbaren Jahre").
- Segment 6: konzentriert sich auf „gemütsorientierte Literatur".

Feststellung des Umfangs der Segmente: Die Stichprobe war relativ klein, und die Frauen wurden nicht zufällig ausgewählt. Zum Beispiel wurden Frauen nicht erfasst, die Bücher aus dem Bestand ihres Haushaltes lesen. Die Segmentanteile lassen sich daher auf Basis der hier gewählten Stichprobe nicht zuverlässig schätzen.

Autor	Titel	Durchschnittlicher Rang in Segment						ANOVA
		S1	S2	S3	S4	S5	S6	F-Wert
Humor/Satire:								
E. Kishon	Dreh'n Sie sich um, Frau Lot	13	18	13	**10**	11	15	4.88 a
E. Roth	für Lebenskünstler	11	19	13	14	12	13	4.08 a
„Ernsthafte Literatur":								
G. Grass	Die Blechtrommel	**9**	15	16	**10**	17	17	7.08 a
F. Kafka	Die Verwandlung	**8**	20	12	19	16	19	15.47 a
G. Garcia Marquez	Hundert Jahre Einsamkeit	**6**	12	**10**	17	14	18	15.91 a
H. Böll	Der General stand auf einem Hügel	12	22	19	18	16	18	7.80 a
„Gemütsorientierte Literatur".								
A. Ripley	Scarlett	23	13	19	21	**10**	7	27.03 a
E. Burgstedt	Die Ehe des Dr. Gregorius	27	24	27	26	19	**4**	69.80 a
S. Scheibler	Der Bergdoktor	27	27	26	27	20	**5**	77.70 a
M.-L. Fischer	Die andere Seite der Liebe	25	17	20	23	14	**5**	27.62 a
R. Pilcher	September	18	**8**	17	16	14	7	9.90 a
Klassischer Kriminalroman:								
A. Christie	Mit offenen Karten	15	16	19	11	15	21	6.26 a
G. Simenon	Maigret - Der Mann auf der Straße	15	20	21	13	18	21	5.85 a
Thriller/Horror:								
J. Grisham	Die Akte	19	**6**	16	11	16	22	13.87 a
S. King	Shining	25	20	27	15	23	27	11.60 a
B. Stoker	Dracula	24	25	27	18	24	27	5.40 a
Literatur mit emanzipatorischem Hintergrund:								
G. Hauptmann	Suche impotenten Mann fürs Leben	20	16	**6**	12	21	16	19.75 a
S. Brampton	Immer Ärger mit den Kerlen	19	12	**5**	12	21	17	25.07 a
H. Lind	Das Superweib	16	**9**	**5**	12	19	14	15.01 a
L. Cardella	Ich wollte Hosen	16	11	**7**	11	13	15	6.40 a
Erotik:								
A.-M. Villefrache	Die Zaubermuschel	20	18	15	19	22	19	2.67 b
Lyrik:								
R. Kunze	Die wunderbaren Jahre	11	23	14	25	**10**	17	23.87 a
verschiedene	Dt. Lyrik unseres Jahrhunderts	**10**	22	16	25	11	17	24.67 a
Historien- und Abenteuerroman:								
N. Gordon	Der Medicus	**10**	**5**	11	**9**	13	**10**	5.40 a
P. Süskind	Das Parfum	**6**	**7**	14	**4**	12	13	9.43 a
M. Zimmer-Bradley	Die Nebel von Avalon	12	12	15	15	16	17	2.32 b
B. Wood	Rote Sonne, schwarzes Land	13	**6**	13	15	11	18	7.20 a
Aktuelle Bestseller:								
E. F. Hansen	Choral am Ende der Reise	16	14	13	16	**9**	14	3.48 a
P. Hoeg	Fräulein Smillas Gespür für Schnee	**10**	16	16	12	15	21	7.06 a
R. Schneider	Schlafes Bruder	**8**	12	14	**8**	12	12	2.44 b
Anzahl der Personen		45	25	20	20	38	20	

a: p<1%, b: p<5%, 1 = bester Rangplatz, ..., 30 = schlechtester Rangplatz

Beschreibung der Segmente: Die Segmente wurden anschließend anhand der Angaben der Befragten hinsichtlich soziodemografischer bzw. -ökonomischer Merkmale, Freizeitinteressen, Vorlieben für bestimmte Genre bei Belletristik, dem Buchbesitz, der Leseintensität, Lesemotiven, Einstellungen zum Buch und Persönlichkeitsmerkmalen ausführlich beschrieben. Ein Ausschnitt aus diesen Befunden ist nachfolgend angegeben.

Personeneigenschaft	Durchschnittlicher Rang in Segment						ANO-VA F-Wert
	S1	S2	S3	S4	S5	S6	
Soziodemografie:							
∅ Alter (Jahre)	41	**30**	34	34	45	**55**	10.98 b
∅ Haushaltseinkommen (DM)	4709	4240	4155	**4785**	3567	**3520**	2.72 b
Schulbildung:							
• Hauptschule (in %)	12	24	20	10	**61**	**70**	
• mittlere Reife (in %)	23	28	**50**	35	32	25	χ^2=67.82
• Hochschulreife (in %)	28	20	20	35	8	5	a
• Studium (in %)	**37**	28	10	20	0	0	
Beruf:							
• leitende Angestellte/Beamte (in %)	12	12	5	15	3	0	
• sonstige Angestellte (in %)	26	36	**50**	25	18	20	
• sonstige Beamtin (in %)	14	4	0	5	5	0	
• Selbständige (in %)	7	4	0	10	11	5	
• Arbeiterin (in %)	0	8	0	0	3	**15**	
• Schülerin/Studentin (in %)	12	24	15	25	11	0	
• Rentnerin (in %)	12	0	0	5	8	**25**	
• Hausfrau (in %)	14	8	25	5	**39**	35	
Familienstand:							
• verheiratet (in %)	53	36	65	40	**78**	**85**	χ^2=20.72
• nicht verheiratet (in %)	47	**64**	35	**60**	22	15	a
Häufigkeit von Freizeitaktivitäten (Skala: 1=sehr oft, 2=häufig, 3=selten, 4=nie):							
• gemütlich zuhause bleiben	1.8	2.1	1.7	1.9	1.6	**1.5**	3.49 a
• Sport treiben	2.7	**1.9**	2.6	2.4	2.6	3.1	5.19 a
• Handarbeiten	3.0	3.1	2.8	3.3	2.5	**1.9**	6.91 a
Angegebener Buchbesitz:							
• bis 80 Bücher (in %)	2	16	10	10	29	70	
• bis 81-250 Bücher (in %)	31	48	55	45	42	20	χ^2=53.88 a
• mehr als 250 Bücher (in %)	**67**	36	35	45	29	10	
Leseintensität:							
• mindestens 1x pro Woche länger als ½ Stunde	**86**	76	**85**	70	55	35	χ^2=23.52
• weniger (in %)	14	24	15	30	45	65	a
Einstellung zum Buch (Skala: 1=voll und ganz, 2=weitgehend, 3=eher nicht, 4=überhaupt nicht):							
• „Ich finde es spannend, eine kleine Bibliothek zu besitzen"	**1.4**	1.9	2.1	2.0	1.9	2.6	5.15 a
• „Ich unterhalte mich über gelesene Bücher gerne mit Freunden"	**1.6**	1.8	1.8	2.4	2.2	2.6	5.59 a
Persönlichkeitseigenschaften:							
• Lebenszufriedenheit (0-15) [1]	10.2	9.3	8.2	9.6	9.1	**7.9**	2.37 b
• Orientierungslosigkeit (0-6) [2]	2.1	2.5	2.6	2.7	3.3	**4.4**	9.47 a
• Konservativismus (0-9) [3]	3.3	3.3	3.4	4.4	4.0	**5.8**	7.81 a
• klassische Rolle der Frau (0-6) [4]	0.6	0.6	0.6	0.7	1.6	**3.0**	13.63 a

[1] Summenbildung auf Basis der Zustimmung zu den Statements „Mein Leben verläuft zurzeit genau so, wie ich es haben möchte", „Ich bin manchmal etwas unzufrieden mit der Situation, in der ich lebe" (rekodiert), „"Meine Arbeit oder meine täglichen Aufgaben bereiten mir wenig Abwechslung" (rekodiert), „Wenn ich sehe, wie andere Menschen glücklich sind, habe ich ab und zu das Gefühl, dass mir etwas fehlt" (rekodiert) und „Ab und zu hätte ich Lust, alles hinzuschmeißen und ein anderes Leben zu führen" (rekodiert), Werte von 0 = sehr unzufrieden bis 15 = sehr zufrieden.

[2] Summenbildung auf Basis der Zustimmung zu den Statements „Heute ändert sich alles so schnell, dass man nicht mehr weiß, woran man sich halten soll" und „Vieles im Leben ist vorausbestimmt; man kann wenig dagegen machen" , Werte von 0 = nicht orientierungslos bis 6 = sehr orientierungslos.

[3] Summenbildung auf Basis der Zustimmung zu den Statements „Ich bin für die strenge Durchsetzung der Gesetze, egal welche Folgen das hat", „In unserem Leben gibt es zu viel Kritik und zu wenig Ruhe und Ordnung" und „Man sollte mit den Jugendlichen vielleicht wieder etwas strenger umgehen, dann bliebe uns manches erspart" , Werte von 0 = nicht konservativ bis 9 = sehr konservativ.

[4] Summenbildung auf Basis der Zustimmung zu den Statements „Ich finde, dass der Haushalt für eine Frau die beste Möglichkeit ist, ihre Fähigkeiten und Begabungen einzusetzen" und „Ich finde es gut, wenn der Mann in der Familie bei wichtigen Entscheidungen das letzte Wort hat", Werte von 0 = nicht traditionell bis 6 = sehr traditionell.

a: p<1%; b: p<5%.

Interpretation:

- Segment 1: Diese Frauen verfügen eine vergleichsweise hohe Bildung. Sie verfügen über viele Bücher und lesen auch häufig. Ihr Ziel ist es, zuhause eine kleine Bibliothek zu haben. Sie reden auch mit anderen Personen über Bücher.
- Segment 2: Diese Personen sind mehrheitlich jung und unverheiratet. Diese Personen sind überdurchschnittlich an Sport interessiert.
- Segment 3: Viele dieser Frauen haben eine Realschulbildung und sind als einfache Angestellte tätig. Die Tonalität möglicher Buchprospekte müsste auf diese Zielgruppe abgestimmt sein. Da diese Personen zwar häufig lesen, aber über einen vergleichsweise geringen Buchbestand verfügen, liegt es nahe, dass sie sich Bücher häufig ausleihen.
- Segment 4: Die Frauen verfügen über ein vergleichsweise hohes Einkommen. Bücher mit vergleichsweise guter Ausstattung könnten diesem Segment angeboten werden.
- Segment 5: Diese Frauen haben häufig eine Hauptschulbildung und viele sind verheiratet.
- Segment 6: Hierbei handelt es sich um ältere Frauen mit geringem Einkommen. Für diese Frauen ist es typisch, gemütlich zuhause zu sein und zu handarbeiten. Sie haben wenige Bücher, und sie lesen auch wenig. Typische Eigenschaften sind eine geringe Lebenszufriedenheit und eine gewisse Orientierungslosigkeit. Sie bevorzugen in der Tendenz die klassische Frauenrolle und sind eher konservativ. Themen wie Vaterland/Heimat interessieren sie.

Beispiel 6: Studie zu Textileinzelhandelsgeschäften

In einer Stadt treten sechs Textileinzelhandelsgeschäfte (A bis F) als Wettbewerber auf. Es soll eine Marktsegmentierung mit Hilfe einer MDS-Analyse durchgeführt werden.

Präzisierung der Zielvariablen: Als Zielvariable dient die Entscheidung des Nachfragers für ein bestimmtes Textileinzelhandelsgeschäft.

Überlegungen zu erklärungskräftigen Variablen: Es wird unterstellt, dass die Neigung, sich für den Einkauf in einem bestimmten Geschäft zu entscheiden, mit zunehmender Übereinstimmung der Wahrnehmungen des Beurteilungsobjekts (hier: Textileinzelhandelsgeschäft) mit der Idealvorstellung (hier: Idealpunkte) steigt. Die Nähe eines Geschäfts in Bezug auf die Vorstellungen der Person von einem idealen Geschäft beeinflusst die Entscheidung zugunsten dieses Geschäfts positiv.

Bildung der Segmente: Mittels MDS soll ein Marktmodell erstellt werden. Es wurden 108 Personen in der betrachteten Stadt befragt.

1. Objektraum:

Auf einer Skala von 1 bis 6 beurteilten die Auskunftspersonen die Ähnlichkeit der sechs Geschäfte. Die Mittelwerte über die Personen sind nachfolgend angegeben. Daneben sind die Koordinatenwerte aufgeführt, die sich ergeben, wenn die Ähnlichkeitsdaten einer Ähnlichkeits-MDS unterzogen werden.

			Dateninput*				Datenoutput: geschätzte Koordinatenwerte	
	A	B	C	D	E	F	Dim 1	Dim 2
A		1.19	3.66	4.52	4.44	4.44	0.0000	-1.0000
B			3.67	4.42	4.60	4.31	0.7215	-1.1706
C				4.28	4.79	3.15	3.2189	0.3479
D					2.75	4.19	-1.2728	2.4082
E						4.76	-0.3357	3.8748
F							3.3212	2.6117

* 1 = sehr ähnlich, ..., 6 = sehr unterschiedlich; Daten sind Mittelwerte der Auskunftspersonen.

Reproduzierte Distanzen und Berechung des Stress 2-Wertes:

	B	C	D	E	F
A	0.74	3.49	3.64	4.89	4.91
B		2.92	4.10	5.16	4.59
C			4.94	5.01	2.27
D				1.74	4.60
E					3.87

							Objektpaare							
d_{ij}	1	2	3	4	5	6	7	8	9	10.5	10.5	12	13	14	15
ij	AB	DE	CF	AC	BC	DF	CD	BF	BD	AE	AF	AD	BE	EF	CE
$\hat{d}_{ij}$	0.74	1.74	2.27	3.49	2.92	4.60	4.94	4.59	4.10	4.89	4.91	3.64	5.16	3.87	5.01
δ_{ij}	0.74	1.74	2.27	3.21	3.21	4.52	4.52	4.52	4.52	4.52	4.52	4.52	4.52	4.52	5.01

$$\text{Stress2} = \sqrt{\frac{(0.74-0.74)^2 + (1.74-1.74)^2 + ... + (5.01-5.01)^2}{(0.74-3.80)^2 + (1.74-3.80)^2 + ... + (5.01-3.80)^2}} = \sqrt{\frac{2.42}{25.19}} = 0.310, \ r(d,\hat{d}) = 0.7475$$

Das Ergebnis der Ähnlichkeiten-MDS lässt sich als „annehmbar" bezeichnen. Die Anzahl der Beurteilungsobjekte ist mit sechs allerdings sehr gering,

2. Dimensionierung:

Die Auskunftspersonen wurden auch gefragt, wie sie die Textileinzelhandelsgeschäfte anhand von vorgegebenen Merkmalen beurteilen. Sie bewerteten die sechs Geschäfte anhand von 6-stufigen Skalen. Mit Hilfe dieser Werte können Merkmalsvektoren in den Objektraum eingepasst werden.

Merkmal	Dateninput*						Datenoutput	
	A	B	C	D	E	F	geschätzter Winkel des Merkmalsvektors	R^2
günstige Preise	5.24	3.75	4.38	5.71	5.05	4.09	160.70°	0.7660
gute Qualität	4.32	3.81	4.70	2.89	1.90	2.20	325.14°	0.6366
angenehme Einkaufsatmosphäre	2.39	2.95	1.91	2.31	2.43	2.12	214.03°	0.6583
großes Saisonwarenangebot	5.14	3.65	1.75	5.27	4.93	1.26	184.44°	0.9815

* 1 = hat Eigenschaft in geringstem Maße, ..., 6 = hat in höchstem Maße;
Daten sind Mittelwerte der Auskunftspersonen.

Die betrachteten Merkmale lassen sich teils befriedigend, teils sehr gut in den Objektraum einpassen. Es entsteht ein annähernd rechtwinkliges Koordinatenkreuz, wobei die eine Achse als „günstige Preise ... hohe Qualität" und die zweite Achse als Einkaufsatmosphäre zu interpretieren ist. Man könnte zum besseren Verständnis für den Nutzer solcher Marktmodelle die Positionen der Objekte und der Idealpunkte so um den Ursprung so rotieren, dass z. B. die Preis-Qualitäts-Achse die Abszisse und die Achse Einkaufsatmosphäre annähernd die Ordinate ergibt.

3. Externe Präferenz-MDS:

Die Auskunftspersonen mussten auch die Einkaufsstätten in eine Rangreihe bringen. Ein Ausschnitt aus dem Dateninput und den jeweils geschätzten Idealpunkten ist nachfolgender Tabelle zu entnehmen.

Rangplatz[*]						Anzahl Personen	Dim 1	Dim 2	R^2
A	B	C	D	E	F				
1	.	.	3	4	2	2	1.37	0.80	1.00
3	2	.	4	.	1	1	1.20	1.33	1.00
2	3	.	.	4	1	1	0.92	1.50	1.00
1	3	.	.	4	2	1	0.90	1.50	1.00
2	3	4	.	.	1	1	0.74	1.68	1.00
2	3	5	1	6	4	2	0.81	1.35	0.71
1	2	.	.	4	3	14	0.90	1.47	1.00
1	3	4	.	.	2	2	0.60	1.74	1.00
1	2	3	4	5	6	1	0.58	0.46	0.92
2	1	.	.	4	3	1	2.03	-0.99	0.97
1	2	4	5	6	3	2	1.05	-0.48	0.70
2	1	3	5	4	6	1	0.72	-1.17	0.79
3	1	2	5	4	6	1	1.44	-1.14	0.64
2	1	4	5	6	3	1	1.29	-1.29	0.77
3	4	5	1	2	6	1	-5.01	2.09	0.96
1	3	5	2	4	6	2	-1.46	0.19	0.96

Rangplatz[*]						Anzahl Personen	Dim 1	Dim 2	R^2
A	B	C	D	E	F				
1	3	6	2	4	5	1	-1.76	0.17	0.87
1	2	.	.	3	4	1	-1.27	0.11	0.98
2	3	6	1	4	5	3	-1.09	0.88	0.91
3	4	.	2	1	.	7	-0.34	3.87	0.92
2	1	5	3	4	6	3	-0.34	0.34	0.88
1	4	5	2	3	6	1	-5.24	-0.37	0.84
1	2	5	3	4	6	7	-2.80	-1.49	0.98
1	2	6	4	3	5	3	-2.11	-1.00	0.67
1	2	6	3	4	5	5	-1.82	-0.56	0.86
2	1	6	3	5	4	2	-1.67	-1.30	0.65
1	2	6	3	5	4	4	-1.01	-0.47	0.73
1	2	6	4	5	3	5	-0.14	-0.96	0.53
1	2	.	4	3	.	2	0.00	-1.00	0.70
1	2	5	4	6	3	1	0.00	-1.00	0.64
1	3	2	.	.	4	1	0.00	0.00	0.45

[*] Skala:1=bester Rangplatz, 6=schlechtester Rangplatz

Eine Ursache, warum sich die Präferenzdaten mancher Personen schlecht als Idealpunkte in den Objektraum einpassen lassen, könnte darin liegen, dass die Nachfrager Produkte aus unterschiedlich beurteilten Einkaufsstätten bevorzugen, z. B. weil sie für unterschiedliche Verwendungszwecke entweder billige Produkte oder qualitativ sehr hochwertige Produkt erstehen wollen.

Alle geschätzten Werte in den dem Marktmodell eingetragen:

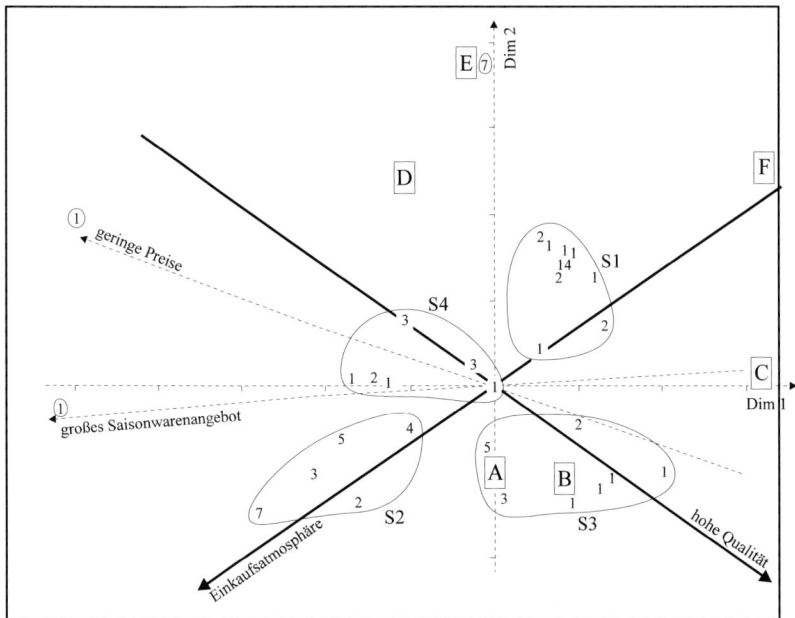

Die aktiven Segmentierungsvariablen sind die zwei Marktdimensionen (Preis vs. Qualität, Einkaufsatmosphäre), die Daten zur Segmentierung bestehen in den Koordinatenwerten für die Idealpunkte. Nach Augenschein können die Konsumenten in Bezug auf die Ähnlichkeit ihrer Idealpunkte in vier Segmente eingeteilt werden:

- Segment 1: bevorzugt mittlere Qualität/mittlere Preise, kein Interesse an Einkaufsatmosphäre,
- Segment 2: bevorzugt mittlere Qualität/mittlere Preise und wünscht angenehme Einkaufsatmosphäre,
- Segment 3: bevorzugt hohe Qualität und wünscht eine normale Einkaufsatmosphäre,
- Segment 4: bevorzugt geringe Preise und eine normale Einkaufsatmosphäre.

Bewertung der Segmente: Für Segment 3 sind die Anbieter A und B sehr attraktiv. Für die anderen drei Segmente würde man folgern, dass noch kein Angebot besteht, welches deren Wünsche sehr gut erfüllt. Insofern bestünden für die Anbieter C, D, E und F Möglichkeiten, sich durch eine Veränderung ihrer Sortiments- und Preispolitik sowie durch die Umgestaltung ihrer Einrichtungen in der Einkaufsstätte mehr an den Idealvorstellungen bestimmter Nachfragersegmente auszurichten.

Beispiel 7: Studie zu Gameshows

Das Ziel einer im Jahr 1998 durchgeführten Studie war es, Erkenntnisse zu gewinnen, welche Segmente es im Bereich der Zuseher von Gameshows im Fernsehen gibt und wie möglicherweise eine neue Gameshow positioniert werden sollte.

Präzisierung der Zielvariablen: Als Zielvariable wurde festgelegt, dass Personen mit ähnlichen Präferenzen gegenüber diversen Formaten von Gameshows zu Gruppen zusammengefasst werden sollten.

Überlegungen zu erklärungskräftigen Variablen: Es wird unterstellt, dass die mehr oder minder große Nähe zwischen Idealvorstellung einer Person (repräsentiert durch ihren Idealpunkt) und die Wahrnehmung der Eigenschaften der Gameshow erklären kann, warum sich ein Konsument eine Gameshow mehr oder minder gerne ansieht.

Bildung der Segmente: Es wurde eine schriftliche, standardisierte Befragung unter regelmäßigen Zusehern von Gameshows durchgeführt. Von insgesamt 280 verteilten Fragebögen waren 204 für die Auswertung verwendbar. Als Methode wurde die eine Korrespondenzanalyse mit anschließender externer Präferenz-MDS gewählt.

1. Korrespondenzanalyse:

Die Korrespondenzanalyse ist ein Verfahren, um von Häufigkeitsdaten auf Ähnlichkeitsdaten zu folgern. Im Gegensatz zur Ähnlichkeiten-MDS, die ähnliche Ergebnisse wie die Korrespondenzanalyse liefert, ist die Interpretation der Resultate jedoch anders vorzunehmen. Dateninput und -output sollen zunächst an einem einfachen Zahlenbeispiel kurz erläutert werden.

beurteilt von	Produkt 1		Produkt 2		Produkt 3	
	150 Personen		160 Personen		120 Personen	
als schön	120	(80%)	80	(50%)	5	(4%)
als einfach	10	(7%)	80	(50%)	90	(75%)
als aktiv	10	(7%)	80	(50%)	5	(4%)

Für die vorliegenden Beispieldaten sieht der Korrespondenzplot folgendermaßen aus.

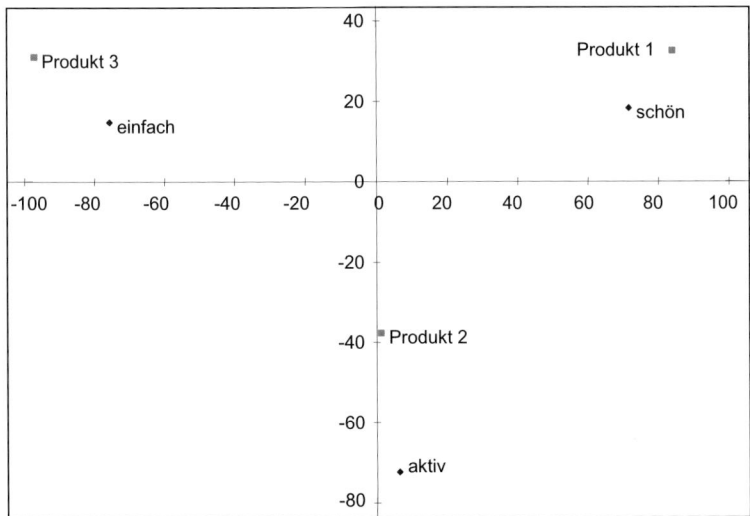

Die Koordinatenwerte für Produkt 2 liegen näher an den Koordinatenwerten für das Merkmal aktiv als an den Koordinatenwerten für die Merkmale einfach und schön. Würde man das Ergebnis so interpretieren, dass Produkt 2 eher als aktiv beurteilt wird und weniger als einfach und schön, wird man den Inputdaten offensichtlich nicht gerecht. Insofern verbietet sich eine Interpretation zwischen Objekten und Merkmalen. Es dürfen nur die Distanzen zwischen den drei Produkten und die Distanzen zwischen den drei Merkmalen interpretiert werden, nicht die Distanzen zwischen Produkt und Merkmalen. Die Achsen werden durch diejenigen Merkmale erklärt, die hohe Koordinatenwerte aufweisen. Im Zahlenbeispiel erklären die zwei Merkmale schön und einfach die erste Achse, die zweite Achse wird nur für den negativen Bereich durch das Merkmal aktiv erklärt. Für die drei Produkte gilt, dass Produkt 1 und Produkt 3 gut durch die erste Achse erklärt werden, da diese jeweils hohe Koordinatenwerte bezüglich dieser Achse aufweisen. Produkt 2 wird insgesamt schlechter durch die Merkmale erklärt, ihm mangelt es an einer bezüglich eines Merkmals herausragenden Eigenschaft.

Anwendung der Korrespondenzanalyse auf Gameshows: Die Datenerhebung erfolgte als schriftliche, standardisierte Befragung unter regelmäßigen Zusehern von Gameshows. Von insgesamt 280 verteilten Fragebögen waren 204 für die Auswertung verwendbar.

Um eine erfolgreiche Gameshow zu konzipieren, wurden vorab die Motive für das Sehen von Gameshows ermittelt. Es stellte sich heraus, dass sowohl bei Viel- als auch bei Wenigsehern der Unterhaltungsaspekt im Vordergrund steht. Die Show sollte also in jedem Fall unterhaltsam sein. Daneben existieren diverse weitere Kriterien, um Gameshows zu bewerten.

Ursache der Emotionen	Begriffe
Gameshow selbst	amüsant, fröhlich, macht aggressiv, regt auf, macht neugierig, spannend, sympathisch, angenehm, verständlich, angemessene Preise, überfüllt, ungewöhnlich, üblich, zeitgemäß
Persönlichkeit des Moderators	stark, rechthaberisch, geltungsbedürftig, egoistisch, rücksichtsvoll, sympathisch, streng, spöttisch, belehrend, kleinlich, vielseitig, gebildet
Einstellung zur Präsentation und zu den Preisen	wertvolle Preise, wichtige Preise, übertriebene Präsentation, informativ, unterhaltsam
Persönlichkeit der Kandidaten	selbstbewusst, eingebildet, bescheiden, schwach, gelassen, gereizt, enthusiastisch, dynamisch, attraktiv, sexy

In die Datenerhebung wurden nur solche Shows einbezogen, die häufig ausgestrahlt werden. Auch blieben Gameshows, die sich an Kinder und Jugendliche richten, aufgrund der hier gewählten Zusammensetzung der Stichprobe und deren Interessen unberücksichtigt. Die Berechnungen mittels Korrespondenzanalyse ergaben, dass nicht alle 41 Beurteilungskriterien gleichermaßen zur Erklärung des Wahrnehmungsraumes beitragen. Daher wurden nur die 14 erklärungskräftigsten Kriterien in die endgültige Analyse einbezogen. Es resultiert der in folgender dargestellte Wahrnehmungsraum (zunächst noch die beiden Centroide der Idealpunktcluster).

2. Dimensionierung:

Eine Achse kann als informative vs. eher spöttische, aufregende Spielshow interpretiert werden. Der höchste Informationsgehalt wird den Shows Jeopardy! und Familien Duell zugeschrieben. Bei diesen Shows, in denen der Moderator auch als Schiedsrichter moderiert, wird dieser entsprechend auch als eher kleinlich, belehrend und streng wahrgenommen. Eine zweite Achse kann als attraktiv und sexy (seitens der Kandidaten) vs. übertriebene Preispräsentation und aggressiv machend aufgefasst werden. Die Shows Grünschnabel und Herzblatt lösen am ehesten die angenehmen Emotionen aus. Bei Shows wie Geh' aufs Ganze, Glücksrad oder Der Preis ist heiß stehen Preise und damit auch die Werbeobjekte im Vordergrund. Ein solches Konzept löst bei den Konsumenten tendenziell Aggression aus, die Kandidaten wirken gereizt, die Moderatoren geltungsbedürftig.

An dieser Stelle ist nochmals darauf hinzuweisen, dass die Nähe von Merkmalen und Shows in der Grafik inhaltlich nicht interpretiert werden kann. Das Merkmal *angemessen* beispielsweise wird keiner Show in besonders herausragender Weise beigemessen, es „erklärt" wenig.

3. Externe Präferenz-MDS

Im nächsten Schritt wurde in diesen Objektraum unter Verwendung von Präferenzrangreihen Präferenzdaten in die Konfiguration von 14 Spielshows im Korrespondenzplot in Form von Idealpunkten der Rezipienten eingepasst. Eine Person musste mindestens vier Gameshows hinsichtlich ihrer Präferenzen beurteilen, sollten ihre Präferenzdaten zur Schätzung ihres Idealpunktes dienen.

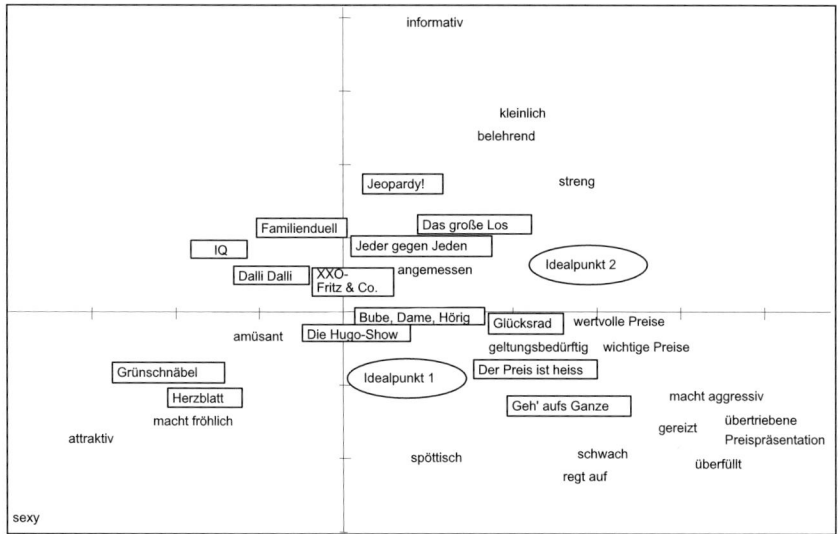

Die beiden Nachfragersegmente, die als „Idealpunkt 1" (80 % Personen) und „Idealpunkt 2" (20 % Pesonen) eingetragen sind, ergeben sich im Wege einer Clusteranalyse mit de, „k-means-Verfahren". Dateninput für die Clusteranalyse waren die Koordinatenwerte der Idealpunkte, der Output sind die in der Abbildung eingetragenen zwei Clustercentroide.

Bewertung der Segmente: Die Position der Idealvorstellungen der Mehrzahl der Rezipienten (Idealpunkt 1) weicht zum Teil erheblich von der Wahrnehmung des aktuellen Gameshow-Angebots ab. So scheint beispielsweise bei den produkt- bzw. werbeorientierten Shows eine Grenze erreicht zu sein, an der die Show nicht mehr unterhält. Die Preise werden von dieser Zielgruppe als übertrieben empfunden, und es werden negative Emotionen ausgelöst. Ebenfalls scheint der Transport von Wissen und Informationen als Schwerpunkt einer Show dem Bedürfnis nach Unterhaltung und Interaktion nicht gerecht zu werden.

Für eine ideale Gameshow muss zunächst einmal eine weniger aufdringliche Verknüpfung von redaktionellem Programm und Werbung erfolgen. Weiterhin sollte der informative Charakter der Show nicht im Vordergrund stehen. Die das Idealpunkt-Cluster 1 ansprechende Show liegt dicht an der Gameshow Hugo. Ein wesentliches Merkmal dieser Show ist die Tatsache, dass sich die Zuschauer von Zuhause aus an der Spielhandlung beteiligen können. Dies könnte darauf hindeuten, dass die Konsumenten neben einer emotionalen Wirkung der Show eine stärkere Betonung des Interaktionscharakters bevorzugen. Insbesondere die Fernsehkonsumenten sollten die Möglichkeit zur aktiven Beteiligung am Geschehen erhalten und auch zur Teilnahme aufgefordert werden. Als ein Beispiel für eine mögliche Handlungsalternative aus den oben abgeleiteten Ergebnissen wäre die Entwicklung einer interaktiven Gameshow im Stile eines Fernsehkrimis vorstellbar. Die Zuschauer könnten etwa parallel zu den im Studio beteiligten Kandidaten als Mitspieler daran beteiligt werden, den Täter eines Verbrechens aufzuspüren. Das Konzept könnte durch die Bereitstellung von zusätzlichen Informationen über Videotext unterstützt werden. Gemeinsam mit den werbetreibenden Unternehmen könnte ein Drehbuch ausgearbeitet und könnten geeignete Positionen für Werbeplatzierungen festgelegt werden.

Aufgabe 1:

Ein Hersteller von Müsli-Riegeln will seine Produkte in einem für ihn neuen Marktsegment absetzen und lässt daher zuerst eine Studie durchführen. Die Ergebnisse einer Vorstudie deuten darauf hin, dass die Konsumenten aus diesem Marktsegment nur zwei, offenkundig unabhängige Merkmale (X_1 = geringer/hoher Schokoladenanteil, X_2 = weiche/harte Konsistenz) heranziehen, um die bekanntesten Produkte (A, B, C und D) der in diesem Marktsegment tätigen Wettbewerber zu beurteilen und ihr jeweiliges Idealprodukt einzuordnen. In einer für das Marktsegment repräsentativen Hauptstudie stellte sich heraus, dass die Nachfrager bezüglich ihrer Idealpunkte in drei homogene Gruppen eingeteilt werden können. Diese Idealpunkte sowie die Wahrnehmungen der Wettbewerberprodukte sind nachfolgend angegeben.

Produkt	Wahrnehmung Merkmal 1 (X_1)	Wahrnehmung Merkmal 2 (X_2)	realer mengenmäßiger Marktanteil
Müsli-Riegel A	-3	1	37%
Müsli-Riegel B	4	0	18%
Müsli-Riegel C	2	1	6%
Müsli-Riegel D	-2	-2	13%

Nachfragersegment	Idealpunkt Merkmal 1	Idealpunkt Merkmal 2	Segmentanteil	⌀ Kaufhäufigkeit pro Monat
Gruppe 1	4	1	46%	6
Gruppe 2	-2	-1	17%	9
Gruppe 3	-3	2	37%	13

Wie sollte das neue Produkt positioniert werden?

Lösungsskizze:

Marktmodell:

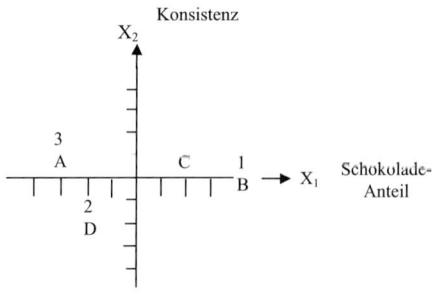

	Marktsegment 1	Marktsegment 2	Marktsegment 3
Konsumanteil:	Nachfragersegment 1 $\frac{0.46 \cdot 6}{0.46 \cdot 6 + 0.17 \cdot 9 + 0.37 \cdot 13}$ $= 30.3\%$	Nachfragersegment 2 $\frac{0.17 \cdot 9}{0.46 \cdot 6 + 0.17 \cdot 9 + 0.37 \cdot 13}$ $= 16.8\%$	Nachfragersegment 3 $\frac{0.37 \cdot 13}{0.46 \cdot 6 + 0.17 \cdot 9 + 0.37 \cdot 13}$ $= 52.9\%$

	Marktsegment 1		Marktsegment 2	Marktsegment 3
Marktanteil:	Anbieter B $\frac{0.18}{0.37 + 0.18 + 0.06 + 0.13}$ $= 24.3\%$	Anbieter C $\frac{0.06}{0.37 + 0.18 + 0.06 + 0.13}$ $= 8.1\%$	Anbieter D $\frac{0.13}{0.37 + 0.18 + 0.06 + 0.13}$ $= 17.6\%$	Anbieter A $\frac{0.37}{0.37 + 0.18 + 0.06 + 0.13}$ $= 50.9\%$

Nach Augenschein erscheint eine Positionierung des neuen Produkts wie Wettbewerberprodukt A am erfolgversprechendsten.

Aufgabe 2:

Die Gliders AG, ein Hersteller von Schlittschuhen, will in den Markt der Inlineskates eintreten. Das Marktvolumen auf diesem Markt wird auf jährlich 0.8 Mio. Einheiten geschätzt. Aus einer Marktstudie ergab sich der Befund, dass zwei für die Beurteilung von Inlineskates relevante Kriterien für die Nachfrager existieren: das Preisniveau und das sportliche Fahrgefühl. Die drei bedeutendsten Anbieter von Inlineskates wurden von den befragten Personen der Zielgruppe folgendermaßen beurteilt. Auch die Idealausprägungen dieser beiden Merkmale, hinsichtlich derer alle Personen homogen waren, wurden in diesem Zusammenhang erfragt.

	Preisniveau	Fahrgefühl	Marktanteil
Anbieter 1	2	3	42 %
Anbieter 2	3	2	21 %
Anbieter 3	0	1	37%
Idealpunkt	-1	4	

Die Gliders AG erwägt, die Position (3; 1) anzustreben. Die variablen Stückkosten belaufen sich auf 250 GE, die jährlichen Fixkosten sind 1 Mio. GE. Wie viel dürfen die Produktentwicklung und die Markterschließung maximal kosten, damit der Gliders AG die Entwicklung dieses Produkts bei einem angenommenen Absatzpreis von 400 GE (realer Bezugspreis für den Handel) empfohlen werden kann?

Lösungsskizze:

Im vorliegenden Fall müsste zunächst eine Marktreaktionsfunktion erstellt werden, die den Marktanteil als abhängige Größe durch die Distanz zwischen Produktposition und Idealpunkt als unabhängige Variable erklärt. Das probabilistische Modell lautet:

$$M_s = \frac{d_{s,IP}^\beta}{\sum_{s=1}^{3} d_{s,IP}^\beta}$$

Es ergeben sich drei Gleichungen

$$0.42 = \frac{\sqrt{10}^\beta}{\sqrt{10}^\beta + \sqrt{20}^\beta + \sqrt{10}^\beta} + \varepsilon_1$$

$$0.21 = \frac{\sqrt{20}^\beta}{\sqrt{10}^\beta + \sqrt{20}^\beta + \sqrt{10}^\beta} + \varepsilon_2$$

$$0.37 = \frac{\sqrt{10}^\beta}{\sqrt{10}^\beta + \sqrt{20}^\beta + \sqrt{10}^\beta} + \varepsilon_3$$

Der Parameter β muss mittels nicht-linearer Regression geschätzt werden. Die Syntax für SPSS lautet:

```
model program b -2.
compute pred_m = (x1·x4+x2·x4+x3·x4)**b/(x5**b+x6**b+x7**b).
nlr m with x1 to x7/pred=pred_m/save pred.
list m pred_m.
```

Der Dateninput für SPSS ist:

M	X_1	X_2	X_3	X_4	X_5	X_6	X_7
0.42	1	0	0	$\sqrt{10}$	$\sqrt{10}$	$\sqrt{20}$	$\sqrt{10}$
0.21	0	1	0	$\sqrt{20}$	$\sqrt{10}$	$\sqrt{20}$	$\sqrt{10}$
0.37	0	0	1	$\sqrt{10}$	$\sqrt{10}$	$\sqrt{20}$	$\sqrt{10}$

Die Berechnung liefert $\beta = -1.8229$. Die reproduzierten Marktanteile sind 39% für die Anbieter 1 und 3 sowie 21% für Anbieter 2. Der geschätzte Marktanteil und der erwartete jährliche Deckungsbeitrag an der Position (3; 1) ergibt sich dann durch:

$$\hat{M} = \frac{\sqrt{25}^{-1.8229}}{\sqrt{10}^{-1.8229} + \sqrt{20}^{-1.8229} + \sqrt{10}^{-1.8229} + \sqrt{25}^{-1.8229}} = 0.1363$$

$$D = (400-250) \cdot 0.1463 \cdot 800000 - 1000000 = 16{,}5 \text{ Mio.}$$

Man kann den jährlichen Deckungsbeitrag mit der Dauer der Marktphase multiplizieren und diesen mit den Entwicklungskosten vergleichen.

5. Kurzfristige und strategische Erfolgsrechnung

Aufgabe 1:

Der Verkaufspreis für ein Produkt beläuft sich auf € 2000, die variablen Stückkosten sind € 1000, die Absatzmenge, die der Produktionsmenge gleicht, ist 1000 und die Fixkosten betragen € 800000. Berechnen Sie den Stückdeckungsbeitrag bei Vollkosten- und Teilkostenrechnung sowie den Gewinn, der mit dem Produkt erzielt wird.

Lösungsskizze:

$p = 2000$, $k_v = 1000$, $y = 1000$, $K_f = 800\,000$
Vollkostenrechnung: $k = k_v + K_f/y = 1000 + 800 = 1800$, $d = 2000-1800=200$
Teilkostenrechnung: $d = 2000 - 1000 = 1000$.
Der Gewinn, der mit dem Produkt erzielt wird, ist in beiden Fällen 200 000.

Aufgabe 2:

Erstellen Sie eine Bezugsobjekthierarchie für eine kurzfristige Erfolgsrechnung für die Planung und Kontrolle der Profitabilität von Außendienstbezirken. Verdeutlichen Sie Ihren Vorschlag anhand selbst gewählter Zahlen.

Lösungsskizze:

Bezugsobjekt	Mitarbeiter	A				B			
	Produkt	1	2	3	4	1	2	3	4
Produkteinheit	Nettoerlös	5	6	7	8	5	7	7	8
	variable Stückkosten (z. B. Material)	4	4	5	7	4	4	5	7
	Stückdeckungsbeitrag	1	2	2	1	1	3	2	1
Produkt	realisierter Absatz	50	40	70	30	60	50	50	40
	Stückdeckungsbeitrag · realis. Absatz	50	80	140	30	60	150	100	40
	direkte Produktkosten (Skonti, Boni, Mengenrabatte)	0	0	10	0	0	0	0	0
	Produkt-Deckungsbeitrag I	50	80	130	30	60	150	100	40
	Produktfixkosten (z. B. Auftrags-abwicklungskosten)	0	0	10	0	0	0	10	0
	sonstige den Kunden vom Außendienst-mitarbeiter gewährte Vergünstigungen	0	0	20	0	10	0	0	0
	vorläufig. Produkt-Deckungsbeitrag II	50	80	100	30	50	150	90	40
	deckungsbeitragsorientierte Provision	5	8	10	3	5	15	9	4
	Produkt-Deckungsbeitrag II	45	72	90	27	45	135	81	36
Mitarbeiter	Mitarbeiter-Deckungsbeitrag I	234				297			
	Mitarbeiter-Fixkosten (z. B. Gehalt, Spesen, Pkw)	70				70			
	sonstige dem Bezirk zuzurechnende Kosten (z.B. Warentransport, Zinsen für Außenstände, Prospektmaterial)	0				0			
	Mitarbeiter-Deckungsbeitrag II	164				227			
Unternehmen	Unternehmensdeckungsbeitrag			391					
	Unternehmensfixkosten (Hauptver-waltung, usw.)			300					
	Betriebserfolg			91					

Aufgabe 3:

Was versteht man im Rahmen der Umsatz- und Deckungsbeitragsrechnung unter einem Bezugsobjekt und unter der Bezugsobjekthierarchie? Nennen Sie drei Beispiele für Bezugsobjekte. Geben Sie jeweils ein Beispiel für eine produktbezogene und ein Beispiel für eine kundenbezogene Bezugsobjekthierarchie an. Welcher Grundsatz gilt für die Zurechnung von Kosten und Erlösen im Rahmen der Umsatz- und Deckungsbeitragsrechnung und welchen Vorteil hat die Einhaltung dieses Grundsatzes?

Welchen Zweck verfolgt man mit der Fixkostenüberwälzung? Beschreiben Sie das Verfahren der Fixkostenüberwälzung nach dem Leistungsentsprechungsprinzip und nach dem Durchschnittsprinzip.

Erläutern Sie bitte, was unter einer Konzentrationsanalyse zu verstehen ist und welcher Zweck mit einer Konzentrationsanalyse verfolgt wird. Wie werden derartige Analysen in der Praxis häufig bezeichnet und angewendet und welche Gefahren drohen einem Unternehmen im Fall einer hohen Umsatzkonzentration? Bitte erläutern Sie diese.

Lösungsskizze:

Ein Bezugsobjekt ist eine Quelle von Erlösen und Deckungsbeiträgen und kann ein Erlös- und Kostenträger sein. Eine Bezugsobjekthierarchie bringt die Bezugsobjekte in eine sinnvolle Reihenfolge. Über Gruppenbildung werden die Objekte bis hin zur höchsten Hierarchiestufe, dem Unternehmen, zusammengefasst. Beispiele für Bezugsobjekte sind z.b. Kunde, Auftrag, Produkt. Beispiele für Hierarchien:

* produktbezogen: Produkteinheit → Produkt → Produktgruppe → Unternehmen
* kundenbezogen: Produkteinheit → Produkt → Kunde → Kundengruppe → Unternehmen

Grundsätzlich sind Kosten und Erlöse möglichst tief in der Bezugsobjekthierarchie anzurechnen, damit bei Wegfall eines Bezugsobjekts der drohende Umsatzausfall beurteilt werden kann.

Das Prinzip der Fixkostenüberwälzung dient dazu, die eigentlich in einem Block anfallenden Fixkosten dennoch den einzelnen Produkten zurechenbar zu machen, um beispielsweise Kostenpreise planen zu können. Die Überwälzung nach dem Leistungsentsprechungsprinzip verteilt die Fixkosten anteilsmäßig nach dem Anteil des Produktumsatzes am Gesamtumsatz. Die Überwälzung nach dem Durchschnittsprinzip nimmt die Aufteilung anhand der gesamten variablen Kosten vor. D.h. es wird der Anteil der gesamten variablen Kosten des jeweiligen Produkts mit den gesamten variablen Kosten aller Produkte verglichen.

Konzentrationsanalysen sind Gegenüberstellungen von Bezugsobjekten mit einer kumulierten Ergebnisgröße (z.B. Umsatz, DB, Absatz). Die Konzentration kann durch die Berechnung der Lorenzkurve und des Gini-Koeffizients als Kenngröße für die Konzentration festgestellt werden. Der Zweck der Analyse ist die Feststellung, ob Umsätze oder Deckungsbeiträge einer höheren Hierarchieebene gleichmäßig von allen Bezugsobjekten einer darunterliegenden hierarchischen Ebene erzielt wurden. In diesem Zusammenhang ist auch die Feststellung von bedeutenden und unbedeutenden Produkten oder Kunden zu nennen. Derartige Analysen werden in der Praxis auch häufig als ABC-Analysen bezeichnet. Dabei erfolgt die Einteilung von Produkten oder Kunden beispielsweise in die Kategorien A-Kunden/Produkte (Produkte/Kunden die besonders hohe Umsätze oder Deckungsbeiträge generieren), B-

Kunden/Produkte (Produkte/Kunden die einen durchschnittlichen Beitrag zu Umsätzen oder Deckungsbeiträgen leisten) und C-Kunden/Produkte (Produkte/Kunden die einen geringen Beitrag zu Umsätzen oder Deckungsbeiträgen leisten). Gefahren einer hohen Umsatzkonzentration sind beispielsweise eine starke Abhängigkeit von wenigen Kunden oder Produkten und ein möglicher hoher Deckungsbeitragsverlust bei einem starken Anstieg von Einkaufspreisen. Insgesamt werden Unternehmen bei hoher Umsatz- oder Deckungsbeitragskonzentration störanfälliger.

Aufgabe 4:

Die Tech-Sas-Instruments Inc. führt im gewohnten Sortiment zwei Baugruppen von Taschenrechnern, Gruppe XTS und QRK. Die Verkaufspreise liegen für die Baugruppe QRK 25% über den Herstellkosten. Die Herstellkosten und andere Informationen finden Sie in folgender Tabelle:

Baugruppe	XTS		QRK	
Produkte	XTS 11	XTS 21	QRK-A	QRK-O
Verkaufspreis pro Stück in €	60	30	35	50
Herstellkosten pro Stück in €	45	20	?	?
verkaufte Einheiten	10000	100000	35000	12000
benötigte Produktionskapazität in Minuten	20	21	30	17

Für eine Designüberarbeitung des Modells XTS 11 fielen in der letzten Periode Kosten in Höhe von 35000 Euro an, und bei der Produktion des Modells XTS 21 wurden zusätzliche Hilfsstoffe für 9700 Euro benötigt. Die Produktion der Produktgruppe XTS erfordert eine zusätzliche Maschine für eine Speziallackierung, die pro Periode Fixkosten von 40000 Euro verursacht. Die Produktfixkosten für QRK-A und QRK-O können mit jeweils 15000 Euro pro Periode angesetzt werden. Eine Halle, in der die Produkte QRK-A und QRK-O gemeinsam gelagert werden, verursacht Kosten in Höhe von 50000 Euro pro Periode. Eine Werbekampagne für die XTS-Serie kostete in der vergangenen Periode 106000 Euro. Die Verwaltungskosten betragen 135000 Euro pro Periode. Die Produktion des umweltfreundlichen Modells XTS 21 wurde im letzten Jahr von der EU mit 20000 Euro subventioniert.

Führen Sie eine Deckungsbeitragsrechnung für die letzte Periode durch. Berechnen Sie dabei auch relative Produktdeckungsbeiträge und Deckungsbeitragssätze. Formulieren Sie auf dieser Grundlage einen kurzen Statusbericht und Verbesserungsvorschläge für die Sortimentspolitik.

Berechnen Sie eine geeignete Maßeinheit für die Konzentration des Umsatzes der vier Produkte der Tech-Sas-Instruments Inc. und interpretieren Sie den berechneten Wert. Beziehen Sie dabei die Konzentration auf den anteiligen Absatz der Produkte.

Lösungsskizze

Berechnung der Herstellungskosten für die QRK-Produkte:

$$\text{QRK - A:} \quad 35 \hat{=} 125\% \Rightarrow \text{Herstellungskosten} = \frac{35}{125} \cdot 100 = 28$$

$$\text{QRK - O:} \quad 50 \hat{=} 125\% \Rightarrow \text{Herstellungskosten} = \frac{50}{125} \cdot 100 = 40$$

Bezugsobjekt	Produktgruppe	XTS		QRK	
	Produkt	XTS 11	XTS 21	QRK- A	QRK -O
Produkteinheit	realisierter Netto-VKpreis	60	30	35	50
	variable Herstellungskosten	45	20	28	40
	Stückdeckungsbeitrag	15	10	7	10
Produkt	realisierte Absatzmenge	10 000	100 000	35 000	12 000
	Produktumsatz	600 000	3 000 000	1 225 000	600 000
	Stück-DB x Menge	150 000	1 000 000	245 000	120 000
	Subventionen	--	20 000	--	--
	Produktdeckungsbeitrag I	150 000	1 020 000	245 000	120 000
	Produktfixkosten	35 000	9 700	15 000	15 000
	Prod.deckungsbeitrag II	115 000	1 010 300	230 000	105 000
Produktgruppe	Produktgruppen-Umsatz	3 600 000		1 825 000	
	Produktgruppen-DB I	1 125 300		335 000	
	Produktgruppenfixkosten	40 000		50 000	
		106 000		--	
	Produktgruppen-DB II	979 300		285 000	
Unternehmen	Unternehmensumsatz	5 425 000			
	Untern.-DB (I)	1 264 300			
	Unternehmensfixkosten	135 000			
	Betriebserfolg (II)	1 129 300			

Bezugsobjekt	Produktgruppe	XTS		QRK	
	Produkt	XTS 11	XTS 21	QRK- A	QRK -O
Produkt	relativer Produktdeckungsbeitrag II in DB/Min:				
	benötigte Kapazität in Min	20	21	30	17
	Produkt-DB II	115 000	1 010 300	230 000	105 000
	rel. Produkt-DB II (DB/Min)	5 750	48 109.52	7 666.67	6 176.47
	Produktdeckungsbeitragssätze (bzgl. DB II):				
	Produktumsatz	600 000	3 000 000	1 225 000	600 000
	Produkt-DB Satz (II) (DB/U)	0.19	0.34	0.19	0.18
Produktgruppe	Produktgruppendeckungsbeitragssätze (II):				
	Produktgruppen-Umsatz	3 600 000		1 825 000	
	Produktgruppen-DB II	979 300		285 000	
	Produktgruppen-DB Satz (II)	0.27		0.16	
Unternehmen	Unternehmensdeckungsbeitragssatz:				
	Unternehmensumsatz	5 425 000			
	Betriebserfolg (in Periode)	1 129 300			
	Unternehmens-DB Satz	0.21			

Umsatzkonzentration:

Produkt	Umsatz in Tsd.	Umsatzanteil	Absatz in Tsd.	Produktanteil	Umsatzanteil/Produktanteil
XTS 11	600	0.11	10	0.06	1.83 (1)
XTS 21	3000	0.55	100	0.64	0.86 (4)
QRK-A	1225	0.23	35	0.22	1.05 (3)
QRK-O	600	0.11	12	0.08	1.375 (2)
Summe	5425	100%	157		

Gini-Koeffizient:

$$G = \left[\frac{1}{2}\cdot 0.06\cdot 0.11 + \frac{1}{2}\cdot 0.08 + (0.11+0.22) + \frac{1}{2}\cdot 0.22\cdot(0.22+0.45) + \frac{1}{2}\cdot 0.64\cdot(0.45+1) - \frac{1}{2}\right]\cdot 2 = 0.1084$$

$$G = \left[\frac{1}{2}\cdot 0.06\cdot 0.11 + 0.11\cdot 0.08 + \frac{1}{2}\cdot 0.08\cdot 0.11 + 0.22\cdot 0.22 + \frac{1}{2}\cdot 0.23\cdot 0.22 + 0.64\cdot 0.45 + \frac{1}{2}\cdot 0.64\cdot 0.55 - \frac{1}{2}\right]\cdot 2 = 0.1084$$

Interpretation: Die Konzentration kann mit einem Wert von 0.11 als gering angesehen werden. Ein Gini-Koeffizient von 0 bedeutet, dass keine Konzentration vorliegt; ein Wert von 1 bringt eine vollkommene Konzentration zum Ausdruck.

Aufgabe 5:

Ein Unternehmen der Reinigungsmittelbranche setzt an gewerbliche Unternehmen vier Produkte ab. Als Absatzmittler sind angestellte Außendienstmitarbeiter tätig, die jeweils einen Verkaufsbezirk betreuen. Das Unternehmen möchte die Profitabilität der Tätigkeit in den Verkaufsbezirken kontrollieren und beauftragt den gerade neu eingestellten Mitarbeiter damit, für die Bezirke spezifische Deckungsbeiträge zu ermitteln. Der Mitarbeiter kann auf folgende Daten zurückgreifen:

Bezirk	B1		B2		B3	
Halbjahr	1/11	2/11	1/11	2/11	1/11	2/11
Umsatz (in Tsd. €)	230	160	180	200	170	175
zugerechnete Kosten (in Tsd. €)	170	120	140	150	120	125
Bezirksdeckungsbeitrag II (Tsd. €)	60	40	40	50	50	50
im Bezirk angebotene Produkte	4	4	4	4	4	4
Anzahl der Aufträge	300	200	120	190	100	90
Anzahl der Kunden	100	80	70	60	70	80

Welche Kriterien sind anzulegen, um zu entscheiden, ob bestimmte Kosten wirklich zuzurechnen sind? Ermitteln Sie relative Deckungsbeiträge, die für die Verkaufsbezirke spezifisch sind. Welche Ursachen sind für die Umsatzveränderung in den einzelnen Verkaufsbezirken verantwortlich? Berechnen Sie die Werte der einzelnen Effekte für den ersten Bezirk.

Lösungsskizze:

zuzurechnende Kosten:

Für die Abgrenzung der Kosten, die einem Bezugsobjekt zuzurechnen sind, sind verschiedene Ansatzpunkte denkbar, z. B.

- die Grenzkosten: sie fallen kurzfristig weg, wenn das Bezugsobjekt (Produkt, Kunde, Absatzgebiet, ...) selbst wegfällt;
- entscheidungsabhängige Kosten: sie sind entstanden, weil die Entscheidung gefällt wurde, ein Bezugsobjekt als Erfolgs- bzw. Deckungsbeitragsquelle auszuschöpfen.

Aufgrund zeitlicher und sachlicher Ausstrahlungseffekte sind solche Kriterien für praktische Fragestellungen kaum anzuwenden. Auch dürfte bei Kontrollabsichten nur für einen geringen Anteil von Kosten exakt festzustellen sein, ob sie wirklich kurzfristig abgebaut werden können oder ob sie wirklich durch eine bestimmte Entscheidung verursacht worden sind.

relative Deckungsbeiträge für die Verkaufsbezirke:

Die Deckungsbeiträge werden mit den sie verursachenden Größen in Beziehung gesetzt:

Bezirk	B1		B2		B3	
Halbjahr	1/11	2/11	1/11	2/11	1/11	2/11
Bezirksdeckungsbeitrag II	60000	40000	40000	50000	50000	50000
im Bezirk angebotene Produkte	4	4	4	4	4	4
Anzahl der Aufträge	300	200	120	190	100	90
Anzahl der Kunden	100	80	70	60	70	80
Bezirks-DB II/Anzahl Produkte	15000	10000	10000	12500	12500	12500
Bezirks-DB II/Anzahl der Aufträge	200	200	333	263	500	556
Bezirks-DB II/Anzahl der Kunden	600	500	571	833	714	625

Abweichungsanalyse für den Umsatz im ersten Verkaufsbezirk:

Ursächlich für Abweichungen des Umsatzes kann die Veränderung der Anzahl der Kunden, die Anzahl der Aufträge pro Kunde und der Umsatz pro Auftrag sein. Die Anzahl der Produkte bleibt konstant, insofern ist diese Größe nicht verantwortlich für die Umsatzveränderung.

	x	y	z
1	100	3.00	766.67
2	80	2.50	800.00

$$\Delta U(x) = (80\text{-}100)\cdot3.00\cdot766.67= \quad -46000$$
$$\Delta U(y) = 100\cdot(2.50\text{-}3.00)\cdot766.67= \quad -38333$$
$$\Delta U(z) = 100\cdot3.00\cdot(800\text{-}766.67)= \quad 10000$$
$$\Delta U(xy) = (80\text{-}100)\cdot(2.50\text{-}3.00)\cdot766.67= \quad 7667$$
$$\Delta U(xz) = (80\text{-}100)\cdot3.00\cdot(800\text{-}766.67)= \quad -2000$$
$$\Delta U(yz) = 100\cdot(2.50\text{-}3.00)\cdot(800\text{-}766.67)= \quad -1667$$
$$\Delta U(xyz) = (80\text{-}100)\cdot(2.50\text{-}3.00)\cdot(800\text{-}766.67)= \quad 333$$
$$U_2\text{-}U_1 = 80\cdot2.50\cdot800 - 100\cdot3.00\cdot766.67= \quad -70000$$

mit: x: Anzahl der Kunden; y: Anzahl der Aufträge pro Kunde; z: Umsatz pro Auftrag;
1: 1. Halbjahr, 2: 2. Halbjahr.

Aufgabe 6:

Egon Klein führt seit wenigen Jahren ein kleines Textilhandelsgeschäft. Seine Artikel hat er in fünf Warengruppen eingeteilt. Er verfolgt den nachfolgend skizzierten Plan, den er je Monat realisieren will. Im gesamten Jahr möchte er € 400,000.- Umsatz erreichen.

Warengruppe	Aufschlag-spanne (ohne MwSt.)	Anteil am Gesamtumsatz (in %)	Verkaufs-fläche (in qm)	Warenbestand zu Einstands-preisen
Hosen	1.0	20	15	30,000
Jacken	1.2	10	5	10,000
Pullover	0.8	50	20	40,000
Overall	0.8	10	10	20,000
Gürtel	2.0	10	5	10,000

Die Waren werden spätestens am Wochenende auf die Anfangswerte aufgefüllt. Änderungen der geführten Artikel selbst nimmt Klein nur in sehr geringem Umfang vor. Daher bleiben die Einkaufspreise für den Warenzukauf auch kurzfristig immer konstant. Nach Ablauf von einem Monat, der in jeder Hinsicht als normal zu bezeichnen ist (kein Saisonhöhepunkt, keine bemerkenswerten Wettbewerberaktivitäten usw.), liegen ihm folgende Daten vor.

Warengruppe	Umsatz	Warenkosten
Hosen	12,000	8,500
Jacken	8,000	3,800
Pullover	25,000	18,000
Overall	4,000	2,500
Gürtel	5,000	1,800

Die monatliche Miete beträgt € 4362.50. Die Verkäuferin bezieht einen fixen Lohn von € 1600.- und 4% Provision vom Nettoumsatz. Als Werbekosten werden 3% des Planumsatzes verausgabt, die sonstigen Kosten belaufen sich auf 2% des Ist-Umsatzes.

Führen Sie eine kurzfristige Erfolgsrechnung für diesen Monat durch. Ermitteln Sie mittels einer Abweichungsanalyse die Effekte der Plan-Ist-Abweichung der Aufschlagspanne und des Lagerumschlags auf den Deckungsbeitrag je Warengruppe, berechnen Sie die engpassbezogenen Deckungsbeiträge je Warengruppe, führen Sie eine Deckungsbeitragssatz-Analyse durch und analysieren Sie die Deckungsbeitragskonzentration der Warengruppen. Leiten Sie Handlungsempfehlungen für den Unternehmer ab.

Lösungsskizze:

Fixkostendeckungsrechnung:
Für die vorliegenden Daten kommt nur eine Analyse mit Warengruppen bzw. dem gesamten Unternehmen als Bezugsobjekte in Betracht. Plan- und Istwerte können miteinander verglichen werden.

	Warengruppe	Hosen	Jacken	Pullover	Overall	Gürtel
Plandaten	Umsatz (Gesamt: 400,000/12)	6666.7	3333.3	16666.7	3333.3	3333.3
	Aufschlagspanne (AS)	1.0	1.2	0.8	0.8	2.0
	Warenkosten (Umsatz/(1+AS))	3333.3	1515.1	9259.3	1851.8	1111.1
	Warengruppendeckungsbeitrag	3333.3	1818.2	7407.4	1481.5	2222.2
	Sortimentsdeckungsbeitrag			16262.6		
	Werbung (3%·Umsatz)			1000.0		
	Lohn Verkäuferin (1600+4%U)			2933.3		
	Miete			4362.5		
	sonstige Kosten (2%·Umsatz)			666.7		
	Unternehmensdeckungsbeitrag			7300.1		
Istdaten	Umsatz	12000	8000	25000	4000	5000
	Warenkosten	8500	3800	18000	2500	1800
	Warengruppendeckungsbeitrag	3500	4200	7000	1500	3200
	Sortimentsdeckungsbeitrag			19400.0		
	Werbung (3%·Planumsatz)			1000.0		
	Lohn Verkäuferin (1600+4%U)			3760.0		
	Miete			4362.5		
	sonstige Kosten (2%·Umsatz)			1080.0		
	Unternehmensdeckungsbeitrag			9197.5		

Abweichungsanalyse:

$D = x \cdot y \cdot z$

mit: x: Aufschlagspanne, d. h. (Umsatz-Warenkosten)/Warenkosten

y: Lagerumschlag innerhalb von 4 Wochen, d. h. Warenkosten/⌀Warenbestand

z: Warenbestand

	Warengruppe	Hosen	Jacken	Pullover	Overall	Gürtel	
Plandaten	Aufschlagspanne (AS)	1.00	1.20	0.80	0.80	2.00	(x_1)
	Warenkosten (Umsatz/(1+AS))	3333.3	1515.1	9259.3	1851.8	1111.1	
	Lagerumschlag	0.1111	0.1515	0.2315	0.0926	0.1111	(y_1)
	Warenbestand	30000	10000	40000	20000	10000	(z_1)
	Warengruppendeckungsbeitrag	3333.3	1818.2	7407.4	1481.5	2222.2	
Istdaten	Umsatz	12000	8000	25000	4000	5000	
	Warenkosten	8500	3800	18000	2500	1800	
	Aufschlagspanne	0.4118	1.1053	0.3889	0.6000	1.7778	(x_2)
	Lagerumschlag	0.2833	0.3800	0.4500	0.1250	0.1800	(y_2)
	Warenbestand	30000	10000	40000	20000	10000	(z_2)
	Warengruppendeckungsbeitrag	3500	4200	7000	1500	3200	
1=Plan,	2=Ist						
$\Delta D(x)$	$= (x_2-x_1)y_1z_1$	-1960.5	-143.5	-3806.8	-370.4	-246.9	
$\Delta D(y)$	$= x_1(y_2-y_1)z_1$	5166.0	2742.0	6992.0	518.4	1378.0	
$\Delta D(z)$	$= x_1y_1(z_2-z_1)$	0	0	0	0	0	
$\Delta D(xy)$	$= (x_2-x_1)(y_2-y_1)z_1$	-3038.6	-216.4	-3593.0	-129.6	-153.1	
$\Delta D(xz)$	$= (x_2-x_1)y_1(z_2-z_1)$	0	0	0	0	0	
$\Delta D(yz)$	$= x_1(y_2-y_1)(z_2-z_1)$	0	0	0	0	0	
$\Delta D(xyz)$	$= (x_2-x_1)(y_2-y_1)(z_2-z_1)$	0	0	0	0	0	
D_2-D_1	$= x_2y_2z_2-x_1y_1z_1$	166.9	2382.1	-407.8	18.4	978.0	

$\Sigma(D2 - D1) = 19400 - 16262.6 = 3137.4$

Engpassbezogene Umsatz- und Deckungsbeitragsanalyse (die Verkaufsfläche bildet hier den Engpass).

	Warengruppe	Hosen	Jacken	Pullover	Overall	Gürtel
Plandaten	Umsatz pro qm	444	667	833	333	667
	Warengruppen-DB pro qm	222	364	370	148	444
Istdaten	Umsatz pro qm	800	1600	1250	400	1000
	Warengruppen-DB pro qm	233	840	350	150	640

Deckungsbeitragssatz-Analyse:

Deckungsbeitragssatz = Deckungsbeitrag/Umsatz

	Warengruppe	Hosen	Jacken	Pullover	Overall	Gürtel
Plandaten	Warengruppen-DB-Satz	0.50	0.55	0.44	0.44	0.67
	Unternehmens-DB-Satz			0.22		
Istdaten	Warengruppen-DB-Satz	0.29	0.53	0.28	0.38	0.64
	Unternehmens-DB-Satz			0.17		

Deckungsbeitragskonzentration der Warengruppen:

	Warengruppe	Hosen	Jacken	Pullover	Overall	Gürtel
Plan	Warengruppendeckungsbeitrag	3333.3	1818.2	7407.4	1481.5	2222.2
Ist	Warengruppendeckungsbeitrag	3500.0	4200.0	7000.0	1500.0	3200.0

Plandaten	Anzahl der Warengruppen (geordnet)	1	2	3	4	5
	liefern einen kum. Deckungsbeitrag	7407.4	10740.7	12962.9	14781.1	16262.6
	Anteil der Warengruppen (geordnet)	0.200	0.400	0.600	0.800	1.000
	liefern einen kum. rel. Deckungsbeit.	0.455	0.660	0.797	0.909	1.000
	Gini-Koeffizient[1]: 0.3284					
Istdaten	Anzahl der Warengruppen (geordnet)	1	2	3	4	5
	liefern einen kum. Deckungsbeitrag	7000.0	11200.0	14700.0	17900.0	19400.0
	Anteil der Warengruppen (geordnet)	0.200	0.400	0.600	0.800	1.000
	liefern einen kum. rel. Deckungsbeit.	0.361	0.577	0.758	0.923	1.000
	Gini-Koeffizient: 0.2476					

$$1):\ G = (0.2 \cdot \frac{0.455}{2} + 0.2 \cdot \frac{0.455 + 0.660}{2} + 0.2 \cdot \frac{0.660 + 0.797}{2} + 0.2 \cdot \frac{0.797 + 0.909}{2} + 0.2 \cdot \frac{0.909 + 1}{2} - \frac{1}{2}) \cdot 2 = 0.3284$$

Empfehlungen:

Der Unternehmer hat seinen Plan nicht eingehalten. Dies ist zunächst weder positiv noch negativ zu beurteilen, da nicht nur der nicht korrekte Vollzug eines optimalen Planes, sondern auch Planungsfehler zu vermeiden sind.

Aus der Fixkostendeckungsrechnung geht zunächst hervor, dass der geplante Unternehmensdeckungsbeitrag von € 7300.10 in der kontrollierten Periode durch den realisierten Unternehmensdeckungsbeitrag in der Höhe von € 9197.50 um € 1897.40 übertroffen worden ist. Offensichtlich ist der Unternehmer so von seinen (fehlerhaften) Plandaten abgewichen, dass ein günstigeres Ergebnis erzielt werden konnte. Die Planung ist insofern revisionsbedürftig, das erzielte Ergebnis ist insgesamt als erfreulich zu beurteilen.

Die Ergebnisse aus der Abweichungsanalyse zeigen, dass der Unternehmer zwar den Warenbestand pro Warengruppe konstant ließ (d. h. die Aufteilung des Sortiments auf die Flächen war wie geplant, die Warengruppen wurden wie geplant immer wieder mit Artikeln mit denselben Einstandspreisen aufgefüllt), dass er aber sowohl von der geplanten Aufschlagspanne als auch vom geplanten Warenumschlag abgewichen ist, wobei letzteres wohl als die Folge von ersterem zu deuten ist. In allen fünf Warengruppen wurden die Artikel im Mittel billiger angeboten als geplant. Dies hatte in allen Warengruppen höhere Lagerumschläge zur Folge. Die Deckungsbeitragseinbußen aufgrund geringerer Aufschlagspannen wurden durch die positiven Auswirkungen auf die Deckungsbeiträge der Warengruppen durch die höheren Lagerumschläge in allen Warengruppen mit Ausnahme der Warengruppe Pullover mehr als kompensiert. In der letztgenannten Warengruppe könnte die Aufschlagspanne wieder versuchsweise etwas angehoben werden. Allerdings kann dies dann, wenn die billigen Pullover „Lockvogel"-Charakter hatten und Pulloverkunden auch Artikel aus anderen Warengruppen gekauft hatten (Sortimentsverbund), auch wieder negative Konsequenzen auf die Deckungsbeiträge in den anderen Warengruppen haben; ob dies der Fall sein wird, ist durch eine geeignete Kontrolle (z. B. Kaufaktdaten, analoge Kontrolle nach den nächsten vier Wochen) zu überprüfen. Für die anderen Warengruppen sollte die Planaufschlagspanne z. B. auf die Istaufschlagspanne reduziert werden oder zumindest auf eine andere niedrigere Spanne als die Planspanne festgesetzt werden.

Die engpassbezogenen Deckungsbeiträge bringen zum Ausdruck, dass bei den Ist-Werten für die Aufschlagspanne und den Lagerumschlag der Absatz aus den Warengruppen Jacken und Gürtel bei den ihnen bisher zugewiesenen Verkaufsfläche vergleichsweise profitabel war. Bei

Overall und Hosen erweisen sich die Deckungsbeiträge pro qm als eher gering. Insofern könnte eine geringe Sortimentsausweitung bei den deckungsbeitragsstarken Warengruppen zugunsten der diesbezüglich schwachen Warengruppen versuchsweise hinsichtlich ihrer Folgen für den Sortimentsdeckungsbeitrag getestet werden.

Die geplanten Deckungsbeitragssätze konnten in keinem Fall erreicht werden. Diese ist angesichts der positiven Entwicklung bei den absoluten Deckungsbeiträgen nicht weiter problematisch.

Die tatsächliche Deckungsbeitragskonzentration (G=0.2476) war geringer als geplant (G=0.3284). Auch diese Abweichung erscheint unproblematisch, da mögliche Deckungsbeitragsverluste in wichtigen Warenbereichen aufgrund von Wettbewerberaktivitäten für dieselben Warenbereiche (z. B. Sonderpreise bei den Wettbewerbern) geringere negative Auswirkungen auf den eigenen Deckungsbeitrag haben werden. Die Vertiefung von Warengruppen mit einem hohen engpassbezogenen Deckungsbeitrag dürfte die realisierte Konzentration wieder etwas erhöhen.

Aufgabe 7:

Ein Unternehmen kann fünf verschiedene Produkte herstellen und könnte von jedem dieser Produkte in der Planungsperiode maximal 150 Stück absetzen. Für die Produktion werden mehrere Rohstoffe und eine Komponente, die von einem Zulieferer bezogen wird, benötigt. Von Rohstoff A liegen 300 Tonnen auf Lager, die zu 0.80 €/Tonne eingekauft worden sind; beliebige weitere Mengen können zu 1 €/Tonne zugekauft werden. Von Komponente B liegen 850 Stück auf Lager, wobei der Einkaufspreis 5 € pro Stück betragen hat. Ein Zukauf von B ist bis auf weiteres wegen eines Lieferengpasses des Lieferanten nicht möglich. Alle weiteren benötigten Rohstoffe C stehen in beliebigen Mengen zur Verfügung.

Produkt	Absatzpreis	Verbrauch A	Komponente B	Kosten für C
1	50 €/ME A	2.00 t/ME A	2 Stück/ME A	5 €/ME A
2	60 €/ME B	1.5 t/ME B	5 Stück/ME B	17 €/ME B
3	20 €/ME C	0.50 t/ME C	1 Stück/ME C	10 €/ME C
4	30 €/ME D	1.5 t/ME D	1 Stück/ME D	20 €/ME D
5	25 €/ME E	1.00 t/ME E	2 Stück/ME E	3 €/ME E

ME: Mengeneinheit, t: Tonne.

Welche Erzeugnisse soll das Unternehmen in welchen Mengen produzieren, wenn es den Deckungsbeitrag maximieren möchte und die Annahme gilt, dass die produzierte Menge der abgesetzten Menge entspricht? Welchen maximalen Umsatz und Deckungsbeitrag kann das Unternehmen erzielen?

Lösungsskizze:

	Produkt 1	Produkt 2	Produkt 3	Produkt 4	Produkt 5
p	50	60	20	30	25
Kv_x a) 1€	2.0 (2·1)	1.5	0.5	1.5	1.0
b) 0.8€	1.6 (2·0.8)	1.2	0.4	1.2	0.8
Kv_y	10	25	5	5	10
Kv_z	5	17	10	20	3
db a)	33	16.5	4.5	3.5	11
db b)	33.4	16.8	4.6	3.8	11.2
Engpass: y					
ME_y/Stck.	2	5	1	1	2
db/ME_y a)	16.5	3.3	4.5	3.5	5.5
db/ME_y b)	16.7	3.36	4.6	3.8	5.6
Rangplatz	1	5	3	4	2
opt. Prod.-Menge (max=150)	150	0	150	100	150
Verbrauch y (max=500)	300	0	150	100	300

Umsatz: $150·50 + 150·20 + 100·30 + 150·25 = 17\,250$ €

Verbrauch von A: $150·2 + 150·0,5 + 100·1,5 + 150·1 = 675$

Kosten A: $300·0,8 + 375·1 = 615$ €

Kosten B: $850·5 = 4\,250$

Kosten C: $150·5 + 150·10 + 100·20 + 150·3 = 4\,700$

Deckungsbeitrag: $17\,250 - 615 - 4.250 - 4.700 = 7\,685$

Aufgabe 8:

Ein Unternehmen stellt die Produkte A und B her und kann diese zu € 25.- pro ME Produkt A bzw. zu € 20.- pro ME Produkt B absetzen. Das Unternehmen steht vor der Frage, ob es einen kurzfristig auszuführenden Auftrag zur Produktion von 1000 ME Produkt C annehmen soll. Eine erste überschlägige Kalkulation ergibt, dass die Vollkosten einer Einheit von Produkt C € 12.-, die variablen Stückkosten € 9.- betragen würden. Die Produktion von Produkt C erfordert Arbeitsgänge auf den Maschinen M1 und M2. Die Herstellung von 1 ME von C nimmt M1 mit 3 und M2 mit 4 Minuten in Anspruch. M1 wird bisher nur zur Produktion von A eingesetzt und war vollständig ausgelastet. Ihre Kapazität beträgt 160 Stunden in der Planungsperiode. In dieser Zeit können 1920 ME von A bearbeitet werden. Maschine M2, deren Kapazität um 20 Stunden über derjenigen von M1 liegt, wurde zur Produktion von B eingesetzt und sie war ebenfalls vollständig ausgelastet. Die Bearbeitung einer Einheit von B nimmt 4 Minuten in Anspruch. Die variablen Stückkosten von A betragen € 15.-, diejenigen von Produkt B € 8.-. Umrüstkosten können vernachlässigt werden.

Welchen Preis muss das Unternehmen mindestens für den Auftrag verlangen, damit er noch als akzeptabel eingestuft werden kann? Wie hoch wäre die Preisuntergrenze unter der alternativen Annahme, dass M1 und M2 mit der derzeitigen Produktion jeweils nur zu zwei Drittel ausgelastet sind?

Lösungsskizze:

Preisuntergrenze bei voll ausgelasteten Kapazitäten:

Produkt	A	B
Preis	25 €/ME	20 €/ME
variable Stückkosten	15 €/ME	8 €/ME
Stückdeckungsbeitrag	10 €/ME	12 €/ME
Maschine	M1 für A	M2 für B
Kapazität	160h·60=9600 Min	180h·60=10800 Min
Inanspruchnahme/ME	9600/1920=5 Min/ME	4 Min/ME
Menge	1920 ME	10800/4 =2700 ME
engpassbezogener Deckungsbeitrag	10/5 = 2 €/Min	12/4 = 3 €/Min

Produkt		C
variable Stückkosten		9 €/ME
gesamte variable Stückkosten		9·1000=9000 €
Maschine	M1 für C	M2 für C
Inanspruchnahme/ME	3 Min/ME	4 Min/ME
entgangener Deckungsbeitrag	2 €/Min·3 Min/ME	3 €/Min·4 Min/ME
von A bzw. B pro ME C	= 6 €/ME	= 12 €/ME
entgangener Deckungsbeitrag von A und B durch Auftrag C	6·1000=6000 €	12·1000=12000 €

kurzfristige Preisuntergrenze für Auftrag = entgangener Deckungsbeitrag und gesamte variable Stückkosten: 9000+6000+12000 = 27000

Preisuntergrenze bei teilweise ausgelasteten Kapazitäten:

Produkt	A	B
ausgelastete Kapazität	2/3·9600=6400 Min	2/3·10800=7200
Inanspruchnahme/ME	6400/1920=3⅓Min/ME	7200/2700=2⅔ Min/ME
engpassbezogener Deckungsbeitrag	10/ 3⅓ =3€/Min	12/ 2⅔=4.5 €/Min

Maschine	M1	M2
freie Kapazität	1/3·9600=3200 Min	1/3·10800=3600
Zeitbeanspruchung durch C	3·1000=3000 Min	4·1000=4000
Opportunitätskosten durch C	0 €	4.5 €/Min·400=1800 €

kurzfristige Preisuntergrenze für Auftrag = entgangener Deckungsbeitrag und gesamte variable Stückkosten: 9000+1800 = 10800 €

Aufgabe 9:

Der Vorstand eines Golfclubs steht vor folgendem Problem. Laut Satzung soll die maximale Mitgliederanzahl 600 nicht übersteigen. In den letzten Jahren hat man sich allmählich dieser Grenze angenähert, und mit den 62 neuen Mitgliedern aus dem letzten Jahr hat man diese Grenze gerade erreicht. Für die zukünftigen Jahre rechnet man damit, dass pro Jahr ca. 20 Mitglieder ausscheiden und damit jeweils 20 neue Mitglieder aufgenommen werden können. Die einmalige Aufnahmegebühr beläuft sich zurzeit auf € 2300.- pro Mitglied. Die Einnahmen aus Aufnahmegebühren werden bei unveränderten Aufnahmegebühren also geringer ausfallen. Weiterhin werden die Ausgaben für Investitionen pro Jahr nicht mehr wie bisher rund € 60000.-, sondern etwa bei € 70000.- liegen. Weiterhin rechnet man damit, dass sich die weiteren Ein- und Ausgaben in der Zukunft nicht ändern werden und wie bisher pro Jahr ein Einnahmeüberschuss von Null angestrebt werden soll. Die Investitionen sollen laut Satzung aus Aufnahme- und Monatsgebühren und nicht aus Einnahmen im Bereich Gastronomie, Cafeteria, Bar oder Gebühren durch Nichtmitglieder finanziert werden.

Um die zu erwartende Finanzierungslücke zu decken, werden zwei Vorschläge diskutiert:

(a₁) die Erhöhung der Aufnahmegebühr auf € 4000.- und der bisher gültigen Monatsgebühr von € 48.- auf € 60.-;

(a₂) eine Staffelung der Gebühren nach dem Alter der Mitglieder:

Alter des neuen Mitglieds	Aufnahmegebühr	Monatsgebühr
21-25 Jahre	1500	20
26-30 Jahre	2000	60
31-35 Jahre	2500	100
36-65 Jahre	3000	140
über 65 Jahre	0	20

Beurteilen Sie die Vorteilhaftigkeit der beiden Alternativen.

Lösungsskizze:

Berechnung der Finanzierungslücke:

bisherige Einnahmen aus Aufnahmegebühren:	$62 \cdot 2300 = 142600.-$
zukünftige Einnahmen aus Aufnahmegebühren:	$20 \cdot 2300 = 46000.-$
zusätzliche Ausgaben für Investitionen:	$10000.-$
Finanzierungslücke:	$106600.-$

Um die Finanzierungslücke zu decken, müssten aus Aufnahme- und Monatsgebühren zusätzlich pro Jahr € 106600.- eingenommen werden.

Zusätzliche Einnahmen im Falle der Alternative 1:

20 neue Mitglieder · (4000-2300)
+ 600 Mitglieder · 12 Monate · (60-48) = 120400.-

Zusätzliche Einnahmen im Falle der Alternative 2:

Im vorliegenden Fall fehlt leider die Information, welche Altersstruktur die neuen Mitglieder und die Mitglieder aufweisen. Unterstellt man gleiche Häufigkeiten in den fünf Altersklassen sowie eine konstante Altersstruktur in der Zukunft, so belaufen sich die zusätzlichen Einnahmen auf folgenden Betrag:

$$20 \cdot \left(\frac{1500 + 2000 + 2500 + 3000 + 0}{5} - 2300 \right) + 600 \cdot 12 \cdot \left(\frac{20 + 60 + 100 + 140 + 20}{5} - 48 \right)$$
$$= -10000 + 144000 = 134000$$

Voraussetzung für die Durchführbarkeit der Gebührendifferenzierung ist die eindeutige Trennbarkeit der Segmente (dies wäre im vorliegenden Fall möglich) und die Durchsetzbarkeit aufgrund der Akzeptanz bei den Mitgliedern. Auch wenn die Differenzierung primär ökonomische Gründe hat, nämlich die Abschöpfung der Preisbereitschaft bestimmter Mitgliedersegmente, könnte man doch mit sportlichen Gründen (für junge Mitglieder wird Beitritt attraktiv) und sozialen Gründen (z. B. Förderung des Clublebens durch jüngere Mitglieder) argumentieren. Die Gebührenstaffelung ergibt zwar etwas höhere Einnahmen, als zur

Deckung der Finanzierungslücke nötig wären. Geht man aber davon aus, dass durch die günstigen Beiträge vor allem jüngere und ältere Mitglieder, die wenig Gebühren bezahlen müssen, dem Golfclub beitreten wollen, dürfte die Annahme der Gleichverteilung des Alters der Mitglieder in der Zukunft ohnehin kritisch sein. Falls die Mitglieder einer Gebührendifferenzierung zustimmen, könnte aus sozialen und sportlichen Gründen letztere Alternative empfehlenswert sein.

Aufgabe 10:

Ein Unternehmen der Stahlindustrie, das kontinuierlich Rohre produziert besitzt 4 parallel arbeitende Produktionsstraßen mit einer jeweiligen Kapazität von 100 Rohren pro Monat. Diese Kapazitäten sind in den nächsten 12 Monaten wie folgt ausgelastet:

Monat	1	2	3	4	5	6	7	8	9	10	11	12
Auslastung	300	300	300	200	200	200	100	100	100	100	100	100

Das Unternehmen steht vor der Frage, ob es einen Zusatzauftrag zur Lieferung von 1100 Rohren übernehmen soll. Der Auftrag müsste innerhalb dieses Jahres ausgeführt werden, und es würde ein Preis von 349 GE/Rohr erzielt. Zu beachten ist folgendes:

- Eine Produktionsstraße kann nur in Volllast betrieben werden; ansonsten ist sie stillzulegen.
- Falls eine Produktionsstraße stillgelegt werden muss, fallen 3000 GE pro Stilllegungsfall an. Falls sie wieder inganggesetzt wird, fallen 5000 GE pro Ingangsetzungsfall an.
- Im Produktionsbereich fallen Löhne (12 Monate Kündigungsschutz) und Gehälter von 100000 GE an.
- Die Abschreibungen aller drei Produktionsstraßen gemeinsam betragen 50,000 GE pro Jahr.
- Die sonstigen Kosten der Betriebsbereitschaft betragen 88000 GE pro Jahr; sie sind monatlich disponierbar.
- Die streng mengenproportionalen Kosten (z. B. Material) belaufen sich auf 350 GE/Rohr.

Soll der Zusatzauftrag unter Kosten- und Erlösüberlegungen angenommen werden? Sollen die Stückkosten aus der Voll- bzw. Teilkostenrechnung oder eine andere Kostengröße herangezogen werden? Begründen Sie Ihre Empfehlung.

Lösungsskizze:

Stückkosten, falls der Zusatzauftrag nicht angenommen wird:

Produktions-straße	1	2	3	4	5	6	7	8	9	10	11	12
1	d100	d100	d100	d100	d100	d100	d100	d100	d100	d100	d100	d100
2	d100	d100	d100	d100	d100	d100	S					
3	d100	d100	d100	S								
4												

d...: bereits disponierte Menge S: Stillegung einer Produktionsstraße

	Vollkostenrechnung	Teilkostenrechnung
Löhne	100000 GE	
Abschreibungen	50000 GE	
sonstige Kosten der Betriebsbereitschaft	88000 GE	
Kosten für Stillegung (2·3000)	6000 GE	
Fixkosten	244000 GE	
Produktionsmenge	2100 ME	
auf Einheit geschlüsselte Fixkosten	116.19 GE/Rohr	0 GE/Rohr
mengenproportionale Kosten	350 GE/Rohr	350 GE/Rohr
Stückkosten	466.19 GE/Rohr	350 GE/Rohr

Bewertung der Vorteilhaftigkeit der Annahme des Zusatzauftrags:

Produktions-straße	1	2	3	4	5	6	7	8	9	10	11	12	
1	d100	d100	d100	d100	d100	d100	d100	d100	d100	d100	d100	d100	
2	d100	d100	d100	d100	d100	d100	z100	z100	z100	z100	z100	z100	S?
3	d100	d100	d100	z100	z100	z100	z100	z100	S				
4													

d...: bereits disponierte Menge; S: Stillegung einer Produktionsstraße
z...: bei Annahme des Zusatzauftrages zu produzierende Menge

mengenproportionale Kosten	350 GE/Rohr
gesamte mengenproportionale Kosten (1100·350)	385000 GE
eventuell Vermeidung der Stillegungskosten und der anschließenden Ingangsetzungskosten der Produktionsstraße 2	-8000 GE
Erlös bei Annahme des Auftrags (1100·349)	383900 GE

Falls die Stillegung von Produktionsstraße 2 durch die Annahme des Zusatzauftrags vermieden werden kann, ist dieser anzunehmen (Deckungsbeitrag: 383900-385000+8000 = 6900 GE). Falls die Produktionsstraße 2 am Ende des Jahres stillgelegt werden müsste, weil im ersten Monat des folgenden Jahres diese Kapazität nicht benötigt wird, wäre die Annahme des Zusatzauftrags nachteilig (Deckungsbeitrag: 383900-385000 = -1100 GE). Das Unternehmen müsste für diese beiden Zustände Eintrittswahrscheinlichkeiten schätzen, aus den beiden Ergebnissen einen erwarteten Deckungsbeitrag berechnen und sich dann entscheiden.

Aufgabe 11:

Der Elektronikhersteller Tech-Sas-Instruments Inc. hat einen neuartigen Taschenrechner mit Videofunktion entwickelt. Mit dem Gerät können Video-Tutorials zu mathematischen Grundlagen und Tests zur Überprüfung von Lernerfolgen abgespielt werden. Für den Absatz des neuartigen Geräts unterstellt die Firma eine multiplikative Preis-Absatz-Funktion $y = a \, p^b$ (y: Absatz, p: Verkaufspreis für eine Dose, a = 17 Mio. und b = -1.7). Für die variablen Herstellkosten k_t in Periode t geht das Unternehmen von folgendem Zusammenhang mit der produzierten (und abgesetzten) Menge y aus:

$$k_t = k_0 \left[\frac{\sum_{\tau=0}^{t-1} y_\tau}{y_0} \right]^{\beta} \qquad \beta: \text{Degressionsfaktor}$$

Weiterhin geht das Unternehmen von einer Lernrate α in Höhe von 35% aus. In der Pilotperiode t = 0 wurden 7000 Taschenrechner zu variablen Herstellkosten k_0 in Höhe von 80 Euro produziert. Der Einfachheit halber kann davon ausgegangen werden, dass die variablen Herstellkosten am Ende jeder Periode sprunghaft fallen.

Erklären Sie, was unter den Begriffen Lernrate und Degressionsfaktor inhaltlich zu verstehen ist. Was versteht man unter der Preis-Elastizität des Absatzes? Leiten Sie die Preiselastizität im Fall einer multiplikativen Preis-Absatz-Funktion zunächst allgemein (formal) her, und bestimmen Sie anschließend die Elastizität für den neuartigen Taschenrechner. Bestimmen Sie für die Perioden 1 und 2 die deckungsbeitragsoptimalen Preise. Welcher maximale Deckungsbeitrag könnte in den beiden Perioden erreicht werden? Bitte führen Sie zur Beantwortung dieser Fragen geeignete Berechnungen durch.

Lösungsskizze:

Die Lernrate α bezeichnet den Prozentsatz, um den die variablen Stückkosten bei einer Verdopplung der kumulierten Menge sinken. Der Degressionsfaktor β bezeichnet die Kostenelastizität der relativen kumulierten Produktionsmenge (bezogen auf die Pilotproduktion). Unter der Preis-Elastizität versteht man die relative Änderung der Absatzmenge bei einer relativen Preisänderung. Die Elastizität setzt die marginale Mengenänderung ins Verhältnis zur marginalen Preisänderung:

Bestimmung der Elastizität:

$$\varepsilon_{y;p} = \frac{\partial x / x}{\partial p / p} = \frac{\partial x}{\partial p}\frac{p}{x} = a(b)p^{b-1}\frac{p}{ap^b} = b$$

Elastizität der Tech-Sas-Instuments Inc: $\varepsilon = b = -1.7$

Deckungsbeitrags-optimaler Preis:

$$DB = (p-k)\cdot y = (p-k)\cdot ap^b \to \frac{\partial DB}{\partial p} = ap^b + (p-k)abp^{b-1} \overset{!}{=} 0 \to 1 + (p-k)bp^{-1} = 0 \to$$

$$b - kb\frac{1}{p} = -1 \to p^* = \frac{kb}{b+1}$$

Bestimmung des Degressionsfaktors:

$$\alpha = 1 - 2^\beta \Rightarrow 2^\beta = 1 - \alpha \Rightarrow \beta = \frac{\ln(1-\alpha)}{\ln 2} = \frac{\ln(1-0.35)}{\ln 2} \approx -0.62$$

Periode 0	Periode 1	Periode 2
	$k_1 = 80\cdot\left[\frac{7000}{7000}\right]^{-0.62} = 80$	$k_2 = 80\cdot\left[\frac{7000+2188.18}{7000}\right]^{-0.62} = 67.58$
	$p_1^* = \frac{80\cdot(-1.7)}{-1.7+1} \approx 194.29$	$p_2^* = \frac{67.58\cdot(-1.7)}{-1.7+1} = 164.12$
$y_0 = 7000$	$y_1^* = 17000000\cdot194.29^{-1.7} \approx 2188.18$	$y_2^* = 17000000\cdot164.12^{-1.7} \approx 2915.24$
	$D_1 = (194.29-80)\cdot2188.18 = 250087.09$	$D_2 = (164.12-67.58)\cdot2915.24 = 281437.27$

Aufgabe 12:

Erklären Sie das Konzept der Erfahrungskurve mit Hilfe einer formalen Darstellung und anhand eines Zahlenbeispiels.

Lösungsskizze:

Die Theorie der Erfahrungskurve besagt, dass mit der Zunahme der kumulierten Ausbringungsmenge als Indikator für die gesammelte Erfahrung die variablen Stückkosten sinken. Das heißt: variable Stückkosten und Produktionsmenge sind nicht voneinander unabhängig; je mehr produziert wird, desto geringer sind die variablen Stückkosten.

Modell:

$$k_t = k_1 (\sum_{\tau=1}^{t} x_\tau / x_1)^\beta$$

mit: k_t: variable Stückkosten am Ende der Periode t
   x_t: Produktionsmenge während Periode t,
   β: Degressionsfaktor
   t=1:   erste Periode der Produktion

Das Modell besagt: Mit jeder Verdopplung der kumulierten Produktionsmenge sinken die auf die Wertschöpfung bezogenen Stückkosten inflationsbereinigt potentiell um einen bestimmten Prozentsatz α (z.B. 20 bis 30%).

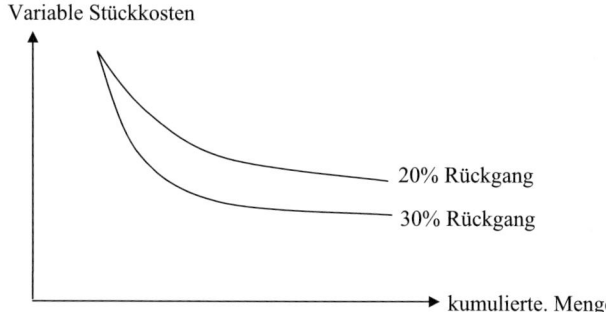

Erläuterung des Zusammenhangs:

$$\alpha = 1 - \frac{k_2}{k_1} = 1 - \frac{k_1 \left[\frac{x_1 + x_1}{x_1} \right]^\beta}{k_1} = 1 - \left[\frac{2x_1}{x_1} \right]^\beta = 1 - 2^\beta \quad \Rightarrow \beta = \frac{\ln(1-\alpha)}{\ln 2}$$

Zahlenbeispiel:

	t	x_t	k_t
Vergangenheit	1	10	50
	2	20	31.70
	3	10	28.13
	4	20	23.78
geplant	5	30	?
	6	30	?

$$k_t = k_1 (\sum_{\tau=1}^{t} x_\tau / x_1)^\beta \Rightarrow k_t / k_1 = (\sum_{\tau=1}^{t} x_\tau / x_1)^\beta \Rightarrow \beta = \ln(k_t / k_1) / \ln\left(\sum_{\tau=1}^{t} x_\tau / x_1\right)$$

$t = 2:$ $\beta = \ln(31.70/50) / \ln[(10+20)/10] = -0.4148$

$t = 3:$ $\beta = \ln(28.13/50) / \ln[(10+20+10)/10] = -0.4148$

$t = 4:$ $\beta = \ln(23.78/50) / \ln[(10+20+10+20)/10] = -0.4148$

$\alpha = 1 - 2^{-0.4148} = 0,25 = 25\%$

$k_5 = 50[(10+20+10+20+30)/10]^{-0.4148} = 20.10$

$k_6 = 50[(10+20+10+20+30+30)/10]^{-0.4148} = 17.84$

Anmerkung: Hier liegt der Sonderfall eines konstanten Parameters ß vor. Von dem in der Vergangenheit beobachteten, konstanten β wird auf die zukünftige Ausprägung des Parameters geschlossen.

Aufgabe 13:

Die Innovativ AG steht vor der Aufgabe, die Preispolitik für ihr neu entwickeltes Produkt festzulegen. Die Pilotproduktion umfasste 1000 Stück. Die dabei anfallenden Stückkosten k_0 betrugen € 5000. Die jährliche Produktionsobergrenze liegt bei 3500 Stück. Erfahrungsgemäß ist davon auszugehen, dass bei einer Verdoppelung der Produktionsmenge (x) die Stückkosten k_t um p=9.875% sinken, wobei folgende Beziehung angenommen wird:

$$k_t = k_0 \left[\sum_{\tau=0}^{t-1} x_\tau / x_0\right]^b$$

Dabei wird einfachheitshalber unterstellt, dass die variablen Stückkosten k_t jeweils beim Jahreswechsel sprunghaft fallen. Grundsätzlich geht das Unternehmen davon aus, dass von dem Produkt maximal 10000 Stück pro Periode absetzbar sind und dass bei einem Preis von € 10000 die Preiselastizität der Nachfrage -1.0 beträgt. Es wird von einer additiven Preisabsatzfunktion ausgegangen. Die Marketingleitung vermutet, dass bei einem Preis von über € 12000 neue Konkurrenten angelockt werden.

Bestimmen Sie den Degressionsfaktor b. Wie sieht die Preisstrategie des Unternehmens für die nächsten drei Jahre aus, wenn es Ziel des Unternehmens ist, den jährlichen Deckungsbeitrag zu maximieren?

Lösungsskizze:

Zusammenhang zwischen Degressionsfaktor b und Erfahrungsrate p:

Aussage des Gesetzes				
Bei einer Verdoppelung der kumulierten Produktionsmenge sinken die Stückkosten um p.				
Periode	t	es vergehen		t+x
		x Perioden		

kumulierte Produktionsmenge

$$\sum_{\tau=0}^{t-1} x_\tau \qquad \cdots \qquad \sum_{\tau=0}^{t+x-1} x_\tau = 2\sum_{\tau=0}^{t-1} x_\tau$$

Stückkosten

$$k_t = k_0 \left[\frac{\sum_{\tau=0}^{t-1} x_\tau}{x_0}\right]^b \qquad \cdots \qquad k_{t+x} = k_0 \left[\frac{\sum_{\tau=0}^{t+x-1} x_\tau}{x_0}\right]^b = (1-p)k_t$$

$$\Rightarrow \quad k_0 \left[\frac{2\sum_{\tau=0}^{t-1} x_\tau}{x_0}\right]^b = (1-p)k_t$$

$$\Rightarrow 2^b k_t = (1-p)k_t \Rightarrow 2^b = 1-p$$

$$\Rightarrow p = 1 - 2^b \text{ bzw. } b = \frac{\ln(1-p)}{\ln 2}$$

$$p = 0.09875 \Rightarrow b = -0.15$$

Schätzung der linearen Preisabsatzfunktion $y = a + bp$
(1) bei $p = 0$ ist $y_{max} = 10000 \Rightarrow 10000 = a + b \cdot 0 \Rightarrow a = 10000$
(2) bei $p = 10000$ ist $\varepsilon_{py} = -1$

$$\varepsilon_{py} = \frac{\partial y}{\partial p}\frac{p}{y} = \frac{bp}{a+bp} = -1 \Rightarrow \frac{b \cdot 10000}{10000 + b \cdot 10000} = -1 \Rightarrow b = -0.5$$

$$y = 10000 - 0.5p$$

Preisfestsetzung bei Deckungsbeitragsmaximierung je Periode:

t=1

$$k_1 = 5000\left(\frac{1000}{1000}\right)^{-0.15} = 5000$$

$$D_1 = (p_1 - k_1)y_1 = (p_1 - 5000)(10000 - 0.5p_1) = -50000000 + 12500p_1 - 0.5p_1^2 \rightarrow \max_{p_1}$$

wobei $0 \le p_1 \le 12000$ und $0 \le y_1 \le 3500$

$$\frac{\partial D_1}{\partial p_1} = 12500 - p_1 = 0 \Rightarrow p_1^* = 12500 \quad \text{(nicht zulässig)}$$

$\Rightarrow$ also: $p_1^* = 12000$ und $y_1^* = 4000$ (nicht zulässig)
$\Rightarrow$ also: $y_1^* = 3500$ und $p_1^* = 12000$
$$D_1 = (12000 - 5000) \cdot 3500 = 24,500,000$$

$$k_2 = 5000\left(\frac{4500}{1000}\right)^{-0.15} = 3990$$

$$D_2 = (p_2 - k_2)y_2 = (p_2 - 3990)(10000 - 0.5p_2) = -39900000 + 11995p_2 - 0.5p_2^2 \to \max_{p_2}$$

wobei $0 \le p_2 \le 12000$ und $0 \le y_2 \le 3500$

$$\frac{\partial D_2}{\partial p_2} = 11995 - p_2 = 0 \Rightarrow p_2^* = 11995 \Rightarrow y_2^* = 4003 \quad \text{(nicht zulässig)}$$

$\Rightarrow$ also: $y_2^* = 3500$ und $p_2^* = 12000$

$$D_2 = (12000 - 3990) \cdot 3500 = 28,035,000$$

t=3

$$k_3 = 5000\left(\frac{8000}{1000}\right)^{-0.15} = 3660$$

$$D_3 = (p_3 - k_3)y_3 = (p_3 - 3660)(10000 - 0.5p_3) = -36600000 + 11830p_3 - 0.5p_3^2 \to \max_{p_3}$$

wobei $0 \le p_3 \le 12000$ und $0 \le y_3 \le 3500$

$$\frac{\partial D_3}{\partial p_3} = 11830 - p_3 = 0 \Rightarrow p_3^* = 11830 \Rightarrow y_3^* = 4085 \quad \text{(nicht zulässig)}$$

$\Rightarrow$ also: $y_3^* = 3500$ und $p_3^* = 12000$

$$D_3 = (12000 - 3660) \cdot 3500 = 29,190,000$$

Aufgabe 14:

Stellen Sie das Erfahrungskurvenkonzept dar und unterscheiden Sie dabei zwischen der Mengendegression, der Technologiedegression und der Erfahrungsdegression der Kosten.

Lösungsskizze:

Das Erfahrungskurvenkonzept wird oftmals für die Kostenveränderung in Abhängigkeit von der Produktionsmenge formuliert. Es kann aber auch auf andere Tätigkeitsbereiche übertragen werden, z. B. auf die Forschung und Entwicklung oder auf die Werbung.

Im Falle der Bezugnahme auf die Produktion besagt das „Gesetz", dass mit zunehmender Erfahrung in der Produktion die variablen Stückkosten fallen können. Als Indikator für die Erfahrung wird die bis zu diesem Zeitpunkt angefallene (kumulierte) Produktionsmenge verwendet.

Das Erfahrungskurvenkonzept wird meist so formuliert, dass von einer konstanten Elastizität der Stückkosten bezüglich der kumulierten Produktionsmenge ausgegangen wird.

Die sinkenden Stückkosten aufgrund von Erfahrung werden damit begründet, dass durch viele minimale Arbeitsablaufänderungen günstigere Handhabungen entwickelt werden und daher die variablen Stückkosten fallen können.

Erfahrungseffekte eröffnen zwar ein Kostensenkungspotential, die variablen Stückkosten fallen aber nicht zwangsläufig. Die Ausschöpfung dieses Potentials hängt von den Fähigkeiten der Beteiligten ab.

Davon zu unterscheiden sind die Mengendegression, die Technologiedegression und die Größendegression, die ebenfalls Kostensenkungen zur Folge haben können.

- Mengendegression: Bei einer größeren Produktionsmenge werden konstante Fixkosten auf mehr Stück verteilt.

- Technologiedegression: Bei größeren Produktionsmengen werden kostengünstigere Produktionstechnologien einsetzbar.

- Größendegression: Die variablen Stückkosten hängen davon ab, inwieweit die „optimale Betriebsgröße" erreicht ist. Damit ist nicht immer die Mitarbeiterzahl gemeint, sondern z. B. die Laufgeschwindigkeit einer Maschine oder die gefahrene Geschwindigkeit eines Pkw.

Erfahrungseffekte beinhalten ein Potential zur Kostensenkung, wenn alle anderen Kostensenkungsmöglichkeiten bereits ausgeschöpft sind.

Aufgabe 15:

Die Stapelhoch GmbH stellt Gabelstapler her und vertreibt diese zum Beispiel an Großhandelsunternehmen. Für die vergangenen beiden Geschäftsjahre konnten die folgenden Daten ermittelt werden:

	Geschäftsjahr	
	2009	2010
Produkte (Fahrzeugvarianten)	4	4
Kunden	70	58
Aufträge	525	638
Deckungsbeitrag im Geschäftsjahr	6750 Tsd. Euro	5553 Tsd. Euro

Führen Sie mit den vorhandenen Daten eine Abweichungsanalyse bezüglich des Deckungsbeitrags durch. Welche Verbesserungsvorschläge könnten Sie der Stapelhoch GmbH geben? Bitte begründen Sie Ihre Aussage. Bitte runden Sie alle (Zwischen-) Ergebnisse auf 2 Nachkommastellen.

Lösungsskizze:

$DB = X \cdot Y \cdot Z$

Geschäftsjahr:	2009	2010
X = DB/Auftrag:	12.86	8.70
Y = Auftrage/Kunde:	7.5	11
Z = Kunden:	70	58

ΔDB_x	$= (x_2-x_1)y_1z_1$	$= (8.70-12.86)\ 7.5 \cdot 70$	$=$	-2184
ΔDB_y	$= x_1(y_2-y_1)z_1$	$= 12.86\ (11-7.5) \cdot 70$	$=$	3150.7
ΔDB_z	$= x_1y_1(z_2-z_1)$	$= 12.86 \cdot 7.5\ (58-70)$	$=$	-1157.4
ΔDB_{xy}	$= (x_2-x_1)(y_2-y_1)z_1$	$= (8.70-12.86)\ (11-7.5) \cdot 70$	$=$	-1019.2
ΔDB_{xz}	$= (x_2-x_1)y_1(z_2-z_1)$	$= (8.70-12.86) \cdot 7.5 \cdot (58-70)$	$=$	374.4
ΔDB_{yz}	$= x_1(y_2-y_1)(z_2-z_1)$	$= 12.86\ (11-7.5) \cdot (58-70)$	$=$	-540.12
ΔDB_{xyz}	$= (x_2-x_1)(y_2-y_1)(z_2-z_1)$	$= (8.70-12.86)\ (11-7.5)\ (58-70)$	$=$	174.72
ΔDB	$= U_2-U_1 = x_2y_2z_2-x_1y_1z_1$	$= 8.70 \cdot 11 \cdot 58 - 12.86 \cdot 7.5 \cdot 70$	$=$	-1200.9

Die positive Wirkung der erhöhten Auftragszahl (pro Kunde) (+3150.7) wird durch die negativen Primäreffekte des DB/Auftrag und des Kundenrückgangs und deren Interaktion überdeckt. Man könnte versuchen wieder mehr Kunden zu gewinnen, da die Kommunikation anscheinend gut funktioniert (Aufträge pro Kunden steigen an). Weiterhin könnte versucht werden den Deckungsbeitrag pro Auftrag zu erhöhen, zum Beispiel dadurch, dass die Produktionskosten gesenkt werden.

Aufgabe 16:

Die Egon Maier KG vertreibt verschiedene Arten Pflastersteine. Abnehmer sind öffentliche Kunden, die Plätze pflastern, gewerbliche Kunden, die z. B. ihre Parkplätze damit belegen, und Bauträger, die für private Haushalte bauen und die Produkte für Gehwege u.ä. verwenden. Dem Mitarbeiter A. liegen folgende Daten vor:

Einflussgrößen	1.Halbjahr 2010	2.Halbjahr 2010
Anzahl der Kunden (Aufträge)	300	280
∅ Kaufmenge/Kunde (Stück Pflastersteine)	1700	2000
∅ erzielter Preis/Pflasterstein (€)	0.45	0.50

Berechnen Sie die Umsatzabweichung und ermitteln Sie die Beiträge der Einflussgrößen durch eine Abweichungsanalyse, die die Veränderung aller Einflussgrößen und deren Kombinationen erfasst. Wie sind die Ergebnisse zu interpretieren? Welche Maßnahmen sollte A. auf der Grundlage der Ergebnisse der Abweichungsanalyse empfehlen? Begründen Sie Ihre Empfehlungen.

Lösungsskizze:

Abweichungsanalyse:

$\Delta U(x)$	$= (280-300) \cdot 1700 \cdot 0.45 =$	-15300
$\Delta U(y)$	$= 300 \cdot (2000-1700) \cdot 0.45 =$	40500
$\Delta U(z)$	$= 300 \cdot 1700 \cdot (0.50-0.45) =$	25500
$\Delta U(xy)$	$= (280-300) \cdot (2000-1700) \cdot 0.45 =$	-2700
$\Delta U(xz)$	$= (280-300) \cdot 1700 \cdot (0.50-0.45) =$	-1700
$\Delta U(yz)$	$= 300 \cdot (2000-1700) \cdot (0.50-0.45) =$	4500
$\Delta U(xyz)$	$= (280-300) \cdot (2000-1700) \cdot (0.50-0.45) =$	-300
U_2-U_1	$= 280 \cdot 2000 \cdot 0.50 - 300 \cdot 1700 \cdot 0.45 =$	50500

mit U: Umsatz; x: Anzahl der Kunden; y: Kaufmenge pro Kunde; z: erzielter Preis pro Pflasterstein; 1: 1. Halbjahr; 2: 2. Halbjahr

Maßnahmen, die die Anzahl der Kunden steigern könnten:
- stärkere Akquisitionsbemühungen bei den potentiellen Kunden;
- analysieren, ob Kundenanzahl = f(Preis); Preise evtl. wieder leicht senken, wenn der negative Preiseffekt durch den Effekt einer höheren Kundenanzahl überkompensiert wird;
- Großkunden durch ein Kundenbindungsprogramm an das eigene Unternehmen binden.

Aufgabe 17:

Alfred ist Inhaber eines Modehauses. Im letzten Jahr konnten folgende Umsätze bei den nachfolgend angegebenen durchschnittlichen Lagerbeständen in den Warengruppen erzielt werden. Die geplante Aufschlagspanne konnte Alfred nicht immer durchhalten, sondern er musste oft unfreiwillig herabzeichnen, um das Warenlager zu räumen.

Warengruppe	Umsatz (Ist)	Aufschlagspanne (Plan)	∅ Lagerbestand (Ist)[1]
Kurzwaren und Wolle	40,000.-	0.80	36,200.-
Kleinzeug für Damen und Kinder	100,000.-	0.75	25,600.-
Damenkonfektion	1,420,000.-	0.75	350,000.-
Herrenoberbekleidung	830,000.-	0.75	446,000.-
Deko.stoffe und Heimtextilien	30,000.-	0.70	50,000.-
Kinderoberbekleidung	170,000.-	0.70	122,600.-
Leibwäsche	380,000.-	0.75	193,400.-
Stricksachen	400,000.-	0.75	100,000.-
Schürzen und Berufskleidung	10,000.-	0.70	9,000.-
Strümpfe und Strumpfhosen	160,000.-	0.70	69,600.-
Herrenausstattung	130,000.-	0.80	24,000.-
Summe	3,670,000.-		1,426,400.-

1) bewertet zu Einstandspreisen

Aus der Gewinn- und Verlustrechnung dieses Jahres sind weiterhin folgende Daten bekannt:

Umsatzerlöse (ohne MwSt)	3,670,000.-
- Warenkosten (ohne MwSt)	2,629,600.-
- Personalkosten	415,800.-
- Raumkosten	252,600.-
- geringwertige Wirtschaftsgüter	15,800.-
- Zinsen	63,600.-
- Steuern (ohne MwSt)	103,600.-
- Abschreibungen	104,000.-
- sonstiger Aufwand	38,000.-
= Reingewinn	47,000.-

Alfred ist mit dem Erfolg aus der Geschäftstätigkeit nicht recht glücklich. Berechnen Sie den Lagerumschlag und die Soll-Rentabilität des Lagerkapitals für die einzelnen Warengruppen. Unterbreiten Sie Vorschläge, welche sortiments- bzw. preispolitischen Maßnahmen Alfred erwägen sollte. Begründen Sie Ihre Empfehlungen.

Lösungsskizze:

Berechnung des Lagerumschlags und der Rentabilität des Lagerkapitals:

$$\text{Lagerumschlag(Soll)} = \frac{\text{Umsatz(Ist)}}{\text{durchschn.Lagerbestand(Ist)} \cdot (1 + \text{Aufschlagsspanne(Plan)})}$$

$$\text{Aufschlagspanne} = \frac{\text{Umsatz} - \text{Warenkosten}}{\text{Warenkosten}} \Rightarrow \text{Warenkosten} = \frac{\text{Umsatz}}{1 + \text{Aufschlagspanne}}$$

$$\text{Warengruppendeckungsbeitrag I} = \text{Umsatz} - \text{Warenkosten}$$

$$\text{Rentabilität des Lagerkapitals} = \frac{\text{Warengruppendeckungsbeitrag}}{\varnothing \text{Lagerbes}\tan\text{d}}$$

Warengruppe	Lagerumschlag (Soll)	Warenkosten (Soll)	Warengruppen-deckungsbeitrag I (Soll)	Warengruppende-ckungsbeitrag I (Soll)/∅Lagerbestand
Kurzwaren und Wolle	0.614	22,222.-	17,778.-	0.491
Kleinzeug für Damen und Kinder	2.232	57,143.-	42,857.-	1.674
Damenkonfektion	2.318	811,429.-	608,571.-	1.739
Herrenoberbekleidung	1.063	474,286.-	355,714.-	0.798
Deko.stoffe und Heimtextilien	0.353	17,647.-	12,353.-	0.247
Kinderoberbekleidung	0.816	100,000.-	70,000.-	0.571
Leibwäsche	1.123	217,143.-	162,857.-	0.842
Stricksachen	2.286	228,571.-	171,429.-	1.714
Schürzen und Berufskleidung	0.654	5,882.-	4,118.-	0.458
Strümpfe und Strumpfhosen	1.352	94,118.-	65,882.-	0.947
Herrenausstattung	3.009	72,222.-	57,778.-	2.407
∅				1.081
Summe		2,100,663.-	1,569,337.-	

Alfred müsste versuchen, den Lagerumschlag bei Realisierung der Plan-Aufschlagspanne zu erhöhen, speziell in den Warengruppen mit geringem Lagerumschlag, oder er müsste die Aufschlagspanne bei Konstanz des Lagerumschlags erhöhen, speziell bei den Warengruppen, bei denen die Nachfrager die Preise kaum kennen. Alfred müsste allerdings zunächst die Ist-Aufschlagspannen in den Warengruppen bestimmen.

Darstellung der Kenngrößen in einem Portfolio:

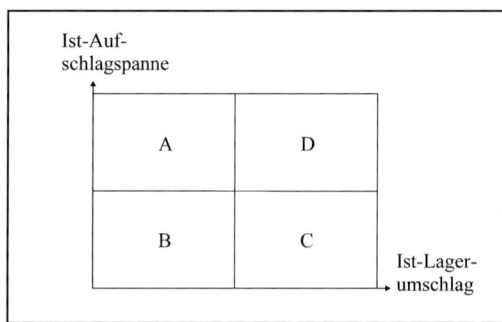

Falls die Warengruppen in folgende Quadranten fallen, könnte die Vorteilhaftigkeit folgender Maßnahmen genauer untersucht werden:

A: Sonderaktionen und günstigere Platzierungen;

B: Kombinationen der Maßnahmen für A und C, Eliminierung von Artikeln, falls kein Sortimentsverbund;

C: nach günstigeren Einkaufskonditionen suchen, eventuell leicht die Absatzpreise erhöhen;

D: Maßnahmen wie bisher.

Aufgabe 18:

Zur Herstellung von Taschenrechnern benötigt ein Elektronikhersteller Bauteile, wie beispielsweise Leiterplatten, Solarzellen und Displays, die er von Zulieferern bezieht. Diskutieren Sie die Vorteilhaftigkeit einer häufigen Beschaffung der Komponenten in geringeren Mengen im Gegensatz zur seltenen Beschaffung großer Mengen. Gehen Sie dabei bitte auf fünf verschiedene Aspekte ein. Nennen Sie außerdem zwei mögliche Ziele der Beschaffungsplanung.

Lösungsskizze:

Die Entscheidung über Beschaffungsmengen und Beschaffungszeitpunkte hat folgende Konsequenzen:

Geringe Menge pro Beschaffung, häufige Beschaffung	Hohe Menge pro Beschaffung, seltene Beschaffung
• Hoher Einstandspreis • Rabatte nicht nutzbar • Hohe Beschaffungsnebenkosten aufgrund häufiger Transporte • Hoher Verwaltungsaufwand • Geringe Kosten für die Kapitalbindung • Geringe Lagerhaltungskosten • Geringe Opportunitätskosten	• Geringer Einstandspreis wegen Mengenrabatten und Unabhängigkeit von zukünftigen Preiserhöhungen • Geringe Beschaffungsnebenkosten • Hohe Kosten für die Kapitalbindung, da hoher Lagerbestand • Hohe Lagerhaltungskosten durch hohen Lagerbestand • Hohe Opportunitätskosten durch gebundenes Kapital

Mögliche Ziele:

• Finanzielles Gleichgewicht zwischen Einnahmen- und Ausgabenseite
• Minimale Kosten und somit mehr Spielraum bei der Preissetzung (z.B. könnten Änderungen der Marktgegebenheiten Preissenkungen nötig machen)

6. Produktpolitik

Aufgabe 1:

Erklären Sie, welche Entscheidungsprobleme mit Hilfe von Quality Function Deployment (QFD) gelöst werden sollen. Erläutern Sie den Einsatz dieser Methode an einem selbst gewählten Zahlenbeispiel. Woher könnten die nötigen Daten stammen?

Lösungsskizze:

QFD wird seit 1972 bei Mitsubishi Heavy eingesetzt. Teilt man die Produktentwicklung in Phasen ein, so müssen (1) Kundenanforderungen zunächst in technische Produktmerkmale, (2) diese sodann in geplante, neue Produktteile, (3) diese wiederum in Arbeitsprozesse und (4) diese schließlich in konkrete Arbeitsschritte transformiert werden. In der Literatur zum Qualitätsmanagement wird empfohlen, ein so genanntes „Quality Function Deployment" anzuwenden, um aus den geplanten Ergebnissen der jeweils vorausgehenden Phase Prioritäten bei der Entwicklung in der jeweils nachfolgenden Phase zu erkennen. Dies wird *am Beispiel der ersten Phase* erläutert. Hier sollen folgende Fragen beantwortet werden:

- Mit welchen Teilproblemen soll in der Entwicklung frühzeitig begonnen werden? Es geht in diesem Zusammenhang nicht um alle Leistungsmerkmale wie Kundendienst, die Freundlichkeit des Personals oder die Gestaltung des Firmengebäudes, sondern um die technische Attributen.
- Wofür soll vergleichsweise hoher Anteil des Entwicklungsbudgets zur Verfügung gestellt werden?

Die Antworten sind: Folgenden technischen Merkmalen soll Priorität eingeräumt werden:

- technische Merkmale, deren geplante Ausprägungen schwierig zu realisieren sind,
- technische Merkmale, deren Realisierung organisatorisch schwierig ist,
- technische Merkmale, die mit Kundenanforderungen verknüpft sind, bei denen die Konkurrenten aus Kundensicht derzeit bessere Lösungen als das eigene Unternehmen bieten (Resultat einer Stärken-Schwächen-Analyse),
- technische Merkmale, bei denen die Konkurrenten bereits innovative, gute Lösungen erarbeitet haben (Resultat einer Chancen-Risiken-Analyse),
- technische Merkmale, die starke negative Wechselwirkungen mit anderen Produktmerkmalen aufweisen.

Zum erstgenannten Punkt wird folgende Vorgehensweise empfohlen.
- Erfassung der relevanten Kundenanforderungen (h),
- Übersetzung der Kundenanforderungen in technische Merkmale (m),
- Feststellung der Beziehungsstärke zwischen Kundenanforderung und technischem Merkmal (x_{hm}),
- Ermittlung der Bedeutung einzelner Kundenanforderungen (g_h),
- Berechnung der Punktesumme (so genannte Risikoprioritätszahl) je technisches Merkmal ($\sum g_h x_{hm}$).

Das Rechenschema wird an einem Beispiel (Handy) erläutert.

Kundenanforderung	Wichtigkeit aus Kundensicht	Technisches Merkmal						
		Sendeleistung	Display	Tastatur	Programmierung	Rauschsperre	Akkukapazität	geringes Gewicht
lange Betriebszeit	5	-	-	-	-	-	5	-
hohe Sprachverständlichkeit	4	3	-	-	2	4	4	-
Robustheit	4	-	2	3	-	-	-	4
einfache Bedienung	4	-	4	5	5	-	-	3
Anzeigen leicht lesbar	4	-	5	4	4	-	-	-
ansprechendes Design	3	-	3	3	-	-	-	3
RPZ		12	53	53	36	16	41	37

Skala: 0 = kein Zusammenhang, 5 = sehr starker Zusammenhang, 0 = völlig unwichtig, 5 = sehr wichtig

Die Daten zur Wichtigkeit müssten aus Kundenbefragungen stammen. Die Werte zum Zusammenhang zwischen Kundenanforderung und technischem Merkmal müssten intern beschafft werden. Je höher die Punktesumme für ein technisches Merkmal ist, desto wichtiger bzw. schwieriger ist die Lösung des technischen Problems und desto frühzeitiger und mit desto mehr Mitteleinsatz sollte die Lösung dieses Problems angegangen werden.

Aufgabe 2:

Eine Firma beabsichtigt, eine neue Mäusefalle zu entwickeln. Aus einer Kundenbefragung wurden Werte für die Wichtigkeit von Nutzenmerkmalen ermittelt, die technischen Abteilungen des Hauses lieferten Angaben, wie sehr technische Merkmale mit den Nutzenmerkmalen zusammenhängen.

Kundenanforderungen		Wichtigkeit aus Kundensicht	Locken		Töten								Bequemlichkeit					Preis
			Anlockradius	Größe	Verhältnis tote/gef. Mäuse	M.T.R.F.	Tötungszeit	Hörbares Signal	Sichtbares Signal	Bestätigungsklang	Rutschwiderstand	Anzahl der Größen	Anzahl verschiedener Köder	Einstellkraft	Kraft zum Lösen	Abfallstreuradius	Sicherheitsstandard	Verkaufspreis
Locken wirksam	wirksames Locken	5	9	3							1	3	9					
	zuverlässig	5			9	9	9					3		3	3	3		3
	narrensicher	5		1	9	9	3					3		3	3			
	tötet schnell	4		1	9		9						9					
	Tötungssignal	4						9	9									
	leise Arbeitsweise	3	3							9								
	rutscht nicht	3		1							9					3		
	richtige Größe	3	3	9								9				1	1	
leicht zu gebrauchen	Köder leicht einzusetzen	5	1	1									9	3		3		
	leicht bereit zu machen	5	1										9	9		3		
	leicht zu entfernen	5	1											3	9	3		
	keine Schweinerei	4								3					3	9	3	
sicher	sicher für die Finger	5								1				9	9	9		
	sicher für Kinder und Haustiere	5								1				9				
Preis	niedriger Preis	3																9
RPZ			59	78	126	90	96	36	36	27	84	42	150	221	117	39	174	42

Skala: 0 = kein Zusammenhang, 9 = sehr starker Zusammenhang, 0 = völlig unwichtig, 5 = sehr wichtig
Daten entnommen aus Brunner, F.J./Wagner K.(1997): Taschenbuch Qualitätsmanagement, S. 113.

Ermitteln Sie auf der Basis dieser Daten, welche Schwerpunkte im Rahmen der Entwicklung gesetzt werden sollten, insbes. womit frühzeitig im Rahmen der Entwicklung begonnen werden sollte, und in welche Bereiche anteilig ein hohes Forschungsbudget investiert werden sollte.

Lösungsskizze:

Berechnung der Risikoprioritätszahl:

Locken		Töten								Bequemlichkeit					Preis
Anlockradius	Größe	Tote/gefangene Mäuse	M.T.R.F.	Tötungszeit	Hörbares Signal	Sichtbares Signal	Bestätigungsklang	Rutschwiderstand	Anzahl der Größen	Anzahl verschiedener Köder	Einstellkraft	Kraft zum Lösen	Abfallstreuradius	Sicherheitsstandard	Verkaufspreis
59	78	126	90	96	36	36	27	84	42	150	221	117	39	174	42

Über den Spalten: Technische Merkmale und Preis

Folgerungen:

Phase und Budget	Technische Merkmale
sehr frühzeitig mit der Entwicklung starten, hohes Budget	• Mechanismus, damit Kunden die Falle leicht und bequem einstellen können (221)
nächster Schritt	• Sicherheitsaspekte (174) • Möglichkeit, verschiedener Köder einzusetzen (150) • Mechanismus mit hohem Verhältnis tote/gefangene Mäuse (126) • Mechanismus, Kunden die Falle wieder leicht und bequem lösen können (117)
übernächster Schritt	• Möglichkeit, dass Kunden Defekte der Falle leicht selbst reparieren können (MTRF = Mean time to repair failures, 90) • geringer Rutschwiderstand der Falle (84) • Optimierung der Größe der Falle (78)

Aufgabe 3:

Zwei unabhängige Unternehmen wollen eine gemeinsame Werbeaktion durchführen. Der Agenturleiter, der die Planung koordiniert, entwickelt folgenden Plan zur Erstellung eines gemeinsamen Werbemittels.

Vorgang	A	B	C	D	E	F	G	H
Dauer	5	9	6	8	5	4	13	5
Vorgänger[1]	-	-	A	B	A,B	C,E	D,F	C,F,G

A: Briefing bei Unternehmen 1
B: Briefing bei Unternehmen 2
C: Konkretisierung der Ziele für Unternehmen 1
D: Konkretisierung der Ziele für Unternehmen 2
E: Abstimmung der beiden Briefings
F: Ableitung der Werbebotschaft aus den Werbezielen des Unternehmens 1
G: Ableitung der Werbebotschaft aus den Werbezielen des Unternehmens 2
H: Entwurf eines Werbemittels
[1] nicht immer nur direkte Vorgänger

Erstellen Sie das Gantt-Diagramm und den Netzplan. Geben Sie je Knoten den frühesten und spätesten Zeitpunkt des Beginns der Einzeltätigkeit an. Nach wie vielen Zeiteinheiten ist das Projekt frühestens abgeschlossen?

Lösungsskizze:

Gantt-Diagramm:

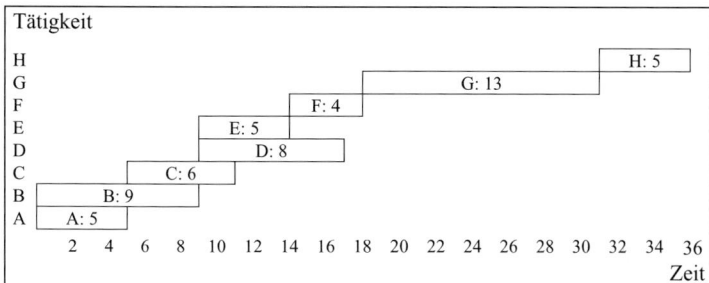

Netzplan:

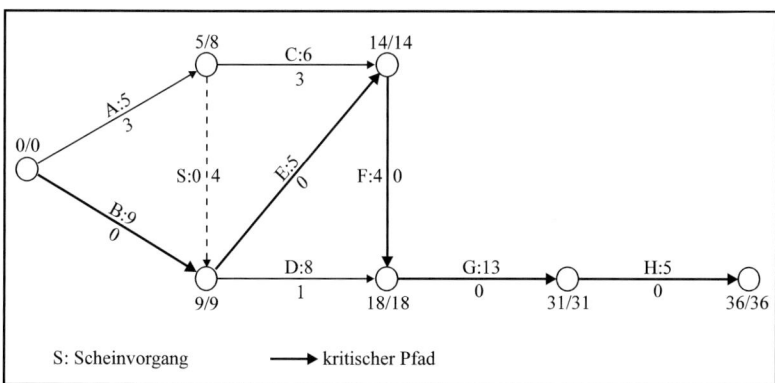

Das Projekt kann frühestens nach 36 Zeiteinheiten abgeschlossen werden.

Aufgabe 4:

Elektronische Bücher, sogenannte E-Books, sind in den vergangenen Monaten blitzartig aus der Versenkung aufgetaucht. Diese versuchen im weitesten Sinne, das Medium Buch mit seinen medientypischen Eigenarten in digitaler Form verfügbar zu machen. Einige Experten gehen davon aus, dass der Download von Büchern bald so selbstverständlich sein wird wie das Laden von Musik auf einen iPod. Zur Nutzung brauchen die Personen ein elektronisches Lesegerät, dessen Display auf der Technologie des Elektronischen Papiers (E-Papier) basiert. E-Papier reflektiert das Licht wie normales Papier, so dass digitale Texte und Bilder wie gedruckt erscheinen. Die Personen können sich dann E-Books, Zeitschriften und Zeitungen in wenigen Sekunden über das Mobilfunknetz auf ihr Lesegerät laden.

Der Elektronikkonzern NYSO möchte diesen Trend nicht verschlafen und will aus diesem Grund ein elektronisches Lesegerät (NYSO-Reader) für E-Books auf den Markt bringen. Der NYSO-Reader bietet den Konsumenten Platz für eine ganze Bibliothek, sodass sie immer eine riesige Auswahl von Büchern mit sich herumtragen und nach Lust und Laune entscheiden können, was sie lesen möchten. Allerdings besteht hinsichtlich zweier Produktmerkmale noch Unsicherheit, welche Ausprägungsvariante von den Konsumenten am stärksten präferiert wird. Zum einen ist man sich nicht sicher, ob das Gerätegehäuse besser aus Plastik oder Aluminium gearbeitet sein sollte. Zum anderen weiß man nicht, ob die Konsumenten aufgrund der besseren Lesbarkeit einen eher großen Bildschirm wünschen oder aufgrund der Handlichkeit eher einen kleinen Bildschirm vorziehen würden. Zur Diskussion stehen ein 5 Zoll-, 6 Zoll- oder 7 Zoll-Bildschirm. Aus diesem Grund wurde eine Conjoint-Analyse durchgeführt. Deren Untersuchungsdesign und die Präferenzwerte für eine ausgewählte Person sind in nachfolgender Tabelle angegeben.

Beurteilungsobjekt	Gerätegehäuse	Bildschirmgröße	Präferenz einer Person[1]
1	Plastik	5 Zoll	5
2	Plastik	6 Zoll	3
3	Plastik	7 Zoll	2
4	Aluminium	5 Zoll	9
5	Aluminium	6 Zoll	4
6	Aluminium	7 Zoll	7

Skala: 1 = starke Ablehnung; 9 = starke Präferenz

Ermitteln Sie für diese eine Testperson die Teilnutzenwerte der Merkmalsausprägungen mittels Dummyvariablenregression und interpretieren Sie die Ergebnisse. Geben Sie anhand der vorliegenden Daten die jeweils optimale Ausprägung für die beiden Produkteigenschaften „Gerätegehäuse" und „Bildschirmgröße" an. Verwenden Sie für Ihre Berechnung die Kombination „Plastik und 7 Zoll Bildschirm" als Referenzobjekt. Berechnen Sie ferner die Reproduktionsgüte des von Ihnen geschätzten Regressionsmodells und interpretieren Sie das Ergebnis.

Lösungsskizze:

Basisobjekt: Plastik und 7 Zoll Bildschirm
Bildung von 3 Dummyvariablen:
  x_1: 1 = Aluminium, 0 = sonst
  x_2: 1 = 5 Zoll, 0 = sonst
  x_3: 1 = 6 Zoll, 0 = sonst

Objekt	y	$x_1=x_1^2$	$x_2=x_2^2$	$x_3=x_3^2$	$x_1 \cdot x_2$	$x_1 \cdot x_3$	$x_2 \cdot x_3$	$x_1 \cdot y$	$x_2 \cdot y$	$x_3 \cdot y$
1	5	0	1	0	0	0	0	0	5	0
2	3	0	0	1	0	0	0	0	0	3
3	2	0	0	0	0	0	0	0	0	0
4	9	1	1	0	1	0	0	9	9	0
5	4	1	0	1	0	1	0	4	0	4
6	7	1	0	0	0	0	0	7	0	0
$\sum$	30	3	2	2	1	1	0	20	14	7

Normalgleichungen:

$b_0 n + b_1 \sum x_{1i} 1 + b_2 \sum x_{2i} 1 + b_3 \sum x_{3i} 1 = \sum y_i 1 \rightarrow$ (I) $6b_0 + 3b_1 + 2b_2 + 2b_3 = 30$

$b_0 \sum x_{1i} + b_1 \sum x_{1i}x_{1i} + b_2 \sum x_{2i}x_{1i} + b_3 \sum x_{3i}x_{1i} = \sum y_i x_{1i} \rightarrow$ (II) $3b_0 + 3b_1 + 1b_2 + 1b_3 = 20$

$b_0 \sum x_{2i} + b_1 \sum x_{1i}x_{2i} + b_2 \sum x_{2i}x_{2i} + b_3 \sum x_{3i}x_{2i} = \sum y_i x_{2i} \rightarrow$ (III) $2b_0 + 1b_1 + 2b_2 + 0b_3 = 14$

$b_0 \sum x_{3i} + b_1 \sum x_{1i}x_{3i} + b_2 \sum x_{2i}x_{3i} + b_3 \sum x_{3i}x_{3i} = \sum y_i x_{3i} \rightarrow$ (IV) $2b_0 + 1b_1 + 0b_2 + 2b_3 = 7$

$I - 2 \cdot II$: $-3b_1 = -10 \rightarrow b_1 = 3.33$
$III - IV$: $2b_2 - 2b_3 = 7 \rightarrow 2b_2 = 2b_3 + 7 \rightarrow b_2 = b_3 + 3.5$
$I - 3 \cdot III$: $-4b_2 + 2b_3 = -12 \rightarrow 2b_3 = -12 + 4b_2 \rightarrow b_3 = -6 + 2b_2$
$\qquad b_2 = (-6 + 2b_2) + 3.5 \rightarrow b_2 = -2.5 + 2b_2 \rightarrow b_2 = 2.5$
$\qquad b_2 = b_3 + 3.5 \rightarrow 2.5 = b_3 + 3.5 \rightarrow b_3 = -1$
I: $\qquad 6b_0 + 3 \cdot 3.33 + 2 \cdot 2.5 + 2 \cdot (-1) = 30 \rightarrow b_0 = 2.835$
$\hat{y} = 2.835 + 3.33x_1 + 2.5x_2 - 1.0x_3$

Die Präferenz verbessert sich durch ein Aluminiumgehäuse (+3.33) und durch einen 5-Zoll Bildschirm (+2.5) und würde sich durch einen 6 Zoll Bildschirm verschlechtern (-1.0). Die optimale Ausprägung lautet: Aluminiumgehäuse, 5 Zoll Bildschirm.

Berechnung der Reproduktionsgüte:

y	$\hat{y} = 2.835 + 3.33x_1 + 2.5x_2 - x_3$	$(\hat{y} - \bar{y})^2$	$(y - \bar{y})^2$
5	5.335	0.11	0
3	1.835	10.02	4
2	2.835	4.69	9
9	8.665	13.43	16
4	5.165	0.03	1
7	6.165	1.36	4
$\sum$		29.64	34

$$\bar{y} = 5, \quad r^2 = \frac{\sum(\hat{y} - \bar{y})^2}{\sum(y - \bar{y})^2} = \frac{29.64}{34} = 0.872$$

r^2: Werte zwischen 0 und 1 (1 = optimal). Der Wert 0.872 liegt nahe an 1, d. h. es liegt eine relativ gute Reproduktionsgüte vor.

Aufgabe 5:

Das Molkerei-Unternehmen Kehrmann möchte neben seinen bisherigen Milchprodukten Butter, Buttermilch, Käse und Quark zukünftig auch einen Fruchtjoghurt auf den Markt bringen. Hierzu wurde bereits ein marktfähiger Joghurt A entwickelt. Die Ergebnisse einer Vorstudie deuten darauf hin, dass die Konsumenten in erster Linie zwei Merkmale heranziehen, um einen Joghurt zu beurteilen: zum einen die Cremigkeit und zum anderen den Fettgehalt des Produkts. Im Rahmen einer Untersuchung soll die wahrgenommene Ähnlichkeit zwischen dem neuen Joghurt (A) und den drei bisher auf dem Markt angebotenen Fruchtjoghurts (B, C, D) bestimmt werden. Hierbei ergaben sich folgende Ähnlichkeiten zwischen den Objekten: AB > BD > BC > CD > AD > AC (Leseanweisung: Die Objekte A und B werden ähnlicher wahrgenommen als die Objekte B und D etc.). Mittels Ähnlichkeiten-MDS wurde ein zweidimensionaler Objektraum (2 orthogonale Achsen x bzw. y) erstellt. Es wurde die Euklid-Metrik unterstellt:

$$d_{kl} = \left[\sum_{h=1}^{H} \left| x_{kh} - x_{lh} \right|^2 \right]^{\frac{1}{2}}$$

Die resultierenden Koordinatenwerte sind in der folgenden Tabelle angegeben.

	A	B	C	D
Fettgehalt (x) [a]	2	2	2	-2
Cremigkeit (y) [b]	4	2	-2	0

[a] -5: geringer Fettgehalt; +5: hoher Fettgehalt; [b] -5: wenig cremig; +5: sehr cremig

Um zu überprüfen, wie gut das Ergebnis der Ähnlichkeiten-MDS die Inputdaten reproduziert, wurde der Stress2-Wert berechnet: Stress2 = 0.109. Interpretieren Sie den erhaltenen Wert (ohne Beachtung der geringen Zahl der Objekte).

In einer für das Marktsegment repräsentativen Hauptstudie stellte sich anhand einer Cluster-analyse heraus, dass die Nachfrager bezüglich ihrer Idealpunkte in zwei homogene Gruppen eingeteilt werden können. Die Idealvorstellungen folgen jeweils einem Idealpunktmodell.

Objekt	Distanz zwischen Idealpunkt und Objektposition	
	Idealpunkt 1 mit x = 3 und y = 3.5 (Segment 1; Segmentanteil: 64%)	Idealpunkt 2 mit x = 1 und y = 0 (Segment 2; Segmentanteil: 36%)
A	1.12[*]	4.12
B	1.80	2.24
C	5.59	2.24
D	6.10	3.00

[*] Leseanweisung: $d_{A,IP1} = \sqrt{\left|2-3\right|^2 + \left|4-3.5\right|^2}$

Welchen Marktanteil könnte Kehrmann erreichen, wenn das Unternehmen den Fruchtjoghurt an der Position A einführt? Für die Berechnung der Kaufwahrscheinlichkeit gilt folgendes probabilistisches Modell:

$$w_i = \frac{d_{i,IP}^{-2}}{\sum_i d_{i,IP}^{-2}}$$

w_i: Kaufwahrscheinlichkeit von Produkt i

$d_{i,IP}$: euklidischer Abstand zwischen der Position von Produkt i und dem Idealpunkt

Die Marketingabteilung von Kehrmann steht nun vor der Frage, ob es wirtschaftlich sinnvoll ist, den Fruchtjoghurt einzuführen. Die variablen Stückkosten werden auf € 0.40 geschätzt. Aufgrund von Erfahrungswerten geht die Marketingabteilung davon aus, dass ein Stückpreis in Höhe von € 0.65 erzielt werden kann. Die jährlichen Fixkosten betragen € 180 000 und es wird von einem jährlichen Markvolumen in Höhe von 3.8 Mio. Einheiten ausgegangen. Er-mitteln Sie mit Hilfe des Deckungsbeitrags, ob die Einführung des Fruchtjoghurts an der Po-sition A sinnvoll ist.

Welchen Marktanteil könnte Kehrmann mit A erzielen, wenn statt des probabilistischen Mo-dells das deterministische Modell zutrifft? Welches der beiden Modelle erachten Sie im vor-liegenden Fall als sinnvoller. Begründen Sie Ihre Antwort.

Weiterhin beauftragt die Molkerei ein Marktforschungsinstitut Erkenntnisse bezüglich mögli-cher Geschmacksrichtungen zu gewinnen. Unter anderem sollte eruiert werden, ob die Ge-schmacksrichtung Quitte-Apfel von Frauen eher gemocht wird als von Männern. Hierzu wur-den jeweils 5 Frauen und 5 Männer befragt. Die Ergebnisse sind nachfolgend dargestellt.

Auskunftsperson	1	2	3	4	5
Einstellung der Frauen zum Produkt [*)]	6	4	3	5	7
Einstellung der Männer zum Produkt [*)]	2	6	3	4	3

[*)] Skala von 1 = mag ich gar nicht bis 7 = mag ich sehr

Kann auf einem Signifikanzniveau von 5% behauptet werden, dass Frauen den Quitte-Apfel-Joghurt positiver beurteilen als Männer? Prüfen Sie die Fragestellung mit einem geeigneten statistischen Verfahren. Es kann ohne Überprüfung unterstellt werden, dass die Einstellung zum Produkt in beiden Segmenten normalverteilt ist und die Varianzen gleich sind.

Lösungsskizze:

Stress-Wert und Kaufwahrscheinlichkeiten:

Ein Stress2 von 0.109 ist als „gute" bis „fast vorzügliche Lösung" einzustufen (nach Kruskal): Das heißt, der Objektraum bildet die erfragten Ähnlichkeiten gut ab.

Berechnung der Kaufwahrscheinlichkeit für Segment 1 (IP1):

$$w_{AS1} = \left(\frac{1.12^{-2}}{1.12^{-2} + 1.80^{-2} + 5.59^{-2} + 6.10^{-2}} \right) = 0.6845$$

Berechnung der Kaufwahrscheinlichkeit für Segment 2 (IP2):

$$w_{AS2} = \left(\frac{4.12^{-2}}{4.12^{-2} + 2.24^{-2} + 2.24^{-2} + 3.00^{-2}} \right) = 0.1036$$

Berechnung des Marktanteils MA_A:

$MA_A = 0.64 \cdot 0.6845 + 0.36 \cdot 0.1036 = 0.4754$

Bewertung der Markteinführung des Fruchtjoghurts:

$k_v = 0.40$; $p = 0.65$; $K_{Fix} = 180\,000$; $MV = 3\,800\,000$

$DB = MV \cdot MA \cdot db - K_{Fix} = 3\,800\,000 \cdot 0.4754 \cdot (0.65 - 0.40) - 180\,000 = 271\,630$

Die Einführung des Fruchtjoghurts lohnt sich, da ein positiver Deckungsbeitrag vorliegt.

Marktanteil bei deterministischem Modell:

$MA_A = 0.64 \cdot 1 + 0.36 \cdot 0 = 0.64$

Das deterministische Modell unterstellt Monoloyalität. Das probabilistisches Modell schließt Abwechslungsstreben und Multiloyalität nicht aus. Die Anwendung des probabilistischen Modells ist sinnvoller, da Fruchtjoghurt ein häufig gekauftes Konsumgut ist; Personen streben nach Abwechslung.

Hängt die Präferenz vom Geschlecht ab?

unabhängige Stichproben → Test auf Erwartungswertdifferenzen
Skala beachten: 1 = schlechte Werte; laut Angabe; gerichtete Hypothese

$H_1 : \mu_F > \mu_M \quad \to \quad \mu_F - \mu_M > 0$ (Skalierung der Ratingwerte beachten)

$\bar{x}_F = 25/5 = 5; \bar{x}_M = 18/5 = 3.6$

$s_F^2 = 1/4 \cdot ((6-5)^2 + (4-5)^2 + (3-5)^2 + (5-5)^2 + (7-5)^2) = 1/4 \cdot 10 = 2.5$

$s_M^2 = 1/4 \cdot ((2-3.6)^2 + (6-3.6)^2 + (3-3.6)^2 + (4-3.6)^2 + (3-3.6)^2) = 1/4 \cdot 9.2 = 2.3$

$n_F = 5; n_M = 5$

$$t = \frac{5.0 - 3.6}{\sqrt{\dfrac{4 \cdot 2.5 + 4 \cdot 2.3}{5+5-2} \cdot \left(\dfrac{1}{5} + \dfrac{1}{5}\right)}} = \frac{1.4}{\sqrt{\dfrac{19.2}{8} \cdot \dfrac{2}{5}}} = \frac{1.4}{\sqrt{0.96}} = 1.429$$

k.B.: $(t_{1-\alpha, n_F + n_M - 2}; \infty) = (t_{0.95;8}; \infty) = (1.860; \infty)$

$1.429 \notin$ k.B. $\to$ H_0 nicht ablehnen; H_1 nicht gestützt

Es kann nicht behauptet werden, dass Frauen den Quitte-Apfel-Joghurt positiver beurteilen als Männer.

Aufgabe 6:

Erklären Sie die Funktion der Positionierung. Erklären Sie in diesem Zusammenhang den Stellenwert von Positionierungsmodellen. Verwenden Sie hierfür folgende Zahlen.

	Wettbewerber					mögliche eigene Positionen		Idealpunkte von zwei Konsumentensegmenten	
	A	B	C	D	E	F	G	X (30%)	Y (70%)
x_1	-1	0.5	-0.5	1	0	0	0	0	0.5
x_2	-0.5	0	0.5	1	-1	0	0.5	1	-0.5

Lösungsskizze:

Das Ziel eines Unternehmens ist seine Wettbewerbsfähigkeit. Zu diesem Zweck ist es nötig, in neue Produkte und Märkte zu investieren. Daher sind aus dem aktuellen Geschäfte finanzielle Ziele zu errechen (Gewinn). Die Marketingstrategie besteht aus der Festlegung der Produkte (was?), der Zielgruppen (wem?) und dem Argument (d.h. signalisierbaren Wettbewerbsvorteil), mit dem die Zielgruppen vom Kauf des Produkts – anstelle von Wettbewerberprodukten – überzeugt werden sollen (warum?). Üblicherweise besteht dieses Argument im niedrigen Preis oder in einem Nutzenargument („schönere Autos", „pünktlicherer Transport").

In Positionierungsmodellen wird angenommen, dass Konsumenten feste Idealvorstellungen haben und das Produkt erwerben, welches dieser Idealvorstellung an nächsten kommt.

```
 1          X       D

0.5      C    G

 0            F    B

-0.5   A            Y

-1           E

      -1  -0.5  0   0.5   1
```

Distanzen zwischen Produkten und Idealpunkten (Annahme: Euklid-Metrik)

| | Wettbewerber | | | | | mögliche eigene Positionen | |
	A	B	C	D	E	F	G
d_{sX}	1.8	1.12	0.71	1	2	1	0.5
d_{sY}	1.5	0.5	1.41	1.58	0.71	0.71	1.12

Unter der Annahme, dass die Konsumenten das Produkt erwerben, das ihrer Idealvorstellung am nächsten kommt, erwerben Konsumenten aus Segment X, wenn das Unternehmen sich für die Markteinführung von G anstelle von F entscheidet, Produkt G. Der Marktanteil ist dann erwartungsgemäß 30%. Würde Produkt F auf den Markt gebracht, würde keines der beiden Segmente dieses Produkt bevorzugen.

Aufgabe 7:

Die Firma COMPUTE stellt ein Produkt für DV-Zwecke her und möchte ihre Neuent-wicklung „Modell T" einführen. Das Produkt wird mit drei bereits am Markt verfügbaren Produkten A, B und C konkurrieren. Die Eigenschaften der Produkte sind wie folgt aus Nach-fragersicht zu beschreiben. Alle acht Messwerte sind auf derselben Ratioskala gemessen wor-den.

	A	B	C	T
Merkmal 1 (x_s)	1	3	2	3
Merkmal 2 (y_s)	2	1	2	2

Aus einer Präferenzanalyse geht hervor, dass die Nachfrager in vier in sich homogene Seg-mente eingeteilt werden können, wobei zwei Segmente durch Idealvektoren und zwei Seg-mente durch Idealpunkte gekennzeichnet sind:

Segment	Steigung Idealvektor	Segment-anteil	Segment	Position Idealpunkt	Segment-anteil
1	45°	40%	3	x = 2, y = 3	20%
2	30°	30%	4	x = 3, y = 3	10%

Für die Kaufwahrscheinlichkeit im Falle des Idealvektormodells bzw. Idealpunktmodells wird folgendes probabilistisches Modell unterstellt (jeder Nachfrager erwirbt eine Produkteinheit):

$$w_s = \frac{d_{s0}}{\sum_s d_{s0}} \text{ (Idealvektor)}; \qquad w_s = \frac{d_{s,IP}^{-1}}{\sum_s d_{s,IP}^{-1}} \text{ (Idealpunkt)}$$

w_s: Kaufwahrscheinlichkeit von Produkt s

d_{s0}:   euklidischer Abstand zwischen dem Projektionspunkt von der Position des Pro-dukts s auf den Idealvektor und dem Nullpunkt

$d_{s,IP}$: euklidischer Abstand zwischen der Position von Produkt s und dem Idealpunkt

Welcher Marktanteil ist für „Modell T" zu erwarten?

Lösungsskizze:

Grafische Darstellung der Alternativen und des Idealvektors von Segment 1:

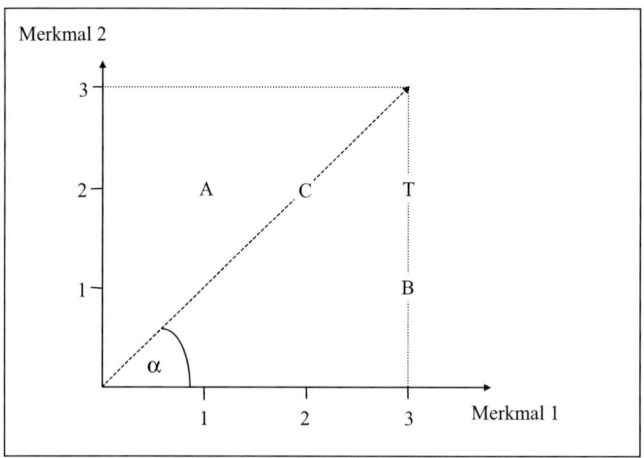

Berechnung der Distanzen für das Idealvektormodell:

	Ob-jekt	Segment 1 ($\alpha = 45°$)	Segment 2 ($\alpha = 30°$)
Idealvektor $y = (\tan \alpha)x$		$y = x$	$y = 0.5774x$
Projektionsgerade (mit 90°-Winkel auf den Idealvektor):	A	$y = 3-x$	$y = 2+(1-x)/0.5774$
Steigung $-1/\tan \alpha$;	B	$y = 4-x$	$y = 1+(3-x)/0.5774$
geht durch $(x_s, y_s) \Rightarrow \quad y = y_s + \dfrac{x_s - x}{\tan \alpha}$	C	$y = 4-x$	$y = 2+(2-x)/0.5774$
	T	$y = 5-x$	$y = 2+(3-x)/0.5774$
Schnittpunkt des Idealvektors mit der Projektionsgerade:	A	$(1.5;1.5)$	$(1.6160;0.9331)$
	B	$(2;2)$	$(2.6829;1.5491)$
$(\tan \alpha)x = y_s + \dfrac{x_s - x}{\tan \alpha} \Rightarrow x = \dfrac{(\tan \alpha)y_s + x_s}{1 + (\tan \alpha)^2}; y = \dfrac{(\tan \alpha)^2 y_s + (\tan \alpha)x_s}{1 + (\tan \alpha)^2}$	C	$(2;2)$	$(2.3660;1.3661)$
	T	$(2.5;2.5)$	$(3.1160;1.7992)$
Euklid-Distanz zwischen Nullpunkt $(0;0)$ und Schnittpunkt:	A	2.121	1.866
	B	2.828	3.098
$d_{so} = \sqrt{\left[\dfrac{(\tan\alpha)y_s + x_s}{1 + (\tan\alpha)^2} - 0\right]^2 + \left[\dfrac{(\tan\alpha)^2 y_s + (\tan\alpha)x_s}{1 + (\tan\alpha)^2} - 0\right]^2}$	C	2.828	2.732
	T	3.536	3.598

Aufgabe 8:

Das Unternehmen Sarbo bietet bisher fruchtige Brotaufstriche unter dem Markennamen Frutosa an. Die Geschäftsleitung von Sarbo plant derzeit, das bestehende Produktsortiment zu erweitern und eine Nuss-Nougat-Creme in das Sortiment aufzunehmen. Die Rezeptur der Nuss-Nougat-Creme steht bereits fest. Ferner ist die Entscheidung gefallen, dass die Nuss-Nougat-Creme unter dem neuen Markennamen Schokoletta auf den Markt eingeführt werden soll. Bisher wurde allerdings noch keine Entscheidung getroffen, wie die Verpackung der Nuss-Nougat-Creme gestaltet werden soll. Aufgrund der einzigartigen Konsistenz der Creme werden im Unternehmen folgende drei Designs, die sich hinsichtlich ihrer Ähnlichkeit in Bezug auf bisher angebotene Nuss-Nougats-Cremes unterscheiden, als möglich erachtet:

sehr ähnliches Design	moderat ähnliches Design	sehr unähnliches Design

Design A besteht aus Glas und ähnelt den bisher angebotenen Nuss-Nougat-Cremes sehr. Das Design B weist aufgrund der runden Form und des verwendeten Materials eine moderate Ähnlichkeit auf. Hingegen wird das Design C aufgrund der unüblichen Form und des verwendeten Materials als sehr unähnliches Design eingestuft.

Erläutern Sie zwei Theorien, die zur Erklärung der unterschiedlichen Wirkung von Designs im Fall einer Einführung eines neuen Produkts unter einem unbekannten Markennamen herangezogen werden können. Erklären Sie anhand dieser Theorien, inwiefern sich im Fall der Nuss-Nougat-Creme Schokoletta der Grad der Anpassung an Designs der Produkte, die bereits auf dem Markt angeboten werden, mehr oder minder vorteilhaft auswirkt.

Stellen Sie dar, wie mittels einer empirischen Studie überprüft werden kann, welches Design für das Produkt Schokoletta verwendet werden soll. Gehen Sie im Rahmen Ihrer Ausführungen auf das experimentelle Design, geeignetes Stimulusmaterial, die Stichprobe und die Operationalisierung der abhängigen Variablen ein. Stellen Sie ein geeignetes Verfahren zur Datenanalyse zur Beantwortung der oben geschilderten Fragestellung dar. Erläutern Sie, wie aus den resultierenden Ergebnissen Handlungsempfehlungen für das Unternehmen Sarbo abgeleitet werden können.

Lösungsskizze:

Piecemeal-and-Category-based Theorie (Fiske/Pavelchak 1986):

- Nehmen Konsumenten neue Reize wahr, so findet zunächst eine Kategorisierung statt. In diesem Fall wird bewertet, ob ein neuer Reiz mit einem im Gedächtnis vorhandenen Schema kongruent oder inkongruent ist. Die Kategorisierung läuft automatisch ab und kann nicht kognitiv kontrolliert werden.
- Ist der neue Reiz bezüglich dem Aussehen oder Eigenschaften einem bestehenden Reiz ähnlich, so findet „category based processing" statt. In diesem Fall werden die Vorstellungen und Bewertungen dieser Kategorie ohne genauere Betrachtung der Eigenschaften des

neuen Reizes auf den neuen Reiz übertragen. Der kognitive Aufwand ist gering. Es findet ein Affekt-Transfer Prozess statt. Im Fall, dass eine hohe Ähnlichkeit im Design vorliegt, kommt dem Konsumenten das Produkt vertraut vor und er übernimmt es ohne intensive Überprüfung der Vor- und Nachteile in das Consideration Set auf. Die positiven und negativen Eigenschaften der Kategorie werden auf das neue Produkt übertragen und es können somit die guten Assoziationen der Mitbewerber genutzt werden.

- Passt der neue Reiz zu keinem vorhandenen Schema, so findet „piecemeal based processing" statt. Der neue Reiz wird hierfür Attribut für Attribut bewertet. Es findet eine systematische analytische Informationsverarbeitung statt und der kognitive Aufwand ist hoch. Wird ein unähnliches Design verwendet, so kann die Aufmerksamkeit genutzt werden und es besteht die Chance, mit eigenen Vorteilen der Nuss-Nougat-Creme Präferenzen zu erzeugen.

Schema-Congruity Theorie (Mandler 1982):

- Diese Theorie befasst sich mit affektiven Reaktionen auf einen neuen Reiz, der mehr oder minder mit einem Schema kongruent sein kann.
- Ist der neue Reiz kongruent zum vorhandenen Schema, so entstehen positive Gefühle der Vertrautheit, die auf den neuen Reiz übertragen werden. Dies kann damit begründet werden, dass Personen neue Reize, die ihren Erwartungen entsprechen, bevorzugen, da vertraute Reize in einer reizüberfluteten Umwelt ein angenehmes Gefühl erzeugen. Ein ähnliches Design kann somit zu positiven Gefühlen führen, die auf die Nuss-Nougat-Creme übertragen werden.
- Passt der neue Reiz eher nicht zum vorhandenen Schema, so wird durch die überraschende Konstellation das Interesse des Konsumenten geweckt, sich mit dem neuem Reiz auseinanderzusetzen. Die Person sucht nach einer Erklärung für die Inkongruenz, um den Reiz dennoch in ein Schema einzuordnen. Gelingt dies dem Konsumenten, so tritt ein Erfolgserlebnis ein, das ebenfalls auf den Reiz übertragen wird. Gelingt dem Konsumenten keine Zuordnung, so entsteht ein negatives Gefühl der Frustration, dass sich ebenfalls auf den neuen Reiz überträgt. Falls Konsumenten den Eindruck erhalten, dass Design C aufgrund der einzigartigen Konsistenz der Nuss-Nougat-Creme eingesetzt wird, so kann Design C zu einer positiven Bewertung führen.

Entweder ein Design mit einer geringen Ähnlichkeit oder einer hohen Ähnlichkeit führen zu einer positiven Bewertung. Im Fall von Schokoletta soll demnach das Design A oder das Design C verwendet werden.

Empirische Studie:

- Sinnvoll erscheint ein einfaktorielles Between-Subjects-Design. Die erste Experimentalgruppe bewertet Design A, die zweite Experimentalgruppe bewertet Design B und die dritte Experimentalgruppe beurteilt Design C. So kann ermittelt werden, welches Design sich am positivsten auf die Bewertung auswirkt ohne dass Verzerrungseffekte, die, falls ein Within-Subject-Design verwendet wird, möglich sind, entstehen.
- Als Werbematerial wird eine Werbeanzeige für das betreffende Produkt entworfen. In den einzelnen Experimentalgruppen unterscheiden sich diese Anzeigen nur durch die abgebildete Produktverpackung von Schokoletta.
- Je Gruppe werden mindestens 35 Personen, also insgesamt mindestens 105 Personen befragt. Als Auskunftspersonen eignen sich Konsumenten, die gerne Nuss-Nougats-Cremes essen.

- Nach dem Betrachten der Anzeige, müssen die Auskunftspersonen Schokoletta beurteilen. Hierzu können siebenstufige Ratingskalen verwendet werden. Die Auskunftspersonen müssen z.b. angeben, inwiefern sie Schokoletta als interessant, attraktiv, ansprechend und als etwas Besonderes einstufen und ob sie Schokoletta kaufen würden.
- Zur Auswertung eignet sich eine einfaktorielle Varianzanalyse. Als abhängige Variable wird, nachdem die einzelnen Statements zu der Variable Produktbewertung aggregiert wurden, die metrische Variable Produktbewertung herangezogen. Als unabhängige Variable dient die Designvariante (A, B, C). Mittels der einfaktoriellen Varianzanalyse kann überprüft werden, ob sich die Produktbewertung in Abhängigkeit des verwendeten Designs unterscheidet. Falls der F-Wert hoch genug ist, liegen signifikante Mittelwertunterschiede vor. Dann ermöglichen zusätzliche Post-hoc-Tests eine Aussage, zwischen welchen Designvarianten ein Unterschied besteht.
- Die Designvariante, die zur positivsten Produktbewertung führt, soll als Verpackung von Schokoletta gewählt werden.

Aufgabe 9:

Der Marketing-Assistent Schlau wird beauftragt, einen Vorschlag auszuarbeiten, ob sein Unternehmen einen neuen Spezialschraubenzieher herstellen soll. Der Marketingdirektor geht davon aus, dass die Chancen für einen Erfolg dieses Produkts 50:50 stehen. Im Falle eines Erfolgs nimmt er an, dass 60,000 Stück abgesetzt werden können, während bei einem Misserfolg ein Absatz in der Höhe von nur einem Drittel davon erwartet wird. Der Stückdeckungsbeitrag des Schraubenziehers beträgt € 10.-, die Fixkosten würden sich auf insgesamt € 400,000.- belaufen. Sorgfältige Marktanalysen haben gezeigt, dass der erwartete Absatz nur in einem Marktsegment, das aus 1 Mio. Personen besteht (je Person Absatz von maximal 1 Stück) entstammen kann. Das Marktforschungsinstitut Innovative Research (IR) bietet Schlau zu einem Preis von € 60,000.- eine Studie an, deren Ergebnisse auf einer Befragung von 1000 aus der Zielgruppe repräsentativ ausgewählten Personen basieren. Die Institutsmitarbeiter würden das Produktkonzept vorstellen und fragen, ob die Auskunftspersonen das Neuprodukt kaufen würden. Soll vor der Entscheidung über die Produktentwicklung erst dieser Test durchgeführt werden? Unterstellen Sie bei Ihren Berechnungen einfachheitshalber nur die Fälle (a) höchsten 50 Personen mit positiver Reaktion (soll als zu erwartender Misserfolg gedeutet werden) und (b) mehr als 50 Personen mit positiver Reaktion auf das Produkt (soll als Erfolg interpretiert werden). Erörtern Sie kritisch die dabei unterstellten Annahmen.

Lösungsskizze:

Aktionen, Zustände und Testergebnisse:

Handlungs- alternativen	a_1: Produkt herstellen (GO) a_2: Produkt nicht herstellen (NO) a_3: vor der Entscheidung zwischen a_1 und a_2 Test durchführen (ON)
mögliche Zu- stände	z_1: 60,000 Kunden (Markterfolg) z_2: 20,000 Kunden (kein Markterfolg)
mögliche Test- ergebnisse	x_1: mehr als 50 Personen äußern Interesse am Kauf x_2: höchstens 50 Personen äußern Interesse am Kauf

A-priori-Wahrscheinlichkeiten $p(z_j)$:

z_j	$p(z_j)$
z_1	0.5
z_2	0.5

A-priori-Analyse:

		Ergebnisnutzenwerte u_{ij}		Risikonutzenwerte
		z_1	z_2	$\sum p(z_j)u_{ij}$
Handlungs-	a_1	$60{,}000 \cdot 10 - 400{,}000 = 200{,}000$	$20{,}000 \cdot 10 - 400{,}000 = -200{,}000$	0
alternative	a_2	0	0	0

Ein risikoneutraler Entscheider ist zwischen GO und NO indifferent. Der maximale Risiko-nutzen ohne Testinformation beträgt 0.

Berechnung der bedingten Wahrscheinlichkeiten:

Y: Anzahl der Personen mit Kaufinteresse in der Stichprobe (Zufallsvariable)

Y ist nach Sachverhalt hypergeometrisch verteilt (Modell ohne Zurücklegen, dichotome Ergebnisse je "Ziehung"; Resultat einer Ziehung: Kunde ja/nein). Da der Auswahlsatz $n/N \leq 0.05$ ist, nähert sich die hypergeometrische Verteilung der Binomialverteilung an:

$$p(y|\pi_j) = \binom{1000}{y} \cdot \pi_j^y \cdot (1-\pi_j)^{1000-y}$$

mit:
N: Umfang der Grundgesamtheit (N = 1,000,000)
M: Anzahl der Personen mit Kaufinteresse in der Grundgesamtheit
π = M/N: Anteil der Personen mit Kaufinteresse (hier: 60,000/1,000,000 = 0.06 oder 20,000/1,000,000 = 0.02)
n: Umfang der Stichprobe (n = 1000)
Y: Anzahl der Treffer in der Stichprobe (hier: Anzahl der Personen mit Kaufinteresse)
y: mögliches Testergebnis (y = 0, 1, 2, ..., 1000)
x_1: $51 \leq Y \leq 1000$;
x_2: $0 \leq Y \leq 50$

Weiterhin ist hier die Binomialverteilung durch die Normalverteilung approximierbar. Es gilt:

$$n > \frac{9}{\pi(1-\pi)} = 160 \text{ bzw. } 460 \text{ (erfüllt)}$$

Für eine binomialverteilte Zufallsvariable gilt approximativ:

$$P(Y \leq y) = \Phi(\frac{y + \frac{1}{2} - n\pi}{\sqrt{n\pi(1-\pi)}})$$

$$P(x_1|z_1) = P(Y \geq 51|\pi = 0.06) = 1 - \Phi(\frac{50 + \frac{1}{2} - 1000 \cdot 0.06}{\sqrt{1000 \cdot 0.06 \cdot (1-0.06)}}) = 1 - \Phi(-1.26) = 0.8962$$

$$P(x_2|z_1) = P(Y \leq 50|\pi = 0.06) = \Phi(\frac{50 + \frac{1}{2} - 1000 \cdot 0.06}{\sqrt{1000 \cdot 0.06 \cdot (1-0.06)}}) = \Phi(-1.26) = 0.1038$$

$$P(x_1|z_2) = P(Y \geq 51|\pi = 0.02) = 1 - \Phi(\frac{50 + \frac{1}{2} - 1000 \cdot 0.02}{\sqrt{1000 \cdot 0.02 \cdot (1-0.02)}}) = 1 - \Phi(6.89) = 0$$

$$P(x_2|z_2) = P(Y \leq 50|\pi = 0.02) = \Phi(\frac{50 + \frac{1}{2} - 1000 \cdot 0.02}{\sqrt{1000 \cdot 0.02 \cdot (1 - 0.02)}}) = \Phi(6.89) = 1$$

Berechnung der A-posteriori-Wahrscheinlichkeiten:

		z_1	z_2
A-priori-Wahrscheinlichkeiten $p(z_j)$		0.5	0.5
Bedingte Wahrscheinlichkeit $p(x_k|z_j)$		z_1	z_2
	x_1	0.8962	0.0000
	x_2	0.1038	1.0000
gemeinsame Wahrscheinlichkeiten		z_1	z_2
$p(x_k,z_j)=p(x_k|z_j)p(z_j)$	x_1	0.4481	0.0000
	x_2	0.0519	0.5000
Eintrittswahrscheinlichkeiten für die Tester-	x_1	0.4481	
gebnisse $p(x_k)=\sum p(x_k,z_j)$	x_2	0.5519	
A-posteriori-Wahrscheinlichkeiten		z_1	z_2
$p(z_j|x_k)=p(x_k,z_j)/p(x_k)$	x_1	1.0000	0.0000
	x_2	0.0940	0.9060

Entscheidungsbaum, falls der Test durchgeführt worden wäre:

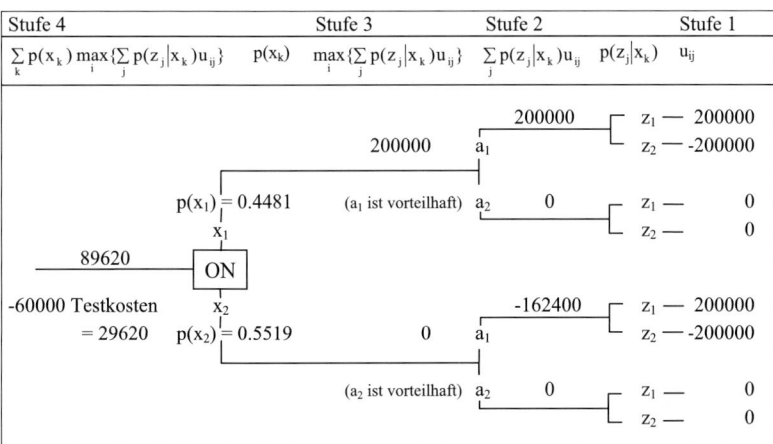

Der Risikonutzen nach Vorliegen der Testinformation beträgt € 29620. Der Wert der Information aus dem Test ist die Differenz zwischen den Risikonutzen nach und vor der Verfügbarkeit der Testinformation, also 29620 - 0 = 29620 €. Ein risikoneutraler Entscheider sollte sich für die Alternative ON, d. h. Handlungsalternative a_3 (Durchführung des Tests) entscheiden. Falls das Testergebnis "x_1" lautet ($51 \leq Y \leq 1000$), dann sollte die Alternative GO (a_1) gewählt werden, falls das Ergebnis x_2 ist ($0 \leq Y \leq 50$), sollte sich der Vorgesetzte von Schlau für die Alternative NO (a_2) entscheiden.

Kritische Annahmen:

Die Situation, in der der Test durchgeführt wird, könnte man sich in einer ähnlichen Form vorstellen. Allerdings müsste u. a. folgendes sichergestellt werden:

- das Vorliegen einer repräsentativen Stichprobe;
- das Vorliegen valider Messwerte (Antwort Kauf ja/nein);
- Die Berechnung müsste differenzierter erfolgen, z. B. ist die Annahme von nur zwei Marktanteilen $\pi=6\%$ bzw. $\pi=2\%$ oder die Betrachtung von nur zwei Testergebnissen ($Y\geq51$ und $Y\leq50$) sehr grob;
- die Approximierbarkeit der schiefen hypergeometrischen durch die spiegelsymmetrische Normalverteilung (hilfsweise könnte die Poissonverteilung verwendet werden);
- die Gültigkeit der Annahme, dass die Konsumintensität für alle potentiellen Kunden 1 beträgt; hierbei wäre insbesondere der Zeithorizont der Planung genauer festzulegen;
- die adäquate Berücksichtigung von Einflüssen der eigenen Absatzpolitik und derjenigen der aktuellen und potentiellen Wettbewerber.

Aufgabe 10:

In den vergangenen Jahren hat sich ein Markt wie folgt entwickelt (y_t: Marktvolumen in Quartal t):

t	1	2	3	4	5	6	7	8	9	10
y_t	2	4	5	7	7	9	11	12	14	15

Ermitteln Sie ein Prognoseintervall für das 11. Quartal ($\alpha=5\%$). Legen Sie der Schätzung ein in den Parametern lineares Modell zugrunde.

Aufgabe 11:

Ein Getränkehersteller stellt schon seit einiger Zeit einen Saft der Marke Fit her, der in Glasflaschen angeboten wird. In der Geschäftsleitung überlegt man sich, ob man den Saft anstatt in Flaschen zukünftig im Tetra Pak anbieten soll. Man will einen Storetest nach einem EBA-CBA-Design durchführen. Der Saft soll im Tetra Pak angeboten werden, wenn der Absatz des Saftes im Storetest größer ist als in der Flasche. Erläutern Sie die genaue Durchführung des Experiments, die anzustrebende Stichprobenzusammensetzung, die Datenanalyse und alle anderen relevanten Details der Studie. Welche Daten wären hierfür nötig? Begründen Sie Ihre Aussagen.

Lösungsskizze:

Es soll ein Storetest durchgeführt werden, um festzustellen, welche der beiden Verpackungsalternativen den höheren Absatz des Saftes zur Folge hat. Repräsentativ ausgewählte Einkaufsstätten sollten in zwei Gruppen eingeteilt werden. In der einen Hälfte sollte der Saft in der Flasche (Kontrollgruppe), in der anderen Hälfte im Tetra Pak (Experimentalgruppe) angeboten werden. Die Strukturgleichheit (Betriebsgröße, Anzahl der konkurrierenden Säfte im Regal, Platzierung der Säfte in der Einkaufsstätte, Zusammensetzung der Kunden usw.) der beiden Gruppen ist wichtig, um Fehlentscheidungen zu vermeiden. Man sollte mindestens 20 Geschäfte pro Gruppe wählen. In jedem dieser Betriebe sollte der Absatz über längere Zeit hinweg registriert werden, z. B. über vier Monate hinweg, wobei in den ersten beiden Monaten der Saft in beiden Gruppen in der Glasflasche angeboten wird. Eine kürzere Zeitdauer wäre problematisch, da das Produkt vermutlich nicht an jedem Tag gekauft wird. Man könnte sich folgende Daten vorstellen (y: Absatz in einem Geschäft während der zwei Monate).

	Vorher-Messung (Mai und Juni)		Nachher-Messung (Juli und August)		Differenz		
Experimental-gruppe (20 Geschäfte)	Glasflasche		Tetra Pak				
	Geschäft 1:	$y_{EB}=10$	Geschäft 1:	$y_{EA}=12$	$y_E=+4$	$\overline{y}_E=4$	
	Geschäft 2:	$y_{EB}=15$	Geschäft 2:	$y_{EA}=11$	$y_E=-4$	$s_E=5$	
	⋮		⋮		⋮		
	Geschäft 20:	$y_{EB}=7$	Geschäft 20:	$y_{EA}=9$	$y_E=+2$		
Kontrollgruppe (20 Geschäfte)	Glasflasche		Glasflasche				
	Geschäft 21:	$y_{CB}=20$	Geschäft 21:	$y_{CA}=25$	$y_C=+5$	$\overline{y}_C=8$	
	Geschäft 22:	$y_{CB}=25$	Geschäft 22:	$y_{CA}=32$	$y_C=+7$	$s_C=5.3$	
	⋮		⋮		⋮		
	Geschäft 40:	$y_{CB}=13$	Geschäft 40:	$y_{CA}=19$	$y_C=+6$		

Der Treatment-Effekt beläuft sich auf $\overline{y}_E-\overline{y}_C=4-8=-4$. Im Schnitt werden pro Geschäft im Zwei-Monats-Intervall vier Einheiten weniger verkauft, wenn auf Tetra Pak umgestellt wird. Die Signifikanz des Treatment-Effekts kann durch einen t-Test für zwei unabhängige Stichproben überprüft werden.

Hypothese: Tetra Pak ist vorteilhaft.
statistische Forschungshypothese: $H_1: \mu_E > \mu_C$
statistische Nullhypothese: $H_0: \mu_E - \mu_C \leq 0$

$$t = \frac{\overline{y}_E - \overline{y}_C - 0}{\sqrt{\left(\frac{1}{n_E}+\frac{1}{n_C}\right)\frac{(n_E-1)s_E^2+(n_C-1)s_C^2}{n_E+n_C-2}}} = \frac{4-8}{\sqrt{\left(\frac{1}{20}+\frac{1}{20}\right)\frac{19\cdot 5^2+19\cdot 5.3^2}{38}}} = -2.46$$

kritischer Bereich für H_0: $[t(n_E+n_C-2,1-\alpha),+\infty) = [1.684;+\infty)$.

Die Prüfgröße t liegt nicht im kritischen Bereich, H_0 ist demzufolge nicht ablehnen. Man kann statistisch nicht belegen, dass die neue Verpackung vorteilhaft ist.

7. Preispolitik

7.1 Preispsychologie

Aufgabe 1:

Die Schiene[+] GmbH bietet für Privatpersonen Bahnleistungen an. Sie möchte sich von der Deutschen Bahn dadurch abgrenzen, dass sie ein besonders leicht verständliches Preissystem anbietet, welches die potenziellen Kunden als fair empfinden und das dazu beträgt, dass die Kunden regelmäßig die Züge der Schiene[+] buchen.

Erläutern Sie, wie man untersuchen könnte, welches Preissystem als hinreichend einfach und fair empfunden wird, um eine Kundenbindung zu erreichen. Unterstellen Sie folgendes Modell.

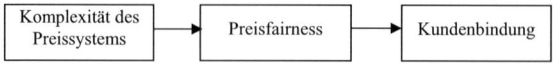

Aufgabe 2:

Das Unternehmen Sport 3000 ist eine europaweit agierende Handelskette für Sportartikel mit über 3000 Sport-Fachhändlern. In diesem Markt herrscht eine sehr starke Konkurrenzsituation vor und die Preispolitik der anderen Marktteilnehmer wird immer aggressiver. Ihr Chef und Geschäftsführer von Sport 3000 legt Ihnen als den verantwortlichen Marketingmitarbeiter einen Bericht aus einer Fachzeitschrift über „Erfolgreiche und langfristige Kundenbindung im Handel" vor und möchte von Ihnen konstruktive Vorschläge erhalten, wie man den harten Preiskampf durch langfristige Kundenbindung abschwächen kann und trotzdem das Image als preisgünstiger Anbieter beibehalten kann.

Nennen und erklären Sie Ihrem Chef zwei Möglichkeiten, die das Unternehmen Sport 3000 ergreifen kann, um langfristig den Aufbau von Vertrauen der Kunden bzw. die Reduzierung von Unsicherheit zu fördern und trotzdem das Image eines preisgünstigen Anbieters beizubehalten.

Da Sie wissen, dass Ihr Chef alles immer ganz genau wissen möchte, stellen Sie als nächstes die Wirkungen dieser zwei Möglichkeiten anhand theoretischer Überlegungen genau dar und führen Sie diese aus.

Ihr Chef möchte, bevor er entscheidet, ob überhaupt eine der beiden Maßnahmen eingeführt werden soll, wissen, wie viel seinen Kunden solche Maßnahmen wert sind, d.h. ob die Preisbereitschaft bei der Durchführung einer der Maßnahmen höher ist als beim Status quo. Ihr Chef möchte, dass Sie anhand einer empirischen Studie überprüfen, welche der vier Produktbereiche (Teamsport, Outdoor, Running und Ski) sich überhaupt für solche Maßnahmen eignen. Beschreiben Sie für den konkreten Fall ein geeignetes experimentelles Design für die empirische Studie, in der die Wirksamkeit der zur Diskussion stehenden Überlegungen überprüft werden kann. Stellen Sie Überlegungen an, welche personenspezifischen Einstellungen Einfluss auf die Wirkung solcher Maßnahmen haben könnten und gehen Sie ferner auf die Operationalisierung der Modellkonstrukte ein. Beschreiben Sie, wie geeignetes Stimulusmaterial aussehen könnte und wie und der Ablauf der Datenerhebung sein könnte.

Lösungsskizze:

Möglichkeiten zum Vertrauensaufbau durch die Preissetzung:

- Preisgarantien (wie Fielmann): Von einem Unternehmen wird garantiert, dass dem Kunden der Kaufpreis zurückerstattet wird, falls das identische Produkt bei einem anderen Anbieter günstiger angeboten wird. Manchmal wird auch nur die Erstattung des Differenzbetrages zugesichert. Ziel: Kunden soll das Vertrauen gegeben werden, im betreffenden Geschäft günstig einzukaufen und sich so zeitraubende Preisvergleiche zu ersparen.
- Geld-zurück-Garantien (wie Actimel): Auch bei Nicht-Gefallen der gekauften Ware wird der Kaufpreis bei Rückgabe erstattet. Hier ist eine Nennung des Rückgabegrundes nicht erforderlich. Es ist für den Kunden leichter etwas zurück zu geben. Ziel: Abdeckung des Preis- und Qualitätsrisikos des Kunden.

Theoretische Überlegungen:

Suchkosten:

- Konsumenten versuchen die durch asymmetrische Informationsverteilung empfundene Marktunsicherheit durch Informationssuche zu verringern.
- Der Preis bzw. die Preislage ist häufig das kaufentscheidende Merkmal, denn es ist einfach festzustellen und vergleichbar.
- Preisgarantie ist ein Anbietersignal zur Reduktion der nachfragespezifischen Unsicherheit. Vertraut der Konsument diesem Signal, so kann er seine „Suchkosten" auf Null reduzieren.

Wahrgenommenes Risiko:

- Die Verhaltensweise von Konsumenten ergibt sich aus dem Ausmaß des individuell wahrgenommenen Risikos in einer Entscheidungssituation.
- Risiko (hier): Eintrittswahrscheinlichkeit negativer Konsequenzen und Tragweite der negativen Konsequenz.
- Konsumenten kaufen erst, wenn das wahrgenommene Risiko als unproblematisch erkannt wird bzw. auf ein tolerierbares Niveau gesenkt wird.
- Informationsstrategie zur Risikoreduktion: gezielte Erhöhung des Informationsstandes.
- Verwendung von Cues zur Risikoreduktion: Wenn die Informationssuche nicht möglich oder zu aufwendig ist, greifen die Konsumenten auf sog. Cues zurück. Cues sind Indikatoren als Ersatz der direkten Informationsbeschaffung und leicht zugänglich. Beispiele: Marken, Image der Einkaufsstätten, Preise oder auch Garantieversprechen.

Preisimage:

- Die Gewährung von Preisgarantien führt zu einem übergreifenden positiven Preisimage der Einkaufsstätte im Sinne einer günstigen Einkaufsgelegenheit.
- Dieser Imageaspekt ist in vielen Fällen handlungssteuernd für Konsumenten.
- Hat eine Einkaufsstätte ein positives Preisimage, ist die Gefahr, dass Kunden die Einkaufsstätte wechseln, geringer.
- Preisimage dient der Vereinfachung der Kaufentscheidung, da es die großen Sortimentsumfänge den Konsumenten nicht möglich machen, die Preise einzelner oder aller relevanten Produkte zu speichern.
- Preisimage entsteht durch Lernprozesse bei eigenen oder fremden Einkauferfahrungen (Fremde Einkaufserfahrungen: Mund-zu-Mund-Propaganda, Foren im Internet) und kommunikationspolitischen Maßnahmen des Anbieters
- Einflussgrößen auf das Preisimages: Preisaktivität (Ausmaß an spezifischen Preisaktivitäten wie Sonderangeboten), Preisfairness (Ehrlichkeit und Offenheit im Preisauftritt), Preisgarantien.

Konzept für eine empirische Studie:

Experimentelles Design: Hier kommen zwei Option in Betracht. Entweder bewerten dieselben Personen pro Handlungsalternative (Geld-zurück-Garantie, Preisgarantie, keine Garantie) alle Produktkategorien, oder es werden pro Handlungsalternative und Produktkategorie verschiedene Personen als Auskunftspersonen eingesetzt.

Alternative 1:

	Geld-zurück-Garantie	Preisgarantie	Keine Garantie
Teamsport	Experimentalgruppe 1	Experimentalgruppe 2	Experimentalgruppe 3
Outdoor	Experimentalgruppe 1	Experimentalgruppe 2	Experimentalgruppe 3
Running	Experimentalgruppe 1	Experimentalgruppe 2	Experimentalgruppe 3
Ski	Experimentalgruppe 1	Experimentalgruppe 2	Experimentalgruppe 3

Alternative 2:

	Geld-zurück-Garantie	Preisgarantie	Keine Garantie
Teamsport	Experimentalgruppe 1	Experimentalgruppe 5	Experimentalgruppe 9
Outdoor	Experimentalgruppe 2	Experimentalgruppe 6	Experimentalgruppe 10
Running	Experimentalgruppe 3	Experimentalgruppe 7	Experimentalgruppe 11
Ski	Experimentalgruppe 4	Experimentalgruppe 8	Experimentalgruppe 12

Stichprobe: Es sollten Personen befragt werden, die sich grundsätzlich vorstellen können, bei Sport 3000 einzukaufen. Je Experimentalgruppe sollten ca. 30 bis 40 Personen befragt werden. Dann ist eine Gesamtstichprobe von mindestens 90 (oder 360) Personen erforderlich.

Kontrollvariablen: Die Experimentalgruppen sollten sich in Bezug auf bestimmte Größen nicht unterschieden. Als Kontrollvariablen könnten hier insbesondere berücksichtigt werden:

- Allgemeines Preisinteresse („Bevor ich in einem Geschäft bezahle, weiß ich schon ganz genau, wie hoch mein gesamter Rechnungsbetrag sein wird." „Ich vergleiche oft die Produktpreise in mehreren Geschäften und kaufe dann dort, wo die Preislage am ehesten meinen Vorstellungen entspricht", 7-stufige Skalen)
- Preisunsicherheit: „Ich zögere manchmal beim Kauf eines Produktes, da ich mir nicht sicher bin, ob dasselbe Produkt in einer anderen Einkaufsstätte nicht billiger zu bekommen ist", „Wenn ich mich in einem Produktbereich nicht gut auskenne, bin ich mir in meinem Urteil über die Preisgünstigkeit eines Produktes oft unsicher.", 7-stufige Skalen)
- Preistransparenz: „Ich nehme schon mal einen Umweg in Kauf, um in einem Geschäft einzukaufen, von dem ich aus Erfahrung weiß, dass die Preise dort angemessen sind", „Bei der Wahl einer Einkaufsstätte, die ich häufiger aufsuche, achte ich auf ein transparentes Preissystem (z.B. übersichtliche Preisauszeichnungen) und faire Preisangebote." (7-stufige Skalen)

Abhängige Variable: Es könnte die Preisbereitschaft erfasst werden (Vorschlag zur Operationalisierung: „Stellen Sie sich vor, Sie möchten neue Ski (neue Laufschuhe, einen neuen Rucksack, einen Badmintonschläger) kaufen. Wie viel wären Sie bereit, für dieses Produkt zu bezahlen?")

Teststimuli: Gestaltung von Werbeanzeigen mit bzw. ohne Hinweis auf die Garantien.

Ablauf der Datenerhebung: Darstellung kurzer Szenarien; Personen sollen sich vorstellen, vor der Kaufentscheidung der entsprechenden Beispielprodukte zu stehen; Betrachtung der Werbeanzeigen mit den entsprechenden Informationen (Preisgarantie, Geld-zurück-Garantie, Kei-

ne Garantie). Erhebung der Modellkonstrukte und von Alter und Geschlecht der Auskunftspersonen.

Datenanalyse: Je nach experimentellem Design sollten die resultierenden Mittelwerte durch
eine geeignete Version der Varianzanalyse ausgewertet werden.

Aufgabe 3:

Die T** bietet Toaster mit hoher technischer Leistungsfähigkeit und mit einem ansprechen-
den Design an. Bisher hat man es nicht gewagt, den Preis so festzusetzen, dass der Endverbraucherpreis den Wert von € 100.- übersteigt. Die Geschäftsleitung vermutet hier eine Preisschwelle. Der Marketingmitarbeiter Blau soll untersuchen, ob diese Vermutung zutrifft. Weiterhin soll Blau eine Preisabsatzfunktion für einen bestimmten Toaster, dessen Leistungsmerkmale und extrinsische Merkmale bereits feststehen, ermitteln.

Erläutern Sie das Zustandekommen und die Auswirkungen des Preisgünstigkeitsurteils. Zeigen Sie, wie Blau die These der Geschäftsleitung, die Existenz einer Preisschwelle betreffend,
überprüfen kann. Stellen Sie dar, welche Schritte Blau im Einzelnen ausführen soll, um die
Preisschwelle zu überprüfen und die Preisabsatzfunktion ermitteln zu können. Gehen Sie auf
die Operationalisierung, die Stichprobe, Validitätsprüfungen, die Art der Datenanalysen und
alle anderen relevanten Details der Studie ein. Begründen Sie Ihre Ausführungen.

Lösungsskizze:

Zustandekommen des Preisgünstigkeitsurteils: Objektive Preise werden in Abhängigkeit vom
Wissen über normale Preise des Produkts und der Signalwirkung der Darbietungsform (z. B.
rotes Etikett, große Darstellungen des Preises, Schwellenpreise, andere Preisfiguren) mehr
oder minder günstig interpretiert. Dabei wird vermutet, dass Konsumenten aufgrund ihrer
Konsumerfahrung gelernt haben, dass diese Signale auf Preisgünstigkeit hindeuten.

Auswirkungen von Preisgünstigkeitsurteilen: Der Effekt dieses Urteils besteht darin, dass
kein proportionaler Zusammenhang zwischen objektivem Preis und Kaufbereitschaft besteht,
sondern Sprünge u.ä. auftreten.

Prüfung der Existenz einer Preisschwelle: Man könnte vier Gruppen mit geeignet ausgewählten Auskunftspersonen jeweils einen Preis für das Produkt vorlegen (zwei Gruppen Preise unterhalb der vermuteten Preisschwelle, zwei Gruppen Preise über der vermuteten Preisschwelle) und die Personen bitten, die Preisgünstigkeit zu beurteilen.

Operationalisierung: Das Preisgünstigkeitsurteil kann mittels einer Ratingskala („Das Produkt
ist ..." 1=sehr billig, 7=sehr teuer) erfolgen.

Stichprobe: Es sollten Personen befragt werden, die vor der Kaufentscheidung stehen. Die
Gruppengröße sollte mindestens 30 betragen, um Testvoraussetzungen zu schaffen, wünschenswert wären größere Stichproben.

Validitätsprüfungen: Die Existenz einer Preisschwelle könnte auch anhand des Verlaufs der
Preisabsatzfunktion belegt werden. Die psychografische Messung und die Preisabsatzfunktion
(z. B. aus Daten von Storetests ermittelt) sollten auf dieselbe Preisschwelle hindeuten.

Art der Datenanalyse: Die Analyse könnte wie am nachfolgenden Datenbeispiel verdeutlicht, wie folgt geschehen:

	Gruppe 1	Gruppe 2	Gruppe 3	Gruppe 4
objektiver, vorgelegter Preis	89.-	99.-	109.-	119.-
wahrgenommener Preis (Mittelwert)	3.00	4.00	5.50	6.50
transformiert	89.-	97.57	110.43	119.-

Die Differenz 110.43-97.57 = 12.86 müsste im Falle einer Preisschwelle bei € 100 signifikant größer als 109-99 = 10 sein. Die Standardabweichung kann aus den Daten für den wahrgenommenen Preis berechnet werden, demzufolge kann sie auch für die transformierten wahrgenommenen Preis und die hier interessierende Differenz berechnet werden.

Ermittlung einer Preisabsatzfunktion:

Für den vorliegenden Fall kommt insbesondere
- die direkte Frage nach Preislimits
- Storetests
in Betracht.

Im ersten Falle müsste man die Personen fragen, welchen Preis sie höchstens für das Produkt bezahlen würden (oberes Preislimit) und eventuell, welcher Preis befürchten lässt, dass die Qualität unzureichend ist (unteres Preislimit). Auf der Grundlage dieser Daten lässt sich eine Preisabsatzfunktion konstruieren.

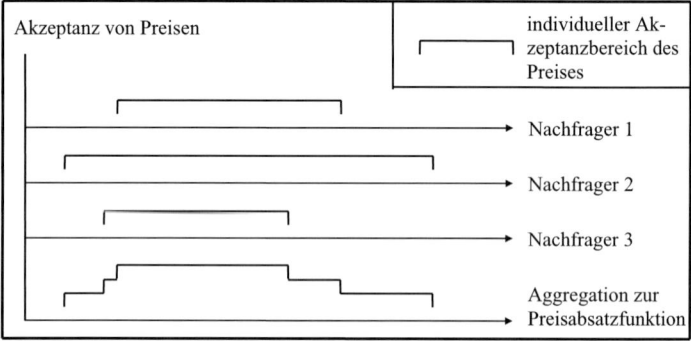

Im zweiten Fall müsste man in verschiedenen Geschäften unterschiedliche Preise verlangen und die Auswirkungen der Preis auf den Absatz untersuchen. Denkbar ist etwa ein EBA-CBA- Experiment:

	Geschäft 1		Geschäft 2		Geschäft 3		...
vorher	p_{v1}	y_{v1}	p_{v2}	y_{v2}	p_{v3}	y_{v3}	
nachher	p_{n1}	y_{n1}	p_{n2}	y_{n2}	p_{n3}	y_{n3}	

Je Geschäft lässt sich nun bei hinreichend langen Zeiträumen für v (vorher) und n (nachher) untersuchen, welcher Absatzanstieg resultiert, wenn anstatt von p_v ein alternativer p_n verlangt wird.

Operationalisierung: Diese Aufgabe ergibt sich lediglich im Falle der direkten Frage nach den unteren und oberen Preislimits.

Stichprobe: Im ersten Fall müssten Personen, die vor der Entscheidung stehen, befragt werden, im zweiten Fall müsste in repräsentativ ausgewählten Geschäften (z. B. 20) beobachtet werden.

Validitätsprüfungen: Dieses Problem dürfte sich vor allem im ersten Fall ergeben. Man könnte z. B. für einen Preis aus der ermittelten Preisabsatzfunktion den Absatz schätzen, den Preis in einem Geschäft verlangen und den geschätzten mit dem in diesem Geschäft beobachteten Absatz(anstieg) vergleichen.

Art der Datenanalyse: In die beobachtete Punktewolke ist mittels (nichtlinearer) Regression eine geeignete Kurve einzupassen. Der umsatzoptimale Preis kann bestimmt werden, indem das Maximum von Preis · Absatz(Preis) gesucht wird.

7.2 Schätzung von Preis-Absatz-Funktionen

Aufgabe 1:

Die Vorsicht GmbH ist in einem hart umkämpften Markt der Lebensmittelbranche tätig. Man nimmt an, dass der Absatz der Marke "Agent Orange" (variable Stückkosten: € 1.50) entscheidend von der Wertigkeit der Platzierung der Produkte in den Einzelhandelsgeschäften abhängt. Man unterstellt folgende Beziehung:

$$y = a + bq^c$$

mit:	y:	Absatz
	a,b,c:	Parameter
	q:	Qualität der Platzierung (0 bis 5)

Die Qualität der Platzierung wird von Experten beurteilt, die die Griffhöhe im Regal, die Kassennähe und die Platzierung links/rechts von der Laufrichtung berücksichtigen. Die Vorsicht GmbH ist zurzeit in Verhandlungen mit einer großen Handelskette, deren Filialen in einem hohen Maße vergleichbar sind. Der Verkaufspreis an die Konsumenten soll € 2.50 betragen. Aus Erfahrungen mit dem Absatz in der letzten Periode in diesen Filialen weiß man, dass der Absatz pro Monat in einer Filiale bei maximal schlechter Platzierung (q=0) 200 Stück, bei q=2 450 Stück und bei q=4 600 Stück beträgt. Die Handelskette würde folgende Einstandspreise pro Stück bezahlen:

Platzierung	0	1	2	3	4	5
Einstandspreis	2.20	2.10	2.00	1.90	1.80	1.70

Der Marketingleiter der Vorsicht GmbH und sein Produktmanager stehen nun vor dem Problem, den optimalen Preis festzulegen. Wie sollten sie sich entscheiden? Begründen Sie Ihre Empfehlung.

Lösungsskizze:

Bestimmung des Zusammenhangs zwischen Platzierung und Absatz:

q	y	p
0	200	2.20
1	?	2.10
2	450	2.00
3	?	1.90
4	600	1.80
5	?	1.70

$$q = 0 \Rightarrow a = 200 \qquad q = 2 \Rightarrow 450 = 200 + b \cdot 2^c \Rightarrow b \cdot 2^c = 250$$

$$q = 4 \Rightarrow 600 = 200 + b \cdot 4^c \Rightarrow b \cdot 4^c = 400$$

$$\Rightarrow c = 0.678, \; b = 156 \Rightarrow y = 200 + 156 \cdot q^{0.678}$$

Bestimmung der optimalen Platzierung:

$$p = 2.20 - 0.1q$$

$$D(q) = [p(q) - 1.5] \cdot y(q) = [2.20 - 0.1q - 1.5] \cdot [200 + 156 \cdot q^{0.678}]$$

q	Deckungsbeitrag pro Filiale
0	140
1	214
2	225
3	211
4	180
5	133

Die Platzierung „Qualität 2" ist zu empfehlen.

Aufgabe 2:

Eine Unternehmung beabsichtigt, zwei Produkte auf den Markt zu bringen, die noch von keinem anderen Hersteller angeboten werden können. Aufgrund von Erfahrungen mit vergleichbaren Produkten nimmt man an, dass die Preisabsatzfunktionen linear verlaufen und von Produkt 1 bei einem Preis von € 2.- 10 ME abzusetzen sind, während bei einem Preis von € 1.- eine Verdoppelung dieser Absatzmenge zu erwarten ist. Eine Reduzierung des Preises von Produkt 2 um € 0.40 ist mit einer Steigerung des Absatzes um 1 ME verbunden; zu einem Preis von € 36.- und mehr dürfte das Produkt nicht mehr abzusetzen sein. Produktion und Absatz der Produkte 1 bzw. 2 verursachen variable Kosten in der Höhe von € 1.- bzw. € 4.- pro Stück. Beide Produkte werden auf einer Maschine gefertigt, die in der Planungsperiode 70 Zeiteinheiten (ZE) zur Verfügung steht. Die Herstellung einer ME von Produkt 1 beansprucht eine ZE, die von Produkt 2 zwei ZE der Maschinenkapazität. Welche Preise und Produktionsmengen sind deckungsbeitragsoptimal?

Lösungsskizze:

Preisabsatzfunktionen und Restriktion:

$$y_1 = 30 - 10p_1$$

$$y_2 = 90 - 2.5p_2$$

$$y_1 + 2y_2 \leq 70$$

wobei: y_s: Produktions- bzw. Absatzmenge von Produkt s

Deckungsbeitrag bei Ausschöpfung der Produktionskapazität:

$$D = (p_1 - 1)(30 - 10p_1) + (p_2 - 4)(90 - 2.5p_2)$$
$$= -10p_1^2 + 40p_1 - 2.5p_2^2 + 100p_2 - 390 \rightarrow \max_{p_1, p_2}$$

unter der Nebenbedingung

$$(30 - 10p_1) + (2(90 - 2.5p_2)) = 70$$

$$210 - 10p_1 - 5p_2 = 70$$

$$-10p_1 - 5p_2 = -140$$

$$2p_1 - p_2 = 28$$

Formulierung als Lagrange-Funktion:

$$L = -10p_1^2 + 40p_1 - 2.5p_2^2 + 100p_2 - 390 - \lambda(2p_1 + p_2 - 28) \rightarrow \max_{p_1, p_2, \lambda}$$

$$\frac{\partial L}{\partial p_1} = -20p_1 + 40 - 2\lambda = 0 \Rightarrow \lambda = -10p_1 + 20 \quad \begin{vmatrix} -10p_1 + 20 = -5p_2 + 100 \\ -10p_1 + 5p_2 = 80 \end{vmatrix}$$

$$\frac{\partial L}{\partial p_2} = -5p_2 + 100 - \lambda = 0 \Rightarrow \lambda = -5p_2 + 100 \quad \begin{vmatrix} 2p_1 - p_2 = -16 \end{vmatrix}$$

$$\frac{\partial L}{\partial \lambda} = (2p_1 + p_2 - 28) = 0 \qquad\qquad \Rightarrow 2p_1 + p_2 = 28$$

$$\overline{\qquad\qquad\qquad\qquad\qquad}$$
$$2p_2 = 44, \ p_2 = 22, \ p_1 = 3$$
$$\lambda = -10$$

optimale Preise: $\qquad\qquad\qquad\qquad$ $p_1 = 3, p_2 = 22$
optimale Produktionsmengen: $\qquad$ $y_1 = 30 - 10p_1 = 0, y_2 = 90 - 2.5p_2 = 35$
Deckungsbeitrag: $\qquad\qquad\qquad$ $(3 - 1) \cdot 0 + (22 - 4) \cdot 35 = 630$

Es besteht die Möglichkeit, dass der Deckungsbeitrag größer wird, wenn die Produktionskapazität nicht ganz ausgeschöpft wird.

Deckungsbeitrag, falls Ausschöpfung der Produktionskapazität nicht gefordert:

$$D = -10p_1^2 + 40p_1 - 2.5p_2^2 + 100p_2 - 390 \rightarrow \max_{p_1, p_2}$$

$$\frac{\partial D}{\partial p_1} = -20p_1 + 40 = 0 \Rightarrow p_1 = 2$$

$$\frac{\partial D}{\partial p_2} = -5p_2 + 100 = 0 \Rightarrow p_2 = 20$$

optimale Preise: $\qquad\qquad\qquad\qquad$ $p_1 = 2, p_2 = 20$
optimale Produktionsmengen: $\qquad$ $y_1 = 30 - 10p_1 = 10, y_2 = 90 - 2.5p_2 = 40$
erforderliche Maschinenlaufzeit: $\qquad$ $10 + 2 \cdot 40 = 90$ (nicht zulässig)

Empfehlung: Ausschöpfung der Produktionskapazität
Produkt 1 nicht produzieren, Produktion 2: $p_2 = 22, y_2 = 35$.

Aufgabe 3:

Die Firma McCall stellt Anrufbeantworter her. Obwohl der Preis von € 400.- 10% über dem durchschnittlichen Preis der Konkurrenten lag, konnte McCall in den letzten Jahren einen Marktanteil von 15% halten. Der Stückdeckungsbeitrag betrug € 40.00, die jährlichen Fixkosten beliefen sich auf € 4 Mio. Die Anzahl der Haushalte mit Telefon und Anrufbeantworter hat sich bisher gemäß folgender logistischer Funktion entwickelt (xt: Haushalte mit Telefon und Anrufbeantworter am Ende von Jahr t); diesbezüglich wird für die nächsten Perioden kein Strukturbruch unterstellt:

$$x_t = \frac{10,000,000}{1 + e^{6-0.4t}}$$

Das Marktvolumen ergibt sich aus der Anzahl der Haushalte, die in Jahr t erstmals ein Telefon mit Anrufbeantworter besitzen, zuzüglich der Ersatzkäufe von jährlich 10% der bisherigen Anzahl der Haushalte, die schon ein Telefon mit einem Anrufbeantworter besitzen (bis zum Ende des jeweils letzten Jahres).

Weiterhin hat sich bisher folgendes Marktanteilsmodell bewährt:

$M_A = 0.3(p_B/p_A)^c$
mit: M_A: Marktanteil von McCall
p_A: Preis des Produkts von McCall
p_B: durchschnittlicher Preis der Wettbewerber

McCall befindet sich zurzeit in Periode t=16. Der Geschäftsführer rechnet damit, dass in den nächsten Jahren ein intensiver Wettbewerb im Bereich der Produkt- und Kommunikationspolitik einsetzen wird, durch den sich der Parameter c verdoppeln wird. Die Wettbewerber werden ihre Preise in den nächsten Jahren nicht ändern.

McCall will am Anfang von t=17 1 Mio. € in Maschinen investieren und bei unveränderten variablen Stückkosten und sonstigen jährlichen Fixkosten in derselben Höhe wie in den letzten Jahren eine Preissenkung auf 5% über dem Konkurrenzniveau vornehmen. Soll McCall diese Planung realisieren, wenn alternativ dazu Produkt und Preise unverändert bleiben? Legen Sie Ihren Überlegungen einen Planungszeitraum von 3 Jahren und einen kalkulatorischen Zinssatz von 10% zugrunde.

Lösungsskizze:

Berechnung des Marktvolumens:

t	x_t	Zuwachs in t $x_t - x_{t-1}$	Ersatzkäufe $0.1x_{t-1}$	Marktvolumen
16	5 987 000	-	-	-
17	6 900 000	913 000	598 700	1 512 000
18	7 685 000	785 000	690 000	1 475 000
19	8 320 000	635 000	768 500	1 404 000

Parametrisierung der Marktanteilsfunktion:

$$0.15 = 0.3(363.64/400)^c \Rightarrow c = 7.27$$

$$M_A = 0.3(p_B/p_A)^{7.27}$$

Deckungsbeitrag in den Planungsperioden ohne Zusatzinvestition:

$$M_A = 0.3(\frac{363.64}{400})^{2 \cdot 7.27} = 0.075$$

t = 17   D = (400 – 360)· 0.075· 1 512 000 – 4 000 000 = 536 000

t = 18   D = (400 – 360)· 0.075· 1 475 000 – 4 000 000 = 425 000

t = 19   D = (400 – 360)· 0.075· 1 404 000 – 4 000 000 = 212 000

$$D = 536\,000 + \frac{425\,000}{1.1} + \frac{212\,000}{1.1^2} = 1\,098\,000$$

Deckungsbeitrag in den Planungsperioden bei Zusatzinvestition:

$$p_A = 363.64 \cdot 1.05 = 381.82$$

$$M_A = 0.3(\frac{363.64}{381,82})^{2 \cdot 7.27} = 0.14759$$

t = 17   D = (381,82 – 360)· 0.14759· 1 512 000 – 4 000 000 – 1 000 000 = – 131 000

t = 18   D = (381,82 – 360)· 0.14759· 1 475 000 – 4 000 000 = 750 000

t = 19   D = (381,82 – 360)· 0.14759· 1 404 000 – 4 000 000 = 521 000

$$D = -131\,000 + \frac{750\,000}{1.1} + \frac{521\,000}{1.1^2} = 981\,000$$

Die Investition lohnt sich bei einer Drei-Jahres-Betrachtung nicht. Das Ergebnis ändert sich nicht, wenn auf t = 16 abgezinst wird.

7.3 Preisschwellen

Aufgabe 1:

Der Staubsaugerhersteller Dysone ist bekannt für qualitativ hochwertige, nicht ganz preisgünstige Produkte. Die Geschäftsleitung hat nun beschlossen, ein einfaches, preisgünstigeres Modell für die breite Masse auf den Markt zu bringen, um den Marktanteil und die Verbreitung in Deutschland zu erhöhen. Aus diesem Grund wurde das Modell „DC20" entwickelt. Es ist im typischen Dysone-Design gestaltet, ist aber nicht mit der innovativen Dysone-Dual-Cyclone-Technologie ausgestattet und besitzt weniger Extras als alle anderen Modelle. Nun soll der Preis für dieses neue Modell festgelegt werden.

Herr Hoover, Geschäftsführer der Dysone Deutschland GmbH, legt eine mögliche Preisspanne für den „DC20" zwischen € 220 und € 280 fest. Hoover vermutet, dass der Marktanteil von 5 % auf 10 % gesteigert werden kann.

Marketingleiter Vacumer soll nun eine Empfehlung für den Preis des „DC20" an den Vorstand abgeben. Er nimmt an, dass zwischen € 229 und € 230, € 249 und € 250 und zwischen € 279 und € 280 Preisschwellen auftreten könnten. Dazu hat er eine empirische Studie unter insgesamt 20 Personen durchgeführt. Das Untersuchungsdesign bestand dabei aus vier Experimentalgruppen, die sich ausschließlich hinsichtlich des vorgelegten Preises von „DC20" unterschieden. Jeweils fünf Personen erhielten eine Werbeanzeige, in der das neue Modell „DC20" mit einem von vier Preisen dargestellt war. Jede Person sollte in der Befragungssituation Angaben zu dem folgenden Statement machen: „Der Preis für den Staubsauger ist sehr hoch" (Ratingskala mit 1 = stimme überhaupt nicht zu ....7 = stimme voll und ganz zu). Folgende Ergebnisse resultierten:

	objektiver, vorgelegter Preis			
	€ 229	€ 249	€ 250	€ 279
Person 1	3	3	6	6
Person 2	5	4	5	6
Person 3	4	5	7	4
Person 4	3	4	4	7
Person 5	3	3	5	5

Untersuchen Sie, ob eine Preisschwelle bei € 250 existiert.

Aufgrund der vorliegenden Ergebnisse empfiehlt Vacumer, den Preis auf € 249 festzusetzen. Vacumer möchte die Erstkäufe für den Staubsauger „DC20" zusätzlich steigern, indem eine Einführungsaktion durchgeführt werden soll. Folgende drei Aktionen kommen für Vacumer in Frage:

- Zugabe in Form einer flexiblen Fugendüse und einer Polsterdüse, die nicht im Lieferumfang enthalten sind
- Einkaufsgutschein für Dysone-Produkte
- Gewinnspiel für Kunden mit attraktiven Preisen.

Hoover möchte nun wissen, ob die Konsumenten die Aktionen gleich attraktiv finden. Konkret möchte er wissen, ob die Kaufabsicht bei allen drei Aktionen gleich ist bzw. ob die Kaufwahrscheinlichkeit von der Art der Aktion abhängt. Zur Beantwortung dieser Frage hat Vacumer eine Kundenumfrage gestartet. Bei dieser bekommt jede Person eine Werbeanzeige für den „DC20" vorgelegt, die sich je nach Untersuchungsgruppe nur durch die beworbene Aktion (Zugabe, Einkaufsgutschein, Gewinnspiel) unterscheidet. Die Frage lautete, ob die Person sich vorstellen könnte, das entsprechende Gerät zu kaufen (ja oder nein).

Gewählte Aktion	Produktkategorie		
	Zugabe	Einkaufsgutschein	Gewinnspiel
Käufer	55%[*]	40%	51%
Umfang der Stichprobe	120	105	98

[*]Leseanweisung: 55% der befragten Personen geben an, dass sie die beworbene Marke kaufen würden.

Überprüfen Sie die Annahme, wonach die Kaufwahrscheinlichkeit von der gewählten Aktion abhängt, anhand eines geeigneten statistischen Verfahrens ($\alpha=5\%$) und formulieren Sie die entsprechenden Hypothesen.

Lösungsskizze:

Preisschwelle:

	Objektiver Preis (OP)			
	229 €	249 €	250 €	279 €
Preisurteil (PU) subjektiver Preis (SP)	(3+5+4+3+3)/5 = 3.6	3.8	5.4	5.6
• Mittelwert:	229 €	139+25·3.8 = 234 €	139+25·5.4 = 274 €	279 €
• Wert pro Person:		214, 239, 264, 239, 214	289, 264, 314, 239, 264	
• Stichprobenvarianz:		425	812.5	

Lineartransformation: SP = a+b·PU,
229 = a+b·3.6,
279 = a+b·5.6
→ SP = 139+25·PU

Die Preisdifferenz zwischen € 249 und € 250 ist nominal gering (€ 1), subjektiv aber hoch (€ 40). Somit besteht hier eine Preisschwelle, was statistisch überprüft werden kann. Die geringe Stichprobe soll vernachlässigt werden und Varianzheterogenität unterstellt werden. Ferner sei α=5%.

H_1: $\mu_{SP=250} - \mu_{SP=249} > 1$
H_0: $\mu_{SP=250} - \mu_{SP=249} \leq 1$

$$t = \frac{(\bar{x}_{SP=250} - \bar{x}_{SP=249}) - 1}{\sqrt{\dfrac{s_1^2}{n_1} + \dfrac{s_2^2}{n_2}}} = \frac{274 - 234 - 1}{\sqrt{\dfrac{812.5}{5} + \dfrac{425}{5}}} = 2.48$$

kritischer Bereich: $k = \dfrac{\left(\dfrac{s_1^2}{n_1} + \dfrac{s_2^2}{n_2}\right)^2}{\dfrac{\left(\dfrac{s_1^2}{n_1}\right)^2}{n_1 - 1} + \dfrac{\left(\dfrac{s_2^2}{n_2}\right)^2}{n_2 - 1}} = \dfrac{61256.25}{8407.89} = 7.286$, $\quad (t_{1-\alpha;7};+\infty) = (1.895;+\infty)$

Der Wert der Prüfgröße liegt im kritischen Bereich. H_0 ist ablehnen und H_1 somit gestützt. Auf dem 5% Niveau kann somit behauptet werden, dass zwischen 249 und 250 Euro eine Preisschwelle vorliegt.

Bewertung der drei Maßnahmen:

H_0: Die Merkmale sind unabhängig voneinander (kein Effekt der Maßnahme)

	beobachtete Häufigkeiten				erwartete Häufigkeiten: $\hat{n}_{ij} = (n_{i\bullet}n_{\bullet j})/n$		
	Zugabe	Gutschein	Gewinnspiel	Summe	Zugabe	Gutschein	Gewinnspiel
Kauf	66	42	50	158	59	51	48
Nicht-Kauf	54	63	48	165	61	54	50
Summe	120	105	98	323			

$$\chi^2 = \sum_{i=1}^{I}\sum_{j=1}^{J} \frac{\left(n_{ij} - \dfrac{n_{i\bullet}n_{\bullet j}}{n}\right)^2}{\dfrac{n_{i\bullet}n_{\bullet j}}{n}} = 4.89 \qquad \text{k.B. } \left(\chi^2_{1-\alpha,(I-1)*(J-1)},\infty\right) = (\chi^2_{0.95;2};\infty) = (5.99;\infty)$$

Der Wert der Prüfgröße (Chi-Quadrat-Wert) liegt nicht im kritischen Bereich. H_0 ist nicht verwerfen, H_1 ist nicht gestützt. Es kann nicht behauptet werden, dass die Kaufwahrscheinlichkeit von der Art der Sonderaktion abhängt.

Aufgabe 2:

Nach Abschluss ihres BWL-Studiums möchte sich die Pilates-Trainerin Susi A. den Traum eines eigenen Pilates-Studios erfüllen. Allerdings benötigt sie für den Umbau bzw. die Renovierung der Räume und die speziellen Trainingsgeräte einen Kredit bei ihrer Hausbank. Bei dem Gespräche mit ihrer Hausbank stellt Susi ihren Business-Plan vor. Nachdem sie ihre Geschäftsidee und alle weiteren Details, wie Kursangebote, Kostenvoranschläge für den Umbau der Geschäftsräume usw., dem Bankmitarbeiter vorgestellt hat, fragt dieser Susi nach der geplanten Preisgestaltung für ihr Studio. Susi war sich in Bezug auf diesen Punkt noch nicht ganz sicher, da sie sich noch erinnern kann, im Studium gehört zu haben, dass die Attraktivität eines Angebotes nicht nur vom objektiven Preis abhängt, sondern auch andere Faktoren eine große Rolle spielen. Nachdem Susi sich informiert hat, welche Preise ihre Konkurrenten haben, kommen für sie folgende Preisvarianten in Betracht:

- Festsetzung eines Pauschalpreises für sechs Monate, bei dem alle Angebote des Studios beliebig oft genutzt werden können. Der Pauschalpreis muss monatlich im Voraus entrichtet werden.
- Festsetzung von Einzelpreisen für jedes Angebot des Studios. Wird ein Angebot genutzt, so wird dies elektronisch auf einer Chipkarte gespeichert. Am Ende des Monats werden die genutzten Angebote vom Konto des Nutzers abgebucht.

Susi möchte aber auf keinen Fall als Billiganbieter beurteilt werden, sondern dass ihr Studio als Studio mit Niveau beurteilt wird. Deshalb möchte sie auf eine auffällige Preisdarstellung verzichten. Sie möchte aber wissen, ob Sie möglicherweise, unabhängig von der Preisvariante, ein Sonderangebot zur Eröffnung machen sollte oder nicht und ob dies wirklich dazu führt, dass der Preis günstiger wahrgenommen wird. Ihr Freund Paul rät Susi später, sich zunächst Gedanken darüber zu machen, welche Faktoren in ihrem Fall Einfluss auf die Attraktivität der Preise ausüben könnten. Schließlich schlägt er ihr vor, eine empirische Studie durchzuführen, um besser zwischen den Alternativen wählen zu können.

Erläutern Sie, unabhängig vom skizzierten Fall, welche Faktoren neben dem objektiven Preis generell Einfluss auf die Attraktivität von Preisen ausüben. Gehen Sie hierbei insbesondere auf die Preiswahrnehmung, das Preisgünstigkeitsurteil, die Preis-Qualitäts-Irradiation und die Preisakzeptanz ein. Erklären Sie Susi diese Effekte jeweils anhand eines Beispiels mit ihrem Pilates-Studio.

Lösungsskizze:

Preiswahrnehmung: Damit Preise bei Entscheidung eines Konsumenten zwischen Produkten überhaupt eine Rolle spielen, müssen sie von ihm wahrgenommen werden. Der exakte Preis beeinflusst die Kaufentscheidung kaum. Bei selten gekauften oder billige Produkten (z. B. Heftpflaster, Alufolie, Preis für 1 kg Zucker) ist es relativ wahrscheinlich, dass der Preis nicht oder nur ungenau wahrgenommen wird.

Bei Verträgen in einem Pilates-Studio kann man davon ausgehen, dass Interessenten einen gewissen Grad an Preiswissen/-wahrnehmung haben, da es sich um eine höhere Investition handelt und die Interessenten auch relativ involviert in den Bereich Fitness/Gesundheit sind. Probleme könnte die Wahrnehmung unterschiedlicher Preise einzelner Fitnessstudios bereiten, da die Preise unterschiedlich hoch in Abhängigkeit von den angebotenen Leistungen festgelegt werden. Dies könnte unter Umständen für Einzelpreise sprechen, damit die Vergleichbarkeit in geringem Maße gegeben ist

Preisgünstigkeitsurteil: Preisgünstigkeitsurteile liegen vor, wenn Kunden Preise nicht auf Basis von Nutzenüberlegungen, sondern auf Basis eines Vergleichs mit Referenzpreis durchführen. Der Referenzpreis ist der Preis, den Kunden bei der Beurteilung realer Preise als Vergleichsmaßstab heranziehen. Bisher für bestimmtes Produkt bezahlte Preise haben Einfluss auf Bildung des Referenzpreises. Referenzpreise können auch vom Hersteller kommuniziert werden (z.b. als unverbindliche Preisempfehlung auf Verpackungen). Auch die Darstellungsform von Preisen hat Einfluss auf das Preisgünstigkeitsurteil (z.b. Auszeichnung eines Preises auf rotem Etikett, große Darstellungen des Preises). Ferner könnte sich der Tatbestand, dass der Preis unterhalb eines Schwellenpreises liegt, positiv auf das Preisgünstigkeitsurteil auswirken. Schwellenpreise sind Preise, bei deren Unter-/Überschreiten sich die Preisbeurteilung durch die Konsumenten sprunghaft verändert: Preise knapp unterhalb einer Preisschwelle werden als unverhältnismäßig günstiger interpretiert als Preise knapp oberhalb der Preisschwelle.

Ein Preisgünstigkeitsurteil durch die Darbietungsform kann in diesem Fall möglicherweise durch die Auszeichnung auf rotem Etikett oder durch Ähnliches erreicht werden. Ein Einfluss durch die Preisgestaltung entsteht durch die Wahl eines Preises unterhalb eines vermuteten Schwellenpreises (z.b. 4.99 Euro pro Pilatesstunde, 9.99 Euro pro Gerätetraining). Die Wahrnehmung eines der beiden Angebote als günstig ist abhängig von der erwarteten Nutzungshäufigkeit des Angebotes und den Angeboten anderer Fitnessstudios. Auch angebotenen Rabatte oder Ratenzahlungen können das Preisgünstigkeitsurteil beeinflussen.

Preis-Qualitäts-Irradiation: Der Preis, der für eine Leistung festgesetzt wird, wirkt auf die Qualitätswahrnehmung dieser Leistung aus. Konsumenten haben die Erfahrung gemacht, dass hohe (geringe) Preise oft mit hoher (geringer) Qualität einhergehen und übertragen diese gelernte Regel auf neue Situationen. Vor allem bei komplexen Produkten oder im Fall des Mangels anderer leicht zu verarbeitender Information ist dieser Effekt zu vermuten.

Wird von Susi ein vergleichsweise hoher Preis gewählt, so kann dies einen positiven Effekt auf die Qualitätswahrnehmung der Leistung haben. Ob diese Wirkung entsteht, hängt von dem Beurteilenden ab.

Preisakzeptanz: Nachfrager haben Vorstellungen, wie viel ein Produkt höchstens kosten darf und was es mindestens kosten muss, sie haben eine Einstellung zum „richtigen Preis". Man kann annehmen, dass Konsumenten Vorstellungen von Preisschwellen haben, die die Ober- und Untergrenzen des Bereichs der vom Kunden als akzeptabel beurteilten Preise bilden (ansonsten: zu teuer bzw. vermutlich zu geringe Qualität).

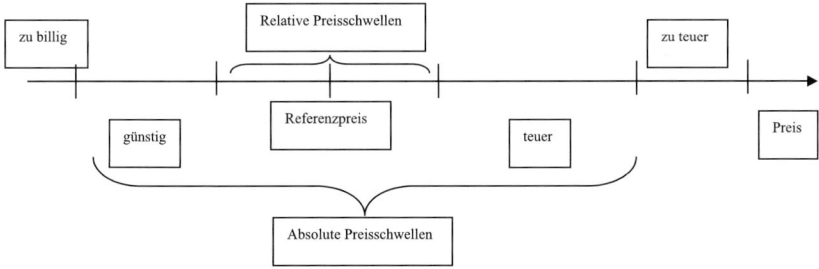

Das Angebot von Susi könnte im Bereich außerhalb der Preisschwellen liegen und deshalb als sehr günstig oder sehr teuer empfunden werden. Ziel der Preisbildung sollte es sein, einen Preis leicht unter einem relevanten Referenzpreis festzusetzen.

7.4 Direkt erfragte Preislimits

Aufgabe 1:

In einem Produkttest sollte die Akzeptanz von zwei Varianten neuer Bodenstaubsauger untersucht werden. Produktdarstellungen und die für die Untersuchung gewählten Operationalisierungen sind nachfolgend angegeben.

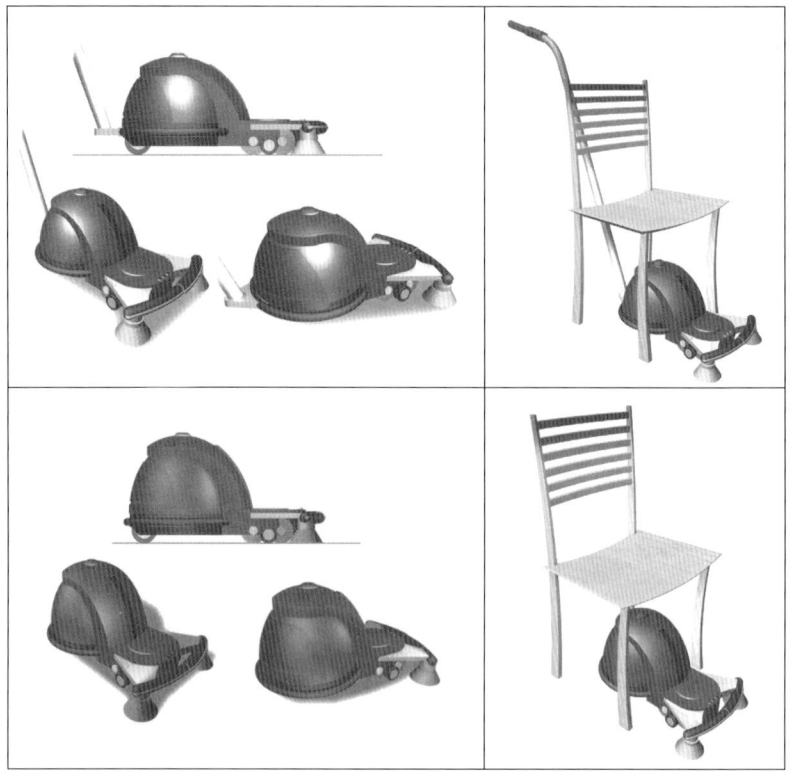

(1) Welchen Eindruck haben Sie von der Idee?

    innovativ   O O O O O O   unbrauchbar

(2) Könnten Sie sich solch ein Gerät bei sich im Haushalt vorstellen?

    ja sehr gut   O O O O O O   nein, keinesfalls

(3) Wie viel dürfte das Gerät im Handel höchstens kosten, damit Sie es kaufen?

    € ....

Das Ergebnis zu Frage (3) ist nachfolgend aufgeführt.

	Anteil kaufbereiter Nachfrager					
	5%	10%	20%	30%	40%	50%
	bei einem Preis des Gerätes von					
handgeführter Bodenreiniger	1000	780	640	520	450	400
automatischer Bodenreiniger	1500	1100	950	850	750	650
unterstellte, keine realen Daten						

Welcher Endverbraucherpreis sollte für den Fall, dass das Produkt am Markt eingeführt wird, angestrebt werden? Begründen Sie Ihre Empfehlung.

7.5 Hedonische Preisfunktion

Aufgabe 1:

Im Marktspiegel der Deutschen Automobil Treuhand (DAT) werden durchschnittliche Händlereinkaufspreise für Gebrauchtwagen dokumentiert. Dabei werden die Gebrauchtwagen nach den Merkmalen Marke, Alter, Aufbauart, Anzahl der Türen, Typenbezeichnung, Hubraum und Motorleistung unterschieden. Je Merkmalskombination (Fall) liegt ein mittlerer Preis vor, der aus den Angaben eines ausgewählten Kreises von Händlern berechnet wird. Mit diesen Fällen kann eine Regressionsanalyse durchgeführt werden. Als Regressand diente in nachfolgender Analyse der mittlere Einkaufspreis, als Regressoren wurden die Merkmale Aufbauart, Motorart (jeweils Dummyvariablen-Codierung) und die kW-Leistung verwendet:

$$p_{tmi} = \beta_{otm} + \beta_{Dtm} x_{Dtm} + \beta_{Ktm} x_{Ktm} + \beta_{Catm} x_{Catm} + \beta_{Cotm} x_{Cotm} + u_{tmi}$$

mit: p_{tmi}: durchschnittlicher Händlereinkaufspreis für einen t Jahre alten Gebrauchtwagen der Marke m mit der Motorisierung bzw. Aufbauart i

β_{otm}: hedonischer Preis des Referenzprodukts (Limousine mit Otto-Motor) je Marke und Alter

t: Alter des Gebrauchtwagen (t=1,2,3,4,5 Jahre)

m: Marke des Gebrauchtwagens

x_D: 1=Diesel-Motor; 0=Otto-Motor

x_K: Kilowatt (metrisch)

x_{Ca}: 1=Cabriolet, 0=Limousine oder Coupé

x_{Co}: 1=Coupé, 0=Cabriolet oder Limousine

β: hedonischer Preis der Eigenschaft

In der nachfolgenden Übersicht sind Ergebnisse für die zwei Pkw-Marken Volkswagen und AUDI für fünf bzw. vier Altersklassen angegeben. Sie basieren auf den Angaben des Marktspiegels im April 2011. Weiterhin wird hier in Abhängigkeit von der Marke jeder Altersklasse ein entsprechender durchschnittlicher Kilometerstand unterstellt. Die Regressionsanalysen sind getrennt für die angegebenen neun Marken-Alters-Kombinationen durchgeführt worden.

	hedonische Preise für einen ... Jahre alten Volkswagen				hedonische Preise für einen ... Jahre alten AUDI			
	1	2	3	4	5	2	3	4	5
Konstante	8 207	8 789	6 141	5 592	3 833	6 848	5 792	4 891	4 687
Cabriolet	8 249	6 311	-	-	4 277	7 831	7 581	7 548	-
Coupé	-2 993	-2 853	-1 549	-990	-343	2 751	2 784	3 142	3 593
Dieselmotor	3 676	2 689	2 012	832	940	5 408	4 300	3 130	1 807
kW	172	130	127	95	88	175	141	122	95
r^2_{adj}	0.82	0.82	0.78	0.64	0.80	0.92	0.92	0.90	0.86
Fallzahl	57	66	50	49	69	38	34	56	63

Analysieren Sie den Wertverfall der untersuchten Merkmale der Pkw-Marken. Untersuchen Sie den Wert der einen Marke im Vergleich zur anderen Marke.

Lösungsskizze:

Einige Interpretationen: Der Händlereinkaufspreis eines 1 Jahr alten Volkswagens mit Otto-Motor und mit der Aufbauart Limousine mit 70 kW beträgt im Mittel aller VW-Fahrzeugtypen 8 207 + 70·172. Falls anstelle eines Otto-Motors ein Dieselmotor eingebaut ist, erhöht sich der Wert eines ein Jahr alten Volkswagens um € 3 676. Der Wert eines Dieselmotors in einem Volkswagen verringert sich von Altersklasse zu Altersklasse auf € 2 689, 2012 usw. Das Vorhandensein eines Dieselmotors in einem AUDI wird ceteris paribus mit einem höheren Preis honoriert. Jedes kW mehr erhöht den Wert eines zwei Jahre alten AUDI um € 175, bei Volkswagen beträgt dieser Wert nur € 130. Für Volkswagen-Coupés wird weniger bezahlt als für Limousinen dieser Marke, bei AUDI verhält es sich entgegengesetzt. Ältere Coupés dieser Marke erhalten gegenüber einer Limousine sogar vergleichsweise hohe Preiszuschläge.

7.6 Submissionen

Aufgabe 1:

Zusammen mit drei anderen Anbietern bemüht sich Unternehmen X regelmäßig um Aufträge. Aus den letzten 15 Submissionen ist bekannt, welche Gebote die Mitbieter unterbreitet hatten. Man kann davon ausgehen, dass alle Bieter dieselben Selbstkosten haben. Weitere Anbieter sind auf diesem Absatzmarkt nicht aktiv. Bei gleichem Kalkulationsaufschlag erhält X nicht den Zuschlag. Die vorliegenden Aufzeichnungen aus der jüngsten Vergangenheit sind folgende.

Submission	Selbstkosten	Gebot der Mitbieter			Kalkulationsaufschlag		
		A	B	C	A	B	C
1	15 000	19 500	21 000	18 750	0.30	0.40	0.25
2	25 000	28 750	37 500	31 250	0.15*	0.50	0.25
3	20 000	36 000	29 000	25 000	0.80	0.45	0.25*
4	70 000	119 000	105 000	91 000	0.70	0.50	0.30*
5	40 000	58 000	56 000	-	0.45	0.40*	-
6	110 000	187 000	159 500	148 500	0.70	0.45	0.35
7	30 000	48 000	45 000	36 000	0.60	0.50	0.20*
8	10 000	13 500	14 000	14 000	0.35*	0.40	0.40
9	20 000	34 000	30 000	26 000	0.70	0.50	0.30*
10	40 000	72 000	56 000	-	0.80	0.40	-
11	30 000	37 500	43 500	36 000	0.25	0.45	0.20*
12	100 000	110 000	145 000	120 000	0.10*	0.45	0.20
13	20 000	40 000	30 000	28 000	1.00	0.50	0.40
14	40 000	64 000	56 000	52 000	0.60	0.40	0.30*
15	45 000	58 500	63 000	-	0.30*	0.40	-

*: Bieter hat Zuschlag erhalten;   -: kein Gebot

Ein Mitarbeiter von X soll der Geschäftsleitung einen begründeten Vorschlag unterbreiten, zu welchem Preis sich X um den Auftrag, dessen Selbstkosten sich auf 70 000 belaufen würden, bemühen soll. Wie könnte der Mitarbeiter das Bietverhalten der drei Wettbewerber zuvor sinnvoll charakterisieren?

Lösungsskizze:

Verhalten der Wettbewerber:
A: Er möchte den Auftrag "um jeden Preis", wenn seine Auslastung sinkt.
B: Er setzt immer hohe Kalkulationsaufschläge an und hat „Glück" wenn er den Zuschlag erhält. Im Falle eines Zuschlags erzielt er aber einen hohen Deckungsbeitrag.
C: Er setzt immer geringe Kalkulationsaufschläge fest. Deshalb erhält er häufig Aufträge, erzielt aber geringe Deckungsbeiträge pro Auftrag. Er bietet nicht immer, da seine Kapazitäten häufig ausgelastet sind.

Von Mitbietern voraussichtlich festgesetzte Kalkulationsaufschläge:

Anbieter	Erwartungen hinsichtlich des Kalkulationsaufschlags					
A	80%, 70% und 100% nach einem Zuschlag					
	mindestens Kalkulationsaufschlag von 70%					
B	Kalkulationsaufschlag	40%	45%	50%		
	Wahrscheinlichkeit	6/15	4/15	5/15		
C	Kalkulationsaufschlag	20%	25%	30%	35%	40%	kein Gebot
	Wahrscheinlichkeit	3/15	3/15	3/15	1/15	2/15	3/15

Berechnung der erwarteten Deckungsbeiträge in Abhängigkeit vom eigenen Kalkulationsaufschlag:

k	$P(K_A>k)$	$P(K_B>k)$	$P(K_C>k)$	$P(\text{Zuschlag}|k)$	Deckungsbeitrag	erwarteter Deckungsbeitrag
0.19	1	1	1	1	0.19·70 000	13 300
0.24	1	1	12/15	12/15	0.24·70 000	13 440*
0.29	1	1	9/15	9/15	0.29·70 000	12 180
0.34	1	1	6/15	6/15	0.34·70 000	9 520
0.39	1	1	5/15	5/15	0.39·70 000	9 100
0.44	1	9/15	3/15	27/225	0.44·70 000	3 696
0.49	1	5/15	3/15	15/225	0.49·70 000	2 287
0.54	1	0	3/15	0	0.54·70 000	0

Empfehlung: X sollte einen Kalkulationsaufschlag von 0.24 auf die Selbstkosten wählen.

Aufgabe 2:

Die Mittelland-Stromwerke vergeben Tiefbauarbeiten (Aushub 900 m^3) im Wege des geheimen Bietens. Absprachen zwischen den Bietern sind untersagt; dies wird auch befolgt. Unternehmen Zerberus (Z) ist am Auftrag interessiert. Als Konkurrenten werden die Firmen Grabfix (G) und Aushub (A) mitbieten. Folgende Selbstkosten für Aufträge dieser Größenordnung sind bekannt (alle Berechnungen ohne MwSt.).

Unternehmen	Fixkosten (€)	variable Kosten (€/m^3)
Z	8 000.-	40.-
G	4 000.-	40.-
A	8 000.-	35.-

Z geht aufgrund von Erfahrungen mit dem Bietverhalten der beiden Wettbewerber davon aus, dass von G irgendein Kalkulationsaufschlag auf die Gesamtkosten zwischen 25% und 50% mit gleicher Wahrscheinlichkeit zu erwarten ist (Gleichverteilung des Kalkulationsaufschlags). Bezüglich A glaubt Z, dass nur ein Kalkulationsaufschlag von entweder 20% oder von 40% in Betracht kommt, wobei es den höheren Aufschlag (die 40%) für dreimal wahrscheinlicher hält als den niedrigeren (die 20%). Geben mehrere Anbieter dasselbe geringste Gebot ab, erhält nach den Ausschreibebedingungen das lokale Unternehmen (hier: Z) den Zuschlag.

Anmerkung: grafische Darstellung der Gleichverteilung:

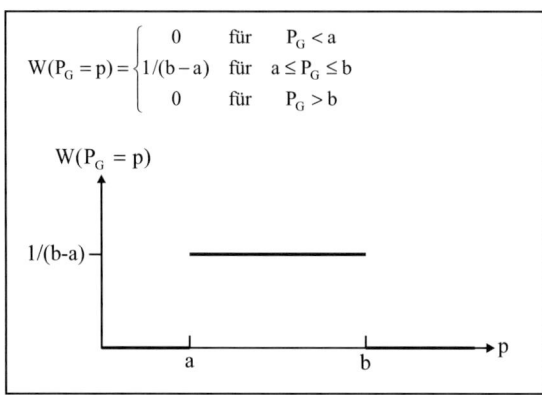

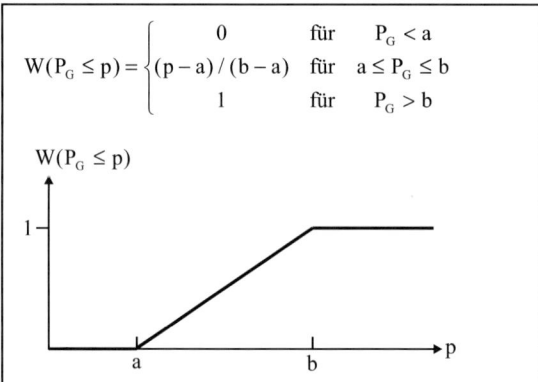

P_G: Preis von Mitbieter G, a=50 000, b=60 000, W: Wahrscheinlichkeit

Skizzieren Sie ein Entscheidungskalkül, das geeignet ist, die Festsetzung des Angebotspreises p durch Z für den Fall des geheimen Bietens rational zu gestalten, wenn der Auftrag weder aus Gründen des „Prestige" noch zur Überbrückung von Liquiditätsschwierigkeiten unbedingt akquiriert werden muss. Es gilt: p=Selbstkosten·(1+Kalkulationsaufschlag).

Berechnen Sie die Wahrscheinlichkeiten $W(P_G \geq p)$ und $W(P_A \geq p)$, dass der Angebotspreis P_G von G bzw. der Angebotspreis P_A von A den Preis p durch Z übersteigt. Der Preis p soll die

Selbstkosten von Z mindestens decken. Berechnen Sie die Wahrscheinlichkeit $W(P_G \geq p$ und $P_A \geq p)$, dass Z den Auftrag erhält, wenn er den Preis auf p festsetzt. Welches Angebot sollte Z ohne Beachtung der Kosten für die Teilnahme an der Ausschreibung (z. B. für die Erstellung eines Angebotes) abgeben, wenn er davon ausgeht, dass A und G bieten werden? Begründen Sie Ihre Empfehlung.

Lösungsskizze:

Maximierung des erwarteten Deckungsbeitrags:

$$ED = W(Zuschlag| p_Z) \cdot (p_Z - SK_Z) \to \max_p$$

$$mit: W(Zuschlag| p_Z) = W(P_G \geq p_Z) \cdot W(P_A \geq p_Z)$$

Von Mitbietern voraussichtlich verlangte Preise:

Anbieter	Selbstkosten	Wahrscheinlichkeit für die Angebotspreise
Z	44 000	-
G	40 000	Gleichverteilung zwischen 25% und 50% Kalkulationsaufschlag bzw. zwischen Preis (=Gebot) von 50 000 und 60 000
A	39 500	entweder 20% oder 40% Kalkulationsaufschlag, d. h. Preis entweder 47 400 oder 55 300 mit einer Wahrscheinlichkeit von 1/4 bzw. 3/4

$$W(P_G \geq p_G) = 1 - W(P_G \leq p_G) = \begin{cases} 1 - 0 = 1 & P_G \leq 50000 \\ 1 - (p - 50000)/10000 & 50000 < P_G \leq 60000 \\ 1 - 1 = 0 & P_G > 60000 \end{cases}$$

$$W(P_A \geq p_A) = \begin{cases} 1 & P_A \leq 47400 \\ 3/4 & 47400 < P_A \leq 55300 \\ 0 & P_A > 55300 \end{cases}$$

Zuschlagswahrscheinlichkeit:

$$\begin{aligned} W(Zuschlag| p_Z) = \\ = W(P_G \geq p_Z) \cdot W(P_A \geq p_Z) = \end{aligned} \begin{cases} 1 \cdot 1 & P_Z \leq 47400 \\ 1 \cdot 3/4 & 47400 < P_Z \leq 50000 \\ [1 - (p - 50000)/10000] \cdot 3/4 & 50000 < P_Z \leq 55300 \\ [1 - (p - 50000)/10000] \cdot 0 & 55300 < P_Z \leq 60000 \\ 0 \cdot 0 & P_Z > 60000 \end{cases}$$

Festsetzung des optimalen Angebotspreises:

(ED: erwarteter Deckungsbeitrag):
1. Bereich: p^* = 47 400, ED = 1·(47 400-44 000) = 3 400
2. Bereich: p^* = 50 000, ED = 3/4·(50 000-44 000) = 4 500
3. Bereich: ED = [1-(p_Z-50 000)/10 000]·3/4·(p_Z-44 000)
  = (6-p_Z/10 000)·0.75·(p_Z-44 000)
  = -19 8000 + 7.8p_Z - 3/40 000 p_Z^2
ED' = 7.8 - 6/40 000 p_Z = 0 $\Rightarrow p_Z^*$ = 52 000, ED = 4 800
4./5.Bereich: ED = 0   wegen Zuschlagswahrscheinlichkeit von 0
$\Rightarrow$ Gebot nicht sinnvoll

Empfehlung: p_Z=52 000

Aufgabe 3:

Eine bayerische Partei hat vor kurzem einen in den Medien kontrovers diskutierten Werbespot („Ein Männlein steht im Walde, ganz grün und...") veröffentlicht. Nun möchte die Partei in Erfahrung bringen, wie sich diese Werbekampagne auf die Einstellung zu dieser Partei ausgewirkt hat. Hierzu sollen 2000 repräsentativ ausgewählte Personen aus Bayern bezüglich ihrer Einstellung zur Partei befragt werden. Da eine solche Studie in regelmäßigen Abständen durchgeführt wird, können die neuen Befragungsergebnisse mit den Daten aus der Vergangenheit verglichen werden. Die Partei fordert das Institut für Demoskopie Allensbach (A), TNS Infratest (I) und die Forsa (F) auf, Angebote für die oben genannte Befragung zu unterbreiten, und möchte den Auftrag an das Marktforschungsinstitut mit dem günstigsten Angebot vergeben. Da die Partei in der Vergangenheit besonders gute Erfahrungen mit der Forsa (F) und mit dem Allensbach Institut (A) gemacht hat, sollen diese den Zuschlag erhalten, falls gleiche geringste Angebote vorliegen. Als Junior Consultant bei TNS Infratest (I), werden Sie von Ihrem Vorgesetzten beauftragt, das Angebot für diese Befragung zu erstellen. Aus Erfahrungen mit den Kosten und dem Bietverhalten der zwei Wettbewerber liegen Ihnen folgende Informationen bezüglich der Selbstkosten für Aufträge dieser Größenordnung vor:

Marktforschungsinstitut	Fixkosten (€)	Variable Kosten (€/pro Proband)
Institut für Demoskopie Allensbach (A)	5000	40
TNS Infratest (I)	8500	35
Forsa (F)	7500	38

Bei der Forsa (F) waren bei den zahlreichen Bietverfahren in der Vergangenheit folgende Kalkulationsaufschläge auf deren Selbstkosten zu beobachten: 75%, 45%, 25%, 55%, 70%; dabei wird angenommen, dass die Kalkulationsaufschläge annähernd normalverteilt sind. Sie gehen in Bezug auf das Angebot des Allensbach Instituts (A) davon aus, dass der Kalkulationsaufschlag auf die Selbstkosten zwischen 45% und 60% gleichverteilt ist. Für Ihr Angebot haben Sie sich bereits auf drei mögliche Angebotspreise festgelegt. Ihr Angebot für TNS Infratest (I) wird entweder 115 000€, 130 000€ oder 150 000€ sein.

Welchen der drei möglichen Angebotspreise sollten Sie als Mitarbeiter von TNS Infratest (I) wählen, wenn weitere Kosten (z.B. für die Erstellung des Angebotes) nicht beachtet werden und Sie davon ausgehen, dass (A) und (F) mitbieten. Bitte geben Sie an, welcher Deckungsbeitrag für das von Ihnen empfohlene Angebot zu erwarten ist.

Lösungsskizze:

Berechnung der Selbstkosten für alle Marktforschungsinstitute:

Marktforschungsinstitut	Fixkosten	variable Gesamtkosten	Selbstkosten
A	5 000	40·2000=80000	85000
I	8500	35·2000=70000	78500
F	7500	38·2000=76000	83500

Berechnung der Zuschlagswahrscheinlichkeit für I, wenn nur A mitbietet:

Kalkulationsaufschlag liegt zwischen 45% und 60% und ist in diesem Intervall gleichverteilt. Gebot von $A_{45\%}$= 85000 (1+0.45)= 123250; Gebot von $A_{60\%}$= 85000 (1+0.60)= 136000

$$P(G_A > g) = \begin{cases} 1-0 & g < 123\,250 \\ 1-\dfrac{g-123\,250}{136\,000-123\,250} & 123\,250 \le g < 136\,000 \\ 1-1 & g \ge 136\,000 \end{cases}$$

$$P(G_A > g) = \begin{cases} 1 & g = 115\,000 \\ 1-\dfrac{130\,000-123\,250}{136\,000-123\,250} = 1-0.529 = 0.471 & g = 130\,000 \\ 0 & g = 150\,000 \end{cases}$$

G_A: Gebot von A
g: Gebot von I

Berechnung der Zuschlagswahrscheinlichkeit für I, wenn nur F mitbietet:

Kalkulationsaufschläge in der Vergangenheit: 80%, 40%, 35%, 20%, 60%, 65%
$\bar{x} = 1/5(0.75+0.45+0.25+0.55+0.7)=0.54$
$s^2 = 1/4\ ((0.75-0.54)^2+(0.45-0.54)^2+(0.25-0.54)^2+(0.55-0.54)^2+(0.7-0.54)^2) = 0.201^2$
Schätzwert für das erwartete Gebot von F: $83500\cdot(1+0.54)=128590$
Schätzwert für die Standardabweichung des Gebotes: $83500\cdot0.201=16783.5$

Gebot von I	$W(G_B > g)$
115 000	$1-\phi(\dfrac{115\,000-128\,590}{16\,783.5}) = 1-\phi(-0.8097) = \phi(0.8097) = 0.7910$
130 000	$1-\phi(\dfrac{130\,000-128\,590}{16\,783.5}) = 1-\phi(0.084) = 0.4681$
150 000	$1-\phi(\dfrac{150\,000-128\,590}{16\,783.5}) = 1-\phi(1.28) = 1-0.8997 = 0.1003$

Berechnung der Gesamtzuschlagswahrscheinlichkeit für I:

Gebot von I	Zuschlagswahrscheinlich-keit, falls nur A mitbietet	Zuschlagswahrscheinlich-keit, falls nur B mitbietet	Zuschlagswahrscheinlich-keit, falls A und B mitbieten
115000	1	0.791	0.7910
130000	0.471	0.4681	0.2204
150000	0	0.1003	0

A sollte zum Preis von 115000 anbieten. Der erwartete Deckungsbeitrag ist dann: (115000 · 0.791) - 78500= 12465.

7.7 Preisplanung mittels Conjoint-Analysen

Aufgabe 1:

Ein Hersteller von Geschirrspülmaschinen beabsichtigt, sein bisheriges Modell durch ein neues Modell zu ersetzen. Er gab bei einem Marktforschungsinstitut eine Studie in Auftrag, um Hinweise für die Produktgestaltung sowie für den Preis zu erhalten. Das Institut führte eine Conjoint-Analyse auf der Basis der Merkmale Design (Alternativen: A, B, C), Stromverbrauch (Alternativen: gering, mittel, hoch) und Wasserverbrauch (Alternativen: gering, mittel, hoch) durch. Das bisherige Modell ist durch Design C, hohen Stromverbrauch und geringen Wasserverbrauch gekennzeichnet und kostet € 1000.-. Das Marktforschungsinstitut wählte das nachfolgend angegebene Schema der Produktvorlagen und befragte 100 Probanden mit Hilfe folgender Skala: "Ich würde für das Modell ... um höchstens € ... mehr bezahlen als für das bisherige Modell." Die Probanden ließen sich klar in drei Segmente einteilen, deren Präferenzwerte ebenfalls nachfolgend genannt sind.

Produkt-vorlage	Beschreibung der Produktvorlage						Präferenzwerte (u) der Probanden		
	X_1	X_2	X_3	X_4	X_5	X_6	Segment 1	Segment 2	Segment 3
1	1	0	1	0	1	0	300	350	200
2	1	0	0	1	0	1	320	270	100
3	1	0	0	0	0	0	330	130	0
4	0	1	1	0	0	1	150	160	100
5	0	1	0	1	0	0	170	50	0
6	0	1	0	0	1	0	200	300	200
7	0	0	1	0	0	0	0	0	0
8	0	0	0	1	1	0	40	200	200
9	0	0	0	0	0	1	60	190	100
Umfang des Segments							20%	40%	40%

Variable	Ausprägung 1	Ausprägung 0
X_1	Produktdesign A	sonst
X_2	Produktdesign B	sonst
X_3	Wasserverbrauch hoch	sonst
X_4	Wasserverbrauch mittel	sonst
X_5	Stromverbrauch gering	sonst
X_6	Stromverbrauch mittel	sonst

Das Institut schätzte auf der Basis des Modells $u=\Sigma u_i x_i$ folgende Parameter:

Segment	u_1	u_2	u_3	u_4	u_5	u_6	r^2
1	304	160	-26	0	34	30	0.99
2	133	53	-24	-20	236	160	0.98
3	0	0	0	0	200	100	1.00

Machen Sie im skizzierten Fall Aussagen über die Eignung der verwendeten Präferenzskala. Welches Modell (nur 1 Modell) soll zu welchem einheitlichen Preis am Markt eingeführt werden, falls alle Alternativen hinsichtlich Produktion und Absatz als gleich teuer (gemeinsam jeweils € 800.-) einzustufen sind?

Lösungsskizze:

Qualität der Skala: Da die Auskunftspersonen sich nicht in einer realen Kaufsituation befinden, kann der genannte DM-Betrag von dem Betrag, den die Personen real zu zahlen bereit sind, abweichen. Da auch kein Problemdruck bei den befragten Personen vorliegt, können sie Angaben machen, die von Daten von Personen in realen Kaufsituationen abweichen.

optimales Modell für alle drei Segmente: Design A, geringer Wasserverbrauch, geringer Stromverbrauch

akzeptierter Mehrpreis gegenüber der alten Variante:
• Segment 1 304 + 0 + 34 = 338
• Segment 2 133 + 0 + 236 = 369
• Segment 3 0 + 0 + 200 = 200

Optimaler Preis:

Preis	Absatz (in % der Zielgruppe)	Umsatz	Produktdeckungsbeitrag
1200	100% (Segment 1, 2 und 3)	1200·100%·ZG	400·100%·ZG
1338	60% (Segment 1 und 2)	1338· 60%·ZG	538· 60%·ZG
1369	40% (Segment 2)	1369· 40%·ZG	569· 40%·ZG

ZG: Umfang der Zielgruppe des Produkts des Herstellers

Der Preis von € 1200 für die ausgewählte Variante ist optimal.

Aufgabe 2:

Der Fertigbauhersteller Fixbau möchte zusätzliche Erweiterungen seiner Fertighausserie anbieten. Es stehen die Erweiterungen Terrasse, Garage und Fußbodenheizung zur Disposition. Die eigenen Herstellkosten für eine Terrasse veranschlagt Fixbau mit € 11,000.-, für eine Garage € 26,000.- und für eine Fußbodenheizung € 12,000.-. Um Informationen darüber zu erhalten, welche Preise für die Erweiterungen zu verlangen sind, wurde eine Conjoint-Analyse durchgeführt. Den Probanden, die sich in fünf Segmente einteilen lassen, wurden acht Kärtchen vorgelegt, bei denen jeweils die maximale Preisbereitschaft anzugeben war. Die Frage lautete: Wie viel (in €) wären Sie maximal bereit, für ein Haus mit dieser (diesen) Erweiterung(en) im Vergleich zur Basisausführung mehr zu bezahlen? Von einer repräsentativen Stichprobe des Segments 1, das insgesamt 1000 Personen umfasst und ebenso wie die Stichproben aus den anderen Segmenten ein völlig homogenes Beurteilungsverhalten zeigte, wurden folgende Werte angegeben:

maximaler Mehrpreis	Terrasse	Garage	Fußbodenheizung
0	nein	nein	nein
13 000	nein	nein	ja
14 000	nein	ja	nein
35 000	nein	ja	ja
17 000	ja	nein	nein
30 000	ja	nein	ja
39 000	ja	ja	nein
44 000	ja	ja	ja

Für die restlichen vier Segmente ergaben sich folgende Teilnutzenwerte:

Segment	Segmentgröße	Terrasse	Garage	Fußbodenheizung
2	4 000	10 000	30 000	10 000
3	2 000	12 000	8 000	20 000
4	1 000	22 000	18 000	18 000
5	2 000	4 000	28 000	8 000

Welchen Preis soll Fixbau für die drei Erweiterungen jeweils verlangen, wenn der Deckungsbeitrag optimiert werden soll?

Lösungsskizze:

Schätzung der Teilnutzen für Segment 1
Normalgleichungen :

$$8u_0 + 4u_1 + 4u_2 + 4u_3 = 192\ 000$$
$$4u_0 + 4u_1 + 2u_2 + 2u_3 = 130\ 000$$
$$4u_0 + 2u_1 + 4u_2 + 2u_3 = 132\ 000$$
$$4u_0 + 2u_1 + 2u_2 + 4u_3 = 122\ 000$$

Konstante: $u_0 = 0$
Terrasse: $u_1 = 17\ 000$
Garage: $u_2 = 18\ 000$
Fußbodenheizung: $u_3 = 13\ 000$
$r^2 = 0.961$

Deckungsbeitragsoptimale Preise:

Segment	Segmentgröße	Teilnutzen in € für		
		Terrasse	Garage	Fußbodenheizung
1	1 000	17 000	18 000	13 000
2	4 000	10 000	30 000	10 000
3	2 000	12 000	8 000	20 000
4	1 000	22 000	18 000	18 000
5	2 000	4 000	28 000	8 000

	Preis (p)	Segmente, die den Preis akzeptieren	Anzahl der Personen (y)	Deckungsbeitrag (p-k)y	
Terrasse	4 000	1, 2, 3, 4, 5	10 000	-70 Mio.	
k=11,000	10 000	1, 2, 3, 4	8 000	-8 Mio.	
	12 000	1, 3, 4	4 000	4 Mio.	
	17 000	1, 4	2 000	12 Mio.	max
	22 000	4	1 000	11 Mio.	
Garage	8 000	1, 2, 3, 4, 5	10 000	-180 Mio.	
k=26,000	18 000	1, 2, 4, 5	8 000	-64 Mio.	
	28 000	2, 5	6 000	12 Mio.	
	30 000	2	4 000	16 Mio.	max
Fußboden-	8 000	1, 2, 3, 4, 5	10 000	-40 Mio.	
heizung	10 000	1, 2, 3, 4	8 000	-16 Mio.	
k=12,000	13 000	1, 3, 4	4 000	4 Mio.	
	18 000	3, 4	3 000	18 Mio.	max
	20 000	3	2 000	16 Mio.	

Aufgabe 3:

Die EDEL GmbH, ein Hersteller von Schreibwaren, plant die Entwicklung eines neuen, exklusiven Kugelschreibers. Die Unternehmensleitung ist sich noch nicht im Klaren, ob Gold oder Silber als Material verwendet werden soll, ob der Kugelschreiber zusätzlich mit einem Diamant besetzt werden soll und ob eine funkgesteuerte Präzisionsuhr eingebaut werden soll. Es soll aber nur ein Modell angeboten werden. Um Erkenntnisse über den zu erwartenden Absatz bei den Alternativen und den zu erzielenden Preis zu erhalten, beauftragt die Unternehmensleitung Frau Blech, die gerade neu als Marketingassistentin eingestellt worden ist, innerhalb der nächsten drei Monate eigenständig eine fundierte Lösung der Fragen zu erarbeiten. Die Marketingleiterin, Frau Klug, hat auf einem Seminar etwas von conjoint measurement gehört und glaubt, diese Methode könne eventuell hier hilfreich sein. Genaues weiß sie aber nicht.

Legen Sie allgemein dar, wie Frau Blech ihrer Vorgesetzten die angesprochene Methode erläutern soll. Stellen Sie alle Festlegungen, die in den einzelnen Schritten ihres Einsatzes zu treffen sind, dar und erörtern Sie, wie bzw. wann bestimmte Festlegungen vorteilhaft sind. Frau Blech überzeugt Frau Klug von der Adäquanz der Methode und wird beauftragt, selbst eine diesbezügliche Studie zu erarbeiten. Stellen Sie dar, welche Arbeitsschritte Frau Blech durchführen sollte, um nach drei Monaten die Empfehlung präsentieren zu können. Erläutern und begründen Sie die einzelnen Festlegungen.

Lösungsskizze:

Erläuterung der Methode:
- Es soll der (Teil-) Nutzen objektiver Eigenschaften für die Nachfrager, nicht der (Teil-) Nutzen von subjektiv wahrgenommenen Eigenschaften festgestellt werden.
- Vom Gesamtnutzen, der erhoben wird, wird auf die Teilnutzen durch das Verfahren gefolgert (dekompositionelles Verfahren).
- Das Verfahren ermöglicht die Prüfung der Konsistenz der erhobenen Daten (z.B. r^2 im Falle einer Dummyvariablen-Regression).
- Es handelt sich um ein Experiment, bei dem fiktive Objekte beurteilt werden.

Festlegungen bei den einzelnen Arbeitsschritten:
- Festlegung der Merkmale: Dies ist im Fall bereits geschehen: Material, Diamant, Funkuhr
- Festlegung der Ausprägungen der Merkmale: Material: Gold oder Silber; Diamant: ja oder nein; Funkuhr: ja oder nein
- Wahl der Präferenzfunktion: Meist wird ein lineares Teilnutzenwertmodell unterstellt (Dieses Modell unterstellt, dass die Eigenschaften unabhängig voneinander Nutzen stiften):

  $$u_{si} = \hat{u}_{0i} + \sum_h \sum_k \hat{u}_{hki} x_{shk} + \hat{\varepsilon}_{si}$$

  mit: u_{si}: Gesamtnutzen von Objekt s für Person i

  $\hat{u}_{0i}$: geschätzter Gesamtnutzen des Referenzobjekts für i

  $\hat{u}_{hki}$: geschätzter Teilnutzen von Ausprägung k bei Merkmal h für Person i

  x_{shk}: Dummyvariable (1, wenn s bei Merkmal h die Ausprägung k hat, 0 sonst)

  $\hat{\varepsilon}_{si}$: Störterm

- Festlegung der Datenerhebungsmethode: direkt je Objekt oder Paarvergleich zwischen Objekten
- Messniveau kann ordinal, intervallskaliert oder ratioskaliert (Dollar-Metrik) sein.
- Konstruktion des Designs: Im vorliegenden Fall bietet sich ein vollständiges Design an:

Silber	kein Diamant	keine Funkuhr	0	0	0
Silber	kein Diamant	Funkuhr	0	0	1
Silber	Diamant	keine Funkuhr	0	1	0
Silber	Diamant	Funkuhr	0	1	1
Gold	kein Diamant	keine Funkuhr	1	0	0
Gold	kein Diamant	Funkuhr	1	0	1
Gold	Diamant	keine Funkuhr	1	1	0
Gold	Diamant	Funkuhr	1	1	1

- Objektpräsentation: reale oder fiktive Objekte den Probanden präsentieren (acht reale Ku- gelschreiber zu konstruieren ist teuer)
- Technik der Parameterschätzung: Im Falle metrischer erfragter Gesamtnutzenwerte und nominalen Merkmalen bietet sich eine Dummyvariablenregression an. Diese Teilnutzen- werte sind je Person zu schätzen. Es sei beispielsweise angenommen, dass eine Person fol- gende obere Preislimits angibt:

$$
\begin{bmatrix} 100.- \\ 120.- \\ 130.- \\ 170.- \\ 200.- \\ 210.- \\ 240.- \\ 275.- \end{bmatrix} = u_0 + u_1 \cdot \begin{bmatrix} 0 \\ 0 \\ 0 \\ 0 \\ 1 \\ 1 \\ 1 \\ 1 \end{bmatrix} + u_2 \cdot \begin{bmatrix} 0 \\ 0 \\ 1 \\ 1 \\ 0 \\ 0 \\ 1 \\ 1 \end{bmatrix} + u_3 \cdot \begin{bmatrix} 0 \\ 1 \\ 0 \\ 1 \\ 0 \\ 1 \\ 0 \\ 1 \end{bmatrix} + \varepsilon
$$

In diesem Fall wären: $\hat{u}_0$=93.75, $\hat{u}_1$=101.25, $\hat{u}_2$=46.25, $\hat{u}_3$=26.25, r^2 = 0.986

Die Person wäre bereit, für das Referenzobjekt (Silber, weder Diamant noch Funkuhr) im Mittel € 93.75 zu bezahlen. Falls anstelle Silber Gold als Material verwendet wird, wäre sie bereit, um € 101.25 mehr zu bezahlen. Das Vorhandensein eines Diamant bzw. einer Funkuhr wären ihre zusätzlich € 46.25 bzw. 26.25 wert. Für den Kugelschreiber (Silber, Diamant, Funkuhr) würde die Person einen geschätzten Preis von 93.75 + 46.25 + 26.25 = 166.25 ak- zeptieren.

- Aggregation der Individualdaten:

Da hier die Festsetzung von Preisen angestrebt wird, bietet es sich an, eine Preisabsatz- funktion zu konstruieren. Es sei angenommen, dass fünf Personen mit der Aufgabe konfron- tiert wurden und für diese folgende obere Preislimits für den Kugelschreiber aus Silber mit Diamant und Funkuhr geschätzt wurden: Person 1: 166.25; Person 2: 135.-; Person 3: 170.-; Person 4: 185.-; Person 5: 175.-

empirischer Zusammenhang		Preis-"Umsatz"-Beziehung	
Preis	Nachfrager	Preis	Nachfrager · Preis
0.00-135.00	5	135.00	675
135.01-166.25	4	166.25	665
166.26-170.00	3	170.00	510
170.01-175.00	2	175.00	350
175.01-185.00	1	185.00	185
185.01 und mehr	0		

Wichtige Arbeitsschritte:

- Schaffung von Möglichkeiten für die Datenerhebung, z. B. Motivation von ausgewählten Schreibwarenhändlern, bei ihnen die diesbezügliche Datenerhebung durchführen zu dür- fen, durch kleine Geschenke.
- Festlegung der Zielgruppen und des Stichprobenumfangs; hier vielleicht Angestellte und Beamte mit höherem Einkommen und deren Angehörige (Weihnachtsgeschenk), Stichpro- be ca. 150, da die Zeit für die Studie begrenzt ist, Motivation durch kleine Geschenke. Die Befragten sollten Kaufinteressenten für das Produkt sein.

- Auswahl der optimalen Variante z. B. dadurch, dass je Variante eine Preisabsatzfunktion geschätzt wird, je Variante der deckungsbeitragsoptimale Preis berechnet wird und anschließend je Variante der Produktdeckungsbeitrag quantifiziert wird. Erforderlich wären hierfür noch Daten zu den variablen Stückkosten je Variante. Sie sind im Zeitraum der Studie in der Produktionsabteilung zu gewinnen.

7.8 Analyse von Paneldaten und Daten aus Storetests

Aufgabe 1:

Um den empfohlenen Preis für eine neu entwickelte Eiscreme festsetzen zu können, führt die Marketingabteilung in neun voll vergleichbaren Geschäften einen eine Woche dauernden Storetest durch, wobei in den Geschäften ein unterschiedlicher Preis festgesetzt wird. Die Ergebnisse sind folgende:

Geschäft	1	2	3	4	5	6	7	8	9
Preis	2.00	2.50	2.60	2.70	3.00	3.30	3.40	3.50	4.00
Absatz	200	160	120	100	80	60	100	40	40

Die Woche war so ausgewählt worden, dass hier weder ein im Jahresdurchschnitt über- oder unterdurchschnittlicher Absatz zu erwarten war. Der Beobachtungszeitraum wurde auch als hinreichend lang eingeschätzt. Die Marketingabteilung unterstellt eine lineare Preisabsatzfunktion. Bestimmen Sie ihre Parameter. Welcher Preis wäre umsatzoptimal? Welche Menge soll bei diesem Preis für ein Jahr (52 Wochen) produziert werden, wenn das Produkt in 500 Geschäften, die mit den Testgeschäften voll vergleichbar sind, angeboten werden soll und die voraussichtliche nachgefragte Menge die produzierte Menge mit einer Wahrscheinlichkeit von 95% übersteigen soll?

Lösungsskizze:

Parametrisierung der Preisabsatzfunktion:

x	y	$x - \bar{x}$	$y - \bar{y}$	$(x - \bar{x})^2$	$(y - \bar{y})^2$	$(x - \bar{x})(y - \bar{y})$	$\hat{y}$	$\hat{u}$	$\hat{u}^2$
2.00	200	-1.00	100	1.00	10000	-100	180	20	400
2.50	160	-0.50	60	0.25	3600	-30	140	20	400
2.60	120	-0.40	20	0.16	400	-8	132	-12	144
2.70	100	-0.30	0	0.09	0	0	124	-24	576
3.00	80	0.00	-20	0.00	400	0	100	-20	400
3.30	60	0.30	-40	0.09	1600	-12	76	-16	256
3.40	100	0.40	0	0.16	0	0	68	32	1 024
3.50	40	0.50	-60	0.25	3600	-30	60	-20	400
4.00	40	1.00	-60	1.00	3600	-60	20	20	400
Summe		0.00	0	3.00	23200	-240	900	0	4 000

$\bar{x} = 3$, $\bar{y} = 100$,

$b_1 = -240/3 = -80$, $b_0 = 100 - (-80) \cdot 3 = 340$, $\hat{y} = 340 - 80x$,

$r^2 = (-240)^2 / (3 \cdot 23\,200) = 0.8276$, $DW = 1.952$

$s_{\hat{u}}^2 = 4\,000 / 7 = 23.90^2$

Schätzung des umsatzoptimalen Preises:

$$U = py = p(b_0 + b_1 p) \to \max_p$$

$$U' = b_0 + 2b_1 p = 0 \Rightarrow p^* = -b_0/(2b_1)$$

$$p^* = -340/(2 \cdot (-80)) = 2.13$$

Geschätzter Absatz in einem bestimmten Geschäft in einer bestimmten Woche bei $x_\ell = 2.13$:

$$\hat{y}_\ell = 340 - 80 \cdot 2.13 = 170$$

Mit einer Wahrscheinlichkeit von 95% mindestens erwarteter Absatz in einem bestimmten Geschäft in einer bestimmten Woche:

$$s_{Y_\ell}^2 = s_{B_0 + B_1 x_\ell + \hat{U}}^2 = s_{\hat{U}}^2 \cdot (1 + \frac{1}{n} + \frac{(x_\ell - \overline{x})^2}{\Sigma(x_i - \overline{x})^2}) = 23.90^2(1 + \frac{1}{9} + \frac{(2.13-3)^2}{3}) = 27.91^2$$

$$\hat{y}_\ell - t(n-2;0.95)s_{Y_\ell} = 170 - 1.895 \cdot 27.91 = 117$$

Geschätzter Absatz im Mittel aller Wochen in einem bestimmten Geschäft:

$$\overline{y}_\ell = \hat{y}_\ell = 170$$

Mit einer Wahrscheinlichkeit von 95% mindestens zu erwartender Absatz im Mittel der Wochen in einem bestimmten Geschäft:

$$s_{\overline{Y}_\ell}^2 = s_{B_0 + B_1 x_\ell}^2 = s_{\hat{U}}^2 \cdot (\frac{1}{n} + \frac{(x_\ell - \overline{x})^2}{\Sigma(x_i - \overline{x})^2}) = 23.90^2(\frac{1}{9} + \frac{(2.13-3)^2}{3}) = 14.41^2$$

$$\overline{y}_\ell - t(n-2;0.95)s_{\overline{Y}_\ell} = 170 - 1.895 \cdot 14.41 = 143$$

Geschätzter Absatz aller 500 Geschäfte in allen 52 Wochen: $500 \cdot 52 \cdot 170 = 4\,420\,000$

Produktionsmenge, die mit einer Wahrscheinlichkeit von mindestens 95% in allen Geschäften in allen 52 Wochen abgesetzt wird: $500 \cdot 52 \cdot 143 = 3\,718\,000$

Es soll ein Preis von € 2.13 oder ein in der Nähe angesiedelter Schwellenpreis empfohlen werden und im Planungsjahr sollen 3.7 Mio. Stück produziert werden, damit diese Menge mit einer Wahrscheinlichkeit von 95% auch vollständig abgesetzt wird.

Aufgabe 2:

Von einem Schokoriegel wurden bei einem Preis von € 0.99 bisher im Mittel 300 Stück pro Woche und Einzelhandelsgeschäft abgesetzt. Um die Reaktion auf eine Preissenkung zu ermitteln, wurde das Produkt in neun repräsentativ ausgewählten Geschäften jeweils eine Woche lang zu einem Preis von € 0.89 angeboten. Es ergaben sich folgende Absatzzahlen: 500, 600, 200, 700, 700, 300, 100, 200 und 300. Soll die Preissenkung unter Umsatzgesichtspunkten vorgenommen werden? Überprüfen Sie die Vorteilhaftigkeit der Preissenkung.

Lösungsskizze:

Mittlerer Umsatz pro Geschäft und Woche beim alten Preis: € 0.99 · 300 = € 297.

Mindestens erforderlicher Absatz pro Geschäft und Woche, damit die Preissenkung sinnvoll ist: € 0.89 · Absatz = € 297 ⇒ Absatz = 333.71.

Test der Vorteilhaftigkeit der Preissenkung:

- Hypothese: Der Absatz im Falle der Preissenkung beträgt pro Geschäft und Woche mindestens 334.83
- statistische Forschungshypothese: H1: $\mu>333.71$
- statistische Nullhypothese: H_0: $\mu \leq 333.71$
- Wert der Prüfgröße:

$$t = \frac{\bar{x} - 333.71}{s_{\bar{x}}} = \frac{400 - 333.71}{76.38} = 0.87$$

$$s_{\bar{x}}^2 = \frac{s_x^2}{n} = \frac{420000/8}{9} = 76.38^2$$

- kritischer Bereich für H_0 bei α=5%: $(t(n-1,0.95);+\infty) = (1.86;+\infty)$
- Entscheidung: H_0 fällt nicht in den kritischen Bereich und ist nicht abzulehnen; über die Gültigkeit von H_1 und damit über die Hypothese ist keine Aussage möglich.
- Empfehlung: Die Befunde aus dem Storetest sprechen nicht zugunsten der Preissenkung, falls ein Umsatzrückgang vermieden werden soll.

Aufgabe 3:

Ein Handelsunternehmen bietet bisher ein Produkt zum Preis von € 1.00 an. Zur Festsetzung des Preises führt er ein Preisexperiment durch. In 10 Geschäften erhöht er den Preis auf 1.20, in 10 mit den ersten Geschäften voll vergleichbaren Geschäften belässt er den alten Preis. Es ergeben sich folgende Ergebnisse (p: Preis, y: Absatz in den zehn Geschäften).

	10 Geschäfte für Experiment		10 Geschäfte für Kontrolle	
vorher (4 Wochen)	p=1.00	y=2 000	p=1.00	y=2 100
nachher (4 Wochen)	p=1.20	y=1 350	p=1.00	y=2 050

Bestimmen Sie den deckungsbeitragsoptimalen Preis. Unterstellen Sie dabei eine multiplikative Preis-Absatz-Funktion.

Lösungsskizze:

Gesamteffekt	2 000 – 1 350 = -650 In den Experimentalgeschäften wurden nach der Preiserhöhung 650 Stück weniger abgesetzt.
Entwicklungseffekt	2 100 – 2 050 = -50 In der zweiten Periode wurden unabhängig von der Preissenkung 50 Stück weniger abgesetzt.
Treatmenteffekt	-650 = -600 -50 Aufgrund der Preiserhöhung wurden 600 Stück weniger abgesetzt.

Absatz (y)

$$D = \left(ap^b\right)\left(p - k\right) \to \max$$

$$D = \left(ap^{b+1}\right) - akp^b$$

$$D' = a(b+1)p^b - akbp^{b-1} = 0$$

$$p = \frac{b}{b+1} \cdot k$$

mit: b: Preiselastizität

$$\text{Preiselastizität} = \frac{\text{relative Mengenänderung}}{\text{relative Preisänderung}} = \frac{-600 / 2000}{(120 - 100) / 100} = \frac{-30\%}{+20\%} = -1.5$$

Deckungsbeitragsoptimaler Preis: $p = \dfrac{-1.5}{-1.5+1} \cdot k = 3 \cdot k$

Der deckungsbeitragsoptimale Preis beträgt das Dreifache der variablen Stückkosten.

Da die beiden Vorhermessungen etwas voneinander abweichen, könnte man genauer wie folgt rechnen. Ohne Preisänderung sinkt der Absatz in den Kontrollgeschäften um 50/2100 = 2.38%. Demzufolge müsste der Absatz in den Experimentalgeschäften ebenfalls um rund 2.38% fallen, wenn zunächst die Preiserhöhung unbeachtet bleibt:

$$2000 \cdot (1 - \frac{2100 - 2050}{2100}) = 1952.38$$

Der Treatment-Effekt beläuft sich somit (genauer) auf 1350-1952.38 = -602.38. Die Preiselastizität des Absatzes ist dann -1.506, der deckungsbeitragsoptimale Preis 2.98·k.

Aufgabe 4:

Ein Hersteller hat mit seiner Papiertaschentücher-Marke A eine bedeutende Marktstellung inne. Die wichtigste Konkurrenzmarke ist B, daneben gibt es noch einige weniger marktanteilsstarke No Names. Der Hersteller von A glaubt, seinen Marktanteil nur im Wege eines verschärften Preiswettbewerbs zulasten von B steigern zu können. Ihm liegen aus einem Handelspanel Daten über die durchschnittlichen Absatzpreise und die Absatzzahlen in den letzten sechs Monaten vor (Panelstichprobe 1000, Index für das Absatzvolumen von A und B im Januar: 100, Preise in €):

Monat	Marke A		Marke B		Marke C	
	Preis	Absatzindex	Preis	Absatzindex	Preis	Absatzindex
Januar	5.29	55	5.49	45	4.99	18
Februar	5.71	27	5.49	63	4.99	16
März	5.59	34	5.44	51	4.89	15
April	5.29	57	5.49	38	4.99	17
Mai	5.59	28	5.39	52	4.99	14
Juni	5.29	35	5.39	35	4.99	12

Der Hersteller von A geht davon aus, dass die Preisdifferenz von A zu B die relevante Marktanteils-Einflussgröße darstellt und eine lineare Beziehung besteht. Ist diese Annahme gültig ($\alpha=5\%$)? Der Hersteller von A geht weiterhin davon aus, dass im Juli der durchschnittliche Preis für B unverändert bei € 5.39 bleiben wird, und unterstellt ferner, dass der Absatzindex für A und B 80 betragen wird. Welchen Absatz (in Indexwerten) kann er erwarten, wenn der

Preis seiner Marke A dem der Marke B entspricht und die sonstigen Anbieter ihre Preise nicht ändern?

Lösungsskizze:

Parametrisierung der Preisresponsefunktion $y_A/(y_A+y_B)=\beta_0+\beta_1(p_A-p_B)$

$y=y_A/(y_A+y_B)$	$x=p_A-p_B$	$y-\bar{y}$	$x-\bar{x}$	$(y-\bar{y})^2$	$(x-\bar{x})^2$	$(x-\bar{x})(y-\bar{y})$	$y-\hat{y}$	$(y-\hat{y})^2$
0.55	-0.20	0.10	-0.2117	0.0100	0.0448	-0.0212	-0.0222	0.0005
0.30	0.22	-0.15	0.2083	0.0225	0.0434	-0.0313	-0.0297	0.0009
0.40	0.15	-0.05	0.1383	0.0025	0.0191	-0.0069	0.0299	0.0009
0.60	-0.20	0.15	-0.2117	0.0225	0.0448	-0.0317	0.0278	0.0008
0.35	0.20	-0.10	0.1883	0.0100	0.0355	-0.0188	0.0087	0.0001
0.50	-0.10	0.05	-0.1117	0.0025	0.0125	-0.0056	-0.0145	0.0002
Summe		0.00	0.0000	0.0700	0.2001	-0.1155	0.0000	0.0033

$\bar{y}=0.45$, $\bar{x}=0.0117$

$b_1=-0.1155/0.2001=-0.5773$; $b_0=0.45-(-0.5773)(0.0117)=0.4568$

$\Rightarrow \hat{y}=0.4568-0.5773x$

$r^2=0.1155^2/(0.2001\cdot 0.0700)=0.9525$

$s_{\hat{U}}^2=0.003327/4=0.000832$, $s_{B_1}^2=0.000832/0.2001=0.004157$, $s_{B_1}=0.06447$

Test der Annahme:

- Hypothese: Je mehr der Preis von Marke A den Preis von Marke B übersteigt, desto geringer ist der Marktanteil von Marke A
- statistische Forschungshypothese: H_1: $\beta_1<0$ (alternativ: $\rho<0$)
- statistische Nullhypothese: H_0: $\beta_1\geq 0$ (alternativ: $\rho\geq 0$)
- Wert der Prüfgröße: $t=\dfrac{b_1-0}{s_{B_1}}=-8.954$ (alternativ: $t=\dfrac{r}{\sqrt{1-r^2}}\sqrt{n-2}=-8.954$)
- kritischer Bereich für H_0: $(-\infty,-t(n-2;0.95))=(-\infty,-2.132)$
- Entscheidung: H_0 fällt in den kritischen Bereich und ist abzulehnen; H_1 und damit die Hypothese sind gestützt.

Schätzung des zu erwartenden Absatzindex:

$p_A-p_B=0\Rightarrow y=0.4568$ (relativer Marktanteil),

$y_A=0.4568\cdot 80=37$ (Absatzindex)

7.9 Kostenpreise und Zuschlagskalkulation

Aufgabe 1:

Eine Unternehmung fertigt zwei Produkte (1, 2) aus zwei Rohstoffen (A, B). Rohstoff A ist in beliebiger Menge verfügbar, zurzeit sind 500 ME auf Lager (Einstandspreis: 0.80 GE/ME), er kann für 1.00 GE zugekauft werden. Der Rohstoff B ist mit 150 ME verfügbar (Einstandspreis 2.00 GE/ME). Zur Produktion von 1 ME von Produkt 1 werden 3 ME von Rohstoff A und 2 ME von Rohstoff B benötigt. Zur Herstellung von 1 ME von Produkt 2 sind 3.6 ME von Rohstoff A und 0.4 ME von Rohstoff B erforderlich. Es sollen die Kostenpreise 7.80 bzw. 4.90 GE/ME für die Produkte 1 bzw. 2 verlangt werden. Die Marketingabteilung schätzt, dass der Absatz von Produkt 1 in nahezu unbegrenzter Höhe möglich sein wird und dass von

Produkt 2 maximal 250 ME abgesetzt werden können. Ermitteln Sie das optimale Produktionsprogramm.

Lösungsskizze:

Tabellarische Darstellung der Daten:

		Verbrauch für Produkt 1	2	mengenproportionale Kosten Ist	falls Zukauf	Lagermenge
Rohstoff	A frei verfügbar	3	3.6	0.80	1.00	500
	B knapp	2	0.4	2.00	-	150
Preis (Plan)		7.80	4.90			
maximaler Absatz (Plan)		unbegrenzt	250			

Ermittlung des optimalen Produktionsprogramms, falls kein Zukauf:
Restriktionen:
  (a) 500 Lagermenge von A

$$x_1=0 \Rightarrow x_2 \leq 500/3.6 = \quad 139$$
$$x_2=0 \Rightarrow x_1 \leq 500/3 \quad = \quad 167$$

  (b) 150 Lagermenge von B

$$x_1=0 \Rightarrow x_2 \leq 150/0.4 = \quad 375$$
$$x_2=0 \Rightarrow x_1 \leq 150/2 \quad = \quad 75$$

  (c) $x_2 \leq 250$

   wobei x_s: Produktions- bzw. Absatzmenge von Produkt s

Grafische Darstellung der Restriktionen:

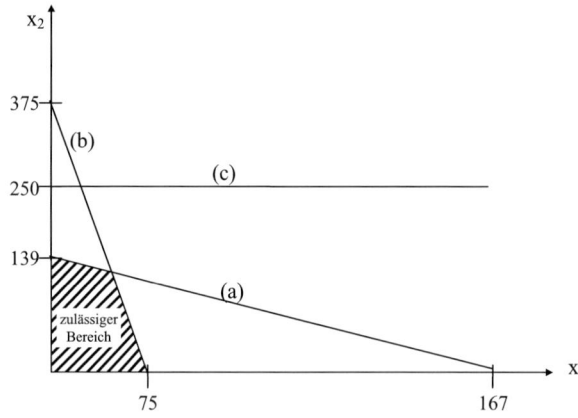

Deckungsbeitrag der beiden Produkte:

$$D=(7.80-3\cdot0.80-2\cdot2.00)x_1 + (4.90-3.6\cdot0.80-0.4\cdot2.00)x_2 = 1.4x_1+1.22x_2$$

Das optimale Produktionsprogramm kann nur auf einer "Ecke" in dieser Grafik („zulässiger Bereich") liegen.

$$D(x_1=0; \quad x_2=139) = 167$$

$D(x_1=56.6; x_2=91.9)= 191.5$
$D(x_1=75; \quad x_2=0) \quad = 105$

Schnittpunkt der Geraden (a) und (b):

(a): $139 =a+b\cdot0$	(b): $375 =a+b\cdot0$	$139-0.832x_1= 375-5x_1$
$0 \quad =a+b\cdot167$	$0 \quad =a+b\cdot75$	$x_1 = 56.6$

$a=139 \ b=-139/167 \qquad a=375 \ b=-375/75 \qquad x_2= 91.9$
$x_2=139-0.832 \ x_1 \qquad x_2=375-5 \ x_1$

Ermittlung des optimalen Produktionsprogramms, falls Zukauf:
Restriktion: $x_2 \leq 250$

Berechnung des Deckungsbeitrags für $x_1=0$ und $x_2=250$:
- Verbrauch von Rohstoff A: $250\cdot3.6=900$ (400 zukaufen)
- Verbrauch von Rohstoff B: $250\cdot0.4=100$
- $D=(4.90\cdot250)-(500\cdot0.80+400\cdot1.00)-100\cdot2.00 = 225$

Berechnung des Deckungsbeitrags für $x_1=25$ und $x_2=250$:
- Verbrauch von Rohstoff A: $25\cdot3+250\cdot3.6=975$ (475 zukaufen)
- Verbrauch von Rohstoff B: $25\cdot2+250\cdot0.4=150$
- $D=(7.80\cdot25 + 4.90\cdot250) -(500\cdot0.80+475\cdot1.00) - (150\cdot2.00) = 245$

Das optimale Produktionsprogramm lautet: $x_1=25$, $x_2=250$ (D=245).

Aufgabe 2:

Erläutern Sie die Begriffe „relevante Kosten", „sunk costs" und „Opportunitätskosten".

Lösungsskizze:

- Relevante Kosten: entscheidungsabhängige Kosten, zukunftsorientiert, Plankosten, noch beeinflussbar
- Sunk costs: bereits unwiderruflich determinierte Kosten
- Opportunitätskosten: Kosten des Verzichts auf die beste Alternative

Aufgabe 3:

Nehmen Sie Stellung zu folgender Behauptung: „Für nicht voll ausgelastete Betriebe stimmt die kurzfristige Preisuntergrenze für einen Auftrag mit den gesamten variablen Stückkosten der zu kalkulierenden Leistung überein."

Lösungsskizze:

Grundsätzlich gilt: Bei Unterbeschäftigung ergibt kurzfristig jeder Preis, der über den variablen Stückkosten liegt, einen zusätzlichen Beitrag zur Deckung von Fixkosten.

Einwände gegen die Behauptung:

- Mengenfixe, auftragsbezogene Kosten (z.b. in der Verwaltung für die Abwicklung des Auftrags) sind ebenfalls zu berücksichtigen.
- Wegen Absatzverbundenheit, bei Verfolgen einer Verdrängungspolitik, bei Lockvogelpolitik oder aus Liquiditätsaspekten können noch tiefere Preise sinnvoll sein.
- Durch diese "zu nachgiebige" Preispolitik besteht die Gefahr mittel- und langfristiger negativer Ausstrahlungseffekte, z. B. indem die Kunden höhere Preise nicht mehr akzeptieren.
- Es ist zu beachten, dass sich bei anderen Leistungen durch die Annahme eines Zusatzauftrags die variablen und die Fixkosten verändern können.
- Es ist zu beachten, dass die Annahme eines Zusatzauftrags nicht zur Folge hat, dass das Unternehmen in Liquiditätsschwierigkeiten gerät.

7.10 Analyse von Paarvergleichsdaten

Aufgabe 1:

Auf einem Fast-Moving-Consumer-Good-Markt konkurrieren bisher zwei Anbieter mit den Marken A und B miteinander. Ein neuer Anbieter erwägt, in diesem Markt mit der Marke C einzutreten und macht die Entscheidung vom Verlauf der Preisabsatzfunktion abhängig. Ein Mitarbeiter aus der Marketingabteilung führt bei 150 für die Nachfrager nach Gütern dieser Art repräsentativen Konsumenten einen Paarvergleich durch. Die Probanden, denen die Eigenschaften und der Marktauftritt der Marke C gut verdeutlicht wurden, gaben an, welche Marke sie im Paarvergleich einer anderen Marke gegenüber bevorzugen. Auch zwei Preise waren Objekte in diesem Paarvergleich. Die Innenfelder der Matrix geben die Häufigkeit an, mit der das Spaltenobjekt dem Zeilenobjekt gegenüber bevorzugt wurde (z. B. B wird gegenüber A von 41 der 150 Personen bevorzugt, die restlichen 109 Personen präferierten A gegenüber B).

	A	B	1.-	3.-	C
A	-	41	1	65	17
B	109	-	18	144	115
1.-	149	132	-	150	146
3.-	85	6	0	-	22
C	133	35	4	128	-

Bei der Analyse wird einfachheitshalber davon ausgegangen, dass die Nutzen U_i bzw. U_j der Objekte i und j nicht korrelieren (aufgrund der zufälligen Reihenfolge bei der Präsentation der Objektpaare ist die Annahme $\rho_{ij} = 0$ sinnvoll) und dass die Varianzen der Nutzen aller Objekte gleich groß sind. Berechnen Sie den Anteil der Nachfrager, die C in Abhängigkeit von Preis p_C bevorzugen, an allen Nachfragern, die A oder C kaufen, wenn der Preis für A im Handel p_A = € 2.59 beträgt. Welchen Marktanteil kann der Anbieter für C erwarten, wenn folgende Preise gelten: p_A=2.59, p_B=1.99 und p_C=2.39?

Lösungsskizze:

Das „Law of Comparative Judgement" lautet:

$$\mu_i - \mu_j = z(w_{ij})\sqrt{\sigma_i^2 + \sigma_j^2 - 2\rho_{ij}\sigma_i\sigma_j}$$

Zunächst wird angenommen, dass die Nutzen U_i der Objekte auf einer Intervallskala gemessen werden. Dies bedeutet, dass zwei Skalierungseinheiten frei gewählt werden können. Einfachheitshalber werden $\sigma^2_i = \sigma^2 = \frac{1}{2}$ und $(1/n)\Sigma_j\mu_j = 0$ (mit: n: Anzahl der Objekte) festgelegt, so dass sich die Formel bei zusätzlicher Unterstellung von $\rho_{ij} = 0$ zu

$$\mu_i = \frac{1}{n}\sum_j z(w_{ij})$$

vereinfacht. Nachfolgend werden die transformierten Verteilungsparameter berechnet.

		A	B	1.-	3.-	C
absolute	A	-	41	1	65	17
Häufigkeiten	B	109	-	18	144	115
	1.-	149	132	-	150	146
	3.-	85	6	0	-	22
	C	133	35	4	128	-
relative	A	0.5000	0.2733	0.0067	0.4333	0.1132
Häufigkeiten	B	0.7267	0.5000	0.1200	0.9600	0.7667
w_{ij}	1.-	0.9933	0.8800	0.5000	1.0000	0.9733
	3.-	0.5667	0.0400	0.0000	0.5000	0.1467
	C	0.8867	0.2333	0.0267	0.8533	0.5000
z-Werte	A	0.00	-0.60	-2.48	-0.17	-1.21
$z(w_{ij})$	B	0.60	0.00	-1.18	1.75	0.73
	1.-	2.48	1.18	0.00	$3.33^{1)}$	1.93
	3.-	0.17	-1.75	$-3.33^{1)}$	0.00	-1.05
	C	1.21	-0.73	-1.93	1.05	0.00
$\mu_i = \frac{1}{n}\sum_{j=1}^{n} z(w_{ij})$		0.89	-0.38	-1.78	1.19	0.08
σ^2_i		1/2	1/2	1/2	1/2	1/2
$\mu_{it} = \frac{1\mu_4 - 3\mu_3 + \mu_i(3-1)}{\mu_4 - \mu_3}$		2.80	1.94	1.00	3.00	2.25
$\sigma_{it} = \sigma_i \frac{3-1}{\mu_4 - \mu_3}$		0.476	0.476	0.476	0.476	0.476

1): Annahme, dass 3.33 hinreichend groß ist

Paarweise Preisabsatzfunktion für A und C (die B-Kunden werden nicht betrachtet), wenn $p_A = 2.59$:

$$q_{CA} = \Phi(\frac{(\mu_{Ct} - \mu_{At} + p_A) - p_C}{\sqrt{\sigma^2_{Ct} + \sigma^2_{At}}}) = \Phi(\frac{2.04 - p_C}{0.673})$$

mit: q_{CA}: Anteil der Käufer von C an der Anzahl der Käufer von A und C gemeinsam

Wenn der Preis für C beispielsweise auch 2.59 wäre, würden $\Phi(-0.82) = 1-\Phi(0.82) = 20.6\%$ Produkt C und 79.4% Produkt A kaufen, wenn nur die Käufer von A oder C betrachtet werden.

Schätzung der Marktanteile bei folgenden Preisannahmen:

$p_A = 2.59$, $p_B = 1.99$, $p_C = 2.39$

$$q_{CA} = \Phi(\frac{(\mu_{Ct} - \mu_{At} + p_A) - p_C}{\sqrt{\sigma^2_{Ct} + \sigma^2_{At}}}) = \Phi(\frac{2.25 - 2.80 + 2.59 - 2.39}{0.673}) = \Phi(-0.52) = 0.302$$

Von den Käufern von A und C würden 69.8% A und 30.2% C kaufen.

$$q_{BA} = \Phi(\frac{(\mu_{Bt} - \mu_{At} + p_A) - p_B}{\sqrt{\sigma^2_{Bt} + \sigma^2_{At}}}) = \Phi(\frac{1.94 - 2.80 + 2.59 - 1.99}{0.673}) = \Phi(-0.39) = 0.348$$

Von den Käufern von A und B würden 65.2% A und 34.8% B kaufen.

$$q_{CB} = \Phi(\frac{(\mu_{Ct} - \mu_{Bt} + p_B) - p_C}{\sqrt{\sigma_{Ct}^2 + \sigma_{Bt}^2}}) = \Phi(\frac{2.25 - 1.94 + 1.99 - 2.39}{0.673}) = \Phi(-0.13) = 0.448$$

Von den Käufern von B und C würden 55.2% B und 44.8% C kaufen.

Schätzung ratioskalierter Daten aus Paarvergleichsdaten:
$a_1:a_2 = 65.2:34.8$
$a_1:a_3 = 69.8:30.2$
$a_2:a_3 = 55.2:44.8$

Für die Berechnung der Marktanteile M_i (i=A,B,C) kann z. B. die Formel von Torgerson verwendet werden:

$$\hat{a}_i = \exp(\frac{1}{3}\sum_{j=1}^{3}\ln\frac{a_i}{a_j})$$

$$\hat{a}_A = \exp(\frac{1}{3}(\ln\frac{50}{50} + \ln\frac{65.2}{34.8} + \ln\frac{69.8}{30.2})) = 1.63$$

$$\hat{a}_B = \exp(\frac{1}{3}(\ln\frac{34.8}{65.2} + \ln\frac{50}{50} + \ln\frac{55.2}{44.8})) = 0.87$$

$$\hat{a}_C = \exp(\frac{1}{3}(\ln\frac{30.2}{69.8} + \ln\frac{44.8}{55.2} + \ln\frac{50}{50})) = 0.71$$

Damit die Gesamtsumme (Marktanteil aller drei Anbieter) 1 beträgt, sind die drei Werte durch die Summe der drei Werte zu dividieren. Es resultieren folgende geschätzte Marktanteile: $M_A=0.51$, $M_B=0.27$, $M_C=0.22$.

7.11 Preispartitionierung

Aufgabe 1:

Im vergangenen Jahr hat das Unternehmen ATU in seinen zahlreichen Kfz-Werkstätten in Deutschland erfolgreich eine Tiefstpreisgarantie zur langfristigen Kundenbindung eingeführt. Nun möchte die Geschäftsleitung überprüfen, ob die Präsentation ihrer Angebote, zum Beispiel in Werbeanzeigen, noch verbessert werden kann. Da insbesondere die Nachfrage nach dem Angebot „Klimaanlagencheck" im vergangenen Jahr stark zurückgegangen ist, soll anhand dieses Angebotes überprüft werden, ob die Präsentationsart des Angebotes durch die Verwendung eines Komplettpreises anstatt der bisherigen Darstellung durch partitionierte Preise verbessert werden kann.

Der „Klimaanlagencheck" enthält folgende Leistungen, die nicht einzeln angeboten werden können, da jede der einzelnen Komponenten mit diversen Ein- und Ausbauarbeiten im Motorraum der Autos verbunden ist:

Wartung der Klimaanlage	77 €
Funktionstest der Klimaanlage	21 €
Klimaanlagen-Desinfektion	17 €

Bisher werden die Preise für die Komponenten des Angebotes in Werbung einzeln dargestellt. Schildern Sie nachvollziehbar, wie man Empfehlungen für die hier erläuterte Problematik anhand einer empirischen Studie ableiten kann. Erläutern Sie zunächst allgemein geeignete theoretische Erklärungsansätze, mittels derer die Vorteilhaftigkeit von Komplettpreisen anstatt partitionierter Preise vorhergesagt werden kann und übertragen Sie diese auf den vorliegenden Anwendungsfall. Stellen Sie anhand eines Modells mögliche Wirkungszusammenhänge dar und erläutern Sie, welche medierenden Variablen Sie in Ihr Modell aufnehmen würden, und begründen Sie Ihre Wahl. Beschreiben Sie für den konkreten Fall ein geeignetes experimentelles Design für die empirische Studie, in der die Vorteilhaftigkeit einer der Angebotsdarstellungen überprüft werden können. Gehen Sie ferner auf die Operationalisierung der Modellkonstrukte ein.

Lösungsskizze:

Averaging: Dieses Phänomen wird mit der Information-Integration Theorie von Anderson (1974) erklärt: Das „Gewicht", welches einem Merkmal bei der Gesamtbewertung eines Objektes zugewiesen wird, hängt von „Gewicht" anderer Merkmale ab. Analoges Beispiel aus Troutman/Shanteau (1997): Wenn Windel A beworben wird mit „besonders saugfähig" und Windel B mit „besonders saugfähig und durchschnittlich lange haltbar", dann wird Windel B insgesamt schlechter beurteilt als Windel A. Es wird der Durchschnitt der zwei Informationen gebildet. In Falle von partitionierten Preisen ist also zu erwarten, dass die Zusatzinformation des Aufschlages eine negativere Bewertung hervorruft.

Prospect-Theorie: Diese Theorie beschreibt, wie Individuen künftige Gewinne bzw. Verluste bewerten. Entscheidungsprozesse werden in zwei Stufen gegliedert: editing (etwa: Bearbeitung) und evaluation (Bewertung). Zunächst werden die möglichen Resultate der Entscheidungen heuristisch geordnet: Ähnlichkeiten und Referenzpunkte werden festgelegt. Personen neigen dazu, auf Basis von Unterschieden und Veränderungen zu urteilen. Negative Abweichungen vom Referenzniveau werden als Verluste, positive als Gewinne angesehen. Danach werden, ausgehend von den potentiellen Resultaten und ihren Eintrittswahrscheinlichkeiten, diesen Punkten Werte (Nutzen) zugeordnet. Die Alternative mit dem höchsten Nutzen wird dann gewählt. Bei partitionierten Preisen werden zwei Verluste verzeichnet und bei einem Komplettpreis nur einer. Verluste werden stärker gewichtet als Gewinne. Zwei Verluste werden stärker gewichtet als einer. Also wird durch die Zusatzinformation des Aufschlages (=zweiter Verlust) eine negativere Bewertung hervorgerufen.

Ignorieren des Aufschlags: Personen könnten keine Notiz von dem Aufschlag nehmen, da sie nicht ausreichend kognitive Ressourcen bzw. Aufmerksamkeit darauf richten (z.B. wenn der Aufschlag zu einem späteren Zeitpunkt präsentiert wird, wie häufig bei Porto und Verpackungskosten). Personen könnten Informationen unvollständig verarbeiten. „Unwichtige" Attribute, wie der Aufschlag, könnten dann nicht mit in die Informationsverarbeitung aufgenommen werden. Bei Preisen werden möglicherweise auch nur die Zahlen vor dem Komma verarbeitet und die Zahl hinter dem Komma wird ignoriert. Wenn Personen den Aufschlag verarbeiten, könnten sie denken, dass diese „kleine" Zusatzkosten ihre Entscheidung für oder gegen das Produkt nicht beeinflusst und deshalb den Aufschlag für nicht so wichtig erachten und ignorieren. Der Basispreis wird als Gesamtpreis angesehen. Da dieser kleiner als der tatsächliche Preis ist, könnte sich dies positiv auf die Beurteilung auswirken.

Anchoring & Adjustment: Personen passen ihr Urteil über einen Meinungsgegenstand, dessen tatsächlicher Eigenschaften unsicher sind, an einen extern präsentierten oder an einen ins Bewusstsein gerufenen „Anker" an. Dieser Anker könnte der höhere Basispreis sein. Dieser Anker wird als verfügbare Information abgespeichert. Bei der Bewertung des Produktes greifen sie dann auf den leicht zugänglichen Anker zurück und verwenden diesen als verfügbare Information für die Schätzung des Gesamtpreises. Dies könnte sich positiv auf die Beurteilung auswirken.

Ein mögliches Untersuchungsmodell:

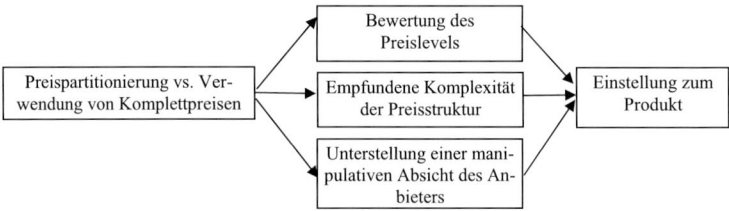

- Bewertung des Preislevels: Normalerweise hat der Preis einen negativen Effekt auf die Präferenz (direkter Effekt). D.h. je geringer der Preis, desto höher die Kaufabsicht bzw. desto positiver ist die Einstellung zum Produkt.
- Komplexität der Preisstruktur: Partitionierte Preise sind komplexer als ein Komplettpreis. Konsumenten könnten Schwierigkeiten haben, den korrekten Gesamtpreis zu bestimmen, insbesondere bei Angaben in Prozent. Für die Berechnung des Gesamtpreises ist dann ein größerer kognitiver Aufwand nötig. Dieser Aufwand könnte zu negativen Gefühlen führen, die auf das Produkt übertragen werden könnten. Da es leichter ist, einen Geldbetrag als Aufschlag zum Basispreis zu addieren als einen Prozentwert auszurechnen und dann zum Basispreis zu addieren, könnte die Angabe in Prozent als komplexer wahrgenommen werden.
- Empfundene Manipulationsabsicht: Konsumenten erwarten keine klare und vollständige Preisinformation von einem Anbieter. Bei partitionierten Preisen könnten die Konsumenten Überlegungen über die Motive des Anbieters, diese Strategie einzusetzen, nachdenken. Konsumenten könnten dem Anbieter eine „Verschleierungstechnik" unterstellen, um die Kunden bzgl. des Gesamtpreises in die Irre zu führen. Es könnte der Eindruck einer Manipulationsabsicht entstehen. Dies könnte zu negativen Konsequenzen für die Beurteilung des Produktes führen. Verstärkt könnte dies werden durch Prozentaufschläge im Vergleich zu monetären Aufschlägen.

Design und Operationalisierungen für eine empirische Studie:
- Experimentelles Design: Zwei Experimentalgruppen (die eine erhält die Information über den Komplettpreis, die andere die Information über den partitionierten Preis).
- Operationalisierung der Modellkonstrukte: Bewertung der Preislevels („Dieses Angebot ist ein günstiges Angebot"; Der Preis dieses Angebotes ist attraktiv"; Im Vergleich zu anderen Angeboten ist der Preis günstig"), Komplexität der Preisstruktur („Die Preisdarstellung ist unübersichtlich"; „Der Gesamtpreis ist nicht auf den ersten Blick zu erkennen"), Unterstellung einer Manipulationsabsicht („Meine Freunde und Bekannten würden diesen Preis als unfair ansehen"; Dieser Anbieter verlangt einen unfairen Preis"), Einstellung zum Produkt („Dieses Angebot ist interessant"; „Das Preis-Leistungsverhältnis dieses Angebotes ist gut"; „Ich würde diesen Preis für dieses Angebot bezahlen"; „Ich würde dieses Angebot gerne kaufen"; „Dieses Angebot überzeugt mich"; „Dieses Angebot ist das Geld wert").

7.12 Sonderpreise

Aufgabe 1:

Die Geschäftsleitung der Huber KG möchte den Absatz ihres Erfrischungsgetränks "Flying Bull" dadurch steigern, dass neue Kunden, die bisher Wettbewerberprodukte gekauft haben, das Produkt ausprobieren. Um herauszufinden, durch welche Maßnahme sich möglichst viele Probekäufe stimulieren lassen, hat der Marketingleiter in drei Geschäften, die hinsichtlich des Absatzes bisher vergleichbar waren, während fünf Wochen jeweils eine Aktion durchgeführt und den Absatz seines Produkts festgestellt. Die Ergebnisse werden mit einem vergleichbaren vierten Geschäft verglichen, in dem keine Aktion stattfand.

Aktion durchge- führt in	Sonderpreise	Propagandistinnen	Werbegeschenke	keine
	Geschäft 1	Geschäft 2	Geschäft 3	Geschäft 4
wöchentliche	590	550	530	300
Absätze	610	550	520	350
	600	640	550	250
	550	540	510	250
	650	570	590	300

Kann behauptet werden, dass sich die Absätze in den Geschäften, in denen die Aktionen durchgeführt worden sind, signifikant voneinander unterscheiden (α=0.05)? Gehen Sie zunächst auf die formalen Annahmen Ihres Analyseverfahrens ein.

Der Marketingleiter entscheidet sich für die Durchführung einer vierwöchigen Sonderpreisaktion. Anstelle des Normalpreises von € 1.80 wird im Handel ein Preis von € 1.40 verlangt. Die Produkte werden in 600 vergleichbaren Geschäften abgesetzt. Der Marketingleiter weiß aufgrund früherer Erfahrungen, dass während Sonderpreisaktionen die wöchentlich beobachtete Absatzdifferenz (Absatz bei Sonderpreis - Absatz ohne Sonderpreis) konstant bleibt und danach wieder gemäß folgender Funktion $y_t=\beta y_{t-1}$ (y_t: Absatzdifferenz in Woche t) auf den Absatz vor der Sonderpreisaktion zurückgeht. Mit einer Häufigkeit von 70% wurde bei früheren Sonderpreisaktionen β=0.4 und mit einer Häufigkeit von 30% wurde β=0.5 festgestellt. Berechnen Sie den zu erwartenden Mehrumsatz in allen Geschäften, der sich aus dieser Aktion ergibt (Ende des Planungszeitraums: sechs Wochen nach Abschluss der Aktion). Begründen Sie Ihre Aussagen.

Die Geschäftsleitung meint, man solle bei der Festlegung des Parameters β die Ergebnisse einer Sonderpreisaktion bei einem vergleichbaren Produkt, z. B. von "Black Horse" heranziehen. Die wöchentlichen Absätze dieses Produkts hatten sich wie folgt entwickelt (Woche 18 bis 21 Sonderpreisaktion mit ähnlichem Preisnachlass).

Woche	15	16	17	18	19	20	21	22	23	24	25	26	27
Absatz	300	301	299	499	501	500	500	387	342	316	310	305	301
β (in %)	-	-	-	-	-	-	-	?	48.3	?	?	?	?

Berechnen Sie die restlichen, festzustellenden β-Werte. Kann behauptet werden, dass β im Mittel den Wert 40% übersteigt (α=5%)? Formulieren Sie eine adäquate Nullhypothese und gehen Sie davon aus, dass alle Voraussetzungen für die t-verteilte Prüfgröße erfüllt sind.

Lösungsskizze:

Annahmen der Varianzanalyse:
- metrische abhängige Variable
- Varianzhomogenität
- Normalverteilung der abhängigen Variable je Gruppe

Berechnungen	Geschäft	1	2	3	
n_i		5	5	5	$n=15$
$\bar{y}_i$		600	570	540	$\bar{y} = 570$
s_i^2		1300	1650	1000	$\sum s_i^2 = 3950$
$(n_i - 1)s_i^2$		5200	6600	4000	$\sum (n_i - 1)s_i^2 = 15800$
$n_i(\bar{y}_i - \bar{y})^2$		4500	0	4500	$\sum n_i(\bar{y}_i - \bar{y})^2 = 9000$

Test auf Varianzhomo-
genität (Cochran Test)

$H_0: \sigma_1 = \sigma_2 = \sigma_3$

$c = s_{max}^2 / \sum s_i^2 = 1650/3950 = 0.4177$

$M=5, I=3, C(M-1,I) = 0.7457$ bei $\alpha=5\%$

$c < 0.7457 \Rightarrow$ Varianzhomogenität nicht abzulehnen

Test auf Erwartungs-
werthomogenität

$$f = \frac{\dfrac{1}{I-1}\sum_{i=1}^{I} n_i(\bar{y}_i - \bar{y})^2}{\dfrac{1}{n-I}\sum_{i=1}^{I}(n_i - 1)s_i^2} = \frac{\dfrac{1}{3-1}9000}{\dfrac{1}{15-3}15800} = 3.42$$

$f < f(2,12,1-\alpha) = 3.89$ bei $\alpha=5\%$

$\Rightarrow$Erwartungswerthomogenität nicht abzulehnen

Berechnung der Umsatzdifferenz:
Normalpreis:

Woche	1	2	3	4	5	6	7	8	9	10
Preis (€)	1.8	1.8	1.8	1.8	1.8	1.8	1.8	1.8	1.8	1.8
Absatz pro Geschäft	290	290	290	290	290	290	290	290	290	290
Umsatz (€) pro Geschäft	522	522	522	522	522	522	522	522	522	522

Gesamtumsatz aller 600 Geschäfte bei Normalpreis: 3 132 000.00

Sonderpreisaktion:

Woche	1	2	3	4	Σ
Preis (€)	1.4	1.4	1.4	1.4	
Absatz pro Geschäft	600	600	600	600	
Umsatz (€) pro Geschäft	840	840	840	840	3360

nach Sonderpreisaktion (β=0.4)

Woche	5	6	7	8	9	10	Σ
Preis (€)	1.8	1.8	1.8	1.8	1.8	1.8	
normaler Absatz pro Geschäft	290	290	290	290	290	290	
normaler Umsatz (€) pro Geschäft	522	522	522	522	522	522	3132.00
zusätzlicher Absatz pro Geschäft	124	49.6	19.84	7.936	3.1744	1.2698	3502.48
zusätzlicher Umsatz (€) pro Geschäft	223.2	89.28	35.712	14.285	5.7139	2.2856	370.48

nach Sonderpreisaktion (β=0.5)

Woche	5	6	7	8	9	10	Σ
Preis (€)	1.8	1.8	1.8	1.8	1.8	1.8	
normaler Absatz pro Geschäft	290	290	290	290	290	290	
normaler Umsatz (€) pro Geschäft	522	522	522	522	522	522	3132.00
zusätzlicher Absatz pro Geschäft	155	77.5	38.75	19.375	9.6875	4.8438	3681.28
zusätzlicher Umsatz (€) pro Geschäft	279	139.5	69.75	34.875	17.438	8.7188	549.28

Gesamtumsatz aller 600 Geschäfte bei Sonderpreisaktion:

600·[3 360+(0.7·3 502.48+0.3·3 681.28)]=4 149 672.00

Umsatzdifferenz:

4 149 672.00-3 132 000.00=1 017 672

Test des Parameters β:

Beobachtungen für β: 43.5, 48.3, 38.1, 62.5, 50.0, 20.0
Mittelwert: 43.73, Standardabweichung: 14.19
H_1: µ>40, H_0:µ≤40
t = (43.73 − 40) / (14.19 / $\sqrt{6}$) = 0.64
Ablehnungsbereich für H_0: (t(5,0.95), ∞)=(2.015; ∞)

H_0 fällt nicht in den Ablehnungsbereich, H_1 ist nicht gestützt, die Hypothese, dass β im Mittel größer als 40% ist, kann somit nicht untermauert werden.

Aufgabe 2:

Die Wasch KG betreibt Anlagen für die chemische Kleiderreinigung. Wie bei der Mehrzahl der Unternehmen dieser Branche schwankt die Geschäftätigkeit im Verlauf eines Jahres außerordentlich stark. Dies verursacht regelmäßig Probleme bei der Beschäftigungsplanung. Die Auftragssituation in den letzten Geschäftsjahren (mit Preisaktionswochen in den Monaten Januar, Februar, November und Dezember für die Artikel Kleider, Pullover, Wintermäntel, Wolldecken und Teppiche) gibt die folgende Tabelle an:

Monat	Jan.	Feb.	März	Apr.	Mai	Juni	Juli	Aug.	Sep.	Okt.	Nov.	Dez.
Aufträge (in 1000)	180	180	225	260	300	235	240	260	235	260	190	155

Die Geschäftsleitung schätzt, dass infolge der Preisaktionen die Anzahl der Aufträge bei den beworbenen Artikeln während der jeweiligen Monate um 15% und bei den übrigen Teilen des Sortiments um 5% angestiegen sind. Die Auftragsstruktur in den Zeiten, in denen keine Preisaktionen durchgeführt werden, ist in folgender Tabelle festgehalten; sie schwankt im Laufe des Jahres in einem vernachlässig geringen Umfang:

Artikel	Hosen	Sakkos	Kleider	Röcke	Regen-mäntel	Winter-mäntel	Blusen	Pullover	Wolldecken/Teppiche
Auftragsanteil	31%	18%	13%	12%	8%	6%	6%	5%	1%

Der durchschnittliche Preis für die beworbenen Leistungen während der Preisaktion beträgt € 4.40 je Auftrag, was einen um 20% reduzierten Preis darstellt. Der durchschnittliche Preis anderer Artikel beträgt € 5.50. Aus den Werbeanstrengungen während der Aktionswochen ergeben sich Kosten in der Höhe von € 50,000.-. Die variablen Kosten je Reinigungsvorgang belaufen sich auf € 2.64 je Auftrag.

Inwieweit sind die Preisaktionen mit Preisreduzierungen betriebswirtschaftlich sinnvoll? Wie hoch müsste die Steigerung der Anzahl der Aufträge sein, damit mindestens das gleiche Betriebsergebnis erzielt werden kann als ohne Durchführung der entsprechenden Maßnahmen?

Lösungsskizze:

Berechnung der Anzahl der Aufträge, falls keine Preisaktion in den Aktionsmonaten:

	zusätzliche Aufträge wegen Preisaktion	Anteil der Aufträge	Anzahl der Aufträge bei Preisaktion
Aktionsartikel	+15%·A	25%	705 000
sonstige Artikel	+5%·A	75%	
A=Anzahl der Aufträge ohne Preisaktion			

$$705\ 000 = 1.15 \cdot 0.25 \cdot A + 1.05 \cdot 0.75 \cdot A \Rightarrow A = 655\ 814$$

Ohne die Preisaktion wäre die Anzahl der Aufträge in den vier Aktionsmonaten anstelle von 705 000 nur 655 814.

Bewertung der Preisaktion:

	Preisaktion	keine Preisaktion
Aufträge Aktionsartikel	1.15·0.25·655 814=188 547	0
Aufträge sonstige Artikel	1.05·0.75·655 814=516 453	655 814
Preis/Auftrag Aktionsartikel	4.40	5.50
Preis/Auftrag sonstige Artikel	4.40/(1-20%)=5.50	5.50
variable Kosten pro Auftrag	2.64	2.64
Kosten für Aktionswerbung	50,000	0
Deckungsbeitrag aus Aufträgen	1 758 898	1 875 628

Der Deckungsbeitrag der Preisaktion während der vier Aktionsmonate beträgt -116 730; die Aktion ist somit nicht sinnvoll.

Durch die Break-Even-Betrachtung kann berechnet werden, wie viele zusätzliche Aufträge nötig wären, damit die Preisaktion profitabel ist. Dabei soll hier angenommen werden, dass die Anzahl der Aufträge in beiden Artikelgruppen anteilig gleich stark steigt.

Kalkül:
$$(1+x) \cdot 1.15 \cdot 0.25 \cdot 655\ 814 \cdot (4.40-2.64) + (1+x) \cdot 1.05 \cdot 0.75 \cdot 655,814 \cdot (5.50-2.64) - 50\ 000$$
$$\geq 1\ 875\ 628 \qquad \Rightarrow x \geq 0.064530$$

Die Anzahl der Aufträge bei den Aktionsartikeln müsste um 0.06453·1.15·0.25·655 814 = 12 167 und die der Aufträge bei den sonstigen Artikeln müsste um 0.06453·1.05·0.75· 655 814=33 327 steigen, damit sich die Preisaktion unter den gesetzten Annahmen lohnt.

Das Fehlen eines Spillover-Effekts bedeutet, dass durch die Preisaktion die Anzahl der Aufträge bei den sonstigen Artikeln nicht steigt.

Aufgabe 3:

Die Oberpfälzer Porzellanmanufaktur (OPM) stellt hochwertiges Porzellan für Privathaushalte her. Ihre Spezialität sind hochwertige Art Déco Speiseservices, die den Stil der 30-er Jahre nachahmen und für die in den letzten Jahren ein interessantes Marktsegment vorhanden war. Die Endverbraucherpreise der Produkte liegen zwischen € 500 bis € 760.

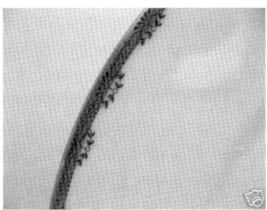

Mittlerweile muss die Vertriebsleitung der OPM jedoch sinkende Absatzmengen feststellen. Die Marketingleitung erwägt diverse Aktivitäten, um den Absatz wieder zu erhöhen. Aus Brainstorming-Sitzungen mit dem Einzelhandel kam unter anderem die Anregung, Zugaben zum Kauf eines Speiseservice zu geben. Dabei wurden diverse Zugaben vorgeschlagen, deren objektiver Wert sind in etwa auf € 45 beläuft.

	Hedonistische Zugaben	Utilitaristische Zugaben
Zugaben mit hohem Fit	Spielfilme, in denen die Zeit der 30-Jahre im Mittelpunkt steht (auf DVD (z.B. „Der Blaue Engel" mit Marlene Dietrich, „Die drei von der Tankstelle" oder „Der Kongress tanzt")	Eine Packung spezieller Spülmaschinen-Tabs, um hochwertiges Porzellan in der Spülmaschine spülen zu können
Zugaben mit geringem Fit	Fleurop-Gutschein (Der Gutschein kann bei Floristen und Blumenhändlern eingelöst werden, um eine bekannte Person mit einem Blumenstrauß zu beschenken)	Handy in einem Art Déco Design

Sämtliche Hersteller der in Erwägung gezogenen Zugaben tragen relativ unbekannte Marken (außer Fleurop), wobei aus Marktforschungsstudien bekannt ist, dass diese Markennamen mit einem eher schlechtem bis mittelmäßigem Markenimage verbunden werden. Der neu bei OPM eingestellte Mitarbeiter Ludwig möchte mit einem wertvollen Beitrag zur Diskussion beitragen und wendet ein, die Kunden könnten die Angebote anhand von Merkmalen beurteilen, die sie ohne Zugabe ignoriert hätten.

Erläutern Sie allgemein, welche Wirkung „leicht isoliert zu bewertende Merkmale" und „schwer isoliert zu bewertende Merkmale" im Rahmen des Präferenzbildungsprozesses haben. Verdeutlichen Sie Ihre Argumente an Beispielen. Übertragen Sie Ihre Überlegungen nun auf den hier vorgetragenen Fall des Porzellanherstellers OPM. Was ist hier „leicht isoliert" und was „schwer isoliert" zu bewerten? Die Marketingleitung stellt Ihnen € 8 000 zur Verfügung, um eine empirische Studie anzufertigen, in der die Wirkung der oben diskutierten Zugaben untersucht werden soll. Sie haben rund drei Monate Zeit, bis Sie Ihre Ergebnisse präsentieren müssen. Stellen Sie nachvollziehbar alle Details eines gut begründeten Experiments dar, welches Sie durchführen würden.

Lösungsskizze:

Anhand von leicht isoliert zu bewertende Attribute (z.B. Marke, Herkunftsland, Gütezeichen, Warentesturteil) kann der Konsument ein Produkt bewerten, ohne dass er die Ausprägungen derselben Attribute bei konkurrierenden Produkten kennt. Sie dienen der Informationssubstitution. Wenn ein Produkt anhand von schwer isoliert zu bewertenden Attributen beschrieben ist (z.B. Preis, technische Kennzahl), ist es nötig, dass auch darüber informiert wird, welche Ausprägungen dieselben Attribute im Fall der konkurrierenden Produkte vorliegen. Ansonsten fließen sie nicht in die Bewertung des Produkts ein, da der Konsument ihren Informationswert nicht kennt.

Von ökonomisch-rationalen Entscheidern wird erwartet, dass sie ein Produkt mit Zugabe positiver bewerten als dasselbe Produkt ohne Zugabe, da bei unverändertem Preis eine Zugabe gegeben wird. Allerdings ist die Situation auch anhand folgender Merkmale zu beschreiben:

	Option A	Option B
Umfang des Angebots (relativ schwer isoliert zu bewerten)	nur das Porzellan	das Porzellan plus die Zugabe
durchschnittliches Qualitätsniveau (z.B. ein gewichteter Mittelwert der Qualität des Porzellans und der Qualität der Zugabe) (relativ leicht isoliert zu bewerten)	keine minderwertigen Elemente	mit minderwertigem Element

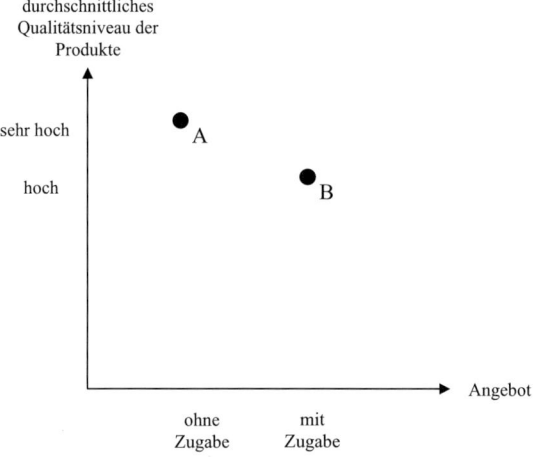

Das durchschnittliche Qualitätsniveau ist auch bei einer isolierten Präsentation relativ leicht zu beurteilen, und könnte bei diesem Präsentationsmodus ein höheres Gewicht erhalten. Bei einer isolierten Bewertung könnte B schlechter bewertet werden als A, obwohl B objektiv besser ist als A.

Konzept für ein Experiment:

Labor- oder Feldexperiment, bestehend aus fünf Experimentalgruppen
- Gruppe 1: hoher Fit/hedonistische Zugabe
- Gruppe 2: hoher Fit/utilitaristische Zugabe
- Gruppe 3: geringer Fit/hedonistische Zugabe
- Gruppe 4: geringer Fit/utilitaristische Zugabe
- Gruppe 5: keine Zugabe

Stichprobe: ca. N = 30 pro Gruppe, potenzielle Käufer des Speiseservice, z.B. Besucher in Meißen befragen oder Kunden von Haushaltsgeschäften mit hoher Preislage

Operationalisierung: Kaufabsicht (attraktives Angebot, würde kaufen, würde empfehlen, …), vermutete Manipulationsabsicht des Anbieters (will mich beeinflussen, will mich manipulieren, …)

Analyse: Vergleich der Ergebnisse in der Kontrollgruppe 5 mit den einzelnen Experimentalgruppen 1 bis 4; t-Tests zwischen Gruppe 5 und den anderen vier Gruppen. Effekt von hedonistisch/utilitaristisch und von Fit durch Varianzanalyse (ANOVA) bestimmen

Aufgabe 4:

Der Marketing-Leiter der Knurr AG, einem Anbieter von Fertiggerichten, möchte den Absatz seiner Produkte erhöhen. Er hat gehört, dass es viele verschiedene Methoden der Verkaufsförderung gibt, und daher beauftragt er Praktikant Ole, als erstes herauszufinden, welche Methode der Verkaufsförderung besonders geeignet erscheint. Ole beschafft sich dazu Daten bei einem Marktforschungsinstitut. Dieses hat in einer Studie für vier unterschiedliche Konsumgüterbereiche erfasst, wie die Kaufbereitschaft für die beworbene Marke ausfällt, wenn unterschiedliche Instrumente der Verkaufsförderung eingesetzt werden. Folgende Informationen liegen vor:

Mittel der Verkaufsförderung	Produktkategorie			
	Kosmetik	Süßwaren	Milchprodukte	Haushaltsreiniger
Coupons	12%*	7%	2%	22%
Preisausschreiben	8%	3%	9%	8%
Produktzugaben	36%	20%	14%	35%
Werbedamen	25%	2%	9%	16%
Würde die beworbene Marke in keinem Fall kaufen	19%	68%	66%	19%
Summe	100%	100%	100%	100%
Umfang der Stichprobe	800	500	600	400

*Leseanweisung: 12% der befragten Personen geben an, dass sie beim Einsatz von Coupons die beworbene Marke sicher kaufen würden.

Überprüfen Sie die Annahme, wonach die Wirkung der betrachteten Mittel der Verkaufsförderung nicht von der Produktkategorie abhängt, anhand eines geeigneten statistischen Verfahrens.

Die Knurr AG hat sich nun entschieden, Coupons einzusetzen, um den Absatz ihrer Produkte zu erhöhen. Da das Marktforschungsinstitut keine Daten für die Wirkung von Coupons für den Bereich der Fertiggerichte vorlegen kann, entschließt sich Ole, eine eigene empirische Untersuchung durchzuführen. Dazu befragt er 60 Käufer von Fertiggerichten (aus einer Grundgesamtheit von 1 Mio. Käufern) in einem Supermarkt danach, ob sie beim Einsatz des vorgelegten Coupons die beworbene Marke sicher kaufen würden. 15 Personen stimmen diesem Statement zu. Unterstellen Sie, dass der Schätzer für den Anteilswert normalverteilt ist. Geben Sie ein 95%-Konfidenzintervall für den Anteil der Personen in der Grundgesamtheit an, die beim Einsatz von Coupons die beworbene Marke der Knurr AG kaufen würden. Kann zu einer Irrtumswahrscheinlichkeit von $\alpha = 5\%$ behauptet werden, dass beim Einsatz von Coupons die Grundgesamtheit zu mindestens ⅓ aus Käufern der beworbenen Marke besteht?

Nun fällt Ole auf, dass Coupons danach unterschieden werden können, ob sie eine prozentuale Preisreduzierung (z. B. 10 % Rabatt) oder eine absolute Preisreduzierung (z.B. € 10 Rabatt) anbieten. Daher lässt er nun acht Personen jeweils einen Coupon mit prozentualer Preisreduzierung und einen Coupon mit absoluter Preisreduzierung (objektiv gleiche Preisreduzierung) bewerten. Er entscheidet sich dazu die Personen diesmal auf einer 7-stufigen Ratingskala angeben zu lassen, wie hoch ihre Kaufabsicht für die beworbene Marke ist. Es resultieren folgende Ergebnisse:

Preisreduzierung	Person 1	Person 2	Person 3	Person 4	Person 5	Person 6	Person 7	Person 8
relativ	5	3	4	5	2	2	4	1
absolut	4	6	4	7	5	3	4	3

Skala: Die beworbene Marke würde ich: 1 = sicher nicht kaufen, …, 7 = sicher kaufen

Kann zu einer Irrtumswahrscheinlichkeit von $\alpha = 5\%$ behauptet werden, dass beim Einsatz eines Coupons mit relativer Preisreduzierung eine geringere Kaufabsicht resultiert als beim Einsatz eines Coupons mit absoluter Preisreduzierung?

Weiterhin geht er nun davon aus, dass der auf dem Coupon angegebene Betrag ebenfalls eine wichtige Rolle spielt, ob sich ein Konsument für die beworbene Marke entscheidet oder nicht. Da mit dem Coupon der Absatz von Fertiggerichten angeregt werden soll, kommen nur Preisreduzierungen von € 0.30 oder € 0.40 pro verkaufte Packung in Betracht. Ole erscheint es zu auffällig, jede Person beide Coupons bewerten zu lassen, und entscheidet sich daher dafür, jede Person entweder den Coupon mit € 0.30 oder mit € 0.40 Preisreduzierung bewerten zu lassen. Folgende Tabelle enthält die Skala und die Ergebnisse der Befragung:

Preisreduzierung	Person											
	1	2	3	4	5	6	7	8	9	10	11	12
€ 0.3	2	5	4	2	3	5	-	-	-	-	-	-
€ 0.4o	-	-	-	-	-	-	3	5	6	7	5	6

Skala: Die beworbene Marke würde ich: 1 = sicher nicht kaufen, ..., 7 = sicher kaufen; P = Person

Kann zu einer Irrtumswahrscheinlichkeit von $\alpha = 5\%$ behauptet werden, dass die stärkere Preisreduzierung zu einer signifikant höheren Kaufabsicht für die beworbene Marke führt?

Lösungsskizze:

Überprüfung der Unabhängigkeit der Wirkung der Verkaufsförderungsmaßnahmen von der Produktkategorie:

χ^2-Unabhängigkeitstest: Hypothese: $\pi_{ij} = \pi_i \pi_j$ oder $n_{ij} = \hat{n}_{ij}$ für alle i, j mit $\hat{n}_{ij} = \dfrac{n_{i\bullet} n_{\bullet j}}{n}$

Beobachtete Häufigkeiten (n_{ij}):

Segment	Mittel der Verkaufsförderung					
	Coupons	Preisaus-schreiben	Produkt-zugabe	Werbedamen	Kein Kauf	Summe
Kosmetik	96	64	288	200	152	800
Süßwaren	35	15	100	10	340	500
Milchprodukte	12	54	84	54	64	600
Haushaltsreiniger	88	32	140	64	76	400
Summe	231	165	612	328	964	2 300

Bei Unabhängigkeit erwartete Häufigkeiten ($\hat{n}_{ij}$):

Segment	Mittel der Verkaufsförderung					
	Coupons	Preisaus-schreiben	Produkt-zugabe	Werbedamen	Kein Kauf	Summe
Kosmetik	80.3	57.4	212.9	114.1	335.3	800
Süßwaren	50.2	35.9	133	71.3	209.6	500
Milchprodukte	60.3	43	159.7	85.6	251.5	600
Haushaltsreiniger	40.2	28.7	106.4	57	167.7	400
Summe	231	165	612	328	964	2 300

Wert der Prüfgröße:

$$\chi^2 = \sum_{i=1}^{I} \sum_{j=1}^{J} \frac{(n_{ij} - \hat{n}_{ij})^2}{\hat{n}_{ij}} = \frac{(96 - 80.3)^2}{80.3} + ... + \frac{(76 - 167.7)^2}{167.7} = 645$$

K. B.: $(\chi^2_{1-\alpha,(I-1)(J-1)}; \infty) = (\chi^2_{0.95,3,4}; \infty) = (21.0; \infty)$ für $\alpha = 5\%$.

- 262 -

Der Wert der Prüfgröße fällt in den kritischen Bereich. Die Hypothese der Unabhängigkeit der beiden Variablen (hier: Produktkategorie und Mittel der Verkaufsförderung) ist abzulehnen.

Kauf bei Einsatz von Coupons:

Konfidenzintervall für den Anteilswert: $(p + z_{\frac{\alpha}{2}} s_p \leq \mu \leq p + z_{1-\frac{\alpha}{2}} s_p)$

$$p = \frac{15}{60} = 0.25 \quad s_p^2 = \frac{p(1-p)}{n} = \frac{0.25 \cdot 0.75}{60} = 0.003125 \quad s_p = \sqrt{0.003125} = 0.056$$

$$z_{1-\frac{\alpha}{2}} = 1.96 = -z_{\frac{\alpha}{2}} \quad (0.25 - 1.96 \cdot 0.056 \leq \mu \leq 0.25 + 1.96 \cdot 0.056) = (0.14024 \leq \mu \leq 0.35976)$$

Test des Anteilwerts:

$$H_1 : \pi > \frac{1}{3}, H_0 : \pi \leq \frac{1}{3},$$

$$z = \frac{p - \pi_0}{\sigma_{p0}} = \frac{p - \pi_0}{\sqrt{\frac{\pi_0(1-\pi_0)}{n}}} = \frac{0.25 - 0.33}{\sqrt{\frac{0.33 \cdot 0.66}{60}}} = -1.328$$

K.B.: $(z_{1-\alpha}; \infty) = (1.64; \infty)$ für α = 5%.

Der Wert der Prüfgröße fällt nicht in den kritischen Bereich. Es kann nicht bestätigt werden, dass beim Einsatz von Coupons die Grundgesamtheit zu mindestens ⅓ aus Käufern der beworbenen Marke besteht

Kaufabsicht beim Einsatz eines Coupons mit relativer Preisreduzierung im Vergleich zum Einsatz eines Coupons mit absoluter Preisreduzierung.

Preisreduzierung	Person 1	Person 2	Person 3	Person 4	Person 5	Person 6	Person 7	Person 8
relativ	5	3	4	5	2	2	4	1
absolut	4	6	4	7	5	3	4	3
Differenz	1	-3	0	-2	-3	-1	0	-2

Skala: Die beworbene Marke würde ich: 1 = sicher nicht kaufen, …, 7 = sicher kaufen

$$H_1 : \mu_d < 0, \quad H_0 : \mu_d \geq 0$$

$$\bar{d} = \frac{1}{8}(1 + \ldots - 2) = -1.25,$$

$$s_D^2 = \frac{1}{7}[(1+1.25)^2 + \ldots + (-2+1.25)^2] = \frac{1}{7}[5.0625 + \ldots + 0.5625] = 2.2143$$

$$s_{\bar{D}}^2 = \frac{2.2143}{8} = 0.277, \quad s_{\bar{D}} = \sqrt{0.277} = 0.5625 \quad t = \frac{\bar{d} - \mu_0}{s_{\bar{D}}} = \frac{-1.25 - 0}{0.526} = -2.376$$

Kritischer Bereich: $(-\infty; -t_{1-\alpha;n-1}) = (-\infty; -1.895)$ für α = 5% und n = 8.

Der Wert der Prüfgröße fällt in den kritischen Bereich. Damit kann bestätigt werden, dass beim Einsatz eines Coupons mit relativer Preisreduzierung eine geringere Kaufabsicht resultiert als beim Einsatz eines Coupons mit absoluter Preisreduzierung.

Führt die stärkere Preisreduzierung zu einer signifikant höheren Kaufabsicht?

(1) Test auf Varianzhomogenität (Prüfung der Testvoraussetzung):

$$H_1 : \sigma_1 \neq \sigma_2, \quad H_0 : \sigma_1 = \sigma_2$$

$$\bar{x}_1 = 3.5, \quad \bar{x}_2 = 5.333$$

$$s_1^2 = \frac{1}{5}[(2-3.5)^2 + \ldots + (5-3.5)^2] = 1.9, \ s_2^2 = \frac{1}{5}[(3-5.333)^2 + \ldots + (6-5.333)^2] = 1.867$$

$$f = \frac{s_1^2}{s_2^2} = \frac{1.9}{1.867} = 1.018$$

K.B.: $(0; f_{\frac{\alpha}{2}, n_1-1, n_2-1}) \cup (f_{1-\frac{\alpha}{2}, n_1-1, n_2-1}; \infty) = (0; \frac{1}{7.15}) \cup (7.15; \infty)$ für $\alpha = 5\%$ und $n_1 = n_2 = 6$.

Der Wert der Prüfgröße fällt nicht in den kritischen Bereich. Daher kann die Annahme gleicher Varianzen nicht verworfen werden.

(2) Test auf Erwartungswerthomogenität:

$H_1 : \mu_1 - \mu_2 < 0$; $H_0 : \mu_1 - \mu_2 \geq 0$;

$$t = \frac{(\bar{x}_1 - \bar{x}_2) - \delta_0}{\sqrt{[((n_1-1)s_1^2 + (n_2-1)s_2^2)/(n_1+n_2-2)] \cdot (1/n_1 + 1/n_2)}};$$

$$t = \frac{(3.5-5.33) - 0}{\sqrt{[(5 \cdot 1.9 + 5 \cdot 1.867)/10] \cdot (1/6 + 1/6)}} = \frac{-1.833}{\sqrt{[(9.5+9.335)/10] \cdot 0.333}} = -2.315$$

K.B.: $(-\infty; t_{\alpha, n_1+n_2-2}) = (-\infty; -1.812)$ für $\alpha = 5\%$ und $n_1 = n_2 = 6$.

Der Wert der Prüfgröße fällt in den kritischen Bereich. Damit kann bestätigt werden, dass die stärkere Preisreduzierung zu einer signifikant höheren Kaufabsicht für die beworbene Marke führt.

Aufgabe 5:

Die Geschäftsleitung der Supermarktkette DONI (150 vergleichbare Supermärkte) beabsichtigt, bei ihrem Energydrink ARNI eine dreitägige Sonderpreisaktion (Mi, Do, Fr.) mit einem Preis in Höhe von € 0.39 durchzuführen. Aus Daten der Vergangenheit ist der Geschäftsleitung bekannt, dass ihre Kette bei normalem Preis in Höhe von € 0.49 folgenden Absatz (in allen Supermärkten) erzielt:

Tag	Montag	Dienstag	Mittwoch	Donnerstag	Freitag	Samstag
Absatz	7 500	4 500	4 500	10 500	6 000	12 000

Während der letzten, vor kurzer Zeit mit diesem Produkt durchgeführten Sonderpreisaktion (Preissenkung um € 0.10; Aktionstage: Mi, Do, Fr) wurde der Absatzverlauf in 10 Supermärkten der Kette verfolgt. Dabei sank der Absatz am Tag der Ankündigung (Dienstag) von 300 auf 50 Einheiten. Am 1. und 2. Aktionstag konnten je 2 000 Stück und am 3. Aktionstag 2 500 Einheiten abgesetzt werden. Am Samstag wurden nur 250 Einheiten verkauft. In der folgenden Woche war der Absatz wieder normal. Der Stückdeckungsbeitrag beträgt € 0.20. Für die Sonderpreisaktion fallen zusätzlich Kosten in Höhe von € 5 000 an.

Erläutern Sie den idealtypischen Verlauf der Wirkung einer Sonderpreisaktion im Zeitablauf. Erklären Sie insbesondere die dabei auftretenden Effekte! Soll die Supermarktkette die Sonderpreisaktion durchführen? Wie hoch ist der zusätzliche Deckungsbeitrag durch die Sonderpreisaktion? Welche zusätzlichen Kriterien müssten bei der Beurteilung einer Sonderpreisaktion berücksichtigt werden?

Lösungsskizze:

Effekte bei Sonderpreisaktionen:

Ankündigungseffekt: Der Ankündigungseffekt drückt sich bei der Sonderpreisaktion als Kaufzurückhaltung aus. Der Absatz sinkt in den 10 beobachteten Supermärkten zwischen dem Tag der Ankündigung und dem Beginn der Sonderpreisaktion von 300 auf 50.

Aktionseffekt & Verzögerungseffekt: Der Aktionseffekt quantifiziert den Absatzzuwachs, der auf die Sonderpreisaktion zurückzuführen ist. Der Verzögerungseffekt quantifiziert die Veränderung der Werbewirkung im Zeitablauf.

Vorratseffekt: Nach Ablauf der Sonderpreisaktion ist ein Absatzrückgang zu beobachten. Dieser ist darauf zurückzuführen, dass während der Sonderpreisaktion mehr als üblich eingekauft wurde (Vorratskäufe). Sobald diese Vorräte verbraucht sind, wird ein normaler Absatz erwartet (Ausnahmen: Good-Will- und Bad-Will-Effekt).

Good-Will-Effekt/Bad-Will-Effekt: Ein Good-Will-Effekt (höherer Absatz als normal) kann z. B. dann auftreten, wenn durch die Sonderpreisaktion neue Käufer hinzugewonnen wurden. Ein Bad-Will-Effekt ist z. B. dann vorstellbar, wenn durch die Sonderpreisaktion die Qualitätsvorstellung Schaden nimmt (Preis-Qualitäts-Irradiation). Ein solcher Effekt ist vor allem bei häufiger Durchführung einer solchen Sonderpreisaktion zu erwarten.

Idealtypischer Verlauf der Wirkung von Sonderpreisen:

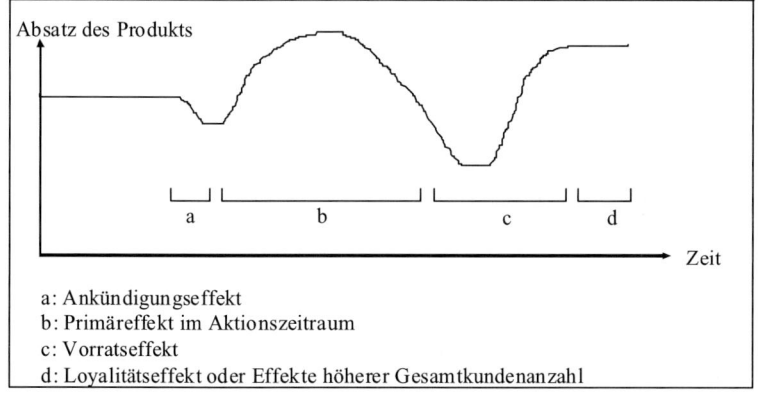

Absatz des Produkts

a: Ankündigungseffekt
b: Primäreffekt im Aktionszeitraum
c: Vorratseffekt
d: Loyalitätseffekt oder Effekte höherer Gesamtkundenanzahl

Vorteilhaftigkeit der Sonderpreisaktion (zusätzlicher Deckungsbeitrag?):

	Mo.	Di.	Mi.	Do.	Fr.	Sa.	Σ
Keine Sonderpreise:							
Absatz in 150 Märkten	7 500	4 500	4 500	10 500	6 000	12 000	
Stückdeckungsbeitrag d	0.20	0.20	0.20	0.20	0.20	0.20	
Deckungsbeitrag D	1 500	900	900	2 100	1 200	2 400	9 000
Sonderpreis € 0.39:							
Absatz in 10 Märkten	500	50	2 000	2 000	2 500	250	
Stückdeckungsbeitrag	0.20	0.20	0.10	0.10	0.10	0.20	
Deckungsbeitrag in 10 Märkten	100	10	200	200	250	50	810
Deckungsbeitrag in 150 Märkten	1 500	150	3 000	3 000	3 750	750	12 150

Von der Summe der Deckungsbeiträge mit Sonderpreis sind die zusätzlichen Kosten in Höhe von € 5000 abzuziehen. Es verbleibt somit ein Deckungsbeitrag in Höhe von € 7150. Folglich sollte die Sonderpreisaktion nicht durchgeführt werden, da ohne die Aktion ein Deckungsbeitrag in Höhe von € 9000 erreicht werden kann.

Zusätzliche Kriterien bei Beurteilung einer Sonderpreisaktion:

- Ein reduzierter Preis kann gute Qualität zum geringen Preis und damit ein vermindertes Kaufrisiko signalisieren.
- Es ist zu analysieren, wie sich die Konkurrenz in Bezug auf Sonderpreisaktionen verhält.
- Werden Sonderpreisaktionen häufig durchgeführt, gewöhnen sich die Konsumenten daran und akzeptieren nur noch einen reduzierten Preis für das Produkt.
- Die Aufmerksamkeitswirkung der Aktion kann Erstkäufe bewirken.
- Rechtliche Bedenken im Fall von Mondpreisen.
- Es sind nur Produkte für eine Sonderpreisaktion geeignet, bei denen die Konsumenten Kenntnis über die Normalpreise besitzen.
- Sonderpreise können Verbundkäufe auslösen: es werden noch andere Produkte zum Normalpreis gleichzeitig mit dem Produkt im Sonderangebot gekauft,
- Kundenbindungseffekte.

Aufgabe 6:

Sie haben nach Ihrem erfolgreichen Marketingstudium begonnen, als Marketingreferent bei dem Kosmetikartikelhersteller Pure Cosmetics tätig zu sein. Pure Cosmetics bietet zwei verschiedene Produktlinien an, wobei sie sich durch unisex Produkte, also Produkte, die gleichermaßen von Frauen und Männern benutzt werden, im Kosmetikmarkt einen festen Platz sichern konnte.

Pure Cosmetics bietet die Pflegeserie SensualSkin an. Diese setzt sich aus verschiedenen Produkten zur Reinigung und Pflege des Gesichts zusammen. Die zweite Produktlinie FreshExperience ist eine Serie von Parfumprodukten, die den richtigen Duft für jede Lebenssituation bietet (von Business-Flavour bis zu Latin-Night-Life).

Da Pure Cosmetics derzeit das 25-jährige Firmenjubiläum feiert, möchte die Geschäftsleitung die treuen Kunden mit einem speziellen Jubiläumsangebot belohnen. Dabei möchte die Geschäftsleitung entweder eine Mengenzugabe mit entsprechenden größeren Verpackungseinheiten zum gewohnten Preis oder einen speziellen Jubiläums-Sonderpreis unter Beibehaltung des bisherigen Packungsinhalts anbieten. In jedem Fall soll der relative Preis in € pro Milliliter oder Gramm bei beiden Aktionen identisch sein. Sie werden vom Leiter der Marketingabteilung damit beauftragt ein Konzept für die Jubiläumsaktion zu entwerfen und eine empirische Studie durchzuführen um die beste Aktion zu bestimmen.

Bitte erläutern Sie kurz, was generell unter hedonistischen und utilitaristischen Produkten zu verstehen ist, und begründen Sie, wie Sie die Produktlinien von Pure Cosmetics einordnen würden.

Begründen Sie, welche Option (Preissenkung oder Mengenerhöhung) Sie jeweils für die beiden Produktlinien vorschlagen würden. Welche weiteren Aspekte, neben dem relativen Preis, sind bei einem Vergleich der beiden Jubiläumsaktionen weiterhin zu berücksichtigen?

Beschreiben Sie ausführlich, wie Sie in einer empirischen Studie die beiden Optionen hinsichtlich ihrer Vorteilhaftigkeit untersuchen könnten. Gehen Sie dabei ausführlich auf den Aufbau und den Ablauf der Studie, die Messmethode, die statistischen Auswertungen und auf alle weiteren relevanten Details ein. Klären Sie dabei auch die Frage, anhand welcher Kriterien die Vorteilhaftigkeit der Jubiläumsaktionen gemessen werden kann.

Lösungsskizze:

Hedonistische Produkte: Bei diesen Produkten stehen die sensorischen Erfahrungen im Vordergrund. Der vorwiegend präferenzbildende Faktor ist der Erlebnischarakter des Produkts („Spaßprodukte"). Der praktische Nutzen steht bei der Kaufentscheidung eher im Hintergrund. Die Produktlinie FreshExperience dürfte eher den hedonistischen Produkten zugeordnet werden, da ein Parfum kaum einen praktischen Nutzen bietet und ausschließlich sensorische Reize (Duft) vermittelt.

Utilitaristische Produkte: Bei diesen Produkten geht es vorwiegend um den praktischen Nutzen. Das Produkt, welches zu einem bestimmten Preis den größten praktischen Nutzen bietet, wird gewählt. Äußere Beschaffenheit, wie etwa Design, Farbe usw. gehen nur gering in die Kaufentscheidung ein. Die Produktlinie SensualSkin dürfte eher den utilitaristischen Produkten zugeordnet werden, da hier die reinigende und pflegende Wirkung der Produkte als primärer Kaufgrund angenommen werden kann.

Aspekte die bei der Wahl zwischen Preissenkung oder Mengenerhöhung zu beachten sind:
- Nehmen die Personen eine Mengenerhöhung überhaupt als Sonderpreis wahr?
- Sind die Personen in der Lage, eine Mengenerhöhung richtig zu interpretieren, d.h. sind sie in der Lage den relativen Preis zu ermitteln und ihn mit dem regulären Preis zu vergleichen?
- Ist eine Mengenerhöhung überhaupt wünschenswert? Es gibt Bereiche, wie etwa verderbliche Lebensmittel, die nicht für eine Mengenerhöhung geeignet sind.
- Welche der beiden Aktionen bewirkt ein besseres subjektives Preisgünstigkeitsurteil bei den Konsumenten?

Zu wählende Option:

FreshExperience könnte sich eher für eine Sonderpreisaktion anbieten. Da Parfums zu den hedonistischen Produkten zu zählen sind, steht das Konsumerlebnis, also der Duft im Vordergrund. Da viele Konsumenten im Parfumbereich dazu neigen, nicht zweimal hintereinander den gleichen Duft zu kaufen, um eine Abwechslung beim Dufterlebnis zu erfahren, könnte eine Sonderpreisaktion vorteilhafter sein. Denn eventuell vermeiden es die Konsumenten, größere Parfumflakons zu kaufen, weil sie dadurch länger den gleichen Duft tragen. Zudem besteht die Gefahr, dass es zu negativen Imageeffekten kommt, denn von großen Parfumflakons wird häufig auf ein wenig exklusives Parfum gefolgert (vgl. Kölnisch Wasser).

SensualSkin könnte sich für eine Mengenerhöhung eignen. Bei utilitaristischen Produkten möchten die Konsumenten für das eingesetzte Geld den größten Nutzen erhalten. Da bei einer Mengenerhöhung der Verkaufspreis konstant bleibt, könnte eine Mengenerhöhung zu einem überproportional großen Nutzengewinn führen, wenn den Personen der Preis bekannt ist. Auch besteht in diesem Bereich nicht die Gefahr, dass das Produkt wegen der größeren Menge während der Nutzung langweilig wird. Da es sich bei Pflegeprodukten eher um günstigere Produkte handelt, könnte die Wirkung eines Sonderpreises nur abgeschwächt wahrgenommen werden.

Weitere Aspekte, die beim Vergleich zu berücksichtigen sind:

- Sind die Aktionen im Handel realisierbar?
- Haben die größeren Verpackungen überhaupt Platz im Regal?
- Funktioniert die Distribution oder werden neue Transporteinheiten gebraucht?
- Bestehen Probleme bei der Produktion?
- Können Maschinen auf neue Verpackungen umgestellt werden?
- Existieren Mehrkosten für neue Verpackungen?
- Bestehen genügend freie Fertigungskapazitäten?
- Sinkt der Deckungsbeitrag bei einer Mengenerhöhung? Da evtl. Kostenerhöhungen (Verpackung, Maschinen, Distribution...) nicht an den Kunden weitergegeben werden (identischer relativer Verkaufspreis), könnte es zu Einbußen beim Deckungsbeitrag kommen.

Empirische Studie:

Zentrales Erkenntnisziele der Studie:Wie beurteilen die Konsumenten die Preisgünstigkeit der Sonderaktion? Man sucht für jede Produktlinie diejenige Aktion, die bei den Konsumenten als das größere „Schnäppchen" wahrgenommen wird.

Befragung per Fragebogen entweder mittels Bildern von den Produkten oder besser mit Musterverpackungen. Dabei werden von beiden Linien jeweils Produkte mit Kennzeichnung als Sonderpreis und Produkte mit einer größeren Verpackung (und entsprechender Kennzeichnung) gezeigt. Weiterhin benötigt man auch als Referenzpunkt die Beurteilung der Preisgünstigkeit unter normalen Bedingungen (Kontrollgruppen).

Folgendes Untersuchungsdesign ist möglich:

Produkt	Manipulation		
	Mengenerhöhung	Sonderpreis	Kontrollgruppe
SensualSkin	I	II	III
FreshExperience	II	I	III

I, II, III Befragungsgruppe

Befragt werden müssten somit z.B. 3 mal 31 Personen. Die Befragung könnte zum Beispiel in Drogeriemärkten durchgeführt werden. Dabei ist darauf zu achten, dass die Befragungsgruppen untereinander homogen sind. Da es sich um unisex Produkte handelt, müssen gleichermaßen Frauen und Männer befragt werden. Motiviert werden können die Personen mit Produktproben.

Homogenität der Experimentalgruppen könnte dabei über folgende Indikatoren geprüft werden: Alter und Geschlecht, Produktinteresse in den Bereichen Pflegeprodukte und Parfums, durchschnittliche Ausgaben in den Produktbereichen.

Als abhängige Variable können folgende Indikatoren gemessen werden:

- Empfundene Preisgünstigkeit des Produkts,
- Preis-Leistungsverhältnis,
- Vorteilhaftigkeit der Inhaltsmenge (um festzustellen, ob die Option „Mengenerhöhung" durch zu große Packung negativ sein könnte),
- Produktpäferenz und Kaufabsicht.

Die Daten können über 7-stufige Ratingskalen erhoben werden. Bei der Datenauswertung muss zunächst geprüft werden, ob die beiden Sonderaktionen im Vergleich zur normalen Situation vorteilhaft sind. Anschließend sollten die beiden Sonderaktionen im Hinblick auf die abhängigen Variablen verglichen werden (t-Tests).

8. Distributionspolitik

Aufgabe 1:

Der führende Pharmahersteller Alphapharm hat ein neuartiges Konzept entwickelt. Bisher ist auf dem deutschen Apothekenmarkt nur eine geringe Spezialisierung der Apotheken zu beobachten. Aufgrund des starken Wettbewerbs zwischen Apotheken möchte Alphapharm nun Apotheken die Möglichkeit bieten, sich von Wettbewerbern abzugrenzen. Der Kerngedanke des Konzepts von Alphapharm ist es, dass sich Apotheken auf eine bestimmte, interessante Zielgruppe spezialisieren und dieser Zielgruppe insbesondere eine allumfassende Beratung anbieten. Alphapharm hat hierzu zum Beispiel Programme für Radsportler, Läufer, Frauen ab 60 Jahren, Männer ab 60 Jahren und Weltenbummler erarbeitet. Je nach Zielgruppe sollen bestimmte Dienstleistungen fest in das Programm aufgenommen werden wie zum Beispiel Mineralstoffanalysen und Leistungsdiagnosen mit Laktat und Atemgas für Radsportler. Weitere Sonderaktionen und Angebote sind je nach Zielgruppe geplant. Die Bereitstellung der benötigten Ausrüstung und des Informationsmaterials durch Alphapharm und alle weiteren gegenseitigen Verpflichtungen zwischen Alphapharm und der Apotheke sollen im Rahmen eines Franchisevertrags geregelt werden.

Um diese Konzepte in den Apotheken zu bewerben, möchte Alphapharm auf seinen bestehenden Apothekenaußendienst zurückgreifen. Da die Einführung des Konzepts für die Apotheken eine gewisse Investition darstellt, sollen die Außendienstmitarbeiter Schulungen erhalten, um die Apotheker besser überzeugen zu können. Für die Schulung der Mitarbeiter wurden Angebote von drei Unternehmen eingeholt. Die Basis aller drei Schulungskonzepte bildet die Vermittlung von fachspezifischem Wissen. Jedoch unterscheiden sich die Schulungskonzepte hinsichtlich des Agierens im Verkaufsgespräch. Nach Ansicht des Unternehmens Giga–Train stellt die auf den Verkaufsabschluss gerichtete Kommunikation den wichtigsten Erfolgsindikator dar („Hard Selling"). Das Unternehmen Sales Consult setzt den Schwerpunkt ihrer Schulungen auf die Anpassung des Kommunikationsstils des Außendienstmitarbeiters an den Kommunikationsstil des Kunden („Adaptive Selling"). Hingegen vertritt das Unternehmen Excellence Coaching den Standpunkt, dass insbesondere die Stimmung im Verkaufsgespräch sehr wichtig ist.

Grenzen Sie zunächst für den Bereich des persönlichen Verkaufs typische Kommunikationsstile, die sowohl Außendienstmitarbeiter als auch Apotheker anwenden können, voneinander ab. Beschreiben Sie anhand eines selbst gewählten typischen Kommunikationsstils des Kunden, welche typische Kommunikationsstile, die nur für den Außendienstmitarbeiter geeignet sind, der Außendienstmitarbeiter in diesem Fall wählen sollte, wenn er sich an den Kommunikationsstil des Kunden anpassen möchte.

Erläutern Sie mittels geeigneter Erklärungsansätze den indirekten Effekt der Stimmung, der durch eine Induktion von positiver Stimmung im Gespräch zwischen Außendienstmitarbeiter und Apotheker ausgelöst werden kann.

Aufgrund der hohen Kosten, die mit einer umfassenden Schulung der Apothekenaußendienstmitarbeiter verbunden sind, beabsichtigt Alphapharm zunächst eine Studie durchzuführen. Auf Basis der Ergebnisse der Studie möchte sich Alphapharm für ein Schulungsunternehmen entscheiden. Das heißt, Alphapharm möchte wissen, ob „Hard Selling", „Adaptive Selling" oder eine Stimmungsinduktion die erfolgversprechendste Strategie im Verkaufsgespräch darstellt. Erläutern Sie, wie eine derartige Studie aussehen könnte. Gehen Sie hierbei auf das experimentelle Design, den Ablauf der Studie, die Stichprobe, eine mögliche Operationalisierung der abhängigen Variablen, die Auswertung der Daten und auf eine mögliche Handlungsempfehlung ein.

Lösungsskizze:

Typische Kommunikationsstile (können sich auf den Apotheker oder den Außendienstmitarbeiter beziehen):

- *aufgabenorientiert:* Beiträge des Verkäufers bzw. Kunden sind auf Ziel des Gesprächs ausgerichtet (Verkaufsabschluss, Kauf).
- *interaktionsorientiert:* auch persönliche oder soziale Themen sind Gesprächsgegenstand.
- *selbstorientiert:* eine Person stellt sich in Mittelpunkt des Gesprächs, fühlt sich nur wenig in die Interessen des Gesprächspartners ein.

Adaptive Selling anhand eines gewählten Kommunikationsstils: Gegenüber Kunden, die einen aufgabenorientierten Kommunikationsstil praktizieren, sollte der Außendienstmitarbeiter ebenfalls aufgabenorientiert vorgehen, d.h. er sollte Informationen austauschen, Empfehlungen begründen, aber nicht drohen. Es werden sachliche Informationen weitergeben, jedoch keine spezifischen Empfehlungen abgegeben. Im Rahmen von Empfehlungen betont der Außendienstmitarbeiter Argumente, die den Kunden zum Kauf eines bestimmten Produkts bewegen sollen.

Alternativ kann der Außendienstmitarbeiter mit Versprechungen und Sympathiebekundungen reagieren, falls der Apotheker einen selbstorientierten Kommunikationsstil aufweist, oder Wertstellungen ansprechen und seine Sympathie bekunden, falls der Kunde einen interaktionsorientierten Kommunikationsstil aufzeigt.

Indirekter Stimmungseffekt:

Im Fall des indirekten Stimmungseffekts wird angenommen, dass das Ausmaß, in dem ein Kunde sich von der Empfehlung des Außendienstmitarbeiters beeinflussen lässt, von dessen Glaubwürdigkeit abhängt. Die Glaubwürdigkeit einer Person setzt sich aus den beiden Komponenten Kompetenz und Vertrauenswürdigkeit zusammen. Die Kompetenz ist die Fähigkeit des Verkäufers, aufgrund von Erfahrung und Wissen wahre Informationen zur Verfügung zu stellen. Die Vertrauenswürdigkeit stellt die Bereitschaft des Verkäufers dar, hilfreiche Informationen zur Verfügung zu stellen, um eine Schädigung des Kunden zu vermeiden.

Effekt der Stimmung auf die Bewertung der Glaubwürdigkeit des Außendienstmitarbeiters:

- *Affekt-Priming-Mechanismus:* Die Stimmung hat vermutlich einen positiven Effekt auf Bewertung der Glaubwürdigkeit. Ein Kontextreiz, der eine Emotion hervorruft, kann die Bewertung eines anderen Stimulus beeinflussen. In diesem Fall könnte die Stimmungsinduktion eine positive Emotion hervorrufen und somit kann die Glaubwürdigkeit des Außendienstmitarbeiters ebenfalls positiv bewertet werden.
- *Mood Maintainance Theory:* Hierbei wird angenommen, dass Personen in positiver Stimmung andere Personen weniger streng und mit geringerem kognitivem Aufwand bewerten, um ihre positive Stimmung aufrecht zu erhalten. Hingegen bewerten Personen in negativer Stimmung andere Personen strenger. Die Stimmung kann somit einen positiven Effekt auf wahrgenommene Glaubwürdigkeit des Verkäufers, d.h. auf die Wahrnehmung seiner Kompetenz und Vertrauenswürdigkeit, bewirken.
- *Effekt der Glaubwürdigkeit des Außendienstmitarbeiters auf Produktbewertung:* Die Empfehlung einer positiv bewerteten Quelle wird ebenfalls positiv bewertet. Schätzt der Kunde den Verkäufer als glaubwürdig ein, dann wird er das vom Verkäufer empfohlene Produkt ebenfalls positiv bewerten.

Vorschlag für eine empirische Studie:

- Die Datenerhebung soll im Rahmen real stattfindender Verkaufsgespräche zwischen ausgewählten Außendienstmitarbeitern von Alphapharm und ausgewählten Apothekern durchgeführt werden. Hierfür sollte zunächst ein Konzept z.B. für Sportler ausgewählt werden, das ausgewählte Außendienstmitarbeiter von Aphapharm in Apotheken vorstellen.

- Es werden drei Experimentalgruppen gebildet, die sich nach der Art der verwendeten Verkaufsstrategie unterscheiden.

Hard Selling	Adapitive Selling	Stimmungsinduktion
Außendienstmitarbeiter setzt aufgabenorientierten Kommunikationsstil ein	Außendienstmitarbeiter passt seinen Kommunikationsstil an einzelnen Kunden an	Gutscheine, Lob des Kunden

- Es werden drei Außendienstmitarbeiter ausgewählt, die anhand eines Leitfadens jeweils Verkaufsgespräche durchführen. Um einen Einfluss des Außendienstmitarbeiters zu minimieren, könnte jeder Außendienstmitarbeiter jeweils 10 Verkaufsgespräche der gleichen Art durchführen (10 x Hardselling, 10 x Adaptive Selling, 10 x Stimmungsinduktion). Insgesamt finden also 90 Verkaufsgespräche statt. Nach der Durchführung des Verkaufsgesprächs sollten die Apotheker einen Fragebogen ausfüllen, in dem sie das Konzept von Alphapharm bewerten. Die an den Verkaufsgesprächen teilnehmenden Apotheker sollten sich in den Gruppen nicht unterscheiden, d.h. sie sollten z.B. Apotheken mit ähnlicher Betriebsgröße führen und gegenüber neuen Konzepten ähnlich aufgeschlossen sein.

- Zur Operationalisierung der Einstellung gegenüber dem Konzept können mehrere Statements herangezogen werden, die die Apotheker auf 7-stufigen Ratingskalen bewerten. (zum Beispiel: „Ich finde das Konzept interessant", „Ich finde das Konzept Erfolg versprechend", „Ich möchte näheres über das Konzept erfahren", „Ich könnte mir vorstellen, das Konzept in meiner Apotheke einzuführen")

- Mittels Cronbachs Alpha kann überprüft werden, ob die Statements zu einem Indikator „Einstellung zum Konzept" zusammengefasst werden können. Anschließend werden die Mittelwerte der Einstellung in den drei Gruppen berechnet. Mit Hilfe einer Varianzanalyse (abhängige Variable: Einstellung zum Konzept, unabhängige Variable: Verkaufsgesprächsstrategie) kann überprüft werden, ob Unterschiede zwischen den drei Verkaufsstrategien bestehen. Bestehen signifikante Unterschiede, kann mittels eines Post-hoc Tests oder t-Tests überprüft werden, zwischen welchen Gruppen diese Unterschiede auftreten. Die Verkaufsstrategie, die zur positivsten Bewertung des Konzepts führte, sollte in zukünftigen Verkaufsgesprächen eingesetzt werden. Dementsprechend sollte das Schulungsunternehmen, das seinen Schwerpunkt auf diese Verkaufsstrategie setzt, zur Durchführung der Schulungen empfohlen werden.

Aufgabe 2:

Der Marketingleiter möchte wissen, ob die Anzahl der reklamierten Stücke der Produktion nach Nachfragersegmenten unterschiedlich ist. Es liegen folgende Häufigkeiten für die gleich großen Nachfragersegmente vor:

Nachfragersegment	1	2	3	4	5	Σ
Anzahl der Reklamationen	24	19	18	16	23	100

Treten in einem Segment überzufällig häufig Beschwerden auf?

Lösungsskizze:

Durch einen χ^2-Anpassungstest kann überprüft werden, ob die beobachteten Häufigkeiten überzufällig von einer Gleichverteilung abweichen.

Nachfragersegment	1	2	3	4	5
beobachtete Häufigkeit (n_i)	24	19	18	16	23
erwartete Häufigkeit ($\hat{n}_i$)	20	20	20	20	20

$$\chi^2 = \sum_i \frac{(n_i - \hat{n}_i)^2}{\hat{n}_i} = \frac{(24-20)^2}{20} + \frac{(19-20)^2}{20} + \frac{(18-20)^2}{20} + \frac{(16-20)^2}{20} + \frac{(23-20)^2}{20} = 2.30$$

Kritischer Bereich bei $\alpha=5\%$: $(\chi^2(I\text{-}1,1\text{-}\alpha); +\infty) = (\chi^2(4;0.95); +\infty) = (9.49; +\infty)$

Der Wert der Prüfgröße (2.30) fällt nicht in den kritischen Bereich. Die Nullhypothese, dass in allen Gruppen dieselbe Häufigkeit vorliegt, ist somit bei $\alpha=5\%$ nicht abzulehnen.

Aufgabe 3:

Der Vertriebsmanager der A-Firma steht vor der Aufgabe, Vorgabewerte für die einzelnen Vertriebsgebiete der von ihm betreuten Absatzregion zu planen. Er glaubt, dass neben der Anzahl der Verbraucher auch deren Kaufkraft einen wichtigen Indikator für die Absatzmöglichkeiten im jeweiligen Gebiet darstellt. Die Einzelhandelskunden wurden bisher unterschiedlich häufig pro Jahr besucht. Der Vertriebsmanager geht dabei davon aus, dass mit zunehmender Anzahl der Besuche je Einzelhandelskunde die maximale erzielbaren Umsätze zunehmend erreicht werden können, und zwar bei einem Besuch zu 40% und bei zwei Besuchen zu 64%. Falls keine Besuche stattfinden, sollten sich auch keine Umsätze ergeben. Für die einzelnen Reisendenbezirke, in denen jeweils ein Reisender tätig ist, sind aus dem Vorjahr die nachstehenden Angaben bekannt.

Reisendenbezirk	1	2	3	4	5	6	7	8	Σ
Anzahl der Verbraucher (Tsd.)	900	200	520	700	300	600	1200	100	4520
Kaufkraftindex	0.8	0.8	1.0	1.1	0.8	0.9	0.9	1.3	
∅ Anzahl der Besuche je Kunde	1	3	2	1	4	3	1	4	
Umsatz im Vorjahr (in Tsd. €)	2900	1500	3400	2900	2100	4750	4000	1300	22850

Unterbreiten Sie einige Vorschläge für die Planung der Umsätze für die einzelnen Reisenden, wenn insgesamt € 30 Mio. Umsatz erreicht werden sollen und geben Sie eine Empfehlung.

Lösungsskizze:

Vorschläge für die Ermittlung von Plan-Umsätzen:

Reisendenbezirk	1	2	3	4	5	6	7	8	Σ
Aufteilung nach der Anzahl der Verbraucher									
Anzahl der Verbraucher (Tsd.)	900	200	520	700	300	600	1200	100	4520
Anteil an Gesamtsumme	0.20	0.04	0.12	0.15	0.07	0.13	0.27	0.02	1.00
Plan-Umsatz (Tsd. €)	5973	1327	3451	4646	1991	3982	7965	664	30000
Aufteilung nach mit dem Kaufkraftindex gewichteten Anzahl der Verbraucher									
gew. Anz.Verbraucher (Tsd.)	720	160	520	770	240	540	1080	130	4160
Anteil an Gesamtsumme	0.17	0.04	0.13	0.19	0.06	0.13	0.26	0.03	1.00
Plan-Umsatz (Tsd. €)	5192	1154	3750	5553	1731	3894	7788	938	30000
Aufteilung anhand der Ausschöpfung des Marktpotentials[1]									
gew. Anzahl Verbraucher ·Anteil des ausgeschöpften U.pot.	720· 0.40	160· 0.78	333	308	209	421	432	113	2229
Anteil an Gesamtsumme	0.13	0.06	0.15	0.14	0.09	0.19	0.19	0.05	1.00
Plan-Umsatz (Tsd. €)	3876	1682	4482	4145	2813	5666	5814	1521	30000

[1]: Annahme: gleiche durchschnittliche Anzahl der Besuche je Kunde wie im Vorjahr

Für den skizzierten Fall plausible Potentialausschöpfung in Abhängigkeit der Anzahl der Besuche:

$y = y_{max}\cdot(1-e^{-ax})$

mit: y: Anteil des ausgeschöpften Umsatzpotentials
　　　x: Anzahl der Besuche

$0.00 = y_{max}\cdot(1-e^{-a0})$
$0.40 = y_{max}\cdot(1-e^{-a1})$
$0.64 = y_{max}\cdot(1-e^{-a2})$
$\Rightarrow y = 1-e^{-0.5109x}$

x	0	1	2	3	4	5
y	0.00	0.40	0.64	0.78	0.87	0.92

Unter den gesetzten Annahmen sollte der dritte Vorschlag empfohlen werden, da alle vorhandenen Planungsgrundlagen in die Berechnung geeignet einfließen.

Aufgabe 4:

Ein Hersteller von Spezialmaschinen hat ein bestimmtes Produkt seit längerer Zeit am Markt. Im letzten Jahr konnte festgestellt werden, dass vom Produkt ohne Vertreterbeteiligung 900 Stück und durch Vermittlung durch Vertreter 90 Stück verkauft werden konnten. Die Vertreter hatten sich bei einer relativ geringen Umsatzprovision von 3% insgesamt nur 5 Tage im Jahr um den Absatz dieses Produkts bemüht. Für das nächste Jahr schätzt man den Absatz ohne das Engagement von Vertretern auf 635 Einheiten.

Im Rahmen der Planungsbemühungen geht man davon aus, dass die Vertreter bei doppelter Umsatzprovision doppelt so viel Zeit auf das abzusetzende Produkt verwenden. Bei einem Einsatz von 20 Tagen schätzt man den Absatz durch die Vertreter auf 400 Stück. Mehr als 500 dürften die Außendienstmitarbeiter trotz größter Mühen nicht absetzen können.

Wie hoch muss die Umsatzprovision sein, wenn der Hersteller den erwarteten Absatz Rückgang durch vermehrten Vertretereinsatz ausgleichen möchte?

Lösungsskizze:

Marktreaktionsfunktion:

$$y = min + (max-min) \frac{x^a}{x^a + b}$$

mit: y: Absatz durch die Vertreter
　　　x: Einsatzzeit (Tage pro Jahr)

$90 = 0 + (500-0) [5^a/(5^a + b)]$
$400 = 0 + (500-0) [20^a/(20^a + b)]$
$\Rightarrow y = 500 [x^{2.094}/(x^{2.094} + 132.5)]$

Erforderlicher Absatz durch Vertreter: $990 - 635 = 355$ Einheiten

Erforderliche Einsatzzeit:

$$355 = 500 \; [x^{2.094} / (x^{2.094} + 132.5)] \quad \rightarrow \quad x = 15.82 \; \text{Einsatztage im Jahr}$$

Erforderliche Provision:

3% Provision entsprechen 5 Tage Einsatzzeit
15.82 Tage Einsatzzeit erfordern $(3/5) \cdot 15.82 = 9.5\%$ Provision.

Aufgabe 5:

Ein Außendienst hat 120 Kunden regelmäßig zu betreuen, die in sechs homogene Kundengruppen (A, B, ..., F) von je 20 Kunden eingeteilt sind. Diese Kunden werden von drei gleichwertigen Reisenden betreut. Insgesamt stehen in einer Periode 480 Stunden pro Reisender für die Außendiensttätigkeit zur Verfügung. Ein Besuch dauert drei Stunden. Für die einzelnen Kundengruppen gelten folgende Reaktionsfunktionen (x: Häufigkeit der Besuche pro Kunde in der Kundengruppe in der Periode; y: Absatz pro Kunde in der Periode der Kundengruppe). Die aktuelle Situation ist nachstehend wiedergegeben.

Kundengruppe	derzeit eingesetzter Reisender	Wirkungskurve	durchschnittliche Besuchshäufigkeit pro Kunde	durchschnittlicher Absatz pro Kunde
A	1	$y_{A1} = 20 + 60 \dfrac{x_A^2}{x_A^2 + 120}$	4	27.06
B	2	$y_{B2} = 10 + 70 \dfrac{x_B^2}{x_B^2 + 440}$	4	12.46
C	2	$y_{C2} = 30 + 50 \dfrac{x_C^2}{x_C^2 + 80}$	4	38.33
D	3	$y_{D3} = 10 + 90 \dfrac{x_D^2}{x_D^2 + 40}$	4	35.71
E	3	$y_{E3} = 20 + 40 \dfrac{x_E^3}{x_E^3 + 200}$	4	29.70
F	1	$y_{F1} = 10 + 60 \dfrac{x_F^2}{x_F^2 + 140}$	4	16.15

Bei der Erörterung über alternative Besuchspolitiken wird unter anderem vorgeschlagen, die Besuchshäufigkeit der Kunden nach dem aktuellen Absatz, dem Absatzpotential, oder dem nicht ausgeschöpften Potential (Differenz zwischen Absatzpotential und Absatz) zu bemessen. Wie ist die Reisendenzeit bei der Anwendung der Kriterien aufzuteilen, wenn die Reisenden die gleichen Kundengruppen betreuen wie bisher? Welche Aufteilung wäre im Zahlenbeispiel optimal, wenn die Zuordnung der Reisenden zu den Kundengruppen nicht geändert wird und die Marktreaktionsfunktionen auch in der Planungsperiode gültig sind?

Nach langen Diskussionen zwischen der Vertriebsleitung und den einzelnen Reisenden wurde entschieden, die Besuchshäufigkeit pro Kunde wie bisher zu planen (4 Besuche pro Kunde), allerdings die Kundengruppen den Reisenden neu zuzuteilen. Hierbei wurden folgende Wirkungskoeffizienten (Beurteilung der Reisendeneignung in den Kundengruppen in langfristiger Sicht) als beste Schätzung angesehen.

Kundengruppe		A	B	C	D	E	F
Reisender	1	1.0	0.8	0.9	1.2	1.1	1.0
	2	0.8	1.0	1.0	0.9	0.9	0.8
	3	1.1	1.2	1.1	1.0	1.0	1.1

Teilen Sie die drei Reisenden den sechs Kundengruppen zu. Gehen Sie davon aus, dass je Reisender pro Periode 480 Stunden zur Verfügung stehen und jeder Reisende, wie bisher, zwei Kundengruppen betreuen soll. Weiterhin soll vorab schon entschieden sein, dass Reisender 1 die Kundengruppen D und E betreuen wird.

Lösungsskizze:

Besuchshäufigkeit pro Kunde in Abhängigkeit verschiedener Besuchspolitiken:

Reisender Kundengruppe		1 A	1 F	2 B	2 C	3 D	3 E	gesamter Absatz
bisherige Situa- tion	Besuche in Kundengruppe	80	80	80	80	80	80	
	Ø Besuche pro Kunde bisher	4	4	4	4	4	4	
	Ø Absatz pro Kunde	27.1	16.2	12.5	38.3	35.7	29.7	159.5·20
Aufteilung nach aktuellem Absatz	Absatz in der Kundengruppe	541.2	323.0	249.2	766.6	714.2	594.0	
	Ø Besuche pro Kunde	5[1]	3	2	6	4	4	
	Ø Absatz pro Kunde	30.3	13.6	10.6	45.5	35.7	29.7	165.4·20
Aufteilung nach Absatzpo- tential	Ø Absatzpotential pro Kunde	80	70	80	80	100	60	
	Absatzpotential in Gruppe	1600	1400	1600	1600	2000	1200	
	Ø Besuche pro Kunde	4	4	4	4	5	3	
	Ø Absatz pro Kunde	27.1	16.2	12.5	38.3	44.6	24.8	163.5·20
Aufteilung nach unausge- schöpftem Ab- satzpotential	Ø Potential-Absatz pro Kunde	52.9	53.8	67.5	41.7	64.3	30.3	
	Ø Absatzpotential in Gruppe	1058	1076	1350	834	1286	606	
	Ø Besuche pro Kunde	4	4	5	3	5	3	
	Ø Absatz pro Kunde	27.1	16.2	13.8	35.1	44.6	24.8	161.6·20

[1] nur ganzzahlige Werte möglich: $541.2/(541.2 + 323.0) \cdot 8 \approx 5$

Die Anzahl der möglichen Besuche je Reisender beträgt insgesamt 160. Je Kriterium ergeben sich unterschiedliche Aufteilungen für die Besuchshäufigkeit pro Kunde. Unter den gegebenen Bedingungen und bei Zugrundelegung eines der drei Kriterien ist die Aufteilung nach dem aktuellen Absatz in den Kundengruppen empfehlenswert:

- Reisender 1 besucht Kunden aus Gruppe A fünfmal und Kunden aus Gruppe F dreimal;
- Reisender 2 besucht Kunden aus Gruppe B zweimal und Kunden aus Gruppe C sechsmal;
- Reisender 3 besucht Kunden aus Gruppe D und Kunden aus Gruppe E jeweils viermal.

Bei unveränderten Zuordnungen der Reisenden zu den Kundengruppen wäre es allerdings sinnvoller, dass Reisender 1 nur die Kunden aus Gruppe A, Reisender 2 nur die Kunden aus Gruppe C und Reisender 3 nur die Kunden aus Gruppe D besucht:

	Reisender 1					Reisender 2				Reisender 3			
Besuche pro Kunde		Ø Absatz pro Kunde			Besuche pro Kunde		Ø Absatz pro Kunde			Besuche pro+Kunde		Ø Absatz pro Kunde		
x_{A1}	x_{F1}	y_{A1}	y_{F1}	$\sum$	x_{B2}	x_{C2}	y_{B2}	y_{C2}	$\sum$	x_{D3}	x_{E3}	y_{D3}	y_{E3}	$\sum$
0	8	20.0	28.8	48.8	0	8	10.0	52.2	62.2*	0	8	10.0	48.8	58.8
1	7	20.5	25.6	46.1	1	7	10.2	49.0	59.2	1	7	12.2	45.3	57.5
2	6	21.9	22.3	44.2	2	6	10.6	45.5	56.1	2	6	18.2	40.8	59.0
3	5	24.1	19.1	43.2	3	5	11.4	41.9	53.3	3	5	26.5	35.4	61.9
4	4	27.1	16.2	43.3	4	4	12.5	38.3	50.8	4	4	35.7	29.7	65.4
5	3	30.3	13.6	43.9	5	3	13.8	35.1	48.9	5	3	44.6	24.8	69.4
6	2	33.8	11.7	45.5	6	2	15.3	32.4	47.7	6	2	52.6	21.5	74.1
7	1	37.4	10.4	47.8	7	1	17.0	30.6	47.6	7	1	59.6	20.2	79.8
8	0	40.9	10.0	50.9*	8	0	18.9	30.0	48.9	8	0	65.4	20.0	85.4*

gesamter Absatz: 198.5·20

Aufteilung der Reisenden auf die Kundengruppen:

- insgesamt 480 Stunden pro Reisender
- insgesamt 160 Besuche pro Reisender
- insgesamt 80 Besuche pro Kundengruppe
- insgesamt 4 Besuche pro Kunde
- jeder Kunde wird 4 mal besucht
- jede Kundengruppe besteht aus 20 Kunden

Kunden-gruppe	derzeit eingesetzter Reisender	Ø Absatz pro Kunde	Absatz in Kun-dengruppe	Absatz in Kundengruppe durch Reisenden		
				1	2	3
A	1	27.06	541.2	541.2	433.0	595.3
B	2	12.46	249.2	199.4	249.2	299.0
C	2	38.33	766.6	689.9	766.6	843.3
D	3	35.71	714.2	857.0	642.8	714.2
E	3	29.70	594.0	653.4	534.6	594.0
F	1	16.15	323.0	323.0	258.4	355.3

Kundengruppe wird betreut von dem Reisenden			Absatz Reisender 1	Absatz Reisender 2	Absatz Reisender 3	Gesamt-absatz
1	2	3				
DE	AB	CF	857.0+653.4=1510.4	433.0+249.2= 682.2	843.3+355.3=1198.6	3391.2
DE	AC	BF	857.0+653.4=1510.4	433.0+766.6=1199.6	299.0+355.3= 654.3	3364.3
DE	AF	BC	857.0+653.4=1510.4	433.0+258.4= 691.4	299.0+843.3=1142.3	3344.1
DE	BC	AF	857.0+653.4=1510.4	249.2+766.6=1051.8	595.3+355.3= 950.6	3512.8
DE	BF	AC	857.0+653.4=1510.4	249.2+258.4= 507.6	595.3+843.3=1438.6	3456.6
DE	CF	AB	857.0+653.4=1510.4	766.6+258.4=1025.0	595.3+299.0= 894.3	3429.7

Reisender 2 sollte B und C, Reisender 3 sollte A und F betreuen.

Aufgabe 6:

Herr Müller betreibt ein Geschäft (Geschäft 1) für landwirtschaftlichen Bedarf in einer idyllischen ländlichen Region in Oberbayern. Alle Einwohner dieser Region leben in einer der drei größeren Gemeinden Bollhofen (B), Dorschach (D) bzw. Schauersburg (S). Innerhalb der Region befinden sich zudem zwei weitere Geschäfte für landwirtschaftlichen Bedarf (Geschäft 2 und Geschäft 3). Herr Müller möchte expandieren und seine derzeitige Ladenfläche von 2400 m^2 um 400 m^2 erweitern. Er nimmt an, dass sich die Attraktivität der Geschäfte allein durch die Verkaufsfläche ergibt. Ferner geht er davon aus, dass der wirtschaftliche Erfolg der Geschäfte nicht nur von der Attraktivität der Geschäfte, sondern auch von der räumlichen Distanz der Wohnorte zu den jeweiligen Geschäften beeinflusst wird. Zur Erklärung des Umsatzes der Geschäfte unterstellt er folgendes Gravitationsmodell:

$$U_{il} = U_i \frac{A_l / d_{il}^\lambda}{\sum_j A_j / d_{ij}^\lambda}$$

mit: U_{il}: Umsatz von Geschäft 1 mit Kunden aus Wohnort i
U_i: wertmäßiges Marktvolumen der Kunden aus Wohnort i
A_j: Attraktivität des Geschäfts j
d_{ij}: Distanz zwischen Wohnort i und Standort des Geschäfts j
λ: Widerstandskoeffizient

Folgende Daten des vergangenen Jahres sollen als repräsentative Werte für die Umsatzprognosen mittels des Gravitationsmodells gelten. Aus diesen Daten wurde mittels nicht-linearer Regression ein Widerstandskoeffizient von $\lambda = 2.1428$ geschätzt.

			Geschäft j (Standort)			Ein-woh-ner	Kaufkraft-kennziffer	Ausgaben je Einwoh-ner	wertmäßiges Marktvolu-men	Marktan-teil von j = 1
			1	2	3					
Dis-	Ge-	B	10	8	9	9000	1.0877	310	2790000	23%
tanz	meinde	D	13	11	8	6000	0.9825	280	1680000	19%
d_{ij}	i	S	6	12	5	4000	1.0351	295	?	?
Um-	Ge-	B	640000	?	?	Durchschnittliche Pro-Kopf-Ausgaben pro Jahr für landwirt-				
satz	meinde	D	320000	?	?	schaftliche Artikel im Landesdurchschnitt: € 285				
U_{ij}	i	S	480000	?	?					
Attraktivität A_j			2400	2600	1900					

Wie groß ist das Marktvolumen in der Gemeinde Schauersburg? Wie groß ist der Marktanteil des Geschäfts von Herrn Müller (Geschäft 1) in dieser Gemeinde? Welchen Umsatz- und Marktanteilszuwachs kann Herr Müller durch die Verkaufsflächenausweitung seines Geschäfts 1 von 2400 m² um 400 m² erwarten? Was genau gibt der Widerstandskoeffizient Lambda an? Die Höhe dieses Koeffizienten λ sollte von der jeweils betrachteten Produktkategorie abhängig sein. Ist der Widerstandskoeffizient λ für Lebensmittel oder für Möbel höher? Begründen Sie Ihre Entscheidung.

Lösungsskizze:

Marktvolumen in der Gemeinde S: $4000 \cdot 295 = 1180000$

Marktanteil von Geschäft 1 in Gemeinde S: $480000/1180000 \approx 40.68 \%$

Bisheriger Marktanteil: $\dfrac{640000 + 320000 + 480000}{5650000} = \dfrac{1440000}{5650000} = 25.49\%$

Bisheriger Umsatz: $640000 + 320000 + 480000 = 1440000$

Gemeinde	Neuer Umsatz

$$U_{B1} = 2790000 \cdot \frac{\dfrac{2800}{10^{2.1428}}}{\dfrac{2800}{10^{2.1428}} + \dfrac{2600}{8^{2.1428}} + \dfrac{1900}{9^{2.1428}}} = 833255.70$$

D

$$U_{D1} = 1680000 \cdot \frac{\dfrac{2800}{13^{2.1428}}}{\dfrac{2800}{13^{2.1428}} + \dfrac{2600}{11^{2.1428}} + \dfrac{1900}{8^{2.1428}}} = 395412.14$$

S

$$U_{S1} = 1180000 \cdot \frac{\dfrac{2800}{6^{2.1428}}}{\dfrac{2800}{6^{2.1428}} + \dfrac{2600}{12^{2.1428}} + \dfrac{1900}{5^{2.1428}}} = 533168.75$$

Summe	1761836.59

Umsatzzuwachs:
$$\frac{(1761836.59 - 1440000)}{1440000} = \frac{321836.59}{1440000} \approx 22.35\%$$

Neuer Marktanteil:
$$\frac{\text{Umsatz}}{\text{Marktvolumen}} = \frac{1761836.59}{2790000 + 1680000 + 1180000} = 31.18\%$$

Marktanteilszuwachs:
$$\frac{31.18\% - 25.49\%}{25.49\%} = \frac{5.69\%}{25.49\%} \approx 22.32\%$$

Der Widerstandskoeffizient Lambda gibt an, wie schlimm eine große Distanz im Vergleich zu einer geringen Attraktivität bewertet wird. Je höher der Widerstandskoeffizient ist, desto geringer ist die Entfernung, die ein Konsument bereit ist zurückzulegen, um Güter einer bestimmten Kategorie zu erwerben. Die Bereitschaft, eine weite Wegstrecke auf sich zu nehmen, dürfte für Möbel aufgrund der höheren Kosten und Langfristigkeit der Nutzung höher sein als für Lebensmitteln des täglichen Bedarfs. Lambda sollte für Lebensmittel höher sein als für Möbel.

Aufgabe 7:

Ein ausländisches Unternehmen möchte ein oder zwei Niederlassungen in der Bundesrepublik errichten. Als mögliche Standorte für Niederlassungen kommen Köln und/oder Frankfurt in Betracht. Zu Beginn des ersten Jahres (t=1) soll die erste Niederlassung errichtet werden; die Kosten für die Errichtung betragen € 800000. Wenn zu Beginn des zweiten oder des dritten Jahres die zweite Niederlassung errichtet wird, steigen diese Kosten um 3% je Jahr. Weiterhin fallen Vertriebskosten an. Für unterschiedliche Vertriebssituationen (Mineralölpreise, Steuern usw.) und Standorte ergeben sich folgende Vertriebskosten pro Jahr, wobei auch hier ein Preisanstieg von 3% je Jahr angenommen werden kann.

		Vertriebskosten		
		optimistische Einschätzung	durchschnittliche Einschätzung	pessimistische Einschätzung
Eintrittswahr-	t=1	0.0	1.0	0.0
scheinlichkeit	t=2	0.0	1.0	0.0
für Zustand	t=3	0.2	0.6	0.2
Köln (K)	t=1	€ 400000	€ 440000	€ 500000
Frankfurt (F)	t=1	€ 350000	€ 440000	€ 600000
K und F	t=1	€ 200000	€ 360000	€ 600000

Der Planungszeitraum umfasst drei Jahre. Der Kalkulationszins des Unternehmens beträgt 10%. Welche Niederlassungspolitik soll ein risikoneutraler Entscheider wählen?

Lösungsskizze:

Der Entscheider sollte sich für die Handlungsalternative mit den geringsten Errichtungs- und Vertriebskosten entscheiden.

Alternative			Errichtungskosten (in Tsd. €)			Vertriebskosten (in Tsd. €)			gesamte
t=1	t=2	t=3	t=1	t=2	t=3	t=1	t=2	t=3	Kosten
a_1 K	K	K	800	0·1.03/1.1	0·1.032/1.12	440	440·1.03/1.1	444·1.032/1.12	2041290
a_2 K	K	K+F	800	0·1.03/1.1	800·1.032/1.12	440	440·1.03/1.1	376·1.032/1.12	2683090
a_3 K	K+F	K+F	800	800·1.03/1.1	0·1.032/1.12	440	360·1.03/1.1	376·1.032/1.12	2655850
a_4 F	F	F	800	0·1.03/1.1	0·1.032/1.12	440	440·1.03/1.1	454·1.032/1.12	2050060
a_5 F	F	K+F	800	0·1.03/1.1	800·1.032/1.12	440	440·1.03/1.1	376·1.032/1.12	2683090
a_6 F	K+F	K+F	800	800·1.03/1.1	0·1.032/1.12	440	360·1.03/1.1	376·1.032/1.12	2655850

Es ist empfehlenswert, nur die Niederlassung in Köln zu gründen.

Aufgabe 8:

Auf einer kleinen, isolierten Insel befinden sich drei Möbelgeschäfte. Alle Einwohner leben in drei Wohnorten. Der Inhaber von Geschäft 2 meint, dass sich die Attraktivität der drei Geschäfte allein aus ihrer Verkaufsfläche ergibt. Derzeit bietet er Produkte auf einer verkaufswirksamen Fläche von 5000 m² an. Als der Attraktivität gegenläufigen Faktor interpretiert er die Distanz der Wohnorte von den Standorten der Geschäfte. Zur Erklärung des Umsatzes der drei Geschäfte erachtet er folgendes Gravitationsmodell für angemessen:

$$U_{i2} = U_i \frac{\dfrac{A_2}{d_{i2}^\lambda}}{\sum_j \dfrac{A_j}{d_{ij}^\lambda}}$$

mit:

U_{i2}: Umsatz des Geschäfts 2 mit Kunden aus Wohnort i

U_i: wertmäßiges Marktvolumen der Kunden aus Wohnort i

A_j: Verkaufsfläche des Geschäfts j

d_{ij}: Distanz zwischen Wohnort i und Standort des Geschäfts j

λ: Widerstandskoeffizient

Für den Widerstandskoeffizient hat er aus folgenden Daten, die für ein normales Jahr gelten sollen, den Wert 1.8761 geschätzt.

		Geschäft j			Ein-wohner	Kaufkraft-kennziffer	Ausgaben je Einwohner	Markt-volumen	Marktanteil von j=2
		1	2	3	E_i	KK_i	$V_i=KK_i \cdot \varnothing A_i$	$U_i=E_i \cdot V_i$	$M_{i2}=U_{i2}/U_i$
Dis-tanz d_{ij}	Kunden-ort i	1	15	11	9	2000	1.0000	530	1060000	0.58
		2	8	17	21	5000	0.9434	500	2500000	0.54
		3	4	12	18	10000	0.9811	520	5200000	0.46
Um-satz U_{ij}	Kunden-ort i	1	?	614800	?		$\varnothing$A:durchschnittliche Pro-Kopf- Ausgaben pro Jahr für Güter der inte-ressierenden Art (= € 530) im Bun-desdurchschnitt			
		2	?	1350000	?					
		3	?	2392000	?					
Attraktivität Aj			600	5000	2500					

Welchen Umsatz- und Marktanteilszuwachs bringt eine Verkaufsflächenausweitung des Geschäfts 2 um 1000 m²? Welchen Umsatz und Marktanteil könnte er an einem neuen Standort 4 erwarten, wenn dort die Verkaufsfläche 1000 m² beträgt und das Geschäft zu den drei Wohnorten folgende Distanzen hat: $d_{14}=10$, $d_{24}=5$, $d_{34}=5$?

Lösungsskizze:

Umsatz bei einer Verkaufsflächenausweitung an Standort 2 um 1000 m²:

Wohnort	Umsatz von Geschäft 2	
1	$1060000 \cdot \dfrac{\dfrac{6000}{11^{1.8761}}}{\dfrac{600}{15^{1.8761}}+\dfrac{6000}{11^{1.8761}}+\dfrac{2500}{9^{1.8761}}}$	$= 637392$
2	$2500000 \cdot \dfrac{\dfrac{6000}{17^{1.8761}}}{\dfrac{600}{8^{1.8761}}+\dfrac{6000}{17^{1.8761}}+\dfrac{2500}{21^{1.8761}}}$	$= 1477894$
3	$5200000 \cdot \dfrac{\dfrac{6000}{12^{1.8761}}}{\dfrac{600}{4^{1.8761}}+\dfrac{6000}{12^{1.8761}}+\dfrac{2500}{18^{1.8761}}}$	$= 2626009$
Summe		4741295

Der bisherige Umsatz bei 5000 m² ist 614800 + 1350000 + 2392000 = 4356800. Der absolute Umsatzzuwachs pro Jahr bei einer Erweiterung der Verkaufsfläche wäre, wenn die Prognosetauglichkeit des Modells unterstellt wird, 4741295 - 4356800 = 384495. Der relative Umsatzzuwachs betrüge somit 384495/4356800 = 8.83%. Der Marktanteil erhöht sich von 4356800/8760000 = 49.74% auf 4741295/8760000 = 54.12%. Der Marktanteilszuwachs ist somit 54.12% - 49.74% = 4.38%.

Umsätze an einem neuen Standort:

Wohnort	Umsatz von Geschäft 4
1	$1060000 \cdot \dfrac{\dfrac{1000}{10^{1.8761}}}{\dfrac{600}{15^{1.8761}} + \dfrac{5000}{11^{1.8761}} + \dfrac{2500}{9^{1.8761}} + \dfrac{1000}{10^{1.8761}}} = 124587$
2	$2500000 \cdot \dfrac{\dfrac{1000}{5^{1.8761}}}{\dfrac{600}{8^{1.8761}} + \dfrac{5000}{17^{1.8761}} + \dfrac{2500}{21^{1.8761}} + \dfrac{1000}{5^{1.8761}}} = 1301357$
3	$5200000 \cdot \dfrac{\dfrac{1000}{5^{1.8761}}}{\dfrac{600}{4^{1.8761}} + \dfrac{5000}{12^{1.8761}} + \dfrac{2500}{18^{1.8761}} + \dfrac{1000}{5^{1.8761}}} = 1674435$
Summe	3100379

Bei angenommener Prognosetauglichkeit des Modells könnte an Standort 4 ceteris paribus ein Umsatz von € 3100379 erwartet werden, der Marktanteil von Geschäft 4 wäre dann 3100379/8760000 = 35.39%.

9. Kommunikationspolitik

Aufgabe 1:

Das Unternehmen Wash&Go ist der viertgrößte Waschmaschinenhersteller weltweit. Wash&Go agiert vorrangig auf ausländischen Märkten und ist vor allem in Amerika sehr bekannt. Auf dem deutschen Markt sind die Produkte von Wash&Go bislang jedoch nur wenig bekannt. Um den Absatz in Deutschland zu steigern, erwägt Wash&Go, die bisherige Werbestrategie zu verändern. Da es sich bei einer Waschmaschine um ein Produkt handelt, bei dessen Kauf sich die Konsumenten in der Regel im Vorfeld gründlich informieren, bewirbt Wash&Go seine Produkte in Deutschland mit Printanzeigen, die neben der Produktabbildung ausschließlich starke Sachargumente enthalten. Joe McClean, Marketingleiter von Wash&Go, schlägt vor, anstelle oder zusätzlich zu der bisherigen Werbestrategie ein prominentes Testimonial einzusetzen.

Diskutieren Sie bitte anhand theoretischer Überlegungen die Vorteilhaftigkeit des Einsatzes eines prominenten Testimonials („Celebrities") anstelle oder zusätzlich zu der bisherigen Werbestrategie für Wash&Go.

Die Marktforschungsabteilung von Wash&Go will sich nicht ausschließlich auf theoretische Überlegungen verlassen, sondern eine empirische Studie zur Werbewirkung der anstehenden Printkampagnen durchführen. Darin soll die Wirkung von prominenten im Vergleich zu unbekannten Testimonials und die Wirkung der Anzahl der Werbekontakte überprüft werden. Ein Berater des Unternehmens meint, bei einem in der Zielgruppe bekannten Testimonial könne man mit weniger Werbekontakten die gleiche Wirkung erzielen, da ja das Testimonial bereits bekannt sei. Auch dieser Zusammenhang soll empirisch überprüft werden.

Aus Kostengründen sollen nur vier Ausprägungen der Werbekontaktanzahl getestet werden. Außerdem soll in Erfahrung gebracht werden, ob die Verwendung eines Testimonials im Allgemeinen zu einer höheren Werbewirkung führt, verglichen mit dem Fall, dass auf ein Testimonial verzichtet wird.

Unterbreiten Sie einen Vorschlag für eine empirische Studie, mit der diese Fragen untersucht werden können. Beschreiben Sie eine sinnvolle Vorstudie und gehen Sie bei der Hauptstudie unter anderem auf das experimentelle Design, geeignete abhängige Variablen, die Stichprobe, den Ablauf der Studie und die Datenauswertung ein.

Um den Mediaplan für die nächste Periode aufzustellen, möchte Wash&Go in einem ersten Schritt das hierfür nötige Werbebudget bestimmen. Als Grundlage für die Schätzung des Werbebudgets für das Jahr 2011 soll das Modell von Little herangezogen werden. Der aktuelle Marktanteil des Unternehmens im Jahr 2010 beträgt 25%. Um diesen Marktanteil auch am Ende des Jahres 2011 zu erhalten, erachtet Joe McClean, Marketingleiter von Wash&Go, ein Werbebudget in Höhe von 1,5 Mio. € als notwendig. Joe McClean geht davon aus, dass bei 50-prozentiger Erhöhung der Erhaltungswerbung ein Marktanteil von 35% erreicht wird. Trotz höchster Werbeanstrengungen kann der Marktanteil am Ende des Jahres 2011 aufgrund der starken Konkurrenz auf diesem Markt 55% nicht übersteigen. Verzichtet Wash&Go auf jegliche Werbemaßnahmen, sinkt der Marktanteil erfahrungsgemäß auf 15%.

Grenzen Sie im Zusammenhang mit Werbung Carry-over- und Spill-over-Effekte voneinander ab.

Welches Werbebudget soll für das Jahr 2011 festgesetzt werden, wenn Wash&Go einen Marktanteil von 30% erreichen möchte? Belegen Sie Ihre Aussage durch eine geeignete Berechnung.

Das Unternehmen Wash&Go möchte nun nach Ablauf des ersten Halbjahres 2011 überprüfen, ob das eingesetzte Werbebudget bislang die gewünschte Wirkung erzielte. Folgende Daten von den fünf größten Elektronikhändlern in Deutschland aus den ersten Halbjahren 2010 und 2011 stehen zur Verfügung:

Händler	Jupiter	Prokauf	Mediashop	Medimax	Electrofuchs
Absatz (1/2010)	34	65	21	87	55
Absatz (1/2011)	32	79	37	101	46

Kann die Annahme bestätigt werden, dass das eingesetzte Werbebudget den Absatz erhöhen konnte? Prüfen Sie die Annahme mit einem t-Test für verbundene Stichproben mit fünf Beobachtungen. Bitte runden Sie Ihre Ergebnisse auf zwei Nachkommastellen.

Lösungsskizze:

Wirkung prominenter Testimonials auf die Aufmerksamkeit:

- Prominente in Werbung können überraschend wirken und somit eine höhere Aufmerksamkeit erregen als Experten oder typische Konsumenten.
- Problem: Prominenter könnte die Aufmerksamkeit zu stark auf sich selbst anstelle auf das Produkt lenken.

Wirkung prominenter Testimonials auf die Einstellung:

Nach der Theorie der sozialen Beeinflussungsprozesse (Kelman 1961, 1967) existieren drei Prozesse, die zur die Übernahme der Einstellung eines Kommunikators führen:

- Macht (Compliance): hier ausgenommen, da keine direkte Machtausübung
- Glaubwürdigkeit (Internalisierung): Rezipient übernimmt die Meinung des Kommunikators, da er sie für glaubwürdig hält (Voraussetzungen: Kompetenz, Vertrauenswürdigkeit)
- Attraktivität (Identifikation): Nachahmungswunsch des Rezipienten aufgrund physischer Attraktivität, Beliebtheit, Sympathie, Intelligenz u.ä.

Allgemeine Wirkung der Stärke der Argumente:

Die Einstellung zum Produkt ist umso positiver, je überzeugender die Argumente in der Werbung sind (starkes Argument = Produkt verfügt über einen deutlichen Vorteil)

Wirkung der Stärke des Arguments auf die Kommunikatoreigenschaften:

- Einerseits könnte ein starkes Sachargument die wahrgenommene Kompetenz des Prominenten bekräftigen, andererseits kann auch eine Skepsis ausgelöst werden, ob der Prominente tatsächlich eine so hohe Sachkompetenz hat, wie es ihm in den Mund gelegt wird.
- Darüber hinaus könnte ein starkes Sachargument die Aufmerksamkeit vom Prominenten weglenken und so die Wirkung der Kommunikatoreigenschaften auf die Einstellung abschwächen.

Waschmaschine als High-Involvement Produkt:

- Produktklasseninvolvement als zeitlich stabiles Interesse einer Person an einer Produktklasse
- Bei hohem Produktklasseninvolvement ist die Wirkung der Argumentstärke höher als bei Low-Involvement-Produkten, während die Kommunikatoreigenschaften bei Low-Involvement-Produkten einen größeren Einfluss auf die Produktbewertung haben als bei Hifh-Involvement-Produkten.

Fazit: Da es sich bei einer Waschmaschine um ein High-Involvement-Produkt handelt, sollte hier nicht auf den Einsatz von starken Sachargumenten verzichtet werden. Unter Umständen kann ein zusätzlich eingesetztes prominentes Testimonial die Bekanntheit der Marke steigern. Dies sollte jedoch in einer empirischen Studie untersucht werden.

Konzept für eine empirische Studie:

(1) Vorstudie: Test der Bekanntheit der Testimonials und ihres Fit mit der Produktkategorie

(2) Hauptstudie:

- Experimentelles Design: 3 (Testimonial: ohne, bekannt, unbekannt) x 4 (Anzahl Werbekontakte) → es müssen 12 Experimentalgruppen gebildet werden
- abhängige Variablen (beschreiben)
- Stichprobe: homogene Gruppe, z.B. Studenten; 30 Personen je Gruppe
- Ablauf (beschreiben)
- Datenauswertung (ANOVA beschreiben)

Spill-over und Carry-over Effekt:

Spill-over-Effekt (sachlicher Effekt): bezeichnet die Auswirkung auf ein Ziel, das von Maßnahmen verursacht wird, die eigentlich auf andere Ziele ausgerichtet waren (z.B. Nivea Bodylotion und Sonnencreme)

Carry-over-Effekt (zeitlicher Effekt): gibt an, wie sehr ein Ziel in der Planungsperiode deshalb erreicht wird, weil es schon in der Vorperiode erreicht wurde (z.B. auf Erstkäufe folgen Wiederkäufe)

Berechnung des Werbebudgets:

Ausgangsdaten:

	Erhaltungswerbung	Plus 50%	Sättigungswerbung	keine Werbung
Marktanteil in %	25	35	55	15
Werbebudget in Mio. €	1.5	2.25	∞	0

$$M_t = M_{min} + (M_\infty - M_{min}) \frac{x_t^\alpha}{x_t^\alpha + \beta}$$

$$25 = 15 + (55 - 15) \frac{1.5^\alpha}{1.5^\alpha + \beta} \qquad 35 = 15 + (55 - 15) \frac{2.25^\alpha}{2.25^\alpha + \beta}$$

$$10 = 40 \frac{1.5^{\alpha}}{1.5^{\alpha} + \beta} \to 0.25 = \frac{1.5^{\alpha}}{1.5^{\alpha} + \beta} \to 0.25 \cdot \beta = 0.75 \cdot 1.5^{\alpha} \to \beta = 3 \cdot 1.5^{\alpha}$$

$$20 = 40 \frac{2.25^{\alpha}}{2.25^{\alpha} + \beta} \to 0.5 = \frac{2.25^{\alpha}}{2.25^{\alpha} + \beta} \to 0.5 \cdot \beta = 0.5 \cdot 2.25^{\alpha} \to 0.5 \cdot (3 \cdot 1.5^{\alpha}) = 0.5 \cdot 2.25^{\alpha}$$

$$1.5 \cdot 1.5^{\alpha} = 0.5 \cdot 2.25^{\alpha} = \ln 1.5 + \alpha \cdot \ln 1.5 = \ln 0.5 + \alpha \cdot \ln 2.25$$

$$\alpha(\ln 1.5 - \ln 2.25) = \ln 0.5 - \ln 1.5 \to \alpha = 2.7, \beta = 8.96 \approx 9$$

$$M_t = 15 + (55 - 15) \frac{x_t^{2.7}}{x_t^{2.7} + 9}$$

$$30 = 15 + (55 - 15) \frac{x_t^{2.7}}{x_t^{2.7} + 9} \to 0.375 = \frac{x_t^{2.7}}{x_t^{2.7} + 9} \to 3.375 = 0.625 \cdot x_t^{2.7} \to x_t = 1.87 \text{Mio.} €$$

Um im Jahr 2011 einen Marktanteil von 30% zu erreichen, muss Wash&Go ein Werbebudget von 1.9 Mio. € veranschlagen.

Überprüfung der Werbewirkung:

Differenzentest: H_0: $\mu_D \leq 0$, H_1: $\mu_D > 0$

Händler	Jupiter	Prokauf	Mediashop	Medimax	Electrofuchs
Absatz (1/2010)	34	65	21	87	55
Absatz (1/2011)	32	79	37	101	46
d	-2	14	16	14	-9

$$\bar{d} = 6.6$$

$$s_{\bar{D}}^2 = \frac{1}{5}(\frac{1}{4}((-2 - 6.6)^2 + (-9 - 6.6)^2 + (16 - 6.6)^2 + 2 \cdot (14 - 6.6)^2)) = 25.76$$

$$t = \frac{\bar{d} - 0}{s_{\bar{D}}} = \frac{6.6 - 0}{\sqrt{25.76}} = 1.30$$

t(4;0.95) = 2.132, kritischer Bereich = (2.132;∞), t liegt nicht im kritischen Bereich.

H_0 kann nicht verworfen werden. Somit kann nicht bestätigt werden, dass sich der Absatz im ersten Halbjahr 2011 verbessert hat.

Aufgabe 2:

Aufgrund umfangreicher Analysen glaubt die Marketingabteilung eines Herstellers davon ausgehen zu können, dass die Werbung einer Direktwerbeaktion im Zeitablauf einem exponentiellen Modell gehorcht. Als Erfolg wird die Anzahl der durch die Werbeaktion initiierten Anfragen angesehen, als eine Periode werden jeweils 14 Tage betrachtet. Aus Erfahrung weiß man, dass der Gesamtrücklauf vergleichbarer Direktwerbeaktionen insgesamt, über lange Zeit hinweg betrachtet, 20% der Aussendungen beträgt. In den ersten 3 Perioden (6 Wochen) hat man bei einer Aussendung von 20,000 Briefen folgende Rücklaufzahlen festgestellt: 1500 bzw. 900 bzw. 650 Anfragen. Pro Anfrage werden im Durchschnitt 0.2 Produkte mit einem Stückdeckungsbeitrag von 10 € verkauft. Es wird vermutet, dass in der 5. Periode ein Konkurrent eine Werbemaßnahme starten wird, mit der Folge, dass in diesem Fall ab der 6. Periode keine Anfragen mehr für das eigene Produkt eintreffen werden. Wird sich am Ende der 5. Periode die Werbeaktion bezahlt gemacht haben, wenn diese insgesamt 7200 € kostet?

Lösungsskizze:

Schätzung der Parameter der Marktreaktionsfunktion:

$$y = y_{max} \cdot (1 - e^{-at})$$
mit: y: kumulierter Rücklauf bis Ende t
        t: Periode ab Schaltung

Linearisierung der Funktion:

$$\ln(1 - \frac{y}{y_{max}}) = a(-t) \Leftrightarrow y^* = bx^*$$

Minimum-Quadrat-Schätzung des Parameters b im Modell y=bx+u - Ein Exkurs:

$$y_i = bx_i + u_i$$
$$Q = \sum_i u_i^2 = \sum_i (y_i - bx_i)^2 \to \min_b$$
$$\sum(x_i y_i - bx_i^2) = 0 \Rightarrow \sum x_i y_i = b\sum x_i^2 \Rightarrow b = (\sum x_i y_i)/\sum x_i^2$$

Berechnung des Parameters a im Zahlenbeispiel:

y	$y^*=\ln(1-y/4000)$	$x^*=-t$	$x^* \cdot y^*$	x^{*2}
1500	-0.4700	-1	0.4700	1
2400	-0.9163	-2	1.8326	4
3050	-1.4376	-3	4.3128	9
$\sum$			6.6154	14

$$\hat{a} = 6.6154/14 = 0.4725 \Rightarrow \hat{y} = 4000(1 - e^{-0.4725 \cdot t}) \Rightarrow y_5 = 3623$$

Ermittlung des Aktionsdeckungsbeitrags:

D = 3623 Anfragen·0.2 Produkte/Anfrage·10 Stückdeckungsbeitrag - 7200 Werbebudget = 46

Empfehlung: Der Aktionsdeckungsbeitrag ist positiv, die Maßnahme "lohnt sich".

Aufgabe 3:

Ein Hersteller (H) von Mikrowellen steht im Wettbewerb mit vier anderen Herstellern um Kunden. Aufgrund von Marktforschungsergebnissen weiß er, dass seine Konkurrenten folgende Werbeintensitäten aufweisen und folgende Marktanteile haben:

Anbieter	A	B	C	D	H
Werbeintensität	3.0%	1.2%	1.9%	0.2%	2.5%
Absatzanteil	34.1%	13.6%	21.6%	2.3%	28.4%

Der Hersteller glaubt, dass aufgrund der Homogenität der Produkte und der nahezu gleichen Preise aller Anbieter der Werbedruck die entscheidende Motivation zur Markenwahl ist. Ist diese Annahme gerechtfertigt?

Lösungsskizze:

Hypothese:

Der Absatzanteil steht in einem proportionalen Verhältnis zur Werbeintensität.

statistische Forschungshypothese: H_1: $\beta>0$ im Modell $y=\beta\, x+u$
statistische Nullhypothese: H_0: $\beta\leq0$
(y: Absatzanteil, x: Werbeintensität, u: Störterm)

Arbeitstabelle:

i	x	y	x^2	xy	$\hat{y}=11.36283x$	$\hat{u}^2=(\hat{y}-y)^2$	$y-\bar{y}$	$(y-\bar{y})^2$	$(\hat{y}-\bar{\hat{y}})^2$	$(y-\bar{y})(\hat{y}-\bar{\hat{y}})$
1	3.0	34.1	9.00	102.30	34.08850	0.000,132	14.10	198.81	198.53	198.67
2	1.2	13.6	1.44	16.32	13.63540	0.001,253	-6.40	40.96	40.49	40.72
3	1.9	21.6	3.61	41.04	21.58938	0.000,113	1.60	2.56	2.53	2.55
4	0.2	2.3	0.04	0.46	2.27257	0.000,752	-17.70	313.29	314.21	313.75
5	2.5	28.4	6.25	71.00	28.40708	0.000,050	8.40	70.56	70.70	70.63
$\varnothing$	1.76	20.0			19.99859					
Σ	8.8	100.0	20.34	231.12	99.99293	0.002,300	0.00	626.18	626.46	626.32

Schätzung des Parameters b:

$$b = \left(\sum x_i y_i\right)\Big/\sum x_i^2 = 231.12/20.34 = 11.36283$$

Berechnung des Bestimmtheitsmaßes:

Es ist zu beachten, dass hier die Konstante im Regressionsmodell fehlt. Wenn man in diesem Fall die Linearität des Zusammenhangs zwischen y und $\hat{y}$ berechnen möchte, darf man nicht die Formel

$$r^2 = \frac{\Sigma(\hat{y}_i - \bar{\hat{y}})^2}{\Sigma(y_i - \bar{y})^2}$$

verwenden, sondern muss auf den quadrierten Korrelationskoeffizient zwischen y und $\hat{y}$ zurückgreifen:

$$r = \frac{\Sigma(y-\bar{y})(\hat{y}-\bar{\hat{y}})}{\sqrt{\Sigma(y-\bar{y})^2\,\Sigma(\hat{y}-\bar{\hat{y}})^2}} = \frac{626.32}{\sqrt{626.18\cdot626.46}} = 1.0;\quad r^2 = 1.0$$

Dabei ist es falsch, überhaupt vom Grad an Linearität zwischen y und $\hat{y}$ auf die Reproduktionsgüte zu folgern. Richtig wäre es, vom Grad an Identität zwischen y und $\hat{y}$ auf die Reproduktionsgüte zu schließen.
Berechnung der Prüfgröße des Hypothesentests:

Allgemein gilt für den Schätzer der Parameter:

$$\hat{\Sigma} = s_{\hat{u}}^2 (X'X)^{-1}\ \text{mit:}\ s_{\hat{u}}^2 = \frac{1}{n-K-1}\Sigma\hat{u}_i^2$$

Für den vorliegenden Fall ergibt sich folgendes:

$$X' = (3.01.21.90.22.5) \Rightarrow X'X = 20.34 \Rightarrow (X'X)^{-1} = 1/20.34$$

$$s_{\hat{U}}^2 = \frac{1}{n-1} \sum \hat{u}^2 = \frac{0.002,300}{4} = 0.02398^2$$

Es ist zu beachten, dass hier n-1 Freiheitsgrade bestehen, da nur ein Parameter, nämlich b, geschätzt wird. Die geschätzte Varianz für den Parameterschätzer B ist dann:

$$s_B^2 = s_{\hat{U}}^2 \cdot (1/20.34) = 0.005317^2$$

Der Wert der Prüfgröße ist bei unterstellter Normalverteilung der Residuen:

$$t = \frac{b-0}{s_B} = \frac{11.36283}{0.005317} = 2137$$

Der kritische Bereich für H_0 ist (t(n-1,1-α);+∞) = (2.132;+∞) für α=5%. Auch hier ist wieder zu beachten, dass nur ein Parameter geschätzt wird, d. h. die Freiheitsgrade sind n-1. H_0 ist zum 5%-Niveau abzulehnen, da t=2137 ≥ 2.132. H_1 ist somit gestützt. Die Hypothese ist konform mit den Beobachtungen.

Aufgabe 4:

Die Wirkung alternativer Werbebudgets kann annahmegemäß mittels der Funktion $y = e^{a-(b/x)}$ abgebildet werden (y: Absatz, x: eingesetztes Werbebudget). Die an der Planung Beteiligten geben subjektive Schätzungen über den erzielbaren Absatz bei alternativen Budgets ab:

x	1	2.5	3	4	8	(GE)
y	148	1480	2980	3294	4915	(ME)

Der Stückdeckungsbeitrag beträgt 0.002 GE. Bestimmen Sie die Parameter der Funktion. Bei welchem Werbebudget ist der Werbedeckungsbeitrag maximal?

Lösungsskizze:

Linearisierung der unterstellten Marktreaktionsfunktion:

$$\ln y = a + b(-1/x) \Rightarrow y^* = a + bx^*$$

Minimum-Quadrat-Schätzung der Parameter im Modell y=a+bx+u :

$$Q = \sum_i u_i^2 = \sum_i (y_i - a - bx_i)^2 \to \min_{a,b}$$

$$\Rightarrow b = \frac{\sum x_i y_i - (\sum x_i)(\sum y_i)/n}{\sum x_i^2 - (\sum x_i)^2/n} = \frac{\sum(x_i - \bar{x})(y_i - \bar{y})}{\sum(x_i - \bar{x})^2}$$

$$a = \bar{y} - b\bar{x}$$

Berechnung der Parameter a und b im Zahlenbeispiel:

$y^* = \ln y$	$x^* = -1/x$	$x^* - \bar{x}^*$	$y^* - \bar{y}^*$	$(x^* - \bar{x}^*)^2$	$(x^* - \bar{x}^*)(y^* - \bar{y}^*)$
5.00	-1.000	-0.578	-2.38	0.334	1.376
7.30	-0.400	0.022	-0.08	0.000	-0.002
8.00	-0.333	0.089	0.62	0.008	0.055
8.10	-0.250	0.172	0.72	0.030	0.124
8.50	-0.125	0.297	1.12	0.088	0.333
∅ 7.38	-0.422				
Σ		0.000	0.00	0.460	1.886

$b = 1.886 / 0.460 = 4.1;\ a = 7.38 - 4.1 \cdot (-0.422) = 9.11 \Rightarrow y = e^{9.11 - (4.1/x)}$

Ermittlung des optimalen Deckungsbeitrags:

$$D = d \cdot y - x = d \cdot e^{a - (b/x)} - x \to \max_x$$

$$\frac{\partial D}{\partial x} = d \cdot e^{a - (b/x)} (-\frac{b}{x^2}) \cdot (-1) - 1 = 0 \quad \text{(analytisch nicht lösbar)}$$

x	D
1	-0.7002
2	0.3289
3	1.6123
4	2.4908
5	2.9677
6	3.1345
6.1	3.1374
6.2	3.1381*
6.3	3.1366
6.4	3.1331
7	3.0712
8	2.8362
9	2.4712
10	2.0058

Empfehlung: Es ist ein Werbebudget von 6.2 GE zu empfehlen.

Aufgabe 5:

Der Marktanteil eines Produkts, das schon seit rund 15 Jahren auf dem Markt ist, hängt den Erfahrungen der Marketingleitung zufolge von den Werbeausgaben für dieses Produkt ab. In den letzten sechs Jahren wurden folgende Marktanteile erreicht bzw. Werbeausgaben getätigt (M_t: Marktanteil in Jahr t, x_t: inflationsbereinigte Werbeausgaben in t in Mio GE, aktuelles Jahr t=6):

t	1	2	3	4	5	6
M_t	0.25	0.29	0.32	0.28	0.26	0.30
x_t	1.00	1.43	1.46	0.71	0.79	1.49

Als Werbewirkungsfunktion wird $M_t = \lambda M_{t-1} + \beta x_t$ angenommen. Bestimmen Sie die Parameter dieser Funktion. Mit welchem Werbebudget kann derselbe Marktanteil wie in der aktuellen Periode erreicht werden? Welches Werbebudget ist nötig, wenn der Marktanteil um 10 Prozent erhöht werden soll?

Lösungsskizze:

Marktreaktionsfunktion:
$$M_t = \lambda M_{t-1} + \beta x_t \Rightarrow y^* = b_1 x_1^* + b_2 x_2^*$$

Normalgleichungen:

$$(1) \sum x_{1i} y_i - b_1 \sum x_{1i}^2 - b_2 \sum x_{1i} x_{2i} = 0$$
$$(2) \sum x_{2i} y_i - b_1 \sum x_{1i} x_{2i} - b_2 \sum x_{2i}^2 = 0$$

(1) und (2) aufgelöst nach b_1 ergibt:
$$b_1 = \frac{\sum x_{1i} y_i - b_2 \sum x_{1i} x_{2i}}{\sum x_{1i}^2} \quad \text{und} \quad b_1 = \frac{\sum x_{2i} y_i - b_2 \sum x_{2i}^2}{\sum x_{1i} x_{2i}}$$

Gleichsetzen ergibt:
$$(\sum x_{1i} y_i)(\sum x_{1i} x_{2i}) - b_2 (\sum x_{1i} x_{2i})^2 = (\sum x_{2i} y_i)(\sum x_{1i}^2) - b_2 (\sum x_{1i}^2)(\sum x_{2i}^2)$$

Die Auflösung nach b_2 liefert:
$$b_2 = \frac{(\sum x_{2i} y_i)(\sum x_{1i}^2) - (\sum x_{1i} y_i)(\sum x_{1i} x_{2i})}{(\sum x_{1i}^2)(\sum x_{2i}^2) - (\sum x_{1i} x_{2i})^2}$$

(1) und (2) aufgelöst nach b_2 ergibt:
$$b_2 = \frac{\sum x_{1i} y_i - b_1 \sum x_{1i}^2}{\sum x_{1i} x_{2i}} \quad \text{und} \quad b_2 = \frac{\sum x_{2i} y_i - b_1 \sum x_{1i} x_{2i}}{\sum x_{2i}^2}$$

Gleichsetzen ergibt:
$$(\sum x_{1i} y_i)(\sum x_{2i}^2) - b_1 (\sum x_{1i}^2)(\sum x_{2i}^2) = (\sum x_{2i} y_i)(\sum x_{1i} x_{2i}) - b_1 (\sum x_{1i} x_{2i})^2$$

Die Auflösung nach b_1 liefert:
$$b_1 = \frac{(\sum x_{2i} y_i)(\sum x_{1i} x_{2i}) - (\sum x_{1i} y_i)(\sum x_{2i}^2)}{(\sum x_{1i} x_{2i})^2 - (\sum x_{1i}^2)(\sum x_{2i}^2)}$$

Berechnung der Parameter b_1 und b_2 im Zahlenbeispiel:

t	y	x_1	x_2	$x_1 y$	$x_2 y$	$x_1 x_2$	x_1^2	x_2^2
2	0.29	0.25	1.43	0.0725	0.4147	0.3575	0.0625	2.0449
3	0.32	0.29	1.46	0.0928	0.4672	0.4234	0.0841	2.1316
4	0.28	0.32	0.71	0.0896	0.1988	0.2272	0.1024	0.5041
5	0.26	0.28	0.79	0.0728	0.2054	0.2212	0.0784	0.6241
6	0.30	0.26	1.49	0.0780	0.4470	0.3874	0.0676	2.2201
$\sum$				0.4057	1.7331	1.6167	0.3950	7.5248

$$b_1 = \frac{1.7331 \cdot 1.6167 - 0.4057 \cdot 7.5248}{1.6167^2 - 0.3950 \cdot 7.5248} = 0.7$$

$$b_2 = \frac{1.7331 \cdot 0.3950 - 0.4057 \cdot 1.6167}{0.3950 \cdot 7.5248 - 1.6167^2} = 0.08$$

$$M_t = 0.7 \cdot M_{t-1} + 0.08 x_t$$

Werbebudget, mit dem derselbe Marktanteil wie in der aktuellen Periode erreicht werden kann:

$$0.30 = 0.7 \cdot 0.30 + 0.08x \Rightarrow x = 1.13 \text{ Mio. GE}$$

Werbebudget, um den Marktanteil um 10 Prozent zu erhöhen:

$$0.33 = 0.7 \cdot 0.30 + 0.08x \Rightarrow x = 1.50 \text{ Mio. GE}$$

Aufgabe 6:

Ein Unternehmen steht vor der Frage, ob es für ein bestimmtes Produkt einen Preis von € 10.- oder € 15.- bzw. Werbeausgaben in der Höhe von € 15 Mio. oder € 10 Mio. ansetzen soll (vier Handlungsalternativen). Das Marktvolumen ist durch unternehmenspolitische Maßnahmen nicht beeinflussbar. Bekannt ist, dass Konkurrent A einen Preis von € 10.- und Konkurrent B einen Preis von € 8.- verlangen und Werbeausgaben in der Höhe von € 6 Mio. (Konkurrent A) bzw. von € 4 Mio. (Konkurrent B) tätigen werden. Die Preiselastizität beträgt für alle Anbieter einheitlich -1.4 und die Werbeelastizität 0.5. Welche Preis-Werbeausgaben-Kombination soll für die Planungsperiode gewählt werden, wenn das Marktvolumen auf 4 Mio. Stück und die mengenproportionalen Stückkosten auf € 3.- geschätzt werden?

Lösungsskizze:

Attraktionsmodell als Marktreaktionsfunktion:

$$M_s = \frac{p_s^{-1.4}x_s^{0.5}}{\sum_s p_s^{-1.4}x_s^{0.5}} = \frac{p_s^{-1.4}x_s^{0.5}}{p_s^{-1.4}x_s^{0.5} + 10^{-1.4}\cdot 6{,}000{,}000^{0.5} + 8^{-1.4}\cdot 4{,}000{,}000^{0.5}}$$

$$= \frac{p_s^{-1.4}x_s^{0.5}}{p_s^{-1.4}x_s^{0.5} + 206.3348}$$

mit: M_s: Marktanteil von Produkt s
p_s: Preis von Produkt s
x_s: Werbeausgaben für Produkt s

Ermittlung des optimalen Werbedeckungsbeitrags D_s für Produkt s:

$$D_s = (p_s - k_s)\cdot \text{Marktvolumen}\cdot M_s - x_s = (p_s - 3)\cdot 4{,}000{,}000\cdot M_s - x_s$$

p_s	x_s	M_s	D_s
10	10 Mio	0.3789	609200
10	15 Mio	0.4277	-3024400
15	10 Mio	0.2570	2336000
15	15 Mio	0.2976	-715200

Die optimale Marketingpolitik für ist p_s=15 und x_s=10 Mio.

Aufgabe 7:

Ein Handelsunternehmen möchte den Einfluss einer Werbekampagne auf den Umsatz seines Sortiments überprüfen. Die Absatzmengen vor und nach der Werbekampagne lauten für 10 vergleichbare Produkte und zwei vergleichbare Perioden:

Produkt	1	2	3	4	5	6	7	8	9	10
Absatz vor Werbung	7	7	6	8	9	6	7	10	9	7
Absatz nach Werbung	8	8	7	9	10	7	7	12	9	9

Ist davon auszugehen, dass die Werbekampagne einen Einfluss auf den Absatz ausübt? Interpretieren Sie das Testergebnis.

Lösungsskizze:

Die Hypothese lautet: Die Werbekampagne beeinflusst den Absatz positiv. Da eine verbundene Stichprobe mit unabhängigen Ziehungen vorliegt, sind Differenzen zu berechnen, und es ist zu prüfen, ob diese die erwarteten Vorzeichen annehmen. Die Messwerte sind somit:

Produkt	1	2	3	4	5	6	7	8	9	10
$d_i = y_{2i} - y_{1i}$	1	1	1	1	1	1	0	2	0	2

y_1: Absatz vor Werbung, y_2: Absatz nach Werbung

statistische Forschungshypothese: $H_1: \mu_D > 0$
statistische Nullhypothese: $H_0: \mu_D \leq 0$

Wert der Prüfgröße bei unterstellter Normalverteilung von D:

$$t = \frac{\bar{d} - 0}{s_{\bar{D}}} \quad \text{mit} \quad s_{\bar{D}}^2 = \frac{s_D^2}{n} \quad \text{und} \quad s_D^2 = \frac{1}{n-1} \sum_{i=1}^{n} (d_i - \bar{d})^2$$

$$t = \frac{1 - 0}{\sqrt{(4/9)/10}} = 4.74$$

kritischer Bereich für H_0: $(t(n-1;1-\alpha);+\infty) = (1.833;+\infty)$ für $\alpha = 5\%$

Der Wert der Prüfgröße $t = 4.74$ fällt in den kritischen Bereich für H_0, die statistische Nullhypothese ist somit abzulehnen, die statistische Forschungshypothese ist durch die vorliegenden Daten gestützt und die untersuchte Hypothese ist untermauert.

Aufgabe 8

Ein Hersteller ist seit sechs Jahren in einer Marktnische tätig. Die einzige von ihm veränderte Marketingvariable ist das Werbebudget. Er möchte das Werbebudget für die kommenden zwei Jahre so festlegen, dass der Werbedeckungsbeitrag möglichst groß wird, wobei folgende drei Alternativen in Betracht kommen:

Alternative	t=7	t=8
1	1500000	750000
2	750000	810000
3	700000	830000

Für die Planung stehen im folgende Daten zur Verfügung:

	t=1	t=2	t=3	t=4	t=5	t=6
produzierte=abgesetzte Menge (y_t)	2300	3300	4450	5700	6300	7200
Werbebudget (x_t) in 1000 €	700	500	600	700	600	700
variable Stückkosten (k_t)	300	260	240	225	215	207

Der Hersteller unterstellt folgende Erfahrungskurve und folgende Werbeerfolgskurve:

$$k_t = k_2 \left[\sum_{\tau=1}^{t-1} y_\tau / y_1 \right]^{-b} \quad \text{(für } t=2,3,4,\ldots)$$

$$y_t = \lambda y_{t-1} + \beta x_t \quad \text{(für } t=2,3,4,\ldots)$$

Es soll einfachheitshalber angenommen werden, dass die variablen Stückkosten jeweils beim Jahreswechsel sprunghaft fallen. Schätzen Sie den Degressionsfaktor b der oben angegebenen Erfahrungskurve durch eine geeignete Regressionsanalyse. Berechnen sie die aus dem Modell reproduzierten variablen Stückkosten. Schätzen Sie die Parameter λ und ß in der Werbeerfolgskurve durch eine geeignete Regressionsanalyse. Welche Werbebudgets sollen in den zwei kommenden Jahren bei unterstellter Gültigkeit der beiden Funktionen festgesetzt werden? Bewerten Sie die drei Alternativen unter den Annahmen, dass der Preis pro Stück im gesamten Planungszeitraum €350.- beträgt und ein Kalkulationszinssatz von 0 Prozent gilt.

Lösungsskizze:

Schätzung des Degressionsfaktors der Erfahrungskurve:

$$k_t = k_2 \left[\sum_{\tau=1}^{t-1} \frac{y_\tau}{y_1} \right]^{-b} \Rightarrow \ln \frac{k_t}{k_2} = -b \cdot \ln \left[\sum_{\tau=1}^{t-1} \frac{y_\tau}{y_1} \right] \Rightarrow y^* = \beta x^*$$

Das Modell entspricht einem einfachen Regressionsmodell ohne Konstante.

Normalgleichung: $\hat{\beta} = \dfrac{\sum xy}{\sum x^2}$

t	k_t	$\sum_{\tau=1}^{t-1} y_\tau$	$\sum_{\tau=1}^{t-1} \frac{y_\tau}{y_1}$	$\frac{k_t}{k_2}$	$y^* = \ln\left(\frac{k_t}{k_2}\right)$	$x^* = \ln\left(\sum_{\tau=1}^{t-1}\frac{y_\tau}{y_1}\right)$	$x^* y^*$	x^{*2}	$\hat{k}_t = 260 \left[\sum_{\tau=1}^{t-1}\frac{y_\tau}{2300}\right]^{-0.0989}$
1	300	-	-	-	-	-	-	-	-
2	260	2300	1.0000	1.0000	0.0000	0.0000	0.0000	0.0000	260
3	240	5600	2.4348	0.9231	-0.0800	0.8899	-0.0712	0.7919	238
4	225	10050	4.3696	0.8654	-0.1446	1.4747	-0.2132	2.1747	225
5	215	15750	6.8478	0.8269	-0.1900	1.9239	-0.3657	3.7014	215
6	207	22050	9.5870	0.7962	-0.2280	2.2604	-0.5154	5.1094	208
7	-	29250	12.7174	-	-	-	-	-	202
$\sum$							-1.1655	11.7778	

$$\hat{\beta} = \frac{-1.1655}{11.7778} = -0.0989 \Rightarrow -b = 0.098 \Rightarrow b = 0.0989$$

Schätzung der Parameter in der Werbeerfolgskurve:

t	y_t	$x_1^* = y_{t-1}$	$x_2^* = x_t$	$\hat{y}_t$
			(Tsd.)	
1	2300	0	700	2260
2	3300	2300	500	3390
3	4450	3300	600	4490
4	5700	4450	700	5700
5	6300	5700	600	6340
6	7200	6300	700	7120

Das Modell entspricht einem **Regressionsmodell mit zwei Regressoren ohne Konstante**

$b_1 \sum x_1^2 + b_2 \sum x_1 x_2 = \sum x_1 y$ $108{,}162{,}500 b_1 + 14{,}075{,}000 b_2 = 128{,}910{,}000$

$b_1 \sum x_1 x_2 + b_2 \sum x_2^2 = \sum x_2 y$ $14{,}075{,}000 b_1 + 2{,}440{,}000 b_2 = 18{,}740{,}000$

$$b_2 = \dfrac{\dfrac{18{,}740{,}000}{14{,}075{,}000} - \dfrac{128{,}910{,}000}{108{,}162{,}500}}{\dfrac{2{,}440{,}000}{14{,}075{,}000} - \dfrac{14{,}075{,}000}{108{,}162{,}500}} = 3.23; \qquad b_1 = 0.772$$

$y_t = 0.772 y_{t-1} + 0.00323 x_t$

Falls man die Beobachtung t=1 nicht berücksichtigt, weil für x_1^* streng genommen kein Messwert für die Werbung vorliegt, verändert sich das geschätzte Modell etwas:

$y_t = 0.801 y_{t-1} + 0.00300 x_t$

Bewertung der drei Alternativen:

	a_1	a_2	a_3
p_7	350	350	350
k_7	202	202	202
d_7	148	148	148
x_7	1500000	750000	700000
$y_7 = 0.772 \cdot 7200 + 0.00323 x_7$	10403	7981	7819
D_7	40000	431000	457000
$k_8 = 260\left(\dfrac{29250 + y_7}{2300}\right)^{-0.0989}$	196.2	197.4	197.5
d_8	153.8	152.6	152.5
x_8	750000	810000	830000
$y_8 = 0.772 y_7 + 0.00323 x_8$	10454	8778	8717
D_8	858000	529000	499000
$D_7 + D_8$	898000	960000	956000

Es sollte die zweite Alternative umgesetzt werden, da sie den höchsten Gesamtdeckungsbeitrag erreicht.

Aufgabe 9:

Das Kanalsanierungsunternehmen KASA geht davon aus, dass in einem bestimmten Nachfragersegment, das aus ca. 50000 Unternehmen besteht, die Wahrscheinlichkeit für eine Auftragserteilung einzig davon abhängt, ob die Nachfrager im Falle des Eintritts des Problemfalls das Prospekt von KASA gerade griffbereit haben oder ein Prospekt der in diesem Segment auch tätigen Wettbewerber B, C oder D. Die Häufigkeit, mit der ein Unternehmen aus diesem Segment einen Auftrag pro Jahr erteilt, beträgt ein Prozent. Weiterhin weiß man aus Erfahrung, dass die Nachfrager normalerweise immer nur ein Prospekt archivieren. Eine von KASA kurze Zeit engagierte Unternehmungsberatung empfiehlt, anstelle von Prospekten auf Hochglanzpapier dafür in Zukunft Recyclingpapier zu verwenden, das passe besser zum Image. Um diesen Vorschlag zu bewerten, beauftragt KASA ein Marktforschungsunternehmen, das Prospekt diesbezüglich zu untersuchen. Letzteres versendet das Prospekt von KASA sowie Prospekte von neun anderen Kanalsanierungsunternehmen an (potentielle) Kunden solcher Anbieter mit der Bitte, die Prospekte dahingehend zu beurteilen, inwieweit sie gefallen und sie aufgehoben werden (10-stufige Ratingskala, 1=schlecht, 10=gut). Die Ergebnisse waren folgende.

Prospekt	Beurteilung (Mittelwert)	Papierart X_1	Druckart X_2	Bildanteil X_3
KASA	6.2	Hochglanz	farbig	70%
B	3.7	Hochglanz	schwarz/weiß	40%
C	6.0	Recycling	farbig	60%
D	5.9	Recycling	schwarz/weiß	80%
E	6.4	Recycling	schwarz/weiß	90%
F	5.3	Hochglanz	farbig	60%
G	4.1	Hochglanz	schwarz/weiß	50%
H	7.5	Recycling	farbig	90%
I	6.2	Recycling	schwarz/weiß	80%
J	5.3	Recycling	schwarz/weiß	70%

X_1	X_2	X_3	Y	Ergebnisse einer Regressionsanalyse			
0	1	70	6.2	Variable	b	t	p
0	0	40	3.7				
1	1	60	6.0	(Constant)	1.609677	5.287	0.0019
1	0	80	5.9	X_1	0.393548	2.211	0.0690
1	0	90	6.4	X_2	0.966129	7.863	0.0002
0	1	60	5.3	X_3	0.049677	9.105	0.0001
0	0	50	4.1				
1	1	90	7.5	$r^2=0.9824$, f=111.52, p=0.0000			
1	0	80	6.2				
1	0	70	5.3				

Die Wahrscheinlichkeit, dass ein Prospekt mit bestimmten Gestaltungselementen mit Interesse gelesen und aufgehoben wird und bei Bedarf des Nachfragers eine Anfrage beim Anbieter zur Folge hat, lässt sich nach den Angaben des Marktforschungsunternehmens wie folgt schätzen:

$$w_i = \frac{e^{y_i}}{\sum_i e^{y_i}}$$

mit: w_i: Wahrscheinlichkeit der Erteilung des Auftrags an Unternehmen i

y_i: Gefallenswirkung des Prospekts des Unternehmens i

Soll KASA den Unternehmen neue Prospekte auf Recyclingpapier zusenden, wenn die Porti und Druckkosten je versandten Prospekt € 5.00 betragen und pro Auftrag ein Deckungsbeitrag von € 10,000.- erwirtschaftet wird? Erörtern Sie kritisch die Annahmen Ihrer Analyse.

Lösungsskizze:

Gefallenswirkung des auf Recyclingpapier gedruckten Prospekts:

$$\hat{y} = 1.609677 + 0.393548 \cdot 1 + 0.966129 \cdot 1 + 0.049677 \cdot 70 \approx 6.45$$

Wahrscheinlichkeit des Auftrags (Marktanteil):

Hochglanzpapier:

$$w_i = \frac{e^{6.2}}{e^{6.2} + e^{3.7} + e^{6.0} + e^{5.9}} = 0.379$$

Recyclingpapier:

$$w_i = \frac{e^{6.45}}{e^{6.45} + e^{3.7} + e^{6.0} + e^{5.9}} = 0.439$$

Deckungsbeitragskalkül:

kein neues Prospekt: $0.379 \cdot 50000 \cdot 0.01 \cdot 10000 = 1,895,000$

neues Prospekt: $0.439 \cdot 50000 \cdot 0.01 \cdot 10000 - 50000 \cdot 5 = 1,945,000$

Die zusätzlichen Kosten werden durch den höheren Deckungsbeitrag gedeckt.

Aufgabe 10:

Man möchte für ein Produkt mit einem maximalen Werbebudget von 150 GE in zwei Medien werben, wobei die Medien entweder jeweils alleine oder gemeinsam belegt werden sollen. Der Absatz des Produkts beläuft sich ohne Werbung auf 100 ME, bei extrem hohem Werbeeinsatz sind 160 ME zu erreichen. Der Stückdeckungsbeitrag liegt bei 8 GE. Die Kosten der Belegung von Medium A bzw. B betragen pro Schaltung 30 bzw. 45 GE. Mit einer Belegung von Medium A bzw. B erzielt man 10000 bzw. 15000 Kontakte. Man erwartet ungefähr folgende Absätze in Abhängigkeit der Kontakte.

Kontakte	0	20000	30000	40000	45000	∞
Absatz	100	125	135	140	145	160

Schätzen Sie den Zusammenhang zwischen dem Absatz und der Anzahl der Kontakte unter der Annahme des Gompertz-Modells. Wie oft sollen die beiden Media belegt werden, wenn mindestens 135 GE für Werbung ausgegeben werden sollen?

Lösungsskizze:

Zusammenhang zwischen Kontakteanzahl und Absatz:

Gompertz-Modell: $y = y_{max} e^{-ab^x}$

Linearisierung:

$$\frac{y}{y_{max}} = e^{-ab^x} \Rightarrow \ln\frac{y}{y_{max}} = -ab^x \Rightarrow -\ln\frac{y}{y_{max}} = ab^x \Rightarrow \ln\frac{y_{max}}{y} = ab^x$$

$$\ln\ln\frac{y_{max}}{y} = \ln a + (\ln b)x \Rightarrow z = c + dx$$

Arbeitstabelle:

	x	y	z	$x - \bar{x}$	$z - \bar{z}$	$(x - \bar{x})^2$	$(z - \bar{z})^2$	$(x - \bar{x})(z - \bar{z})$
	20000	125	-1.39893	-13750	0.47687	189062500	0.22740	-6556.91
	30000	135	-1.77255	-3750	0.10325	14062500	0.01066	-387.18
	40000	140	-2.01342	6250	-0.13762	39062500	0.01894	-860.12
	45000	145	-2.31831	11250	-0.44251	126562500	0.19581	-4978.21
$\varnothing$	33750		-1.87580					
Σ	135000		-7.50321	0	0	368750000	0.45281	-12782.42

$d = -12782.42/368750000 = -0.0000346642$ $\Rightarrow$ b=0.99997
$c = -1.87580 - 33750 \cdot (-0.000034664) = -0.705886$ $\Rightarrow$ a=0.49367
$r^2 = (-12782.42)^2/(368750000 \cdot 0.45281) = 0.97853$

y	$\hat{y} = 160 e^{-0.49367 \cdot 0.99997^x}$
125	125.01
135	134.38
140	141.43
145	144.23

Zusammenhang zwischen Mediaplan und Werbedeckungsbeitrag:

Belegung A	B	Werbekosten	Kontakte	Absatz (geschätzt)	zusätzlicher Absatz (geschätzt)	Werbedeckungbeitrag
5x	0x	5·30=150	50000	146.63	46.63	223.04
3x	1x	3·30+45=135	45000	144.23	44.23	218.84
2x	2x	2·30+2·45=150	50000	146.63	46.63	223.04
0x	3x	3·45=135	45000	144.23	44.23	218.84

Unter den getroffenen Annahmen ist die fünfmalige Belegung von Medium A oder die zwei-malige Belegung von Medium A und von Medium B zu empfehlen.

Aufgabe 11:

Für das Unternehmen Wash&Go soll im Rahmen der Mediaplanung eine Printkampagne ge-plant werden. Es kommen zwei Zeitschriften als Werbeträger in Frage. Aus finanziellen Gründen soll die Anzeige nur in einer der beiden Zeitschriften geschaltet werden. Die gewähl-te Zeitschrift soll jedoch in jedem Fall zwei Mal in Folge belegt werden, da man sich davon eine höhere Werbewirkung erhofft. Folgende Daten sind bekannt:

Zeit-schrift	Anteil der Personen mit ... Werbeträgerkon-takten bei zweifacher Belegung		Werbeträgerbezoge-ne Bruttoreichweite	Seitenkontakt-wahr-scheinlichkeit	Kosten einer Schaltung (in €)
	1	2			
A	25%	75%	612 500	0.82	10 500
B	34%	66%	796 800	0.70	15 000

Es wird angenommen, dass die Werbewirkung bei zweifachem Werbemittelkontakt dreimal so hoch ist wie bei einem Kontakt. Berechnen Sie bitte die quantitativen Tausenderpreise der Werbeaktion auf Basis der Nettoreichweite und geben Sie an, welche Alternative nach diesem Kriterium optimal ist. Berechnen Sie anschließend die qualitativen Nettoreichweiten und die dazugehörigen Tausenderpreise. Welche der beiden Alternativen ist optimal?

Lösungsskizze:

Bewertung der beiden Zeitschriften:

$$BRW_A = 0.25 \, NRW_A + 2 \, (0.75 \, NRW_A)$$
$$NRW_A = BRW_A/1.75 = 612 \, 500/1.75 = 350 \, 000$$
$$NRW_B = BRW_B/1.66 = 796 \, 800/1.66 = 480 \, 000$$
$$TP_A = 21 \, 000/350 = 60 \qquad \rightarrow \text{optimal}$$
$$TP_B = 30 \, 000/480 = 62.5$$
(BRW = Bruttoreichweite, NRW = Nettoreichweite, TP = Tausenderpreis)

Qualitative Nettoreichweiten:

Qual. RW_A = $(0.25 \cdot 350 \, 000 \cdot 0.82) \cdot 1$ (1 Kontakt mit WT und WM)
     + $(0.75 \cdot 350 \, 000 \cdot 0.82 \cdot 0.18 \cdot 2) \cdot 1$ (2 Kontakte mit WT/1 Kontakt mit WM)
     + $(0.75 \cdot 350 \, 000 \cdot 0.82 \cdot 0.82) \cdot 3$ (2 Kontakte mit WT/2 Kontakte m. WM)
     = $71750 + 77490 + 529515 = 678 \, 755$

Qual. RW_B = $(0.34 \cdot 480 \, 000 \cdot 0.7) \cdot 1$ (1 Kontakt mit WT und WM)
     + $(0.66 \cdot 480000 \cdot 0.7 \cdot 0.3 \cdot 2) \cdot 1$ (2 Kontakte mit WT/1 Kontakt mit WM)
     + $(0.66 \cdot 480000 \cdot 0.7 \cdot 0.7) \cdot 3$ (2 Kontakte mit WT/2 Kontakte m. WM)
     = $114240 + 133056 + 465696 = 712 \, 992$

Qualitative Tausenderpreise:

$TP_A = 21000/678.755 = 30.94 \rightarrow$ optimal

$TP_B = 30000/712.992 = 42.08$

Aufgabe 12:

Der Produktmanager der Waschmittelmarke Hobkop weiß aus seiner bisherigen Erfahrung, dass die Kaufwahrscheinlichkeit aller 20 Mio. Konsumenten von Waschmitteln einheitlich in allen soziodemografischen Segmenten 5 Prozent beträgt. Hobkop ist sehr ertragsstark (€ 1.50 Stückdeckungsbeitrag vor Sonderwerbung). Daher soll der Marktanteil ausgeweitet werden. Es wurden drei Werbespots entworfen, die für die Ausstrahlung im Fernsehen vorgesehen sind. Je nach Sender soll ein anderer Spot ausgestrahlt werden:

Alternative	Seheranzahl (Mio. Hausfrauen)		Anteil der Hausfrauen, die Hausarbeit gegenüber aufgeschlossen sind		Belegkosten (in €)
	ältere Frauen	jüngere Frauen	ältere Frauen	jüngere Frauen	
(1) Spot 1 auf Sender A	3.5	6.5	20%	20%	150000
(2) Spot 2 auf Sender B	6.0	2.0	30%	30%	177000
(3) Spot 3 auf Sender C	0.5	4.5	60%	60%	189000
(4) (2) und (3) gemeinsam[1]	0.5	1.5	60%	40%	366000

[1] Angaben für Überschneidung

Aus den Ergebnissen von Testmarktsimulationen schließt man auf folgende Kaufwahrscheinlichkeiten für die Werbeerreichten.

durch Spot erreichte Frauen	Kaufwahrscheinlichkeit			
	aufgeschlossene Hausfrauen		sonstige Hausfrauen	
	ältere	jüngere	ältere	jüngere
1	0.08	0.08	0.06	0.06
2	0.12	0.02	0.08	0.01
3	0.06	0.12	0.05	0.08
2 und 3	0.13	0.13	0.09	0.09

Soll überhaupt einer der drei Spots gesendet werden? Welche Alternative soll gegebenenfalls gewählt werden?

Lösungsskizze:

Alternative	Segment	Anzahl in Mio.	Stück-DB	Kauf-wahr.	Streu-kosten	Produkt-DB	Werbe-DB
kein Spot	nicht Erreichte	20	1.50	0.05	0	1500000	0
nur Spot 1	nicht Erreichte	10	1.50	0.05	150000	1560000	60000
	älter, sonstige	3.5·0.8=2.8	1.50	0.06			
	älter, aufgeschlossen	3.5·0.2=0.7	1.50	0.08			
	jünger, sonstige	6.5·0.8=5.2	1.50	0.06			
	jünger, aufgeschlossen	6.5·0.2=1.3	1.50	0.08			
nur Spot 2	nicht Erreichte	12	1.50	0.05	177000	1590000	90000
	älter, sonstige	6.0·0.7=4.2	1.50	0.08			
	älter, aufgeschlossen	6.0·0.3=1.8	1.50	0.12			
	jünger, sonstige	2.0·0.7=1.4	1.50	0.01			
	jünger, aufgeschlossen	2.0·0.3=0.6	1.50	0.02			
nur Spot 3	nicht Erreichte	15	1.50	0.05	189000	1680000	180000
	älter, sonstige	0.5·0.4=0.2	1.50	0.05			
	älter, aufgeschlossen	0.5·0.6=0.3	1.50	0.06			
	jünger, sonstige	4.5·0.4=1.8	1.50	0.08			
	jünger, aufgeschlossen	4.5·0.6=2.7	1.50	0.12			
Spot zweimal	älter, sonstige	0.5·0.4=0.2	1.50	0.09	366000	1876500	376500
2+3 Erreichte	älter, aufgeschlossen	0.5·0.6=0.3	1.50	0.13			
	jünger, sonstige	1.5·0.6=0.9	1.50	0.09			
	jünger, aufgeschlossen	1.5·0.4=0.6	1.50	0.13			
nur von	älter, sonstige	4.2-0.2=4.0	1.50	0.08			
Spot 2	älter, aufgeschlossen	1.8-0.3=1.5	1.50	0.12			
Erreichte	jünger, sonstige	1.4-0.9=0.5	1.50	0.01			
	jünger, aufgeschlossen	0.6-0.6=0.0	1.50	0.02			
nur von	älter, sonstige	0.2-0.2=0.0	1.50	0.05			
Spot 3	älter, aufgeschlossen	0.3-0.3=0.0	1.50	0.06			
Erreichte	jünger, sonstige	1.8-0.9=0.9	1.50	0.08			
	jünger, aufgeschlossen	2.7-0.6=2.1	1.50	0.12			
nicht Erreichte		9	1.50	0.05			

DB: Deckungsbeitrag

Empfehlung: Es ist vorteilhaft, Spot 2 und Spot 3 zu senden, da in diesem Fall der höchste, positive Werbedeckungsbeitrag resultiert. Für die Berechnung wurde vereinfachend angenommen, dass sich die Kaufwahrscheinlichkeiten dauerhaft erhöhen.

Aufgabe 13:

Für ein Produkt des Bereiches elektronische Handwerksgeräte soll die Mediaplanung vorgenommen werden. Das Produkt ist relativ teuer und wird fast ausschließlich von Männern gekauft, die in Orten bis 20,000 Einwohner in ländlichen Regionen leben (Umfang Zielgruppe: 3.622 Mio.). Als Werbeträger kommen vier Zeitschriften in Betracht.

Zeitschrift	Seitenpreis (in €)	Kontaktqualität (Gewichtungsfaktor)	Reichweite in der Zielgruppe
A	50000	1.0	0.28 Mio.
B	40000	0.6	0.78 Mio.
C	60000	2.1	0.15 Mio.
D	40000	4.0	0.11 Mio.

Welche Zeitschrift soll belegt werden, wenn der Tausenderpreis optimiert werden soll?

Lösungsskizze:

Zeitschrift	quantitativer Tausenderpreis	qualitativer Tausenderpreis
A	50000/280 = 178.6	50000/(280·1.0) = 178.6
B	40000/780 = 51.3	40000/(780·0.6) = 85.5
C	60000/150 = 400.0	60000/(150·2.1) = 190.5
D	40000/110 = 363.6	40000/(110·4.0) = 90.9

Zeitschrift B ist sowohl ohne als auch mit Gewichtung zu empfehlen.

Aufgabe 14:

Ein Hersteller von Zigarillos weiß aus Marktforschungsuntersuchungen, dass der Absatzmarkt in drei Konsumentensegmente aufgespaltet werden kann, die unterschiedlich groß sind und für die unterschiedliche Kaufwahrscheinlichkeiten gelten:

Segment	Umfang	Kaufwahrscheinlichkeit
1: Männer, 20-29 Jahre, Abitur, maskuline Selbstwahrnehmung	240000	0.075
2: Männer, 30-39 Jahre, weiterführende Schule ohne Abitur, maskuline Selbstwahrnehmung	300000	0.05
3: Männer, 40-49 Jahre, Volksschule mit Lehre, maskuline Selbstwahrnehmung	800000	0.02

Für eine ganzseitige Anzeigenwerbung werden folgende vier Zeitschriften in die engere Wahl gezogen:

Zeitschrift	segmentspezifische Reichweiten			Beleg-kosten	Anzeigenkontakt-wahrscheinlichkeit
	Segment 1	Segment 2	Segment 3		
A	10%	8%	20%	44800	0.4
B	30%	12%	7.5%	45200	0.3
C	6%	8%	12%	43100	0.5
D	8%	15%	15%	47405	0.5

Welche Zeitschrift soll ausgewählt werden?

Lösungsskizze:

Titel	qualitative Reichweite
A	(10%·240000·0.075 + 8%·300000·0.05+ 20%·800000·0.02)·0.4 = 2480
B	(30%·240000·0.075 +12%·300000·0.05+7.5%·800000·0.02)·0.3 = 2520
C	(6%·240000·0.075 + 8%·300000·0.05+ 12%·800000·0.02)·0.5 = 2100
D	(8%·240000·0.075 +15%·300000·0.05+ 15%·800000·0.02)·0.5 = 3045
	qualitativer Tausenderpreis
A	44800/2.480·1000 = 18065
B	45200/2.520·1000 = 17937
C	43100/2.100·1000 = 20524
D	47405/3.045·1000 = 15568

Titel D hat sowohl die höchste Reichweite als auch den geringsten Tausenderpreis.

Aufgabe 15:

In einem Unternehmen wird die Streuung von drei Werbespots geplant, die, unterbrochen durch andere Spots, im selben Werbeblock zwischen 18.30 und 18.40 enthalten sein sollen. Die Zielgruppe setzt sich aus 4.0 Mio. Männern und 5.5 Mio. Frauen zusammen. Es kommen die drei Fernsehanstalten A, B und C in Frage. Über die Bruttoreichweiten einer Aussendung liegen folgende Informationen vor:

Sender	Bruttoreichweite (in Mio.)		Kosten (in €)
	Männer	Frauen	
A	1.6	3.4	375000
B	1.5	1.5	275000
C	1.3	0.7	250000

Dabei bestehen folgende Überschneidungen (in Mio.):

Sender	Überschneidung	
	Männer	Frauen
A+B	0.5	0.5
A+C	0.3	0.2
B+C	0.25	0.25
A+B+C	0.035	0.065

Es wird mit folgenden Kaufwahrscheinlichkeiten gerechnet:

	Kaufwahrscheinlichkeit	
	Männer	Frauen
vor Spot	0.001	0.005
nach ein- oder mehrmals gesehenem Spot	0.005	0.030

Wie soll entschieden werden?

Lösungsskizze:

Venndiagramm:

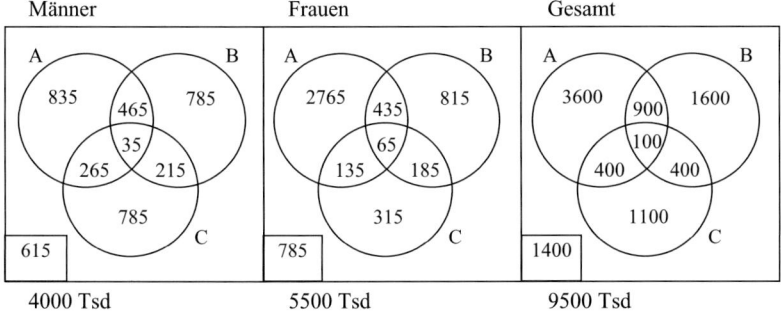

Reichweiten und Tausenderpreise:

Belegung	Personen, die Spot sehen				Personen, die Spot nicht sehen				Anzahl der Käufer
	Män-ner(Tsd.)	Kauf-wahrs.	Frauen (Tsd.)	Kauf-wahrs.	Männer (Tsd.)	Kauf-wahrs.	Frauen (Tsd.)	Kauf-wahrs.	
keine	0 ·	0.001 +	0 ·	0.005	4000 ·	0.001 +	5500 ·	0.005	31500
A	1600 ·	0.005 +	3400 ·	0.030	2400 ·	0.001 +	2100 ·	0.005	122900
B	1500 ·	0.005 +	1500 ·	0.030	2500 ·	0.001 +	4000 ·	0.005	75000
C	1300 ·	0.005 +	700 ·	0.030	2700 ·	0.001 +	4800 ·	0.005	54200
A+B	2600 ·	0.005 +	4400 ·	0.030	1400 ·	0.001 +	1100 ·	0.005	151900
A+C	2600 ·	0.005 +	3900 ·	0.030	1400 ·	0.001 +	1600 ·	0.005	139400
B+C	2550 ·	0.005 +	1950 ·	0.030	1450 ·	0.001 +	3550 ·	0.005	90450
A+B+C	3385 ·	0.005 +	4715 ·	0.030	615 ·	0.001 +	785 ·	0.005	162915

Belegung	Beleg-kosten	quantitative Reichweite (Tsd.)	quantitativer Tausender-preis	qualitative Reichweite (Tsd.)	qualitativer Tausenderpreis
keine	0	0	-	0.0	-
A	375000	5000	75.00	110.0	3409
B	275000	3000	91.67	52.5	5238
C	250000	2000	125.00	27.5	9091
A+B	650000	7000	92.86	145.0	4483
A+C	625000	6500	96.15	130.0	4808
B+C	525000	4500	116.67	71.3	7363
A+B+C	900000	8100	111.11	158.4	5682

Bei einer Entscheidung nach dem quantitativen oder dem qualitativen Tausenderpreis ist die Belegung von Sender A zu empfehlen.

Aufgabe 16:

Ein Hersteller von Rasierapparaten will maximal € 60000 für eine einmalige Schaltung einer ganzseitigen Schwarz-Weiß-Anzeige ausgeben. Nachstehende Tabelle enthält einige Informationen für die in Betracht gezogenen Zeitschriften.

Zeitschrift	Kosten für 1 Seite	Leser pro Ausga-be (in Mio.)	Anteil an Lesern pro Ausgabe	
			Männer	Frauen
A	59000	5.1	60%	40%
B	56000	5.2	20%	80%
C	20000	3.6	80%	20%
D	36000	3.2	45%	55%

Die Anzahl der Männer in der Grundgesamtheit, die Rasierapparate der beworbenen Art verwenden, ist 16 Mio., die ihrer Frauen 18 Mio. Es ist bekannt, dass 40% der Leser von C gleichzeitig auch Leser von D sind und dass 50% der männlichen Leser von C auch Leser von D sind. Der Hersteller geht davon aus, dass der „Wert" eines durch die Werbung erreichten Mannes 1.0 und der "Wert" einer erreichten Frau 0.5 ist und dass die Kaufwahrscheinlichkeit sich durch einen zweiten Kontakt um 30% erhöht. Wie ist zu entscheiden?

Lösungsskizze:

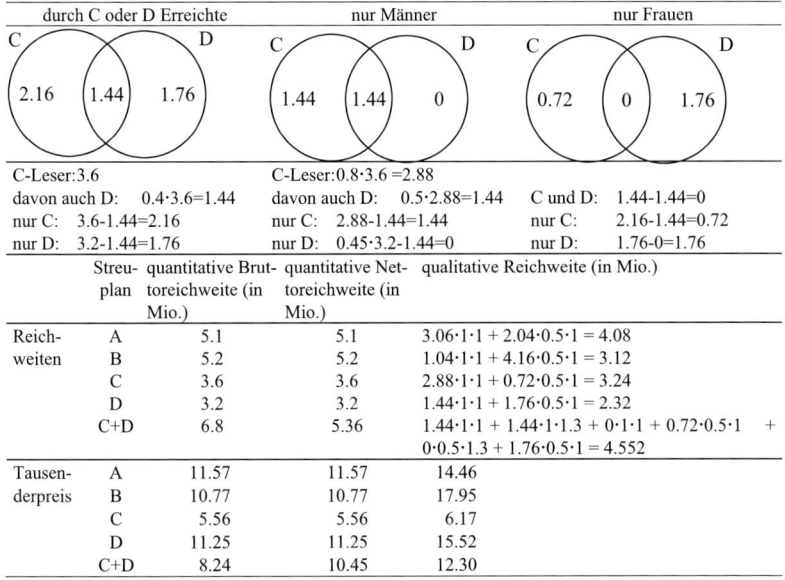

| durch C oder D Erreichte | nur Männer | nur Frauen |

C-Leser:3.6
davon auch D: 0.4·3.6=1.44
nur C: 3.6-1.44=2.16
nur D: 3.2-1.44=1.76

C-Leser:0.8·3.6 =2.88
davon auch D: 0.5·2.88=1.44
nur C: 2.88-1.44=1.44
nur D: 0.45·3.2-1.44=0

C und D: 1.44-1.44=0
nur C: 2.16-1.44=0.72
nur D: 1.76-0=1.76

		Streuplan	quantitative Bruttoreichweite (in Mio.)	quantitative Nettoreichweite (in Mio.)	qualitative Reichweite (in Mio.)
Reichweiten	A	5.1	5.1	$3.06 \cdot 1 \cdot 1 + 2.04 \cdot 0.5 \cdot 1 = 4.08$
	B	5.2	5.2	$1.04 \cdot 1 \cdot 1 + 4.16 \cdot 0.5 \cdot 1 = 3.12$
	C	3.6	3.6	$2.88 \cdot 1 \cdot 1 + 0.72 \cdot 0.5 \cdot 1 = 3.24$
	D	3.2	3.2	$1.44 \cdot 1 \cdot 1 + 1.76 \cdot 0.5 \cdot 1 = 2.32$
	C+D	6.8	5.36	$1.44 \cdot 1 \cdot 1 + 1.44 \cdot 1 \cdot 1.3 + 0 \cdot 1 \cdot 1 + 0.72 \cdot 0.5 \cdot 1 +$ $0 \cdot 0.5 \cdot 1.3 + 1.76 \cdot 0.5 \cdot 1 = 4.552$
Tausenderpreis	A	11.57	11.57	14.46
	B	10.77	10.77	17.95
	C	5.56	5.56	6.17
	D	11.25	11.25	15.52
	C+D	8.24	10.45	12.30

Die Belegung der beiden Zeitschriften C und D liefert die höchste Reichweite. Unter dem Gesichtspunkt des Tausenderpreises ist die Belegung der Zeitschrift C alleine vorteilhaft.

Aufgabe 17:

Ein führender Waschmaschinenhersteller möchte einen TV-Spot ausstrahlen. Seine Berater unterstellen, dass bei TV-Zuschauern folgende Recall-Werte festzustellen sein werden:

Anzahl der Schaltungen	1	2	≥3
Kontaktmengengewicht (Recall-Wert)	0.3	0.8	1.0

Als Schaltzeiten für den Spot werden die drei aufeinanderfolgenden Tage Dienstag, Mittwoch und Donnerstag jeweils um 18.50 im Vorabendprogramm gewählt. Alternativ stehen die Sender A oder B zu Wahl. Es liegen folgende Daten vor:

Sender	eingeschaltete Fernsehapparate (in Mio.)			interne Überschneidungen (Mio. TV-Geräte)			Nettoreichweite bei 3 Schaltungen, bezogen auf Apparate (in Mio.)	Ø Anzahl der TV-Seher je eingeschaltetem Apparat	Kosten für eine Schaltung (in €)
	Di	Mi	Do	Di+Mi	Di+Do	Mi+Do			
A	1.5	3.0	2.0	0.7	1.2	1.5	3.8	3.1	70 000
B	2.5	4.0	1.0	2.0	0.8	0.8	4.5	3.0	72 000

Welcher Sender ist zu belegen?

Lösungsskizze:

$$Di + Mi + Do - (Di+Mi) - (Di+Do) - (Mi+Do) + (Di+Mi+Do) = NRW$$

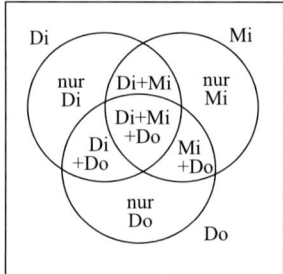

Hinsichtlich Zweifach-Überschneidungen wie etwa „Di+Mi" ist „Di und Mi und nicht Do" gemeint.

Berechnung der Überschneidung Di+Mi+Do:

Sender A: $1.5+3.0+2.0 - 0.7-1.2-1.5 + (Di+Mi+Do) = 3.8 \Rightarrow Di+Mi+Do = 0.7$

Sender B: $2.5+4.0+1.0 - 2.0-0.8-0.8 + (Di+Mi+Do) = 4.5 \Rightarrow Di+Mi+Do = 0.6$

Eingeschaltete Apparate in Mio:

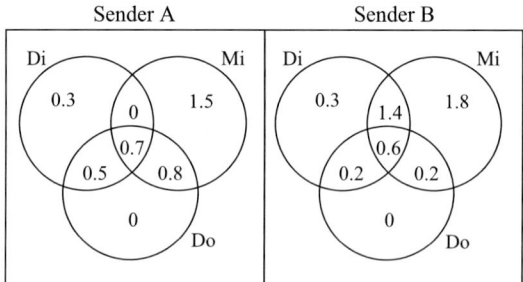

Berechnung der Reichweite und des Tausenderpreises:

Sen-der	Kontakte (TV-Geräte)			qualitative Reichweite (in Mio. Personen)	gewichteter Tausenderpreis
	1	2	3		
A	1.8 Mio	1.3 Mio	0.7 Mio	3.1 ($0.3 \cdot 1.8 + 0.8 \cdot 1.3 + 1.0 \cdot 0.7$)=7.068	$3 \cdot 70000/7068$=29.71
B	2.1 Mio	1.8 Mio	0.6 Mio	3.0 ($0.3 \cdot 2.1 + 0.8 \cdot 1.8 + 1.0 \cdot 0.6$)=8.010	$3 \cdot 72000/8010$=26.97

Die Belegung von Sender B ist vorteilhafter als die Belegung von Sender A.

Aufgabe 18:

Die Molke KG beabsichtigt, für ihr im Hochpreissegment angesiedeltes Joghurt eine Anzeigenwerbung durchzuführen. Die Zielgruppe sind Joghurtverwender. Da die Werbebotschaft speziell auf Wohlbefinden unter Haushaltmitgliedern abzielt, werden Singlehaushalte nicht zur Werbezielgruppe gerechnet. Zwei Zeitschriften A und B kommen als Werbeträger in Betracht, eine davon soll ausgewählt werden. Es liegen folgende Daten für die Struktur der Zielgruppe unter den Lesern der beiden Titel vor.

Region	Bildung	Geschlecht	Hauhalts-größe	Entscheidungs-einfluß	Pro-Kopf-Konsum-intensität	Werbeträger-Reichweite A	Werbeträger-Reichweite B
Nord	hoch	männlich	2.6	0.3	3.0	10000	10000
	hoch	weiblich	2.8	0.7	3.0	25000	30000
	gering	männlich	2.7	0.2	2.0	5000	7000
	gering	weiblich	2.9	0.8	2.0	15000	10000
Süd	hoch	männlich	2.7	0.3	3.5	10000	8000
	hoch	weiblich	2.9	0.7	3.5	25000	27000
	gering	männlich	2.8	0.2	2.5	8000	7000
	gering	weiblich	3.0	0.8	2.5	12000	11000
Summe						110000	110000

Man geht davon aus, dass Personen mit hoher Bildung weniger stark mit Käufen auf Werbung reagieren als Personen mit geringer Bildung. Die „Werbeempfänglichkeit" wird für erstere Personen mit 0.3, für die zweitgenannte Personengruppe mit 0.6 quantifiziert.

Für die beiden Titel kennt man ferner die Werbemittelkontaktchancen. Sie beläuft sich bei A auf 0.8, bei B auf 0.85.

Schließlich liegt bereits eine Untersuchung zur kurzfristigen Speicherqualität von Werbeanzeigen im betreffenden Produktbereich vor. Es wurde untersucht, inwieweit (eine andere) Joghurt-Anzeige von den Lesern der Zeitschriften wiedererkannt wird, wenn vorher durch eine geeignete Beobachtung sichergestellt wurde, dass die Personen vorher die Seite mit der Anzeige überhaupt wahrgenommen hatten. In diesem Zusammenhang war auch die Kompetenz der beiden Titel für den Bereich Lebensmittel/Molkereiprodukte untersucht worden. In diesem Werbemitteltest hatten 100 Personen eine Ausgabe von Titel A und weitere 100 Personen eine Ausgabe von Titel B erhalten, in der die Anzeige plaziert war. Es hatten sich folgende Werte ergeben.

Werbeträger A – Kompetenz für Molkereiprodukte	Stich-probe	Recognition-Werte		Werbeträger B – Kompetenz für Molkereiprodukte	Stich-probe	Recognition-Werte	
6 (sehr gut)	30	15	(50%)	6 (sehr gut)	10	7	(70%)
5	25	12	(48%)	5	10	5	(50%)
4	20	8	(40%)	4	20	8	(40%)
3	15	5	(33%)	3	30	6	(20%)
2	10	2	(20%)	2	20	1	(5%)
1 (ungenügend)	0		-	1 (ungenügend)	10	0	(0%)
Summe	100	42			100	27	

Welcher Werbeträger ist zu belegen? Begründen Sie Ihre Empfehlung.

Lösungsskizze:

Quantitative Reichweite:

Aufgrund der quantitativen Reichweite ist eine Entscheidung zwischen den beiden Alternativen nicht möglich. Beide Zeitschriften haben eine Reichweite von jeweils 110 000 Lesern in der Zielgruppe.

Personengewichte:

Region	Bildung	Geschlecht	$g = g_1 \cdot g_2 \cdot g_3 \cdot g_4$	$g \cdot 8/13.32$
Nord	hoch	männlich	$0.3 \cdot 2.6 \cdot 0.3 \cdot 3.0 = 0.70$	0.42
	hoch	weiblich	$0.3 \cdot 2.8 \cdot 0.7 \cdot 3.0 = 1.76$	1.06
	gering	männlich	$0.6 \cdot 2.7 \cdot 0.2 \cdot 2.0 = 0.65$	0.39
	gering	weiblich	$0.6 \cdot 2.9 \cdot 0.8 \cdot 2.0 = 2.78$	1.67
Süd	hoch	männlich	$0.3 \cdot 2.7 \cdot 0.3 \cdot 3.5 = 0.85$	0.51
	hoch	weiblich	$0.3 \cdot 2.9 \cdot 0.7 \cdot 3.5 = 2.13$	1.28
	gering	männlich	$0.6 \cdot 2.8 \cdot 0.2 \cdot 2.5 = 0.84$	0.50
	gering	weiblich	$0.6 \cdot 3.0 \cdot 0.8 \cdot 2.5 = 3.60$	2.16
Summe			13.32	8.00

Der Kontakt mit einer Person „Nord, hoch, männlich" ist rund nur 1/4 des Kontaktes mit einer Person „Nord, gering, weiblich" wert.

Die mit den Personengewichten gewichtete Reichweite ist dann für A 124824 und für B 121412. Zeitschrift A hat demzufolge eine höhere qualitative Reichweite als B, wenn nur Personengewichte berücksichtigt werden.

Mediagewichte: Mit Mediagewichten kann berücksichtigt werden, wie wahrscheinlich ein Werbeträgerkontakt auch zu einem Werbemittelkontakt führt und wie wahrscheinlich ein Werbemittelkontakt zu einer kurzfristigen Speicherung des Werbemittels führt.

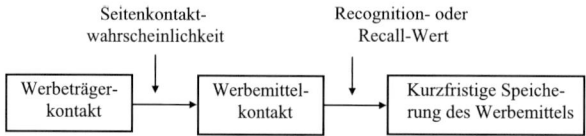

Die Kompetenzwerte, die im Fall von A im Durchschnitt 4.5 und im Fall von B 3.3 betragen, können nicht als Mediagewichte verwendet werden. Sie sind weder ratioskaliert, noch stehen sie in einem proportionalen Verhältnis zu den oben angegebenen Recognitionwerten. Die angegebenen Kompetenzwerte zeigen für das betrachtete Produkt allenfalls, dass ein positiver Zusammenhang zwischen Mediakompetenz und Speicherqualität von Werbemitteln besteht.

Zeitschrift	Werbemittelkontakt-chance	Speicherqualität (Kompetenz)	Werbeträgergewicht
A	0.80	0.42	0.3360
B	0.85	0.27	0.2295

Zeitschrift	quantitative Reichweite	mit Personengewicht gewichtet	zusätzlich mit Media-gewicht gewichtet
A	111000	124824	41941
B	111000	121412	27864

Die qualitative Reichweite beträgt für Zeitschrift A 41941 Personen, für Zeitschrift B 27864. Bei gleichen Belegkosten für A und B ist die Entscheidung zugunsten von A zu fällen.

Falls man annimmt, dass die Belegung einer Seite in Zeitschrift A € 60000 und eine Seite in Zeitschrift B nur € 40000 kosten, kann der (qualitative) Tausenderpreis wie folgt gebildet werden:

$$A: \frac{60000}{41.941} = 1431; \quad B: \frac{40000}{27.864} = 1436$$

1000 Kontakte mit Personen, die die Werbebotschaft speichern, kosten bei Belegung von A DM 1431, bei Belegung von B 1436.

Empfehlung: Die Belegung von B darf nur maximal 2/3 der Belegung von A kosten. Kostet die Belegung von B weniger als 2/3 der Belegkosten von A, so ist B zu wählen, ansonsten die Zeitschrift A. Geht man von annähernd gleichen Kosten für A und B aus, so ist A zu wählen.

10. Kundenpräferenzen

Aufgabe 1:

Sie beabsichtigen, ein Auto zu kaufen, und Sie haben sechs Händler zur Auswahl, für die folgende Informationen vorliegen.

Händler	Information über Eigenschaften der Händler		
	Anzahl Mitarbeiter im Verkauf	Qualifikation der Mitarbeiter in der Werkstatt*)	Zahlungsfrist
A	5	70%	10 Tage
B	2	75%	35 Tage
C	3	70%	35 Tage
D	5	45%	15 Tage
E	5	60%	10 Tage
F	4	45%	35 Tage

*) Anteil der zufriedenen Werkstatt-Kunden laut Aushang im Verkaufsbereich

Welchen Händler müssten Sie wählen, wenn Sie Regeln der normativen Entscheidungstheorie beachten wollen?

Lösungsskizze:

Sie müssten folgende Sequenz durchlaufen:

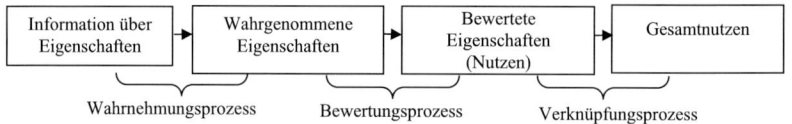

Wahrnehmungsprozess:

Die Informationen über die Eigenschaften von Wahlmöglichkeiten müssten so wahrgenommen werden, wie es den verfügbaren Informationen entspricht. D.h. diese Information wird nicht verzerrt wahrgenommen oder und einzelne Teile werden nicht vernachlässigt. Der vorliegenden Information wird auch geglaubt.

Bewertungsprozess:

Den Eigenschaften müssten Nutzenwerte zugeordnet werden. Es müssten Überlegungen angestellt werden, wie wertvoll bestimmte Merkmalseigenschaften sind. Dazu müssen pro Eigenschaft Nutzenfunktionen aufgestellt werden. Es sei Folgendes unterstellt.

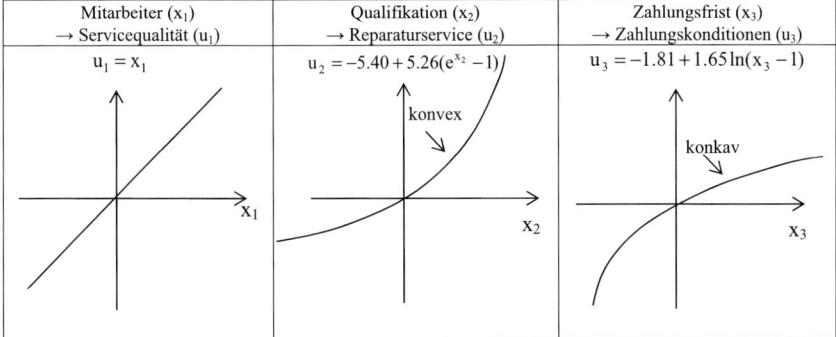

Mitarbeiter (x_1) → Servicequalität (u_1)	Qualifikation (x_2) → Reparaturservice (u_2)	Zahlungsfrist (x_3) → Zahlungskonditionen (u_3)
$u_1 = x_1$	$u_2 = -5.40 + 5.26(e^{x_2} - 1)$	$u_3 = -1.81 + 1.65\ln(x_3 - 1)$

Dann resultieren folgende Nutzenwerte:

Merkmal	Ausprägungen (x)	Nutzenwerte (u)
Anzahl der Mitarbeiter im Verkauf	2, 3, 4, 5	2, 3, 4, 5
Qualifikation der Mitarbeiter in der Werkstatt	45%, 60%, 70%, 75%	2, 3, 4, 5
Zahlungsfrist	10, 15, 35, 60 Tage	2, 3, 4, 5

Es liegen folgende Nutzenwerte vor.

Händler	Beratung	Reperaturservice	Zahlungskonditionen
A	5	4	2
B	2	5	4
C	3	4	4
D	5	2	3
E	5	3	2
F	4	2	4

Verknüpfungsprozess:

Schließlich müsste eine Verknüpfungsregel angewendet werden, um die Option zu identifizieren, die den höchsten Nutzen stiftet.

1. Annahme: Nutzenwerte vergleichbar, Merkmalsbedeutungen bekannt ($g_1:g_2:g_3 = 50:25:25$):

Vorschlag: Gewichteten Nutzen maximieren $u_i = \sum_h g_h u_{ih} \to \max_i$

$u_A = 0.5 \cdot 5 + 0.25 \cdot 4 + 0.25 \cdot 2 = 4$
$u_B = 0.5 \cdot 2 + 0.25 \cdot 5 + 0.25 \cdot 4 = 3.25$
$u_C = 3.5$, $u_D = 3.75$, $u_E = 3.75$, $u_F = 3.5$
$\to A > D = E > C = F > B$.

2. Annahme: Nutzenwerte vergleichbar, Merkmalsbedeutungen unbekannt.

Vorschlag: Orientierung am minimalen und/oder am maximalen Nutzen:

$$\min_h u_{ih} \to \max_i \qquad \max_h u_{ih} \to \max_i \qquad 0.5 \cdot \min_h u_{ih} + 0.5 \cdot \max_h u_{ih} \to \max_i$$

Händler	Nutzen			Werte der Zielfunktionen		
	Beratung	Service	Konditionen	min	max	1/2·min+1/2·max
A	5	4	2	2	5	3.5
B	2	5	4	2	5	3.5
C	3	4	4	3	4	3.5
D	5	2	3	2	5	3.5
E	5	3	2	2	5	3.5
F	4	2	4	2	4	3
max.	5	5	4			

Minimaler Nutzen: C > A = B = D = E = F
Maximaler Nutzen: A = B = D = E > C = F
Gleichgewichtung von minimalem und maximalem Nutzen: A = B = C = D = E > F

Alternativer Vorschlag: Summe des Bedauerns minimieren $\sum\limits_h (\max_i u_{ih} - u_{ih}) \to \min_i$

Händler	Nutzen			Bedauern			
	Beratung	Service	Konditionen	Beratung	Service	Konditionen	Σ
A	5	4	2	5-5 = 0	5-4 = 1	4-2 = 2	3
B	2	5	4	5-2 = 3	0	0	3
C	3	4	4	5-3 = 2	1	0	3
D	5	2	3	0	3	1	4
E	5	3	2	0	2	2	4
F	4	2	4	1	3	0	4
max.	5	5	4				

→ A = B = C > D = E = F

Weiterer Vorschlag: maximales Bedauerns minimieren $\max_h(\max_i u_{ih} - u_{ih}) \to \min_i$

Händler	Nutzen			Bedauern			
	Beratung	Service	Konditionen	Beratung	Service	Konditionen	max.
A	5	4	2	5-5 = 0	5-4 = 1	4-2 = 2	2
B	2	5	4	5-2 = 3	0	0	3
C	3	4	4	5-3 = 2	1	0	2
D	5	2	3	0	3	1	3
E	5	3	2	0	2	2	2
F	4	2	4	1	3	0	3
max.	5	5	4				

→ A = C = E > B = D = F

3. Annahme: Nutzenwerte nicht vergleichbar, Merkmalsbedeutungen bekannt

Vorschlag: lexikografische Regel (Bewertung anhand des wichtigsten Merkmals; bei Indifferenz Bewertung anhand des zweitwichtigsten Merkmals usw.)

Wichtigstes Ziel: Zahlungskonditionen; zweitwichtigstes Ziel: Reparaturservice; drittwichtigstes Ziel: Beratung

Rangreihe gemäß Zahlungskonditionen: B = C = F > D > A = F
Rangreihe im Fall von Indifferenzen anhand von Reparaturservice: B>C>F>D>A>E
Rangreihe mittels Beratung nicht mehr erforderlich.

4. Annahme: Nutzenwerte über Merkmale hinweg nicht vergleichbar, Merkmalsbedeutungen nicht bekannt

Vorschlag: Maximierung des minimalen Zielerreichungsgrades $\min\limits_{h} \dfrac{u_{ih}}{\max\limits_{i} u_{ih}} \to \max\limits_{i}$

Händler	Nutzen			Zielerreichungsgrad			
	Beratung	Service	Konditionen	Beratung	Service	Konditionen	min.
A	5	4	2	5/5 = 1	4/5 = 0.8	2/4 = 0.5	0.5
B	2	5	4	2/5 = 0.4	5/5 = 1	4/4 = 1	0.4
C	3	4	4	3/5 = 0.6	0.8	4/4 = 1	0.6
D	5	2	3	1	0.4	¾ = 0.75	0.4
E	5	3	2	1	0.6	0.5	0.5
F	4	2	4	0.8	0.4	1	0.4
max.	5	5	4				

→ C > A = E > B = D = F

Fazit der Analysen:

Die Wahl eines Händlers hängt von der angewendeten Bewertungs- und Verknüpfungsregel ab. Da sie nicht „vorgegeben" sind, ist es nicht möglich, sich für einen bestimmten Händler entscheiden. Letztlich limitiert nur die Fantasie Kreation von Bewertungs- und Verknüpfungsregeln.

Aufgabe 2:

Die Bath & Tube GmbH ist Anbieter hochwertiger Einrichtungen für häusliche Badezimmer. Man sieht sich im Premiumsegment positioniert und kann – anders als die meisten Wettbewerber – auch individuelle Lösungen anbieten. So hat Bath & Tube im diesjährigen Designerwettbewerb der International Bath Association den ersten Preis für ihr Design einer mit Mooreichenholz ausgestatteten Badewanne gewonnen, und für ein im klassischen Stil aus japanischem Kanzan-Holz gefertigtes Produkt konnte in Japan ein hoch renommierter Designerpreis gewonnen werden.

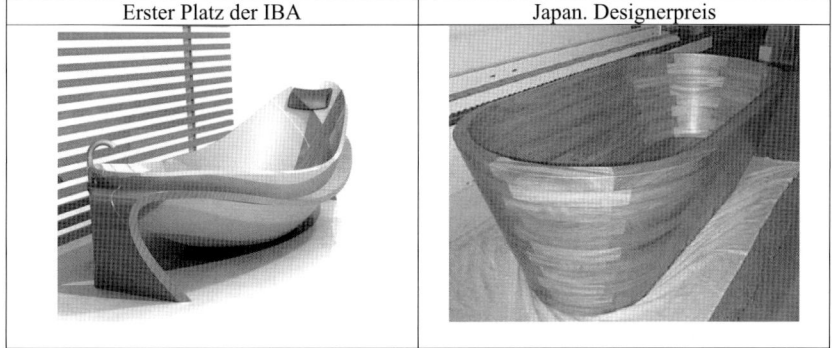

Erster Platz der IBA	Japan. Designerpreis

Der Vertrieb findet via Internet (insbesondere über Online-Shops) und stationäre Vertrags-händler statt. Die Vertragshändler bieten jedoch nicht nur das Sortiment von Bath & Tube an, sondern auf ihren Ausstellungsflächen zusätzlich die Produkte diverser anderer Anbieter. Bath & Tube ist mit der Entwicklung der Absätze jedoch nicht zufrieden.

Rita, die Frau des Geschäftsleiters Franz bringt die Problematik auf den Punkt: Wenn man sich die Produkte im Internet ansieht, sehen sie weniger beeindruckend aus als in der Realität. Im Internet kann man sie nicht berühren, nicht daran klopfen, um ihren Klang zu hören etc. Und in den Ausstellungsflächen der Vertragshändler sehen die Bath & Tube Produkte wie Exoten aus, die die Händler aus Prestigegründen zwar führen, um die Kunden sodann zu zweitklassigen Produkten zu führen, die so ähnlich aussehen, aber eben erheblich billiger sind. Man diskutiert Ritas Meinung in der Geschäftsleitung.

Heinrich, der gerade erst sein Studium beendet hat, meint, man sollte auch einmal über den Badewannenrand blicken, womit er sich in der Gesprächsrunde nicht gerade beliebt macht. Heinrich führt auf, dass z.b. Meißener das Porzellan in eigenen Läden anbietet, ebenso Swarovski oder Apple. Dabei handle es sich um Produkte, die entweder über einen hohen Preis oder ein besonderes Design verfügten. Warum also, so Heinrich, sollte man diese Politik nicht auch übernehmen und Flagship-Stores in Berlin, Hamburg, München, Köln und Frank-furt eröffnen?

Franz findet die Idee verfolgenswert und will von den Kosten erst einmal absehen. Er bittet Heinrich, genauer zu erklären, unter welchen Bedingungen eine Präsentation der Bath & Tube Produkte zusammen mit Wettbewerberprodukten bzw. unter welchen Bedingungen eine Prä-sentation, in der Konsumenten keinen unmittelbaren Vergleich zu Wettbewerberprodukte vornehmen können, vorteilhaft erscheint, zu erläutern.

(1) Welche Argument sollte Heinrich vortragen? Welche Merkmalstypologie sollte Heinrich in diesem Zusammenhang erwähnen?

Franz und die weiteren Versammelten hören angeregt zu und finden, dass es gut war, einen so Studenten eingestellt zu haben, der überhaupt so viel weiß. Selbst hätten sie an so etwas nicht gedacht. Im Übereifer hat sich Heinrich dazu hinreißen lassen zu bemerken, er könnte in ei-nem Experiment auch zeigen, dass der Kauf von Bath & Tube Produkten viel attraktiver an-mutet, wenn sie dem direkten Konkurrenzvergleich entzogen sind. Rita, die auch teilnimmt und aufmerksam zugehört hat, entscheidet: „Dann machen Sie das!". Franz bewilligt ein Budget in Höhe von € 10.000,-

(2) Stellen Sie ein Konzept für eine empirische Studie dar, mittels derer der Vorschlag von Heinrich überprüft wird. Gehen Sie auf alle Details ein, die für das Verständnis erforderlich sind.

Lösungsskizze:

Die zu beantwortende Frage lautet, ob man die Produkte der Bath & Tube „simultan" oder „isoliert" präsentieren sollte. Die simultane Präsentation führt zu einer „joint evaluation", die isolierte Präsentation zu einer „separate evaluation". Simultane Präsentation heißt hier, dass die Badewannen dieser Firma gezielt im Konkurrenzvergleich präsentiert werden, isolierte Präsentation bedeutet, dass es dem Nachfrager erschwert wird, die Produkte der Bath & Tube mit Konkurrenzprodukten zu vergleichen; diese Zielsetzung könnte verfolgt werden, wenn Bath & Tube eigene Geschäfte eröffnet.

Die Vorteilhaftigkeit der simultanen vs. isolierten Präsentation hängt davon ab, bei welcher Art von Merkmalen die Produkte von Bath & Tube Vorteile bzw. Nachteile aufweisen. Dies führt zu folgender Merkmalsklassifikation.

- „Comparable attributes": Merkmale, anhand derer die Personen die Alternativen *leicht, präzise und eindeutig vergleichen* können

- „Attributes that are hard to evaluate independently": Merkmale, deren Beurteilung es erforderlich macht, die *Merkmale der anderen Wahlmöglichkeiten zu kennen.*

- „Attributes that are easy to evaluate independently": Merkmale, die aufgrund von Vorwissen ohne Vergleich zwischen Wahlmöglichkeiten bewertet werden können.

- „Enriched attributes": Merkmale, anhand derer die Alternativen zwar schwierig zu vergleichen sind, die aber für die Personen eine bedeutsame Information beinhalten, weil sie Assoziationen hervorrufen. Sie sind informativer, wenn sie für sich alleine bewertet werden.

Beispiele für solche Merkmale sind nachfolgend angegeben.

Comparable attributes		Enriched attributes
hard to evaluate independently	easy to evaluate independently	
• Preis	• Das Sich-Aufühlen des Materials (Anfassen)	• ggf. Markenname (falls renommiert)
• Gewicht (kann ein Problem sein)	• Das Aussehen des Designs (Gefallen, visuell)	• Herkunftsland
• Vorstellung, wie glatt die Badewanne innen ist und wie leicht sie demzufolge gereinigt werden kann	• Rangplatz und Auszeichnung in Wettbewerben	• Beschreibung des Produkts als exklusiv, wertvoll und einzigartig
	• Selbstreinigend	• Holz von höchster Wertigkeit
		• Zugehörigkeit zum Premiumsegment

Wenn die Vorteile eines Produkts im Bereich der „attributes that are hard to evaluate independently" liegen, sollte – wenn Kostenüberlegungen keine Rolle spielen – die simultane Präsentation bevorzugt werden. Wenn die Vorteile im Bereich der anderen beiden Merkmalskategorien liegen, sollte eine isolierte Präsentation angestrebt werden. Da die Vorteile der Produkte von Bath & Tube eher in den beiden letztgenannten Kategorien liegen, spricht der Sachverhalt für eine isolierte Präsentation, d.h. das Angebot der Produkte in eigenen Geschäften.

Weiterhin könnte argumentiert werden, dass es sich bei den Produkten von B&T um hedonistische Güter handelt. Sofern sie simultan mit utilitaristischen Produkten (einfache Badewannen) präsentiert werden, könnten Personen evtl. den Kauf einer hedonistischen Variante nicht rechtfertigen. Allerdings werden sich Personen von vornherein auf eine Güterkategorie festlegen, weswegen die Wahl einer hedonistischen oder einer utilitaristischen Variante nicht von der Präsentationsform allein abhängen dürfte.

Eine Argumentation, dass bei einer isolierten Präsentation der vorteilhafte B&T-Produkte Referenzpunktänderungen entstehen, ist hingegen problematisch. Der Referenzpunkt könnte sich in diesem Fall prinzipiell nach oben verschieben. Würde der Kunde später billige Produkte ansehen, würde er gemäß Adaptationsniveautheorie wieder sinken. Auch könnte argumentiert werden, dass die B&T-Produkte oberhalb des Referenzpunkts liegen, was Design etc. anbelangt. und demzufolge Vorteile in Bezug auf diesen Referenzpunkt empfunden werden. Diese Überlegung wäre anwendbar, wenn es nur ein einziges B&T-Produkt gibt. B&T würde aber, unabhängig, auf welchem Vertriebsweg, mehrere B&T-Produkt anbieten, so dass diese untereinander verglichen werden können und die B&T-Produkte somit untereinander Vor- und Nachteile aufweisen.

Beispiel für eine Studie:

Experimentelles Design: Eine Kontrollgruppe von Personen bewertet B&T Produkte simultan (JE = joint evaluation), eine Experimentalgruppe isoliert (SE = separate evaluation).

Versuchsaufbau: Man benötigt Teststudios. Die Badewannen bestehen aus Holzelementen und insofern könnten auch große Möbelhäuser an deren Vertrieb Interesse haben; auch dann wären sie „isoliert" präsentiert, das Möbelhäuser ansonsten keine Badewannen im Sortiment führen. Beispielsweise könnte man in Absprache mit einem solchen Möbelhaus einen Pavillon auf dem Kundenparkplatz aufstellen. Vier Wochen lang könnte der Pavillon „isoliert" präsentieren, weitere vier Wochen lang „simultan" präsentieren. Besucher des Pavillons während der ersten vier Woche sind dann die Experimentalgruppe, und die Besucher während der zweiten vier Wochen die Kontrollgruppe.

Testobjekte: Der Pavillon müsste die Produkte von B&T – und während der Zeit der simultanen Präsentation – auch Konkurrenzprodukte anbieten. Die Konkurrenzprodukte müssten solche sein, die von denjenigen Badewannenkäufern gekauft werden, die sich auch für B&T-Produkte interessieren. Welche Konkurrenzprodukte dies sind, könnte bei Fachhändlern in Erfahrung gebracht werden. Die Produkte sind mit realen Preisen beschriftet.

Stichprobe: Die B&T-Produkte haben eine kleine Zielgruppe. Daher sollte darauf abzielt werden, ca. 400 Personen (Pärchen) in die anfängliche Kontrollgruppe und ca. 400 Personen in die anfängliche Experimentalgruppe aufzunehmen, und nachträglich anhand von Fragen zum Produktinteresse etc. die Zielgruppen zu selektieren. Auf diese Art und Weise könnten evtl. 50 Personen für die endgültige Kontroll- und 50 Personen für die endgültige Experimentalgruppe gewonnen werden. Honorar für die Teilnahme könnten Geschenke sein (Badutensilien wie z.B. neue Brauseköpfe, hochwertige Badehandtücher).

Ablauf: Die Auskunftspersonen werden auf dem Parkplatz angesprochen, wobei geeignete Filterfragen (Renovierungsabsicht, Kaufabsicht u.ä.) verwendet werden. Die Personen (Pärchen etc.) betreten den Pavillon und erhalten eine Erklärung der ausgestellten Produkte. Dann bewerten sie z.B. drei repräsentativ ausgewählte Produkte (JE: drei Konkurrenz- und drei B&T-Produkte, SE: nur diese drei B&T-Produkte).

Messvariablen: Die Zielsetzung besteht hier nicht nur darin, die Einstellung zu B&T zu erfassen, sondern auch die Kaufabsicht für den Fall des Bedarfs. „Items" zur Messung der Einstellung wären z.B. „interessant", „ansprechend", „attraktiv", zur Messung der Kaufabsicht „würde kaufen". Zur Messung könnten 7-stufige Ratingskalen eingesetzt werden.

Datenanalyse: Die Messvariablen werden pro Person durch Mittelwertbildung aggregiert. Anschließend lässt sich feststellen, ob B&T-Produkte in der Kontroll- oder der Experimentalgruppe „besser" bewertet werden.

Aufgabe 3:

Es gibt zwei Produkte C und T, die durch zwei Je-mehr-desto-besser-Merkmale (X_1 und X_2) beschrieben sind. C hat die Werte $x_{1C}=2$ und $x_{2C}=4$ und T den Wert $x_{1T}=2$. Es steht zur Diskussion, ob für x_{2T} entweder der fixe Wert 3 oder das Intervall [2.5; 3.5] angegeben werden sollte. Zeigen Sie durch eine nachvollziehbare Berechnung, wie entschieden werden sollte, wenn die Zielpersonen (a) das Range-Prinzip anwenden, (b) die Minimax-Regret-Regel anwenden und/oder (c) die Hurwicz-Regel anwenden.

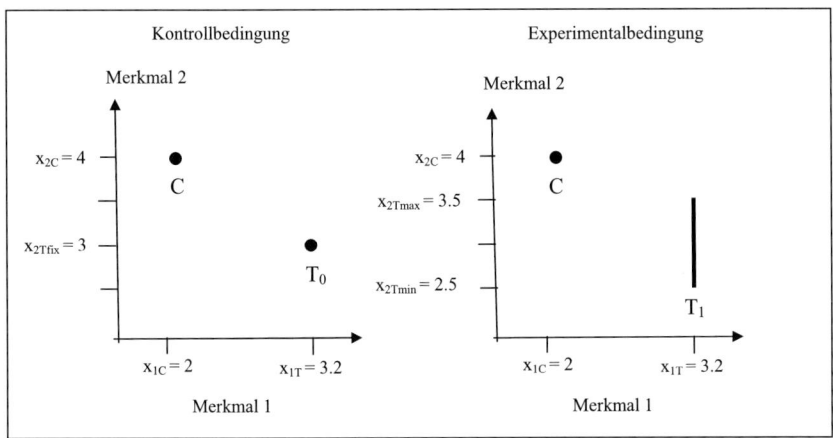

Range-Prinzip:

$$u_{ih} = \frac{x_{ih} - \min(x_h)}{\max(x_h) - \min(x_h)}$$

Option	Bewertung von Option T (Nutzen)	
	Merkmal 1	Merkmal 2
C	$u_{1C}=0$	$u_{2C}=1$
T_0	$u_{1T}=1$	$u_{2T}=0$
T_1	$u_{1T}=1$	$0 \le u_{2T} \le \dfrac{x_{2T\max} - x_{2T\min}}{x_{2C} - x_{2T\min}} = \dfrac{3.5-2.5}{4-2.5} = \dfrac{2}{3}$

Option T wird in der Experimentalbedingung besser bewertet als in der Kontrollbedingung. Denn u_{2T} ist in der Kontrollbedingung sicher 0, in de Experimentalbedingung liegt dieser Teilnutzen zwischen 0 und ¾. T erlangt somit durch die ambigue Darstellung einen Präferenzvorteil.

Minimax-Regret-Regel:

Der Entscheider orientiert sich am minimalen Nutzenentgang. Er wählt die Option, die mit dem geringeren „maximalen Regret" (MR) verbunden ist.

Option	Wahrgenommene Ausprägung (= Nutzen)		Regret		Maximaler Regret (MR)
	Merkmal 1	Merkmal 2	Merkmal 1	Merkmal 2	
C	$u_{1C} = 2$	$u_{2C} = 4$	$u_{1T}-u_{1C} = 3.2-2 = 1.2$	0	$u_{1T}-u_{1C} = 1.2$
T_0	$u_{1T} = 3.2$	$u_{2Tfix} = 3$	0	$u_{2C}-u_{2Tfix} = 4-3 = 1$	$u_{2C}-u_{2Tfix} = 1$
T_1	$u_{1T} = 3.2$	$[u_{2Tmin}; u_{2Tmax}]$ $= [2.5; 3.5]$	0	$[u_{2C}-u_{2Tmax}; u_{2C}-u_{2Tmin}]$ $= [4-3.5; 4-2.5]$	$u_{2C}-u_{2Tmin} = 1.5$

Unter der Kontrollbedingung liegt im Fall der Wahl von T die Situation des geringsten Bedauerns vor ($1 < 1.2$). In der Experimentalbedingung liegt im Fall der Entscheidung für C die Situation des geringsten Bedauerns vor ($1.2 < 1.5$). Durch die ambigue Darstellung erhält T also einen Präferenznachteil.

Hurwicz-Regel:

Der Entscheider orientiert sich ebenfalls an der jeweils besten und der jeweils schlechtesten Konsequenz einer Option, fasst diese beiden Ergebnisse durch eine Gewichtung zu einem Wert zusammen (d. h. Gewichtung der besten Konsequenz mit λ ($0 \leq \lambda \leq 1$) und der schlechtesten Konsequenz mit $1-\lambda$) und entscheidet sich für die Option mit dem höchsten Wert.

Option	Wahrgenommene Ausprägung (= Nutzen)		Bewertung der Option	Beispiel $\lambda = 0.53$
	Merkmal 1	Merkmal 2		
C	$u_{1C} = 2$	$u_{2C} = 4$	$\lambda \cdot \max\{u_{1C}; u_{2C}\} + (1-\lambda) \cdot \min\{u_{1C}; u_{2C}\} =$ $\lambda \cdot \max\{2; 4\} + (1-\lambda) \cdot \min\{2; 4\} =$ $4\lambda + 2(1-\lambda) = 2+2\lambda$	3.060
T_0	$u_{1T} = 3.2$	$u_{2Tfix} = 3$	$\lambda \cdot \max\{u_{1T}; u_{2Tfix}\} + (1-\lambda) \cdot \min\{u_{1T}; u_{2Tfix}\} =$ $\lambda \cdot \max\{3.2; 3\} + (1-\lambda) \cdot \min\{3.2; 3\} =$ $3.2\lambda + 3(1-\lambda) = 3+0.2\lambda$	3.106
T_1	$u_{1T} = 3.2$	$[u_{2Tmin}; u_{2Tmax1}] =$ $[2.5; 3.5]$	$\lambda \cdot \max\{u_{1T}; u_{2Tmax1}\} + (1-\lambda) \cdot \min\{u_{1T}; {2Tmin}\} =$ $\lambda \cdot \max\{3.2; 3.5\} + (1-\lambda) \cdot \min\{3.2; 2.5\} =$ $3.5\lambda + 2.5(1-\lambda) = 2.5+\lambda$	3.030

Die Antwort auf die Frage, wie sich eine Person entscheidet, hängt von λ ab. Im Beispiel $\lambda=0.53$ wird in der Kontrollbedingung T bevorzugt ($3.106 > 3.060$), während in der Experimentalbedingung C bevorzugt wird ($3.03 < 3.06$). Bei Anwendung dieser Regeln kann es folglich zu einer Präferenzumkehr kommen, wenn nicht T_0, sondern T_1 vorliegt und mit C verglichen werden soll.

11. Kundenzufriedenheit und -bindung

Aufgabe 1:

Fit-for-Fun ist ein Betreiber einer Kette von Fitness-Centern. Die zunehmende Konkurrenz in dieser Branche ist Anlass für die Geschäftsleitung, intensiver über das Thema Kundenbindung nachzudenken. Bislang sorgt man sich dafür, dass die Kunden zufrieden sind, und bietet verbilligte Abonnements, indem die Kunden eine Kundenkarte erhalten. Die zentrale Funktion der für diese Zwecke verwendeten Kundenkarte ist „12-mal kommen, 10-mal bezahlen".

Stellen Sie zunächst Zielgrößen und Ursachen der Kundenbindung dar. Erläutern Sie diese erstens im Allgemeinen (z.B. mit Beispielen aus dem Einzelhandel und anderen Bereichen wie z.B. Arzt/Patient) und zweitens in Bezug zum konkreten Fall des Fitness-Centers. Geben Sie Beispiele, wie man auf Basis dieser Überlegungen empirisch untersuchen könnte, welche Ansatzpunkte Fit-for-Fun für eine Steigerung der Kundenbindung ergreifen könnte.

Lösungsskizze:

Ökonomische und vorökonomische Zielgrößen der Kundenbindung:

Ökonomische Zielgrößen könnten sein:
- Häufigkeit des Besuchs eines Kunden/Monat
- Menge der erworbenen Dienstleistungen (Geräte, Kursteilnahmen, Trainerberatungen)
- Cross-Buying (Fitnessdrinks, Nahrungszusätze)

Beispiele für vorökonomische Zielgrößen sind:
- Vom Kunden wahrgenommene ökonomische Vorteile des Besuchs dieses Fitness-Centers
- Aktivierung sozialer Normen
- Identifikation
- Internalisierung
- Allgemeine Ähnlichkeit des Personals des Anbieters mit dem Kunden
- Zielkongruenz

Gründe für Personen, eine nicht-vertragliche Bildung mit einer anderen Person oder einer Institution einzugehen:

(1) Wahrgenommene ökonomische Vorteile: Eine Person bindet sich, wenn der Verbleib in der Beziehung und deren Vertiefung als lohnend empfunden wird. Die Input-Output-Relation, die im Fall einer anderen Beziehung resultiert, und die Kosten des Wechsels zu einer anderen Beziehung oder die Option, auf eine bestimmte Art von Beziehung gänzlich zu verzichten, können ökonomisch nachteilig sein. Die Person hat sich zwar freiwillig in die Beziehung begeben, würde sie aber verlassen, wenn ihr ökonomischer Wert zurückginge. Typische Beispiele für ökonomische Vorteile sind
- Finanzielle Vorteile (z.B. Angebot besonders günstiger Leistungen, Rabatte, Prämien, Kredite, Verlängerung des Zahlungsziels, Coupons für Warenproben, verlängertes Umtauschrecht, längere Garantien),
- Zeitbezogene Vorteile: (z.B. frühzeitiger Erhalt von Prospekten mit Sonderartikeln, Ticketservice als Zusatzleistung),
- Informationsvorteile (z.B. Ankündigungen neuer Produkte durch Newsletter, Kundenzeitschriften, Einladungen zu Veranstaltungen und Events, Hotline) oder
- Beschaffungsvorteile (z.B. Lieferservice)

Im konkreten Fall: Die von Fit-for-Fun angebotene Kundenkarte bietet finanzielle Vorteile. Derartige Vorteile können jedoch auch andere Fitness-Center bieten. Weitere Vorteile, die gratis angeboten werden und die Kundenbindung erhöhen könnten, wären: Gesundheitschecks, Fitness-Checks (Belastbarkeit von Lunge und Herz)

(2) Compliance bedeutet, dass ein bestimmtes Verhalten gewählt wird, um Sanktionen zu entgehen. Dieses Verhalten ist ein sich Fügen. Menschen streben danach, Strafen seitens anderer Personen zu vermeiden. Personen können sich daher an einen Beziehungspartner unfreiwillig binden, wenn dieser über so viel Macht verfügt, dass er den Abbruch der Beziehung „bestrafen" kann. Diese Macht kann auf unterschiedlichen Grundlagen beruhen. Das Fehlen von besseren Alternativen ist eine dieser Grundlagen. Weiterhin wird häufig auf den Tatbestand hingewiesen, dass ein Partner Investitionen in eine Beziehung tätigt, die im Fall des Abbruchs dieser Beziehung teilweise oder vollständig entwertet werden. Diese werden auch als spezifische Investitionen bezeichnet. Würde ein Partner hohe spezifische Investitionen verlieren, falls er die Beziehung beendet, gewinnt der andere Partner Macht über ihn. Schließlich besteht eine unfreiwillige Bindung, wenn die betreffende Person anderweitige Nachteile im Fall des Abbruchs der Beziehung erleiden würde. Die kann am Beispiel einer Person verdeutlicht werden, die kürzlich eine Tätigkeit in einer Firma angetreten ist und ein noch günstigeres Angebot von einer anderen Firma erhält: Würde sie wechseln, d.h. dem Arbeitgeber „untreu" werden, könnte dies in ihrem Bekanntenkreis einen schlechten Eindruck hinsichtlich ihrer Zuverlässigkeit erwecken, was sie veranlasst, den Arbeitgeber doch nicht zu wechseln. Becker (1960) verwendete für dieses Phänomen den Begriff „commitment". Er bezeichnet eine Person als „committed", wenn sie sich aus einer von außen ausgeübten Restriktion (aus „extraneous interest") gezwungenermaßen konsistent („with a consistent line of activity") verhalten.

Im konkreten Fall: Ein Fitness-Center hat naturgemäß keine Macht über den einzelnen Kunden. Es existieren genügend andere Anbieter, zu denen er wechseln könnte. Die Kundenkarte könnte jedoch beispielsweise so gestaltet sein, dass der Konsument einen hohen Bonuspunktestand verliert, wenn er nicht regelmäßig ein bestimmtes Limit an Punkten erreicht. Die angesammelten Punkte sind dann sinngemäß die spezifischen Investitionen, die der Kunde verlieren würde, wenn er die Beziehung zu dem Fitness-Center „lockert". Anderweitige Nachteile könnten darin bestehen, dass der Kunde die Erfahrung macht, dass er bei rückläufigen Besuchen vom Personal nicht mehr „bevorzugt" behandelt wird (z. B. weniger Höflichkeit, bevorzugte Geräte sind nicht „frei").

(3) Aktivierung sozialer Normen sind Einstellungen zum eigenen Verhalten, welches Konsequenzen auf das Wohlbefinden anderer Menschen hat. Biblische Gebote (nicht stehlen, lügen, töten etc.) sind klassische Beispiele für Normen.
- Positive Reziprozität ist eine soziale Norm. Sie besagt, dass Individuen Gutes mit Gutem beantworten möchten. Ergreift der eine Partner Maßnahmen, die dem anderen Partner sehr nutzen, so kann dies mit positiven Maßnahmen vergolten werden, um das ansonsten entstehende Schuldgefühl zu vermeiden. Wenn zum Beispiel eine Person Gutes von einer anderen Person oder Organisation erfahren hat, kann sie daraus ein Schuldgefühl entwickeln, das sie durch den Verbleib und durch Investitionen in die Beziehung abbaut. Die Motivation des „sich verpflichtet Fühlens" kann also ein möglicher Beweggrund sein, in einer Beziehung zu bleiben. Bestimmte Kundenkarten zu erhalten, lassen sich als ein Vertrauensbeweis des Einzelhändlers interpretieren. Beispielsweise bieten manche Kundenkarten theoretisch die Möglichkeit, Einkäufe zu tätigen, zu deren Bezahlung sich der Konsument außer Stande sieht. Auch der Erhalt von vielen Gratisleistungen (z.B. Warenproben) oder von exklusiven Angebote, die Konsumenten, die nicht im Besitz der Kundenkarte sind, nicht

erhalten, bzw. die Teilnahme an Gewinnspielen kann der Kunde als eine einseitige Investition des Händlers in ihn als Kunde auffassen.

- Eine andere soziale Norm ist „Fürsorge". Das Fürsorgemotiv liegt vor, wenn man zu jemand, der sich in Schwierigkeiten befindet oder den man in Schutz nehmen will, eine Beziehung aufbaut und unterhält. Die Beziehung von Eltern zu kleinen Kindern beispielsweise beruht nicht auf Zwang, auf ökonomischem Kalkül etc., sondern gründet auf Fürsorge. Es ist vorstellbar, dass Konsumenten ein Verantwortungsgefühl gegenüber einem Handelsunternehmen empfinden, wenn sie dazu beigetragen haben, dieses zu gründen. Würden bspw. Konsumenten bzw. Vereine oder andere Organisationen eine Kette von Dritte-Welt-Läden ins Leben rufen (z.B. durch Startkredite), was mit Kundenkarten honoriert wird, könnten diese Kunden am weiteren Erfolg dieses Händlers großes Interesse haben. Bindung an diesen Händler geschähe dann aus dem Fürsorgemotiv.

Im konkreten Fall: Auffällig hohe soziale Investitionen des Personals des Fitness-Centers in das Wohlergehen des Kunden könnten bewirken, dass sich dieser verpflichtet fühlt, diesen Anbieter regelmäßig zu besuchen. Bindung aufgrund eines Fürsorgemotivs erscheint hingegen nicht vorstellbar zu sein.

(4) Identifikation: Allgemein spricht man von Identifikation, wenn eine Person einen Beziehungspartner als attraktiv bewertet. Der Grund, eine Beziehung aufrecht zu erhalten, besteht darin, dass die Beziehung mit positiven Gefühlen verbunden ist. Der „Partner" ist so attraktiv, dass ein Verhalten gewählt wird, welches den Bestand der demzufolge wertvollen Beziehung nicht gefährdet. Nicht die individuellen Outputs aus der Beziehung, sondern die Beziehung an sich hat einen Wert für die Person. Dies kann auf unterschiedliche Gründe zurückgeführt werden. Man kann eine Beziehung beispielsweise aufrechterhalten wollen, weil man stolz darauf ist, Mitglied dieser Beziehung zu sein (Sense-of-Belonging). Ein anderer Grund existiert, wenn ein „Wir-Gefühl" (z.B. Solidarität) besteht. Weiterhin kann die Beziehung zum wichtigen Bestandteil des eigenen Lebens geworden sein. Fußballfans können aus Stolz über die sportlichen Erfolge ihres Fußballvereins, aufgrund der Solidarität mit den sportlichen Schicksalen ihres Fußballvereins oder weil sie im Ortsverein in diesem Fußballverein aktiv Sport betrieben haben, den Fußballverein mögen und die Beziehung zu ihm pflegen.

Im konkreten Fall: Die Beschäftigung von physisch sehr attraktivem Personal könnte die Kundenbindung erhöhen. Es erscheint auch möglich, dass ein Kunde Stolz auf „sein" Fitness-Center entwickelt (z.B. Betreiber gewinnt Wettbewerbe). Wir-Gefühle könnten erzeugt werden, wenn die Kunden gemeinsam Veranstaltungen besuchen oder diese Reisen durch die Punktestände der Kundenkarte finanziert werden. Fraglich ist es, ob das Verschenken von Trikots mit Beschriftungen des Fitness-Centers eine positive Wirkung hat. Erwägenswert wäre auch die Teilnahme an Sportwettbewerben. Allerdings erscheint es fraglich, ob ein Fitness-Center in der Lage ist, eine so starke Attraktionswirkung auszulösen, dass Konsumenten es als wichtigen Bestandteil ihres Lebens erachten – hierzu erscheint die Konkurrenz zu hoch.

(5) Internalisierung liegt vor, wenn ein Beziehungspartner durch Argumente überzeugt. Eine Person ergreift bestimmte Verhaltensweisen, weil sie der Empfehlung einer anderen Person (oder Organisation) Glauben schenkt, d. h. weil letztere die erstere durch Sachargumente überzeugen kann. Ein Motiv, in einer Beziehung zu verbleiben, kann also darin liegen, von der Kompetenz dieser Personen zu profitieren; denn diese „wissen, was richtig ist".

Im konkreten Fall: Der Einsatz besonders kompetenter Mitarbeiter könnte die Kundenbindung erhöhen.

(6) Allgemeine Ähnlichkeit: In der Literatur wird behauptet, dass Personen sich selbst als Referenzpunkt für die Bewertung anderer Personen heranziehen und der eigenen Person zur Sicherung des Selbstwertgefühls im Wesentlichen positive Eigenschaften zuschreiben. Von fremden Personen, die der eigenen Person ähnlich sind, wird diese Person annehmen, dass sie ähnliche positive Eigenschaften und insbesondere ähnliche Einstellungen aufweisen. Nehmen Personen an, dass fremde Personen ähnliche Einstellungen haben wie sie selbst, so können sie folgern, dass die fremden Personen einen relevanten Sachverhalt „aus der gleichen Perspektive" wie sie selbst beurteilen und daher über Sachverstand (Kompetenz) über eine bestimmte Thematik verfügen. Generell wird auch erwartet, dass Personen Aussagen ähnlicher Personen in höherem Maße vertrauen.

Im konkreten Fall: Die Mitarbeiter des Fitness-Centers sollten den Kunden „ähnlich" sein (Alter, Lebensstil, Kleidung, Interessen).

(7) Ähnlichkeit der Situation: Eine Person könnte in einer Beziehung verbleiben wollen, wenn sie davon ausgeht, dass sich der Partner in einer ähnlichen Situation befindet, so dass die Zusammenarbeit mit ihm lohnend ist. Die Zusammenarbeit mit den Partnern erhöht die Möglichkeiten, sich aus einer für die Partner gemeinsamen nachteiligen Situation zu befreien, oder schafft Möglichkeiten, eine für beide Partner ähnliche Situation zu verbessern. Gefangene, die sich aus einem Gefängnis befreien wollen, arbeiten während der Flucht eng zusammen. Gewerkschaftsmitglieder haben sich beispielsweise zusammengeschlossen, um ihre Forderungen leichter gegenüber den Arbeitgebern durchsetzen zu können. Die Probleme des Einzelnen sind in diesem Fall dieselben wie die Probleme der Beziehungspartner.

Im konkreten Fall: In Sonderfällen könnte dieser Aspekt zur Kundenbindung an ein Fitness-Center beitragen. Betreiber von Dienstleistungsunternehmen, in denen mit Regiomoney bezahlt wird, könnte mit Hilfe dieses Mechanismus Kundenbindung betreiben.

(8) Zielkongruenz: Ein weiterer Grund für den einen Partner, in einer Beziehung zu verbleiben, kann schließlich darin liegen, dass er von den Ressourcen des anderen Partners profitieren kann, die eingesetzt werden, um ähnliche Ziele oder ein gemeinsames Ziel zu erreichen. Nimmt eine Person nun an, dass andere Personen dieselben Ziele oder Interessen verfolgen wie sie selbst, so wirken diese Personen ähnlich und in der Folge auch glaubwürdig. Konsumenten, die z.B. besonders positive Einstellung zu ökologischen Lebensmitteln haben, könnten eine Zielkongruenz mit einem Händler, der sich entsprechend positioniert, empfinden. Teammitglieder machen ihr Interesse an der weiteren Mitarbeit in einem Team davon abhängig, ob sie und die anderen Mitglieder des Teams die gleichen Ziele verfolgen. Zielkongruenz kann jedoch auf unterschiedliche Art und Weise entstehen. Hierzu ein Arzt-Patient-Beispiel:

- Der Kunde passt seine Ziele an die des Anbieters an. Beispielsweise kann ein Patient das Ziel seines Arztes, seine Patienten generell zu mehr sportlicher Aktivität zu veranlassen, als sein eigenes Ziel übernehmen. Erscheint der Arzt selbst sportlich und gesund und begründet er seine Empfehlung glaubwürdig, könnte der Patient auch für sich eine bessere Gesundheit erwarten, sofern er mehr Sport betreibt.
- Der Anbieter passt seine Ziele an die des Kunden an. Obwohl ein Arzt meint, vermehrt Sport zu betreiben würde seinem Patienten am besten helfen, kann er das Ziel des Patienten, eine bequeme Verbesserung seiner Gesundheit zu erreichen, übernehmen, indem er ihm regelmäßig geeignete Medikamente verschreibt.

Von einem in einer Kategorie wenig erfahrenen oder sich als inkompetent erachtenden Kunden kann angenommen werden, dass er bereit ist, seine Ziele an die des Anbieters anzupassen, es aber nicht akzeptieren bzw. nicht mit höherer Kundenbindung honorieren würde, wenn der

Anbieter seine Ziele an die eigenen Ziele anpasst. Denn hier weiß der Kunde noch nicht, ob die Ziele, die er verfolgt, auch die richtigen Ziele sind. Dennoch wird der Anbieter ihn in dieser Situation von der Richtigkeit der Übernahme der Ziele des Anbieters überzeugen müssen, entweder durch Sachargumente oder - wie oben im Patienten-Arzt-Beispiel - durch ein gutes Vorbild. Erachtet sich ein Kunde selbst als hoch kompetent in einem Produktbereich, so bedeutet dies, dass er nicht willens ist, seine Ziele zu ändern. Damit Zielkongruenz eine positive Wirkung auf die Bindung dieses Kunden entfalten kann, müsste folglich der Anbieter aus Sicht des Kunden dessen Ziele übernehmen.

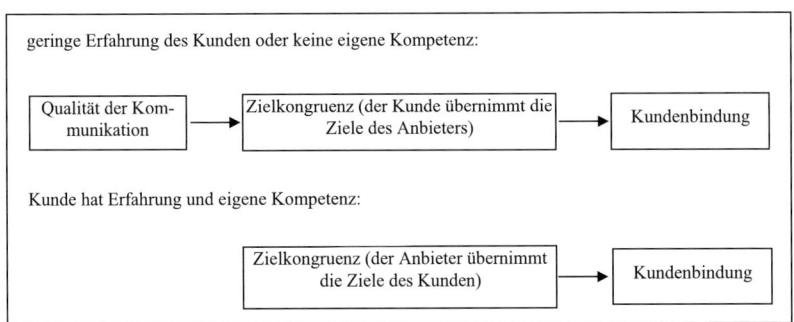

Im konkreten Fall: Ein Mitglied des Fitness-Studios erhält von seinem Trainer einen Trainingsplan, auf dem verschiedene Übungen und die Anzahl der Wiederholungen festgehalten sind. Falls sich der Kunde selbst als inkompetent erachtet, hängt es von der Überzeugungskraft des Trainers ab, ob der Kunde diesem Plan folgt oder er es bevorzugt, lediglich die ihm attraktiv erscheinenden, Spaß machenden Geräte zu nutzen. Übernimmt er aufgrund der guten Kommunikation mit dem Trainer jedoch dessen Plan als den eigenen, so fühlt er sich wahrscheinlich an dieses Fitnessstudio gebunden. Kann der Trainer ihn nicht aber überzeugen, wird der Kunden unvermittelt abwandern, wenn ein anderes Studio noch attraktivere Konditionen oder Einrichtungen bietet. Erachtet sich dagegen ein Kunde im betreffenden Bereich als selbst hoch kompetent, hat er vermutlich einen eigenen Trainingsplan. Der Trainer kann diesen Plan übernehmen, indem er den Kunden nicht nur in seinem Vorhaben Recht gibt, sondern ihm die entsprechenden Geräte reserviert oder sogar neue Geräte anschafft, die der Kunde als geeignet erachtet. Der Kunde nimmt auf diese Weise wahr, dass seine Ziele vom Trainer übernommen worden sind. Somit erfährt er durch die wahrgenommene Zielkongruenz eine positive Bestätigung, die auch in diesem Fall seine Bindung an das Fitnessstudio steigern kann.

Idee für eine empirische Studie:

Hier wurden verschiedene Ansatze für Kundenbindung beschrieben, wobei manche auf den ersten Blick (z.B. Ähnlichkeit der Situation) weniger relevant erscheinen.

Man sollte versuchen, für die verbleibenden Ansatzpunkte Messungen vorzunehmen, die zum Ausdruck bringen, ob bezüglich der verbleibenden Bereiche noch Defizite bestehen.

Mögliche Ansatzpunkte	Ziel der empirischen Studie: Antwort auf die Frage
Wahrgenommener ökonomischer Vorteil	Sind wir aus Kundensicht schlecht … mittel … sehr gut?
Eindruck, dass sich hohe Punktezahl lohnen	Sind wir aus Kundensicht schlecht … mittel … sehr gut?
Sich verpflichtet fühlen, regelmäßig zu kommen	Sind wir aus Kundensicht schlecht … mittel … sehr gut?
Stolz auf das Fitness-Center	Sind wir aus Kundensicht schlecht … mittel … sehr gut?
Wir-Gefühl	Sind wir aus Kundensicht schlecht … mittel … sehr gut?
Mitarbeiter-Kompetenz	Sind wir aus Kundensicht schlecht … mittel … sehr gut?
Physische Attraktivität der Mitarbeiter	Sind wir aus Kundensicht schlecht … mittel … sehr gut?
Ähnlichkeit Mitarbeiter/Kunde	Sind wir aus Kundensicht schlecht … mittel … sehr gut?
Zielkongruenz	Sind wir aus Kundensicht schlecht … mittel … sehr gut?

Am Beispiel des „Wir-Gefühls" ein Vorschlag für einen Skala:

- Ich habe einen leichten Kontakt zu den Mitarbeitern und der Leitung des Fitness-Centers.
- Ich habe persönlichen Kontakt zu den Mitarbeitern des Fitness-Centers.
- Ich habe persönlich Kontakt mit anderen Kunden des Fitness-Centers.
- Ich fühle eine echte Zugehörigkeit zu diesem Fitness-Center.
- Ich kann mich mit den Mitarbeitern dieses Fitness-Centers gut identifizieren.

In Abhängigkeit davon, in welchem Bereich sich Defizite herausstellen, sollten – unter Kostenaspekten – Maßnahmen ergriffen werden, die voraussichtlich eine höhere Kundenbindung im Sinne der eingangs erklärten ökonomischen Zielsetzungen bewirken.

Exkurs: Benennung verschiedener Ursachen der Kundenbindung in der Literatur als „Commitment" bzw. gemäß der Einteilung Compliance/Identification/Internalization:

Quelle	Thematisierte Subdimensionen	Bezeichnung der abhängigen Größe
O'Reilly/Chatman 1986, S. 494	① (compliance) ⑦ und ⑧ (identification) ⑪ (internalization)	-
Anderson/Weitz 1992, S. 30	keine	relationship commitment
Moorman/Zaltman/Despande 1992, S. 326	⑧ (relationship commitment)	relationship commitment
Meyer/Allen/Smith 1993, S. 554	①②③ und ④ (continuance commitment) ⑤ (normative commitment) ⑧, ⑨ und ⑩ (affective commitment)	affective commitment
Morgan/Hunt 1994, S. 35	keine	relationship commitment
Gundlach/Achrol/Mentzer 1995, S. 90	③ (commitment inputs)	long-term commitment intensions
Kim/Frazer 1997, S. 152 f.	⑥ (behavioral commitment) ⑨ und ⑪ (affective commitment)	continuance commitment
Garbarino/Johnson 1999, S. 84	⑥, ⑦ und ⑧ (commitment)	commitment
Gruen/Summers/Acito 2000, S. 41	④ (continuance commitment) ⑤ (normative commitment) ⑧ und ⑩ (affective commitment)	-

Anderson, E./Weitz, B. (1989): Determinants of Continuity in Conventional Industrial Channels Dyads, Marketing Science, Vol. 8 (3), S. 310-323.

Garbarino, E./Johnson, M.S. (1999): The Different Roles of Satisfaction, Trust, and Commitment in Customer Relationships, Journal of Marketing, Vol. 63 (April), S. 70-87.

Gruen, T.W./Summers, J.O./Acito, F. (2000): Relationship Marketing Activities, Commitment, and Membership Behaviors in Professional Associations, Journal of Marketing, Vol. 64 (2), S. 34-49.

Gundlach, G.T. / Achrol, R.S. / Mentzer, J.T. (1995): The Structure of Commitment in Exchange, Journal of Marketing, Vol. 59 (1), S. 78-92.

Kim, K./Frazier, G.L. (1997): Measurement of Distributor Commitment in Industrial Channels of Distribution, Journal of Business Research, Vol. 40 (2), S. 139-154.

Meyer, J.P./Allen, N.J./ Smith, C.A. (1993): Commitment to Organizations and Occupations: Extension and Test of a Three-Component Conceptualization, Journal of Applied Psychology, Vol. 78 (4), S. 538-551.

Moorman, C./Zaltman, G./Despande, R. (1992): Relationships between Providers and Users of Market Research: The Dynamics of Trust Within an Between Organizations, Journal of Marketing Research, Vol. 29 (3), S. 314-328.

Morgan, R.M./Hunt S.D. (1994): The Commitment-Trust Theory of Relationship Marketing, Journal of Marketing, Vol. 58 (3), S. 20-38.

O'Reilly, C.III/Chatman, J. (1986): Organizational Commitment and Psychological Attachment: The Effects of Compliance, Identification, Internalization on Prosocial Behaviors, Journal of Applied Psychology, Vol. 71 (3), S. 492-499.

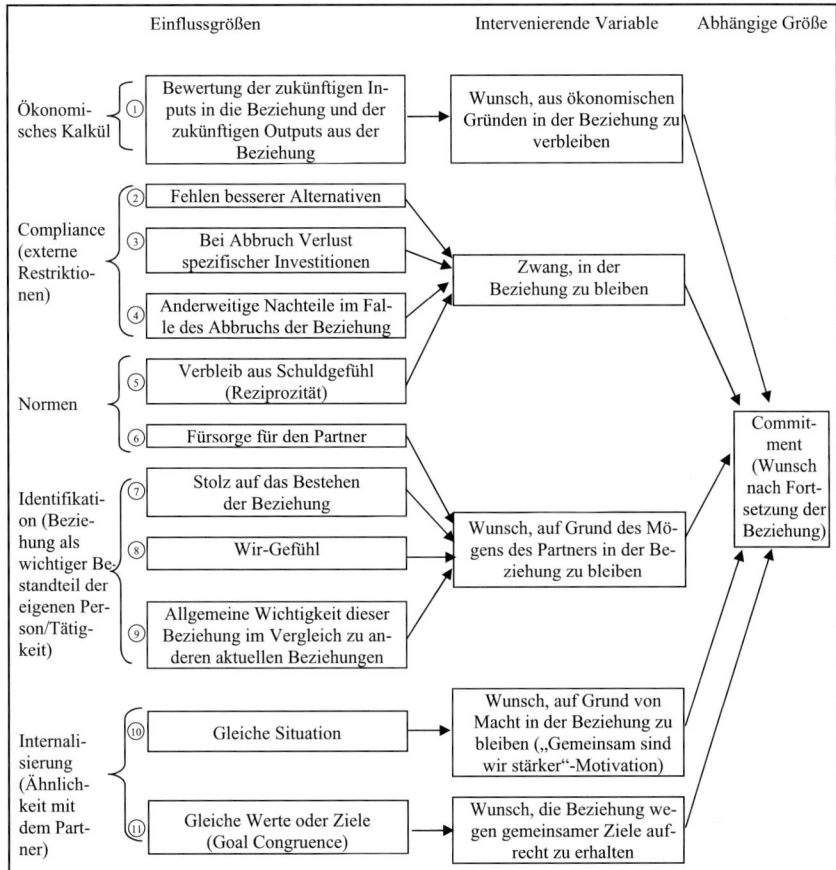

Einflussgrößen		Intervenierende Variable	Abhängige Größe

Ökonomisches Kalkül ① Bewertung der zukünftigen Inputs in die Beziehung und der zukünftigen Outputs aus der Beziehung → Wunsch, aus ökonomischen Gründen in der Beziehung zu verbleiben

Compliance (externe Restriktionen)
② Fehlen besserer Alternativen
③ Bei Abbruch Verlust spezifischer Investitionen
④ Anderweitige Nachteile im Falle des Abbruchs der Beziehung
→ Zwang, in der Beziehung zu bleiben

Normen
⑤ Verbleib aus Schuldgefühl (Reziprozität)
⑥ Fürsorge für den Partner

Identifikation (Beziehung als wichtiger Bestandteil der eigenen Person/Tätigkeit)
⑦ Stolz auf das Bestehen der Beziehung
⑧ Wir-Gefühl
⑨ Allgemeine Wichtigkeit dieser Beziehung im Vergleich zu anderen aktuellen Beziehungen
→ Wunsch, auf Grund des Mögens des Partners in der Beziehung zu bleiben

Commitment (Wunsch nach Fortsetzung der Beziehung)

Internalisierung (Ähnlichkeit mit dem Partner)
⑩ Gleiche Situation → Wunsch, auf Grund von Macht in der Beziehung zu bleiben („Gemeinsam sind wir stärker"-Motivation)
⑪ Gleiche Werte oder Ziele (Goal Congruence) → Wunsch, die Beziehung wegen gemeinsamer Ziele aufrecht zu erhalten

Aufgabe 2:

Unternehmen X stellt komplexe Teile her, die Maschinenbauer in aller Welt benötigen. Man möchte sich intensiver um den Aufbau neuer Geschäftsbeziehungen kümmern. Als wichtiger Erfolgsfaktor wird das Vertrauen der potenziellen Kunden angesehen.

Erläutern Sie mögliche Strategien des Vertrauensaufbaus in Geschäftsbeziehungen. Gehen Sie sodann ein, auf Grund welcher Mechanismen diese Strategien Vertrauen bewirken könnten. Erklären Sie abschließend, welche Strategien in welchen Länderkulturen der Abnehmerunternehmen Erfolg versprechend sind.

Lösungsskizze:

(1) Problemstellung

Ausgangspunkt der Überlegungen sind zwei Industrieunternehmen, A und B, die vor dem bzw. am Beginn einer Geschäftsbeziehung stehen. A ist das mögliche Zulieferunternehmen, B das Abnehmerunternehmen. A steht im Wettbewerb zu anderen Anbietern, die B ebenfalls beliefern könnten und dies auch wollen. A kann ebenso wie Wettbewerber alle Voraussetzungen in Bezug auf Mengen, Qualitäten und Lieferzeiten erfüllen. B gehört jedoch einer anderen Kultur als A an.

Das Ziel der Maßnahmen von A soll darin bestehen, eine langfristige Beziehung zu B aufzubauen. Eine wichtige Einflussgröße auf den Aufbau und den Fortbestand einer solchen langfristigen Beziehung ist Vertrauen. A soll aus Sicht von B vertrauenswürdig sein (*trustworthiness*), und B soll Vertrauen in A haben (*trust*). Insbesondere in dem Fall, dass B einer anderen Kultur angehört, erscheint Vertrauen besonders wichtig. Daher wird A Investitionen tätigen, die dazu dienen, B zu signalisieren, dass B dem A vertrauen kann.

Die Frage ist nun: Welche Art von Investition fördert Vertrauen von B in Abhängigkeit von der Kultur, der B angehört?

(2) Glaubwürdigkeit und Benevolenz

Vertrauen besteht in Geschäftsbeziehungen aus zwei Bestandteilen, der Glaubwürdigkeit und dem erwarteten Wohlverhalten:

- *Wahrgenommene Glaubwürdigkeit (Credibility)*: Unternehmen A wird von B als glaubwürdig wahrgenommen, wenn B zur Überzeugung gelangt, dass A zu seinen Versprechen stehen wird, d.h. die eingegangenen Verpflichtungen erfüllen wird.
- *Erwartetes Wohlverhalten (Benevolence)*. Normalerweise fehlt vollständige Information, wenn eine Beziehung geplant und aufgebaut wird, denn die Umweltbedingungen können sich in einer nicht oder schwer vorhersehbaren Weise ändern. A muss somit des Weiteren zum Ausdruck bringen, dass er auch in diesem Fall am Wohlergehen von B interessiert ist und unvorhersehbare eigene Handlungsspielräume nicht zu Lasten von B ausnutzen wird.

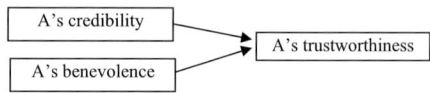

(3) Einflussgrößen auf die Glaubwürdigkeit und Benevolenz

Damit A den Eindruck von *Credibility* und *Benevolence* erzeugen kann, müsste B bestimmte Prozesse auslösen:

- *Viele kleine positive Erfahrungen:* A ermöglicht B, viele kleine positive Erfahrungen zu sammeln (z.B. Pünktlichkeit der Termine, Lieferung von Proben). A stellt somit im Detail seine Vertrauenswürdigkeit unter Beweis und erzeugt damit positive Erwartungen an sein gesamtes zukünftiges Verhalten.

- *Möglichkeit des Verlusts.* Spezifische Investitionen sind Investitionen, die für A wertlos sind, wenn die Beziehung zu B abbricht. A kann also positives Verhalten signalisieren, wenn er derartige Investitionen tätigt. Er vermeidet dadurch den Eindruck, nur am eigenen Gewinn interessiert zu sein. Generell signalisiert A mit spezifischen Investitionen, dass er dieser Beziehung eine hohe Bedeutsamkeit beimisst. Wenn A spezifische Investitionen tätigt, erlangt B eine gewisse Macht über A. A signalisiert, dass er auf opportunistisches Verhalten verzichten wird; denn würde er sich opportunistisch verhalten und würde B daraufhin die Beziehung abbrechen, wäre dies nicht im Interesse von A, weil sich dies spezifischen Investitionen noch nicht gelohnt haben.
- *Reziprozitätsnorm*: Wenn A freiwillig in die Beziehung investiert und damit Vertrauen in B signalisiert, könnte sich B verpflichtet fühlen, sich gegenüber A ebenfalls wohlwollend zu verhalten.
- *Konfliktvermeidung.* Manche Investitionen senken das Potential für das Auftreten von Konflikten. Wenn B weniger Unstimmigkeiten wegen der geringeren Zahl an Konflikten wahrnimmt, könnte eine positive Atmosphäre der Zusammenarbeit entstehen.
- *Vertrautheit*: Wenn A und B häufig miteinander Kontakt haben, kann ein Gefühl der Vertrautheit entstehen. B kann Ähnlichkeiten mit A feststellen, die zu Wohlverhalten gegenüber A führen, weil ähnliche Partner generell attraktiver anmuten.

Diese Überlegungen können wie folgt zusammengefasst werden.

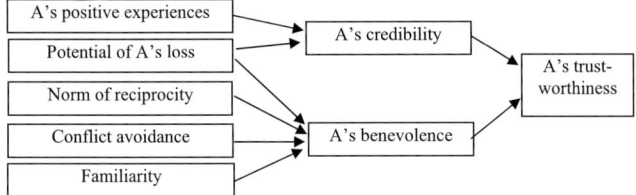

(4) Mögliche Strategien des Vertrauensaufbaus in Geschäftsbeziehungen

A kann Bs Vertrauen gewinnen, wenn A Signale aussendet, wonach er vertrauenswürdig ist. Diese Signale sind nicht kostenlos, sondern mit Investitionen verbunden. Je höher die spezifischen Investitionen sind, die A tätigt, um diese Signale senden zu können, desto vertrauenswürdiger ist er. Diese Investitionen sollten folgenden Anforderungen genügen.

Anforderungen:
- Die Investitionen sollten bereits am Anfang der Geschäftsbeziehung getätigt werden können.
- Die Investitionen sollten nicht voraussetzen, dass B mit diesen Investitionen einverstanden ist und B diese erst ermöglicht. Investitionen in private Kontakte zwischen A und B bzw. den betreffenden Mitarbeitern (Treffen zwischen den Managern und deren Familien) scheiden daher an dieser Stelle aus.
- Die Investitionen sollten eine Differenzierung von Wettbewerbern ermöglichen. Zum Vertrauensausbau wären also spezifische Investitionen in spezielle Maschinen oder Software relativ wenig geeignet. Der Tatbestand, dass A in eine derartige Ausstattung investiert, differenziert ihn nicht von seinen Wettbewerbern und zeigt B somit nicht an, dass die Beziehung mit A einen besonderen Vorteil hätte.
- Die Investitionen sollten sich eignen, sowohl *Credibility* als auch *Benevolence* zu signalisieren. Diese Begriffe werden später noch erläutert.

Allerdings kommen noch verschiedene Investitionen in Betracht, die diese Anforderungen erfüllen können.

Arten:

- *Herausragende Serviceorientierung*: A bietet B Schulungen der Mitarbeiter von B an und verlangt dafür keinen Preis oder bietet diesen Service sehr billig an. A offeriert fortwährend technische Unterstützung oder stellt Personal für B ab. A sichert zu, dafür keinen Preis zu fordern, selbst wenn die Beziehung abbrechen sollte.
- *Hohe Flexibilität*: A erzeugt bei B die Erwartung, dass A Änderungen vornimmt, wenn sich die Umstände ändern. A gibt B eine Art Versicherung, weswegen B darauf vertrauen kann, dass A sich im Fall von Veränderungen der Umwelt wohlwollend verhält. Die Möglichkeit, dass B die georderten Mengen ändern kann, die Lieferzeiten ändern kann oder die Produktmodifikation rasch ändern kann, ohne dass A den Preis signifikant verändert, ist eine derartige Zusicherung. Da B zu Beginn einer Beziehung noch keine Erfahrung damit hat, ob A dieses Verhalten im Fall des Bedarfs tatsächlich zeigen wird, müsste A diese Verhaltensabsicht dadurch zum Ausdruck bringen, dass A freiwillig Investitionen in eine geeignete Produktionskapazität vornimmt oder entsprechende Verträge abschließt.
- *Monetary incentives:* A könnte Investitionen tätigen, um die zukünftigen Ausgaben von B zu vermindern. A kann z.B. einen relativ geringen Einführungspreis verlangen. Alternativ könnte er B zusichern, dass der an späteren Kostensenkungen profitiert, indem Preissenkungen pro Jahr oder in Abhängigkeit von der abgenommenen Menge vereinbart werden.

Diese Strategien lassen sich nicht mit einzelnen Aktionen realisieren, sondern sie repräsentieren den kompletten Umgang von A mit B zu Beginn einer Beziehung. Da diese Strategien Kosten verursachen, können nicht sämtliche dieser Strategien gleichzeitig verfolgt werden, sondern A müsste sich auf eine dieser Strategien konzentrieren. A müsste jedoch in jedem Fall im Hinblick auf diese vier Strategien Standards erfüllen. A könnte durch das besonders intensive Verfolgen einer dieser Strategie *ein* „Extra" anbieten, wodurch er sich von seinen Wettbewerbern in Bezug auf seine Vertrauenswürdigkeit unterscheidet. Sämtliche Maßnahmen des Vertrauensaufbaus eignen sich dazu, Vertrauen zu erzeugen. Allerdings ist zu vermuten, dass die Mechanismen, warum sie wirksam sind, unterschiedlich sind.

Wirkung:

- *Herausragende Serviceorientierung*: Diese Strategie ermöglicht B viele positive Erfahrungen, und diese spezifischen Investitionen werden im Fall des Beziehungsabbruchs entwertet. Maßnahmen aus dieser Kategorie können das Gefühl des verpflichtet Seins auslösen und Konflikte reduzieren. Da diese Strategie auch viele Kontakte zwischen den Parteien mit sich bringt, kann das Gefühl der Vertrautheit entstehen. Viele Kontakte unterstreichen des Weiteren die besondere Kompetenz von A.
- *Hohe Flexibilität*: Diese Maßnahmen zeigen B, dass A nicht daran interessiert ist, B auszubeuten. Sie ermöglichen viele kleine Erfahrungen und tragen zur Konfliktvermeidung bei.
- *Geringe Startpreise*: Wenn B klar ist, dass A anfangs sehr geringe Preise verlangt, signalisiert A, dass es für ihn ein hohes Verlustpotenzial gibt. Für B ist die Beziehung profitabel. In profitablen Beziehungen gibt es weniger Gründe für Konflikte.
- *Vereinbarung von zukünftigen Preissenkungen*: A signalisiert, dass er Kosten reduzieren kann. Damit unterstreicht er seine besondere Kompetenz. Preissenkungen führen zu weniger Konflikten.

Im Grunde kann jede einzelne der vier Strategien zum Vertrauensaufbau verfolgt werden.

Diese Überlegungen können wie folgt zusammengefasst werden.

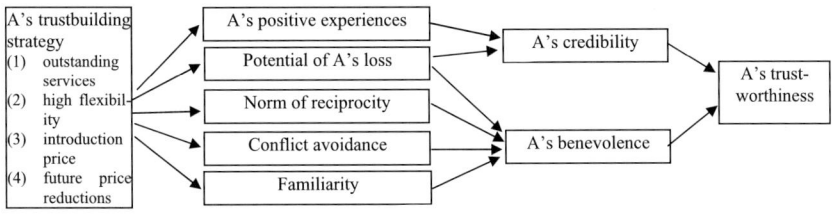

	Trust-building strategy			
	Outstanding services	High flexibility	Relatively low introduction price	High future price reductions
Processes leading to credibility:				
• Many positive experiences	●	●	○	●
• Supplier's potential loss	●	◑	●	○
Processes leading to benevolence:				
• Norm of reciprocity	●	◑	●	○
• Conflict avoidance	◑	●	◑	●
• Familiarity	●	◑	○	○
• Supplier's potential loss	●	◑	●	○

○: Low effectiveness   ◑: Medium effectiveness   ●: Strong effectiveness

(5) Kultur und Kulturdimensionen

Unter dem Begriff Kultur soll hier die so genannte Nationalkultur verstanden werden, die sich durch in früher Kindheit gelernte Werte und Einstellungen von Personen in einem Land aus-drückt. Kultur ist nicht individuenspezifisch, sondern wird von den Mitgliedern einer Gruppe, Organisation oder Gesellschaft geteilt; sie wird von Generation zu Generation weiter gegeben und erlernt sowie durch Symbole übermittelt. Kultur ist auf Grund von Normen, Regeln und Verhaltenskodizes verhaltenssteuernd.

Obwohl die Varianz der Werte von Personen innerhalb eines Landes groß sein kann, so haben sich die Unterschiede zwischen verschiedenen Ländern als beachtenswert und aussagekräftig erwiesen. Länderkulturen stellen zwar keine perfekte Abbildung von kulturellen Gruppen dar, sind aber eine Annäherung und ein praktikables Kriterium, um Kulturen voneinander abzu-grenzen. Dementsprechend werden in anthropologischen Studien zumeist Länder miteinander verglichen. Darüber hinaus sind die Nationalität eines Geschäftspartners und damit die Län-derkultur üblicherweise vor einem Geschäftskontakt bekannt; eine Information über eine exaktere kulturelle Einordnung wäre jedoch kaum verfügbar.

Um theoretisch begründbare Empfehlungen im Umgang mit Menschen aus verschiedenen Kulturen ableiten zu können, versuchten einige Autoren, stabile und verallgemeinerbare Kul-turdimensionen zu identifizieren, anhand derer Kulturen systematisch unterschieden werden können. Triandis nennt 20 Dimensionen, die er für geeignet hält, um Kulturbeschreibungen vorzunehmen. In der folgenden Tabelle werden die Dimensionen der im Bereich der interkul-turellen Forschung bedeutendsten Autoren aufgeführt.

Hofstede	Trompenaars	Schwartz	Hall/Hall	Kluckhohn/ Strodtbeck	Globe-Studie
• Power Distance	• Universalisms/ Particularisms	• Conservatism/ Autonomy	• Communication Context	• Nature of People	• Power Distance
• Masculinity/ Femininity	• Individualisms/ Collectivism	• Hierarchy/ Egalitarianism	• Perception of Space	• Person's Relationship to Nature	• Uncertainty Avoidance
• Uncertainty Avoidance	• Neutral/ Emotional	• Mastery/ Harmony	• Mono-chronic/ Polychronic time	• Person's Relationship to other People	• Humane Orientation
• Collectivism/ Individualism	• Specific/Diffuse				• Collectivism
• Long-term Orientation	• Status Given for Achievement/ by Ascription		• Fast/Slow Message	• Person's Temporal Orientation	• In Group Collectivism
	• Attitudes to Time			• Primary Mode of Activity	• Assertiveness
	• Attitudes to Environment				• Future Orientation
					• Performance Orientation
					• Gender Egalitarianism

Aufgrund derartiger Überlegungen kann abgeleitet werden, dass Geschäftsbeziehungen in Abhängigkeit von der Kultur anders „funktionieren" (nach Harris/Dibben).

- Kultur mit hoher Machtdistanz: Enge, vertrauensvolle Beziehungen sind nur innerhalb der gleichen Hierarchieebene möglich
- Kultur mit geringer Machtdistanz: Enge, vertrauensvolle Beziehungen sind unabhängig von Hierarchieebenen möglich
- Maskuline Kultur: Geschäftsbeziehung basiert auf „Performance" und monetären Vorteilen
- Feminine Kultur: Geschäftsbeziehung basiert auch auf persönlichen Beziehungen
- Specific culture: Beziehungen sind sachorientiert
- Diffuse Kultur: Beziehungen sind breiter gefasst und nicht rein sachorientiert, auch private Kontakte und Gesprächsthemen sind üblich
- Langfristig orientierte Kultur: Es besteht die Bereitschaft, in die Beziehung und z.B. in das gegenseitige Kennenlernen zu investieren. Langfristige Vorteile, gegenseitige Anpassung und langfristiges Wachstum werden durch die Bildung von Geschäftsbeziehungen angestrebt
- Kurzfristig orientierte Kultur: Kurzfristige Erträge stehen im Vordergrund der Geschäftsbeziehung
- Kultur mit hoher Tendenz zur Unsicherheitsvermeidung: Die starke Risikowahrnehmung hält Personen von der Bildung neuer Geschäftsbeziehungen ab
- Kultur mit geringer Tendenz zur Unsicherheitsvermeidung: Die Neuartigkeit und die wahrgenommenen Chancen tragen zur Attraktivität neuer Geschäftsbeziehungen bei
- Kultur mit Präferenz für Universalismus: Beziehungen werden durch Grundsatzregeln geregelt
- Kultur mit Präferenz für Partikularismus: Die Organisation der jeweiligen Beziehung und die Abläufe werden individuell gestaltet und hängen von den Umständen und den beteiligten Personen ab
- Kultur mit starker Kontrollorientierung: Die Überzeugung, äußere Gegebenheiten unter Kontrolle zu haben zeigt sich in detaillierten Planungen und Zielvorgaben
- Kultur mit geringer Kontrollorientierung: Die Zukunft erscheint nicht planbar, Ziele werden nur vage formuliert und haben eine geringere Bedeutung; langfristige, detaillierte Planungen erscheinen den Personen aus diesen Kulturkreisen als unrealistisch

Quelle: Harris, S.; Dibben, M. (1999): Trust and Co-operation in Business Relationship Development: Exploring the Influence of National Values. Journal of Marketing Management 15 (6) 463-483.

Es ist z.B. nahe liegend, das ein Geschäftspartner aus einem Kulturkreis, der als „feminin" oder „diffus" gilt und der somit Wert auf gute persönliche Beziehungen legt, andere Erwartungen an die Geschäftskontakte und den persönlichen Umgang mit dem Partner haben kann, als ein Partner aus einer vornehmlich sach- und performanceorientierten Kultur. Somit ist es unstrittig, dass auch die Modalitäten, wie Geschäftsbeziehungen anzubahnen und zu pflegen sind, davon abhängen, welcher Kultur der Geschäftspartner angehört.

Somit müsste im nächsten Schritt diskutiert werden, wie die Strategien zum Vertrauensaufbau in Abhängigkeit von der Kultur des Abnehmerunternehmens B „funktionieren".

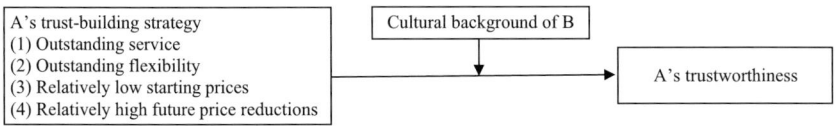

A's trust-building strategy
(1) Outstanding service
(2) Outstanding flexibility
(3) Relatively low starting prices
(4) Relatively high future price reductions

Cultural background of B

A's trustworthiness

(6) Kulturspezifischer Vertrauensaufbau

Im Folgenden werden zwei Kulturdimensionen ausgewählt, die dazu geeignet sein könnten, Annahmen über die Wirkungen der vier Strategien in verschiedenen Kulturen abzuleiten.

Assertiveness (im Sinne von Durchsetzungsfähigkeit und Selbstbewusstsein, Globe-Studien) bzw. *Maskulinität/Femininität* (Hofstede): Kulturen, die stärker geld-, leistungs- und wettbewerbsorientiert, also generell outputorientiert sind, werden als maskulin bezeichnet. Kulturen, in denen zwischenmenschliche Beziehungen und eine hohe Lebensqualität wichtig sind, werden als feminin bezeichnet werden. In Kulturen mit einem niedrigen Wert für Assertiveness bzw. feminine Kulturen stehen vor allem die gute persönliche Beziehungen und kooperatives Verhalten im Vordergrund, und wie werden als beziehungsorientiert bezeichnet.

Zeitorientierung: Diese Dimension beschreibt, inwieweit Kulturen eher an kurzfristigen Erfolgen interessiert sind oder eine langfristige, strategische Sichtweise präferieren. Letztere sind stärker bereit zu investieren und nehmen angesichts erwarteter langfristiger Erfolge sogar kurzfristige Verluste in Kauf.

Die folgende Abbildung enthält die vier hier betrachteten Strategien zum Vertrauensaufbau, deren Vorteilhaftigkeit von den Ausprägungen der beiden hier ausgewählten Kulturdimensionen (Assertiveness und Zeitorientierung) abhängen dürfte. Zudem sind einige Kulturen von Abnehmern anhand ihrer Ausprägungen bei den Kulturdimensionen eingepasst.

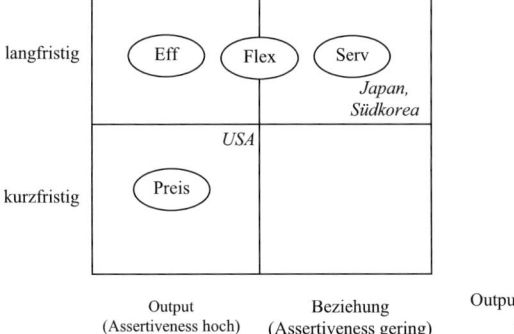

Eher kooperativ geprägte Kulturen (geringe Assertiveness) weisen ein Bedürfnis nach guten menschlichen Beziehungen und nach einem angenehmen Umfeld auf. Die Beziehungsqualität stellt bei diesen Personen nicht nur ein Mittel zum Zweck dar, sondern trägt zu ihrem Wohlbefinden bei. Aus diesem Grund ist anzunehmen, dass in den entsprechenden Kulturkreisen die Strategien besonders wirkungsvoll sind, die gute menschliche Beziehungen und eine angenehme Stimmung in der Beziehung fördern. Diese Strategie sollte vorrangig „herausragende Serviceorientierung" sein, die mit persönlichen Kontakten einhergehen und das Gefühl vermitteln, dass der Lieferant sich um den Partner „kümmert". Auch eine hohe Flexibilität des Partners kann zu guten menschlichen Beziehungen beitragen, da hierdurch das spätere Konfliktpotential verringert wird. Möglicherweise erfährt ein Manager in Kulturen, die gute Beziehungen wertschätzen, zudem Anerkennung dafür, dass er in der Lage ist, gute persönliche Beziehungen zum Geschäftspartner aufzubauen, und bevorzugt deshalb die kontakt- bzw. beziehungsorientierten Strategien des Zulieferers (Serviceorientierung und Flexibilität). Dies bedeutet nicht, dass beziehungsorientierte Kulturen nicht an guten Geschäftsabschlüssen interessiert sind, sondern lediglich, dass diese in angenehmen Beziehungen stattfinden sollten. Langfristig orientierte Kulturen sind bereit, in eine Beziehung zu investieren und auf zukünftige Erfolge zu warten. In diesem Personenkreis könnten sich somit Strategien, die langfristige Vorteile versprechen (Serviceleistungen, Weitergabe von Effizienzsteigerungen, hohe Flexibilität) positiver auf den Vertrauensaufbau auswirken als nur kurzfristig wirkende Strategien. Man könnte behaupten:

In Kulturen, die durch eine hohe Beziehungsorientierung und eine langfristige Denkweise gekennzeichnet sind (z.B. Japan, Südkorea), hat die Strategie der herausragenden Serviceorientierung eine positivere Wirkung auf den Vertrauensaufbau als andere Strategien.

Kulturen, die auf Geld, Macht, Anerkennung und Performance großen Wert legen (Outputorientierung), sollten auch in Geschäftsbeziehungen insbesondere nach quantifizierbaren Faktoren (wie ein Preisnachlass oder Kostensenkungen) streben. Dies ist damit zu begründen, dass diese Faktoren vergleichsweise leicht erfassbar sind und somit auch der (Verhandlungs-) Erfolg der Personen leichter feststellbar ist. Es ist anzunehmen, dass Manager des Abnehmers eine Strategie des Zulieferers bevorzugen, für die sie in ihrem Unternehmen am ehesten Belohung und Anerkennung erfahren; dies sollten in den betreffenden Kulturen vorrangig harte, quantifizierbare Fakten sein. Preisnachlass und Kostensenkung dürften zudem besonders gut in das Denkschema von Personen aus performanceorientierten Kulturen passen, da hier ein direkter Zusammenhang mit den eigenen Kosten und dem eigenen Erfolg besteht. Zudem stellen weiche Faktoren, wie gute menschliche Beziehungen, für outputorientierte Personen kein Bedürfnis, sondern lediglich einen Mittel zum Zweck dar. Daraus folgt:

In Kulturen, die durch eine starke Outputorientierung und eine langfristige Denkweise gekennzeichnet sind, hat die Zusicherung der überdurchschnittlichen Weitergabe von Effizienzsteigerungen an den Partner (und u. U. die Vereinbarung einer hohen Flexibilität) eine positivere Wirkung auf den Vertrauensaufbau als andere Strategien.

Kurzfristig orientierte Personen sollten insbesondere an einem anfänglich vom Zulieferer angebotenen Preisnachlass und Flexibilität interessiert sein. Dieser wirkt sich unmittelbar positiv aus und ist dazu geeignet, den Verhandlungserfolg des Managers kurzfristig aufzuzeigen. An möglichen Vorteilen, die sich erst im Laufe der Zeit entwickeln, sollte dieser Personenkreis dagegen weniger interessiert sein:

In Kulturen, die durch eine starke Outputorientierung und eine kurzfristige Denkweise gekennzeichnet sind (z.B. USA), wirkt ein anfänglich überdurchschnittlich reduzierter Einstiegspreis positiver auf den Vertrauensaufbau als andere Strategien des Vertrauensaufbaus.

Exkurs: Bisherige Forschung:

Zum Vertrauensaufbau zwischen Geschäftspartnern aus unterschiedlichen Kulturen gibt es bisher nur sehr wenige empirische Studien. Nur zur Flexibilität als auch zu überragenden Serviceleistungen als Strategie liegen bereits Forschungsergebnisse hinsichtlich ihrer Wirkung auf das Vertrauen des Geschäftspartners vor. In folgender Tabelle sind diese Ergebnisse dargestellt:

Art der Investitionen in	Land			
den Vertrauensaufbau	USA	Deutschland	Japan	Südkorea
Herausragende Serviceorientierung	kein Einfluss: <ul><li>Dyer/Chu (2000)</li><li>Sako/Helper (1998)</li></ul> positiver Einfluss: <ul><li>Anderson/Weitz (1989)</li></ul>		positiver Einfluss: <ul><li>Dyer/Chu (2000)</li><li>Sako/Helper (1998)</li></ul>	positiver Einfluss: <ul><li>Dyer/Chu (2000)</li></ul>
Herausragende Flexibilität	positiver Einfluss: <ul><li>Sako/Helper (1998)</li><li>Aulakh/Kotabe/Sahay (1996)</li></ul>	kein Einfluss: <ul><li>Ivens (2004)</li></ul>	kein Einfluss: <ul><li>Sako/Helper (1998)</li></ul>	

Quellen:

Aulakh, P./Kotabe, M./Sahay, A. (1996): Trust and Performance in cross-border Marketing Partnerships: A Behavioral Approach. Journal of International Business Studies 27 (Special Issue) 1005-1032.

Dyer, J.H./Chu, W. (2000): The Determinants of Trust in Supplier-Automaker Relationships in the U.S., Japan and Korea. Journal of International Business Studies 31 (2) 259-285.

Ivens, B.S. (2004): Anbieterflexibilität in Dienstleistungsbeziehungen. Marketing ZfP 26 (3) 215-227.

Sako, M./Helper, S. (1998): Determinants of Trust in Supplier Relations: Evidence from the Automotive Industry in Japan and the United States. Journal of Economic Behavior & Organization 34 (3) 387-417.

In den beiden asiatischen Ländern Japan und Korea tragen die Unterstützung des Partners mit herausragenden Serviceleistungen positiv dazu bei, das Vertrauen des Partners zu erhöhen. Dies könnte ein Hinweis darauf sein, dass Serviceleistungen und die Unterstützung durch den Partner in asiatischen Ländern besonders wichtig sind. Es ist allgemein bekannt, dass Personen aus asiatischen Ländern, insbesondere aus Japan und China, viel Wert auf gute menschliche Beziehungen zum Geschäftspartner legen. Serviceleistungen und die Unterstützung des Partnerunternehmens, die zumeist mit persönlichen Kontakten verknüpft sind und das Gefühl vermitteln, dass der Partner sich „kümmert", können menschliche Beziehungen besonders stark fördern.

In den USA hatten Strategien der Flexibilität eine positive Wirkung auf den Vertrauensaufbau.

Aufgabe 3:

Bisher werden auf dem Markt für Passionsfruchtbiere die beiden Biere Maracuja Dream (A) und Granadillo (B) angeboten. Das Kaufverhalten einer zufällig ausgewählten Person aus der Zielgruppe wurde 50 Perioden lang in einem Panel aufgezeichnet. Dabei konnte beobachtet werden, dass diese Person, die in jeder Periode eine Einheit Passionsfruchtbier erworben hat, 24-mal Bier A gekauft hat. Die Kaufhistorie dieser Person ist im Folgenden dargestellt:

Periode	1	2	3	4	5	6	7	8	9	10	11	12	13	14	15	16	17	18	19	20	21	22	23	24	25
Bier[*]	A	A	A	A	A	B	B	B	A	B	B	B	B	B	B	B	B	B	A	B	B	B	A

Periode	26	27	28	29	30	31	32	33	34	35	36	37	38	39	40	41	42	43	44	45	46	47	48	49	50
Bier[*]	A	A	A	B	A	A	A	B	A	A	B	A	A	B	A	B	A	B	B	B	B	A	B	A	A

[*] Bier … wurde in Periode … gekauft

Kann auf dem Signifikanzniveau α = 0.05 behauptet werden, dass die Wahl der Passionsbiere nicht zufällig ist? Führen Sie zur Überprüfung dieser Hypothese einen geeigneten statistischen Test durch und gehen Sie dabei davon aus, dass die Voraussetzung zur Durchführung des Tests erfüllt ist. Interpretieren Sie Ihr Ergebnis.

Lösungsskizze:

Test auf Zufälligkeit der Wahl
    H_0: Wahl der Biere ist zufällig
    H_1: Wahl der Biere ist nicht zufällig

Testwerte:
    $r = 21$ bei $n_1 = 24$ und $n_2 = 26$

$$z = \frac{21 - (\dfrac{2 \cdot 24 \cdot 26}{50} + 1)}{\sqrt{\dfrac{2 \cdot 24 \cdot 26(2 \cdot 24 \cdot 26 - 50)}{50^2(50-1)}}} = -1.4$$

    kritischer Bereich : $(-\infty, z_{\frac{\alpha}{2}}) \cup (z_{1-\frac{\alpha}{2}}, \infty) = (-\infty, -1.96) \cup (1.96, \infty)$

Ergebnis: Der Wert von z ist nicht Element des kritischen Bereichs. H_0 kann nicht abgelehnt werden. Es spricht nichts gegen die Annahme, dass die ausgewählte Person pro Kauf zufällig eine der Optionen wählt.

Aufgabe 4:

Eine Person wählt wiederholt aus dem Choice-Set mit den beiden Optionen {0, 1}. Folgende Wahlhistorie konnte beobachtet werden:

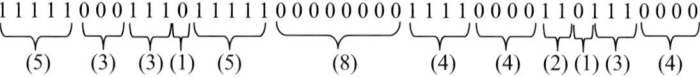

Wählt die Person systematisch, d.h. sie weist entweder längere Phasen der Markentreue auf oder wechselt zwischen den beiden Optionen jeweils hin und her, oder wählt sie zufällig?

Lösungsskizze:

    H_0: Wahl der der beiden Alternativen ist zufällig
    H_1: Wahl der beiden Alternativen ist nicht zufällig
    Anzahl der Runs $r = 12$;
    $n_1 = 22$-mal wurde die Option 1 gewählt
    $n_0 = 21$-mal wurde die Option 0 gewählt
    $n = 43$

Unter der erfüllten Voraussetzungen $n_1 > 20$ und $n_2 > 20$ kann folgende standardnormalverteilte Prüfgröße herangezogen werden:

$$z = \frac{r - (\frac{2n_1n_2}{n} + 1)}{\sqrt{\frac{2n_1n_2(2n_1n_2 - n)}{n^2(n-1)}}} = \frac{12 - (\frac{2 \cdot 22 \cdot 21}{43} + 1)}{\sqrt{\frac{2 \cdot 22 \cdot 21(2 \cdot 22 \cdot 21 - 43)}{43^2(43-1)}}} = -3.24$$

k. B. zweiseitig: $\{-\infty; -z_{1-\alpha/2}\} \cup \{z_{1-\alpha/2}; \infty\}$ -> $\{-\infty; -1.96\} \cup \{1.96; \infty\}$

z liegt im kritischen Bereich. H_0 muss abgelehnt werden, d.h. die Wahl ist nicht zufällig; die Ergebnisse sprechen, dafür dass längere Phasen der Markentreue vorliegen.

Aufgabe 5:

Auf einem Markt werden die drei Marken A, B und C angeboten. In einem homogenen Nachfragersegment, in dem je Periode eine Produkteinheit erworben wird, haben in der letzten Periode 30% Marke A, 50% Marke B und 20% Marke C gekauft. Weiterhin sind folgende Regelmäßigkeiten aus den Kaufhistorien der Personen bekannt:

- Von den Personen, die in Periode t Marke A kauften, kaufen in t+1 60% wieder die Marke A und 40% die Marke B.
- Von den Personen, die in t Marke B kauften, kaufen in t+1 70% wieder Marke B und 30% wechseln zu A.
- Von den Personen, die in t Marke C kauften, bleiben in t+1 90% bei dieser Marke und 10% wechseln zu B.

Berechnen Sie den Marktanteil in der folgenden Periode sowie den langfristig zu erwartenden Marktanteil, wobei Sie Gültigkeit der Regelmäßigkeiten auch für die Zukunft annehmen.

Die zwei Produktmerkmale X und Y sind aus Kundensicht unabhängig voneinander, gleich wichtig, und sie beschreiben die Perzeptionen vollständig. Die Wahrnehmungen der drei Marken sowie der Idealpunkt des Nachfragesegments wurden wie folgt mittels 7-stufiger Ratingskalen erhoben:

	A	B	C	IP
Merkmal X	1	4	2	3
Merkmal Y	4	4	1	2

Stellen Sie fest, inwieweit die Wiederkaufrate durch Repositionierungsanstrengungen der Anbieter beeinflusst werden könnte. Unterstellen Sie ein multiplikatives Modell.

$$p_{ss} = a \cdot d_s^b$$

mit: p_{ss}: Wiederkaufwahrscheinlichkeit von Marke s

d_s: euklidische Distanz zwischen Objektposition und Idealpunkt

a>0, b<0: Parameter

Um wie viel erhöht sich die Wiederkaufrate bei Halbierung der Distanz zwischen Objektposition und Idealvorstellung? Ist dieses Modell robust? Wäre ein lineares Modell robust? Begründen Sie Ihre Aussagen.

Lösungsskizze:

Prognose des Marktanteils in der nächsten Periode:

$p(t+1) = p(t) \cdot P$

A: $0.3 \cdot 0.6 + 0.5 \cdot 0.3 + 0.2 \cdot 0.0 = 0.33$
B: $0.3 \cdot 0.4 + 0.5 \cdot 0.7 + 0.2 \cdot 0.1 = 0.49$
C: $0.3 \cdot 0.0 + 0.5 \cdot 0.0 + 0.2 \cdot 0.9 = 0.18$

$$(0.3 \, 0.5 \, 0.2) \begin{pmatrix} 0.6 & 0.4 & 0.0 \\ 0.3 & 0.7 & 0.0 \\ 0.0 & 0.1 & 0.9 \end{pmatrix} = (0.33 \, 0.49 \, 0.18)$$

Matrix der
Übergangs-
wahrschein-
lichkeiten

Prognose der langfristigen Marktanteile:

Annahme eines Konvergenzzustandes, der die langfristige Verteilung der Marktanteile bezeichnet. Die Verteilung ändert sich nicht, obwohl noch Kundenfluktuationen auftreten. Es gilt:

$$[p_{A\infty} p_{B\infty} p_{C\infty}] = [p_{A\infty} p_{B\infty} p_{C\infty}] \begin{bmatrix} p_{AA} & p_{AB} & p_{AC} \\ p_{BA} & p_{BB} & p_{BC} \\ p_{CA} & p_{CB} & p_{CC} \end{bmatrix}$$

mit $p_{A\infty} + p_{B\infty} + p_{C\infty} = 1 \Rightarrow p_{C\infty} = 1 - p_{A\infty} + p_{B\infty}$

$$[p_{A\infty}, p_{B\infty}, 1 - p_{A\infty} - p_{B\infty}] = [p_{A\infty}, p_{B\infty}, 1 - p_{A\infty} - p_{B\infty}] \begin{bmatrix} p_{AA} & p_{AB} & 1 - p_{AA} - p_{AB} \\ p_{BA} & p_{BB} & 1 - p_{BA} - p_{BB} \\ p_{CA} & p_{CB} & 1 - p_{CA} - p_{CB} \end{bmatrix}$$

$$[p_{A\infty}, p_{B\infty}, 1 - p_{A\infty} - p_{B\infty}] = [p_{A\infty}, p_{B\infty}, 1 - p_{A\infty} - p_{B\infty}] \begin{pmatrix} 0.6 & 0.4 & 0.0 \\ 0.3 & 0.7 & 0.0 \\ 0.0 & 0.1 & 0.9 \end{pmatrix}$$

I) $p_{A\infty} = p_{A\infty} 0.7 + p_{B\infty} 0.4 + (1 - p_{A\infty} - p_{B\infty}) \cdot 0.0$
II) $p_{B\infty} = p_{A\infty} 0.3 + p_{B\infty} 0.6 + (1 - p_{A\infty} - p_{B\infty}) \cdot 0.1$
III) $1 - p_{B\infty} - p_{A\infty} = (1 - p_{A\infty} - p_{B\infty}) \cdot 0.9$ (überflüssig)

aus I) $0.4p_{A\infty} = 0.3p_{B\infty} \Rightarrow p_{A\infty} = 0.75p_{B\infty}$

in II) $p_{B\infty} = \frac{4}{3}p_{B\infty}0.3 + p_{B\infty}0.6 + (1 - \frac{4}{3}p_{B\infty} - p_{B\infty}) \cdot 0.1 \Rightarrow p_{B\infty} = \frac{0.1}{0.175} = 0.5714$

$p_{B\infty} = \frac{0.1}{0.175}; p_{A\infty} = \frac{0.075}{0.175} = 0.4286; p_{C\infty} = 0$

A erreicht langfristig einen Marktanteil von 43% und B einen Marktanteil von 57%.

Generell gilt im Fall von zwei Produkten:

$$(p_{A\infty}1 - p_{A\infty}) = (p_{A\infty}1 - p_{A\infty})\begin{pmatrix} p_{AA} & p_{AB} \\ p_{BA} & p_{BB} \end{pmatrix} \Rightarrow p_{A\infty} = \frac{p_{BA}}{1 - p_{AA} + p_{BA}}$$

Matrix der Übergangswahrscheinlichkeiten:

$$\begin{pmatrix} 0.6 & 0.4 & 0.0 \\ 0.3 & 0.7 & 0.0 \\ 0.0 & 0.1 & 0.9 \end{pmatrix}$$

Beeinflussung der Wiederkaufrate durch die Veränderung der Distanz:

$$p_{ss} = ad_s^b$$

mit: d_s: euklidische Distanz zwischen Objektposition und Idealpunkt
a,b: Parameter

Linearisierung: $\ln p_{ss} = \ln a + b \cdot \ln d_s$ bzw. $y^* = a^* + b^* x^*$

Distanzen zwischen Produkt und IP

$d_A = \sqrt{(1-3)^2 + (4-2)^2}, d_B = \sqrt{5}$ $d_C = \sqrt{2}$

	d	p_{ss}	$y^* = \ln p_{ss}$	$x^* = \ln d_s$	$y^* - \bar{y}^*$	$x^* - \bar{x}^*$	$(x^* - \bar{x}^*)(y^* - \bar{y}^*)$	$(x^* - \bar{x}^*)^2$	$(y^* - \bar{y}^*)^2$
A	$\sqrt{8}$	0.6	-0.5108	1.0397	-0.1865	0.3094	-0.0577	0.0957	0.0348
B	$\sqrt{5}$	0.7	-0.3567	0.8047	-0.0324	0.0744	-0.0024	0.0055	0.0010
C	$\sqrt{2}$	0.9	-0.1054	0.3466	0.2189	-0.3837	-0.084	0.1472	0.0479
Σ			-0.9729	2.191			-0.1441	0.2484	0.0837

$\bar{y}^* = -0.3243$ $\bar{x}^* = 0.7303$ $b^* = \frac{-0.1441}{0.2484} = -0.5801$ $a^* = -0.3243 - (-0.5801 \cdot 0.7303) = 0.0993$

$\hat{y}^* = 0.0993 - 0.5801 \ln d_s$ $r^2 = \left(\frac{-0.1441}{0.2484 \cdot 0.0837}\right) = 0.9987 \rightarrow$ hohe Reproduktionsgüte

Rücktransformation: $a^* = \ln a \rightarrow a = e^{a^*} = 1.1044$ $b^* = b = -0.5801$ $p_{ss} = 1.044 \cdot d_s^{-0.5801}$

Halbierung der Distanz zwischen wahrgenommener Objektposition und Idealvorstellung:

$$a\left(\frac{d_s}{2}\right)^b = a \cdot d_s^b \cdot 0.5^b = p_{ss} \cdot 0.5^b;$$

$$0.5^b \rightarrow 0.5^{-0,5801} = 1.495$$

→ Erhöhung der Wiederkaufrate um das 0.495 fache.

Robustheit des Modells

- Selbst extreme Inputs müssen zu sinnvoll zu interpretierenden Outputs führen (hier: Distanzen nahe bei Null ergeben sinnlose Werte über eins).
- Lineares Modell ist auch nicht robust, da sich bei einer hohen Distanz eine „negative" Wiederkaufrate ergeben würde.
- Beide Modellvarianten sind nur innerhalb eines zu bestimmenden Gültigkeitsbereichs als Abbildungen der Realität zu verwenden.

Aufgabe 6:

Erklärungen Sie die RFMR-Methode an einem selbst gewählten Zahlenbeispiel.

Lösungsskizze:

Bei der RFMR-Methode handelt es sich um ein sehr bekanntes, einfaches Scoring-Modell aus dem Direktmarketing. Basierend auf einem Basiswert erhalten die Kunden Punktezuschläge oder –abschläge. Dabei bedeuten:

- Recency: Zeitpunkt des letzten Kaufs → desto kürzer dieser zurückliegt, umso mehr Punkte erhalten die Kunden,
- Frequency: Kaufhäufigkeit → Kunden, die in einer Periode mehrmals bestellen, erhalten mehr Punkte als Einmalkunden
- Monetary Ratio: Wert des Kaufs → Kunden mit einem höheren Umsatz pro Bestellung erhalten mehr Punkte.

Beispiel für ein Versandhandelsunternehmen:

Einflussgröße	Startwert: 25 P					
letztes Kaufdatum	bis 6 Monate +40 P	bis 9 Monate +25 P	bis 12 Monate +15 P	bis 18 Monate +5 P	bis 24 Monate -5 P	früher -15 P
durchschnittlicherUmsatz der letzten 3 Käufe	bis 50 € + 5 P	bis 100 € +15 P	bis 200 € +25 P	bis 300 € +35 P	bis 400 € +40 P	über 400 € +45 P
Anzahl der Retouren	0-1: 0 P	2-3: -5 P	4-6: -10 P	7-10: -20 P	11 -15: -30 P	über 15: -40 P
Anzahl der Werbesendungen seit dem letzten Kauf	Hauptkatalog je -12 P	Sonderkatalog je -5 P	Mailing je - 2 P			
Häufigkeit der Käufe in den letzten 18 Monaten	Anzahl der Aufträge multipliziert mit dem Faktor 6					

Aufgabe 7:

Der Fahrradhersteller Scotti liefert seine Produkte an zwei Großkunden aus. Der Firmenleiter beschließt, aufgrund seines fortgeschrittenen Alters sein Geschäft einzuschränken und alternativ seine Ersparnisse bei seiner Hausbank zum Zins von 3% anzulegen. Negative Deckungs-beiträge werden nicht mit Firmeneigenmitteln ausgeglichen, sondern zum Zins von 4% fremdfinanziert. Der Firmenleiter entschließt sich, zukünftig nur noch einen seiner Kunden zu beliefern, weiß aber nicht welchen. Er beauftragt seinen Sohn, der gerade sein BWL-Studium beendet hat, zu entscheiden, welcher Kunde einen höheren Wert für das Unternehmen dar-stellt. Hierzu liegen folgende Daten (in EUR) der vergangenen Jahre vor:

	Kunde A			Kunde B		
Jahr	Umsatz	Marketingkosten	Retouren	Umsatz	Marketingkosten	Retouren
2007	100000	45000	15000	30000	3000	1000
2008	130000	60000	10000	40000	3500	1200
2009	200000	40000	5000	35000	2800	800
2010	230000	80000	7000	38000	3000	750
2011	150000	60000	4000	43000	3200	650

Zusätzlich ist bekannt, dass die Materialkosten konstant 50% des Umsatzes betrugen. Weitere Größen sind nicht bekannt. Berechnen Sie anhand der vorliegenden Daten die Deckungsbei-träge und den Kundenwert von Kunde A und B. Wenn sich das Unternehmen für einen der beiden Kunden entscheiden müsste, welche Entscheidung sollte es treffen? Begründen Sie Ih-re Empfehlungen.

Lösungsskizze:

Berechnung des Deckungsbeitrags der Kunden

$D_t = U_t$ - Warenkosten$_t$ - Marketingkosten$_t$ - Retouren$_t = U_t \cdot 0.5$ − Warenk.$_t$ - Retouren$_t$
$D_{1A} = 0.5 \cdot 100000 - 45000 - 15000 = -10000$
$D_{1B} = 0.5 \cdot 30000 - 3000 - 1000 = 11000$

Periode (t)	Deckungsbeitrag Kunde A (D_A)	Deckungsbeitrag Kunde B (D_B)
1	-10000	11000
2	-5000	15300
3	55000	13900
4	28000	15250
5	11000	17650

Berechnung des CLV:

$$CLV = \sum_{t=1}^{T} \frac{D_t}{(1+r)^t}$$

Muss für zwei Jahre finanziert werden   Muss für 1 Jahr finanziert werden

$$CLV_A = \left[-10000 \cdot (1.04)^2\right] + \left[-5000 \cdot (1.04)^1\right] + \frac{55000}{(1.03)^3} + \frac{28000}{(1.03)^4} + \frac{11000}{(1.03)^5} = 68683$$

$$CLV_B = \frac{11000}{(1,03)^1} + \frac{15300}{(1.03)^2} + \frac{13900}{(1.03)^3} + \frac{15250}{(1.03)^4} + \frac{17650}{(1.03)^5} = 66596$$

Empfehlung: Entscheidung für Kunden A.

Aufgabe 8:

In einer Bank wird festgestellt, dass 80% der Kreditnehmer kreditwürdig waren und 20% den Kredit nicht ordnungsgemäß zurückzahlen konnten (n = 1000). Für die Gruppe der Kunden, deren Rückzahlung unproblematisch gewährleistet werden konnte, sind folgende Häufigkeiten bekannt:

	berufstätig	nicht berufstätig
männlich	40%	20%
weiblich	20%	20%

Für die Kunden, deren Rückzahlung nicht ordnungsgemäß erfolgte, gilt:

	berufstätig	nicht berufstätig
männlich	20%	20%
weiblich	20%	40%

Analysieren Sie, ob die Kreditwürdigkeit vom Geschlecht, von der Berufstätigkeit bzw. vom betreffenden Interaktionseffekt abhängt.

Lösungsskizze:

Logitmodelle analysieren den Zusammenhang zwischen einer oder mehreren unabhängigen, nominalskalierten Variablen (X) und einer ebenfalls nominalskalierten abhängigen Variablen (Y).

Berechnung der Häufigkeiten:

Geschlecht (X_1)	Beruf (X_2)	Kreditwürdigkeit (Y)	
		kreditwürdig 1	nicht kreditwürdig 2
männlich (1)	berufstätig (1)	320	40
	nicht berufstätig (2)	160	40
weiblich (2)	berufstätig (1)	160	40
	nicht berufstätig (2)	160	80
Summe		800	200

$$\ln\frac{n_{ij1}}{n_{ij2}} = \beta + \beta_{X_1(1)} + \beta_{X_2(1)} + \beta_{X_1X_2(11)} + \varepsilon_{ij}$$

$$
\begin{bmatrix}
\ln(\frac{n_{111}}{n_{112}}) \\
\ln(\frac{n_{121}}{n_{122}}) \\
\ln(\frac{n_{211}}{n_{212}}) \\
\ln(\frac{n_{221}}{n_{222}})
\end{bmatrix}
\triangleq
\begin{bmatrix}
\ln(\frac{320}{40}) \\
\ln(\frac{160}{40}) \\
\ln(\frac{160}{40}) \\
\ln(\frac{160}{80})
\end{bmatrix}
= \beta_0 + \beta_{X_1(1)}
\begin{bmatrix} 1 \\ 1 \\ -1 \\ -1 \end{bmatrix}
+ \beta_{X_2(1)}
\begin{bmatrix} 1 \\ -1 \\ 1 \\ -1 \end{bmatrix}
+ \beta_{x1(1)x_2(1)}
\begin{bmatrix} 1 \\ -1 \\ -1 \\ 1 \end{bmatrix}
$$

I) $2.0794 = a + b + c + d$
II) $1.3863 = a + b - c - d$
III) $1.3863 = a - b + c - d$
IV) $0.6931 = a - b - c + d$

I) – II)$0.6391 = 2c + 2d \rightarrow c = 0.34655 - d$

III – IV)$0.6932 = 2c - 2d \rightarrow$ c einsetzen : $0.6932 = 2(0.34655 - d) - 2d$

$0.0001 = -4d \Rightarrow d = 0$

$c = 0.34655$

I + IV)$2.7726 = 2a + 2d \rightarrow a = 1.3863$

Einsetzen in I) b=0.34655

Deskriptiv betrachtet hängt die Kreditwürdigkeit vom Geschlecht und der Berufstätigkeit ab; es besteht kein Interaktionseffekt zwischen den beiden Variablen. Jedoch müsste eine Überprüfung der Signifikanz erfolgen.

Aufgabe 9:

Drei Pauschalreiseanbieter vergleichen Ihr Beschwerdemanagement. Die verwendeten Daten stammen von den Reiseunternehmen und aus Stichproben ihrer Kunden, die sich bei den Veranstaltern beschwert hatten und in einem ausgewählten Jahr zu diesem Thema befragt worden waren (Beschwerden lagen schon länger als ein Jahr zurück, die Bearbeitung war seit mindestens zwei Monaten abgeschlossen; Unternehmen A: n=370 von 3512 Beschwerdeführern bei ca. 286,000 Kunden; Unternehmen B: n=228 von 4631 Beschwerdeführern bei ca. 420,000 Kunden; Unternehmen C: n=30 von 236 Beschwerdeführern bei 35,390 Kunden).

Die drei Konzeptionen des Beschwerdemanagement wurden zunächst im Hinblick auf die Beschwerdestimulierung verglichen.

			Reiseunternehmen		
			A	B	C
Merkmal des Beschwerde-managements	Ermutigung zu offenen Beschwerden durch formale Medien	in Reiseprospekten	ja	ja	ja
		in Massenwerbung	ja	nein	ja
		in Reiseunterlagen	ja	ja	ja
		in sonstigen Medien	nein	nein	ja
	Ermutigung zu offenen Beschwerden durch persönliche Kommunikation	in Reisebüros	nein	ja	nein
		durch die Reiseleitung	ja	nein	ja
	Telefon	kostenlose 0130-Nummer	nein	nein	nein
	Beschwerdeeingangsfrist	länger als gesetzlich vorgeschrieben	ja	nein	ja
Erfolgsindika-toren	Nutzung der Kommunikationskanäle: (Quelle der Anschrift oder der Telefonnummer für die Artikulation der Beschwerde laut Angaben der Beschwerdeführer)	aus dem Prospekt	5.6%	7.5%	20.7
		aus den Reiseunterlagen	56.4%	55.3%	75.9
		vom Reisebüro	24.6%	30.3%	3.4%
		von der Reiseleitung	9.2%	3.5%	0.0%
		aus sonstigen Quellen	4.2%	3.5%	0.0%
	wahrgenommene Einfachheit der Kontaktaufnahme (Angaben der befragten Beschwerdeführer[1])		3.57	3.46	3.50

[1]: 1 = voll und ganz schwierig, ..., 4 = überhaupt nicht schwierig

Nachfolgend wird die Einzelfallbearbeitung in den drei Unternehmen verglichen. Die drei Ausgestaltungen und die damit verbundene Beschwerdezufriedenheit sind in nachfolgender Übersicht dargestellt.

			Reiseunternehmen		
			A	B	C
Merkmal des Beschwerdemanagements	Spezialisierung der Mitarbeiter	Anzahl der Mitarbeiter im BM	6	4	1
		bearbeitete Beschwerden in 10 Monaten pro Mitarbeiter im BM	585	1158	ca. 200
		Weiterleitung an Produktmanager	fallweise	nein	immer
		zentrale Abteilung für das BM	ja	ja	nein
	Formalisierungsgrad der Tätigkeit	Leitfaden für das Beschwerdemanagement	in Ansätzen	ja	nein
		Richtlinien für Bearbeitung	ja	ja	nein
		Verwendung von Textbausteinen	fast immer	teilweise	nein
	realisierte Bearbeitungsfrist nach Kundenangaben	Antwort innerhalb 1 Monat	40%	58%	60%
		Antwort innerhalb 1-2 Monate	28%	24%	25%
		Antwort länger als 2 Monate	32%	18%	17%
	Art der Kommunikation mit den Beschwerdeführern	Kommunikationskanal (schriftlich : telefonisch)	95% : 5%	100% : 0%	80% : 20%
		Zwischenbescheide an ... der Beschwerdeführer	100%	20%	100%
	Berechtigungsprüf.	Prüfung Bagatellreklamationen	meist nicht	ja	ja
	Schulung der Mitarbeiter im Beschwerdemanagement	Einarbeitung	ja	ja	nein
		Teilnahme an Vorträgen	ja	nein	nein
		Teilnahme an Seminaren	ja	nein	nein
Erfolgsindikatoren	Zufriedenheit mit dem Beschwerderesultat (in Klammern: Häufigkeit des Beschwerderesultats in Prozent)[1]	Zurückweisung der Beschwerde	3.81 (5.8)	3.96 (20.5)	3.88 (26.7)
		nur Entschuldigungsschreiben	2.81 (12.1)	3.15 (5.9)	--(10.0)
		Gutschein pro Person bis DM 100.-	2.37 (14.6)	2.39 (20.5)	--(3.3)
		DM 101 bis 300.-	2.04 (13.2)	2.31 (6.7)	- (6.7)
		DM 301 bis 500.-	1.38 (2.2)	- (0.0)	- (0.0)
		über DM 500.-	1.80 (1.3)	- (0.0)	- (0.0)
		Rückerstattung pro Person bis DM 100.-	2.09 (23.7)	2.35 (15.9)	2.50 (20.0)
		DM 101 bis 300.-	2.19 (16.4)	2.47 (19.7)	- (10.0)
		DM 301 bis 500.-	1.75 (3.2)	2.00 (3.8)	- (3.3)
		über DM 500.-	2.00 (2.4)	2.15 (3.3)	- (3.3)
		sonstige Leistung	2.54 (3.5)	2.80 (2.1)	- (16.7)
		keine Antwort	- (1.6)	- (1.6)	- (0.0)
		Gesamtdurchschnitt	2.32 (100.0)	2.77 (100.0)	3.07 (100.0)
	Zufriedenheit mit der Bearbeitungsdauer[1]		2.43	2.41	2.86
	wahrgen. Umständlichkeit Bearbeitung des Anliegens[1]		3.30	3.25	3.00
	wahrgenom. Standardisierung des Antwortschreibens[1]		2.83	2.62	3.14
	wahrgenommene Freundlichkeit der Mitarbeiter[1]		1.61	1.92	1.82
	Anteil der Beschwerdeführer, die die Mitarbeiter als eher nicht oder überhaupt nicht freundlich beurteilten		15.6%	30.9%[2]	23.3%
	globale Zufriedenheit mit der Bearbeitung insgesamt[1]		2.21	2.64	3.03
	Reaktion auf erstes Einschaltung eines Rechtsanwaltes		8.4%	15.4%	23.3%
	Beschwerdeergebnis Verbraucherorganisation		5.7%	7.0%	3.3%

[1] Skala: 1 = voll und ganz, 2 = weitgehend, 3 = eher nicht, 4 = überhaupt nicht; angegeben sind Mittelwerte;

[2] in einer offenen Frage wurde den Bearbeitern oftmals vorgeworfen: „mangelnde Sachkenntnis, mit ihrer Arbeit überfordert, gehen nicht /nur beiläufig auf Beschwerdepunkte ein, verfassen beleidigende, freche, zynische, schnippische, arrogante, feindselige, schlecht formulierte Briefe"

Der letzte Vergleich zielt auf die Anstrengungen zur Gewinnung von Marketinginformation ab. Die verschiedenen Ausgestaltungen sind nachfolgend dargestellt.

		Reiseunternehmen		
		A	B	C
Datenauswertung	manuell	ja	nein	ja
	EDV-gestützt	ja	ja	nein
Kriterien der Daten-analyse	Transporteur	ja	ja	nein
	Destination	ja	ja	nein
	Hotel	ja	ja	ja
	Beschwerdegrund	ja	ja	ja
	Reiseleiter	ja	nein	nein
	Beschwerdeführer (Nörgler)	nein	nein	nein
Häufigkeit der In-formationsweiter-leitung	nach Bedarf	ja	nein	ja
	regelmäßig je Woche	nein	ja	nein
	regelmäßig je Saison	ja	nein	nein
Informationsemp-fänger	unteres Management	nein	nein	ja
	mittleres Management	ja	ja	ja
	Geschäftsleitung	ja	ja	ja
Auswirkungen der Datenauswertung	Wahl der Hotels	ja	ja	ja
	Wahl der Fluggesellschaft	ja	nein	nein
	Wahl der Reiseleiter	ja	nein	ja
	Wahl der Autovermietung	nein	ja	nein
	Mitarbeiter im Besch.managem.	nein	nein	nein
	Beeinflus. Kundenerwartung	nein	nein	nein
hierarchische Ein-ordnung des Be-schwerdemanage-ments	Informationsrecht	ja	ja	ja
	Beratungsrecht	ja	nein	ja
	fallspezifisches Vetorecht	ja	nein	nein
	(Mit-) Entscheidungsrechte	ja	nein	nein

Bewerten Sie die Ausgestaltungen des Beschwerdemanagements der drei Anbieter.

Lösungsskizze:

Im Hinblick auf die Zufriedenstellung von Beschwerdeführern wird in Unternehmen A am meisten unternommen. Es weist vergleichsweise wenige Beanstandungen als unbegründet zurück und gewährt Gutscheine und Rückzahlungen mit hohen Beträgen. Für die Tätigkeit ist in A auch speziell ausgebildetes Personal tätig. Erwartungsgemäß beurteilen die Beschwerdeführer das Verhalten von Unternehmen A bei der Bearbeitung ihrer Fälle tendenziell positiv (globale Zufriedenheit 2.21). Die beiden anderen Unternehmen werden eher negativ beurteilt (2.64 für B und 3.03 für C).

Die Frage, ob die Unternehmen B und C das Aktivitätsniveau von A übernehmen sollten, um ihre Beschwerdeführer ähnlich stark wie A zufriedenzustellen, ist erst nach genauerer Betrachtung zu beantworten. Höhere Gutscheinbeträge und eine höhere Anerkennungsquote werden zu hohen Kosten des Beschwerdemanagements führen.

Unternehmen C dürfte vergleichsweise viele Informationen zur Verbesserung der Leistungen aus den eingegangenen Beschwerden gewinnen. Ob dieses Aktivitätsniveau im Vergleich zu den beiden anderen Unternehmen auch quantitativ und qualitativ bessere Anregungen für die Verbesserung der Leistungen zur Folge hat, müsste durch Managementbefragungen oder mittels Zeitreihenanalysen zur Zufriedenheit der Kunden mit den gebuchten Reisen untersucht werden. Vergleichbare Daten für die drei Unternehmen lagen in dieser Studie leider nicht vor, so dass der Erfolg der drei Alternativen an dieser Stelle nicht weiter analysiert werden kann.

Aufgabe 10:

Stellen Sie mögliche Formen von Zusatznutzen dar, die ein Produkt bzw. ein Geschäft bieten kann, um die Attraktivität des Produkts bzw. des Geschäfts zu erhöhen.

Lösungsskizze:

Art Erlebniss	Produkte	Geschäfte
Lebensbereiche-rung	• Angebot „reiner" Produkte • Angebot „gesunder" Produkte	
Selbst etwas ent-decken	• Do-it-yourself-Produkte (z.B. Möbel) • Komponenten (z.B. Hifi-Geräte) • viele Produktdetails (z.B. Pkw-Ausstattung)	• zielgruppenangepasste Geschwindig-keit der Sortimentsumstellung (z.B. Bekleidung, Möbel) • konstante Quote an Neuheiten im Sortiment
Eigene Kreativität ausdrücken	• individualisierte Produkte (z.B. Fußbodenbeläge oder Bekleidung selbst designen) • starke Differenzierung (z.B. Swatchuhren)	
vor der Nutzung unbekannter Nut-zen	• Produktinnovationen (z.B. gastronomische An-gebote) • Erlebnis als Grundnutzen (z.B. Erlebnisreisen)	
Nutzen erschließt sich rascher	• technische Verbesserungen (z.B. kürzere Ein-fahrzeit bei Pkw) • mehr Anwenderkomfort (z.B. Software)	
Wissen wird ver-mittelt	• Produkterklärungen (z.B. Beilagen zur Herkunft, Funktionsweise, Historie des Produkts u.ä.) • Aha-Erlebnisse (z.B. Backmixturen) • Erhöhung Konsumradius (z.B. Bildungsreisen)	• Schulungen
Nutzung macht mehr Spaß	• Spielzeug-Charakter (z.B. Nachschlagewerke, z.T. Kreditkarten) • Freizeitwert (z.B. Bekleidung)	
Identifikation bie-ten	• individuelle Gestaltung	• zielgruppenorientierte anstelle pro-duktgruppenbezogener Verkaufs-raumaufteilung, (z.B. Shop-in-the-shop bei Bekleidung)
Attraktive Präsen-tation	• Verpackung	• teils aufgelockerte, teils klar struktu-rierte Präsentation („Wo das Auge vorbeigeht, bleiben die Füße nicht stehen", „Bei zu vielen Hervorhe-bungen ist nichts hervorgehoben")
Zum Verweilen einladen		• Infrastruktur (Wegweiser, Luftquali-tät, Ruhe, architektonische Leistun-gen, Duft, Pflanzen u.ä.)

12. Werbung

12.1 Werbung I

Aufgabe 1:

Die Firma Visier stellt verschiedene Modelle von Sonnenbrillen her. Die Produkte kosten im Handel ca. € 500 und mehr und sprechen daher Kunden an, die in diesen Produkten neben dem Grundnutzen einen hohen sozialen Zusatznutzen erkennen. Es handelt sich nicht um Produkte für Personen mit Sehschwäche. Die Produkte werden nur über den eigenen Online-Shop angeboten. Der Vertrieb erfolgt weltweit, wobei sich der Umsatz auf die Kontinente etwa gleich verteilt. Auf diese Seite werden die Konsumenten per anklickbaren Link, der auf häufig besuchten Websites platziert ist, gelenkt. *Visier.com* ist eine Website, die in ca. 40 Sprachen gelesen werden kann. In der Marketingabteilung wird darüber diskutiert, zur Absatzförderung bestimmte Maßnahmen einzusetzen. Das Resultat einer Brainstorming-Runde war:

- Bezeichnung einzelner Modelle als *deluxe edition, special edition* oder *limited edition.*
- Begrenzte Anzahl der Sonnenbrillen pro Modell (z.B. nur 500 Einheiten mit einer Nummerierung der einzelnen Sonnenbrillen).
- Information im Online-Shop, wie viele Einheiten pro Modell noch verfügbar sind.
- Information im Online-Shop, zu welchem Prozentsatz die pro Modell hergestellte Menge bereits verkauft ist.
- Aussagen wie „nur vorübergehend erhältlich".
- Aussagen wie „Nur drei Wochen im Sortiment".

1. Erklären Sie, welche Formen der Knappheit mit diesen Instrumenten erzeugt werden. Soweit Sie meinen, es könnten noch weitere Formen der Knappheit erzeugt werden, die in diesen Signalen nicht verwendet sind: Illustrieren Sie diese, indem Sie die oben angeführte Liste passend ergänzen.

2. Erklären Sie die Wirkung von Knappheit auf (a) Affekte, (b) die Eignung von Produkten zur Befriedigung sozialer Bedürfnisse wie z.B. Status, Uniqueness und Conformity und (c) die Bewertung der Produktqualität. Führen Sie für a), b) und c) jeweils passende Theorien aus und übertragen Sie diese auf den hier diskutierten Fall. Leiten Sie Annahmen ab, welcher der hier erörterten Formen der Knappheit eine positive Wirkung auf die Attraktivität der Sonnenbrille haben könnte. Welche Formen der Knappheit könnten nachteilig sein? Erklären Sie Ihre Aussagen mit geeignet ausgewählten Theorien.

3. Die Unternehmensleitung vertritt die Auffassung, man solle besonders wirksame Knappheitssignale auswählen, um die Attraktivität des Kaufs der Modelle zu erhöhen. Allerdings möchte man vorher eine Studie durchführen, um neben den theoretischen Argumenten auch durch empirische Befunde – im Kleinen – zu einer höheren Sicherheit über die Maßnahmen zu gelangen. Die reguläre Website des Unternehmens darf allerdings auf keinen Fall herangezogen werden, um „herumzuexperimentieren". Sie sind seit drei Monaten Mitarbeiter bei Visier und werden mit der Studie, die Sie selbst durchführen sollen, beauftragt. Sie haben drei Monate Zeit und dürfen keine Aufträge an Externe vergeben. Stellen Sie nachvollziehbar dar, welche Schritte Sie ausführen werden. Gehen Sie auf alle wichtigen Einzelheiten ein und begründen Sie diese jeweils.

Lösungsskizze:

Allgemeine Formen der limitierten Verfügbarkeit für die Konsumenten:

Limited Availability					
Angebotsbedingt: Für Konsument als Marketinginstrument eines Anbieters zur Begrenzung der Absatzmenge erkennbar			Monopol: Für Konsument als Folge einer geringen Zahl an Anbietern erkennbar:	Nachfragebedingt: Für Konsument als Folge des Verkaufsprozesses erkennbar	Für Konsument als Resultat von Zufall erkennbar
mit Bezug auf den Gesamtmarkt		mit Bezug auf das Individuum:			
mengenmäßig	zeitmäßig	mengenmäßig	mengenmäßig		
Beispiele:					
• Limited Edition • Sammlerobjekte • Limitierung durch knappe Ressource • „Nur solange Vorrat reicht" • Begrenzte Menge je Verkaufsstelle	• Saisonale Begrenzung des Angebots • „Nur vorübergehend erhältlich"	• Höchstabgabemenge • „Nur … Einheiten pro Kunde	• „The World's Only"-Strategie • „Exklusiv erhältlich bei …"	• Veröffentlichung von Verkaufszahlen, z.b. „Bereits 90 Prozent verkauft" • nur noch geringe Restmenge vorhanden • Auffällig geringe Stückzahl eines Artikels im Regal	• Verfügbarkeit von Kirschen in Abhängigkeit von Frühjahrsfrost
Fall A	*Fall B*	*Fall C*	*Fall D*	*Fall E*	*Fall F*

Die Brainstorming-Runde lieferte Beispiele für Werbeaussagen, wie der Eindruck einer angebots- und/oder nachfragebedingten Knappheit erzeugt werden könnte.

Zuordnung der aufgeführten Maßnahmen zu den oben genannten Fällen nach Plausibilität:

Fall A (angebotsbedingt, mengenmäßig)	• Bezeichnung von Modellen als *deluxe edition, special edition* oder *limited edition.* • Begrenzte Anzahl der Sonnenbrillen pro Modell (z.B. nur 500 Einheiten mit einer Nummerierung der einzelnen Sonnenbrillen).
Kombination *Fall A* & *E* (angebots- und nachfragebedingt)	• Information im Online-Shop, wie viele Einheiten pro Modell noch verfügbar sind.
Fall E (nachfragebedingt)	• Information im Online-Shop, zu welchem Prozentsatz die pro Modell hergestellte Menge bereits verkauft ist.
Fall B (angebotsbedingt, zeitmäßig)	• Aussagen wie „nur vorübergehend erhältlich". • Aussagen wie „Nur drei Wochen im Sortiment".

Die Zuordnungen sind teilweise subjektiv. Weitere Aussagen zur Knappheit:
- Es könnten auch Werbeaussagen getroffen werden, in denen Monopoleigenschaften angesprochen werden (z.B. „die einzige Sonnenbrille, dessen Glas das seltene Mineral XY enthält, wodurch die Sonnenbrillen einen ABC-Effekt auslösen).
- Weiterhin könnte der Anbieter die Zahl der pro Kunde erhältlichen Sonnenbrillen pro Jahr limitieren (z.B. „wegen begrenzter Kapazitäten: nur zwei Einheiten pro registriertem Kunde).
- Sonnenbrillen könnten ähnlich wie teure Armbanduhren auch als Sammlerobjekte positioniert werden, d.h. als Produkte, die in einer sehr geringen Stückzahl angeboten werden.

Durch Kooperation mit einem entsprechenden Uhrenhersteller könnte diese Maßnahme realisiert werden (z.B. Kunde kann nur Bündel, bestehend aus Uhr und Sonnenbrille, erwerben).

- „Exklusiv designed by ...", „nur für Besitzer unserer Kundenkarte", „nur in Land X", „erste 100 Exemplare von 500 in zwei Tagen ausverkauft"

Knappheit und Gefühle:

Mit affektiven Reaktionen auf Knappheit beschäftigen sich die Reaktanz-Theorie und die Commodity-Theorie.

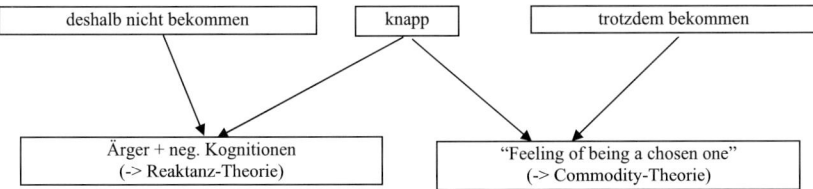

Gemäß der Reaktanztheorie schätzen Menschen die Freiheit als einen wichtigen Bestandteil ihres Lebens. Die meiste Zeit fühlen sich Menschen relativ frei in ihrer Wahl zwischen vielen möglichen Verhaltensweisen und können nach Belieben auswählen. Eine wahrgenommene aktuelle oder eine in der Zukunft befürchtete Einschränkung ihrer Verhaltensfreiheit lenkt die Aufmerksamkeit einer Person auf den betreffenden Tatbestand, und sie fühlt sich dadurch gestört. Der Zustand dieser Störung wird als psychologische Reaktanz bezeichnet. Reaktanz kann neben einer affektiven Komponente (Ärger) auch eine kognitive Komponente (negative Kognitionen), als kurzfristige Reaktion wird jedoch das negative Gefühl des Ärgers auftreten. Die Einschränkung wird umso größer empfunden, je stärker die Wählbarkeit einer Option bedroht ist. Eine Person kann versuchen, entweder die Verhaltensfreiheit wieder herzustellen (d.h. den Grund für die Einschränkung beseitigen) oder der Einschränkung zum Trotz die hiervon betroffene Option zu wählen. Die eingeschränkte Option wird dann attraktiver

Nach der Commodity-Theorie sind Commodities (Güter, Erfahrungen, Informationen) umso wertvoller, je knapper sie sind. Knappe Produkte zu besitzen erzeugt positive Gefühl des „ausgewählt Seins"

Auf den konkreten Fall übertragen: Reaktanz wird durch Knappheit von Sonnenbrillen vermutlich nicht ausgelöst, weil es viele andere Anbieter gibt, die ähnliche Produkte anbieten und es insofern wenig störend ist, wenn eine bestimmte Sonnenbrille nicht verfügbar ist. Wenn eine komplette Güterkategorie nicht wählbar wäre (z.B. Alkohol bei Jugendlichen), wären Reaktanzeffekte denkbar. Die Commodity-Theorie ließe sich anwenden, wenn nicht – wie üblich – der Kunde sich den Anbieter aussucht, sondern sich der Anbieter seine Kunden aussuchen würde (z.B. Zuteilung von Eintrittskarten für Konzerte oder Sportereignisse oder von Aktien, um deren Besitz sich die Kunden bewerben müssen). Für Sonnenbrillen ist dies unwahrscheinlich. Somit ist es unwahrscheinlich, dass die hier skizzierten Knappheitssignale Affekte auslösen.

Knappheit und die Befriedigung sozialer Bedürfnisse:

Personen wollen andere Personen beurteilen. Sie können aber viele ihrer Eigenschaften nicht direkt beobachten. Sie schließen daher von beobachtbaren Eigenschaften auf nicht-beobachtbare Eigenschaften. Produkte haben daher für den Verwender nicht nur einen Nutzen, weil man sie ge-/verbrauchen kann, sondern auch einen sozialen Nutzen, weil man durch Besitz und Konsum anderen Personen etwas über sich mitteilen kann (soweit von diesen beobachtbar).

Eine Theorie zu Conspicuous Consumption könnten anhand des folgenden Modells erklärt werden.

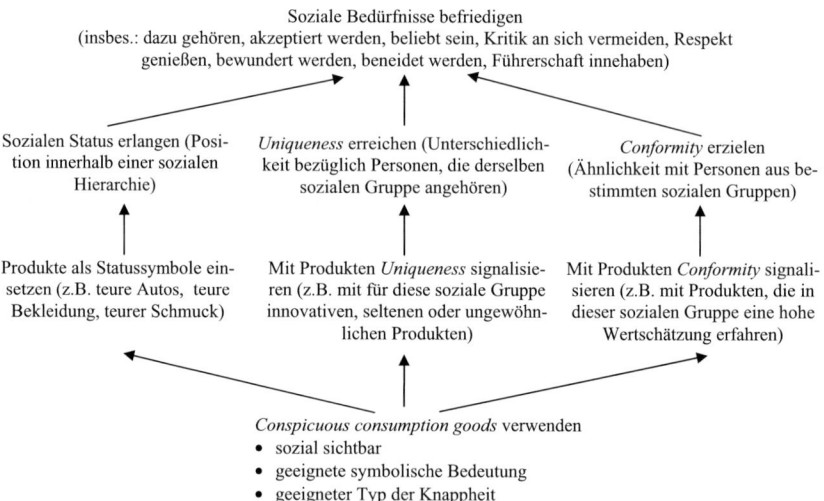

Soziale Bedürfnisse befriedigen
(insbes.: dazu gehören, akzeptiert werden, beliebt sein, Kritik an sich vermeiden, Respekt genießen, bewundert werden, beneidet werden, Führerschaft innehaben)

Sozialen Status erlangen (Position innerhalb einer sozialen Hierarchie)

Uniqueness erreichen (Unterschiedlichkeit bezüglich Personen, die derselben sozialen Gruppe angehören)

Conformity erzielen (Ähnlichkeit mit Personen aus bestimmten sozialen Gruppen)

Produkte als Statussymbole einsetzen (z.B. teure Autos, teure Bekleidung, teurer Schmuck)

Mit Produkten *Uniqueness* signalisieren (z.B. mit für diese soziale Gruppe innovativen, seltenen oder ungewöhnlichen Produkten)

Mit Produkten *Conformity* signalisieren (z.B. mit Produkten, die in dieser sozialen Gruppe eine hohe Wertschätzung erfahren)

Conspicuous consumption goods verwenden
- sozial sichtbar
- geeignete symbolische Bedeutung
- geeigneter Typ der Knappheit

(1) Macht, Wohlstand und/oder Erfolg in bestimmten Bereichen dienen dazu, einen sozialen Rangplatz einzunehmen (am Arbeitsplatz, am Wohnort, …). Der soziale Status ist das Niveau, den eine Person in einem hierarchisch geordneten sozialen System erreicht hat. Er ermöglicht Vergleiche nach oben und nach unten. Eine Person kann Anerkennung und Neid (seitens schlechter Gestellten) erzielen und eine positives Gefühl erleben, dass man Bessergestellt ist. Macht, Wohlstand und Erfolge, sind nicht unmittelbar signalisierbar. Dazu bedarf es Mittel. Solche Mittel sind Statussymbole. Sie dienen dazu, einen sozialen Status zu signalisieren. Normalerweise zählen teure Produkte (Schmuck, Auto, Kleidung, Art Wohnung/Haus, Einrichtungsgegenstände …) dazu, um Wohlstand zu signalisieren. Dazu müssen die Produkte (neben ihrer Sichtbarkeit für andere) nicht nur teuer sein, sondern auch Knappheit zum Ausdruck bringen. Wenn sie weit verbreitet wären, könnte sie sich jeder (auch Ärmere) leisten. Das Produkt muss folglich durch ein geringes Angebot, nicht durch eine hohe Nachfrage knapp geworden sein.

(2) Uniqueness dient dazu, eine zu starke Ähnlichkeit Personen mit demselben sozialen Status (Freunde, Bekannte, Arbeitskollegen) zu vermeiden. Uniqueness ermöglicht eine „soziale Identität, um bewundert zu werden, Führerschaft zu übernehmen oder einen starken Charakter ausdrücken, Geschmack ausdrücken. Um Uniqueness zu signalisieren, sind Produkte hilf-

reich. Produkte, mit denen Uniqueness ausgedrückt werden kann, sind: unübliche Produkte, die im sozialen Umfeld aber als „gute Wahl" erachtet werden (Urlaubsziele …), Produkte, mit denen im sozialen Umfeld ein „guter Geschmack" zum Ausdruck gebracht wird, oder Produkte, die sich eignen, Anerkennung als Innovatoren und Meinungsführer zu erlangen. Uniqueness kann man nicht signalisieren, wenn das Produkt „jeder haben kann". Produkte werden nicht mehr gekauft, wenn sie „zu viele" aus der sozialen Gruppe haben. Das Produkt muss somit durch geringes Angebot knapp sein und darf nicht durch eine hohe Nachfrage knapp geworden sein.

(3) Conformity bedeutet, dass Personen danach streben, eine Zugehörigkeit zu und Akzeptanz in einer speziellen sozialen Gruppe (community) zu erreichen („Musikliebhaber", „Gute Bergsteiger", „Gourmet" , „Sammler von XY). Dazu bedarf es Produkte, mit denen Conformity ausgedrückt wird, d.h. Produkte, die in der speziellen „community" eine hohe Wertschätzung genießen. Zugehörigkeit zu einer speziellen Community entsteht durch den Besitz knapper Produkte (Sammler von speziellem Porzellan oder spezieller Kunstobjekte, Kunstdrucke, Besucher spezieller Konzerte). Das Produkt muss durch geringes Angebot knapp sein, nicht durch eine hohe Nachfrage knapp geworden sein.

Auf den konkreten Fall übertragen: die Sonnenbrillen müssen „sozial sichtbar" sein, sie müssen den geeigneten symbolischen Gehalt aufweisen („ich kann sie mir leisten", „ich haben einen anderen, aber sehr guten Geschmack" bzw. „ich gehöre zu …"), und sie müssen aufgrund des geringen Angebots knapp sein. Wegen hoher Nachfrage entstandene Knappheit würde die Attraktivität der Sonnenbrillen senken.

Knappheit und Qualitätswahrnehmung:

Eine Information über Knappheit ist ein einfach zu verarbeitender Reiz („cue"), der die Anwendung einer heuristischen Regel aktivieren kann. Personen können sich der automatischen Reaktion durch kognitive Prozesse nicht vollständig entziehen. Die Knapp-ist-gut-Heuristik besagt, dass Personen gelernt haben (könnten), dass knappe Güter typischerweise eine höhere Qualität haben. Diese Regel wird auf ihnen unbekannte Produkte übertragen. Die „Knapp bedeutet ein geringes Fehlkaufrisiko"-Heuristik bringt zum Ausdruck, dass Personen haben gelernt haben (könnten), dass der Wert von Produkten mit deren zunehmender Knappheit ansteigt (Mineralöl, Immobilien, Aktien, …). Erwerb knapper Güter kann daher als eine lohnende Investition ansehen werden; Knappheit könnte das subjektiv empfundene finanzielle Fehlkaufrisiko senken. Der Bandwagon-Effekt bzw. die „theory of herding" unterstellt, dass Personen annehmen: "If everyone is trying it, it must be good." So viele Kunden können nicht irren, es ist unwahrscheinlich, dass so viele Kunden eine schlechte Qualität gekauft haben. Diese Überlegung könnte einen Imitationswunsch auslösen. Voraussetzung ist: Knappheit wurde aus Sicht der Konsumenten nicht durch ein geringes Angebot, sondern eine hohe Nachfrage ausgelöst.

Auf den konkreten Fall übertragen: Bei Sonnenbrillen steht nicht die Qualität im funktionalen Sinne im Vordergrund; dies ist „nur der Grundnutzen". Die Zusatznutzen, die den Kauf einer teuren Sonnenbrille rechtfertigen, sind die sozialen Nutzen. Sonnenbrillen sind daher ein Conspicuous Consumption Good, welches attraktiver wird, wenn sozialer Status, Uniqueness oder Conformity signalisiert werden kann. Insofern wäre die Auslösung der eben genannten Heuristiken durch Werbeaussagen eher nachteilig.

Konzept für eine Studie:

(1) Experimentelles Design: 7 (Kontrollgruppe ohne Knappheitssignal)plus sechs Experimentalgruppen wegen Knappheitssignalen gemäß Angabe) x 3 (Sonnenbrillenmodelle). Der zweite Faktor sollte verwendet werden, um die Stabilität der Ergebnisse prüfen zu können.

(2) Teststimuli: 21 fiktive Internetseiten, die sich in Bezug auf die Sonnenbrillenmodelle (plus üblicher Information) und Knappheitsinformation unterscheiden. Die Knappheitsinformation ist ausreichend auffällig zu gestalten.

(3) Stichprobe: Da die Zielgruppe in verschiedenen Ländern zu finden ist, sollten pro wichtigem Land und pro Experimentalbedingung (es gibt insgesamt 21) ca. 30 bis 40 Personen teilnehmen. Akquisition über eigene Website

(4) Procedere: Man könnte auf der eigenen Seite einen Link anbringen, den Personen, die die Seite besuchen, anklicken können. Dann werden sie auf eine der 21 Test-Websites weitergeleitet, und sie könnten dann das beworbene Produkt bewerten.

(5) Messung: Es könnten die Einstellung zu Produkt (attraktiv/unattraktiv, ansprechend/nicht ansprechend, interessant/uninteressant, gut/schlecht, verlockend/nicht verlockend, 7-stufige Skala) und Verhaltensabsichten („Ich würde dieses Produkt sofort kaufen", „Ich würde dieses Produkt sofort meinen Freunden weiterempfehlen", 7-stufige Skala) verwendet werden.

(6) Zur Motivation der Teilnehmer könnte man Sonnenbrillen verlosen, z.B. jeder 40. Teilnehmer erhält dieses Produkt gratis.

(7) Datenanalyse: Mittels 2-faktorieller Varianzanalyse könnte ermittelt werden, welches Knappheitssignal zu den positivsten Bewertungen der Sonnenbrillen führt.

Aufgabe 2:

Die GALAxy erhält als Privatsender die Lizenz, fünf TV-Programme in Deutschland terrestrisch, per Satellit und per Kabel zu senden. GALAxy möchte die fünf Programme GALAsilver, GALAblue, GALAred, GALApink und GALApurple bezeichnen. Generell sollen die GALAxy-Programme keine reinen Spartensender (d.h. zum Beispiel: keine reinen Sportsender) sein, und man möchte nicht in Konkurrenz zu den bereits am Markt vorhandenen Sendern, die Programme für Kinder ausstrahlen, treten.

Die Geschäftsleitung von GALAxy verfolgt das Ziel, mit jedem einzelnen der Programme ein bestimmtes Segment an TV-Zusehern als Zielgruppe zu erreichen. Das heißt, der einzelne Zuschauer soll sich mit genau einem der fünf Programme identifizieren. So hat die Geschäftsleitung die Vision, dass Personen ihre Autos mit Aufklebern mit dem Wortlaut „Ich bin GALAblue" oder „Ich bin GALApurple" versehen, ihre Startseiten im Internet GALAblue.tv oder GALA-purple.tv sind und sich sogar die Farbe ihrer Sommer-Tshirts oder Sonnenbrillenfassungen an der Farbbezeichnung orientieren. Die Planung der Programme soll zweistufig ablaufen.

In einem ersten Schritt möchte man die Zusammensetzung nach Inhalten (Programmleistung) planen. GALAxy sieht sich in der Lage, folgende Programmleistungen zu erbringen.

Lizenzfilme und -serien	Talkshows mit Künstlern	Unterhaltende Techniksendungen
Eigene TV-Movies	Talkshows mit Politikern	Unterhaltungsmusik
Eigene Fernsehserien	Gerichtsshows u.ä.	Sport
Spielshow/Quiz	Kleinkunst/Kabarett	Unterhaltende Nachrichten
Sketch/Varieté	Musikshows	Boulevardmagazine
Cartoons	Alltag und Lebensbewältigung	Reportagen

Man kann sich z.b. als ein Extrem vorstellen, dass die Leistung (ohne Werbung) eines der fünf Programme zu 80 % aus Shows mit beliebten Moderatoren und zu 20 % aus Boulevardmagazinen (morgen, mittags, vorabendlich) besteht (zzgl. der üblichen 23 % Werbung).

In einem zweiten Schritt möchte man die Inhalte pro Programmleistung festlegen. Wenn z.b. GALAblue zu 10 Prozent und GALApink zu 15 Prozent aus Sportsendungen besteht, könnte der Sport auf GALA-blue aus Fußball- und Boxübertragungen bestehen, alldieweil die Sportsendungen auf GALApink vornehmlich Eiskunstlauf, Ski Freestyle oder Dressurreiten darbieten könnten.

Sie haben Ihre berufliche Tätigkeit in der Strategieabteilung von GALAxy gestartet. Sie sind der Abteilungsleiterin Frau Meier, die dort als Chief Strategy Officer (CSO) bezeichnet wird, unmittelbar zugeordnet. Frau Meier (CSO) möchte von Ihnen eine Einteilung der deutschen Bevölkerung ab 14 Jahren in fünf Segmente, wobei anschließend jedem Segment ein Programm von GALAxy zugeordnet werden soll. Ihr Budget beläuft sich auf € 20.000, Sie müssen jedoch alle anfallenden Arbeiten selbst erledigen.

Stellen Sie eine nachvollziehbare Vorgehensweise dar, mit der Sie ermitteln, wie sich die fünf GALAxy-Programme anteilig aus den Programmleistungen zusammensetzen. Gehen Sie auf alle Details ein, die zum Verständnis Ihrer Vorgehensweise erforderlich sind. Hinweis: Gemeint ist: „Wie würden Sie zur Beantwortung dieser Frage eine **empirische Studie** durchführen?"

Nachdem geklärt ist, wie sich die fünf Programme anteilig aus Programmleistungen zusammensetzen, sollen jedes einzelne der Programme irgendwie so „positioniert" werden, dass das jeweilige Programm durch ein „Mehr" als nur durch die Zusammensetzung nach Programmleistungen beschrieben ist. Im Rahmen ihrer Segmentierung konnten Sie auch diverse Zielpersonen-beschreibende Merkmale erfassen. Frau Meier (CSO) fordert Sie nun auf, im zweiten Schritt Vorschläge für die Positionierung der einzelnen fünf Programme zu erarbeiten.

Erläutern Sie, was am Beispiel eines TV-Programms unter Positionierung verstanden werden sollte. Welche Kriterien sollte eine erstrebenswerte Positionierung erfüllen? Gehen Sie auf alle Details ein, die für das Verständnis nötig sind. Hinweis: Gemeint ist: „Welche theoretischen Überlegungen würden Sie anstellen, um auf dieser Grundlage eine empirische Studie (deren Erklärung hier nicht verlangt ist) durchführen zu können?".

Lösungsskizze:

Segmentierung

(1) Präzisierung der Zielvariablen:

Der Ausgangspunkt der Überlegungen bestand darin, dass die überwiegende Mehrheit der TV-Zuseher dazu tendiert, mehrere Programmleistungen anzusehen, also nicht nur z.B. Sport, wobei sie sich jedoch in Bezug darauf, wie sehr sie die Programmleistungen 1 vs. 2 vs. 3 etc.

bevorzugen, individuell unterscheiden. Das heißt, die individuelle Zusammenstellung von Programmleistungen, die sich ein Konsument wünscht, könnte als Zielvariable verwendet werden.

(2) Erklärungskräftige Variablen:

Man könnte die Einstellung zu Programmleistung 1, die Einstellung zu Programmleistung 2, die Einstellung zu Programmleistung 3 etc. heranziehen, um zu folgern, welche Zusammensetzung an Programmleistungen sich ein Konsument wünscht.

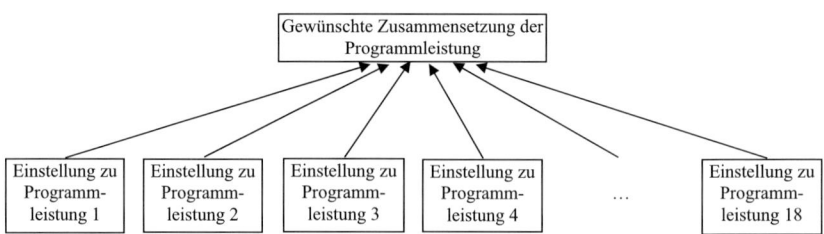

Operationalisierung:

Man könnte pro Programmleistung mehrere typische Abbildungen oder kurze Filme erstellen, um die jeweilige Programmleistung noch besser verdeutlichen zu können.

Jede Person aus der Zielgruppe könnte diese Programmleistungen in eine Rangreihe bringen, je nach dem, wie sehr sie sich für die betreffende Programmleistung interessiert. Oder sie könnte jede Programmleistung auf Ratingskalen beurteilen; in diesem Fall würde man also für jede Programmleistung auf beispielsweise 7-stufigen Skalen abfragen, wie „interessant", „wichtig", „sehenswert", „unterhaltsam" und „wünschenswert" sie die jeweilige Programmleistung empfindet.

(3) Aktive Variablen:

Als aktive Segmentierungsvariablen könnte die Einstellung zu den einzelnen Programmleistungen verwendet werden, als 18 Segmentierungsvariablen. Nach Mittelwertbildung der fünf Items ergeben sich pro Person (aus der Stichprobe) 18 Messwerte, die ihre Einstellungen zu den Programmleistungen zum Ausdruck bringen.

z.B. für Person #1 und #2

Person	Einstellung zur Programmleistung					
	A1	A2	A3	A4		A18
#1	1.2	2.4	3.8	4	...	6.8
#2	3.6	4.4	3.4	6	...	3.2

(4) Bildung der Segmente

Man wird zwei Personen, die sich in Bezug auf die aktiven Variablen sehr ähnlich sind, demselben Segment zuordnen, und zwei Personen, die in Bezug auf die aktiven Variablen sehr unterschiedlich sind, unterschiedlichen Segmenten zuordnen. Das heißt, pro Paar an Auskunfts-person ist ein Distanz- oder Ähnlichkeitswert zu bestimmen. Man könnte z.b. die Quadrat-summe der absoluten Abweichungen berechnen.

$$d_{1,2} = (1.2\text{-}3.6)^2 + (2.4\text{-}4.4)^2 + (3.8\text{-}3.4)^2 + (4\text{-}6)^2 + \dots + (6.8\text{-}3.2)^2 = 45$$

Große Werte bringen eine hohe Unterschiedlichkeit von zwei Personen, geringe Werte eine geringe Unterschiedlichkeit in Bezug auf die Zielvariable zum Ausdruck.

Um Segmente zu bilden, wird eine Stichprobe benötigt, die erstens groß ist und zweitens per Zufall aus der Zielgruppe gezogen wird. Groß heißt hier z.b. 1500 Personen, Zufall heißt, dass jede Person aus der Zielgruppe die gleiche (oder eine berechenbare) Wahrscheinlichkeit hat, in die Stichprobe zu gelangen. Wird jede Person aus der Stichprobe dem oben beschrie-benen Ablauf unterzogen, ergibt sich eine 1500 x 1500 – Matrix, die im oberen oder unteren Dreieck die entsprechenden Unähnlichkeitsdaten enthält.

	$d_{1,2}$	$\dots$	$d_{1499,1500}$
$d_{1,2}$	45		
$d_{1499,1500}$			

Mit Hilfe einer Clusteranalyse können daraus Segmente berechnet werden. Das heißt, jede Person aus der Stichprobe wird eine Zahl (Segmentzugehörigkeit) zugeordnet.

	Auskunftsperson					
	#1	#2	#3	#4	$\dots$	#1500
Segment	2	1	4	3		2

Man könnte sich beispielsweise vorstellen, dass man – gemäß der vorgegebenen Anzahl an Programmen – fünf Personensegmente bestimmt. Dann lässt sich pro Personensegment der Durchschnittswert pro aktiver (segmentbildender) Variable berechnen.

Segment	Umfang	Mittelwert					
		Lizenzfilme und -serien	Eigene TV-Movies	Eigene Fernsehserien	Spielshow/ Quiz	$\dots$	Reportagen
1	330	6.3	5.4	4.2	1.7		1.6
2	320	1.4	3.6	3.9	6.3		2.0
3	240	2.0	1.7	5.9	2.1		4.8
4	260	1.4	1.8	1.3	6.3		2.1
5	350	1.4	1.2	6.7	2.2		1.8

Man könnte argumentieren, dass ein Wert von 1 zum Ausdruck bringt, dass die betreffende Programmleistung nicht gewünscht wird, und ein Wert von 7 besagt, dass die Programmleis-tung sehr wichtig ist. Für Segment 1 (= Programm 1) könnte man dann wie folgt eine Auftei-lung des Sendeprogramms nach Programmleistungen gemäß folgender Relation planen:

$$(6.3\text{-}1) : (5.4\text{-}1) : (4.2\text{-}1) : (1.7\text{-}1) : \dots : (1.6\text{-}1) \text{ und Summe} = 100\%$$

(5) Beschreibung der Segmente

Jede Person aus der Stichprobe könnte im Rahmen der oben bereits angesprochenen Befra-gung erläutern, welche Art von Sendungen sie pro Programmleistung präferiert. Im Bereich

der Programmleistung „Sportsendung" könnten die Sendungen z.B. Übertragungen von Fuß-
ball, Boxen, Eiskunstlauf, Ski Freestyle oder Dressurreiten sein. Angenommen, für Segment 1
(= Sender 1) wurde ermittelt, dass 17 % des Programms Sportsendungen sein sollten, und
weiterhin sei aus dieser Befragung bekannt, dass Personen aus Segment 1 bestimmte Sport-
richtungen bevorzugen. Dann könnten diese 17 % Sendezeit bevorzugt mit Sportsendungen
gefüllt werden, die von Segment 1 bevorzugt werden.

Positionierung

Positionierung ist der Prozess, mittels marketingpolitischer Aktivitäten eine Situation herbeizuführen, in der die Zielgruppe (des betreffenden TV-Programms) Assoziationen mit dem jeweiligen Programm verbindet. Eine Position resultiert aus mehreren Elementen.

- *Zentrales Kaufargument* (claim, unique selling proposition): Womit kann die Zielgruppe
  überzeugt werden, gerade dieses TV-Programm anzusehen? Was will man aus Sicht dieser
  Zielgruppe möglichst gut können? (Beispiel: mehr als andere Sender „aktuell" sein, was
  Spielfilme, Sportübertragen, Musikshows, Inhalte von Gerichtsshows etc. anbelangt; *alter-
  natives* Beispiel: mehr als andere Sender „bekannte Gesichter" zeigen, Spielfilme, Sportübertragen, Musikshows, Inhalte von Gerichtsshows etc. anbelangt, *alternativ*: mehr als
  andere Sender unterhaltsam sein).
- *Sachbezogene Position* (message): Warum kann sich die Zielgruppe vorstellen, gerade dieses Programm anzusehen? Warum sollte sie das zentrale Kaufargument akzeptieren? (Beispiel „mehr als andere Sender aktuell sein": Argumente wie „auf dem Laufenden sein",
  „mitreden können", „fast live dabei sein", Exklusivübertragungen von wichtigen Events
  anbieten).
- *Bildbezogene Position*: Welche Bilder oder anderweitigen sensorischen Eindrücke verbindet die Zielgruppe mit dem Produkt? (einheitliches Erscheinungsbild durch Konstanten wie
  z.B. ähnliche Musik zwischen den Programmbestandteilen, ähnliche Einblendungen von
  Sondermitteilungen)

Sender 1	GALAblue	GALAred	GALAsilver	GALApurple	GALApink
Zentrales Argument	Der aktuellere Send-er	Der fröhlichere Sender	Der entspannendere Sender	Der Sender mit der größeren Nähe zu Menschen wie Du und Ich	Der Sender, der jun-ge Frauen wirklich versteht
Sachbezo-gene Position	Ausrichtung der Programminhalte (Wir bieten aktuelle Übertragungen von …)	Ausrichtung der Programminhalte (Wir haben die be-liebtesten Comedi-ans …)	Ausrichtung der Programminhalte (Wir haben die bes-ten Kultur- und Na-turfilme …)	Ausrichtung der Programminhalte (Wir haben die Mo-deratoren, die Sie verstehen …)	Ausrichtung der Programminhalte (Wir haben die Mu-sik, Themen, Filme, die maßgeschneidert sind …)
Bildbezo-gene Position (Beispiele)	„Wir haben die ak-tuellen Models als Gast-Ansagerinnen", Moderatoren sind blau gekleidet …	Wir haben die be-liebtesten Comedi-ans als Ansager, die Moderatoren sind rot gekleidet …	Wir haben die un-gewöhnlichsten Bilder aus en Berei-chen Kultur und Na-tur, die Moderatoren sind „silbern" ge-kleidet …	Wir haben beliebte Prominente als An-sager, diese Frauen sind violett geklei-det, …	Wir haben immer junge Gesichter auf dem Bildschirm, wir senden immer zwi-schendurch aktuelle Musik …

Als Ziele der *sachbezogenen Positionierung* können aufgeführt werden:
- *Präferenzen in der Zielgruppe erzeugen*: Das Programm sollte mit Eigenschaften assoziiert
  werden oder die objektiven Eigenschaften haben, die es in der Zielgruppe als attraktiv erscheinen lassen, so dass das zentrale Argument überzeugt. Es soll die Eigenschaften haben,
  die sich viele Personen wünschen, die aber noch nicht perfekt befriedigt werden. Es sollte
  ein für die Zielpersonen nachvollziehbarer Bezug zwischen dem TV-Programm und der
  Zielgruppe hergestellt werden.

- *Abgrenzung von Wettbewerbern*: Die Differenz zwischen dem Programm und Wettbewerberprodukten sollte deutlich werden. Das Resultat soll ein „subjektives Monopol" sein.

Die Ziele der *bildbezogenen Positionierung* sind:
- Die sensorischen Eindrücke sollten eine gefühlte Akzeptanz der Sachposition bewirken.
- Die Bilder sollten weitere positive Assoziationen, die das Produkt von Wettbewerber-Sendern unterscheidbar machen, auslösen.
- Die Bilder sollten ausreichend schema*in*kongruent sein. Der Nachfrager darf die sensorischen Eindrücke sogar teilweise als etwas frech und provokant empfinden.
- Es soll eine stimmige Bilderwelt entstehen.

12.2 Werbung II

Aufgabe 1:

Die Marke Fisherman's Friend ist international mit einem Angebot von Pastillen tätig, die hauptsächlich über den Lebensmitteleinzelhandel distribuiert werden. Charakteristisch für die Pastillen ist der „scharfe Geschmack". Aus der Sicht der Konsumenten handelt es sich um einen Pastillen-Hersteller, dessen Besonderheit nur darin besteht, eben spezielle Geschmacksrichtungen zu offerieren: 1) Lemon 2) Salmiak 3) Lakritz 4) Kirsch 5) Cinnamon 6) Mint 7 Cassis 8) Extra Stark 9) Anis 10) Spicy Mandarin.

Der Chief Strategy Officer (CSO) meint, die Strategie, immer mehr Geschmacksrichtungen anzubieten, könne man so in Zukunft nicht weiter verfolgen. Die Marke selbst sei unter den 14- bis 65-Jährigen zwar sehr bekannt, aber die Marktchancen, die die Pastillen bieten, seien doch äußerst limitiert. Es gibt auch keinen charakteristischen Werbeauftritt, und der Wert der Marke bestünde letztlich nur im Slogan, der sich – leider – des Weiteren von Land zu Land unterscheidet. Der CSO legt, nachdem er nachgedacht hat, fest, den in Deutschland bekannten Slogan „Sie sie zu stark, bist du zu schwach" international einzusetzen (in den Landessprachen) und anstelle der bisherigen produktorientierten Marketingstrategie („Wir sind kompetent für scharf schmeckende Bonbons") ab sofort eine rein zielgruppenorientierte Strategie zu folgen. Der CSO erinnert an die Strategie von Diddl („Alles für Kinder") oder von Ikea („Alles für modernes Wohnen und Leben"), wobei *Alles* inhaltlich natürlich nur *fast Alles* bedeutet. Der CSO legt als Strategie für die nächsten fünf Jahre fest, eine „Fisherman's Friend Konsumwelt" für eine definierte Zielgruppe zu schaffen. Für die Fertigung der Produkte werden auch Lizenzen vergeben. Die Zielgruppe wird als „der *stärkere Typ*" (also kein „Softie", keine femininen Frauen, …) festgelegt. Die Strategie besteht aus folgenden drei Elementen:

1) Zentrales Kaufargument: Wenn Sie ein *stärkerer* Typ sind/werden wollen, dann passen unsere Produkte perfekt zu Ihnen.

2) Sachliche Position: Angebot einer Reihe von Produkten, die allesamt „*stärker*" sind (neben Bonbons mit *stärkerem* Geschmack: Zahnpasta: *stärkerer* Geschmack durch Inhaltsstoffe, Bier: *stärkerer* Geschmack durch etwas angehobenen Alkoholgehalt, Duftwasser: *stärkere* Empfindung auf der Haut, Suppen: *stärkerer* Geschmack, Honig: *stärkerer* Geschmack, Joghurt: *stärkerer* Geschmack). Der angestrebte Produktnutzen besteht darin, dass die jeweiligen Produkte speziell für den „stärkeren Typ" sind und der „stärkere Typ" durch den Konsum dieser Produkte auch signalisieren kann, dass er/sie ein „stärkerer Typ" ist. Der Slogan wird auf die Produkte übertragen.

3) Bildbezogene Position: Es wird einheitlich und einzig folgende Bilderwelt verwendet (in TV und im Internet: im Meer bewegte Produkte; hinzu kommt Musik aus Richard Strauß Zarathustra).

(a) Erklären Sie anhand geeignet ausgewählter Theorien, wie Konsumenten auf Brand Extensions reagieren und welche Rolle Explanatory Links spielen. Stellen Sie mindestens drei Theorien, in denen insbesondere die Rolle der Ähnlichkeit zwischen Kernprodukt (Bonbon) und Extensions (z.B. Zahnpasta, Bier) im Mittelpunkt steht, gut nachvollziehbar dar. Erklären Sie auch die Unterschiede hinsichtlich der Marketingkonsequenzen, die sich in Abhängigkeit von der Gültigkeit der jeweiligen Theorie ergeben

(b) Stellen Sie dar, wie Sie mittels einer empirischen Studie (Zeit: drei Monate, Budget: € 20.000) untersuchen würden, welche Brand Extensions bei Beibehaltung der oben dargestellten bildbezogenen Position in das Produktrange aufzunehmen wären. Erläutern und begründen Sie alle Ihre Festlegungen.

Lösungsskizze:

(a) Reaktion von Konsumenten auf Brand Extensions (drei Theorien)

Theorie 1: Brand-Attitude-Transfer-Modell

Im Allgemeinen: Gemäß Kategorisierungstheorien neigen Menschen dazu, die Verarbeitung von Reizen zu vereinfachen. Dies ist möglich, wenn Menschen auf Information, die sie im Gedächtnis gespeichert haben, vertrauen. Das Gedächtnis besteht aus mentalen Kategorien. Diese mentalen Kategorien enthalten Wissen über typische Eigenschaften der Reize aus dieser Kategorie und „affective tags" im Sinne von auf Erfahrung basierenden evaluativen Komponenten (z.B. „das mag ich"). Wenn Personen Kontakt mit einem neuen Reiz haben, versuchen sie, den Reiz einer mentalen Kategorie zuzuordnen. Dies erleichtert die Informationsaufnahme und -verarbeitung, da nicht viele Eigenschaften des Reizes wahrgenommen und interpretiert werden müssen, sondern Kategorienwissen und -bewertung übertragen werden können. Eine Voraussetzung hierfür ist, dass Personen einen ausreichenden Grad an Ähnlichkeit zwischen dem neuen Reiz und einer existieren mentalen Kategorie wahrnehmen. Menschen bestimmen diesen Grad an Ähnlichkeit im Rahmen eines „Feature-matching" Prozesses. Sie vergleichen die offensichtlichen Eigenschaften des neuen Stimulus mit der entsprechenden mentalen Kategorie. Wenn eine ausreichend hohe Ähnlichkeit wahrgenommen wird, werden Kategorienwissen und –bewertungen auf den neuen Reiz übertragen.

Im Speziellen: Marken und ihre Kernprodukte sind mentale Kategorien, die Wissen und evaluative Komponenten enthalten. Der hier betrachtete neue Reiz ist die „Erweiterung von Marke X". Dass derselbe Markenname verwendet wird, ist ein erster Indikator für den Konsument, dass Ähnlichkeit zwischen Kern- und Erweiterungsprodukt existiert. Somit sieht er sich einer Kategorisierungsaufgabe gegenüber. Er prüft also, ob Wissen über Eigenschaften und evaluative Komponenten auf das Erweiterungsprodukt übertragen werden können. Dazu ruft er Informationen über die Marke und das Kernprodukt aus dem Gedächtnis ab. Konsumenten vergleichen die offensichtlichen Eigenschaften des Erweiterungsprodukts mit ihrem Wissen über das Kernprodukt dieser Marke, das in der mentalen Kategorie "Marke X" abgespeichert ist (Feature-Matching. Wird die Ähnlichkeit als ausreichend hoch wahrgenommen, werden Einstellung zur Marke wird auf das Erweiterungsprodukt übertragen. Es werden mehr Ähnlichkeiten unterstellt (evtl. sogar mehr, als in Wirklichkeit vorhanden sind). Die Ähnlichkeit ist also eine Moderatorvariable: Sie sagt voraus, inwieweit sich die Einstellung zur Marke auf das Erweiterungsprodukt überträgt.

Theorie 2: Incongruity-induced-affect Modell

Im Allgemeinen: Die Schemakongruenztheorie besagt, dass es zwei grundlegende Typen von Reizen gibt, denen eine Person ausgesetzt sein kann. Reize sind kongruent, wenn sie den Erwartungen entsprechen, sie sind inkongruent, wenn sie den Erwartungen widersprechen (sie lassen sich nicht ohne Weiteres einer mentalen Kategorie zuordnen). Inkongruente Reize sind vergleichsweise interessanter und werden folglich intensiver verarbeitet. Die letztere Art kann weiter eingeteilt werden: Ein Reiz ist moderat inkongruent, wenn er nach intensiver Informationsverarbeitung doch noch einer mentalen Kategorie zuordnen lässt. Er ist stark inkongruent, wenn er selbst nach intensiver Informationsverarbeitung keiner mentalen Kategorie zugeordnet werden kann. In Abhängigkeit davon, ob ein Reiz kongruent, moderat inkongruent oder stark inkongruent ist, werden unterschiedliche Affekte vermutet. Liegt ein kongruenter Reiz vor, wird eine sehr schwache positive Reaktion erwartet, weil Personen Bestätigungen ihrer Erwartungen mögen („es mutet vertraut an"). Liegt ein moderat inkongruenter Reiz vor, verspürt die Person ein Erfolgserlebnis, weil sie den Reiz doch noch einer Kategorie zuordnen kann. Im Fall eines stark inkongruenten Reizes fühlt sich eine Person frustriert und hilflos. Dieser schwach positive bzw. stark positive bzw. negative Affekt wird auf den Reiz übertragen.

Im Speziellen: Brand Extensions sind Reize, die mehr oder minder kongruent zur mentalen Kategorie "Marke X" sind. Im Fall der moderaten Inkongruenz (= moderaten Ähnlichkeit mit dem Kernprodukt) findet der Konsument doch noch eine Erklärung, warum der Anbieter ein Produkt aus dieser Erweiterungskategorie anbietet. Dies wird als ein Erfolg erlebt, der sich als Affekt auf die Brand Extension überträgt. Im Fall starker Inkongruenz (= geringer Ähnlichkeit mit dem Kernprodukt) versteht der Konsument diese Erweiterung nicht und überträgt negatives Gefühl auf die Extension. Also ist zu folgern: Bei einer moderaten Ähnlichkeit wird die Brand Extension vergleichsweise positiv bewertet.

Theorie 3: "You cannot be good or bad at everything" Prinzip

Im Allgemeinen: Menschen haben naïve Theorie über menschliche Intelligenz und Fähigkeiten. Sie nehmen an, dass andere Menschen in bestimmten Bereichen gut und in anderen Bereichen schlecht sind. Es gibt also das Stereotyp „Keiner ist überall gut.". Wenn Person A weiß, dass Schüler B gut in Mathematik ist, wird A annehmen, dass B in ähnlichen Bereichen wie Physik ebenfalls gut ist und in unähnlichen Bereichen wie Sprachen schlecht ist. Dieses Prinzip könnten Menschen aufgrund eigener Erfahrungen gelehrt haben; es wird dadurch zu einer Heuristik. Diese Heuristik kann dann generell angewendet werden, also nicht nur auf die Beurteilung von menschlichen Eigenschaften.

Im Speziellen: Wenn ein Konsument feststellt, dass ein Anbieter ein gutes Kernprodukt anbietet, würde er folgern: ein ähnliches Erweiterungsprodukt muss ebenfalls gut sein und ein unähnliches Erweiterungsprodukt muss schlecht sein.

Mögliche weitere Theorien wären: Kognitive Konsistenztheorien; Theorie zur Vererbung von übergeordneten Kategorien auf hierarchisch untergeordnete Theorien. Diese werden hier nicht ausgeführt.

Die folgende Abbildung zeigt die sich widersprechenden Vermutungen, wie sich die wahrgenommene Ähnlichkeit auf die Bewertung einer Brand Extension auswirkt.

- Brand-Attitude-Transfer-Modell: Je höher die wahrgenommene Ähnlichkeit, desto stärker überträgt sich die Einstellung zur Marke auf das Erweiterungsprodukt.
- Incongruity-induced-affect Modell: Im Fall einer moderaten Ähnlichkeit ist die Einstellung zum Erweiterungsprodukt besonders hoch.
- "You cannot be good or bad at everything" Prinzip: Bei geringer Ähnlichkeit ist eine positive Markeneinstellung ungünstig, bei hoher Ähnlichkeit ist eine positive Markeneinstellung vorteilhaft.

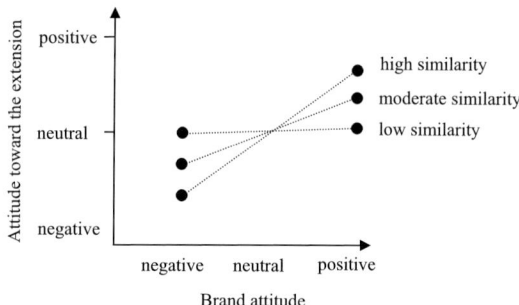

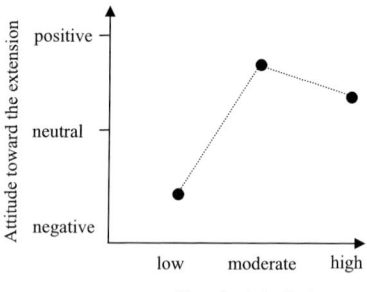

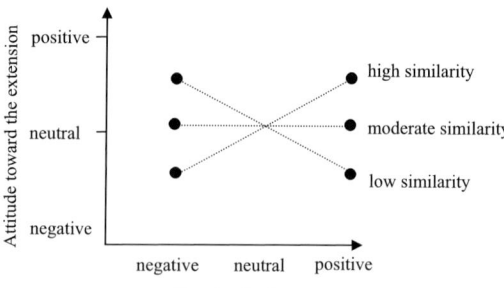

Marketingkonsequenzen im Fall der Gültigkeit der jeweiligen Theorien:

Brand-Attitude-Transfer-Modell:

Im Fall einer positiv bewerteten Marke sollte die Ähnlichkeit zwischen Kernprodukt und Erweiterungsprodukt besonders hoch sein. Im Fall einer neutral bewerteten Marke spielt die Ähnlichkeit für die Bewertung der Extension keine Rolle. Im Fall einer negativ bewerteten Marke sollte die Ähnlichkeit zwischen Kern- und Erweiterungsprodukt möglichst gering sein

Incongruity-induced-affect Modell: Unabhängig von der Einstellung zur Marke sollte eine moderate Ähnlichkeit angestrebt werden.

"You cannot be good or bad at everything" Prinzip: Im Fall einer positiv bewerteten Marke sollte auf eine hohe Ähnlichkeit abgezielt werden. Im Fall einer neutralen Marke spielt die Ähnlichkeit keine Rolle. Im Fall einer negativ bewerteten Marke sollte auf eine gering Ähnlichkeit abgezielt werden.

Die Ähnlichkeit selbst kann wie folgt beeinflusst werden:

- Eigenschaftsbasierte Ähnlichkeit: Das Stammprodukt und das Erweiterungsprodukt sind einander umso ähnlicher, je größer die Übereinstimmung hinsichtlich wichtiger intrinsischer Produkteigenschaften ist. Erweiterungsprodukte von *Penaten* wie zum Beispiel Penaten Ölbalsam, Penaten Gute Nacht Bad oder Penaten Shampoo haben in diesem Sinne eine mehr oder minder große Ähnlichkeit mit den Produktmerkmalen des Stammprodukts Penaten Baby-Hautcreme.

- Nutzungsbasierte Ähnlichkeit: Hier bewertet der Konsument die Ähnlichkeit von Stamm- und Erweiterungsprodukt gemäß der Ähnlichkeit der Nutzungssituation. Produkte der Marke becel basieren auf diesem Ähnlichkeitskonzept. Neben dem Stammprodukt becel Margarine werden auch becel Joghurt, becel Kaffeeweißer oder becel Landleberwurst angeboten. Die Gemeinsamkeit besteht im komplementären Verwendungszweck „Alles für die gesunde Ernährung".

- Imagebasierte Ähnlichkeit: Die Ähnlichkeit der Produkte wird über die Ähnlichkeit der Produktimages definiert   So bietet Caterpillar nicht nur Baumaschinen (Stammprodukt), sondern auch Freizeitbekleidung und Schuhe an. Diese Erweiterungsprodukte teilen sich mit dem Stammprodukt nur das Image langlebiger, robuster und strapazierfähiger Produkte.

- Zielbasierte Ähnlichkeit: Diese Art von Ähnlichkeit bezeichnet das Ausmaß, in dem sich Stamm- und Erweiterungsprodukt eignen, das gleiche Ziel zu erreichen, wobei es sich in diesem Fall um sich gegenseitig substituierende Güter handelt. Würde unter der Marke „du darfst", die für Produkte, die für „schlank sein" bekannt sind, Aerobic-Bekleidung angeboten, so würde zwischen „du darfst" und dieser Bekleidung eine zielbasierte Ähnlichkeit bestehen.

- Explanatory Links: In diesem Fall werden durch ähnliche Werbereize Ähnlichkeiten hergestellt (z.B. Verwendung gleicher peripherer Reize in Werbung für das Kern- und für das Erweiterungsprodukt: gleiche Farben, gleiche Models, gleiche Slogans, gleiche Schriften, gleiche Bildmotive, gleiche Celebrities etc.). Auch dadurch kann das Erweiterungsprodukt dem Kernprodukt ähnlicher werden.

(b) Empirische Studie

Frage: Welche Brand Extensions wären bei Beibehaltung der oben dargestellten bildbezogenen Position in das Produktrange aufzunehmen?

Bleibt der bildbezogene Auftritt für verschiedene Produkte, die unter der Marke „Fishermen's Friend" angeboten werden, konstant, erhöht dies die Ähnlichkeit zwischen dem Kernprodukt und den Erweiterungsprodukten. Insofern ist es nicht zwangsläufig nötig, eine hohe Ähnlichkeit durch eine eigenschaftsbasierte, nutzungsbasierte, imagebasierte oder zielbasierte Ähnlichkeit herzustellen. damit sich jedoch gemäß der ersten Theorie die Einstellung zur Marke auf das Erweiterungsprodukt überträgt, sollte doch ein Mindestmaß an eigenschaftsbasierter, nutzungsbasierter, imagebasierter oder zielbasierter Ähnlichkeit bestehen. Die dementsprechend ausgewählten Produkte wären in das Design der oben gezeigten Werbeanzeige (oder TV-Spot) einzubinden, und man müsste Konsumenten befragen, ob sie sich vorstellen könnten, dieses Produkt zu kaufen.

Testobjekte: Fisherman's Friend Zahnpasta, Bier, Duftwasser, Suppen, Honig, Joghurt

Teststimuli: Werbeanzeigen gemäß dem oben gezeigten Design, in welches die genannten Produkte integriert sind.

Testpersonen: Personen, die angeben, sie wären gerne „starke Typen".

Ablauf: Personen sehen Werbeanzeigen für typische Marken von Zahnpasta (z.B. Blend-a-med, Elmex), worunter sich auch die Werbung für Zahnpasta von Fisherman's Friend befindet. Die Personen bewerten die Produkte. Analoge Vorgehensweise für die restlichen Produkte. Pro Produkt eine Testgruppen (ca. 50 Personen). Es wäre wünschenswert, reale Produkte zu präsentieren, die tatsächlich verköstigt werden können (ansonsten könnten bei hoher Erstkaufrate eine geringe Wiederkaufrate folgen). Um Zielpersonen zu erreichen, bietet sich eine Befragung in Fitnessstudios oder im Umfeld von passenden Sportveranstaltungen an. Um die Personen an das konstante Werbemotiv zu gewöhnen, könnten Personen zuerst die Werbung für die Pastillen und – nach Pufferanzeigen – die Werbung für eine Extension sehen (auf diese Weise ließe sich auch prüfen, ob ein Dilution-Effekt für das Kernprodukt entsteht).

Da geplant sein könnte, mehrere Brand Extensions auf den Markt zu bringen, könnten neben den oben genannten Gruppen (je Extension eine) auch einige Testgruppen gebildet werden, die mehrere Brand Extensions sehen (z.B. Pastillen – 2 Pufferanzeigen – Zahnpasta – 2 Pufferanzeigen – Joghurt – …). Diese Gruppen könnten die Information liefern, bei wie vielen Extensions ein Dilution-Effekt auftritt.

Abhängige Variable: Es müsste gemessen werden, wie Personen Fisherman's Friend Zahnpasta etc. bewerten. Skalen: interessant, ansprechend, attraktiv, würde mich interessieren, würde ausproben, … (7-stufig).

Datenanalyse: Pro Extension für Fisherman's Friend (d.h. Zahnpasta, Bier etc.) diese Daten erheben. Dann ergibt sich etwa

- Fisherman's Friend Zahnpasta 6,2
- Fisherman's Friend Bier 5,8
- Fisherman's Friend Duftwasser 3,2
- Fisherman's Friend Suppen 5,2

- Fisherman's Friend Honig 1,8
- Fisherman's Friend Joghurt 4,4

Detaillierter wären die Daten, wenn pro Gruppe das Kernprodukt mit bewertet worden wäre. Noch informativer wäre es, wenn in einigen Gruppen mehrere potentielle Brand Extensions präsentiert worden wären.

Wichtig wäre es, nur positiv bewertete Produkte am Markt einzuführen (Skalenwert signifikant größer 4, wenn Befragung stattfand). Falls Extensionen in den Verbrauchs- oder Probiertests als wenig vorteilhaft bewertet wurden (z.B. Honig, Duftwasser), sollte die Rezeptur verändert und sollte der Test wiederholt werden. Eine Verringerung der Bewertung der Pastillen wäre hinnehmbar, da mögliche Verluste durch Gewinne aufgrund des Extensions ausgeglichen werden könnten.

12.3 Werbung III

Aufgabe 1:

Das Unternehmen Natursana stellt unter anderem Öko-Bettwäsche her. Die Öko-Bettwäsche Naturello wird aus 100 % kontrolliert biologisch angebauter Baumwolle gefertigt. Der Absatz der Öko-Bettwäsche Naturello ist rückläufig. Der Marketingleiter Fritz Schlaumi von Natursana ist deshalb der Meinung, dass man die eigene Öko-Bettwäsche stärker von Konkurrenzprodukten abgrenzen muss. Er hat vor kurzem einen Artikel über Produktdifferenzierung durch Imply-Benefit-Attribute gelesen und glaubt, dass die Verwendung von Imply-Benefit-Attributen helfen könnte, den Absatzrückgang zu stoppen. In einer Diskussionsrunde mit seinen Mitarbeitern kam er zum Ergebnis, dass es eine interessante Möglichkeit wäre, Bettwäsche mit Melissenextrakt oder Macawurzelextrakt anzubieten.

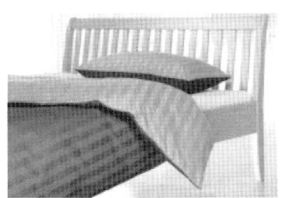  

| Naturello Öko-Bettwäsche | Melisse | Maca |

Die Heilpflanze Melisse ist für ihre sanfte, beruhigende und entspannende Wirkung bekannt. Maca, die peruanische Powerknolle aus den Anden, gilt als pflanzliches Allroundmittel für mehr Potenz, mehr Energie, mehr Leistungsfähigkeit und sie soll erotisierend wirken. Herr Schlaumi verbindet sowohl mit der Naturello Öko-Bettwäsche als auch dem Melissen- oder Macawurzelextrakt eine natürliche und pflanzliche Herkunft. Herr Schlaumi steht nun vor der Frage, ob die Wahrnehmung von Öko-Bettwäsche durch die Verwendung von Melissen- oder Macawurzelextrakt als Produktbestandteil tatsächlich beeinflusst werden kann.

Erklären Sie die Wirkung von Imply-Benefit-Attributen am Beispiel von Melissen- oder Macawurzelextrakt auf die Bewertung der Öko-Bettwäsche unter Bezugnahme auf zwei besonders gut geeignete theoretische Ansätze.

In einer neuen empirischen Studie soll überprüft werden, ob der Einsatz eines Imply-Benefit-Attributs vorteilhaft ist und ob Konsumenten Öko-Bettwäsche mit Melissen- oder mit Macawurzelextrakt positiver bewerten. Beschreiben Sie eine zur Überprüfung dieser Fragestellung geeignete empirische Studie und gehen Sie bei Ihren Ausführungen auf das experimentelle Design, geeignetes Stimulusmaterial, die Stichprobe und die Operationalisierung der abhängigen Variable ein. Stellen Sie ein geeignetes Verfahren zur Datenanalyse der oben geschilderten Fragestellung dar. Erläutern Sie, wie aus den resultierenden Ergebnissen Handlungsempfehlungen für das Unternehmen Natursana abgeleitet werden können.

Lösungsskizze:

Anchoring & Adjustment:

- Urteil über einen Meinungsgegenstand (Fokalreiz), über dessen tatsächliche Eigenschaften Unsicherheit besteht
- Geistige Präsenz eines Ankers (Kontextreiz), z.b. eine Information oder an einen ins Bewusstsein gerufenen Anker (Gedächtnisinhalt)
- „Insufficient Adjustment" bedeutet, dass der Konsument aus der Spannweite der möglichen Ausprägungen von Merkmalen wie beruhigend, entspannend oder gesundheitsfördernd Bettwäsche sein könnte, denjenigen Wert auswählt, der dem Wert des Kontextreizes (Melisse) am nächsten liegt. Die Bettwäsche assimiliert sich somit an die Eigenschaften des Kontextreizes Melisse.

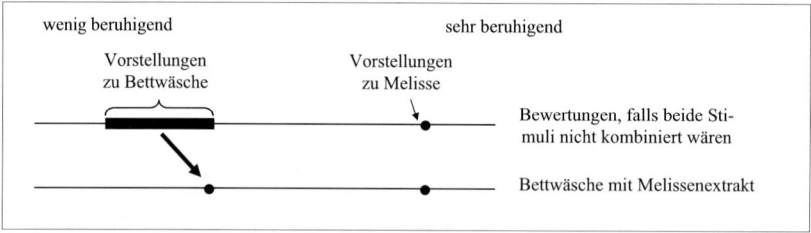

Schematheoretische Ansätze:

- Gedächtnisinhalte sind in Form eines semantischen Netzwerks oder eines Schemas im Gedächtnis gespeichert
- Spreading-Activation-Theorie: Reize aktivieren mit ihnen verbundene Konnotationen (Aktivierung bedeutet, erhöhte Zugänglichkeit)
- Kombination zweier Reize: beide Reize lösen die mit ihnen verknüpften Konnotationen aus
- Reize werden als umso ähnlicher empfunden, je mehr gemeinsame Konnotationen die Reize auslösen (Fit = Anzahl der gemeinsamen Konnotationen)
- zusätzlich zu den bereits vorliegenden gemeinsamen Assoziationen werden neue Verknüpfungen zwischen den Gedächtnisinhalten, die zuvor nur mit einem Konzept verbunden worden sind, aufgebaut.

Anwendung auf den konkreten Fall:

- Präsentation der beiden Konzepte „Melisse" und „Ökobettwäsche"
- Aktivierung von Assoziationen, die mit den beiden Konzepten verbunden sind → erhöhte Zugänglichkeit.
- gemeinsame Assoziationen könnten „pflanzlich" bzw. „natürlich" sein.
- Zusätzlich zu den bereits vorliegenden gemeinsamen Assoziationen werden neue Verknüpfungen zwischen den Gedächtnisinhalten, die zuvor nur mit einem Konzept verbunden worden sind, aufgebaut.
- Dies führt dazu, dass mit Ökobettwäsche mit Melissenextrakt nun auch Assoziationen, wie beruhigend, entspannend und gesundheitsfördernd verbunden werden.

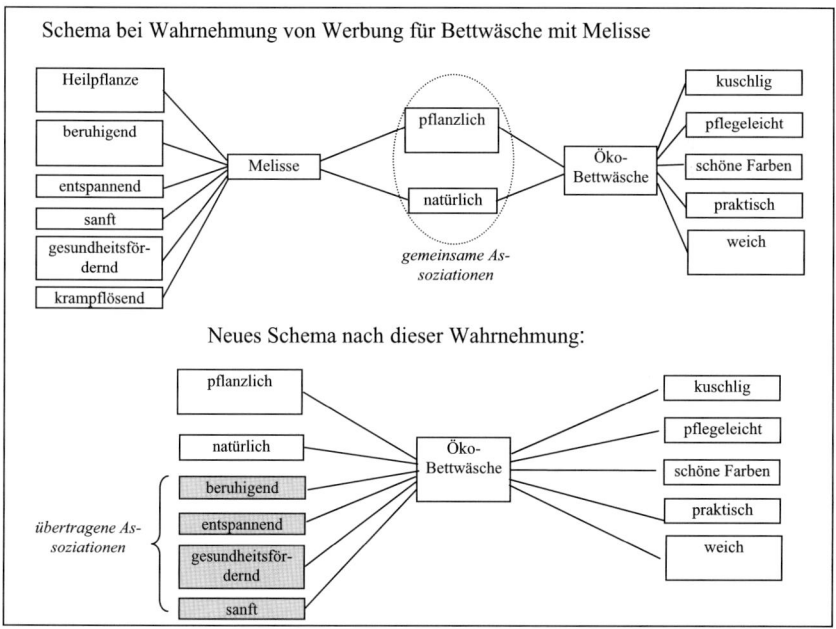

Positive Wirkungen sind nur zu erwarten, wenn Attribute mit positiven Gedächtnisinhalten (Erinnerungen, Empfindungen) oder positiven Phantasien verknüpft sind.

Negative Wirkungen sind zu erwarten, wenn ein Attribut in der Kategorie, mit der es normalerweise in Verbindung gebracht wird, negativ bewertet wird; werden durch ein Merkmal z.B. negative autobiografische Gedanken ausgelöst, dann können die sich auf das beworbene Produkt übertragen.

Konzept für eine Studie:

- Drei verschiedene Personengruppen. Kontrollgruppe bewertet die Ökobettwäsche Naturello; Experimentalgruppe 1 bewertet Ökobettwäsche mit Melissenextrakt und Experimentalgruppe 2 bewertet Ökobettwäsche mit Macawurzelextrakt. So kann ermittelt werden, ob die verwendeten Zusatzattribute einen positiven Effekt auf die Beurteilung des Produkts ausüben und welches Zusatzattribut zu einer besseren Beurteilung führt.

- Unabhängige Variable: IBA (keines, Melisse oder Maca).
- Abhängige Variable): Bewertung des Produkts (Einstellung, Kaufabsicht); mögliche Operationalisierung: siebenstufige Ratingskala; Items: interessant, attraktiv, ansprechend, sympathisch, möchte ich gerne kaufen, ist etwas Besonderes, ist etwas Außergewöhnliches.
- Es wird eine Werbeanzeige für das betreffende Produkt entworfen. In den einzelnen Experimentalgruppen unterscheiden sich diese Anzeigen nur durch das IBA (ansonsten sind die Anzeigen identisch).
- Je Gruppe mindestens 35 Personen → insgesamt werden mindestens 105 Personen befragt; als Auskunftspersonen eignen sich Konsumenten, die Öko-Bettwäsche kaufen.
- Auswertung mittels Varianzanalyse: Vergleich von drei Mittelwerten; Überprüfung, ob sich die Mittelwerte voneinander unterscheiden; falls der F-Wert hoch genug ist, liegen signifikante Mittelwertunterschiede vor; dann ermöglichen zusätzliche Post-hoc-Tests zwischen der Kontrollgruppe und den Experimentalgruppen eine Aussage, ob der Einsatz eines IBA sinnvoll ist; ein Posthoc-Test zwischen den beiden Experimentalgruppen, ermöglicht eine Aussage, ob sich die beiden verwendeten IBA hinsichtlich der Produktbewertung unterscheiden.
- Handlungsempfehlung: Die Bettwäsche, die zur positivsten Produktbewertung führt soll eingesetzt werden.

Aufgabe 2:

Die „FIS Alpine Ski-WM GAP 2011" ist ein Wintersportereignis mit hoher Medienresonanz. Im Kontext dieser Veranstaltung präsentieren sich folgende vier Sponsoren (Audi Pkw, Milka Schokolade, Vattenfall Energieversorger, Deichmann Schuhe).

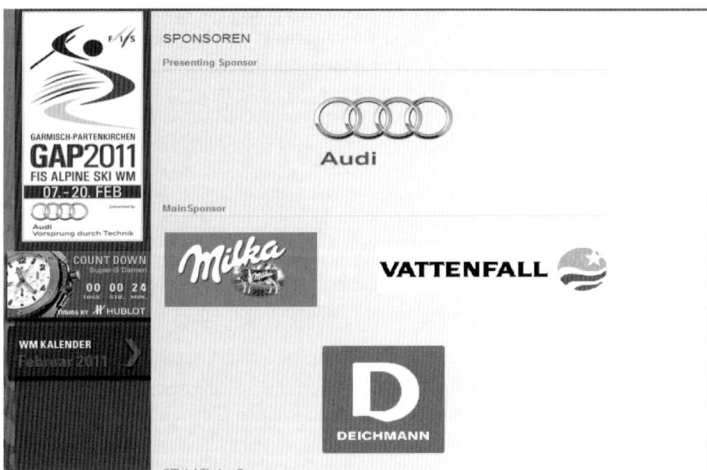

Oftmals sind die Logos der Sponsoren gleichzeitig „on air". Andi Maus, der neue Mitarbeiter in der PR-Abteilung, die bei Audi auch für das Sponsoring zuständig ist, hat irgendwann während seines Studiums das Stichworte „Event Sharing" und „nicht-diagnostisch" in einer langweiligen Vorlesung gehört und dass es hier gewisse Effekte gibt. Um seinem Da-war-dochwas-Gefühl Substanz zu verleihen, schaut er in den von einer Mitstudentin kopierten Unterlagen nach, um seine Abteilung durch äußerst fundiertes Fachwissen zu beeindrucken.

(a) Erklären Sie in der Rolle von Andi Maus Spillover- und Dilution-Effekte, die aufgrund von Event Sharing auftreten. Gehen Sie auch nachvollziehbar auf einzelne Theorien ein, mit denen sich Spillover und Dilution erklären lassen.

(b) Die Leitung der PR-Abteilung meint, nun könne man nichts mehr ändern, es sei eben jetzt für diese Veranstaltung so. Aber man könne ja für die Zukunft lernen und beauftragt Andi Maus, nachdem er mit Wissen geglänzt hatte, eine Studie durchzuführen. Man plant, auch die Fußball-WM in Katar zu sponsern, und als Co-Sponsoren würden Lucky Goldstar (LG) aus Südkorea, Seiko Epson (Drucker) aus Japan und Pizza Hut (amerikanische Fastfood-Kette) auftreten. Ziel der Studie soll es sein, mögliche Spillover- und Dilution-Effekte aufgrund von Event Sharing festzustellen. Andi Maus erhält drei Monate Zeit, kann über ein Budget von € 20.000 verfügen und muss die Studie selbst durchführen. Erläutern und begründen Sie alle wichtigen Festlegungen.

Lösungsskizze:

Spillover- und Dilution-Effekte aufgrund von Event Sharing:

Die nicht diagnostische Information besteht in „Milka, Vattenfall und Deichmann werben auch für das Sportevent ist aus Sicht der Audi-Kunden und –interessenten eine nicht-diagnostische Information. Sie sagt nichts über die Produkte von Audi, deren Qualität, das Engagement von Audi für Sport etc. aus. Im vorliegenden Fall könnten zwei negative Effekte aufgrund der Cosponsoren entstehen:

- Die Existenz der nicht-diagnostischen Information per se kann einen Dilution-Effekt erzeugen (Bewertungen werden weniger extrem). Unter der Annahme, dass Audi positiv bewertet wird: Gemäß dem Dilution-Effekt verschlechtert sich die Bewertung von Audi.
- Die Valenz der nicht-diagnostischen Information kann einen Spillover-Effekt erzeugen. Es ist anzunehmen, dass Vattenfall (Energieversorger, Kernenergie, …) negative Assoziationen auslöst. Deichmann ist ein Low-Budget-Anbieter von Schuhen. Insofern könnten die Namen der Cosponsoren negativere Bewertungen zur Folge haben als der Name „Audi". Durch das gemeinsame Auftreten beider Reize (Cosponsoren, Audi) könnten Konnotionen, die mit den Cosponsoren verbunden werden, auf Audi übertrage nwerden, weswegen sich die Bewertung von Audi verschlechtert.

Erklärungen für das Auftreten des Spillover-Effekts

Semantische Netzwerkmodelle: Aktivierte Konnotationen, auch wenn sie auf irrelevante Tatbestände zurückzuführen sind, sind Teil der Situation, in der ein Zielreiz bewertet wird. Ihre Wirkung kann anhand von semantischen Netzwerkmodellen erklärt werden. Die Marke Audi und die Namen der Co-Sponsoren lösen Gedanken aus. Aufgrund der gleichzeitigen mentalen Präsenz können Gedanken, die der eine Reiz auslöst, zu Gedanken des anderen Reizes werden. Allerdings sollte ein gewisser Mindest-Fit existieren, damit dieser Transfer zustande kommt.

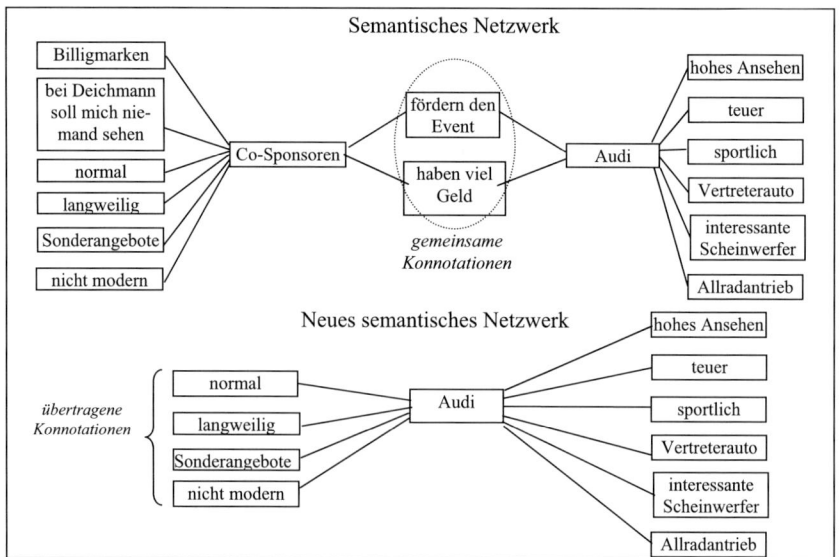

Anchoring & Adjustment: Des Weiteren könnte man sich einen Anchoring & Adjustment-Effekt vorstellen. Personen sind sich möglicherweise über das Ansehen, das mit Audi verbunden ist, unsicher. Die anderen Marken haben annahmegemäß ein geringeres Ansehen. Ausgehend vom Ansehen der Co-Sponsoren (Anker) könnte das Ansehen von Audi am unteren Ende des „Unsicherheitsintevalls" angesiedelt werden. Durch diesen Assimiliationsprozess würde sich das Ansehen von Audi verschlechtern. Erklärungen für Anchoring & Adjustment wären „Insufficient Adjustment" und „mental hypothesis testing".

- Insuffient adjustment besagt: Eine Person erhält Kontextreiz (z.B. Namen der Co-Sponsoren wie Deichmann). Die Person hat Vorstellung vom Intervall, in das der Fokalreiz (hier: Qualität von Audi) fällt. Die Kontextreize bieten einen anfänglichen Schätzwert für die Bewertung des Fokalreizes. Durch dieses „Testen" kommt den leicht zugänglichen Informationen ein besonderes Gewicht bei der Bewertung des Fokalreizes zu. Der Ankerreiz ist die erste Approximation (erster Schätzwert) für den Wert des Fokalreizes. Falls der Ankerreiz außerhalb des Intervalls liegt, wird der nächst-plausible Wert für den Fokalreiz aus dem Intervall als wahrer Wert interpretiert. Die Person sucht ausgehend von der Bewertung des Kontextreizes einen plausiblen Wert für die (unsichere) Ausprägung des Fokalreizes und wählt aus dieser möglichen Spanne einen Wert wählt, der dem Kontextreiz nahe liegt.

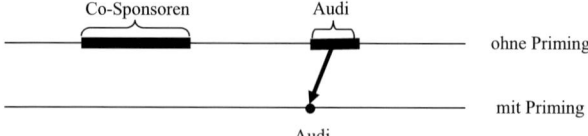

- Mental hypothesis testing besagt: Person erhält zuerst Information über dem Kontextreiz. Personen nutzen einfach verarbeitbare Kontextreize, um Bewertungen eines Fokalreizes vorzunehmen. Dieser Wert ist gedanklich präsent, während der Fokalreiz wahrgenommen wird. der Kontextreiz aktiviert ankerkonsistente Gedächtnisinhalte; er ist eine Möglichkeit für den wahren Wert des Fokalreizes. Die Person testet automatisch die Hypothese, ob der Fokalreiz dieselben Eigenschaften wie der Kontextreiz hat. der Urteilende überprüft unbewusst die Hypothese, dass diese leicht zugänglichen Informationen auch Eigenschaften sind, die auf den Fokalreiz zutreffen. Personen lieben Bestätigung und mögen Nicht-Bestätigung weniger gern.

Erklärungen für das Auftreten des Dilution-Effekts:

Averaging: Die Idee entstammt der Information-Integration-Theorie von *Anderson* (1974). Sie könnte wie folgt übertragen werden. Es gibt ein Zielmerkmal, z.B. die „Qualität von Audi". Dafür existiert *positive* diagnostische Information (z.B. Erfahrungen anderer Autofahrer, Testberichte in Fachzeitschriften). Dies könnte man sich vorstellen aus „1" auf einer Skala von 1 = sehr gut bis 5 = mangelhaft. Des Weiteren existiert nicht-diagnostische Information (Audi sponsert mit den drei Co-Sponoren Milka, Deichmann und Vattenfall den Event). Wenn nun die nicht-diagnostische Information so wie eine neutrale diagnostische Information empfunden wird (vorstellbar als eine „3" auf der Skala) und die nicht-diagnostische Information ein Entscheidungsgewicht erhält (z.B. 5%), dann fließt die nicht-diagnostische Information in die Bewertung des Zielmerkmals ein (im Zahlen: $95\% \cdot 1 + 5\% \cdot 3 = 1.1$). Die Bewertung des Zielmerkmals verschlechtert sich somit von 1 auf 1.1.

Representativeness-Heuristik: Die Idee stammt von *Kahneman/Tversky* (1972). Sie könnte wie folgt genutzt werden. Personen teilen Auto z.B. in drei Kategorien ein (gute, normale, etwas weniger gute). Die Wahrscheinlichkeit, dass ein Meinungsobjekt einer bestimmten Kategorie zugeordnet wird, hängt (1) positiv von der Anzahl der für diese Kategorie typischen Merkmale und (2) negativ von der Anzahl der für diese Kategorie nicht typischen Merkmale ab. Es ist typisch für ein Auto aus der Kategorie „gut", dass es positive Berichte in Fachzeitschriften oder vordere Plätze in Pannenstatistiken gibt. Es ist nicht typisch für ein Auto aus der Kategorie „gut", dass der Hersteller zusammen mit Firmen wie Vattenfall oder Deichmann ein Sportevent sponsert. Durch diese Zusatzinformation verringert sich die Wahrscheinlichkeit, dass Audi der Kategorie „gut" zugeordnet wird, da es dieser Kategorie unähnlicher geworden ist.

Biased-Hypothesis-Testing: Diese Theorie besagt, dass Personen nach einer Bestätigung ihrer Hypothesen streben (anstatt nach deren Ablehnung). Sie prüfen – übertragen auf diesen Fall – Informationen dahingehend, ob sie bestätigen, dass Audi ein gutes Auto ist. Liegen nur positiv diagnostische Informationen vor (z.B. positive Berichte von Bekannten, positive Berichte in Fachzeitschriften, vordere Rangplätze in Pannenstatistiken), dann sprechen drei von drei (100%) der Information für das Vorliegen eines guten Autos. Kommt die nicht-diagnostische Information hinzu, dann sprechen drei der vier Informationen für das Vorliegen eines guten Autos und eine der vier Informationen spricht nicht für das Vorliegen eines guten Autos. Daher wird das Auto abgewertet.

Planung einer neuen Studie:

Man plant, die Fußball-WM in Katar zu sponsern, und als Co-Sponsoren würden Lucky Goldstar (LG) aus Südkorea, Seiko Epson (Drucker) aus Japan und Pizza Hut (amerikanische

Fastfood-Kette) auftreten. Wie könnte vorab untersucht werden, ob Spillover- und Dilution-Effekte auftreten?

Experimentelles Design:
- Kontrollgruppe: Sieht eine Werbeanzeige, das die Fußball-WM ankündigt; darin ist Audi als Sponsor genannt (mit Logo).
- Experimentalgruppe: Sieht eine Werbeanzeige, das die Fußball-WM ankündigt; darin sind Audi, LG, Seiko und Pizza Hut als Sponsoren genannt (mit Logo).

Man kann nun untersuchen, ob sich die Bewertung von Audi durch die Personen aus der Kontrollgruppe von den Personen unterscheidet, die sich in der Experimentalgruppe befinden. Die beiden Effekte (Spillover und Dilution) lassen sich damit allerdings nicht separieren, da sie voraussichtlich in dieselbe Richtung gehen).

Testpersonen: Interessant sich Personen, die sich für Audi stark interessieren oder einen Audi fahren.

Ablauf: Man könnte Personen auf Events, in denen Audi als Sponsor auftritt (Golfturnier, Segelveranstaltung), befragen. Die Personen sehen einen Folder mit Werbeanzeigen, der auch die relevante Werbeanzeige enthält). Die Personen bewerten die darin abgebildeten Produkte.

Operationalisierung: Die Produkte könnten auf 7-stufigen Skalen (interessant, ansprechend, sympathisch, attraktiv, würde ich gerne kaufen etc). bewertet werden.

Datenauswertung: Es ist zu prüfen, ob Audi in der Experimentalgruppe negativer bewertet wird als in der Kontrollgruppe (z.B. durch einen t-Test bei unverbundenen Stichproben).

Interessant wären folgende Erweiterungen: (1) Das Engagement von Audi (bzw. der Co-Sponsoren) wird mehr oder minder deutlich in der Werbeanzeige hervorgehoben. (2) Anstelle einer Bewertung anhand von Skalen könnten Personen ihre Gedanken frei äußern. (3) Man nimmt probeweise anstelle von LG, Seiko und Pizza Hut positive Marken als Co-Sponsoren mit auf. Wenn sich dann ebenfalls eine Abwertung von Audi ergibt, wäre dies ein Indiz dafür, dass der Dilution-Effekt überwiegt. (4) Man variiert die Anzahl der Co-Sponoren (nur LG, LG und Seiko, LG und Seiko und Pizza Hut). Damit steigt der Anteil der nicht diagnostischen Information an der Gesamtinformation. Wenn ein Dilution-Effekt existiert, müsste die Bewertung mit zunehmender Zahl an Co-Sponsoren zurückgehen. (5) Man integriert alternativ sehr positiv bewertete Co-Sponoren in die Werbeanzeigen (z.B. Cartier, Dior). Dann könnte der positive Spillover-Effekt den negativen Dilution-Effekt (über-) kompensieren, was zu prüfen wäre. Durch diese Erweiterungen könnte versucht werden, Indizien zu erbringen, dass beide Effekte (Spillover-Effekt und Dilution-Effekt) existieren.

Exkurs:

Wirkung neutraler nicht-diagnostischer Information

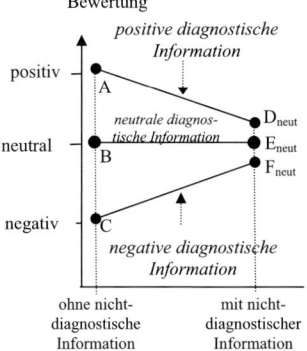

Mögliche Wirkungen positiver nicht-diagnostischer Information

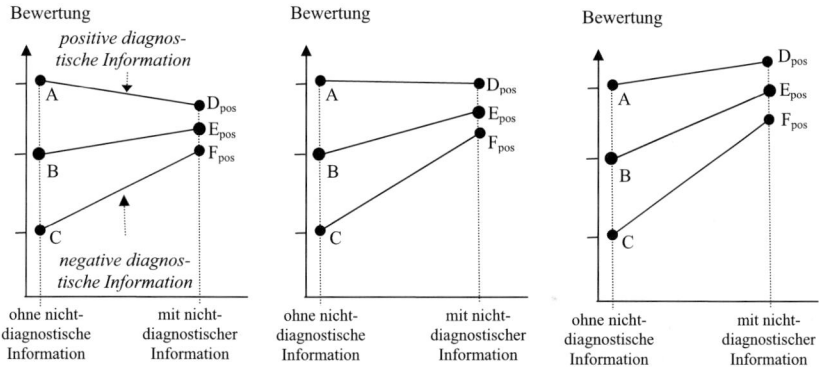

Mögliche Wirkungen negativer nicht-diagnostischer Information

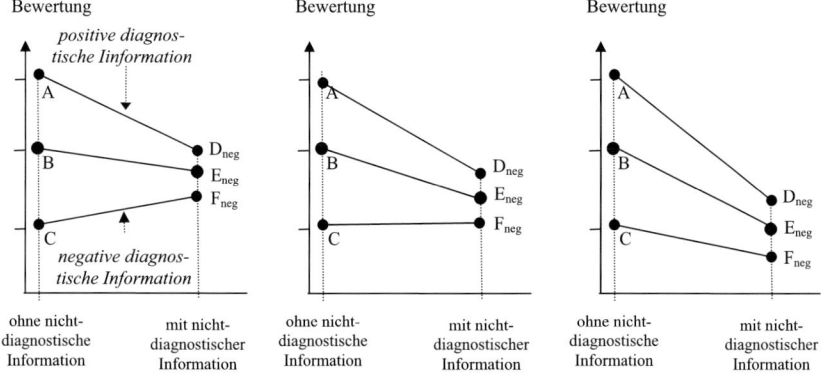

12.4 Werbung IV

Aufgabe 1:

Die Firma Henkel bietet unter anderem unter anderem ein Deodorant unter der Marke Fa und ein Geschirrspülmittel der Marke Pril an. Als wichtige Wettbewerber werden Beiersdorf (8x4 Deodorant) und Colgate (Palmolive Geschirrspülmittel) angesehen. Die Henkel-Produkte haben gegenüber den Wettbewerberprodukten nachweislich Vorteile und Nachteile in Bezug auf die Hautverträglichkeit und die antibakterielle Wirkung.

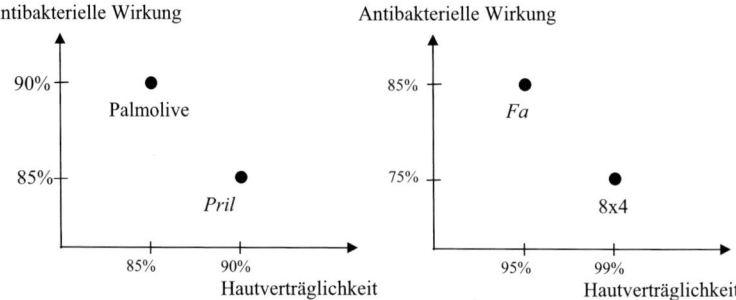

In der Marketingabteilung wird darüber diskutiert, vergleichende Werbung einzusetzen und dabei sowohl die eigenen Vorteile als auch die eigenen Nachteile zu thematisieren. Allerdings sollen die Vorteile eine höhere Beeinflussungswirkung haben als die eigenen Nachteile.

Erläutern Sie, ob dieses Ziel durch ein geeignetes Attribut-Framing erreicht werden könnte. Stellen Sie das Konzept für eine Studie dar, um zu zeigen, wie mit Attribut-Framing die Wirkung vergleichender Werbung erhöht werden könnte.

Lösungsskizze:

Teststimuli: Werbeanzeige für Pril, in der die antibakterielle Wirkung und die Hautverträglichkeit von Pril und von Palmolive thematisiert werden (analog für Geschirrspulmittel). Die Hautverträglichkeit könnte durch die Ergebnisse aus einem Vergleichstest, den ein externes, anerkanntes Testinstitut (z.B. Stiftung Warentest) ausgedrückt werden, die antibakterielle Wirkung durch die Befunde aus einer Studie eines Chemielabors, welches ebenfalls in der Bevölkerung gut bekannt ist (z.B. Fresenius).

Experimentelles Design: Das experimentelle Design ist pro Produkt ein 2 x 2 – Design. Es gibt vier Versionen einer Werbeanzeige, in der z.B. Pril (als Zielprodukt) abgebildet ist. Der Text könnte dann auf Palmolive als Konkurrenzprodukt Bezug nehmen. Somit resultieren vier Versionen mit unterschiedlichem Text.

Pril positiv Palmolive positiv (Gruppe 1)	Pril negativ Palmolive positiv (Gruppe 2)	Attribute Frame Pril positiv Palmolive negativ (Gruppe 3)	Pril negativ Palmolive negativ (Gruppe 4)
„Der große Vorteil unseres Produkts ist seine Hautverträglichkeit. Die Ergebnisse von ABC bestätigen: Für 90 % der Verwender ist Pril **vollkommen hautverträglich.** Unter den Verwendern von Palmolive sind dies hingegen nur 85 %.	„Der große Vorteil unseres Produkts ist seine Hautverträglichkeit. Die Ergebnisse von ABC bestätigen: Nur bei 10 % der Verwender löst Pril **leichte Hautreizungen** auf. Palmolive ist hingegen nur für 85 % **vollkommen hautverträglich.**	„Der große Vorteil unseres Produkts ist seine Hautverträglichkeit. Die Ergebnisse von ABC bestätigen: Für 90 % der Verwender ist Pril vollkommen **hautverträglich.** Unter den Verwendern von Palmolive kommt es hingegen bei 15 %.der Verwender zu **leichten Hautreizungen.**	„Der große Vorteil unseres Produkts ist seine Hautverträglichkeit. Die Ergebnisse von ABC bestätigen: Nur bei 10 % der Verwender löst Pril **leichte Hautreizungen** aus. Unter Verwendern von Palmolive sind hingegen dies 15%.
Die hohe Hautverträglichkeit unseres Produkts entsteht, dass es weniger aggressiv gegen Bakterien vorgeht.	Die hohe Hautverträglichkeit unseres Produkts entsteht, dass es weniger aggressiv gegen Bakterien vorgeht.	Die hohe Hautverträglichkeit unseres Produkts entsteht dadurch, dass es weniger aggressiv gegen Bakterien vorgeht.	Die hohe Hautverträglichkeit unseres Produkts entsteht dadurch, dass es weniger aggressiv gegen Bakterien vorgeht.
Unser Pril **beseitigt** 85 % der Bakterien. Palmolive beseitigt 90 % (Stiftung Fresenius	Unser Pril ist nur gegen 15 % der Bakterien **unwirksam.** Palmolive **beseitigt** 90 % der Bakterien.	Unser Pril **beseitigt** 85 % der Bakterien. Palmolive ist gegen 10 % der Bakterien **unwirksam.**	Unser Pril ist gegen 15 % der Bakterien **unwirksam.** Palmolive ist gegen 10 % der Bakterien unwirksam.
Ihre Haut ist uns das Wichtigste.	Ihre Haut ist uns das Wichtigste.	Ihre Haut ist uns das Wichtigste.	Ihre Haut ist uns das Wichtigste.

Abhängige Variable: Für das Ziel- und das Konkurrenzprodukt könnten folgende Fragen nach der Einstellung zu dem jeweiligen Produkt gestellt werden:
- ist ein interessantes Produkt - ist ein uninteressantes Produkt
- spricht mich nicht an - spricht mich an
- ist kein hochwertiges Produkt - ist ein hochwertiges Produkt
- überzeugt mich nicht - überzeugt mich
- würde ich nicht ausprobieren - würde ich ausprobieren
- ist nicht empfehlenswert - ist empfehlenswert
- würde ich nicht kaufen - würde ich kaufen

Den Statements könnte auf 7-stufige Skalen zugestimmt werden,

Stichprobe: An der Studie müssten Verwender des Produkts teilnehmen, die in vier Gruppen eingeteilt werden. Die Gruppen müssten strukturgleich in Hinblick auf Merkmale sein, die ebenfalls Einfluss auf die abhängige Variable haben könnten. Auf 7-stufigen Skalen könnten Zustimmungswerte zu folgenden Statements erfasst werden.
- „Ich kaufe regelmäßig Spülmittel"
- „Ich kenne unterschiedliche Hersteller von Spülmitteln"
- „Ich kenne mich mit Preisen von Spülmitteln aus."
Des Weiteren müssten die vier Gruppen auch in Bezug auf das Alter und das Geschlecht strukturgleich sein.

Ergebnisse: Aus den Ratingswerten, mit denen die Einstellung zum Ziel- und Konkurrenzprodukt gemessen wurde, kann der Anteil berechnet werden, wie viele Personen entweder dem

Zielprodukt oder dem Konkurrenzprodukten einen höheren durchschnittlichen Skalenwert zumessen (Anmerkung: Die Befunde aus der tatsächlich durchgeführten Studie sind in folgender Grafik enthalten).

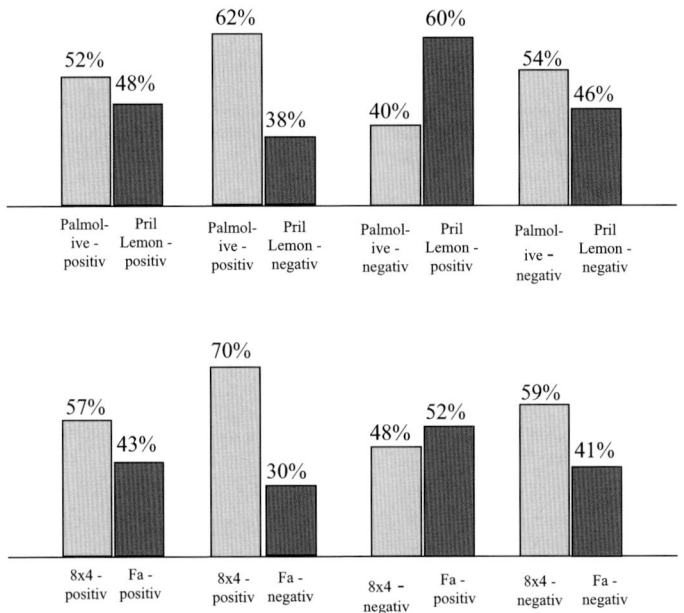

Das Attribut-Framing hat einen Einfluss auf die Bewertung des Zielprodukts in Relation zu dem Konkurrenzprodukt. Zu empfehlen ist: positives Attribut-Framing für das Zielrprodukt und negatives Attribut-Framing für das Konkurrenzprodukt (siehe drittes Balkendiagramm von links).

Aufgabe 2:

Tversky/Kahneman (1981) beschreiben das fiktive Asian-Disease Problem. Hierbei gibt es ein vorgegebenes Szenario: „Stellen Sie sich vor, die USA bereiten sich auf den Ausbruch einer seltenen asiatischen Krankheit vor, die 600 Opfer fordern wird. Zwei alternative Programme zur Bekämpfung der Krankheit werden vorgeschlagen. Dabei stellen sich die exakten wissenschaftlichen Schätzungen der beiden Programme wie folgt dar:

	Sichere Alternative	Riskante Alternative
Szenario 1 (positiver Frame)	(a₁) Bei Auswahl von Programm A werden 200 Personen gerettet.	(a₂) Bei Auswahl von Programm B besteht eine Wahrscheinlichkeit von 1/3, dass 600 Personen gerettet werden und eine Wahrscheinlichkeit von 2/3, dass keine Person gerettet wird.
Szenario 2 (negativer Frame)	(a₃) Bei Auswahl von Programm C werden 400 Personen sterben	(a₄) Bei Auswahl von Programm D besteht die Wahrscheinlichkeit von 1/3, dass niemand sterben wird, und eine Wahrscheinlichkeit von 2/3, dass 600 Personen sterben werden.

Welches der zwei Programme bevorzugen Sie?"

Personengruppe 1 darf zwischen den Alternativen a_1 und a_2 wählen, Personengruppe 2 zwischen den Alternativen a_3 und a_4. Die Autoren erzielen folgendes Ergebnis:

	Anteil der Personen, die die … bevorzugen	
	sichere Option	riskante Option
Positiver Frame (n = 152)	72 % (a_1)	28 % (a_2)
Negativer Frame (n = 155)	22 % (a_3)	78 % (a_4)

In Szenario 1 (= positiver Frame) bevorzugen die Personen die sichere Option, in Szenario 2 (= negative Frame) die riskante Option, obwohl sie inhaltlich jeweils gleich sind. Erklären Sie dieses Ergebnis mit einer geeignet ausgewählten Theorie.

Lösungsskizze:

Lineare Nutzenfunktion gemäß Bayes, konkave und konvexe Nutzenfunktion in Anlehnung an Bernoulli und Wertfunktion der Prospect-Theorie gemäß Kahneman/Tversky:

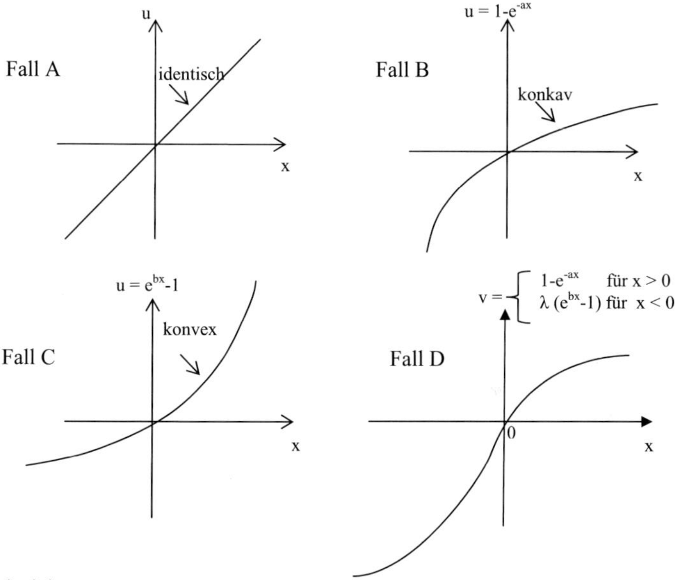

Zahlenbeispiel:

		x_1	x_2	Bayes (Fall A) $u_i = \sum_j p_j x_{ij}$	Bernoulli – Konkav: Fall B $u_i = \sum_j p_j (1 - e^{-ax_{ij}})$	Bernoulli – Konvex: Fall C $u_i = \sum_j p_j (e^{bx_{ij}} - 1)$	Prospect-Theorie (Fall D) $u_i = \sum_j p_j v_{ij}$
Szenario 1 (PF)	a_1	200	200	200	0.91*	10,02	0.91*
	a_2	600	0	200	0.33	446.14*	0.33
Szenario 2 (NF)	a_3	-400	-400	-400	-120.51*	-0.99	-2.98
	a_4	0	-600	-400	-892.29	-0.67*	-2.00*
Vorteilhafte Option				Indifferenz	sichere	riskante	PF: sichere. NF: riskante

$a = b = 0{,}012$, $\lambda = 3$, $p_1 = 1/3$, $p_2 = 2/3$, PF = positiver Frame, NF = negativer Frame.

Das beobachtete Entscheidungsverhalten lässt sich vergleichsweise gut mit der Wertfunktion der Prospect-Theorie vorhersagen. Die Bayes-Regel oder konvexe bzw. konkave Nutzenfunktionen (Bernoulli) können einen preference reversal nicht vorhersagen.

Nähere Begründung:

Personen entscheiden sich je nach Art der Darstellung eines „objektiv" unveränderten Problems unterschiedlich. Die der Präferenzbildung zugrundeliegende Risikoeinstellung der Personen hängt signifikant von der Wahrnehmung positiver oder negativer Aussichten ab. Alternativen, die in ihrer Konsequenz das Referenzniveau unterschreiten, werden als Verlust, Alternativen, deren Ergebnis voraussichtlich oberhalb des Referenzniveaus liegt, als Gewinn wahrgenommen.

Annahmen der Wertfunktion der Prospect-Theorie:

- Die Funktion läuft über Gewinne konkav, über Verluste konvex
- Verlustaversion: negative Abweichungen vom Referenzniveau werden höher bewertet als positive Abweichungen identischen Ausmaßes (Verlauf der Wertfunktion ist im Verlustbereich steiler als im Gewinnbereich)
- Bei zunehmender Abweichung vom Referenzniveau nimmt der zusätzlich wahrgenommene Gewinn bzw. Verlust der mit einer Alternative verbundenen Konsequenz ab (Krümmung der Wertfunktion)

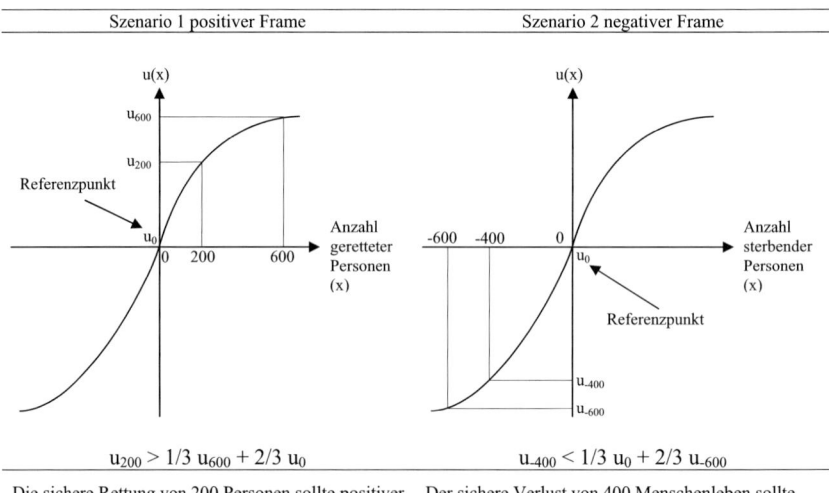

Szenario 1 positiver Frame	Szenario 2 negativer Frame
$u_{200} > 1/3\ u_{600} + 2/3\ u_0$	$u_{-400} < 1/3\ u_0 + 2/3\ u_{-600}$
Die sichere Rettung von 200 Personen sollte positiver bewertet werden als die Rettung aller Personen mit einer Wahrscheinlichkeit von 1/3.	Der sichere Verlust von 400 Menschenleben sollte negativer bewertet werden als der Verlust von keiner Person mit einer Wahrscheinlichkeit von 1/3.

Aufgabe 3:

Cabellosan, ein Hersteller von Körper- und Haarpflegeprodukten, stellt unter anderem die Ampullen-Kur Omanexil gegen Haarausfall bei Männern her. Der Absatz des Produkts Omanexil ist rückläufig. Deshalb hat die Geschäftsleitung beschlossen, nun verstärkt Printwerbung für Konsumenten durchzuführen. Evita, die Leiterin der Marketing Abteilung, ist der Meinung, dass sich die Verwendung von Frames in der Werbung für Omanexil besonders gut eignet. Evita schlägt vor, dass man den hohen wahrgenommenen Behandlungserfolg von Omanexil, der in einem Anwendertest mit 150 Männern festgestellt wurde, in der Werbung thematisieren könnte. Als Alternative sieht sie die Möglichkeit, auf volles Haar oder Haarausfall in der Werbung Bezug zu nehmen. Sie könnte sich vorstellen, folgende Werbeaussagen in der Werbung zu verwenden:

	Vorschlag
#1	85 % der Anwender stufen Omanexil nach einer 4-wöchigen Anwendung als wirksam ein.
#2	Nur 15 % der Anwender stufen Omanexil nach einer 4-wöchigen Anwendung als unwirksam ein.
#3	Volleres Haar mit Omanexil.
#4:	Ohne Omanexil schreitet Ihr Haarausfall voran.

Grenzen Sie Goal Framing und Attribute Framing voneinander ab. Klassifizieren Sie jeweils die oben genannten Frames genau. Erklären Sie mittels zweier geeigneter Ansätze, warum die beiden vorgeschlagenen Attribute Frames zu unterschiedlichen Bewertungen von Omanexil führen können. Diskutieren Sie die Wirkung der beiden Goals Frames anhand einer geeigneten Theorie in Abhängigkeit eines hohen und niedrigen Referenzpunkts der Zielgruppe von Omanexil. Veranschaulichen Sie hierzu Ihre Überlegungen in Abhängigkeit des Haarzustands auch grafisch.

Im Unternehmen herrscht Einigkeit darüber, dass in der Werbung von Omanexil Goal Framing durchgeführt werden soll. Allerdings ist die Geschäftsleitung der Meinung, dass aufgrund des vorherrschenden geringen Referenzpunkts der Zielgruppe der positive Goal Frame eingesetzt werden sollte. Das Produktmanagement hingegen vertritt den Standpunkt, dass Omanexil ein utilitaristisches Produkt sei und deshalb der negative Goal Frame eine höhere Werbewirkung erziele. Da keine Einigkeit über die Verwendung eines Goal Frames besteht, schlägt Evita vor, beide Goal Frames in einer einzigen Anzeige zu integrieren. Im Rahmen einer Diskussionsrunde konnten sich die Teilnehmer auf keinen Vorschlag einigen. Deshalb wurde beschlossen, dass in einer empirischen Studie untersucht werden soll, welcher der drei Vorschläge die höchste Werbewirkung erzielt. Gehen Sie auf alle relevanten Details einer derartigen Studie ein und begründen Sie Ihre Ausführungen nachvollziehbar.

Lösungsskizze:

Attribute Framing:

Definition: Thematisierung einer erwünschten oder einer nicht erwünschten Ausprägung eines Merkmals

Klassifikation von Varianten des Attribute Framing:

Gain Domain: Verwendung von Begriffen mit positiven Konnotationen	Loss Domain: Verwendung von Begriffen mit negativen Konnotationen
„85 % der Anwender stufen Omanexil nach einer 4-wöchigen Anwendung als wirksam ein."	„Nur 15 % der Anwender stufen Omanexil nach einer 4-wöchigen Anwendung als unwirksam ein."

Erklärung der Wirkung unterschiedlicher Varianten:

(1) Assoziationen: positivere Bewertung eines Meinungsgegenstandes im Fall der Verwendung eines positiv besetzten Begriffs
- Ein positiv besetzter Begriff regt an, sich weiterführende positive Gedanken zu machen, während ein negativer Frame weitere negative Gedanken hervorrufen kann.
- Diese Assoziationen fließen neben der objektiven Information über das Attribut in die Bewertung des Meinungsobjekts (Omanexil) ein

(2) Personen tendieren dazu, angegebene Zahlen als untere Grenzen für einen Sachverhalt zu interpretieren
- In der Form x%" (bzw. 1-x%) formulierte Werte könnten als eine Untergrenze gedeutet werden, selbst wenn sozusagen kosmetisch der Begriff „nur" verwendet wird
- 85 % der Anwender stufen Omanexil nach einer 4-wöchigen Anwendung als wirksam ein. → „Mehr" als 85 % → vergleichsweise positive Bewertung.
- Nur 15 % der Anwender stufen Omanexil nach einer 4-wöchigen Anwendung als unwirksam ein. → „Mehr" als 15 % → vergleichsweise negative Bewertung

Goal Framing:

Definition: Möglichkeit, eine Empfehlung auf verschiedene Art und Weise zu formulieren: Die Konsequenzen einer empfohlenen Handlung werden in einer positiven oder negativen Weise formuliert (oder abgebildet).

Klassifikation der Varianten:

Positiver Goal Frame (Versprechen)	Negativer Goal Frame (Drohung)
Gain Frame: „Volleres Haar mit Omanexil!"	Loss Frame: „Ohne Omanexil schreitet Ihr Haarausfall voran.

Erklärung der Wirkung unterschiedlicher Varianten mit der Prospect-Theorie:

- Personen bewerten anhand eines Referenzpunkts.
- Der Referenzpunkt kann der augenblickliche Besitzstand oder der Besitzstand von Personen in ihrem sozialen Umfeld sein. In diesem Fall wird der aktuelle Zustand der Auskunftspersonen betrachtet. Personen mit vollem Haar verfügen über einen hohen Status quo und Personen mit lichtem Haar verfügen über einen geringen Status quo.
- Ergebnisse unterhalb des Referenzpunkts werden als Verluste empfunden.
- Ergebnisse oberhalb des Referenzpunkts werden als Gewinne empfunden.
- Je nachdem, ob Personen einen geringen oder hohen Status quo aufweisen, nehmen die Personen einen unterschiedlichen Nutzen wahr, dem Appell in der Werbeanzeige zu folgen.

Situation des hohen Status quo:
- Besitztumseffekt: Verlust bezüglich des Status quo wird höher gewichtet als ein Gewinn-
- Androhung eines Verlustes müsste stärker motivieren als der Empfehlung zu folgen.

Situation des geringen Status quo:
- Personen finden sich damit nicht zwangsläufig ab.
- Personen wollen die Chance ergreifen, einen besseren Zustand zu erlangen
- Versprechen eines Gewinnes müsste stärker motivieren, der Empfehlung zu folgen

Grafische Darstellung:

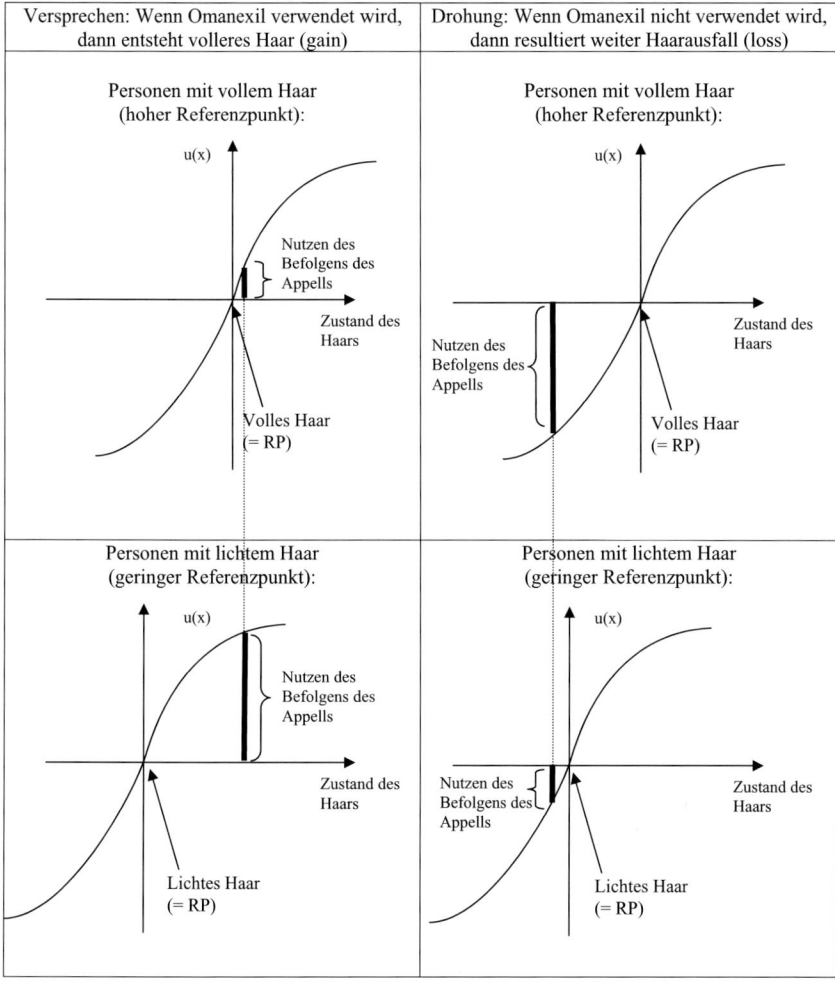

| Versprechen: Wenn Omanexil verwendet wird, dann entsteht volleres Haar (gain) | Drohung: Wenn Omanexil nicht verwendet wird, dann resultiert weiter Haarausfall (loss) |

Personen mit vollem Haar(= hoher Referenzpunkt RP): Drohung wirkt erwartungsgemäß stärker.

Personen mit lichtem Haar (= geringer Referenzpunkt): Versprechen wirkt erwartungsgemäß stärker.

Empirische Studie:

(1) Experimentelles Design: einfaktorielles between-Subjects Design (verwendeter Frame: Gain vs. Loss vs. beide Frames)

(2) Stimulusmaterial: Es werden drei Werbeanzeigen gestaltet, die z.b. eine Produktabbildung und eine Abbildung eines Mannes im fortgeschrittenen Alter enthalten. Die drei Werbeanzeigen unterscheiden sich nur hinsichtlich der verwendeten Frames.

(3) Operationalisierung der abhängigen Variablen:

Einstellung: Da in diesem Fall ein bestehendes Produkt untersucht wird, wäre es sinnvoll, eine subjektive Differenzenmessung durchzuführen, in der die Probanden angeben müssen inwieweit sich durch das Betrachten der Werbeanzeige ihre Einstellung gegenüber Omanexil geändert hat. Mögliche Statements könnten lauten (-3=deutlich verschlechtert, ..., 0=nicht geändert, ..., +3=deutlich verbessert):

- Mein Eindruck von Omanexil hat sich ...
- Meine Kaufwahrscheinlichkeit gegenüber diesem Omanexil hat sich ...
- Meine Einstellung zu diesem Omanexil hat sich ...
- Meine Neigung, Omanexil meinen Bekannten zu empfehlen, hat sich ...

Involvement: Da das Involvement oder auch der Status quo einen Einfluss auf die Ergebnisse haben könnten, sollten dieses in den Experimentalgruppen erhoben werden, um später einen Einfluss auf die Bewertung ausschließen zu können. Hierzu kann eine siebenstufige Ratingskala (1: stimme überhaupt nicht zu, ...7: stimme voll und ganz zu) verwendet werden:

- Mein Äußeres ist mir sehr wichtig.
- Ich achte auf ein gepflegtes Äußeres.

(4) Stichprobe: Männliche Konsumenten ab 30 Jahren, die Probleme mit Haarausfall haben, je Gruppe sollen 50 Männer befragt werden; daraus ergibt sich eine Stichprobe von 150,

(5) Ablauf der Datenerhebung: Die Befragung könnte in einem Drogeriemarkt durchgeführt werden. Durch die Teilnahme an einem Gewinnspiel könnten die Männer motiviert werden, an der Umfrage teilzunehmen. In jeder Gruppe sehen die Männer jeweils nur eine Werbeanzeige mit der entsprechenden Manipulation. Anschließen sollen die Auskunftspersonen das Produkt bewerten. Ferner kann z.B. noch das Alter der Auskunftspersonen erhoben werden.

(6) Datenauswertung:
- Überprüfung der Zusammenfassung der Einzelstatements zu einem Indikator mittels Cronbachs Alpha.
- Überprüfung der Strukturgleichheit der Experimentalgruppen mittels einer einfaktoriellen ANOVA (z.B. Involvement, Status quo, Alter).
- Durchführung einer einfaktoriellen ANOVA; abhängige Variable: Einstellung zum Produkt; unabhängige Variable: Variante des Framing.
- Ergeben sich signifikante Mittelwertunterschiede, können Posthoc-Tests oder t-Tests durchgeführt werden, um zu überprüfen, zwischen welchen Gruppen Unterschiede bestehen.
- Es soll der Einsatz der Framingvariante empfohlen werden, die zur positivsten Einstellungsänderung geführt hat.

Formelsammlung

Stichprobenfehler:

falls Modell mit Zurücklegen: $\quad \sigma_{\overline{x}}^2 = \dfrac{\sigma_x^2}{n} \qquad$ bzw. $\qquad s_{\overline{x}}^2 = \dfrac{s_x^2}{n}$

falls Modell ohne Zurücklegen: $\quad \sigma_{\overline{x}}^2 = \dfrac{\sigma_x^2}{n}\dfrac{N-n}{N-1} \qquad$ bzw. $\qquad s_{\overline{x}}^2 = \dfrac{s_x^2}{n}\dfrac{N-n}{N-1}$

falls $\dfrac{n}{N} < 0.05$ Modell mit Zurücklegen als Näherung verwenden

N: Grundgesamtheitsvolumen $\qquad$ n: Stichprobenvolumen

Transformationen: $\quad z_{\frac{\alpha}{2}} = -z_{1-\frac{\alpha}{2}} \qquad t_{\frac{\alpha}{2},FG} = -t_{1-\frac{\alpha}{2},FG} \qquad f_{\frac{\alpha}{2},n-1,m-1} = \dfrac{1}{f_{1-\frac{\alpha}{2},m-1,n-1}}$

Bayes-Formel: $\quad p(z_j | x_k) = \dfrac{p(x_k | z_j)p(z_j)}{\sum\limits_j p(x_k | z_j)p(z_j)}$

$\qquad$ p: Wahrscheinlichkeit $\qquad$ z_j: Zustand j $\qquad$ x_k: Information k

Schätzung des Erwartungswertintervalls:

(1) X ~ beliebig, n > 30, wahre Varianz unbekannt: $\quad \overline{x} + z_{\frac{\alpha}{2}} s_{\overline{x}} \le \mu \le \overline{x} + z_{1-\frac{\alpha}{2}} s_{\overline{x}}$

(2) X ~ $N(\mu,\sigma^2)$, wahre Varianz unbekannt: $\qquad \overline{x} + t_{\frac{\alpha}{2},n-1} s_{\overline{x}} \le \mu \le \overline{x} + t_{1-\frac{\alpha}{2},n-1} s_{\overline{x}}$

Test des Erwartungswerts (Hypothese $\mu = \mu_0$):

(1) X ~ beliebig, n > 30, wahre Varianz unbekannt:

$\qquad z = \dfrac{\overline{x} - \mu_0}{s_{\overline{x}}} \qquad$ kritischer Bereich: $(-\infty, z_{\frac{\alpha}{2}}) \cup (z_{1-\frac{\alpha}{2}}, \infty)$

(2) X ~ $N(\mu,\sigma^2)$, wahre Varianz unbekannt:

$\qquad t = \dfrac{\overline{x} - \mu_0}{s_{\overline{x}}} \qquad$ kritischer Bereich: $(-\infty, t_{\frac{\alpha}{2},n-1}) \cup (t_{1-\frac{\alpha}{2},n-1}, \infty)$

Test von Erwartungswertdifferenzen bei unabhängigen, unverbundenen Stichproben (Hypothese $\mu_1 - \mu_2 = \delta_0$):

(1) X_1, X_2 ~beliebig, $n_1 > 30$, $n_2 > 30$, wahre Varianzen unbekannt:

$\qquad z = \dfrac{(\overline{x}_1 - \overline{x}_2) - \delta_0}{\sqrt{\dfrac{s_1^2}{n_1} + \dfrac{s_2^2}{n_2}}} \qquad$ kritischer Bereich: $(-\infty, z_{\frac{\alpha}{2}}) \cup (z_{1-\frac{\alpha}{2}}, \infty)$

(2) X_1 ~ $N(\mu_1,\sigma_1^2)$, X_2 ~ $N(\mu_2,\sigma_2^2)$, wahre Varianzen unbekannt und identisch:

$\qquad t = \dfrac{(\overline{x}_1 - \overline{x}_2) - \delta_0}{\sqrt{\dfrac{(n_1-1)s_1^2 + (n_2-1)s_2^2}{n_1+n_2-2}(\dfrac{1}{n_1} + \dfrac{1}{n_2})}}$

kritischer Bereich: $(-\infty, t_{\frac{\alpha}{2},n_1+n_2-2}) \cup (t_{1-\frac{\alpha}{2},n_1+n_2-2}, \infty)$

(3) $X_1 \sim N(\mu_1, \sigma_1^2)$, $X_2 \sim N(\mu_2, \sigma_2^2)$, wahre Varianzen unbekannt und ungleich:

$$t = \frac{(\overline{x}_1 - \overline{x}_2) - \delta_0}{\sqrt{\dfrac{s_1^2}{n_1} + \dfrac{s_2^2}{n_2}}} \quad \text{krit. Bereich: } (-\infty, t_{\frac{\alpha}{2}, k}) \cup (t_{1-\frac{\alpha}{2}, k}, \infty) \text{ mit } k = \frac{\left(\dfrac{s_1^2}{n_1} + \dfrac{s_2^2}{n_2}\right)^2}{\dfrac{\left(\dfrac{s_1^2}{n_1}\right)^2}{n_1 - 1} + \dfrac{\left(\dfrac{s_2^2}{n_2}\right)^2}{n_2 - 1}}$$

Test der Erwartungswerthomogenität (Varianzanalyse)

(Hypothese $\mu_1 = ... = \mu_i = ... = \mu_I$):   falls $\sigma_1^2 = ... = \sigma_i^2 = ... = \sigma_I^2$:

$$f = \frac{\dfrac{\sum\limits_{i=1}^{I} n_i (\overline{x}_i - \overline{x})^2}{I-1}}{\dfrac{\sum\limits_{i=1}^{I} \sum\limits_{j=1}^{n_i} (x_{ij} - \overline{x}_i)^2}{n - I}} \quad \text{mit } (\sum_{i=1}^{I} n_i = n) \quad \text{kritischer Bereich: } (f_{1-\alpha, I-1, n-I}, \infty)$$

Test der Varianzhomogenität:

(1) Hypothese: $\sigma_1^2 = \sigma_2^2$

$$f = \frac{s_1^2}{s_2^2} \quad \text{kritischer Bereich: } (0, f_{\frac{\alpha}{2}, n_1-1, n_2-1}) \cup (f_{1-\frac{\alpha}{2}, n_1-1, n_2-1}, \infty)$$

(2) Hypothese: $\sigma_1^2 = ... = \sigma_i^2 = ... = \sigma_I^2$ "Cochran-Test"

$$c = \frac{\max\limits_i s_i^2}{\sum\limits_{i=1}^{I} s_i^2} \quad \text{kritischer Bereich: } (c_{\alpha, I, n_i-1}, 1) \quad \text{(Voraussetzung: } n_i = n_j \text{ für alle } i \neq j)$$

Tabelle der c-Werte für $\alpha = 0{,}05$ und n_i als Stichprobenumfang der einzelnen I Stichproben:

n_i-1 / I	1	2	3	4	5	6	7	8	9	10
2	0,9985	0,9750	0,9392	0,9057	0,8772	0,8534	0,8332	0,8159	0,8010	0,7880
3	0,9669	0,8709	0,7977	0,7457	0,7071	0,6771	0,6530	0,6333	0,6167	0,6025
4	0,9065	0,7679	0,6841	0,6287	0,5895	0,5598	0,5365	0,5175	0,5017	0,4884
5	0,8412	0,6838	0,5981	0,5441	0,5065	0,4783	0,4564	0,4387	0,4241	0,4118

Anpassungstest (Hypothese $\pi_i = \pi_{i0}$ für alle i):

$$\chi^2 = \sum_{i=1}^{I} \frac{(n_i - n\pi_{i0})^2}{n\pi_{i0}} \quad \text{kritischer Bereich: } (\chi^2_{1-\alpha, I-1}, \infty)$$

Unabhängigkeitstest (Hypothese $\pi_{ij} = \pi_i \pi_j$ für alle i und j):

$$\chi^2 = \sum_{i=1}^{I} \sum_{j=1}^{J} \frac{\left(n_{ij} - \dfrac{n_{i\bullet} n_{\bullet j}}{n}\right)^2}{\dfrac{n_{i\bullet} n_{\bullet j}}{n}} \quad \text{mit } (\sum_{i=1}^{I} n_{i\bullet} = \sum_{j=1}^{J} n_{\bullet j} = n)$$

kritischer Bereich: $(\chi^2_{1-\alpha, (I-1)\cdot(J-1)}, \infty)$

Einfache Regressionsanalyse:

$$Y = \beta_0 + \beta_1 x + U$$

(bzw. $y_i = \beta_0 + \beta_1 x_i + u_i$, bzw. $y_i = b_0 + b_1 x_i + \hat{u}_i$, bzw. $\hat{y}_i = b_0 + b_1 x_i$, $i = 1, \ldots, n$)

(1) Punktschätzung der Parameter:

$$b_1 = \frac{\sum_i (x_i - \overline{x})(y_i - \overline{y})}{\sum_i (x_i - \overline{x})^2} \qquad b_0 = \overline{y} - b_1 \overline{x}$$

(2) Geschätzte Varianzen der Schätzfunktionen für die Parameter:

$$s_{B_0}^2 = s_{\hat{U}}^2 \frac{\sum_i x_i^2}{n \sum_i (x_i - \overline{x})^2} \qquad s_{B_1}^2 = s_{\hat{U}}^2 \frac{1}{\sum_i (x_i - \overline{x})^2} \qquad \text{mit } s_{\hat{U}}^2 = \frac{1}{n-2} \sum_i (y_i - \hat{y}_i)^2$$

(3) Geschätzte Varianz des Prognosewerts der abhängigen Variablen:

$$s_{Y_\ell}^2 = s_{\hat{U}}^2 \left[1 + \frac{1}{n} + \frac{(x_\ell - \overline{x})^2}{\sum_i (x_i - \overline{x})^2} \right]$$

(4) Intervallschätzung des Prognosewerts:

$$\hat{y}_\ell + t_{\frac{\alpha}{2}, n-2} \, s_{Y_\ell} \leq y_\ell \leq \hat{y}_\ell + t_{1-\frac{\alpha}{2}, n-2} \, s_{Y_\ell}$$

(5) Testen der Parameter   (Hypothese: $\beta_k = \beta_{k0}$ für $k = 0$ bzw. 1)

$$t = \frac{b_k - \beta_{k0}}{s_{B_k}} \qquad \text{kritischer Bereich: } (-\infty, t_{\frac{\alpha}{2}, n-2}) \cup (t_{1-\frac{\alpha}{2}, n-2}, \infty)$$

Multiple Regressionsanalyse:

$$Y = \beta_0 + \beta_1 x_1 + \beta_2 x_2 + \ldots + \beta_K x_K + U$$

(bzw. $y_i = \beta_0 + \beta_1 x_{1i} + \beta_2 x_{2i} + \ldots + \beta_K x_{Ki} + u_i$,

bzw. $y_i = b_0 + b_1 x_{1i} + b_2 x_{2i} + \ldots + b_K x_{Ki} + \hat{u}_i$,

bzw. $\hat{y}_i = b_0 + b_1 x_{1i} + b_2 x_{2i} + \ldots + b_K x_{Ki}$, $i = 1, \ldots, n$)

(1) Normalgleichungen:

$$b_0 n + b_1 \sum x_{1i} 1 + b_2 \sum x_{2i} 1 + \ldots + b_K \sum x_{Ki} 1 = \sum y_i 1$$

$$b_0 \sum x_{1i} + b_1 \sum x_{1i} x_{1i} + b_2 \sum x_{2i} x_{1i} + \ldots + b_K \sum x_{Ki} x_{1i} = \sum y_i x_{1i}$$

$$b_0 \sum x_{2i} + b_1 \sum x_{1i} x_{2i} + b_2 \sum x_{2i} x_{2i} + \ldots + b_K \sum x_{Ki} x_{2i} = \sum y_i x_{2i}$$

$$\vdots$$

$$b_0 \sum x_{Ki} + b_1 \sum x_{1i} x_{Ki} + b_2 \sum x_{2i} x_{Ki} + \ldots + b_K \sum x_{Ki} x_{Ki} = \sum y_i x_{Ki}$$

(2) Intervallschätzung des Prognosewerts:

$$\hat{y}_\ell + t_{\frac{\alpha}{2}, n-K-1} \, s_{Y_\ell} \leq y_\ell \leq \hat{y}_\ell + t_{1-\frac{\alpha}{2}, n-K-1} \, s_{Y_\ell}$$

(3) Testen der Parameter   (Hypothese: $\beta_k = \beta_{k0}$ für $k = 0, 1, \ldots, K$)

$$t = \frac{b_k - \beta_{k0}}{s_{B_k}} \qquad \text{kritischer Bereich: } (-\infty, t_{\frac{\alpha}{2}, n-K-1}) \cup (t_{1-\frac{\alpha}{2}, n-K-1}, \infty)$$

Korrelationsanalyse

(1) Punktschätzung für r:

$$r = \frac{\sum_i (x_i - \bar{x})(y_i - \bar{y})}{\sqrt{\sum_i (x_i - \bar{x})^2 \sum_i (y_i - \bar{y})^2}} \qquad r^2 = \frac{s_{\hat{Y}}^2}{s_Y^2} = 1 - \frac{s_{\hat{U}}^2}{s_Y^2}$$

(2) Test des Korrelationskoeffizienten
(Hypothese bei einfacher Regressionsanalyse $\rho_{X,Y} = 0$):

$$f = \frac{r^2}{1 - r^2} \frac{n - K - 1}{K} \qquad \text{kritischer Bereich: } (f_{1-\alpha,K,n-K-1}, \infty)$$

(3) Spearman-Rangkorrelationskoeffizient:

$$r_{SP} = 1 - \frac{6\sum_{i=1}^{n} (Rg(x_i) - Rg(y_i))^2}{n(n^2 - 1)} \qquad Rg(x_i): \text{Wert für } x_i \text{ bei Ordinalskala}$$

(4) Kontingenz-Koeffizient (unnormiert):

$$CC = \sqrt{\frac{\chi^2}{\chi^2 + n}} \qquad CC \in \left[0; \sqrt{\frac{\min\{I,J\} - 1}{\min\{I,J\}}} \right] \quad \text{(I: Zeilenzahl, J: Spaltenzahl)}$$

(5) Stress 2:

$$S_2 = \sqrt{\frac{\sum_{i<j} (\hat{d}_{ij} - \delta_{ij})^2}{\sum_{i<j} (\hat{d}_{ij} - \bar{\bar{d}})^2}}$$

$\hat{d}_{ij}$: reproduzierte Distanz

δ_{ij} : Disparität

Sättigungsfunktion (n: Sättigungsmenge):

(1) logistisches Modell $\quad y_t' = \beta y_t (n - y_t)$

$$\text{Lösung:} \qquad y_t = \frac{n}{1 + \frac{n - y_0}{y_0} e^{-\beta n t}} = \ldots = \frac{n}{1 + e^{a - bt}}$$

(2) exponentielles Modell $\quad y_t' = \alpha(n - y_t)$

$$\text{Lösung:} \qquad y_t = n - (n - y_0)e^{-\alpha t} = \ldots = n(1 - e^{a - bt})$$

(3) Gompertz Modell $\quad y_t' = \beta y_t \ln \frac{n}{y_t}$

$$\text{Lösung:} \qquad y_t = n(\frac{y_0}{n})^{e^{-\beta t}} = \ldots = n e^{-bc^t}$$

(4) Modell von Little $\quad y_t = y^u + (y^* - y^u)\frac{x^a}{x^a + b}$

Standardnormalverteilung (tabelliert sind die zu den Abszissenwerten z gehörenden Werte der Verteilungsfunktion)

z	0,00	0,01	0,02	0,03	0,04	0,05	0,06	0,07	0,08	0,09
0,0	.5000	.5040	.5080	.5120	.5160	.5199	.5239	.5279	.5319	.5359
0,1	.5398	.5438	.5478	.5517	.5557	.5596	.5636	.5675	.5714	.5753
0,2	.5793	.5832	.5871	.5910	.5948	.5987	.6026	.6064	.6103	.6141
0,3	.6179	.6217	.6255	.6293	.6331	.6368	.6406	.6443	.6480	.6517
0,4	.6554	.6591	.6628	.6664	.6700	.6736	.6772	.6808	.6844	.6879
0,5	.6915	.6950	.6985	.7019	.7054	.7088	.7123	.7157	.7190	.7224
0,6	.7257	.7291	.7324	.7357	.7389	.7422	.7454	.7486	.7517	.7549
0,7	.7580	.7611	.7642	.7673	.7704	.7734	.7764	.7794	.7823	.7852
0,8	.7881	.7910	.7939	.7967	.7995	.8023	.8051	.8078	.8106	.8133
0,9	.8159	.8186	.8212	.8238	.8264	.8289	.8315	.8340	.8365	.8389
1,0	.8413	.8438	.8461	.8485	.8508	.8531	.8554	.8577	.8599	.8621
1,1	.8643	.8665	.8686	.8708	.8729	.8749	.8770	.8790	.8810	.8830
1,2	.8849	.8869	.8888	.8907	.8925	.8944	.8962	.8980	.8997	.9015
1,3	.9032	.9049	.9066	.9082	.9099	.9115	.9131	.9147	.9162	.9177
1,4	.9192	.9207	.9222	.9236	.9251	.9265	.9279	.9292	.9306	.9319
1,5	.9332	.9345	.9357	.9370	.9382	.9394	9406	.9418	.9429	.9441
1,6	.9452	.9463	.9474	.9484	.9495	.9505	.9515	.9525	.9535	.9545
1,7	.9554	.9564	.9573	.9582	.9591	.9599	.9608	.9616	.9625	.9633
1,8	.9641	.9649	.9656	.9664	.9671	.9678	.9686	.9693	.9699	.9706
1,9	.9713	.9719	.9726	.9732	.9738	.9744	.9750	.9756	.9761	.9767
2,0	.9772	.9778	.9783	.9788	.9793	.9798	.9803	.9808	.9812	.9817
2,1	.9821	.9826	.9830	.9834	.9838	.9842	.9846	.9850	.9854	.9857
2,2	.9861	.9864	.9868	.9871	.9875	.9878	.9881	.9884	.9887	.9890
2,3	.9893	.9896	.9898	.9901	.9904	.9906	.9909	.9911	.9913	.9916
2,4	.9918	.9920	.9922	.9925	.9927	.9929	.9931	.9932	.9934	.9936
2,5	.9938	.9940	.9941	.9943	.9945	.9946	.9948	.9949	.9951	.9952
2,6	.9953	.9955	.9956	.9957	.9959	.9960	.9961	.9962	.9963	.9964
2,7	.9965	.9966	.9967	.9968	.9969	.9970	.9971	.9972	.9973	.9974
2,8	.9974	.9975	.9976	.9977	.9977	.9978	.9979	.9979	.9980	.9981
2,9	.9981	.9982	.9982	.9983	.9984	.9984	.9985	.9985	.9986	.9986
3,0	.9987	.9987	.9987	.9988	.9988	.9989	.9989	.9989	.9990	.9990
3,1	.9990	.9991	.9991	.9991	.9992	.9992	.9992	.9992	.9993	.9993
3,2	.9993	.9993	.9994	.9994	.9994	.9994	.9994	.9995	.9995	.9995

χ^2-Verteilung (tabelliert sind die zu den Werten der Verteilungsfunktion gehörenden Abszissenwerte)

t-Verteilung (tabelliert sind die zu den Werten der Verteilungsfunktion gehörenden Abszissenwerte)

		1-α				Freiheits-grad n
0,90	0,95	0,975	0,99	0,995	0,999	
2,71	3,84	5,02	6,64	7,88	10,8	1
4,61	5,99	7,38	9,21	10,6	13,8	2
6,25	7,82	9,35	11,3	12,8	16,3	3
7,78	9,49	11,1	13,3	14,9	18,5	4
9,24	11,1	12,8	15,1	16,8	20,5	5
10,6	12,6	14,4	16,8	18,5	22,5	6
12,0	14,1	16,0	18,5	20,3	24,3	7
13,4	15,5	17,5	20,1	22,0	26,1	8
14,7	16,9	19,0	21,7	23,6	27,9	9
16,0	18,3	20,5	23,2	25,2	29,6	10
17,3	19,7	21,9	24,7	26,8	31,3	11
18,5	21,0	23,3	26,2	28,3	32,9	12
19,8	22,4	24,7	27,7	29,8	34,5	13
21,1	23,7	26,1	29,1	31,3	36,1	14
22,3	25,0	27,5	30,6	32,8	37,7	15
23,5	26,3	28,8	32,0	34,3	39,3	16
24,8	27,6	30,2	33,4	35,7	40,8	17
26,0	28,9	31,5	34,8	37,2	42,3	18
27,2	30,1	32,9	36,2	38,6	43,8	19
28,4	31,4	34,2	37,6	40,0	45,3	20
29,6	32,7	35,5	38,9	41,4	46,8	21
30,8	33,9	36,8	40,3	42,8	48,3	22
32,0	35,2	38,1	41,6	44,2	49,7	23
33,2	36,4	39,4	43,0	45,6	51,2	24
34,4	37,7	40,6	44,3	46,9	52,6	25
35,6	38,9	41,9	45,6	48,3	54,1	26
36,7	40,1	43,2	47,0	49,6	55,5	27
37,9	41,3	44,5	48,3	51,0	56,9	28
39,1	42,6	45,7	49,6	52,3	58,3	29
40,3	43,8	47,0	50,9	53,7	59,7	30
51,8	55,8	59,3	63,7	66,8	73,4	40
63,2	67,5	71,4	76,2	79,5	86,7	50
74,4	79,1	83,3	88,4	92,0	99,6	60
85,5	90,5	95,0	100,4	104,2	112,3	70
96,6	101,9	106,6	112,3	116,3	124,8	80
107,6	113,1	118,1	124,1	128,3	137,2	90
118,5	124,3	129,6	135,8	140,2	149,4	100

Freiheits-grad n			1-α			
	0,90	0,95	0,975	0,99	0,995	0,999
1	3,078	6,314	12,71	31,82	63,66	318,3
2	1,886	2,920	4,303	6,965	9,925	22,33
3	1,638	2,353	3,182	4,541	5,841	10,21
4	1,533	2,132	2,776	3,747	4,604	7,173
5	1,476	2,015	2,571	3,365	4,032	5,893
6	1,440	1,943	2,447	3,143	3,707	5,208
7	1,415	1,895	2,365	2,998	3,499	4,785
8	1,397	1,860	2,306	2,896	3,355	4,501
9	1,383	1,833	2,262	2,821	3,250	4,297
10	1,372	1,812	2,228	2,764	3,169	4,144
11	1,363	1,796	2,201	2,718	3,106	4,025
12	1,356	1,782	2,179	2,681	3,055	3,930
13	1,350	1,771	2,160	2,650	3,012	3,852
14	1,345	1,761	2,145	2,624	2,977	3,787
15	1,341	1,753	2,131	2,602	2,947	3,733
16	1,337	1,746	2,120	2,583	2,921	3,686
17	1,333	1,740	2,110	2,567	2,898	3,646
18	1,330	1,734	2,101	2,552	2,878	3,610
19	1,328	1,729	2,093	2,539	2,861	3,579
20	1,325	1,725	2,086	2,528	2,845	3,552
21	1,323	1,721	2,080	2,518	2,831	3,527
22	1,321	1,717	2,074	2,508	2,819	3,505
23	1,319	1,714	2,069	2,500	2,807	3,485
24	1,318	1,711	2,064	2,492	2,797	3,467
25	1,316	1,708	2,060	2,485	2,787	3,450
26	1,315	1,706	2,056	2,479	2,779	3,435
27	1,314	1,703	2,052	2,473	2,771	3,421
28	1,313	1,701	2,048	2,467	2,763	3,408
29	1,311	1,699	2,045	2,462	2,756	3,396
30	1,310	1,697	2,042	2,457	2,750	3,385
40	1,303	1,684	2,021	2,423	2,704	3,307
50	1,299	1,676	2,009	2,403	2,678	3,261
60	1,296	1,671	2,000	2,390	2,660	3,232
80	1,292	1,664	1,990	2,374	2,639	3,195
100	1,290	1,660	1,984	2,364	2,626	3,174
200	1,286	1,652	1,972	2,345	2,601	3,131
500	1,283	1,648	1,965	2,334	2,586	3,107
∞	1,282	1,645	1,960	2,326	2,576	3,090

F-Verteilung (tabelliert sind die zu den Werten der Verteilungsfunktion gehörenden Abszissenwerte; f(m,n,1-α))

$1 - \alpha = 0,95$

n\m	1	2	3	4	5	6	7	8	9	10	12	15	20	24	30	40	60	120
1	161,4	199,5	215,7	224,6	230,2	234,0	236,8	238,9	240,5	241,9	243,9	245,9	248,0	249,1	250,1	251,1	252,2	253,3
2	18,51	19,0	19,16	19,25	19,3	19,33	19,35	19,37	19,38	19,40	19,41	19,43	19,45	19,45	19,46	19,47	19,48	19,49
3	10,13	9,55	9,28	9,12	9,01	8,94	8,89	8,85	8,81	8,79	8,74	8,70	8,66	8,64	8,62	8,59	8,57	8,55
4	7,71	6,94	6,59	6,39	6,26	6,16	6,09	6,04	6,00	5,96	5,91	5,86	5,80	5,77	5,75	5,72	5,69	5,66
5	6,61	5,79	5,41	5,19	5,05	4,95	4,88	4,82	4,77	4,74	4,68	4,62	4,56	4,53	4,50	4,46	4,43	4,40
6	5,99	5,14	4,76	4,53	4,39	4,28	4,21	4,15	4,10	4,06	4,00	3,94	3,87	3,84	3,81	3,77	3,74	3,70
7	5,59	4,74	4,35	4,12	3,97	3,87	3,79	3,73	3,68	3,64	3,57	3,51	3,44	3,41	3,38	3,34	3,30	3,27
8	5,32	4,46	4,07	3,84	3,69	3,58	3,50	3,44	3,39	3,35	3,28	3,22	3,15	3,12	3,08	3,04	3,01	2,97
9	5,12	4,26	3,86	3,63	3,48	3,37	3,29	3,23	3,18	3,14	3,07	3,01	2,94	2,90	2,86	2,83	2,79	2,75
10	4,96	4,10	3,71	3,48	3,33	3,22	3,14	3,07	3,02	2,98	2,91	2,85	2,77	2,74	2,70	2,66	2,62	2,58
11	4,84	3,98	3,59	3,36	3,20	3,09	3,01	2,95	2,90	2,85	2,79	2,72	2,65	2,61	2,57	2,53	2,49	2,45
12	4,75	3,89	3,49	3,26	3,11	3,00	2,91	2,85	2,80	2,75	2,69	2,62	2,54	2,51	2,47	2,43	2,38	2,34
13	4,67	3,81	3,41	3,18	3,03	2,92	2,83	2,77	2,71	2,67	2,60	2,53	2,46	2,42	2,38	2,34	2,30	2,25
14	4,60	3,74	3,34	3,11	2,96	2,85	2,76	2,70	2,65	2,60	2,53	2,46	2,39	2,35	2,31	2,27	2,22	2,18
15	4,54	3,68	3,29	3,06	2,90	2,79	2,71	2,64	2,59	2,54	2,48	2,40	2,33	2,29	2,25	2,20	2,16	2,11
16	4,49	3,63	3,24	3,01	2,85	2,74	2,66	2,59	2,54	2,49	2,42	2,35	2,28	2,24	2,19	2,15	2,11	2,06
17	4,45	3,59	3,20	2,96	2,81	2,70	2,61	2,55	2,49	2,45	2,38	2,31	2,23	2,19	2,15	2,10	2,06	2,01
18	4,41	3,55	3,16	2,93	2,77	2,66	2,58	2,51	2,46	2,41	2,34	2,27	2,19	2,15	2,11	2,06	2,02	1,97
19	4,38	3,52	3,13	2,90	2,74	2,63	2,54	2,48	2,42	2,38	2,31	2,23	2,16	2,11	2,07	2,03	1,98	1,93
20	4,35	3,49	3,10	2,87	2,71	2,60	2,51	2,45	2,39	2,35	2,28	2,20	2,12	2,08	2,04	1,99	1,95	1,90
21	4,32	3,47	3,07	2,84	2,68	2,57	2,49	2,42	2,37	2,32	2,25	2,18	2,10	2,05	2,01	1,96	1,92	1,87
22	4,30	3,44	3,05	2,82	2,66	2,55	2,46	2,40	2,34	2,30	2,23	2,15	2,07	2,03	1,98	1,94	1,89	1,84
23	4,28	3,42	3,03	2,80	2,64	2,53	2,44	2,37	2,32	2,27	2,20	2,13	2,05	2,01	1,96	1,91	1,86	1,81
24	4,26	3,40	3,01	2,78	2,62	2,51	2,42	2,36	2,30	2,25	2,18	2,11	2,03	1,98	1,94	1,89	1,84	1,79
25	4,24	3,39	2,99	2,76	2,60	2,49	2,40	2,34	2,28	2,24	2,16	2,09	2,01	1,96	1,92	1,87	1,82	1,77
26	4,23	3,37	2,98	2,74	2,59	2,47	2,39	2,32	2,27	2,22	2,15	2,07	1,99	1,95	1,90	1,85	1,80	1,75
27	4,21	3,35	2,96	2,73	2,57	2,46	2,37	2,31	2,25	2,20	2,13	2,06	1,97	1,93	1,88	1,84	1,79	1,73
28	4,20	3,34	2,95	2,71	2,56	2,45	2,36	2,29	2,24	2,19	2,12	2,04	1,96	1,91	1,87	1,82	1,77	1,71
29	4,18	3,33	2,93	2,70	2,55	2,43	2,35	2,28	2,22	2,18	2,10	2,03	1,94	1,90	1,85	1,81	1,75	1,70
30	4,17	3,32	2,92	2,69	2,53	2,42	2,33	2,27	2,21	2,16	2,09	2,01	1,93	1,89	1,84	1,79	1,74	1,68
40	4,08	3,23	2,84	2,61	2,45	2,34	2,25	2,18	2,12	2,08	2,00	1,92	1,84	1,79	1,74	1,69	1,64	1,58
60	4,00	3,15	2,76	2,53	2,37	2,25	2,17	2,10	2,04	1,99	1,92	1,84	1,75	1,70	1,65	1,59	1,53	1,47
120	3,92	3,07	2,68	2,45	2,29	2,17	2,09	2,02	1,96	1,91	1,83	1,75	1,66	1,61	1,55	1,50	1,43	1,35

$1 - \alpha = 0,975$

n\m	1	2	3	4	5	6	7	8	9	10	12	15	20	24	30	40	60	120
1	647,8	799,5	864,2	899,6	921,8	937,1	948,2	956,7	963,3	968,6	976,7	984,9	993,1	997,2	1.001	1.006	1.010	1.014
2	38,51	39,00	39,17	39,25	39,30	39,33	39,36	39,37	39,39	39,40	39,41	39,43	39,45	39,46	39,46	39,47	39,48	39,49
3	17,44	16,04	15,44	15,10	14,88	14,73	14,62	14,54	14,47	14,42	14,34	14,25	14,17	14,12	14,08	14,04	13,99	13,95
4	12,22	10,65	9,98	9,60	9,36	9,20	9,07	8,98	8,90	8,84	8,75	8,66	8,56	8,51	8,46	8,41	8,36	8,31
5	10,01	8,43	7,76	7,39	7,15	6,98	6,85	6,76	6,68	6,62	6,52	6,43	6,33	6,28	6,23	6,18	6,12	6,07
6	8,81	7,26	6,60	6,23	5,99	5,82	5,70	5,60	5,52	5,46	5,37	5,27	5,17	5,12	5,07	5,01	4,96	4,90
7	8,07	6,54	5,89	5,52	5,29	5,12	4,99	4,90	4,82	4,76	4,67	4,57	4,47	4,42	4,36	4,31	4,25	4,20
8	7,57	6,06	5,42	5,05	4,82	4,65	4,53	4,43	4,36	4,30	4,20	4,10	4,00	3,95	3,89	3,84	3,78	3,73
9	7,21	5,71	5,08	4,72	4,48	4,32	4,20	4,10	4,03	3,96	3,87	3,77	3,67	3,61	3,56	3,51	3,45	3,39
10	6,94	5,46	4,83	4,47	4,24	4,07	3,95	3,85	3,78	3,72	3,62	3,52	3,42	3,37	3,31	3,26	3,20	3,14
11	6,72	5,26	4,63	4,28	4,04	3,88	3,76	3,66	3,59	3,53	3,43	3,33	3,23	3,17	3,12	3,06	3,00	2,94
12	6,55	5,10	4,47	4,12	3,89	3,73	3,61	3,51	3,44	3,37	3,28	3,18	3,07	3,02	2,96	2,91	2,85	2,79
13	6,41	4,97	4,35	4,00	3,77	3,60	3,48	3,39	3,31	3,25	3,15	3,05	2,95	2,89	2,84	2,78	2,72	2,66
14	6,30	4,86	4,24	3,89	3,66	3,50	3,38	3,29	3,21	3,15	3,05	2,95	2,84	2,79	2,73	2,67	2,61	2,55
15	6,20	4,77	4,15	3,80	3,58	3,41	3,29	3,20	3,12	3,06	2,96	2,86	2,76	2,70	2,64	2,58	2,52	2,46
16	6,12	4,69	4,08	3,73	3,50	3,34	3,22	3,12	3,05	2,99	2,89	2,79	2,68	2,63	2,57	2,51	2,45	2,38
17	6,04	4,62	4,01	3,66	3,44	3,28	3,16	3,06	2,98	2,92	2,82	2,72	2,62	2,56	2,50	2,44	2,38	2,32
18	5,98	4,56	3,95	3,61	3,38	3,22	3,10	3,01	2,93	2,87	2,77	2,67	2,56	2,50	2,44	2,38	2,32	2,26
19	5,92	4,51	3,90	3,56	3,33	3,17	3,05	2,96	2,88	2,82	2,72	2,62	2,51	2,45	2,39	2,33	2,27	2,20
20	5,87	4,46	3,86	3,51	3,29	3,13	3,01	2,91	2,84	2,77	2,68	2,57	2,46	2,41	2,35	2,29	2,22	2,16
21	5,83	4,42	3,82	3,48	3,25	3,09	2,97	2,87	2,80	2,73	2,64	2,53	2,42	2,37	2,31	2,25	2,18	2,11
22	5,79	4,38	3,78	3,44	3,22	3,05	2,93	2,84	2,76	2,70	2,60	2,50	2,39	2,33	2,27	2,21	2,14	2,08
23	5,75	4,35	3,75	3,41	3,18	3,02	2,90	2,81	2,73	2,67	2,57	2,47	2,36	2,30	2,24	2,18	2,11	2,04
24	5,72	4,32	3,72	3,38	3,15	2,99	2,87	2,78	2,70	2,64	2,54	2,44	2,33	2,27	2,21	2,15	2,08	2,01
25	5,69	4,29	3,69	3,35	3,13	2,97	2,85	2,75	2,68	2,61	2,51	2,41	2,30	2,24	2,18	2,12	2,05	1,98
26	5,66	4,27	3,67	3,33	3,10	2,94	2,82	2,73	2,65	2,59	2,49	2,39	2,28	2,22	2,16	2,09	2,03	1,95
27	5,63	4,24	3,65	3,31	3,08	2,92	2,80	2,71	2,63	2,57	2,47	2,36	2,25	2,19	2,13	2,07	2,00	1,93
28	5,61	4,22	3,63	3,29	3,06	2,90	2,78	2,69	2,61	2,55	2,45	2,34	2,23	2,17	2,11	2,05	1,98	1,91
29	5,59	4,20	3,61	3,27	3,04	2,88	2,76	2,67	2,59	2,53	2,43	2,32	2,21	2,15	2,09	2,03	1,96	1,89
30	5,57	4,18	3,59	3,25	3,03	2,87	2,75	2,65	2,57	2,51	2,41	2,31	2,20	2,14	2,07	2,01	1,94	1,87
40	5,42	4,05	3,46	3,13	2,90	2,74	2,62	2,53	2,45	2,39	2,29	2,18	2,07	2,01	1,94	1,88	1,80	1,72
60	5,29	3,93	3,34	3,01	2,79	2,63	2,51	2,41	2,33	2,27	2,17	2,06	1,94	1,88	1,82	1,74	1,67	1,58
120	5,15	3,80	3,23	2,89	2,67	2,52	2,39	2,30	2,22	2,16	2,05	1,94	1,82	1,76	1,69	1,61	1,53	1,43

Advanced Mathematics in Marketing Science

Summenzeichen	Beispiel
$$\sum_{i=1}^{n} x_i = x_1 + x_2 + \ldots + x_n$$	$$x_1 = 3, x_2 = 5, x_3 = 2 \Rightarrow \sum_{i=1}^{3} x_i = 10$$
	("x_i summiert von i gleich 1 bis 3")
$$\sum_{i=1}^{n} ax_i = a \sum_{i=1}^{n} x_i$$	
$$\sum_{i=1}^{n} (ax_i + by_i) = a \sum_{i=1}^{n} x_i + b \sum_{i=1}^{n} y_i$$	Achtung: $\displaystyle \sum_{i=1}^{n} \frac{x_i}{y_i} \neq \frac{\sum_{i=1}^{n} x_i}{\sum_{i=1}^{n} y_i}$
$$\sum_{i=1}^{n} a = n \cdot a; \quad \sum_{i=1}^{m} x_i + \sum_{i=m+1}^{n} x_i = \sum_{i=1}^{n} x_i \ (m < n)$$	

Produktzeichen	
$$\prod_{i=1}^{n} x_i = x_1 \cdot x_2 \cdot \ldots \cdot x_n$$	$$x_1 = 3, x_2 = 5, x_3 = 2 \Rightarrow \prod_{i=1}^{3} x_i = 30$$
$$\prod_{i=1}^{n} ax_i = a^n \prod_{i=1}^{n} x_i; \quad \prod_{i=1}^{n} x_i y_i = \prod_{i=1}^{n} x_i \prod_{i=1}^{n} y_i$$	("x_i multipliziert von i gleich 1 bis 3")
$$\prod_{i=1}^{n} a = a^n; \quad \prod_{i=1}^{n} x_i^a = \left(\prod_{i=1}^{n} x_i \right)^a$$	$$\prod_{i=1}^{n} \frac{x_i}{y_i} = \prod_{i=1}^{n} x_i \Big/ \prod_{i=1}^{n} y_i$$

Absolutbetrag	
$\|x\| = x$ (für $x \geq 0$) bzw. $-x$ (für $x < 0$)	$\|-3\| = 3$ ("Absolutbetrag von -3 ist 3")

Brüche	
$$\frac{a}{b} + \frac{c}{d} = \frac{a \cdot d + b \cdot c}{b \cdot d}$$	$$\frac{7}{2} + \frac{3}{8} = \frac{7 \cdot 8 + 2 \cdot 3}{2 \cdot 8} = \frac{62}{16}$$
$$\frac{a}{b} - \frac{c}{d} = \frac{a \cdot d - b \cdot c}{b \cdot d}$$	$$\frac{7}{2} - \frac{3}{8} = \frac{7 \cdot 8 - 2 \cdot 3}{2 \cdot 8} = \frac{50}{16}$$
$$\frac{a}{b} \cdot \frac{c}{d} = \frac{a \cdot c}{b \cdot d}; \quad \frac{a \cdot c}{b \cdot c} = \frac{a}{b}$$	$$\frac{7}{2} \cdot \frac{3}{8} = \frac{7 \cdot 3}{2 \cdot 8} = \frac{21}{16}; \quad \frac{6}{9} = \frac{2 \cdot 3}{3 \cdot 3} = \frac{2}{3} \ (\text{"kürzen"})$$
$$\frac{a}{b} : \frac{c}{d} = \frac{a \cdot d}{b \cdot c}$$	$$\frac{7}{2} : \frac{3}{8} = \frac{7 \cdot 8}{2 \cdot 3} = \frac{64}{6}; \quad \frac{8}{3} : \frac{1}{2} = \frac{8 \cdot 2}{3} = \frac{16}{3}$$
$$\left(\frac{a}{b} \right)^c = \frac{a^c}{b^c}$$	$$\left(\frac{2}{3} \right)^4 = \frac{2^4}{3^4} = \frac{16}{81}$$

Grenzwert	
Der Ausdruck $\displaystyle \lim_{n \to \infty}$ bedeutet, dass der Wert gesucht wird, dem sich die Funktion für größer werdende n immer mehr annähert.	$$\lim_{x \to \infty} \frac{1}{x} = 0$$

Fakultät und Binomialkoeffizient	
$n! = 1 \cdot 2 \cdot 3 \cdot \ldots \cdot (n-1) \cdot n \qquad 0! = 1$	$5! = 1 \cdot 2 \cdot 3 \cdot 4 \cdot 5 = 120$ („fünf Fakultät")
$$\binom{n}{k} = \frac{n!}{k!(n-k)!}$$	$$\binom{5}{3} = \frac{5!}{3!(5-3)!} = 10$$
	(„3 aus 5", „5 über 3")

Potenzen	
$x^a = x \cdot x \cdot x \cdot \ldots \cdot x$	$7^4 = 7 \cdot 7 \cdot 7 \cdot 7 = 2401$
	(„7 hoch 4 ist 2401")
$x^0 = 1$	$7^0 = 1$
$x^{-a} = \dfrac{1}{x^a}$	$7^{-\frac{1}{2}} = 1 \Big/ 7^{\frac{1}{2}} = 1/\sqrt{7}$
$x^a \cdot x^b = x^{a+b}$	$7^2 \cdot 7^3 = 7^5$
$\dfrac{x^a}{x^b} = x^a \cdot x^{-b} = x^{a-b}$	$\dfrac{7^2}{7^{3.5}} = 7^{-1.5} = \dfrac{1}{7^{1.5}}$
$(x^a)^b = x^{ab}$	$(7^2)^3 = 7^6$
$x^a = y \Rightarrow x = y^{\frac{1}{a}}$	$x^3 = y \Rightarrow x = y^{\frac{1}{3}}$; $\sqrt{x} = x^{\frac{1}{2}} = y \Rightarrow y = x^2$
$x^{-a} = y \Rightarrow x = y^{-\frac{1}{a}}$	$x^{-3} = y \Rightarrow x = y^{-\frac{1}{3}} = 1/y^{\frac{1}{3}}$
$x^{\frac{1}{a}} = y \Rightarrow x = y^a$	$x^{\frac{1}{3}} = y \Rightarrow x = y^3$

Logarithmus ($\log_a x$)	
spezielle Logarithmen:	
natürlicher Logarithmus $\ln x = \log_e x$	$x = e^a \Rightarrow \ln x = a$
dekadischer Logarithmus $\lg x = \log_{10} x$	$x = 10^a \Rightarrow \lg x = a$
$\log(x \cdot y) = \log x + \log y$	$\log 10 = \log 5 + \log 2$
$\log\left(\dfrac{x}{y}\right) = \log x - \log y$	$\log 10 = \log 20 - \log 2$
$\log x^a = a \log x$	$\log 10^2 = 2 \log 10$
$\log_c a = \dfrac{\log_b a}{\log_b c}$	$\ln a = \log_e a = \dfrac{\log_{10} a}{\log_{10} e} = \dfrac{\lg a}{\lg e}$
$\ln e = 1$, $e^{\ln a} = a$, $\ln 1 = 0$	Eulersche Zahl $e \approx 2.7183$
$\lg 10 = 1$, $10^{\lg a} = a$, $\lg 1 = 0$	

Nullstellen einer quadratischen Gleichung	
$ax^2 + bx + c = 0 \Rightarrow x = \dfrac{-b \pm \sqrt{b^2 - 4ac}}{2a}$	$4x^2 + 3x - 2 = 0 \Rightarrow x = \dfrac{-3 \pm \sqrt{3^2 - 4 \cdot 4 \cdot (-2)}}{2 \cdot 4}$

Matrizen	
Addition:	
$A = (a_{ij})$, $B = (b_{ij})$, $A + B = (a_{ij} + b_{ij})$	$\begin{bmatrix} 1 & 2 \\ 3 & 4 \end{bmatrix} + \begin{bmatrix} 5 & 6 \\ 7 & 8 \end{bmatrix} = \begin{bmatrix} 6 & 8 \\ 10 & 12 \end{bmatrix}$
Multiplikation:	
$A = (a_{ij})$, $B = (b_{jk})$, $A \cdot B = \left(\sum_j a_{ij} \cdot b_{jk}\right)$	$\begin{bmatrix} 1 & 2 & 3 \\ 4 & 5 & 6 \end{bmatrix} \cdot \begin{bmatrix} 7 & 8 & 9 \\ 10 & 11 & 12 \\ 13 & 14 & 15 \end{bmatrix} =$
	$\begin{bmatrix} 1\cdot7+2\cdot10+3\cdot13 & 1\cdot8+2\cdot11+3\cdot14 & 1\cdot9+2\cdot12+3\cdot15 \\ 4\cdot7+5\cdot10+6\cdot13 & 4\cdot8+5\cdot11+6\cdot14 & 4\cdot9+5\cdot12+6\cdot15 \end{bmatrix}$
Transponieren:	
$A = (a_{ij}) \Rightarrow A' = (a_{ji})$	$A = \begin{bmatrix} 1 & 2 & 3 \\ 4 & 5 & 6 \end{bmatrix}$ $A' = \begin{bmatrix} 1 & 4 \\ 2 & 5 \\ 3 & 6 \end{bmatrix}$

Kombinatorik

	Permutationen		Kombinationen		Variationen	
Anzahl Objekte	n	n	n	n	n	n
Objekte unterschiedlich	ja	n_i Objekte untereinander gleich	ja	ja	ja	ja
Ziehung	vollständig (n)	vollständig (n)	einen Teil (k)	einen Teil (k)	einen Teil (k)	einen Teil (k)
Beachtung Anordnung	ja	ja	nein	nein	ja	ja
Modell	ohne Zurück-legen	ohne Zurück-legen	ohne Zurück-legen	mit Zurücklegen	ohne Zurück-legen	mit Zurücklegen
Anzahl (Formel)	$n!$	$\dfrac{n!}{n_1! \, n_2! \ldots n_p!}$	$\dbinom{n}{k}$	$\dbinom{n+k-1}{k}$	$\dfrac{n!}{(n-k)!}$	n^k
Beispiel	A, B, C, D (n = 4) ABCD, ABDC, ACBD, ACDB, ADBC, ADCB, BACD, BADC, BCAD, BCDA, BDAC, BDCA, CABD, CADB, CBAD, CBDA, CDAB, CDBA, DABC, DACB, DBAC, DBCA, DCAB, DCBA	A, A, B, B ($n_1 = 2, n_2 = 2,$ n = 4) AABB, ABAB, ABBA, BABA, BAAB, BBAA	A, B, C, D (n = 4) Ziehung k = 2 AB, AC, AD, BC, BD, CD	A, B, C, D (n = 4) Ziehung k = 2 AA, AB, AC, AD, BB, BC, BD, CC, CD, DD	A, B, C, D (n = 4) Ziehung k = 2 AB, AC, AD, BA, BC, BD, CA, CB, CD, DA, DB, DC	A, B, C, D (n = 4) Ziehung k = 2 AA, AB, AB, AD, BA, BB, BC, BD, CA, CB, CC, CD, DA, DB, DC, DD

Kreis

Umfang = $2 \cdot \pi \cdot$ Radius
Fläche = Radius$^2 \cdot \pi$

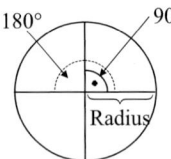

$\pi \approx 3.1416$

Ein 90°-Winkel heißt „rechter Winkel"

rechtwinkliges Dreieck

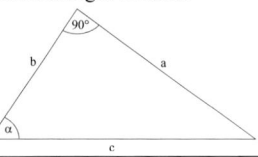

Fläche: $\dfrac{a \cdot b}{2}$

$\sin \alpha = a / c$, $\cos \alpha = b / c$
$\tan \alpha = a / b$, $\cot \alpha = b / a$
Satz von Pythagoras: $a^2 + b^2 = c^2$

Trapez

Viereck mit zwei parallel gegenüber-
liegenden Seiten

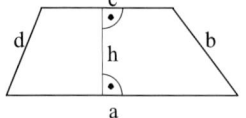

Fläche: $\dfrac{a + c}{2} \cdot h$

Differentialformeln

$f(x) = a \cdot u(x) + b \Rightarrow f'(x) = a \cdot u'(x)$

$f(x) = u(x) \cdot v(x)$

$\Rightarrow f'(x) = u'(x) \cdot v(x) + u(x) \cdot v'(x)$

(Produktregel)

$f(x) = \dfrac{u(x)}{v(x)}$

$\Rightarrow f'(x) = \dfrac{u'(x) \cdot v(x) - u(x) \cdot v'(x)}{[v(x)]^2}$

(Quotientenregel)

$(g \circ f)'(x) = g'(f(x)) \cdot f'(x)$

(Kettenregel, „Nachdifferenzieren")

$f(x) = x^a \Rightarrow f'(x) = ax^{a-1}$

$f(x) = a^x \Rightarrow f'(x) = a^x \ln a$

$f(x) = \ln x \Rightarrow f'(x) = \dfrac{1}{x}$

Maximum: $f'(x) = 0$ und $f''(x) < 0$

Minimum: $f'(x) = 0$ und $f''(x) > 0$

Wendepunkt: $f''(x) = 0$ und $f'''(x) \neq 0$

$f(x) = 10 \cdot \ln x + 7 \Rightarrow f'(x) = 10 \cdot (\ln x)' = \dfrac{10}{x}$

$f(x) = (a + bx) \cdot e^{cx}$

$\Rightarrow f'(x) = (a + bx)' \cdot (e^{cx}) + (a + bx) \cdot (e^{cx})'$

$\qquad = be^{cx} + (a + bx)ce^{cx}$

$f(x) = \dfrac{a + bx}{e^{cx}}$

$\Rightarrow f'(x) = \dfrac{(a + bx)' \cdot (e^{cx}) - (a + bx) \cdot (e^{cx})'}{(e^{cx})^2}$

$\qquad = \dfrac{be^{cx} - (a + bx)ce^{cx}}{(e^{cx})^2} = \dfrac{b - (a + bx)c}{e^{cx}}$

$f(x) = \ln(a + bx^c)$

$\Rightarrow f'(x) = \dfrac{1}{a + bx^c} \cdot bcx^{c-1}$

$f(x) = 2x^4 \Rightarrow f'(x) = 2 \cdot 4x^3$

$f(x) = e^{a+bx} \Rightarrow f'(x) = be^{a+bx} \cdot \ln e = be^{a+bx}$

Statistische Kenngrößen bei diskreten Zufallsvariablen

Erwartungswert:

$E(X) = \mu = \dfrac{1}{N} \sum_{i=1}^{N} x_i$

Messwerte: 1, 2, 3, 4 $\quad (N = 4)$

$\mu = \dfrac{1}{4}(1 + 2 + 3 + 4) = 2.5$

Varianz:

$Var(X) = \sigma^2 = \dfrac{1}{N} \sum_{i=1}^{N} (x_i - \mu)^2$

Messwerte: 1, 2, 3, 4 $\quad (N = 4)$

$\sigma^2 = \dfrac{1}{4}[(1 - 2.5)^2 + (2 - 2.5)^2$

$\qquad + (3 - 2.5)^2 + (4 - 2.5)^2] = 1.25$

Standardabweichung: σ

$\sigma = \sqrt{1.25}$

Kovarianz:

$Cov(X, Y) = \dfrac{1}{N} \sum_{i=1}^{N} (x_i - \mu_X)(y_i - \mu_Y)$

x	1	2	3	4
y	5	4	3	2

$Cov(X,Y) = \tfrac{1}{4}[(1-2.5)(5-3.5)$
$+ (2-2.5)(4-3.5) + (3-2.5)(3-3.5)$
$+ (4-2.5)(2-3.5)] = -1.25$

Korrelationskoeffizient:

$\rho_{XY} = \dfrac{Cov(X, Y)}{\sigma_X \sigma_Y}$ ("rho")

x	1	2	3	4
y	5	4	3	2

$\rho = \dfrac{-1.25}{\sqrt{1.25} \cdot \sqrt{1.25}} = -1$

Anteilswert bei dichotomer Grundgesamtheit:

$\pi = \dfrac{\text{Anzahl der Ereignisse A}}{\text{Anzahl der Ereignisse A und B}}$

Messwerte: A, A, A, B $\quad (N = 4)$

$\pi = 3/4$

Lineartransformation von Zufallsvariablen	
$Y = a_0 + \sum_{i=1}^{n} a_i X_i$	$Y = 5 + 2X$
$\Rightarrow E(Y) = a_0 + \sum_{i=1}^{n} a_i E(X_i)$	$E(Y) = 5 + 2E(X)$, $Var(Y) = 2^2 Var(X)$
$Var(Y) = \sum_{i=1}^{n} a_i^2 Var(X_i) + 2\sum_{i<j}^{n} a_i a_j Cov(X_i, X_j)$	

Wahrscheinlichkeiten	
A, B: Ereignisse	
$\overline{A}$	Gegenereignis von A
$A \cup B$	Entweder treten A und B gemeinsam auf oder nur A oder nur B, d. h. mindestens eines tritt auf.
$A \cap B$	Ereignis A und Ereignis B treten gemeinsam auf.
$P(\overline{A}) = 1 - P(\overline{A})$	Gegenwahrscheinlichkeit
$P(A \cap B) = P(A) + P(B) - P(A \cup B)$	gemeinsame Wahrscheinlichkeit
$P(A|B) = P(A \cap B) / P(B)$	bedingte Wahrscheinlichkeit
Wenn $P(A \cap B) = P(A) \cdot P(B)$: A, B unabhängig	

Binomial- und hypergeometrische Verteilung
Grundgesamtheit:

N:	Anzahl der Elemente	1000 Schrauben in einer Schachtel
M:	Anzahl der Treffer	800 gute Schrauben
N-M:	Anzahl der Nieten	200 schlechte Schrauben
$\pi = M/N$:	Anteil der Treffer	80% gute Schrauben

Stichprobe:

n:	Anzahl der Elemente (Stichprobenumfang)	10 Schrauben werden zufällig ("blind") gezogen
X:	Anzahl der Treffer in der Stichprobe (Zufallsvariable, x = 0, 1, 2, ..., n)	Anzahl der guten Schrauben in der Stichprobe (es könnten 0 oder 1 oder ...10 gute Schrauben in der Stichprobe sein)
Ziehung nach Modell mit Zurücklegen: X ist binomialverteilt		Eine bereits gezogene Schraube wird wieder zurückgelegt und hat die Chance, wieder gezogen zu werden.
Ziehung nach Modell ohne Zurücklegen: X ist hypergeometrisch verteilt		Eine gezogene Schraube wird nicht mehr in die Schachtel zurückgelegt.

diskrete Verteilung	Wahrscheinlichkeitsfunktion	Erwartungswert	Varianz
Binomial-verteilung	$P(X = x) = \binom{n}{x} \pi^x (1 - \pi)^{n-x}$	$E(X) = n\pi$	$Var(X) = n\pi(1 - \pi)$
hypergeo-metrische Verteilung	$P(X = x) = \dfrac{\binom{M}{x}\binom{N-M}{n-x}}{\binom{N}{n}}$	$E(X) = n\pi$	$Var(X) = n\pi(1 - \pi)\dfrac{N - n}{N - 1}$

$P(X=x)$ gibt an, wie groß die Wahrscheinlichkeit ist, dass sich genau x Treffer in der Stichprobe befinden.

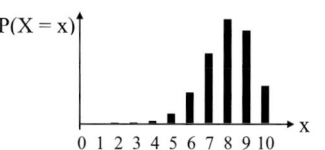

zweidimensionale Multinominal- und polyhypergeometrische Verteilung

Grundgesamtheit:

N:	Anzahl der Elemente	1000 Schrauben in einer Schachtel
M_1:	Anzahl der Elemente der Sorte 1	600 rote Schrauben
M_2:	Anzahl der Elemente der Sorte 2	300 grüne Schrauben
$N-M_1-M_2$:	Anzahl der Elemente der Sorte 3	100 blaue Schrauben

Stichprobe:

n:	Anzahl der Elemente (Stichprobenumfang)	10 Schrauben werden zufällig ("blind") gezogen
X_1:	Anzahl der Elemente der Sorte 1 in der Stichprobe (Zufallsvariable)	Anzahl der roten Schrauben in der Stichprobe
X_2:	Anzahl der Elemente der Sorte 2 in der Stichprobe (Zufallsvariable)	Anzahl der grünen Schrauben in der Stichprobe

Ziehung nach Modell mit Zurücklegen: X_1, X_2 ist zweidimensional multinominalverteilt

Ziehung nach Modell ohne Zurücklegen: X_1, X_2 ist zweidimensional polyhypergeometrisch verteilt

diskrete Verteilungen	Wahrscheinlichkeitsfunktion
zweidimensionale Multinominalverteilung	$P(X_1 = x_1 \cap X_2 = x_2) = \binom{n}{x_1}\binom{n-x_1}{x_2}\left(\frac{M_1}{N}\right)^{x_1}\left(\frac{M_2}{N}\right)^{x_2}\left(\frac{N-M_1-M_2}{N}\right)^{n-x_1-x_2}$
zweidimensionale polyhypergeometrische Verteilung	$P(X_1 = x_1 \cap X_2 = x_2) = \dfrac{\binom{M_1}{x_1}\binom{M_2}{x_2}\binom{N-M_1-M_2}{n-x_1-x_2}}{\binom{N}{n}}$

stetige Verteilungen

stetige Ver- teilungen	Dichtefunktion	Erwar- tungswert	Varianz	Verteilungsfunktion
Gleich- vertei- lung	$f(x) = \begin{bmatrix} \dfrac{1}{b-a} & a \le x \le b \\ 0 & \text{sonst} \end{bmatrix}$	$\mu = \dfrac{a+b}{2}$	$\sigma^2 = \dfrac{(b-a)^2}{12}$	$P(X \le x) = \begin{bmatrix} 0 & \text{für } x < a \\ \dfrac{x-a}{b-a} & \text{für } a \le x < b \\ 1 & \text{für } x \ge b \end{bmatrix}$
Normal- vertei- lung	$f(x) = \dfrac{1}{\sqrt{2\pi\sigma^2}} e^{-\frac{1}{2}\frac{(x-\mu)^2}{\sigma^2}}$	μ	σ^2	$P(X \le x) = \Phi\left(\dfrac{x-\mu}{\sigma}\right)$ Falls für die Approximation einer diskreten Verteilung bei $x \in \mathbb{Z}$ verwendet: $P(X \le x) = \Phi\left(\dfrac{x+\frac{1}{2}-\mu}{\sigma}\right)$

Gleichverteilung

Dichtefunktion	Verteilungsfunktion
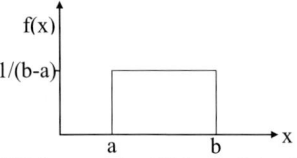 (Fläche unter der Dichtefunktion ist 1)	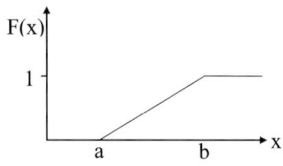

Normalverteilung

Dichtefunktion	Verteilungsfunktion
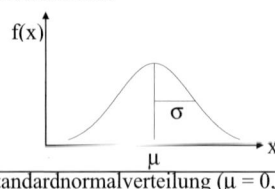	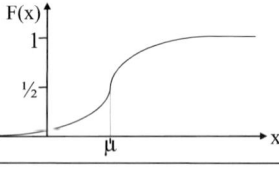

Standardnormalverteilung ($\mu = 0$, $\sigma = 1$)

Dichtefunktion

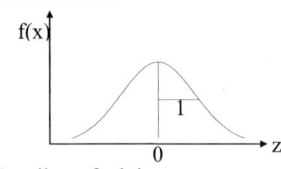

z(0.01) = -2.32   z(0.90) = 1.28
z(0.025) = -1.96   z(0.95) = 1.64
z(0.05) = -1.64   z(0.975) = 1.96
z(0.10) = -1.28   z(0.99) = 2.32
z(α) = -z(1-α)

Verteilungsfunktion

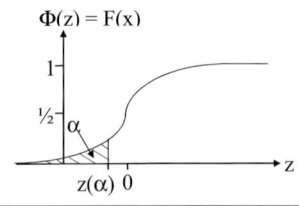

$\Phi(z) = F(x)$

Φ(-2) = 0.0228
Φ(-1) = 0.1587
Φ(0) = 0.5
Φ(1) = 0.8413
Φ(2) = 0.9772
Φ(-z) = 1-Φ (z)

Kenngrößen von Stichproben

arithmetisches Mittel:

$$\bar{x} = \frac{1}{n}\sum_{i=1}^{n} x_i$$

Stichprobenvarianz:

$$s^2 = \frac{1}{n-1}\sum_{i=1}^{n}(x_i - \bar{x})^2 \quad \text{MmZ}$$

$$s^2 = \frac{1}{n-1}\sum_{i=1}^{n}(x_i - \bar{x})^2 \frac{N-1}{N} \quad \text{MoZ}$$

Stichprobenstandardabweichung: s

Korrelationskoeffizient:

$$r_{xy} = \frac{\sum(x_i - \bar{x})(y_i - \bar{y})}{\sqrt{\sum(x_i - \bar{x})^2 \sum(y_i - \bar{y})^2}}$$

Anteilswert in der Stichprobe für dichotome Grundgesamtheit:

$$p = \frac{\text{Anzahl der Ereignisse A}}{\text{Anzahl der Ereignisse A und B}}$$

Messwerte: 1, 2, 3
(n = 3; gezogen aus N = 10)

$$\bar{x} = \frac{1}{3}(1+2+3) = 2$$

$$s^2 = \frac{1}{2}[(1-2)^2 + (2-2)^2 + (3-2)^2] = 1 \quad \text{MmZ}$$

$$s^2 = \frac{1}{2}[(1-2)^2 + (2-2)^2 + (3-2)^2]\frac{10-1}{10} = 0.9 \, \text{MoZ}$$

$s = 1$ bzw. $\sqrt{0.9}$

n = 4 Messwerte (x, y), gezogen aus N = 10

x	1	2	3	4
y	5	4	3	2

r = -1

Messwerte A, A, A, B (n = 4), gezogen aus N = 10

p = 3/4

Venndiagramm

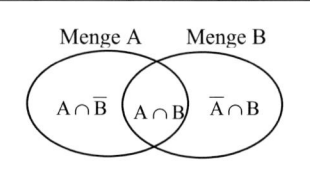

Menge A   Menge B

$A \cap \bar{B}$ $A \cap B$ $\bar{A} \cap B$

$A \cup B = (A \cap \bar{B}) \cup (A \cap B) \cup (\bar{A} \cap B)$

$A \cap B$: Schnittmenge von A und B
$A \cup B$: Vereinigungsmenge von A und B

Reihen

$$\sum_{i=1}^{n} i = \frac{n(n+1)}{2}$$

$$\sum_{i=0}^{n} x^i = \frac{x^{n+1} - 1}{x - 1}$$

$$1 + 2 + 3 + 4 = \frac{4 \cdot 5}{2} = 10$$

$$1 + 0.5 + 0.25 + 0.125 = \frac{0.5^4 - 1}{0.5 - 1} = 1.875$$